普通高等教育"十二五"规划教材

CAD/CAM 软件应用
（MasterCAM 版）

唐立山　许文斌　主编

国防工业出版社
·北京·

内容简介

本书共9章：第1章介绍了CAD/CAM基本知识、CAD/CAM软件及其应用，第2章~第7章介绍了MasterCAM 9.1软件的操作方法、二维建模、三维建模、工程图、二维加工编程、三维加工编程，第8章介绍了MasterCAM 9.1软件的后处理和线架加工编程、多轴加工编程，第9章介绍了两个来自企业的二维和三维加工编程实例。

本书最大的特点是内容全面系统，由浅入深，循序渐进，图文并茂，通俗易懂。书中所举实例针对性强，所附思考与练习题设计合理。本书既适合于教学，又适合于自学。随书附赠光盘可供教学和自学时使用。

本书可作为普通高等学校机电类专业和高等职业院校数控技术、机电一体化、模具等专业的"CAD/CAM软件应用"课程教材，也可作为MasterCAM培训教材、教师和相关工程技术人员的参考书。

图书在版编目(CIP)数据

CAD/CAM软件应用(MasterCAM版)唐立山，许文斌主编. —北京：国防工业出版社，2017.3重印
普通高等教育"十二五"规划教材
ISBN 978-7-118-06015-7

Ⅰ.C… Ⅱ.①唐…②许… Ⅲ.①模具-计算机辅助设计-应用软件，MasterCAM②模具-计算机辅助制造-应用软件，MasterCAM Ⅳ.TG76-39

中国版本图书馆CIP数据核字(2008)第166070号

※

国防工业出版社出版发行
(北京市海淀区紫竹院南路23号　邮政编码100048)
涿中印刷厂印刷
新华书店经售

*

开本 787×1092　1/16　印张 26¾　字数 615千字
2017年3月第4次印刷　印数 9001—11000册　定价 49.00元(含光盘)

(本书如有印装错误，我社负责调换)

国防书店：(010)88540777　　　发行邮购：(010)88540776
发行传真：(010)88540755　　　发行业务：(010)88540717

《CAD/CAM 软件应用(MasterCAM 版)》编委会

主　编　　唐立山　　许文斌

副主编　　廖璘志　　吴　兵

编　委　（按姓氏笔画排列）

　　　　　万国银　甘润霖　肖善华　佛新岗

　　　　　罗　鹏　周　民　胡建波

主　审　　沈　斌

前 言

数控加工技术是典型的机电一体化技术,CAD/CAM 软件为数控加工提供了全新的思维模式和解决方案,国内外制造企业、特别是模具制造企业纷纷采用 CAD/CAM 软件来进行数控加工编程。为了给企业培养一大批掌握 CAD/CAM 技术的高技能人才,我们组织了全国部分高等职业院校、高等学校的教师和工程技术人员,根据多年的 CAD/CAM 软件教学和实际应用经验编写了本书。

"CAD/CAM 软件应用"是一门实践性很强的课程,要学好它就要"精讲多练",就要有一本好的教材。在多年的教学中我们感觉没有一本好用的教材,只有自己辛苦准备的讲义。教科书要有别于一般的计算机类图书,不能厚厚一本书,就只有几个范例,应该要有概念、有分析、有例题、有小结、有思考与练习题,且例题要有很强的针对性;内容要精练,既注重系统性,又注重实效性,要让学生在"边学边做"中能很快地掌握 CAD/CAM 技术。本书在这些方面都考虑到了。

教材编写遵循"基础→小综合→大综合→实际应用"这一指导思想,注重学生能力的培养。"工程图"一章是其他书和教材上没有的,但 MasterCAM 有这个功能,且转到 AutoCAD 中可打印,这一章在学生做毕业设计图时很需要,大家知道用 AutoCAD 画模具图有的曲线画不出来,都是用其他软件画好再转到 AutoCAD 中打印的,本书对图形转换也作了介绍。线架加工是 MasterCAM 的传统加工刀路,程序比曲面加工刀路短,特别适合曲面精加工编程,所以 MasterCAM 每一版都保留了,最新版 X2 版还留着,本书也作了一些介绍。多轴加工是现在发展的趋势(很多厂家买了五轴数控机床),本书也作了介绍。最后一章是加工实例,学生做毕业设计时可参考。本书配有教学光盘一张,光盘中的例题和习题(教材中难画和讲解时画起来占时间的例题和习题)按章节分开存放,题号与教材中的图号相对应,使用非常方便。

"CAD/CAM 软件应用"是数控、机电、模具、机制等专业的必修课,当代大学生必须对 CAD/CAM 技术有足够的了解;而不同的专业对 CAD/CAM 知识的掌握要求略有差别,可以根据专业需要,从教材中选学不同的章节,本书也能满足这个特点。

全书共 9 章,主要包括:CAD/CAM 概述、MasterCAM 软件基本操作、二维 CAD、三维 CAD、工程图、二维 CAM、三维 CAM、后置处理、线架加工、多轴加工、加工实例等内容。

本书由唐立山、许文斌任主编,廖璘志、吴兵任副主编,沈斌教授任主审。具体编写分工:第 1 章由许文斌编写、第 2 章由甘润霖编写、第 3 章由廖璘志编写、第 4 章由吴兵编写、第 5 章由唐立山编写、第 6 章由肖善华编写、第 7 章由佛新岗编写、第 8 章由胡建波和周民编写、第 9 章由罗鹏和万国银编写。

本书在编写过程中,得到了同济大学、长沙航空职业技术学院、宜宾职业技术学院、陕西工业职业技术学院、西安航空职业技术学院、湖南科技工业职业技术学院、江南机器(集团)有限公司、甘肃白银公司技工学校的大力支持与帮助,在此表示衷心感谢!

由于编者水平有限,书中的不妥之处,恳请读者批评指正。

编者

目 录

第1章 CAD/CAM 概述 ················ 1

1.1 CAD/CAM 基础知识 ················ 1
1.1.1 CAD/CAM 基本概念 ················ 1
1.1.2 CAD/CAM 技术产生与发展 ················ 1
1.1.3 CAD/CAM 系统的基本组成 ················ 3
1.1.4 CAD/CAM 系统的主要任务 ················ 5

1.2 CAD/CAM 系统的数据模型 ················ 6
1.2.1 几何建模 ················ 7
1.2.2 特征建模 ················ 7
1.2.3 参数化设计 ················ 7

1.3 数控加工编程简介 ················ 9
1.3.1 数控加工基础 ················ 9
1.3.2 数控加工编程的内容与步骤 ················ 10
1.3.3 数控编程技术的发展与程序编制方法 ················ 11

1.4 数控加工自动编程 ················ 11
1.4.1 CAD/CAM 一般的工作过程 ················ 11
1.4.2 数控加工软件的功能要求 ················ 12
1.4.3 常用 CAD/CAM 软件及应用 ················ 12
1.4.4 MasterCAM 软件应用于 CAD/CAM 的一般过程 ················ 13

1.5 本章小结 ················ 14

思考与练习题 ················ 15

第2章 MasterCAM 软件基础 ················ 16

2.1 MasterCAM 9.1 软件功能 ················ 16
2.1.1 MasterCAM 9.1 软件结构 ················ 16
2.1.2 MasterCAM 9.1 软件主要功能 ················ 17

2.2 MasterCAM 9.1 软件安装及启动和退出 ················ 18
2.2.1 MasterCAM 9.1 软件安装 ················ 18
2.2.2 系统的启动和退出 ················ 24

2.3 MasterCAM 9.1 软件工作界面 ················ 26

2.4 几个基本概念和常用操作方法 ················ 28

2.4.1 几个基本概念 ………………………………………………… 28
　　2.4.2 选择图素的常用方法 …………………………………………… 29
　　2.4.3 两种命令输入方法 ……………………………………………… 30
　　2.4.4 三种退出正在执行命令的方法 …………………………………… 30
　　2.4.5 窗口中的图形位置改变 …………………………………………… 31
　　2.4.6 窗口中的图形大小改变 …………………………………………… 31
　　2.4.7 当前颜色设置 …………………………………………………… 31
　　2.4.8 图层设置 ………………………………………………………… 32
　　2.4.9 MasterCAM 9.1 的坐标系建立方法 ……………………………… 33
　　2.4.10 MasterCAM 9.1 的快捷键 ……………………………………… 34
　　2.4.11 MasterCAM 9.1 的在线帮助 …………………………………… 34
2.5 文件管理 ………………………………………………………………… 35
　　2.5.1 开启新档(新建文件) …………………………………………… 35
　　2.5.2 编辑 ……………………………………………………………… 36
　　2.5.3 取档 ……………………………………………………………… 36
　　2.5.4 存档 ……………………………………………………………… 36
　　2.5.5 档案转换 ………………………………………………………… 37
　　2.5.6 DNC 传输 ………………………………………………………… 39
　　2.5.7 行号重编 ………………………………………………………… 40
　　2.5.8 离开系统 ………………………………………………………… 41
　　2.5.9 其他文件管理命令 ……………………………………………… 41
2.6 屏幕菜单简介 …………………………………………………………… 43
　　2.6.1 系统规划 ………………………………………………………… 43
　　2.6.2 清除颜色 ………………………………………………………… 44
　　2.6.3 改变颜色 ………………………………………………………… 44
　　2.6.4 改变图层 ………………………………………………………… 44
　　2.6.5 改变属性 ………………………………………………………… 44
　　2.6.6 隐藏图素 ………………………………………………………… 44
　　2.6.7 其他屏幕菜单命令 ……………………………………………… 46
2.7 本章小结 ………………………………………………………………… 47
思考与练习题 ………………………………………………………………… 47

第3章 二维 CAD …………………………………………………………… 48

3.1 基本绘图命令 …………………………………………………………… 48
　　3.1.1 点的绘制 ………………………………………………………… 48
　　3.1.2 直线的绘制 ……………………………………………………… 51
　　3.1.3 圆/圆弧的绘制 ………………………………………………… 54
　　3.1.4 倒圆角 …………………………………………………………… 57
　　3.1.5 样条曲线的绘制 ………………………………………………… 59

  3.1.6 矩形的绘制 ······ 60
  3.1.7 倒角 ······ 61
  3.1.8 文字 ······ 62
  3.1.9 椭圆的绘制 ······ 63
  3.1.10 正多边形的绘制 ······ 64
  3.1.11 其他绘图命令 ······ 64
  3.1.12 尺寸标注 ······ 68
 3.2 编辑命令 ······ 73
  3.2.1 倒圆角 ······ 74
  3.2.2 修剪/延伸 ······ 74
  3.2.3 打断 ······ 75
  3.2.4 连接 ······ 76
  3.2.5 其他编辑命令 ······ 76
 3.3 图形转换 ······ 77
  3.3.1 镜射 ······ 78
  3.3.2 旋转 ······ 79
  3.3.3 比例缩放 ······ 79
  3.3.4 平移 ······ 81
  3.3.5 单体补正 ······ 81
  3.3.6 串连补正 ······ 82
  3.3.7 其他图形转换命令 ······ 83
 3.4 删除 ······ 84
 3.5 二维绘图综合实例 ······ 85
 3.6 本章小结 ······ 93
 思考与练习题 ······ 93

第4章 三维CAD ······ 100

 4.1 三维线框建模 ······ 100
  4.1.1 三维空间坐标系 ······ 100
  4.1.2 构图面 ······ 100
  4.1.3 图形视角的设置 ······ 101
  4.1.4 构图深度 ······ 102
  4.1.5 图形在三维空间中的转换 ······ 104
 4.2 曲面建模 ······ 104
  4.2.1 直纹曲面 ······ 105
  4.2.2 举升曲面 ······ 106
  4.2.3 昆氏曲面 ······ 107
  4.2.4 旋转曲面 ······ 111
  4.2.5 扫描曲面 ······ 111

4.2.6　牵引曲面 ………………………………………………………… 113
　　4.2.7　实体曲面(基本几何体参数化曲面) ………………………… 114
　　4.2.8　由实体产生曲面 ……………………………………………… 115
4.3　曲面编辑 …………………………………………………………………… 115
　　4.3.1　曲面倒圆角 …………………………………………………… 115
　　4.3.2　曲面修整和延伸 ……………………………………………… 118
　　4.3.3　曲面补正 ……………………………………………………… 126
　　4.3.4　两曲面熔接 …………………………………………………… 126
　　4.3.5　三曲面熔接 …………………………………………………… 128
　　4.3.6　圆角熔接 ……………………………………………………… 129
4.4　曲面曲线 …………………………………………………………………… 129
　　4.4.1　指定位置(常参数) …………………………………………… 129
　　4.4.2　缀面边线 ……………………………………………………… 130
　　4.4.3　曲面流线 ……………………………………………………… 131
　　4.4.4　动态绘线 ……………………………………………………… 131
　　4.4.5　剖切线 ………………………………………………………… 132
　　4.4.6　交线 …………………………………………………………… 133
　　4.4.7　投影线 ………………………………………………………… 133
　　4.4.8　分模线 ………………………………………………………… 134
　　4.4.9　单一边界 ……………………………………………………… 135
　　4.4.10　所有边界 ……………………………………………………… 135
4.5　曲面建模综合实例 ………………………………………………………… 135
4.6　实体建模 …………………………………………………………………… 140
　　4.6.1　挤出 …………………………………………………………… 141
　　4.6.2　旋转 …………………………………………………………… 145
　　4.6.3　扫掠 …………………………………………………………… 146
　　4.6.4　举升 …………………………………………………………… 146
　　4.6.5　基本实体 ……………………………………………………… 148
　　4.6.6　其他实体建模方法 …………………………………………… 148
4.7　实体编辑 …………………………………………………………………… 150
　　4.7.1　倒圆角 ………………………………………………………… 150
　　4.7.2　倒角 …………………………………………………………… 154
　　4.7.3　薄壳 …………………………………………………………… 155
　　4.7.4　布林运算 ……………………………………………………… 156
　　4.7.5　实体管理 ……………………………………………………… 157
　　4.7.6　牵引面 ………………………………………………………… 159
　　4.7.7　修整 …………………………………………………………… 160
　　4.7.8　其他实体编辑命令 …………………………………………… 161
4.8　实体建模综合举例 ………………………………………………………… 162

4.9 本章小结 ······ 167
思考与练习题 ······ 168

第 5 章　工程图 ······ 179

5.1　MasterCAM 软件出工程图的流程 ······ 179
5.2　实体出三视图方法 ······ 179
5.3　菜单命令解释 ······ 183
  5.3.1　选择实体 ······ 183
  5.3.2　隐藏线 ······ 184
  5.3.3　纸张大小 ······ 185
  5.3.4　比例 ······ 186
  5.3.5　更改视图 ······ 187
  5.3.6　偏移 ······ 187
  5.3.7　旋转 ······ 188
  5.3.8　排列 ······ 189
  5.3.9　加/减 ······ 189
  5.3.10　重设 ······ 192
5.4　视图标注及其他 ······ 194
  5.4.1　剖面线添加 ······ 194
  5.4.2　尺寸及公差的添加 ······ 195
  5.4.3　技术要求等文字添加 ······ 195
  5.4.4　边框和标题栏的添加或制作 ······ 195
5.5　工程图综合实例 ······ 196
5.6　本章小结 ······ 200
思考与练习题 ······ 201

第 6 章　二维 CAM ······ 203

6.1　CAM 概述 ······ 203
  6.1.1　CAM 流程 ······ 203
  6.1.2　MasterCAM 软件的二维铣削加工 ······ 205
  6.1.3　工作设定 ······ 205
  6.1.4　刀具参数设置 ······ 207
  6.1.5　操作管理 ······ 209
  6.1.6　后处理 ······ 211
  6.1.7　程序传输 ······ 211
6.2　二维加工刀具路径 ······ 213
  6.2.1　外形铣削 ······ 213
  6.2.2　钻孔 ······ 226
  6.2.3　挖槽加工 ······ 230

		6.2.4	平面铣削	238
		6.2.5	文字加工	239
		6.2.6	全圆路径	240
		6.2.7	刀具路径编辑	242
		6.2.8	二维加工综合实例	244
	6.3	本章小结		252
	思考与练习题			252

第7章 三维铣削 CAM … 256

	7.1	概述		256
	7.2	三维曲面粗加工刀路		256
		7.2.1	平行铣削粗加工刀路	256
		7.2.2	放射状加工粗加工刀路	260
		7.2.3	投影加工粗加工刀路	263
		7.2.4	流线加工粗加工刀路	265
		7.2.5	等高外形粗加工刀路	267
		7.2.6	残料粗加工刀路	269
		7.2.7	挖槽粗加工刀路	271
		7.2.8	钻削(插削)式加工粗加工刀路	274
	7.3	三维曲面精加工刀路		276
		7.3.1	平行铣削精加工刀路	276
		7.3.2	陡斜面精加工刀路	277
		7.3.3	放射状加工精加工刀路	279
		7.3.4	投影加工精加工刀路	280
		7.3.5	流线加工精加工刀路	281
		7.3.6	等高外形精加工刀路	282
		7.3.7	浅平面精加工刀路	282
		7.3.8	交线清角精加工刀路	283
		7.3.9	残料清角精加工刀路	285
		7.3.10	3D 等距加工精加工刀路	287
	7.4	三维零件综合加工实例		288
		7.4.1	曲面模型综合加工实例	288
		7.4.2	实体模型综合加工实例	303
	7.5	本章小结		318
	思考与练习题			319

第8章 后置处理及其他加工刀路 … 323

	8.1	后置处理的基础知识		323
		8.1.1	后置处理的知识	323

  8.1.2 后处理修改实例 …………………………………………………… 329
 8.2 线架加工 …………………………………………………………………… 333
  8.2.1 直纹加工 ………………………………………………………… 333
  8.2.2 旋转加工 ………………………………………………………… 336
  8.2.3 2D 扫描加工 …………………………………………………… 338
  8.2.4 3D 扫描加工 …………………………………………………… 340
  8.2.5 昆氏加工 ………………………………………………………… 342
  8.2.6 举升加工 ………………………………………………………… 344
 8.3 多轴加工 …………………………………………………………………… 345
  8.3.1 曲线五轴加工 …………………………………………………… 347
  8.3.2 钻孔五轴加工 …………………………………………………… 349
  8.3.3 沿边五轴加工 …………………………………………………… 351
  8.3.4 曲面五轴加工 …………………………………………………… 353
  8.3.5 沿面五轴加工 …………………………………………………… 356
  8.3.6 旋转四轴加工 …………………………………………………… 358
 8.4 本章小结 …………………………………………………………………… 360
 思考与练习题 …………………………………………………………………… 361

第9章 加工实例 ……………………………………………………………………… 364

 9.1 二维加工实例 ……………………………………………………………… 364
  9.1.1 零件工艺分析 …………………………………………………… 364
  9.1.2 零件的加工工艺 ………………………………………………… 365
  9.1.3 CAD/CAM 自动编程 …………………………………………… 368
 9.2 三维加工实例 ……………………………………………………………… 400
  9.2.1 零件工艺分析 …………………………………………………… 400
  9.2.2 零件的加工工艺 ………………………………………………… 401
  9.2.3 CAD/CAM 自动编程 …………………………………………… 403

参考文献 ………………………………………………………………………………… 415

第1章 CAD/CAM 概述

1.1 CAD/CAM 基础知识

1.1.1 CAD/CAM 基本概念

CAD/CAM 技术即计算机辅助设计与计算机辅助制造(Computer Aided Design and Computer Aided Manufacturing)技术。它是一项利用计算机技术作为主要手段，通过生成和运用各种数字信息和图形信息，帮助人们完成产品设计与制造的技术。CAD 技术主要指使用计算机和信息技术来辅助完成产品的全部设计过程(指从接受产品的功能定义到设计完成产品的材料信息、结构形状和技术要求等，并最终以图形信息的形式表达出来的过程)。CAM 技术则有广义和狭义两种解释：广义的 CAM 技术包括利用计算机进行生产的规划、管理和控制产品制造的全过程；狭义的 CAM 技术仅包括计算机辅助编制数控加工程序。本书所说的 CAM 技术是指狭义的 CAM 技术。

CAD/CAM 技术的发展和应用水平已成为衡量一个国家科技现代化和工业化水平的重要标志之一。CAD/CAM 技术应用的实际结果是：提高了产品设计质量，缩短了产品设计制造周期，由此产生了显著的社会经济效益。目前，CAD/CAM 技术广泛应用于机械、汽车、航空航天、电子、建筑工程、轻工、纺织、家电等领域。

1.1.2 CAD/CAM 技术产生与发展

CAD/CAM 技术从产生到现在已经有 50 多年了，无论是硬件技术、软件技术还是应用领域都发生了巨大变化。CAD/CAM 技术的发展大致经历了以下三个阶段。

1. 单元技术的发展和应用阶段

在这个阶段，分别针对某些特殊的应用领域，开展了计算机辅助设计、分析、工艺、制造等单一功能系统的发展及应用。这些系统的通用性差，系统之间数据结构不统一，系统之间难以进行数据交换，因此应用受到了极大的限制。

数控(Numerical Control，NC)技术的发明首先应提到美籍瑞士人 Parson，他为了制造直升机螺旋桨叶片的样板，1949 年以前就研制出了一种坐标镗床，这种机床能按一系列坐标值确定刀具的位置，刀具中心位置分别由一系列坐标点确定，机床在一次定位中加工出波纹形轮廓，再经人工修锉，最后制成轮廓形状精确的样板。Parson 不是 NC 机床的发明人，他自己也并没有认识到这种方法就是 NC 加工的思想。直到 1952 年，美国麻省理工学院才研制出第一台 NC 机床。

NC 加工发展初期，控制程序都由手工编制，效率很低。1955 年，美国麻省理工学院的 D.T.Ross 发明了 APT(Automatically Programmed Tools)NC 语言系统，应用这种语言，通过对刀具轨迹的描述，就可以自动实现计算机辅助编制 NC 加工程序。在发展这一程序系统的同时,人们提出了一种设想:能否不描述刀具轨迹,而是直接描述被加工工件的轮廓形状和尺寸,由此产生了人机协同设计产品零件的设想,开始了计算机图形学(Computer Graphics)的研究。

1963年,年仅24岁的美国麻省理工学院研究生I.E.Sutherland在美国春季联合计算机会议(SJCC)上宣读了他的题为《人机对话图形通信系统》的博士论文。他开发了人机对话式的二维图形系统 SKETCHPAD,第一次证实了人机对话工作方式的可能性。这一研究成果具有划时代的意义,为发展CAD/CAM技术做出了巨大贡献。

CAD技术的发展,引起了工业界的重视。也是在1963年,第一个正式的CAD系统DAC(Design Augmented by Computers)在美国通用汽车公司问世,IBM公司也发展了2250系统图形显示终端。这些产品在今天看来尽管还是粗糙和不完善的,但在当时却大大推动了人们对CAD的关注和兴趣。首先做出响应的是美国的汽车工业,随后日本、意大利等国的汽车公司也开始了实际应用,并逐渐扩展到其他部门。

CAD技术是在20世纪60年代初期发展起来的。当时的CAD技术特点主要是交互式二维绘图和三维线框模型绘图。利用解析几何的方法定义有关图素(如点、线、圆等)来绘制和显示直线、圆弧组成的图形。这种初期的线框模型系统只能表达图形的基本信息,不能有效地表达几何数据间的拓扑关系和表面信息。因此,无法实现计算机辅助工程分析(Computer Aided Engineering, CAE)和CAM。

计算机辅助制造工艺(Computer Aided Process Planning, CAPP)是对计算机给定一些规则,以便产生出工艺规程。工艺规程是根据一个产品的设计信息和企业的生产能力,确定产品生产加工的具体过程和加工指令,以便于制造产品。一个理想的工艺文件应保证工厂以最低的成本、最有效地制造出已设计好的产品。它是在20世纪50年代中期发展起来的。

CAE技术是从20世纪80年代发展起来的。CAE技术的确切定义尚无统一的论述,但目前多数CAE是CAD/CAM向纵深发展的必然结果。它是有关产品设计、制造、工程分析、仿真、实验等信息处理,以及包括相应数据管理系统在内的计算机辅助设计和生产的综合系统。CAE技术的主要功能指产品几何形状的模型化和工程分析与仿真,如图1-1所示。

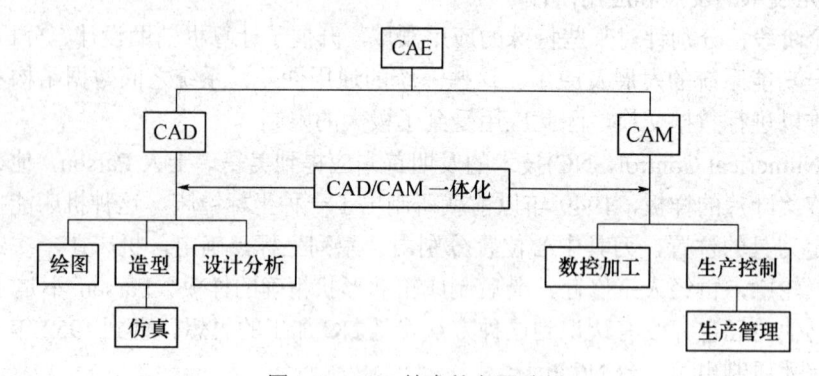

图1-1 CAE技术的主要功能

作为CAE技术的核心内容——工程优化设计是在20世纪50年代末期发展起来的,在70年代已得到普及和广泛应用。

2. CAD/CAM 集成阶段

随着一些专业系统的应用和普及，出现了通用的 CAD、CAM 系统，而且系统的功能迅速增强。另外，CAD 系统从二维绘图和三维线框模型迅速发展为曲面造型、实体造型、参数化技术和变量化技术，CAD、CAE、CAPP、CAM 系统实现集成化或数据交换标准化，CAD/CAM 的应用进入了普及和应用阶段。

3. CIMS 技术推广应用阶段

计算机除了在设计、制造等领域得到深入应用外，几乎在企业生产、管理、经营的各个领域都得到了广泛的应用。由于企业的产品开发、制造活动与企业的其他经营活动是密切相关的，因此，要求 CAD/CAM 等计算机辅助系统与计算所管理信息系统交流，在正确的时刻，把正确的信息，送到正确的地方。这是更高层次上企业内的信息集成，也就是所谓的计算机集成制造系统(Computer Integrated Manufacturing System，CIMS)。

从 20 世纪 50 年代以来，随着计算机的迅速发展，计算机应用的许多新技术被应用到制造业，以解决制造业所面临的一系列难题，这些新技术主要有数控(NC)、分布式数控(DNC)、计算机数控(CNC)、原材料需求计划(MRP)、制造资源计划(MRP-II)、计算机辅助设计(CAD)、计算机辅助制造(CAM)、计算机辅助工程(CAE)、计算机辅助工艺过程(CAPP)和机械制造中的成组技术(GT)及机器人等。但这些新技术的实施并没有带来人们曾经预测的巨大效益，原因是它们离散地分布在制造业的各个子系统中，只能局部达到自动控制和最优化，不能使整个生产过程长期在最优化状态下运行。为了解决这个问题，人们逐步发展了计算机集成制造(CIM)这一技术思想。

从 20 世纪 80 年代中期以来，以 CIMS 为标志的综合生产自动化成为制造业的热点。

在我国，CAD/CAM 技术的发展经历了由引进到开发的过程，很多大中型企业、工程设计部门、大专院校、科研部门等纷纷通过引进或自行开发，建立起适合自己行业特点和工作需要的 CAD/CAM 系统，取得了良好的社会经济效益。CAD/CAM 技术的应用也由一般到高级、由少数用户到全面普及。

CAD/CAM 技术的发展方向多样化，如集成化、智能化、柔性化、网络化等；而 CIMS 则是基于计算机技术和信息技术，将设计、制造和生产管理、经营决策等方面有机地结合成一个整体，形成物流和信息流的综合，对产品设计、零件加工、整机装配和检测检验的全过程实施计算机辅助控制，从而达到进一步提高效率、提高柔性、提高质量和降低成本的目的。

为赶超世界先进水平，为成功地引进、研制和正确使用 CAD/CAM 系统，需要对 CAD/CAM 的现状和发展有一个正确的认识。CAD/CAM 技术是一门方兴未艾的科学，现有的系统不一定是最好的系统，在这一学科内很多问题还有待于深入研究和探索。

1.1.3 CAD/CAM 系统的基本组成

CAD/CAM 系统由硬件系统、软件系统和人才系统组成。

硬件主要包括计算机主机及其外围设备、网络通信设备和生产加工设备。硬件设备是 CAD/CAM 系统运行的基础。软件一般是指由系统软件、支持软件和应用软件组成的程序、数据及有关文档。软件是 CAD/CAM 的核心。近年来，由于计算机技术的不断进步，大大缩短了软件升级和硬件更新周期。二者之中，尤以软件升级更为活跃，只有及时进行升级完善,才能不断满足生产加工需要。软件的发展,需要更快的计算机硬件系统,而硬件的更新为开发更好的CAD/CAM软件提供了必要的物质条件。

配置最佳的软、硬件系统,离不开高素质的操作和维护人员,人才是CAD/CAM系统运行的关键。从使用角度来看,各类CAD/CAM系统都通过人机对话完成各种交互任务,而大部分交互工作是人与计算机之间进行的,这就要求操作人员与计算机密切合作,各自发挥自身特长。操作人员在设计策略、逻辑控制、信息组织、经验和创造性方面占有主导地位。计算机在信息存储与检索、分析与计算、图形与文字处理等方面有着特有的优势。只有把硬件、软件和操作人员的工作有机结合起来,并加以正确维护,才能有效地发挥CAD/CAM系统的作用。CAD/CAM系统的组成如图1-2所示。

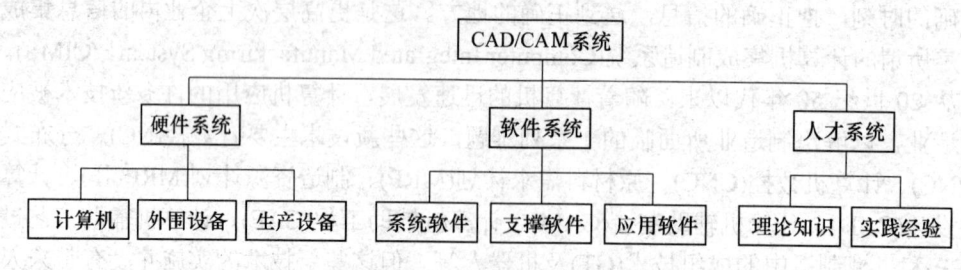

图1-2 CAD/CAM系统的组成

CAD/CAM系统是一个有机的统一体,但CAD和CAM又各有其侧重面。接下来先简单地认识一下CAD系统软件的功能。

由于CAD/CAM系统所处理的对象不同,硬件的配置、选型不同,所选择的支撑软件不同,因此,系统的功能也会有所不同。系统总体与外界进行信息传递与交换的基本功能是靠硬件提供的,而系统所解决的问题是由软件来保证的。

1. 图形显示功能

CAD/CAM系统是一个人机交互的过程,从产品的造型和构思、方案的确定、结构分析到加工过程仿真,系统随时保证用户能观察、修改中间结果,实时编辑处理。用户每一次操作都能从显示器上及时得到反馈,直到取得最佳的设计、制造结果。图形显示功能不仅能够对二维平面进行显示控制,还包含三维体处理。

2. 存储功能

在CAD/CAM系统运行中,数据量很大,往往有很多算法生成大量的中间数据,尤其是对图形的操作以及交互式的设计、结构分析中的网格划分等。为了保证正常运行,CAD/CAM系统必须配置较大的存储设备,支持数据在各模块运行时的正确流通。另外,工程数据库的运行必须有存储空间的保障。

3. 输入、输出功能

在CAD/CAM系统运行中,用户需要不断将有关设计要求、各步骤的具体数据等输入计算机,通过计算机处理后,输出处理结果。输入、输出信息可以是数值的,也可以是非数值的,如图形数据、文本、字符等。

4. 交互功能

在CAD/CAM系统中,人机接口是用户与系统连接的桥梁,友好的用户界面是保证用户直接而有效完成复杂设计任务的必要条件。除软件中的界面设计外,还必须有交互设备实现人与计算机之间的通信。

1.1.4 CAD/CAM 系统的主要任务

CAD/CAM 系统需要对产品设计、制造全过程的信息进行处理，包括设计、制造过程中的数值计算、设计分析、绘图、工程数据库、工艺设计及加工仿真等各个方面。

1. 工程绘图

采用计算机进行平面图形的绘制，以取代传统的手工绘图，CAD/CAM 系统中某些中间结果也是通过图样来表达的。CAD/CAM 系统一方面应具备从几何造型的三维图形直接向二维图形转换的功能，另一方面还需具有处理二维图形的能力，保证生成合乎生产要求、也符合国家标准的机械图样。

2. 几何造型

通过二维图形表达三维的产品是一种间接的设计方法，理论上应该直接设计具有三维形状的产品。但是，依靠人工去绘制三维产品，并对三维产品直接进行分析是非常困难的。因此，计算机辅助设计的基本任务就是利用计算机构造三维产品的几何建模功能，记录产品的三维模型数据，并在计算机屏幕上显示出真实的三维图形结果。利用几何建模功能，用户不仅能构造各种产品的几何模型，还可以随时观察、修改模型或检验零部件装配的结果。产品几何建模包括：零件建模，即在计算机中构造每个零件的三维几何结构模型；装配建模，即在计算机中构造部件的三维几何结构模型。常用的方法有：线框模型，即用零件边框线来表示零件的三维结构；曲面模型，即用零件的表面来表示零件的三维结构；实体造型，即全面记录零件边框、表面及曲面所组成的体的信息，并记录材料属性及其他加工属性。

3. 计算分析

CAD/CAM 系统构造了产品的形状模型之后，能够根据产品的几何形状，计算出相应的体积、表面积、质量、重心位置及转动惯量等几何特征和物理特性，为系统进行工程分析和数值计算提供必要的基本参数。另一方面，CAD/CAM 系统中的结构分析需进行的应力、温度、位移等计算，图形处理中变换矩阵的运算，体素之间的交、并、差计算，以及工艺规程设计中的工艺参数计算都要求 CAD/CAM 系统对各类分析算法正确、全面，而且适应数据计算量大、有较高的计算精度等要求。

4. 结构分析

CAD/CAM 系统结构分析常用的方法为有限元法，这是一种数值近似求解方法，用来解决形状比较复杂的零件的静态(动态)特性、强度、振动、热变形、磁场、温度场、应力分布状态等计算分析。在进行静态、动态特性分析之前，系统根据产品结构特点，划分网格，标出单元号、节点号，并将划分的结果显示在屏幕上。进行分析计算之后，将计算结果以图形、文件的形式输出，如应力分布图、位移变形图等，使用户方便、直观地看到分析的结果。

5. 优化设计

CAD/CAM 系统应具有优化求解的功能，也就是在某些条件的限制下使产品或工程设计中的预指标达到最优。优化包括总体方案的优化、产品零件结构的优化、工艺参数的优化等。优化设计是现代设计方法学中的一个重要组成部分。

6. 装配及干涉碰撞分析

零部件在设计时，利用计算机分析和评价产品的装配性，避免真实装配中的种种问题。对运动机构，也要分析运动机构内部零部件之间及机构周围环境之间是否有干涉碰撞现象，要及时发现并纠正各种可能存在的干涉碰撞问题。

7. 可制造性分析

在零部件设计时，用计算机分析和评价产品的可制造性能，以避免一切不合理的设计。这些不合理的设计将导致后续制造困难或制造成本增加。

8. CAPP

产品设计的目的是为了加工制造出产品，而工艺设计是为了产品的加工制造提供指导的文件。因此，CAPP 是 CAD 与 CAM 的中间环节。CAPP 系统应当根据建模后生成的产品信息及制造要求，自动设计、编制出加工该产品所采用的加工方法、加工步骤、加工设备及参数。CAPP 的设计结果一方面能被生产实际所用，生成工艺卡片文件，另一方面能直接输出一些信息，为 CAM 中的 NC 自动编程系统接收、识别，直接转换为刀位文件。

9. NC 自动编程

在分析零件图后，制订出零件的数控加工方案，并用专门的数控加工语言(如 APT 语言)将其输入计算机。其基本步骤通常包括：

(1) 编程。手工或计算机辅助编程，生成源程序。
(2) 前处理。将源程序翻译成可执行的计算机指令，经计算，求出刀位文件。
(3) 后处理。将刀位文件转换成零件的数控加工程序，最后输出数控加工代码。

10. 模拟仿真

在 CAD/CAM 系统内部，建立一个工程设计的实例模型，通过运行仿真软件，代替、模拟真实系统的运行，用以预测产品的性能、产品的制造过程和产品的可制造性。如数控加工仿真系统，从软件上实现工件试切的加工模拟，避免了现场调试带来的人力、物力的投入及加工设备损坏的风险，减少了制造费用，缩短了产品设计周期。模拟仿真通常有加工轨迹仿真，机构运动学模拟，机器人仿真，工件、刀具、机床的碰撞、干涉检查等。

11. 工程数据库管理

由于 CAD/CAM 系统中数据量大、种类多，既有几何图形数据、又有属性语义数据，既有产品定义数据、又有生产控制数据，既有静态标准数据、又有动态过程数据，结构还相当复杂，因此，CAD/CAM 系统应能提供有效的管理手段，支持工程设计制造全过程信息流动与交换。通常，CAD/CAM 系统采用工程数据库系统作为统一的数据环境，实现各种工程数据的管理。

1.2 CAD/CAM 系统的数据模型

在使用计算机进行产品设计和加工过程中，当确定了设计任务和主要技术性能指标后，设计者首先使用 CAD 系统的三维几何造型技术描述产品和工程结构的总体形状及主要零部件的结构，然后再进行模拟计算。如检查各运动部件之间是否发生干涉、计算物体的体积和质心等物理特性，以及利用有限元方法分析计算，以了解主要构件的受力状态和温度分布，在此基础上进行评价、比较和改进，最后确定设计对象的总体结构，以使性能达到最优状态。如果在几何造型时采用一个合适的表达方法，还可以方便地生成数控加工指令，模拟加工过程中刀具运动的轨迹，以检查刀具是否刚好切去希望的切削量等。由此可知，在产品的设计和制造中，有关几何形状的描述、结构分析、工艺过程设计和数控加工等方面的技术都与几何形状有关，几何形状的定义和描述即建立系统的数据模型是其中的核心部分，它为设计、分析计算和制造提供了统一的数据和有关的信息。因此，实体的数据模型在 CAD/CAM 系统中是一个重要的组成部分。

1.2.1 几何建模

产品的设计与制造涉及许多有关产品几何形状的描述、结构分析、工艺设计、加工和仿真等方面的技术，其中几何形状的定义与描述是其核心部分，其他环节均需由它提供基本数据。将三维的几何形状描述成计算机能识别理解的形式的过程，称为建模。几何建模是指在计算机上建立产品及其零部件几何模型的构造技术。几何建模技术是 CAD/CAM 系统的核心，它为产品的设计、制造提供基本数据，同时，也为其他模块提供原始的信息。产品的几何建模可分为线框模型(Wireframe Model)、曲面模型(Surface Model)及实体模型(Solid Model)三类，早期的 CAD/CAM 系统往往分别处理这三种造型方法，而目前一般是将三者有机地结合起来。

1.2.2 特征建模

特征建模是基于产品定义的一种新的造型技术，是几何建模技术的新发展。特征建模(Feature Model)的基础是几何建模，它不仅完整地表示产品的形状信息而且还包含与产品制造有关的信息。这是因为工程技术人员在产品设计、制造过程中，不仅关心产品的结构形状、尺寸，而且必须了解其形位公差、材料性能、表面粗糙度和技术要求等一系列对实现产品极为重要的非几何信息。

CAD/CAM 一体化是当前机械设计、制造领域的方向，特征建模是 CAD 建模方法中的一个里程碑。特征建模与前一代的几何建模相比有以下特点：

(1) 特征建模着眼于表达产品的技术和生产管理信息，目的是用计算机理解和处理统一的产品模型替代传统的产品设计图样和技术文档。

(2) 特征的引用体现了设计意图，使得建立的产品模型容易被别人理解，组织生产设计的图样容易修改。设计人员可以将更多的精力用在创造性构思上。

(3) 有助于加强产品设计、分析、工艺准备、加工检验各部门间的联系，更好地将产品设计意图贯彻到各个后续环节，并且及时得到后者的意见反馈，为开发新一代基于产品信息模型的 CAD/CAPP/CAM 集成系统创造了条件。

1.2.3 参数化设计

在实际设计过程中，大多数的设计是通过修改已有图形而产生的。传统的实体造型只注重最后的结果，忽略中间过程的描述，要想修改结构形状，有时只有进行重新造型，设计人员往往要进行大量的不必要的重复工作。在这种情况下，参数化

7

技术应运而生，它使得产品的设计图可以随着某些尺寸的修改和使用环境的变化而自动修改。

参数化设计是从20世纪80年代后期开始发展起来的，并于90年代逐渐发展成熟。目前，参数化设计分为尺寸驱动系统和变量化设计系统两类。

1. 尺寸驱动系统

尺寸驱动系统称为参数化造型系统。它只考虑物体的几何约束(尺寸和拓扑关系)，而不考虑工程约束。设计对象的结构形状比较定型，可以用一组参数来约定尺寸关系。参数与设计对象的控制尺寸有明显的对应关系，尺寸变化后，直接驱动设计结果。

尺寸驱动的几何模型由几何元素、尺寸约束和拓扑约束三部分组成。当修改某一尺寸时，系统自动检索该尺寸在尺寸链中的位置，找到它的起始几何元素和终止几何元素，使它们按新的尺寸进行调整，得到新模型；接着检查所有几何元素是否满足约束，如果不满足，则让拓扑约束不变，按尺寸进行调整，得到新模型，直到满足全部约束条件为止。

由于尺寸驱动技术被广泛地应用，人们可以轻松地对以前的设计图样进行修改，理论上只要改变任一视图或模型的任一尺寸，系统都会自动更新与修改部分有关的内容，毋须逐一查找更改。

但是，仅仅具备尺寸驱动的系统也存在许多不足。一是使用者必须严格遵守软件的内在使用机制，如决不允许欠尺寸约束、不可以逆向求解等；二是零件截面形状比较复杂时，系统规定必须将所有尺寸表达出来的要求让设计者有点为难，在众多尺寸中无从下手；三是对于尺寸驱动的这一修改手段，究竟改变哪一个(或几个)尺寸会导致形状朝着自己满意的方向改变呢？判断起来十分不易。另外，进行尺寸驱动时必须提供合理的尺寸，否则会导致变形过分，从而引起拓扑关系改变而出错误。

2. 变量化设计系统

变量化设计系统是在尺寸驱动的基础上做了进一步改进后提出的设计思想。它考虑所有的约束，不仅考虑几何约束，而且考虑工程应用有关的约束，设计对象的修改需要更大的自由度，通过某一种约束方程来确定产品的尺寸和形状。变量化设计可以应用于公差分析、运动机构协调、设计优化、初步方案设计造型等更广泛的工程设计领域。因此，变量化设计是一种约束驱动的方法。

在变量化设计的情况下，设计者可以采用先形状后尺寸的设计方式，允许采用不完全约束，只给出必要的设计条件，这种情况下仍能保证设计的正确性和效率，因为系统分担了很多繁杂的工作。造型过程中，如何满足几何形状要求是第一位的，尺寸细节是后来逐步完善的。因此，设计过程相对轻松，这使得设计人员在进行设计之初可以不受工程中精确的位置与尺寸的约束，可以投入更多的精力去考虑设计方案。变量化设计系统在做概念设计时特别得心应手，比较适用于新产品的开发和老产品改型方面的创新设计。

参数化设计是指将工程技术人员所绘制的任意图形参数化，一旦修改图中的任一尺寸，均可实现尺寸驱动，引起相应图形的改变。

1.3 数控加工编程简介

1.3.1 数控加工基础

1. 数控加工编程

数控加工编程就是把零件的图形尺寸、工艺过程、工艺参数、机床的运动及刀具位移等内容，按照数控机床的编程格式并用数控机床能识别的语言记录在程序单上的过程。程序编制的好坏直接影响数控机床的正确使用和数控加工优越性的发挥。

2. 机床和数控加工

CAM 是指以计算机为主要手段，处理与制造有关的信息，从而控制制造的全过程。狭义的 CAM 就是指数控自动编程技术。依据 CAD 系统产生的产品数学模型，选择加工工艺参数，生成、编辑刀具的运动轨迹，以实现产品的虚拟加工和产生实际数控机床能直接使用的零件加工程序。

(1) 数控机床。数控机床是一种利用数字控制技术，准确地按照给定的工艺流程实现规定加工动作和运动轨迹的机床。

(2) 数控加工。在数控机床上执行根据零件图及工艺要求编制的数控程序单，从而控制数控机床的刀具与工件的相对运动，以完成零件制造的加工。

(3) 数控机床坐标系。数控机床坐标系是为了确定工件及刀具在机床中的位置及运动范围等而建立的几何坐标系。与 CAD 系统中采用的标准相同，都采用 ISO 841 标准。规定如下：采用右手直角笛卡儿坐标系，由右手定则规定 X、Y、Z 的关系及其正方向；用右手螺旋法则规定围绕 X、Y、Z 各轴的回转运动及其正方向 $+A$、$+B$、$+C$。

3. 数控加工切削过程

一般把数控机床切削加工零件的完整过程分为 9 个阶段，如图 1-3 所示。

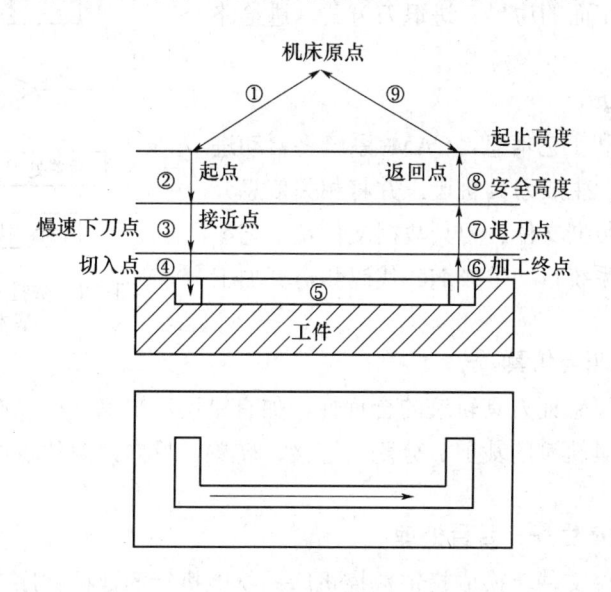

图 1-3 数控加工切削过程

(1) 各坐标轴快速由机床原点移到循环起点。

(2) 以 G00 指令方式快速由起点移到位于安全平面的接近点。

(3) 以接近速度由接近点移到位于慢速下刀的切入点。

(4) 以切削速度由切入点按给定的切入矢量方向，进给到工件加工的开始切削点。

(5) 切削：以切削速度由开始切削点移到加工终点。

(6) 以切削速度由加工终点按退刀矢量方向退到退出点(退出点离工件上表面的距离应满足最小间隙的规定)。

(7) 以退刀速度由退出点退到位于安全平面的退刀点。

(8) 以 G00 指令方式快速由退刀点移到位于起止高度的返回点。

(9) 快速由返回点返回机床原点。

1.3.2 数控加工编程的内容与步骤

数控编程的内容与步骤，即 CAD/CAM 系统的操作过程可分为 5 步，如图 1-4 所示。

1. 零件几何信息的描述

利用 CAD/CAM 系统软件对零件进行几何造型，形成零件的三维几何信息。

2. 加工工艺参数的确定

根据零件的几何信息(三维模型)确定零件的加工工艺参数及被加工面等信息。通过 CAM 系统提供的交互界面将这些信息输入计算机内。工艺参数包括加工方法、刀具参数、切削用量等；被加工面信息输入包括被加工面或加工面的边界、进退刀方式、进给路线等。

3. 刀具轨迹生成

根据几何信息和工艺信息，CAM 系统将自动进行有关数据的计算，生成刀具轨迹，并将相关信息分别存在零件的轮廓数据文件、刀具数据文件及工艺参数文件中。它们是系统自动生成 NC 代码和仿真加工基础。

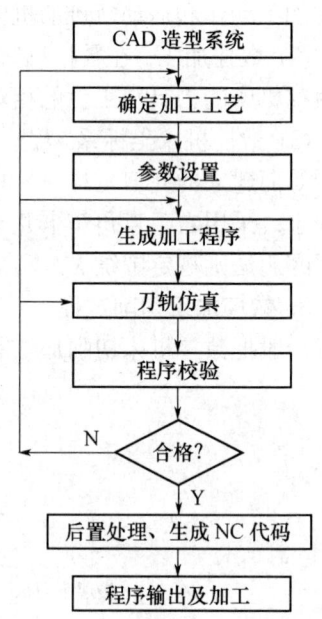

图 1-4 数控加工自动编程的基本步骤

4. 刀具轨迹编辑与仿真

刀具轨迹仿真可验证刀具轨迹的合理性，如有错误和缺陷，可以对刀具轨迹进行一定的编辑，包括刀具轨迹的裁剪、分割、连接、转置、反向，刀位点的增加、删除、修改与均匀化等。

5. 数控程序的产生——后置处理

将编辑好的刀位文件转换成指定数控机床系统能执行的数控程序单。这些程序单可以直接输入到数控机床系统中，用于控制数控加工。

1.3.3 数控编程技术的发展与程序编制方法

数控编程一般可分为：手工编程和自动编程。

手工编程是指编制数控加工程序的各个步骤均由人工完成。几何形状不太复杂的零件，计算比较简单，加工程序不多，适合于手工编程。

但对于形状复杂、具有非圆曲线、列表曲线轮廓的零件，特别是具有列表曲面、组合曲面的零件，或者那些虽然几何元素并不复杂的零件，由于其计算非常烦琐，程序量很大，易出错，难校对，因此宜采用自动编程比较适宜。

根据编程信息的输入方式及计算机处理方式的不同，自动编程又分为以自动编程语言(APT 语言)为基础的自动编程方法和以 CAD 为基础的自动编程方法，即语言自动编程和交互式自动编程。

使用 APT 语言编制数控程序，提高了编程效率，同时还具有程序简练、走刀控制灵活等优点。但 APT 仍有许多不便之处：由于是用语言来定义零件几何形状的，因此难以描述复杂的几何形状，缺乏几何直观性；缺少对零件形状、刀具运动轨迹的直观图形显示和刀具轨迹的验证手段；难以同 CAD 数据库和 CAPP 系统有效连接；不易做到高度的自动化和集成化；要求编程人员熟悉 APT 语言，仍需手工编写并输入源程序，难免存在人为的错误。

针对 APT 语言的缺点，从 20 世纪 70 年代开始，出现了许多 CAD/CAM 一体化集成软件，产生了交互式 CAM 自动编程技术，并逐步形成了计算机集成制造系统(CIMS)及并行工程(CE)的概念。

1.4 数控加工自动编程

CAM 编程是当前最先进的数控加工编程方法，它是利用计算机以人机交互图形方式完成从零件几何图形计算机化、轨迹生成与加工仿真到数控程序生成的全过程，操作过程形象生动、效率高、出错概率低，而且还可以通过软件的数据接口共享已有的 CAD 设计结果，实现 CAD/CAM 集成一体化，实现无纸设计制造。

1.4.1 CAD/CAM 一般的工作过程

CAD/CAM 系统是产品设计、制造过程中的信息处理系统，它以计算机硬件、软件为支撑环境，通过各个功能模块实现对产品的描述、计算、分析、优化、绘图、工艺规程设计、仿真及 NC 加工。另外，从广义上讲，CAD/CAM 集成系统还包括生产规划、管理及质量控制等方面的内容。因此，它克服了传统人工操作的缺陷，充分利用了计算机高速、准确、高效的计算功能，图形处理、文字处理功能，以及对大量各类数据的存储、传递、加工功能。在运行过程中，结合人的经验、知识及创造性，形成一个人机交互、各尽所长、紧密配合的系统。它主要研究对象的描述、系统分析、方案的优化、计算分析、工艺设计、仿真模拟、NC 编程及图形处理等理论和工程方法，输入的是系统的产品设计要求，输出的是系统的产品制造加工信息。CAD/CAM 系统的一般工作流程如图 1-5 所示。

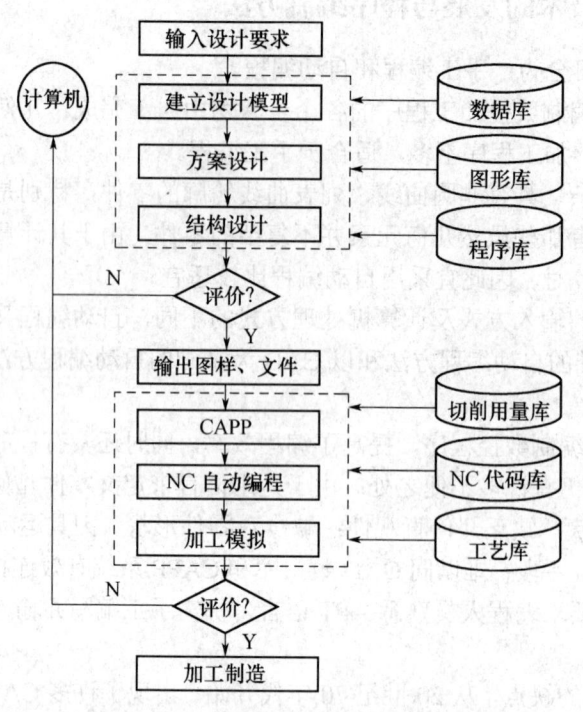

图 1-5　CAD/CAM 系统的一般工作流程

1.4.2　数控加工软件的功能要求

通用数控加工 CAM 软件应具备以下主要功能：工件几何参数的输入与数据接口、交互生成刀具路径、通用后置处理及数控程序的自动生成。工件几何参数的输入方式除了交互式绘图外，还要接收由其他 CAD 软件生成的图形数据，因此要求 CAM 软件的数据接口要通用，所接收的数据种类多，交互式生成刀具路径时能够把相关工艺参数引入，加工方式多，操作方便，并且能针对不同类型的机床数控系统生成加工程序。

1.4.3　常用 CAD/CAM 软件及应用

用于数控加工编程的 CAM 软件大体上分为两种类型：一是数控机床厂开发的配套编程软件；二是软件开发商专为数控加工开发的 CAD/CAM 集成系统。第一种类型的软件针对性强，但在功能及操作方便性方面存在不足，因此，现在有些数控机床生产厂扬长避短，选用成熟的专业编程软件配套，自己只专心于机床功能与性能的提高，效果较好。

常用商品化的 CAD/CAM 软件有：

1. CATIA

CATIA 是法国达索公司研制的三维几何造型软件，具有工程图、数控加工编程、计算分析等方面的功能。可以方便地实现二维图素和三维图素之间的转换，还可以进行平面或空间机构运动学方面的模拟和分析。

2. Unigraphics(简称 UG)

UG 是 EDS 公司的产品,该软件汇集了美国航空航天与汽车工业丰富的设计经验,已发展成为世界一流的集成化机械 CAD/CAE/CAM 软件系统。

3. Pro/Engineer(简称 Pro/E)

Pro/E 是美国 PTC 公司开发的机械设计自动化软件,包含了多个专用功能模块,如特征造型、产品数据管理(PDM)、有限元分析、装配等,是最早较好实现参数化设计功能的软件。Pro/E 目前是全球应用最为广泛的 CAD/CAM 软件之一。

4. I-DEAS

I-DEAS 是美国 EDS 公司的产品,它集产品设计、工程分析、数控加工、塑料模具仿真分析、样机测试及产品数据管理于一体,是高度集成化的 CAD/CAE/CAM 软件。它的 CAE 能力突出,具备强大的有限元分析前处理和机构仿真能力。

5. SolidWorks

SolidWorks 是美国 SolidWorks 公司推出的小型 CAD/CAM 系统,采用著名的 Parasolid 为造型引擎,其主要功能可以与大型 CAD/CAM 系统相媲美。

6. MasterCAM

MasterCAM 软件是美国 CNC Software 公司研制开发的 PC 级 CAD/CAM 系统,它集三维建模,数控车、铣、线切割等功能于一体,其突出的后置处理功能使其在模具制造中被广泛应用。

7. CAXA 系列软件

CAXA 系列软件是北京北航海尔软件公司的产品。该公司开发研制的 CAD/CAM 系列产品有:二维和三维电子图板,注塑模具设计系统,线切割系统,CAXA 制造工程师,工艺图表,实体设计等。目前 CAXA 电子图板在国内 CAD 市场占有一定的份额。

8. AutoCAD 和 MDT

AutoCAD 和 MDT 是美国 Autodesk 公司推出的 CAD 系统,前者在我国二维 CAD 市场多年来一直占有相当份额,后者则是一种集成化的微机版 CAD 系统,它具有特征造型、约束装配和曲面造型能力,同时与 AutoCAD 完全集成。由于 AutoCAD 和 MDT 对设备资源要求不高,费用也不高,因此易于普及。

1.4.4 MasterCAM 软件应用于 CAD/CAM 的一般过程

MasterCAM 软件具有强大的计算机辅助设计和辅助制造功能,集工件的二维几何图形设计、三维线框设计、三维曲面设计、三维实体设计、刀具路径生成、刀具路径模拟、实体加工仿真等功能于一身,并提供友好的人机交互式界面,在数控加工生产中得到了广泛的应用。下面用一个实例说明 MasterCAM 软件应用于 CAD/CAM 的一般过程。

MasterCAM 软件应用于 CAD/CAM,首先要建立零件的几何模型,如图 1-6 所示;然后选择加工方式及所用刀具,确定切削参数,生成刀具路径,如图 1-7 所示;再进行加工仿真,如图 1-8 所示,根据仿真结果修改刀路和加工参数;最后根据所使用的数控系统进行后置处理,产生数控加工程序,如图 1-9 所示;对程序的头和尾稍作一些修改,就可以传送到机床上进行实际加工。

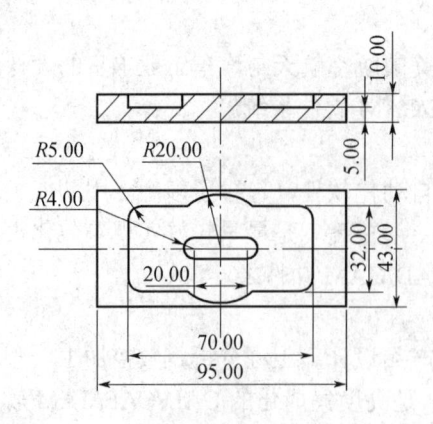

图 1-6 零件几何图形　　　　　　　　图 1-7 几何刀具路径

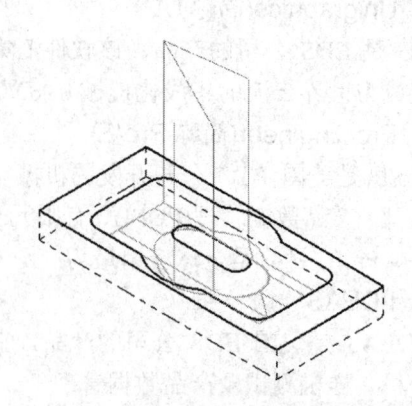

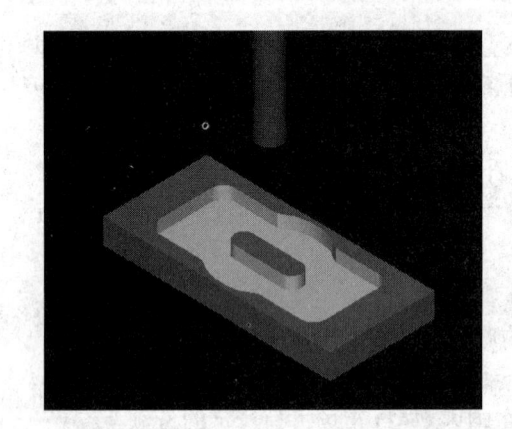

图 1-8 实体加工仿真　　　　　　　　图 1-9 数控加工程序

1.5 本章小结

(1) CAD/CAM 技术就是计算机辅助设计和计算辅助制造，它广泛应用于机械、汽车、航空航天、电子、建筑工程、轻工、纺织和家电等领域。CAD/CAM 将产品的设计与制造作为一个整体进行规划和开发，实现了信息处理高度一体化，具有高智力、知识密集、综合性强和效率高等特点。

(2) CAD/CAM 系统基本上由硬件系统(计算机、外部设备、生产设备)及软件系统(系统软件、支撑软件、应用软件)组成。CAD/CAM 系统需要对产品设计、制造全过程的信息进行处理，包括设计、制造过程中的数值计算、设计分析、绘图、工程数据库、工艺设计及加工仿真等各个方面。

(3) CAD/CAM 软件有几何建模、特征建模、参数化设计、计算分析、工程绘图、辅助工程分析等功能。在产品的设计和制造中，有关几何形状的描述、结构分析、工艺过程设计和数控加工等方面的技术都与几何形状有关，几何形状的定义和描述即建立系统的数据模型是其中的核心部分，它为设计、分析计算和制造提供了统一的数据和有关的信息。

(4) 实现数控加工的关键是编程。数控编程一般可分为手工编程和自动编程；自动编程又可分为语言式和交互式两种。本课程将要学习的就是 CAM 交互式自动编程技术。

思考与练习题

1. 试述 CAD、CAM 的含义和功能。
2. CAD/CAM 技术经历了哪几个发展阶段？
3. 什么是 CIMS？
4. 试比较三维线框模型、表面模型、实体模型的特点和应用范围。
5. 试述 CAD/CAM 一般的作业流程。
6. 常用 CAD/CAM 软件有哪些？

第 2 章　MasterCAM 软件基础

计算机的应用已渗透到各行各业，计算机在制造业中的应用产生了令人瞠目的震撼、效益、效率和活力，制造业进入了一个前所未有的、方兴未艾的、前景诱人的持续高速发展的阶段。

产品制造过程中的最关键的技术环节包含设计、工艺规划、制造三大项目，目前，计算机技术均已很好地融入于其中，形成了工业界目前非常流行的 CAD、CAPP、CAM。

MasterCAM 就是一种目前国内外工业企业广泛采用的 CAD/CAM 集成软件(包含 CAPP)，以 PC 为平台，在 Windows 视窗环境下使用。利用这个软件，可以辅助使用者完成产品的"设计→工艺规划→制造"全过程中最核心的问题。

1984 年，美国 CNC Software 公司顺应工业界形势的发展趋势，开发出了 MasterCAM 软件的最早版本，在随后不断的改进中，该软件功能日益完善，越来越多地得到使用者的好评，很快雄居同类软件的前茅，并一直保持着这种优势，目前，以其优良的性价比、常规的硬件要求、稳定的运行效果、易学易用的操作方法等特点，将装机率上升到世界第一(国际 CAD/CAM 领域的权威调查公司统计结论)，广泛用于机械、汽车、航空等行业，特别是在模具制造业中应用最广。

2.1　MasterCAM 9.1 软件功能

2.1.1　MasterCAM 9.1 软件结构

MasterCAM 9.1 软件系统由设计模块、铣削编程模块、车削编程模块、线切割编程模块、雕刻加工编程模块等五个模块组成，如图 2-1 所示。而其中的设计模块是每个模块都

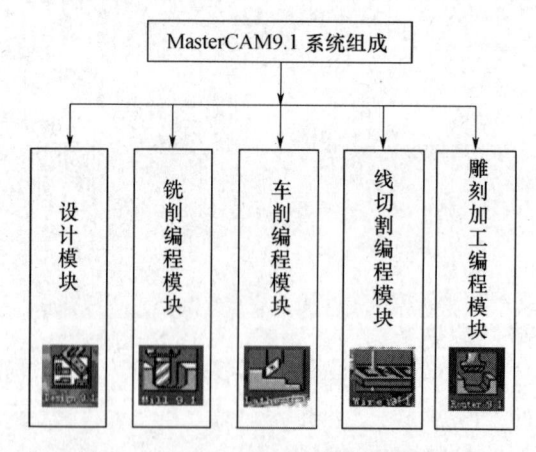

图 2-1　MasterCAM 9.1 软件系统组成

包含的内容，也就是说各种加工编程模块可以在自己的模块中设计图形，也可在设计模块中设计好后，再调入图形进行加工编程。

2.1.2 MasterCAM 9.1 软件主要功能

1. 二维绘图和三维造型

在二维空间(即平面上)得到图形的过程称为绘图，而在三维空间里创建的是一个"活生生"的虚拟形体(有前后、左右、上下关系，就像一个模特在你眼前摆各种姿势一样)，这种创建过程习惯上称为三维造型。

可以非常方便地完成各种平面图形的绘制工作，并能方便地对它进行尺寸标注、图案填充(如画剖面线)等工作。

可以非常直观地用多种方法创建规则曲面(圆柱面、球面等)和复杂的异形曲面(波浪形曲面、鼠标状曲面等)，而且能随意修改。创建曲面模型的过程称为曲面造型。

可以非常随意地创建各种基本实体，联合多种编辑功能可以创建任意复杂程度的实体，并可灵活地进行修改。实体建模采用的是目前流行的 Parasolid 核心(另一种核心是 ACIS)。构建实体的基本思想就如小孩堆积木，所以其创建思路非常容易被人理解。创建实体模型的过程称为实体造型。

创建出来的三维表面模型或实体模型可以进行着色、赋材料和设置光照效果的处理，这个过程又称渲染。经过合理渲染的模型，加上能自由地对模型进行任意旋转和移动，会产生非常逼真的效果，是非常令人振奋的操作。

2. 生成刀具路径

MasterCAM 的最终目的是将设计出来的作品进行加工，在计算机上仅能完成模拟的加工，但能产生在数控机床上真实加工时所必需的加工程序单。

加工必须使用刀具，只要被运动着的刀具接触到的材料都将被切除，所以刀具的运动轨迹实际上就决定了零件加工后的形状，因而设计刀具的运动轨迹是至关重要的，刀具的运动轨迹常称为刀具路径。

在 MasterCAM 中，可以凭借你的加工经验，利用软件提供的多项功能，完成刀具路径的设计工作，这个过程实际上就是 CAPP 中的最重要部分。

MasterCAM 可以生成二维的刀具路径，即刀具在连续的切削过程中不下降或上升(对立式数控铣床而言)，只在 X、Y 方向联动。需要进行这样操作的有铣平面、挖槽(含刻字)、铣轮廓(如平面凸轮)等，钻孔也属于二维的刀具路径，因为孔和孔之间的位置移动属于二维平面内移动，钻孔的深度可以由人工控制，但 MasterCAM 也可以为它设计控制动作的相关语句。

曲面或非水平的实体面加工则可能需要同时控制 X、Y、Z 三个方向的运动(称三轴联动)，例如铣削球面，对手工操作而言是不可想象的，但数控机床能够轻松做到这一点，还有四轴联动、五轴联动等(统称为多轴加工)。MasterCAM 中为三维曲面的加工规划了 10 多种加工方式，如放射状铣削、流线铣削、投影铣削、平行式铣削、环绕等距铣削、插削式铣削等，利用刀具运动的不同轨迹和姿态加工出高质量的三维面。

可以酌情选择合适的加工方式，生成所谓的三维刀具路径。

创建刀具路径中当然少不了对刀具的选择，可以在软件中看到各种生产中常用的刀具，甚至还可以自创新刀具。刀具的规格尺寸可以自由选择或者自行设置，当然要与实际相符。另外，加工所需的工艺参数(速度、切削深度等)都可以设置或者自动计算出来。

3. 生成数控程序，并模拟加工过程

以上还只是完成了刀具路径的规划，在数控机床上正式加工，还需要一份对应于机床上的控制系统的程序——符合 ISO(国际标准化组织)或 EIA(美国电子工业协会)标准规定的 G 代码程序。MasterCAM 可以在图形和刀具路径的基础上，进一步自动和迅速地生成这样的程序，并允许根据经验或加工实际条件对它进行修改和调整。数控机床采用的控制系统不一样，则生成的程序有差别，MasterCAM 可以根据你的选择生成符合系统要求的程序，这样的过程称为"后置处理"，简称后处理。系统中自带了国际上常用数控系统的后处理程序，并可以扩充，以适应各种不同的数控系统的需要。

特别是为了能直观地观察加工过程、判断刀具轨迹和加工结果的正误，MasterCAM 中设置了一个功能齐全的模拟器，可以在屏幕上预见到"实际"的加工过程，非常有真实感，还可以设置一些实际加工时不能做到的效果(如透明处理、不同的刀具加工的表面颜色不一等)，加工所需的机动时间也可以统计出来。

生成的数控程序(NC 程序)可以直接传送到与计算机相连的机床，数控机床将按照程序进行加工，而加工过程和结果与在屏幕上见到的一模一样。如果需要一份加工清单，也是可以做到的。

除了以上主要功能，MasterCAM 还可以完成一系列辅助工作，如与别的一些软件进行数据交换(可"看懂"别的软件中画出的图形)、查询坐标、计算面积等。对屏幕状态、图形效果、工作环境等的设置也是灵活自如的。

总之，MasterCAM 性能优越、功能强大、运行稳定、易学易用、对硬件要求低，是一个应用广泛的、实际应用和教学都很适宜的、开发和推广成功的 CAD/CAM 集成软件，值得从事与产品制造相关的人员学习和掌握。

2.2 MasterCAM 9.1 软件安装及启动和退出

2.2.1 MasterCAM 9.1 软件安装

1. MasterCAM 9.1 的安装过程

(1) 将含有 MasterCAM 9.1 软件的光盘放入光驱内，显示文件夹如图 2-2 所示。打开 MasterCAM 9.1 文件夹，用鼠标双击其内的 Setup.exe 文件，出现图 2-3 所示界面。

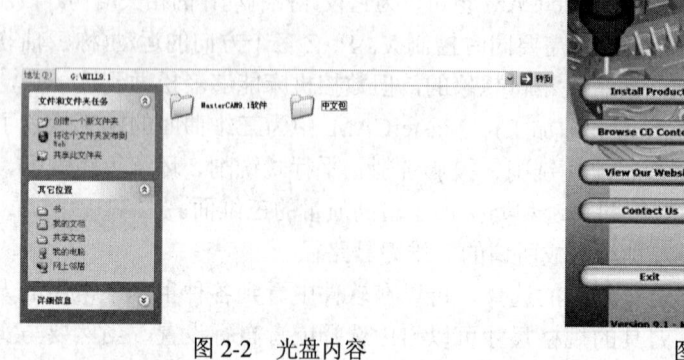

图 2-2 光盘内容   图 2-3 安装初始界面

(2) 用鼠标单击安装产品 Install Products 按钮,出现图 2-4 所示产品安装界面。单击安装 MasterCAM 9.1 按钮,出现图 2-5 所示 MasterCAM 9.1 软件安装界面。

图 2-4 产品安装界面   图 2-5 MasterCAM 9.1 软件安装界面

(3) 用鼠标单击"Next"按钮,出现图 2-6 所示安装界面。单击"Yes"按钮,同意安装许可协议,出现图 2-7 所示安装界面,填写"用户名"和"公司名",单击"Next"按钮,出现图 2-8 所示公、英制选择界面。

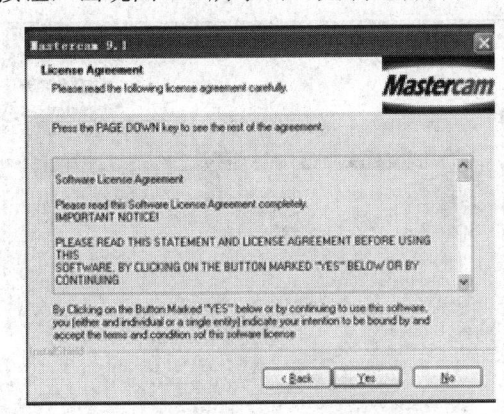

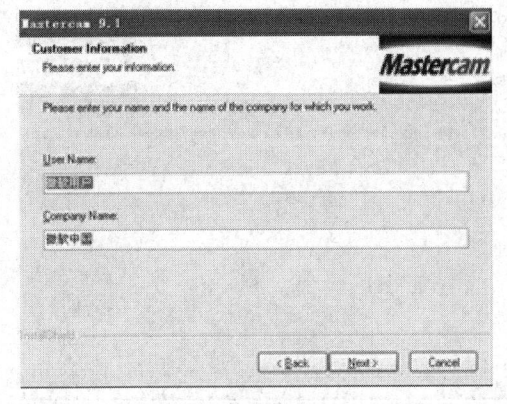

图 2-6 许可协议安装界面   图 2-7 "用户名"和"公司名"填写界面

(4) 用鼠标单击"Metric(mm)"按钮,单击"Yes"按钮,出现图 2-9 所示安装路径选择界面。单击"Browse"按钮,出现选择安装路径页面,如图 2-10 所示。

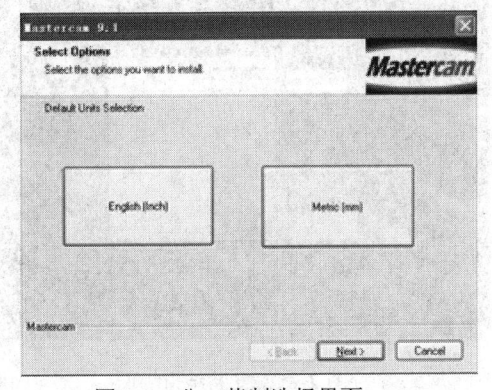

图 2-8 公、英制选择界面   图 2-9 安装路径选择界面

19

(5) 例如：将安装盘符改成"D：\Mcam9"，如图 2-11 所示。

(6) 用鼠标单击图 2-11 中的"确定"按钮，出现图 2-12 所示安装界面。单击"Next"按钮，出现图 2-13 所示模块选择安装界面。单击"Next"按钮，开始安装 MasterCAM 9.1 软件，安装画面如图 2-14 所示。安装结束出现如图 2-15 所示界面，单击图 2-15 中的"Finish"按钮，完成 MasterCAM 9.1 软件的安装。

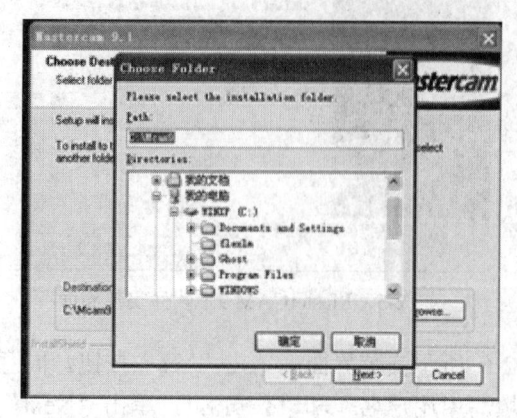

图 2-10　选择安装路径页面　　　　　　　　图 2-11　安装盘符修改

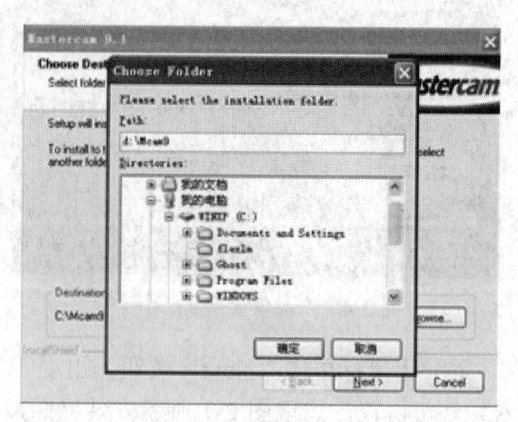

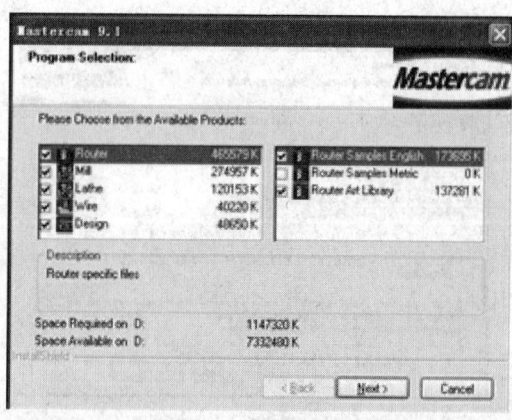

图 2-12　安装界面　　　　　　　　图 2-13　模块选择安装界面

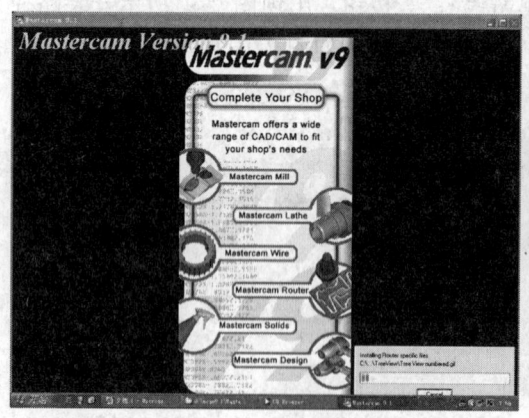

图 2-14　安装 MasterCAM 9.1 软件过程　　　　　　　　图 2-15　安装结束界面

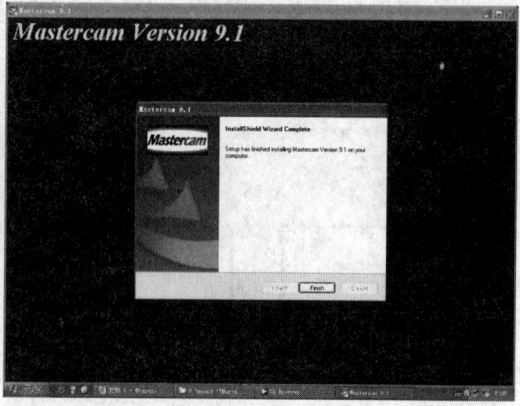

(7) 完成 MasterCAM 9.1 软件的安装后，会出现介绍 MasterCAM 9.1 新功能的网页，如图 2-16 所示。关掉网页，回到产品安装界面，如图 2-17 所示。

图 2-16　介绍 MasterCAM 9.1 新功能的网页　　　　图 2-17　产品安装界面

(8) 用鼠标单击安装"MetaCut Utillties 2.1"按钮，安装 MetaCut Utillties 2.1 刀路查看器，如图 2-18 所示。单击安装"Post Processors"按钮，安装 Post Processors 后处理器，如图 2-19 所示。因为这两步安装时间短，安装中不要进行修改，在这就不作过多的说明了。

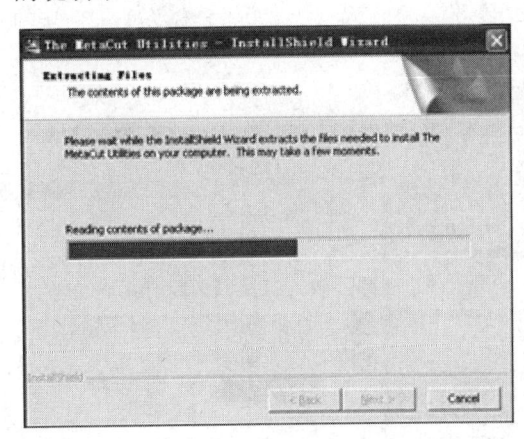

图 2-18　刀路查看器安装　　　　图 2-19　后处理器安装

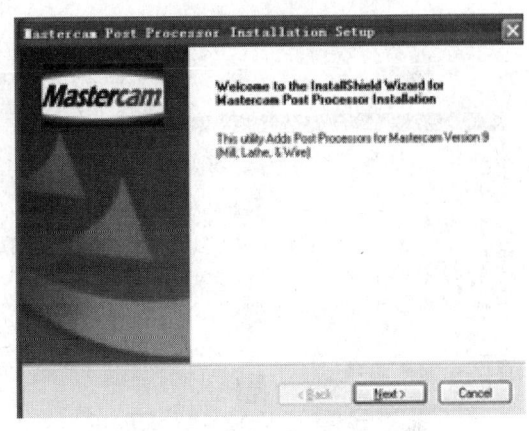

(9) 用鼠标单击"Main Menu"按钮，单击"Exit"按钮，退出安装界面，MasterCAM 9.1 软件安装好后的桌面如图 2-20 所示。

2. MasterCAM 9.1 的补丁

将软件里的 Crack 文件打开后出现图 2-21 所示界面，将 Crack 文件里面的 msvcr70.dll 复制到 Mcam9 安装目录内，如图 2-22 所示；将 Crack 文件里面的 msvcr70.dll 复制到 MCU 安装目录内，如图 2-23 所示；双击 Crack 文件里面的 iso-mc91.exe，修正路径到 Mcam9 安装目录，按右上角的箭头(多按几次)，进行 MasterCAM 9.1 软件的打补丁操作，如图 2-24 所示；双击 Crack 文件里面的 iso-mcu21.exe，修正路径到 MCU 安装目录，按右上角的箭头(多按几次)，进行 MCU 刀路查看器的打补丁操作，如图 2-25 所示。

21

图 2-20　MasterCAM 9.1 软件安装好后的桌面

图 2-21　Crack 文件内容

图 2-22　msvcr70.dll 复制到 Mcam9 　　　　图 2-23　msvcr70.dll 复制到 MCU

3. 汉化

打开汉化包，双击中文化图标，出现如图 2-26 所示界面；单击"确定"按钮，则出现图 2-27 所示界面；单击"New"按钮，修正路径到安装目录，如图 2-28 所示，单击"确定"按钮，则出现图 2-29 所示界面；单击"E 解压缩"按钮，则出现图 2-30 所示界面；单击"确定"按钮，则出现图 2-31 所示解压结束界面；单击❌按钮，关闭解压软件。再打开已安装好的 Mcam9.1 文件夹，如图 2-32 所示界面，双击里面的 CHI 文件，双击里面的 CHI.BAT 文件，即可完成汉化，软件 Mcam9.1 改成了中文界面。若再双击里面的 ENG 文件，双击里面的 ENG.BAT 文件，软件 Mcam9.1 又可回到英文界面。

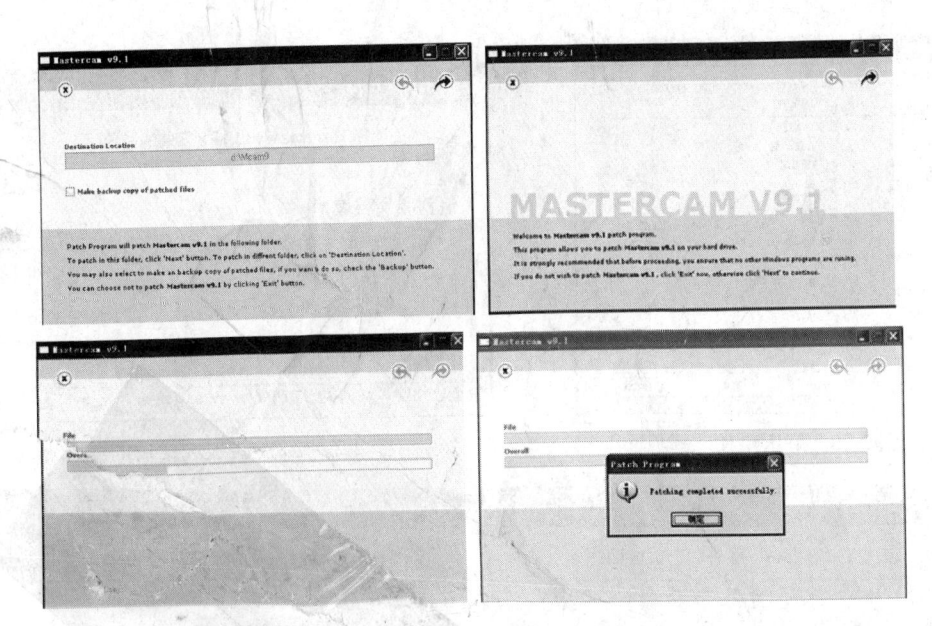

图 2-24　MasterCAM 9.1 软件的打补丁操作过程

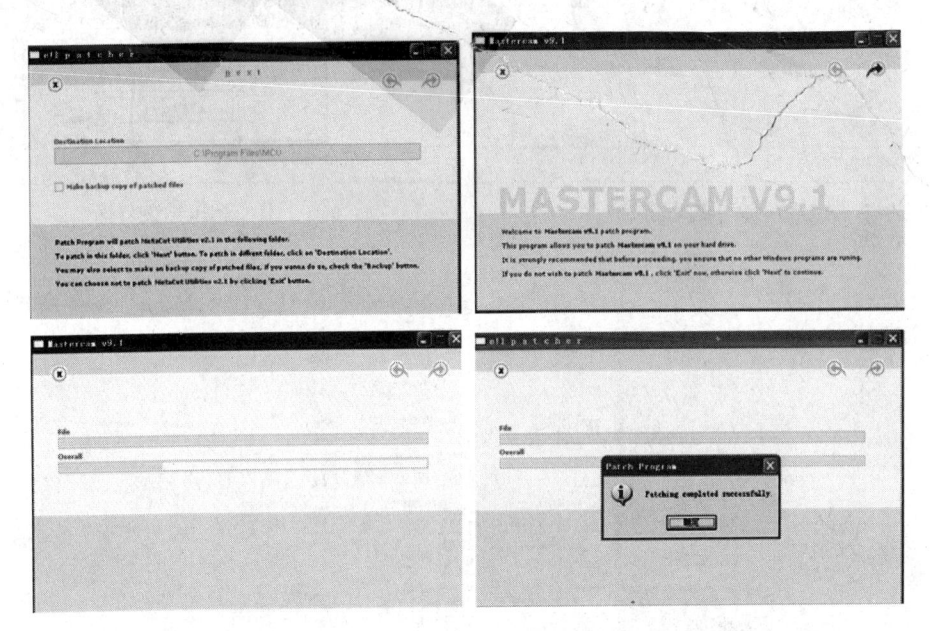

图 2-25　MCU 的打补丁操作过程

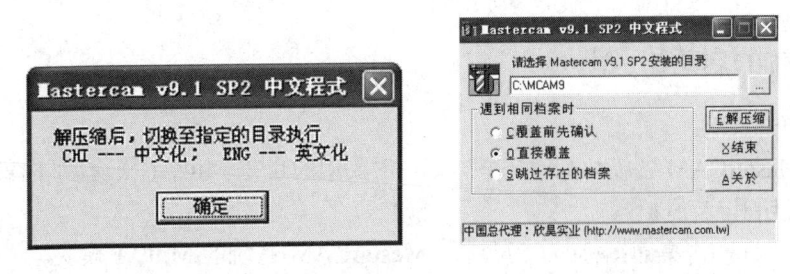

图 2-26　汉化包打开后双击中文化图标界面　　　图 2-27　解压软件界面

23

图 2-28　解压路径选择界面

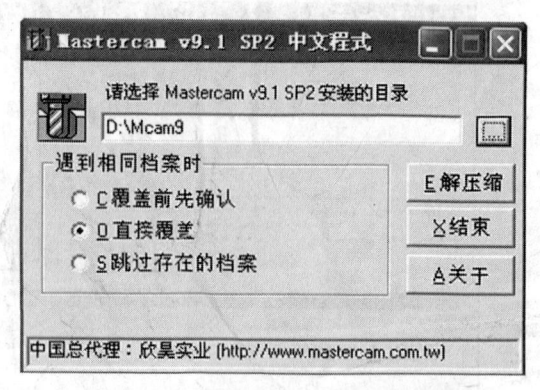

图 2-29　解压路径选择后的界面

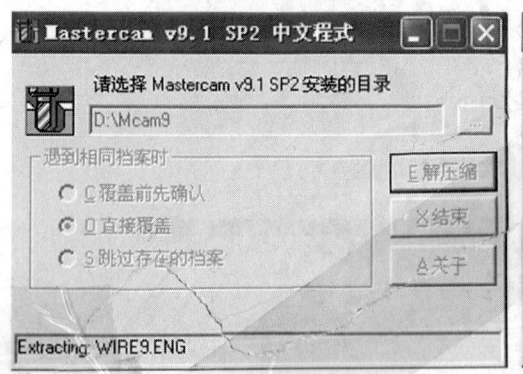

图 2-30　解压过程界面

图 2-31　解压结束界面

图 2-32　汉化界面

2.2.2　系统的启动和退出

1. 系统的启动

因为 MasterCAM 各模块启动方式一样，主要用的也是 Mill9.1 模块。下面就以 Mill9.1 模块为例说明其启动操作。

(1) 用鼠标双击桌面图标，可进入 MasterCAM 系统的 Mill9.1 模块。

(2) 用鼠标单击：开始→程序→Mastercam9.1→Mill9.1，也可进入 Mill9.1 模块。

第一次进入 MasterCAM 系统，都会显示如图 2-33 所示软件使用协议界面，单击其右上角的 ✕ 按钮，则出现如图 2-34 所示界面，单击 是(Y) 按钮，即进入如图 2-35 所示 Mill9.1 工作界面。若把 □不要再显示此画面 前面的空格用鼠标单击一下，下次进入系统就不会有询问的过程了。

图 2-33　软件使用协议界面　　　　　图 2-34　是否同意协议界面

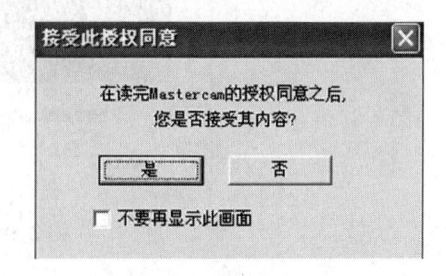

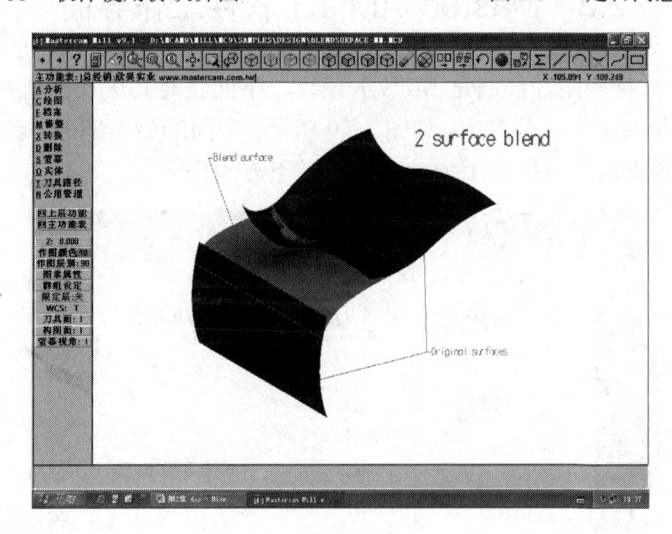

图 2-35　Mill 9.1 工作界面

2. 离开系统

(1) 用鼠标单击右上角 ✕ 按钮，可以离开系统。
(2) 在主菜单中用鼠标单击：档案→下一页→离开系统，可以离开系统。
(3) 按快捷键"ALT+F4"，也可以离开系统。

不管以哪种方式离开系统，都会出现如图 2-36 所示是否离开选择界面，单击 是(Y) 按钮，会出现图 2-37 所示是否保存文档选择界面，单击 否(N) 按钮，则不保存文档离开系统；反之则保存文档，出现文档保存界面，如图 2-38 所示。

图 2-36　是否离开选择界面　　　图 2-37　是否保存选择界面

25

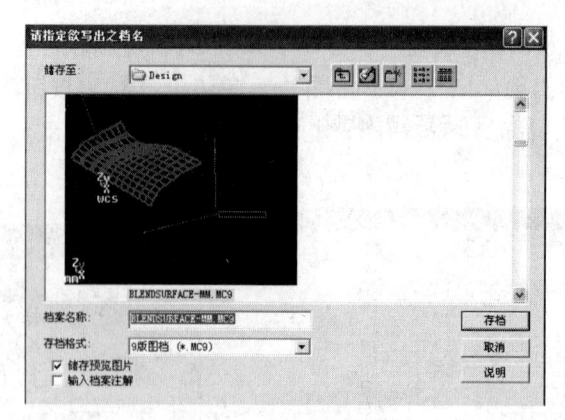

图 2-38 保存文档界面

2.3 MasterCAM 9.1 软件工作界面

MasterCAM 软件应用最广的是 Mill9.1 模块，下面将对其进行详细介绍。Mill9.1 模块的工作界面主要由 9 个部分组成，如图 2-39 所示，中间的最大部分是绘图编程工作区，左边是主菜单区和辅助菜单区，上方为工具栏，下方为提示行。

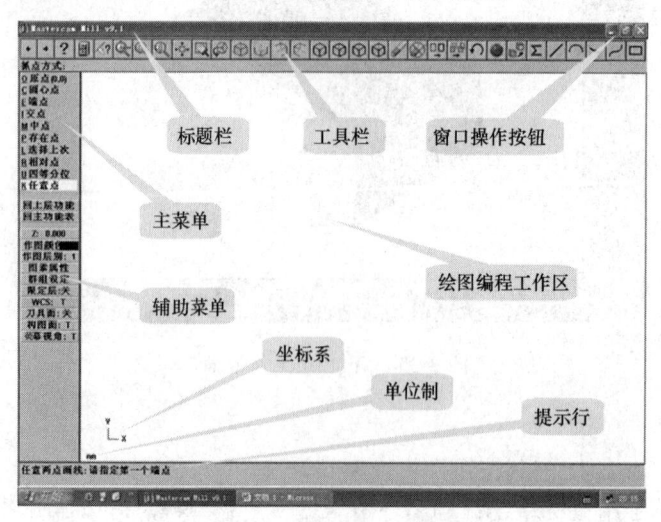

图 2-39 MasterCAM 9.1 软件界面

1. 标题栏

标题栏在 MasterCAM 9.1 软件工作界面的最上方，不同的模块其显示的内容不同。如果已经打开了一个文件，则显示该文件的文件名和路径。

2. 工具栏

工具栏位于标题栏之下，其上的各图标表示快捷命令，如图 2-40 所示；按向左、向右按钮，可改变显示的图标；当光标放到每一个图标上时，会出现功能提示信息。

3. 绘图编程工作区

绘图编程工作区是 MasterCAM 9.1 软件工作界面上最大的区域，用于构建图形、编辑刀具路径、动态模拟、打开各种对话框等，此区域为最常使用的区域。

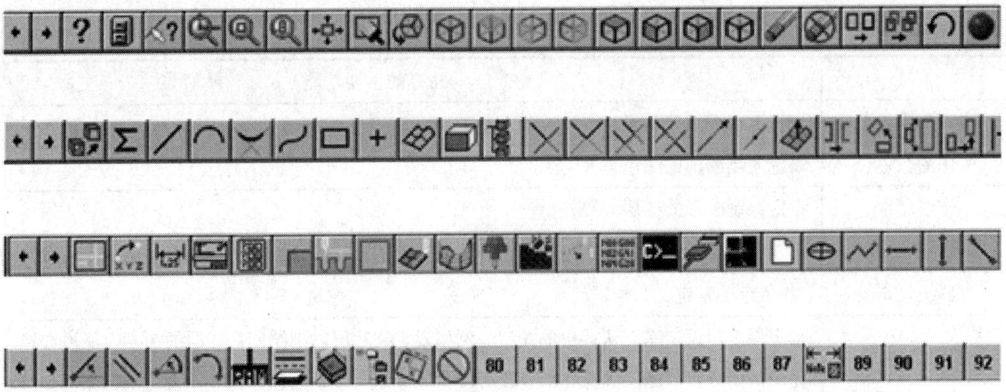

图 2-40　MasterCAM 9.1 软件的工具栏

4. 主菜单

在绘图编程工作区左边，主菜单区包含了 MasterCAM 9.1 软件的主要功能，它是一个折叠式菜单；当选择一个功能按钮时，就会出现下一级菜单，供用户选择；大多数命令都有多层次列表，可以依次往下选。单击"回上层功能"或"回主功能表"按钮，又可方便地回到上一层命令列或主菜单区；各主菜单命令的主要功能分述见表 2-1。

表 2-1　各主菜单命令的主要功能

命　令	命令的主要功能
A 分析	分析并显示屏幕上图素的有关信息
C 绘图	绘制图素，建立 2D、3D 几何模型并完成工程作图
F 档案	与文件有关的操作，包括文件的查询存取、编辑、浏览、打印、图形文件的转换、NC 程序的传输等
M 修整	修改几何图形，包括倒圆、修整、打断、连接、延伸、改变曲面法向、动态移位等
X 转换	对图素或图素群组做图形变换，包括镜向、旋转、平移、单体补正、串连补正等
D 删除	删除图形或恢复图形
S 屏幕	改变屏幕上图素的显示属性
S 实体	生成实体模型。包括用挤出、旋转、扫掠、举升、倒圆角、倒角、薄壳、牵引、修整及布尔运算方法生成实体，以及实体管理
T 刀具路径	生成 2D、3D 的刀具路径和 NC 程序，包括处理二维外形铣削、钻孔等点位加工、带岛的挖槽加工、单曲面加工、多重曲面加工、投影曲面铣削、线框模型处理 3D 加工以及操作管理，工作设定等
N 公用管理	包括实体验证、路径模拟、批处理加工、程式过滤、后处理、加工报表、定义操作、定义刀具、定义材料等

5. 辅助菜单

在绘图编程工作区左边，主菜单的下方有辅助菜单，各辅助菜单功能分述见表 2-2。

表 2-2 各辅助菜单命令的主要功能

命令	命令的主要功能
Z 值	设置工作深度 Z 值
作图颜色	设定绘制图形的颜色
作图层别	设定绘制图形的图层
图素属性	设置绘制图形的颜色、层别、线型、线宽、点的形式等属性及对各种类型图素的属性管理
群组设定	将多个图素定义为一群组
限定层	限定层,即设定系统认得出的图层。例如限定某一层,则绘制在该层的图素才能被选择,完成诸如分析、删除等操作。设置 OFF,则系统可以认得出任何一个图层的图素
WCS 世界坐标系	设置系统视角管理。常用在图形文件转换时,当有些构图面和视角与 MasterCAM 软件不兼容时,可将其图素转正
刀具平面	设定表示数控机床坐标系的二维平面
构图平面	建立工作坐标系。包括建立空间绘图、俯视图、前视图、侧视图、视角号码、名称视角、图素定面、旋转定面、法线面等
荧屏视角	设定图形观察视角

6. 提示行

在屏幕的最下方有一横条区域,提供一些系统响应信息;有时需要键盘输入的一些相关数据也显示在这里。

7. 坐标系

在绘图编程工作区左下角,用于显示当前坐标方位。

8. 单位制

在绘图编程工作区左下角,用于显示当前系统所使用的单位。

9. 窗口操作按钮

在绘图编程工作区右上角,用于窗口最大化、最小化或关闭窗口。

2.4 几个基本概念和常用操作方法

以下几个基本概念和方法贯穿于全书,使用频繁,需首先明确。

2.4.1 几个基本概念

1. 图素

构成图形的基本要素。点、直线、圆弧(含圆)、曲线、曲面、实体都是图素,或者说,屏幕上能画出来的东西都称为图素。

2. 图素的属性

图素具有属性,MasterCAM 为每种图素设置了颜色、层(后述)、线型(实线、虚线、中心线等)、线宽(粗细分为五等)四种属性,对点还有点的类型(共五种样式)属性,这些属性可以随意定义,定义后还可改变。

3. 图素上的特征点

直线上的端点、中点，圆的中心点、四等分点(指在圆线上 0°、90°、180°、270° 四个位置处的点)；两线的交点等都称为图素的特征点，经常需要捕捉这样的特征点。当需要捕捉特征点时，菜单处会出现图 2-41 所示的信息。

可以根据需要用捕捉的方法(后面会介绍)来捕捉相应的点，比如画直线要从已有的弧的中心处画起，画到另一条直线的中点，这样的操作中就需要捕捉特征点。

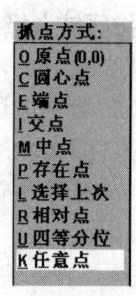

抓点方式：
O 原点(0,0)
C 圆心点
E 端点
I 交点
M 中点
P 存在点
L 选择上次
R 相对点
U 四等分位
K 任意点

图 2-41 捕捉特征点菜单

2.4.2 选择图素的常用方法

对图素进行删除、移动、复制……几乎每一个命令中都包含选择图素的操作。

如果选择一个图素，则只需移动鼠标，当光标在图素附近时，图素改变颜色显示，点击鼠标左键，该图素即被选中。

有时需要选择多个图素，虽可用上面的方法一个一个地选取，但速度太慢，点击次数太多。这时可以用其他的办法，一次便选中一批图素，下面进行介绍。

当需要选择图素时，菜单处会出现与图 2-42 类似的菜单提示，这里面就包含了几种重要的和常用的图素选择方法。

1. 串接选择

例如，图 2-43 是由首尾相接的六条线(六个图素)构成；如果需要同时选中这六条线，可点击菜单中的"串连"，然后点击六条线中的任意一条(如点击 1 线)，则另外五条可以自动选中，选完后，点击随后出现的菜单中的执行项即可。这种方法叫做串接选择。

C 串连
W 窗选

E 区域
O 仅某图素
A 所有的
G 群组
R 结果

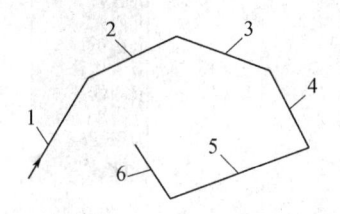

图 2-42 选择菜单   图 2-43 串接选择图

2. 窗口选择

点击菜单中的窗选项后，菜单变为图 2-44 所示形式，需要进行一些设置，不过一般情况采用默认设置已经能够很好地解决问题了。图 2-45 为矩形方式选择，图 2-46 为多边形方式选择。

R 矩形
P 多边形

N 视窗内
T 范围内
I 相交物
U 范围外
O 视窗外

S 选项

图 2-44 窗口选择菜单   图 2-45 矩形方式选择   图 2-46 多边形方式选择

3. 按区域选择

如果要选择的图素正好形成首尾相接的封闭区域，则可选择区域项，然后在区域内点击一下，则形成边界的数条线被一次选中，如图 2-47 所示。

注意：图 2-48 虽然也是形成了"区域"，但却不能用区域选择的方法选中外围的四条线，因为它们不是首尾相接的，而是相交的。

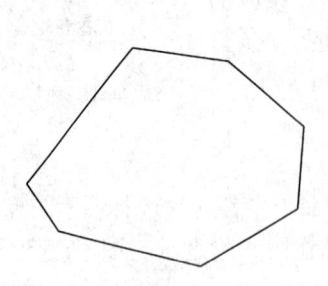

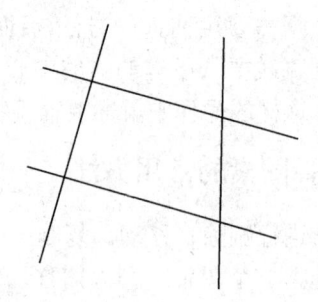

图 2-47　区域选择　　　　图 2-48　MasterCAM 不能识别的区域

4. 按类别选择

图素选择菜单中的"仅某图素"和"所有的"都是用于选择某一类图素，不同的是："仅某图素"只选择一类图素中的一个图素，例如删除所有直线中的一条；而"所有的"是选择一类图素中的全部，例如移动所有的曲线。

选择"仅某图素"或"所有的"项后，接着会出现图 2-49 所示的菜单。

图 2-49　类别选择菜单

2.4.3　两种命令输入方法

主菜单有多层，可以逐级展开，因此内含了 MasterCAM 中所有的命令。对一些应用较多的命令，还专门设计了图标工具，置于屏幕上方，而且可以翻页，共有约 100 多个图标，其中第一页中的图标是最常用的。注意，并不是每个命令都有对应的图标的。因此，要完成某个操作，可以用菜单方式或图标方式输入命令。

2.4.4　三种退出正在执行命令的方法

一个操作完毕后，系统常仍然保持在该命令开始处，准备再执行同一个命令，但多数情况下，可能并不是想接着执行这个命令，而是想执行新的命令，这就牵涉到退出命令的问题。

按下主菜单和次菜单之间 回上层功能 命令，按一次可以退回一级菜单，相当于退出了命令。

30

按下主菜单和次菜单之间 回主功能表 菜单处，可以一次跳几级菜单，退回到第一级菜单处，即主菜单处，当然也是退出了命令。

另外，按下键盘上的 Esc 键(一次或多次)，也可以退出命令。而且因右手操作鼠标频率高，左手空闲时间多，这个方法左手操作起来方便。

2.4.5 窗口中的图形位置改变

屏幕的大小是有限的，而绘制的图形可能很大，或者位置不同，要把绘图区(或称工作区)看成是一个窗口，而绘出的图在一张"大图样"上，从窗口处只能看到"图样"的一部分，也许恰巧图形全部在这个部分内，那么就可以看到整个图形，但也许有一部分图形可能超出这个窗口的范围，这时就不能看到全部的图形，怎么才能看到全部呢？

用键盘上的 ←、→、↑、↓ 四个方向键可以左、右、上、下移动"图样"。按下键盘上的 End 键，图形可旋转，再按一次可以取消该功能。

2.4.6 窗口中的图形大小改变

上面介绍了如何改变图形的摆放位置，但如果图形很大，再怎么改变位置也可能不会在窗口内看到全图，就像一只鸟贴着你家的窗前飞过，你可以看到它的全身，但如果一架飞机贴着你家窗前飞过，你就要分段看飞机的全貌了，不过，如果飞机是在离窗前很远的地方飞过，则又可以看到它的全部。

在 MasterCAM 中作图，你要把窗口和图形的关系想象成上面的事例就好理解了。如果想改变图形在屏幕窗口中的大小，可以按下面的方法之一操作：

(1) 点击 ✥ 图标——可将画出的图形全部而且尽可能大地显示在窗口内，快捷键为 Alt+F1。

(2) 点击 🔍 图标——可将窗口内的图形缩至 80%，快捷键为 Alt+F2。

(3) 点击 🔍 图标——可将窗口内的图形缩至 50%，快捷键为 F2。

(4) 点击 🔍 图标——可以在局部拉出一个矩形区域，然后该区域内的图形放大显示在窗口之内。这有利于观察图形的局部细节，快捷键为 F1。

(5) 拨动鼠标上的滚轮可改变图形在屏幕窗口中的大小。

特别注意：上面讲到的放大和缩小并不是像洗照片一样将图形真的放大或缩小了，而只是像近距离或远距离看图形，或者拿放大镜看图一样，图形的大小尺寸并没有丝毫变化。要使图形的大小尺寸变化，将在后面的章节中进行介绍。

2.4.7 当前颜色设置

按下"作图颜色"按钮，会弹出"颜色"对话框，如图 2-50 所示。

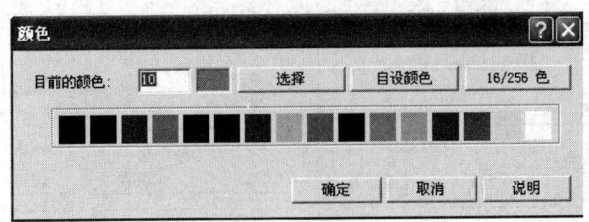

图 2-50 "颜色"对话框

从中选择中意的颜色后,按"确定"按钮,则以后绘制的图素使用这种颜色(直至下次修改设置为止)。

2.4.8 图层设置

图层(简称层)是目前很多软件中使用的一种方法,它可以使图形文件的数据量大为减少,从而使文件精简,不占太多存储空间。

下面介绍层的设置方法。

按下次菜单中的"作图层别"按钮(1表示目前在1层)后,将弹出"层别管理员"对话框,如图2-51所示。

(1) 图...:编号可为1层～255层,即可建立255个图层。选定了哪个图层,所作的图就在哪一层上,当前层的编号就是这一层的编号。当前层的选定可直接在第1栏对应行中双击鼠标,该行变黄色 1 ,下面编号框中的数字也变成了该行的编号数字 。

(2) 可...:图层如果设为不可见,则该层上的图素将不显示出来。图层可见性设置可在第2栏对应行中用单击鼠标,该栏出现 ✓ 则可见,无 ✓ 则不可见。

(3) 限定的图层:关:如果某个图层被限定,则只有该层上的图素可以修改,而其他层上的图素只能看,不能对其进行操作。限定的图层设置可在第3栏对应行中用鼠标单击一下,该行出现 ✓ ,即表示该层被限定,无 ✓ 则没被限定。

(4) 图层名称:为了便于识别不同图层,常给不同的图层取一个图层的名。图层名称输入,可在第4栏对应行中用双击鼠标,并直接在下面名称框中输入文字即可,如 名称 实线 ,对应行中的文字也变成了该行的图层名,如: 实线 。

(5) 图层群组:与图层取名一样操作。不过这里的取名与图层名取名意义不同,它可给多层取相同的名字,以后可以对同一名称的层实行统一管理,同名的图层可视为一个群组。

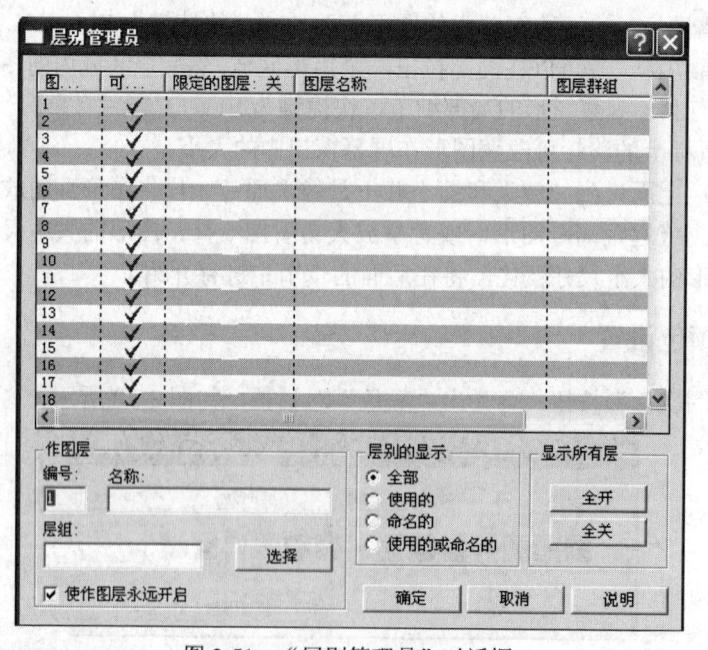

图2-51 "层别管理员"对话框

2.4.9 MasterCAM 9.1 的坐标系建立方法

进入 MasterCAM 9.1 系统后，在绘图区自动生成一个空白绘图空间。但是，实际应用时，需要建立图 2-52 所示的坐标系，建立的方法有两种：

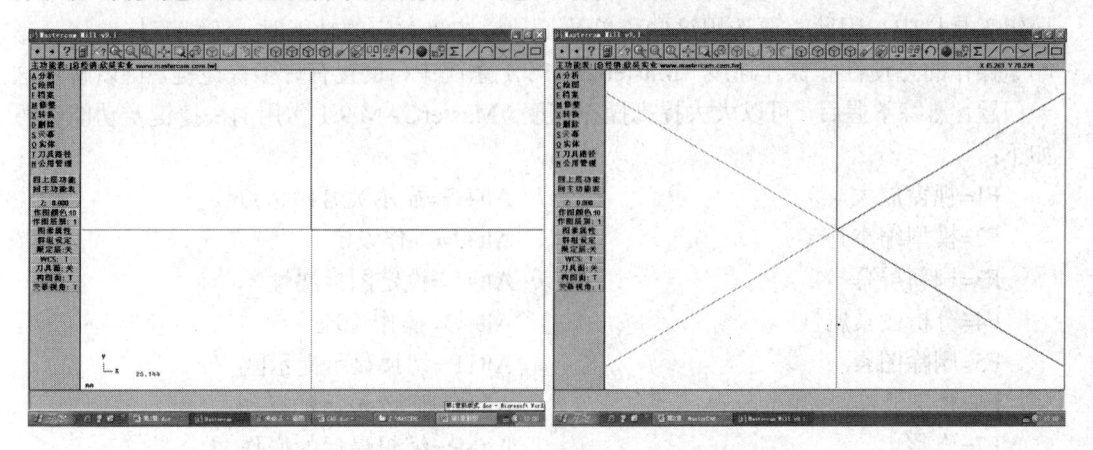

图 2-52 MasterCAM 9.1 坐标系

(1) 按功能键 F9 键；
(2) 用鼠标单击工具栏中的▢按钮。

F9 键和工具栏中坐标系按钮具有软开关特性，即按一次，显示坐标系标志，再按一次，坐标系标志消失。

坐标系原点在实体造型和产生刀具路径时非常重要，是整个实体造型中的参考点，也是在加工时刀具相对于工件的对刀点。

图 2-53 给出了实体造型中的三个参考点，也是应用中常用的参考点。图 2-53(a)表示参考点位于工件的底部中心，图 2-53(b)表示参考点位于工件的顶部中心，图 2-53(c)表示参考点位于工件的特定位置，一般是根据特定工件形状来确定。

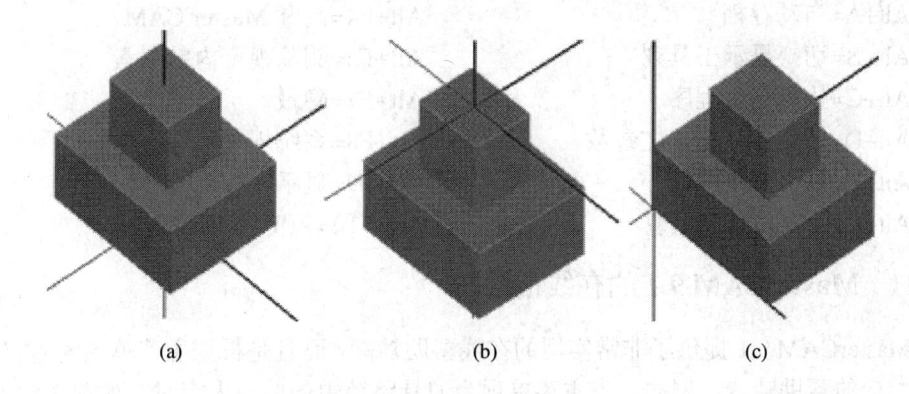

(a)　　　　　　　(b)　　　　　　　(c)

图 2-53 实体造型的坐标系

MasterCAM 9.1 系统在产生刀具路径时，也是基于这个坐标系原点。因此，在 CNC 机床上加工时，这一点将作为工件坐标系的原点，也即 CNC 加工 ISO 代码中 G 代码 G54～G59 中存储的数据。

2.4.10　MasterCAM 9.1 的快捷键

MasterCAM 9.1 界面中有菜单项和工具栏按钮，分别对应着相应的功能，如画线、画圆、延长等，有些菜单功能不是在一级菜单中，相应的工具条按钮也不在界面中显示的一组工具栏中。因此，要选用这些菜单及工具栏按钮对应的功能时，不能直接选择，影响了操作的方便性和操作速度。MasterCAM 9.1 系统中，设置有许多快捷键，可以解决这一问题，熟练掌握后，可以大大提高操作速度。MasterCAM 9.1 常用的快捷键及功能说明如下：

F1=视窗放大	Alt+G=显示荧幕网格点
F2=模型缩小一半	Alt+J=工作设定
F3=刷新屏幕	Alt+L=设定图素属性
F4=分析图素属性	Alt+O=操作管理
F5=删除图素	Alt+P=切换显示提示区
F6=档案	Alt+Q=删除最后的操作
F7=修整	Alt+R=编辑最后的操作
F8=绘图	Alt+S=切换着色模式
F9=显示当前坐标系	Alt+T=切换显示刀具路径
F10=列出所有功能键之定义	Alt+U=回上步骤
Alt+0=设定工作深度(Z)	Alt+V=显示保护头之资料
Alt+1=设定绘图颜色	Alt+W=设定多重视窗
Alt+2=设定图层	Alt+X=转换
Alt+3=设定限定层	Alt+Y=实体之历史记录
Alt+4=设定刀具平面	Alt+F1=荧幕适度化
Alt+5=设定构图面	Alt+F2=缩小 0.8 倍
Alt+6=改变荧幕视角	Alt+F3=切换显示游标位置之坐标
Alt+A=自动存档	Alt+F4=离开 Master CAM
Alt+B=切换显示工具列	Alt+F5=删除视窗内的图素
Alt+C=执行应用程序	Alt+F7=隐藏
Alt+D=设定尺寸标注之参数	Alt+F8=系统规划
Alt+E=显示部分图素	Alt+F9=显示坐标轴
Alt+F=设定功能表字型	Alt+F10=视窗放大和缩小

2.4.11　MasterCAM 9.1 的在线帮助

MasterCAM 9.1 提供了非常实用的在线帮助功能，而且是根据主菜单项的内容，自动进入相应的帮助功能，例如，当主菜单项为刀具路径中的曲面内容时，如图 2-54 所示，进入在线帮助功能的主题也是曲面刀具路径，如图 2-55 所示。

进入在线帮助有两种方法：
(1) 同时按下 Alt 键和字母 H 键(Alt+H)；
(2) 用鼠标单击工具条中的在线帮助 ? 按钮。

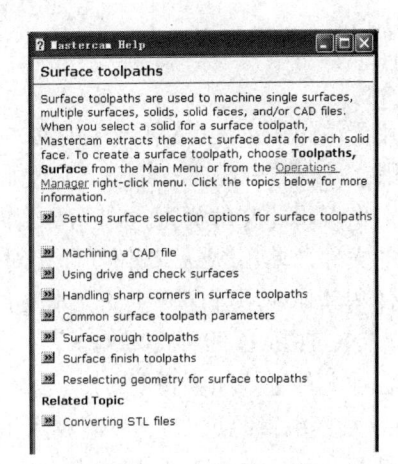

图 2-54　刀具路径中的曲面加工菜单　　图 2-55　在线帮助菜单

2.5　文件管理

每个应用软件都有文件管理及文件转换功能，它是用来管理自己生成的文件或从别的软件读取不同格式的文件。MasterCAM 的文件包含 MasterCAM 的 CAD 模型和刀具路径参数。可以从主菜单直接进入文件菜单，单击档案，出现如图 2-56 所示档案菜单。

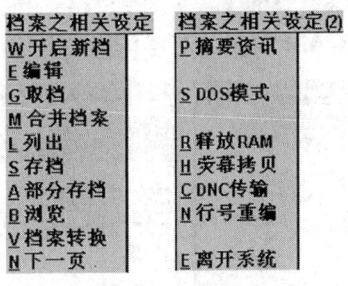

图 2-56　档案菜单

2.5.1　开启新档(新建文件)

该命令用于恢复 MasterCAM 的初始状态，清除绘图区的图形和所有 MasterCAM 的操作命令及图形数据，并返回所有的默认值。

操作步骤：主菜单→档案→开启新档。

当使用该命令时，系统会提示："您确定要回复至起始状态吗？"如果选择"是"，就是命令系统回复起始状态；选择"否"，就是取消命令，如图 2-57 所示。

如果在使用该命令时，绘图区有未存盘的数据，系统会显示保存该数据。如果选择"是"，则保存未存储的数据；如果选择"否"，则表示放弃保存数据，如图 2-58 所示。

图 2-57　"系统回复起始状态"选择框　　图 2-58　"是否存档"选择框

2.5.2 编辑

该命令用于编辑 MasterCAM 产生的文本文件和其他应用程序产生的文本文件。

操作步骤：主菜单→档案→编辑。启动此命令后，会出现如图 2-59 所示的菜单，菜单里列出了可供编辑的文件类型，选择要编辑的文件类型，出现如图 2-60 所示的页面，选择要编辑的文件，单击 打开(O) 按钮，即可对文档进行编辑。它可以编辑 MasterCAM 产生的文本文件和其他应用程序产生的文本文件，在 MasterCAM 中内置 PFE32、MCRDIT、CIMCOEDIT、NOTEPAD 四种文本编辑器，其使用类似于 Windows 系统的记事本和写字板。下面对各种文件进行简要说明：

NC：可以直接编辑经过"后处理"得到的数控程序。一般情况下是符合 ISO 标准的 G/M 代码。

NCI：可以选择 MasterCAM 的刀具路径 NCI 档案来编辑。

DOC：可以编辑 DOC 注释文档。

IGS：可以编辑 IGS 曲面交换档案。

PST：可以编辑 PST 即 MasterCAM 的后处理格式控制档案。

Other：可以编辑任何可以编辑的文本文件或者其他需要编辑的非文本文件。

Editor：可以更改 MasterCAM 默用的文本编辑器。

图 2-59　编辑的文件类型菜单

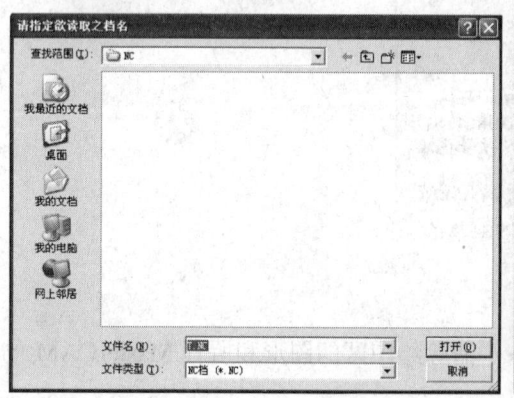

图 2-60　文档开启选择页面和文档编辑界面

2.5.3 取档

该命令用于取出以前保存好的 MasterCAM 文件，将其显示在屏幕上。

操作步骤：主菜单→档案→取档。出现如图 2-61 所示取档界面，选中要打开的文件，单击 开启 按钮即可打开文件。

2.5.4 存档

该命令用于将屏幕上的几何图形储存为一图形文件。

操作步骤：主菜单→档案→存档。出现如图 2-62 所示存档界面，输入文件名，单击

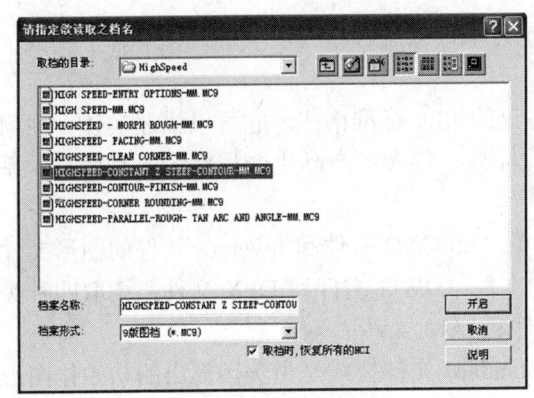

图 2-61 取档界面　　　　　　　　　　图 2-62 存档界面

存档 按钮即可打开保存文件。

2.5.5 档案转换

CAD/CAM 软件很多，每一种软件的文件格式一般都不相同，怎么能读入用其他软件绘制的图形，或者怎么让别的软件能读入 MasterCAM 软件画出的图形，这涉及文件格式的转换问题。

MaterCAM 中可读入目前应用较广的一些 CAD/CAM 软件的文件格式，并将它们转换成 MasterCAM 软件本身的格式，这样就能使用别的软件设计的图形了。例如：很多人习惯了在 AutoCAD 软件中绘制二维图形，可以通过档案转换的方法，在 MasterCAM 中读出 DWG 或 DXF 格式的图形(均为 AutoCAD 中的图形格式)。反过来，MasterCAM 画出的图形也能转变为其他一些软件能够识别的文件格式，实现了 MasterCAM 与其他一些常用软件的"数据共享"。产品实现数据交换是 CAD/CAM 技术发展过程中必须要解决的重要问题之一。

但是每种文件格式的技术构成都非常复杂，可能难以彻底掌握其细节，加上软件公司为了公司利益的考虑，可能设置了一些技术壁垒，到目前为止，想要完全实现各个文件格式之间的自由和完整转换，技术上还未达到很成熟的水平，所以，转换以后可能会出现丢失信息的情况。

操作步骤：选择主菜单中的 档案→档案转换，将出现图 2-63 所示的菜单，里面列出了 MasterCAM 可以进行正反方向数据转换的文件格式类型。

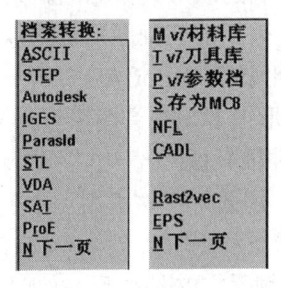

图 2-63 档案转换菜单

1. 数据类型

ASCII：ASCII 文件是指用一系列点的 *XYZ* 坐标组成的数据文件。系统可以把屏幕上的一组点，写成 ASCII 格式的数据文件。也可以读取这种格式的文件，在屏幕上生成一组点、折线或样条曲线。系统可双向读写。

STEP：STEP 是一个包含一系列应用协议的 ISO 标准格式。它可以描述实体、曲面和线框。这是一种最新的产品数据格式工业标准，包含了产品生命周期的所有信息。系统可以读取 STEP 文件。

Autodesk：与由美国 Autodesk 公司开发的 AutoCAD 软件和 Inventor 软件的图形文件格式作图形转换。包括可以写出两种类型的文件：DWG 文件和 DFX 文件；读取四种类型的文件：DWG 文件、DFX 文件、IPT 文件和 IAM 文件。

IGES：IGES(Initial Graphics Exchange Standard)文件格式是由美国提出的初始化图形交换标准，是目前使用最广泛最有影响的图形交换格式之一。它支持曲线、曲面及一些实体的表达，是目前大多数三维 CAD 系统所必备的图形交换接口。系统可双向读写，并可扫描文件属性。

Parasld：Parasld 文件格式是一种新的实体核心技术标准，用于实体图形转换。系统可双向读写。

STL：STL 文件格式是在三维多层扫描中利用的一种 3D 网格数据格式，常用于快速成型(RP)系统中，也可用于数据浏览和分析中。

STL 文件由表示曲面和实体模型的三角片数据组成。Master CAM 可以读取和写出二进制格式或可读的 ASCII 格式的 STL 文件。

VDA：三维的德国软件的 3D 图形数据标准。系统可双向读写。

SAT：SAT 文件格式是由美国 Spatial Technology INC.发展的 3D 几何图形核心 ACIS 产生的。用以处理实体模型，可以将其转换为修剪曲面。系统只能读取 SAT 文件。

ProE：可以直接读取 Pro/Engineer 软件的图形文件。

Mv7 材料库：把以前版本中曾经构建的材料库，转换成第 9 版相应的库，以便再使用。

Tv7 刀具库：把以前版本中曾经构建的刀具库，转换成第 9 版相应的库，以便再使用。

Pv7 参数档：把以前版本中曾经构建的参数档，转换成第 9 版相应的参数档。

S 存为 MC8：把 MC9 图形存储为第 8 版的 MC8 图形文件格式。

NFL：二维的 Anvil 软件(法国)的图形数据标准。系统可双向读写。

CADL：美国 CADKEY 软件采用的三维图形数据标准。系统可双向读写。

2. MasterCAM 软件中的图形转入 AutoCAD 软件

由于学生做毕业设计时的图形很多是模具图形，用 AutoCAD 软件画不好相贯线和截交线等线条，在 MasterCAM 软件很好做(关于出工程图将在后面专门章节讲述)，但打印图纸又要回到 AutoCAD 软件中。因此，在这里用一个例子说明其转换方法。

操作步骤：

(1) 在 MasterCAM 中打开"锁手"文件图形，如图 2-64 所示。

(2) 依次选取：主菜单中的 档案→档案转换→Autodesk，出现图 2-65 所示转换菜单。

(3) 选取 W 写出，则出现图 2-66 所示保存页面，输入文件名"锁手"，单击 保存 按钮；出现图 2-67 所示保存版本选择页面，单击 确定 ，即转成了 AutoCAD 格式文件，保存在 D：\Mcam9\Data 文件夹中。

(4) 打开 AutoCAD 软件：文件→打开，出现图 2-68 所示打开文件页面，找到 D:\Mcam9\Data 文件夹中的"锁手"文件；单击 打开(O) 按钮，MasterCAM 软件中的图形转入 AutoCAD 软件中，如图 2-69 所示。

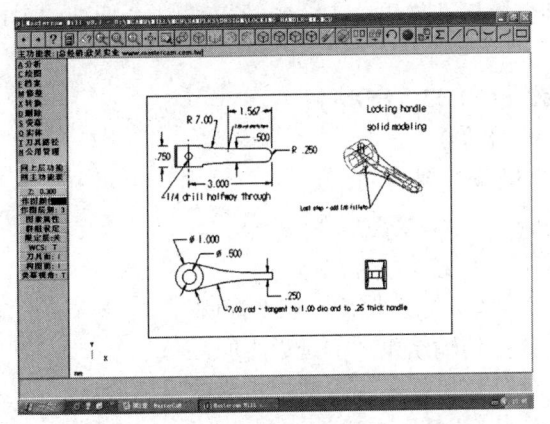

图 2-64 MasterCAM "锁手"文件图形 　　图 2-65 转换菜单页面

图 2-66 保存页面 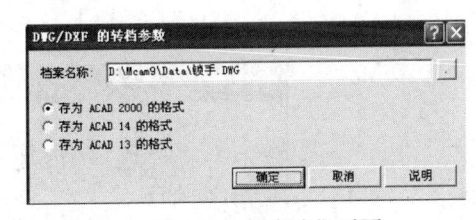　　图 2-67 版本选择页面

图 2-68 AutoCAD 的打开文件页面 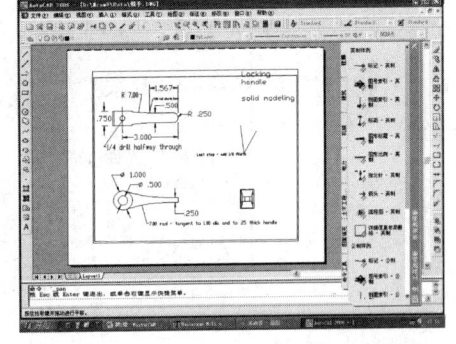　　图 2-69 AutoCAD 打开文件后的页面

2.5.6　DNC 传输

该命令即把 MasterCAM 通过后处理生成的数控程序文件传输到数控机床上，计算机和数控机床一般是通过国际通用的 RS232 接口进行信号传输，如果没有通信软件，可以

39

通过使用 MasterCAM 内部的通信模块进行传输(一般计算机和机床之间传输信息的方法机床厂家会提供，而且调试机床时就会设置好)。

选择命令后，会出现图 2-70 所示的页面。

相关参数解释：

(1) 格式：ASCII(国际信息交换标准代码)、EIA(电子工业协会标准)、BIN(二进制码格式)。

(2) 通信埠：COM1、COM2、COM3、COM4。

(3) 传输速率(波特率)：300~38400。

(4) 同位检查(奇偶校验)：奇同位、偶同位、无。

(5) 资料位元(传输数据位数)：6、7、8。

(6) 停止位元(传输停止位数)：1、2。

(7) 交握协定(数据传输协议)：无、软件控制、硬件控制。

(8) 每列间的延迟时：一行数据传输结束后的延迟时间。

(9) 回应终端机模拟信息：使计算机屏幕模拟数控机床的反馈信息。

(10) 压抑机架返回：传输时自动去掉回车符。

(11) 压抑列进给：传输时从每一行的数据结尾处自动去掉换行符。

(12) 以 DOS 模式传输：数据传输时返回到 DOS 模式。

(13) 由屏幕显示：传输时将传输的数据显示在屏幕上。

(14) 读取后处理程序参数：通知系统根据后处理文件中输入的问题 80~89 进行通信设置。

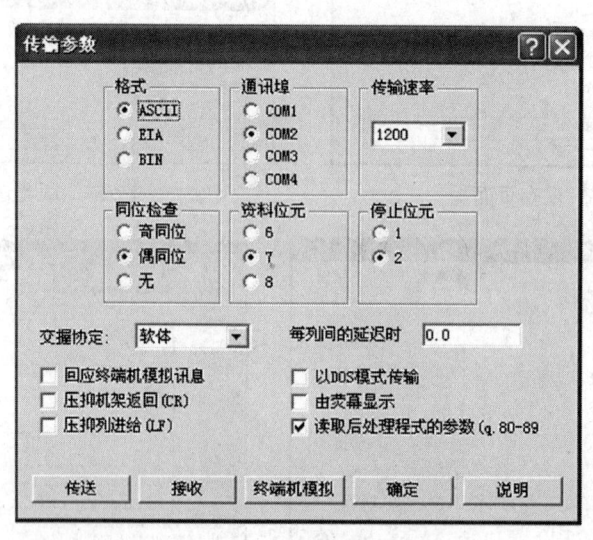

图 2-70 "传输参数"页面

2.5.7 行号重编

将一个有行号的数控加工程序重新排行号，即改变起始行号和增量值。

操作步骤：主菜单→档案→行号重编。

出现如图 2-71 所示选择要修改程序的页面，选择程序，单击"打开"按钮；出现如

图 2-72 所示输入起始行号提示行，输入行号，回车；出现如图 2-73 所示输入行号增量提示行，输入行号增量，回车；则修改了该程序的所有行号。

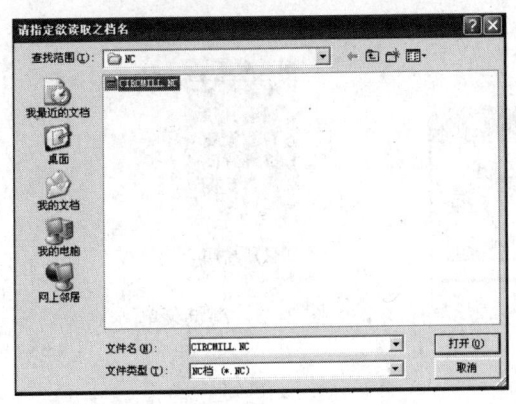

图 2-71 选择要修改程序的页面

图 2-72 输入起始行号提示行

图 2-73 输入行号增量提示行

2.5.8 离开系统

选择该命令，即可自动退出 MasterCAM 系统。

操作步骤：主菜单→档案→离开系统。

2.5.9 其他文件管理命令

1. 合并档案

读入另一个图形文件，并显示在屏幕上，原屏幕上图形保留。

操作步骤：主菜单→档案→合并档案。

选择要合并的图档，单击 开启 按钮，即可完成合并档案的工作。

2. 列出

列出文件内容，只能看，不能修改、编辑。

操作步骤：主菜单→档案→列出。

选择要列出的文件类型及文件，单击 打开(O) 按钮即可。

3. 部分存档

将屏幕上的一部分几何图形储存为一图形文件。

操作步骤：主菜单→档案→部分存档，选取要存档的图素，单击 D执行 按钮，输入文件名，单击 存档 按钮，即可完成部分几何图形储存为一图形文件的工作。

4. 浏览

浏览已储存在指定目录的图形文件(*.GE3)，依次显示在屏幕上。

操作步骤：主菜单→档案→浏览。

选择要浏览的目录如图 2-74 所示，单击 确定 按钮，系统自动依次显示选择目录下的各个图形；按 Esc 键停下；此时出现如图 2-75 所示菜单。

朝前几页 显示前几个图形，在提示行中填写个数，找到想要的图。

退回几页 显示后几个图形，在提示行中填写个数，找到想要的图。

自动浏览 自动显示一个个图形。

41

暂留时间　自动显示时，下一个图形显示的延时时间。
保留此图　保留当前屏幕上的一个图形。
删除此图　删除当前屏幕上的一个图形。

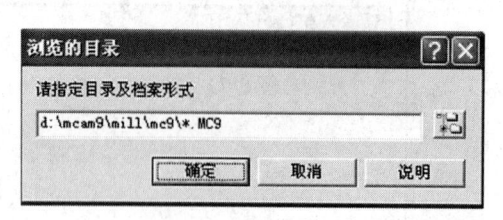

图 2-74　浏览的目录　　　　　　　图 2-75　浏览菜单

5. 摘要资讯
显示图形文件属性，并可给予一段描述。
操作步骤：主菜单→档案→摘要资讯。

6. DOS 系统
暂时离开 MasterCAM 系统，转入 DOS 环境下，可执行 DOS 命令。键入 EXIT 可回到 MasterCAM 系统，并不影响系统原来设置和图形显示。
操作步骤：主菜单→档案→DOS 系统，MasterCAM 系统转入 DOS 环境下工作。

7. 释放 RAM
消除因删除图素而出现的"孔"，整理 RAM，节省内存，提高运行速度。
操作步骤：主菜单→档案→释放 RAM，出现如图 2-76 所示页面，单击 是(Y) 按钮即可完成释放内存的工作。

8. 屏幕拷贝(打印)
将屏幕图形硬拷贝到打印机上，打印出来。
操作步骤：主菜单→档案→屏幕拷贝，出现如图 2-77 所示打印页面。要选择好打印机，按确定，出现打印设置菜单页面；进行有关的打印设置，最后，单击执行，就可以开始打印工作了。

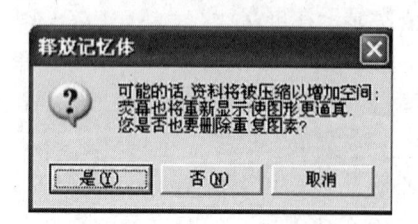

图 2-76　释放内存询问页面　　　　图 2-77　打印机选择页面

2.6 屏幕菜单简介

可以从主菜单直接进入屏幕菜单,单击 屏幕 ,出现如图 2-78 所示屏幕菜单。

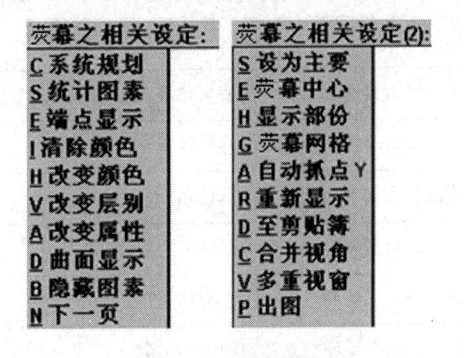

图 2-78 屏幕菜单

2.6.1 系统规划

设置系统颜色、内存配置、公差设置、数据路径、传输参数、对话描述、绘图设置、功能键、设计设置、数控设置和杂项。一般而言,采用系统默认的参数设置值可以较好地完成各项工作。在某些场合下,也可能需要改变一下个别项目的设置,以便更好地工作,或者说按用户的需要进行工作。

操作步骤: 主菜单 → 屏幕 → 系统规划 ,进入如图 2-79 所示页面,下面对菜单中的各个项目进行简要的介绍见表 2-3。

图 2-79 系统规划页面

表 2-3 系统规划页面介绍

选 项	选项页面介绍
记忆体配置	系统根据计算内存容量和文件的大小可以为 MasterCAM 的某些功能设置最大的值
公差设定	在该选项卡中，可以根据需要调整系统设置的默认容许公差值
传输参数	详见 2.5.6 小节
档案	该选项卡可以为系统设定相关的资料路径和使用档案的默认值
绘图机设定	该选项卡可以为绘图仪设置相关参数的默认值
工具列/功能键	该选项可以设置相关功能键或工具按钮功能
NC 设定	该选项卡可以为系统设置产生 NC 程序的参数
CAD 设定	该选项卡可以为系统确定默认的 CAD 绘图参数值
启动/离开	该选项卡可以确定系统启动和退出时相关默认设置
荧幕	该选项卡以确定 MasterCAM 的屏幕显示参数

2.6.2 清除颜色

解除群组和结果的设定，并将其颜色改变成系统当前颜色。

操作步骤：依次点选：屏幕→清除颜色或点击工具栏上的图标，即可实现。

2.6.3 改变颜色

将选取的图素颜色改变成系统当前颜色。

操作步骤：先将系统当前颜色改变成想要的颜色，依次点选：屏幕→改变颜色，选择要改变颜色的图素，即可实现。

2.6.4 改变图层

将选取的图素图层改变成系统当前图层。

操作步骤：先将系统当前图层改变成想要的图层，依次点选：屏幕→改变图层，选择要改变图层的图素，即可实现。

2.6.5 改变属性

改变图素的属性(颜色、图层、线型、线宽、点形式等)。

例如：要打开图形文件 2.1，如图 2-80(a)所示，要改变其中心线的线型、线宽，可依次点选：屏幕→改变属性，出现"改变属性"对话框，如图 2-80(b)所示，点选线型、线宽，调整好线型、线宽，如图 2-80(c)所示，选择要改变属性的线条，即可实现图素属性的改变，如图 2-80(d)所示(此命令可取代前面两个命令)。

2.6.6 隐藏图素

将选取的图素隐藏起来，即不显示在屏幕上。还可以用恢复隐藏命令，恢复被隐藏

图 2-80　改变图素的属性

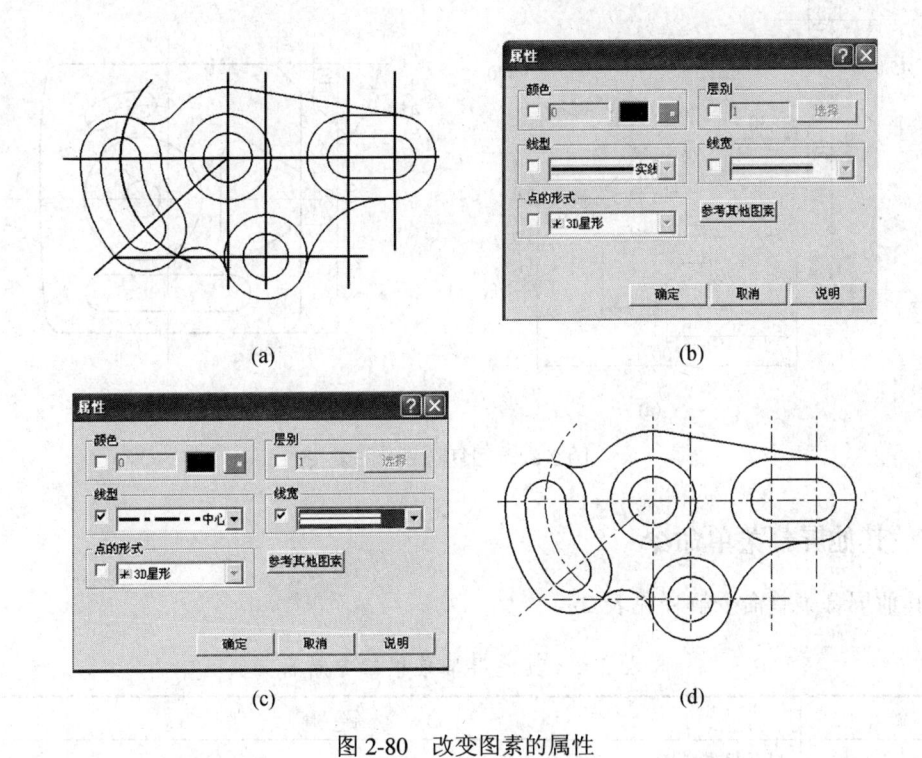

的图素。例如：打开一个图形文件 2.2，如图 2-81(a)所示，编程时不要尺寸显示，可以依次点选：屏幕→隐藏图素，选择要隐藏的图素，即可将图素隐藏，如图 2-81(b)所示。

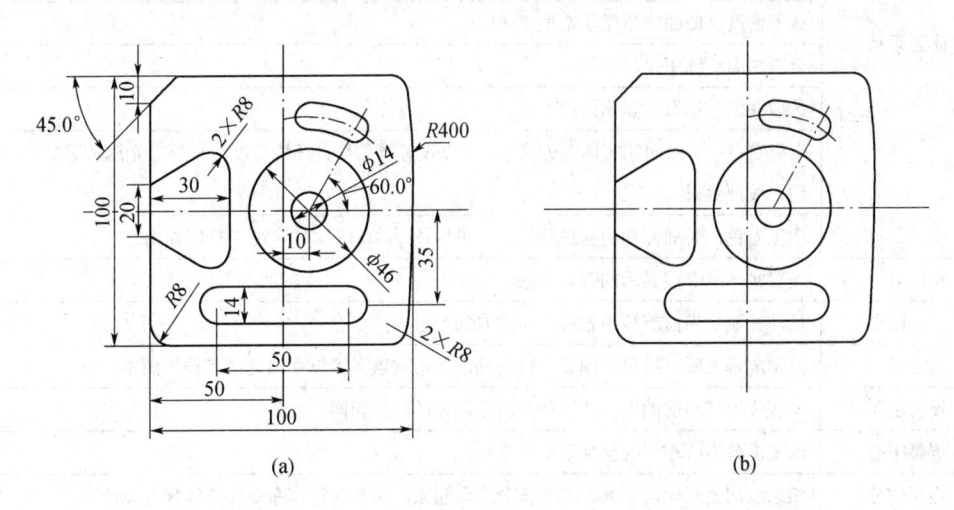

图 2-81　隐藏图素

如果要将隐藏的图素显示出来，可依次点选：屏幕→回复隐藏，出现隐藏的图素，如图 2-82 (a)所示；选择要回复隐藏的图素，单击回上层功能，即可得到想要的图素，如图 2-82(b)所示。

45

(a) (b)

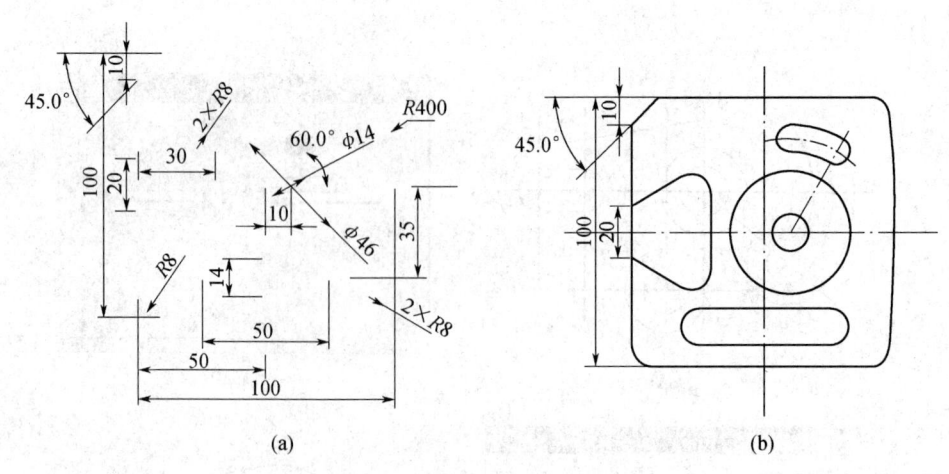

图 2-82 回复隐藏的图素

2.6.7 其他屏幕菜单命令

其他屏幕菜单命令解释见表 2-4。

表 2-4 其他屏幕菜单命令解释

命　令	命　令　解　释
曲面显示	显示背面 Y/N: Y: 曲面背面的颜色不同于正面颜色，为设定的背面色 N: 曲面背面的颜色相同于正面颜色
	背面颜色：设定背面颜色
	线条密度：曲面线条显示密度(0～15)
	全部曲面：选中全部曲面
	选取曲面：选取要显示的曲面
	全时着色：对曲面和实体着色显示。可以设置像素数、环境亮度、材质、光源及透视、半透明、纹理效果
	多工着色：对曲面和实体进行渲染。可以读/写 BMP 文件，可以打印输出
实体显示	设置实体隐藏线显示的有关参数
统计图素	统计并显示当前屏幕中各种类型图素的数量
端点显示	显示屏幕上所有线段、圆弧、样条曲线的两端点。可以存储这些点作为图素
设为主要	系统强迫使当前的图层和颜色与所选图素的属性相同
屏幕中心	改变屏幕中心在系统坐标系中的坐标值
显示部分	将选取的图素保留下来，其余部分隐藏起来。再次执行该命令，快速恢复原图
屏幕网格	设置网格点，并可捕获网格点来精确画图
自动抓点 Y/N	选 Y，光标移动时，自动抓取特殊点
重新显示	屏幕重绘，清除杂点。并且系统可按当前比例重新建立显示列表以提高显示速度
至剪切板	把图形转到剪切板

(续)

命　令	命　令　解　释
合并视角	合并平行的视图和搬移圆弧到合并的视角，常用于从其他软件做图形转换时，以减少不同构面个数
多重视窗	显示不同视角的多重视窗(1个～4个)
出图	可设置绘图机型号、连接通信口参数等

2.7　本章小结

　　本章主要介绍了 MasterCAM 9.1 软件的功能、安装、启动、离开、文件的存取及各种窗口操作，快捷键的操作，图档的转换、图素的选取、图素属性的改变、图素的隐藏和消隐等操作，为 MasterCAM 9.1 软件后面的学习打下坚实的基础。

思考与练习题

1. 按光盘内的安装提示，安装 MasterCAM 9.1 软件。
2. 练习软件的启动、离开，文件的保存、打开，及各种窗口操作。
3. 按照书中步骤，练习档案的转换。
4. 练习图层设置、图素属性的改变操作。
5. 练习图素的隐藏、消隐操作。
6. 练习各种快捷键的操作。

第3章 二维 CAD

3.1 基本绘图命令

3.1.1 点的绘制

点的构建常用于定义图素的位置，如线段的端点、圆弧的圆心点等。用鼠标依次单击主功能菜单：绘图→点命令，弹出绘点模式子菜单，如图3-1所示。

1. 指定位置

该命令是在指定位置绘制点。用鼠标单击指定位置命令后，可以通过输入点的坐标绘制点，也可以通过系统进入自动抓点方式菜单(图3-2)绘制点。各个自动抓点方式说明见表3-1。

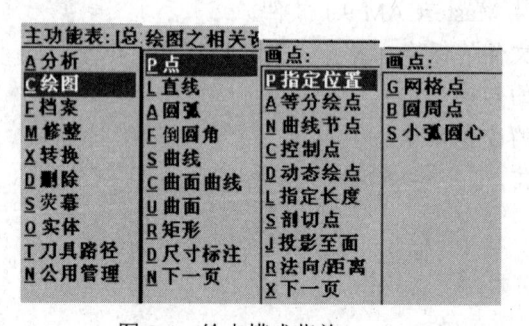

图 3-1 绘点模式菜单　　　　图 3-2 抓点方式菜单

表 3-1 抓点方式说明表

抓点方式	抓点方式说明
原点(0, 0)	在当前绘图面的坐标原点处绘制一点
圆心点	在圆或圆弧的圆心点处绘制一点
端点	在直线、圆弧、样条曲线等端点处绘制一点
交点	在两个相交图素的交点处绘制一点
中点	在图素(直线、圆、圆弧、样条曲线等)的中点处绘制一点
存在点	在一个已存在的点处绘制一点
选择上次	上一次绘制点的位置绘制一点
相对点	绘制一个与已知点有一定相对距离的一点
四等分位	在圆或圆弧的象限点处绘制一点
任意点	用鼠标左键点击或从键盘输入坐标值来绘制一点

注意：(1) 在捕捉几何对象的特征点时，应在接近所需要的位置选择几何对象。
(2) 当特征点无法准确捕捉时，可以强制使用捕捉方式，如先选中圆心点，再选择圆

或圆弧,将在圆或圆弧的圆心处创建一点。

(3) 用键盘输入点坐标时,必须先输入 X 坐标,中间加一逗号,再输入 Y 坐标。如"12.03,30.15";或添加坐标符号,可不加逗号,如"X35Y40.2"。

各种不同特征的点如图 3-3 所示。

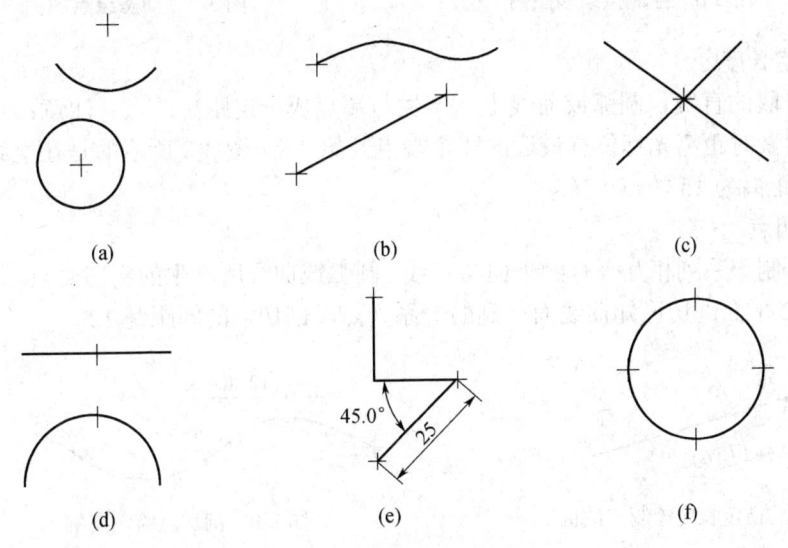

图 3-3 指定位置绘点图例
(a) 圆心点;(b) 端点;(c) 交点;(d) 中点;(e) 相对点;(f) 四等分点。

2. 等分绘点

在选取的几何对象的两个端点之间创建一系列等距离的点。用鼠标选择等分绘点命令后,选取屏幕上存在的几何对象,输入点数,按回车键或点击鼠标左键即完成点的绘制,如图 3-4 所示在直线上绘制五个等距离的点。

3. 曲线节点

用于绘制参数式曲线上的节点。用鼠标选择曲线节点命令后,选取一条已经构建的参数式曲线,即可完成点的绘制,如图 3-5 所示(曲线的类型必须是参数式,即 P 式曲线。)

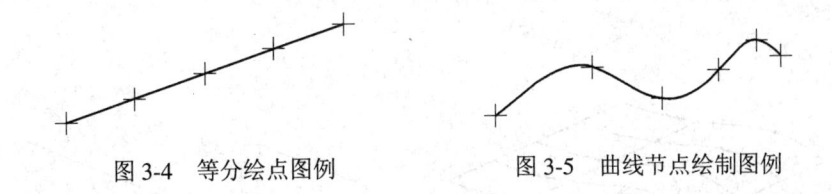

图 3-4 等分绘点图例　　图 3-5 曲线节点绘制图例

4. 控制点

用于绘制 NURBS(Non-Uniform Rational B-Spline,非有理 B 样条)曲线的控制点。用鼠标选择控制点命令后,选取一条已经构建的 NURBS 曲线,即可完成点的绘制,如图 3-6 所示(曲线的类型必须是 NURBS 曲线)。

5. 动态绘点

在所选取的直线、圆弧、曲线、曲面或实体表面上动态地绘制点。例如在一条曲线上通过移动鼠标绘制点 $P1$ 和 $P2$,如图 3-7 所示。

49

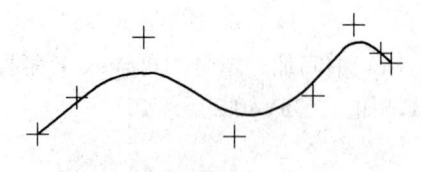

图 3-6 控制点绘制图例　　　　　　　图 3-7 动态绘点图例

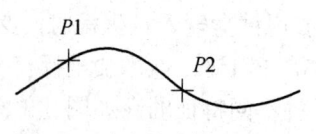

6. 指定长度

在所选取的直线、圆弧或曲线上，产生与端点成一定距离的点。注意：长度值是从用户选取图素时距离光标位置最近的那个端点开始计算。图 3-8 所示的是在直线上绘制与其端点 P1 距离为 15 的点 P2。

7. 剖切点

用于绘制一系列相互平行的平面与直线、圆弧或曲线所产生的剖切交点。图 3-9 所示的是用 YOZ 平面剖切已知曲线而得到的一系列点，剖切点的间距是 12。

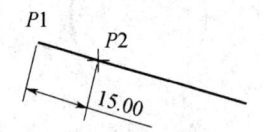

图 3-8 指定长度绘制点图例　　　　　图 3-9 剖切点绘制图例

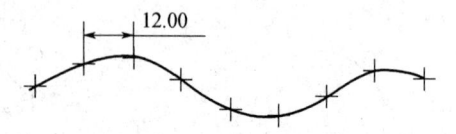

8. 投影至面

用于将已经存在的点投影到曲面上所形成的点。如图 3-10 所示的点 P1 和 P2 分别在曲面上投影产生了点 P3 和 P4(投影方向有两种：垂直于构图面 V 或沿着曲面的法向 N)。

9. 法向/距离

用于绘制与一已知直线、圆弧或曲线有一定法向距离的点。如图 3-11 所示，点 P2 是通过与直线 L1 垂直且通过点 P1，P1 与 P2 之间的距离为 20。

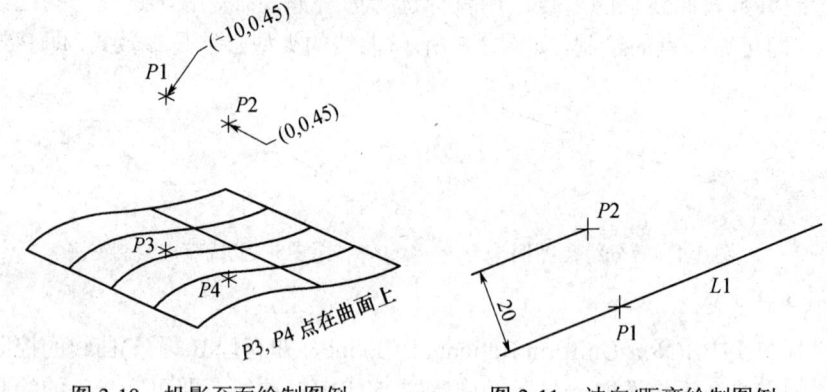

图 3-10 投影至面绘制图例　　　　　图 3-11 法向/距离绘制图例

10. 网格点

通过设定水平间距、垂直间距、旋转角度、水平点数及垂直点数在一指定位置绘制一系列的网格阵列点，如图 3-12 所示的网格点。

11. 圆周点

用于在一个虚拟的圆周上绘制一系列的阵列点,如图 3-13 所示圆周点,虚拟圆半径为 20,起始角度为 0,角度增量为 30,点数为 12,放置点为圆心。

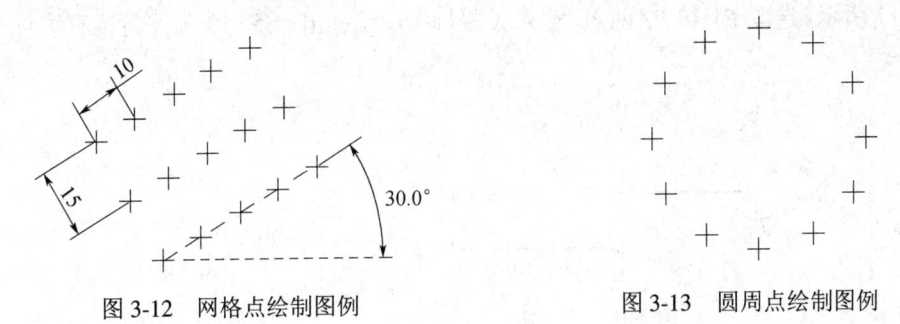

图 3-12 网格点绘制图例   图 3-13 圆周点绘制图例

12. 小弧圆心

用于绘制小于或等于设定半径的圆或圆弧的圆心点。如图 3-14 所示,设定其最大半径为 20,对于图中三个对象只能产生 *P*1 和 *P*2。

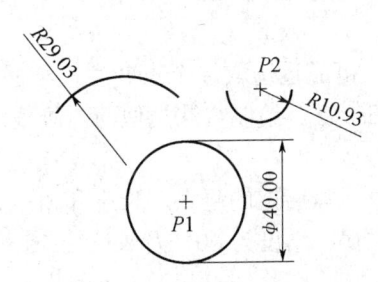

图 3-14 小弧圆心点绘制图例

3.1.2 直线的绘制

在主功能表中用鼠标依次选择:绘图→直线命令,打开直线绘制子菜单,或鼠标左键单击工具栏中的 ∕ 按钮来调用直线命令,如图 3-15 所示。

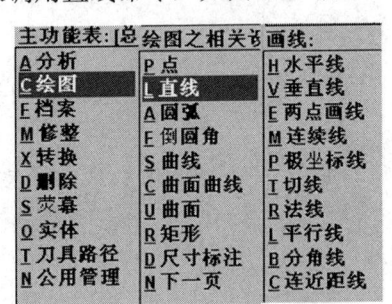

图 3-15 绘制直线子菜单

1. 水平线

用鼠标选择水平线命令,在当前构图面上选取任意两点和输入 *Y* 坐标值(工作坐标系)来绘制一条与 *X* 轴平行的直线。注意:直线的起点和终点可以输入坐标或自动抓点方式完成。如图 3-16 所示,选取 *P*1 和 *P*2 两点,输入 *Y* 坐标 15,绘制出一条与 *X* 轴平行的直线且 *Y*=15。

2. 垂直线

用鼠标选择垂直线命令，在当前构图面上选取任意两点和输入 X 坐标值(工作坐标系)来绘制一条与 Y 轴平行的直线。注意：直线的起点和终点可以输入坐标或自动抓点方式完成。如图 3-17 所示，选取 P1 和 P2 两点，输入 X 坐标 15，绘制出一条与 Y 轴平行的直线且 X=15。

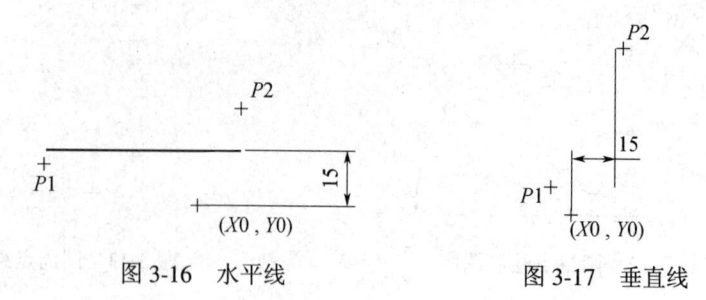

图 3-16　水平线

图 3-17　垂直线

3. 两点画线

用鼠标选择两点画线命令，可直接利用鼠标在绘图处选择任意两点，或通过键盘输入两点的坐标即可，如图 3-18 所示 L1 和 L2。

4. 连续线

用鼠标选择连续线命令，可通过选取多个点产生连续的直线，且前一线段的终点是后一线段的起点，结束时按 Esc 键。绘制方法类似两点画线。

5. 极坐标线

用鼠标选择极坐标线命令，按给定的起点、长度和角度来绘制一条直线。如图 3-19 所示的 L1，定义起始点为(0，0)，角度为 60°及长度为 15。

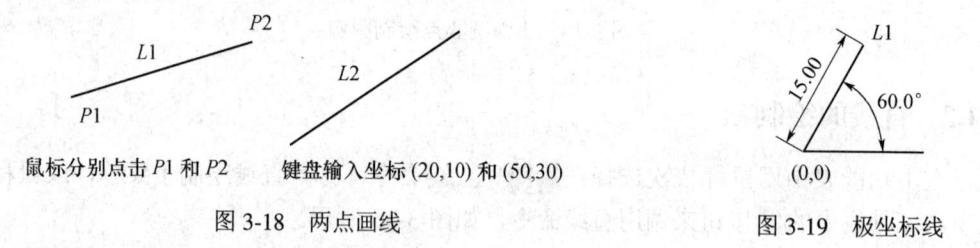

鼠标分别点击 P1 和 P2

键盘输入坐标 (20,10) 和 (50,30)

图 3-18　两点画线

图 3-19　极坐标线

6. 切线

用鼠标选择切线命令，可以产生一条与几何对象相切的直线。此命令提供三种方式构建切线，如图 3-20 所示。

角度：指定直线的角度和长度，产生一条与圆弧或曲线相切的直线，如图 3-21 所示。

画切线：
A 角度
2 两弧
P 经过一点

图 3-20　切线菜单

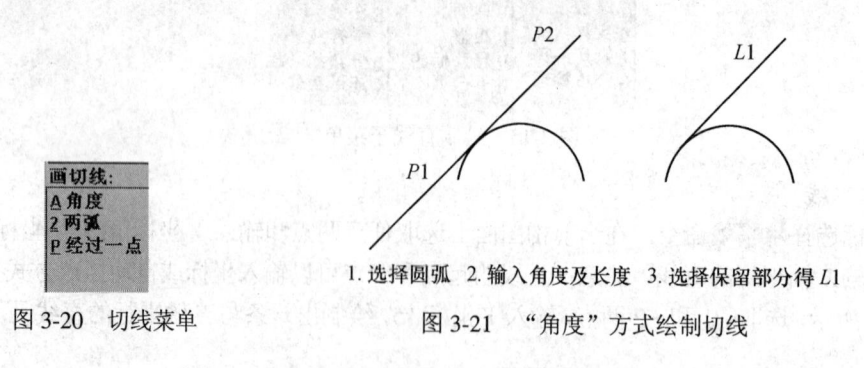

1. 选择圆弧　2. 输入角度及长度　3. 选择保留部分得 L1

图 3-21　"角度"方式绘制切线

两弧：构建一条与两圆弧相切的直线，如图 3-22 所示。

经过一点：经过一指定点并与圆弧或曲线相切的直线，如图 3-23 所示。

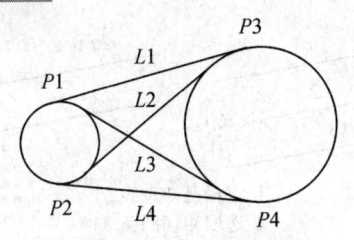

1. 选择 P1、P3 处，得到切线 L1
2. 选择 P2、P3 处，得到切线 L2
3. 选择 P1、P4 处，得到切线 L3
4. 选择 P2、P4 处，得到切线 L4

图 3-22 "两弧"方式绘制切线

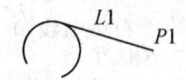

1. 选择圆弧
2. 选择切线经过点 P1
3. 产生切线 L1

图 3-23 "经过一点"方式绘制切线

7. 法线

用鼠标选择**法线**命令，创建一条与直线、圆弧或曲线相垂直的直线。此命令提供两种方式构建法线，如图 3-24 所示。

经过一点：指定法线经过的一点并且与已知直线、圆弧或曲线相垂直，如图 3-25 所示。

与圆相切：创建一条与已知直线垂直并与已知圆弧相切的法线，如图 3-26 所示。

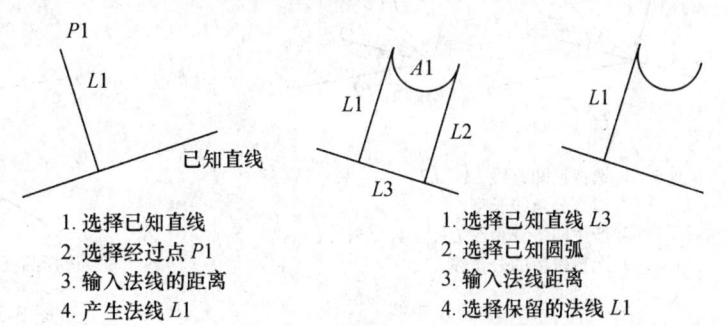

画法线：
P 经过一点
A 与圆相切

1. 选择已知直线
2. 选择经过点 P1
3. 输入法线的距离
4. 产生法线 L1

1. 选择已知直线 L3
2. 选择已知圆弧
3. 输入法线距离
4. 选择保留的法线 L1

图 3-24 法线菜单　　图 3-25 "经过一点"方式绘制法线　　图 3-26 "与圆相切"方式绘制法线

8. 平行线

用鼠标选择**平行线**命令，构建一条与已知直线平行的直线。此命令提供三种方式构建平行线，如图 3-27 所示。

方向/距离：通过指定补正方向和距离绘制直线，如图 3-28 所示。

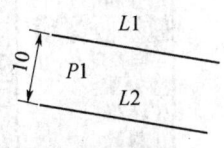

画平行线：
S 方向/距离
P 经过一点
A 与圆相切

1. 选择已知直线 L1
2. 点击 P1 点所在位置确定补正方向
3. 输入补正距离
4. 产生平行线 L2

图 3-27 平行线菜单　　图 3-28 "方向/距离"方式产生平行线

经过一点：创建一条经过已知点并与已存在直线平行的直线，如图 3-29 所示。
与圆相切：创建一条与已知直线平行且与已知圆弧相切的直线，如图 3-30 所示。

1. 选择已知直线 $L1$
2. 点击 $P1$ 点
3. 产生平行线 $L2$

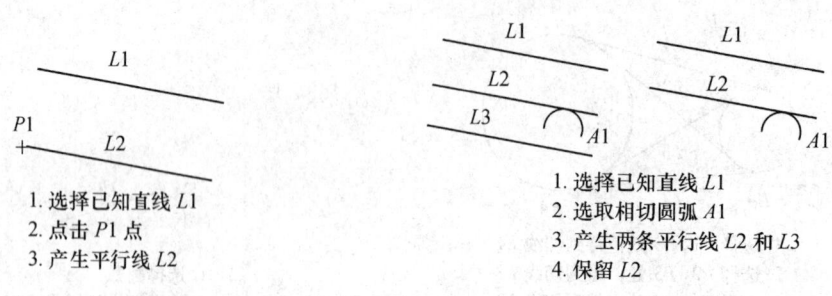

图 3-29 "经过一点"方式产生平行线

1. 选择已知直线 $L1$
2. 选取相切圆弧 $A1$
3. 产生两条平行线 $L2$ 和 $L3$
4. 保留 $L2$

图 3-30 "与圆相切"方式产生平行线

9. 分角线
用鼠标选择分角线命令，构建一条两相交直线的角平分线，如图 3-31 所示。

10. 连近距线
用鼠标选择连近距线命令，自动构建直线、圆弧或曲线与点、直线、圆弧或曲线之间最近距离的连线，如图 3-32 所示。

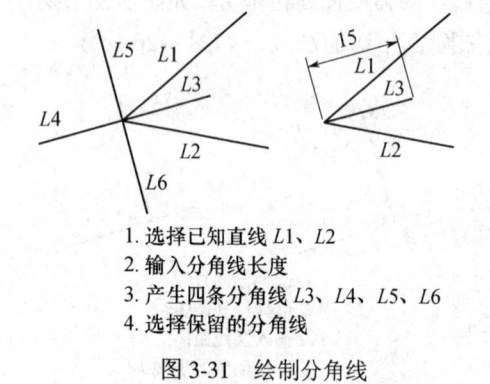

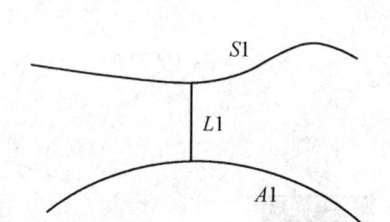

1. 选择已知直线 $L1$、$L2$
2. 输入分角线长度
3. 产生四条分角线 $L3$、$L4$、$L5$、$L6$
4. 选择保留的分角线

图 3-31 绘制分角线

选择圆弧 $A1$ 和曲线 $S1$，得到连近距线 $L1$

图 3-32 连近距线绘制图例

3.1.3 圆/圆弧的绘制

在主功能表中用鼠标依次选择绘图→圆弧命令，打开圆弧绘制子菜单，或鼠标左键单击工具栏中的⌒按钮来调用圆弧绘制命令，如图 3-33 所示。

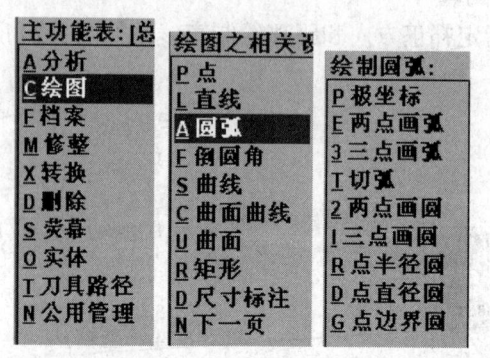

图 3-33 绘制圆弧子菜单

1. 极坐标

用鼠标选择极坐标命令，用极坐标方式绘制圆弧。此命令提供四种构建方式，如图 3-34 所示。

极坐标画弧：
C 已知圆心
K 任意角度
S 已知起点
E 已知终点

已知圆心：指定圆心点、半径、圆弧起始角度和终止角度来绘制圆弧，如图 3-35 所示。

任意角度：指定圆心点、半径、用鼠标选取起始角度和终止角度来绘制圆弧或圆，如图 3-36 所示。

图 3-34 极坐标绘制圆弧菜单

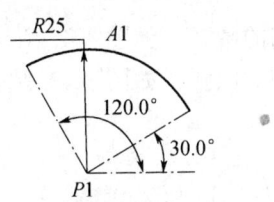

已知起点：指定起始点、半径、圆弧起始角度和终止角度来绘制圆弧或圆，如图 3-37 所示。

1. 给定圆心点 P1
2. 输入半径值 25
3. 输入圆弧起始角度 30
4. 输入圆弧终止角度 120

图 3-35 "已知圆心"方式绘制圆弧

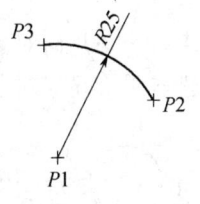

1. 给定圆心点 P1
2. 输入半径值 25
3. 用鼠标左键给定起始点位置 P2
4. 用鼠标左键给定起终点位置 P3

图 3-36 "任意角度"方式绘制圆弧

已知终点：指定终止点、半径、圆弧起始角度和终止角度来绘制圆弧或圆，如图 3-38 所示。

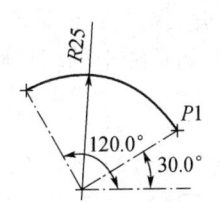

1. 给定起始点 P1
2. 输入半径值 25
3. 输入起始角度 30
4. 输入终止角度 120

图 3-37 "已知起点"方式绘制圆弧

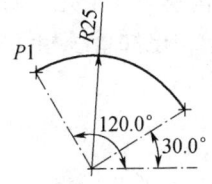

1. 给定圆弧终止点 P1
2. 输入半径值 25
3. 输入起始角度 30
4. 输入终止角度 120

图 3-38 "已知终点"方式绘制圆弧

2. 两点画弧

用鼠标选择两点画弧命令，通过指定圆弧的起点、终点和半径，生成四个圆弧，选择其中一个圆弧，如图 3-39 所示。

3. 三点画弧

用鼠标选择三点画弧命令，通过指定不在同一直线上的三点来绘制圆弧，如图 3-40 所示。

4. 切弧

选择切弧命令，构建与已存在的直线或圆弧相切的圆弧，如图 3-41 所示。

55

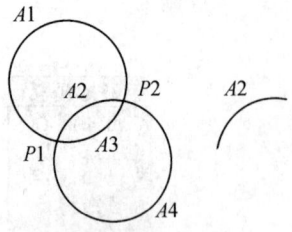

1. 鼠标单击点 $P1$ 和 $P2$
2. 输入半径值 15
3. 产生四条圆弧 $A1$、$A2$、$A3$、$A4$
4. 选择保留的圆弧 $A2$

图 3-39　两点绘制圆弧

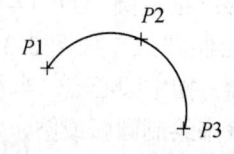

分别选取圆弧上的 $P1$、$P2$、$P3$ 点

图 3-40　三点绘制圆弧

切一物体：构建与一个几何对象(直线或圆弧)相切的圆弧，如图 3-42 所示。
切两物体：构建与两个几何对象(直线或圆弧)相切的圆弧，如图 3-43 所示。

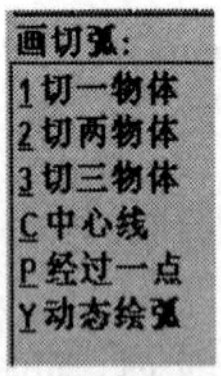

画切弧：
1 切一物体
2 切两物体
3 切三物体
C 中心线
P 经过一点
Y 动态绘弧

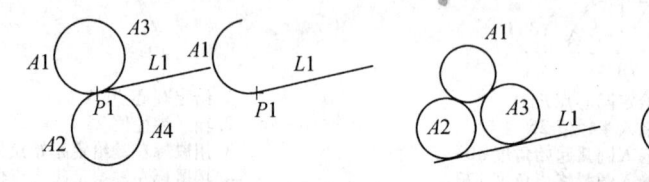

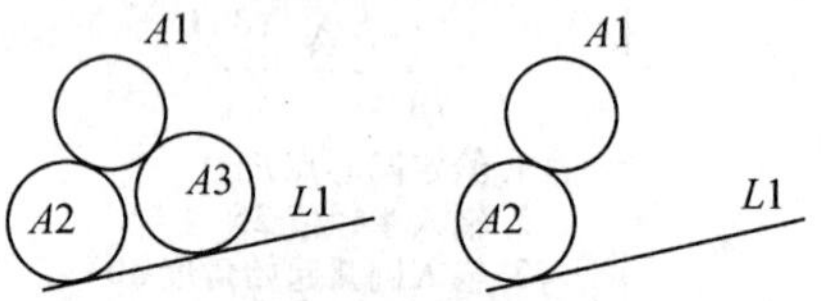

1. 选择相切图素 $L1$
2. 指定相切点 $P1$
3. 生成相切圆弧 $A1$、$A2$、$A3$、$A4$
4. 选择保留的圆弧 $A1$

1. 输入圆弧半径
2. 选择相切图素 $L1$ 和 $A1$
3. 生成相切圆弧 $A2$、$A3$
4. 选择保留的圆弧 $A2$

图 3-41　画切弧命令　　图 3-42　"切一物体"绘制圆弧　　图 3-43　"切两物体"绘制圆弧

切三物体：构建与三个几何对象(直线或圆弧)相切的圆弧，如图 3-44 所示。
中心线：构建与已知直线相切且圆心位于另外一条已知直线上的相切圆弧，如图 3-45 所示。

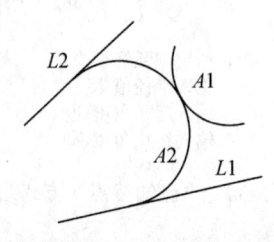

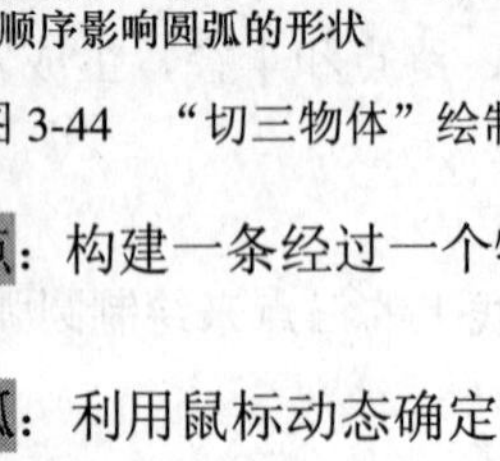

依次选择相切的三物体 $L2$、$A1$、$L1$，产生圆弧 $A2$
注：选择顺序影响圆弧的形状

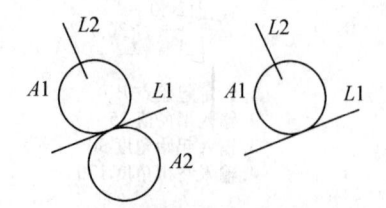

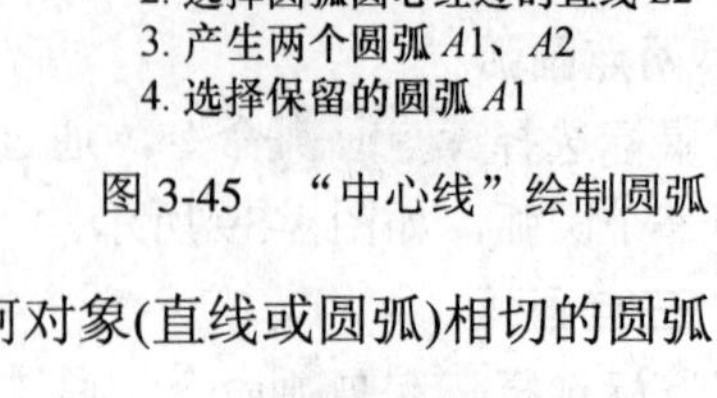

1. 选择相切的已知直线 $L1$
2. 选择圆弧圆心经过的直线 $L2$
3. 产生两个圆弧 $A1$、$A2$
4. 选择保留的圆弧 $A1$

图 3-44　"切三物体"绘制圆弧　　图 3-45　"中心线"绘制圆弧

经过一点：构建一条经过一个特定点，并与几何对象(直线或圆弧)相切的圆弧，如图 3-46 所示。
动态绘弧：利用鼠标动态确定相切点及圆弧的端点来绘制圆弧，如图 3-47 所示。

5. 两点画圆

用鼠标选择**两点画圆**命令，通过指定的两个点，以其连线的长度为直径值，连线的

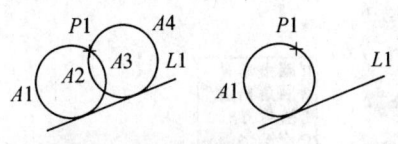

1. 选择相切的已知直线 L1
2. 选择圆弧经过的点 P1
3. 输入半径,产生两个圆弧 A1、A2、A3、A4
4. 选择保留的圆弧 A1

图 3-46 "经过一点"绘制圆弧

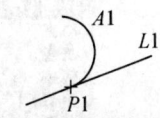

1. 选择相切的已知直线 L1
2. 鼠标动态的选择圆弧起始点 P1
3. 鼠标点击圆弧终止点,生成圆弧

图 3-47 "动态绘弧"绘制圆弧

中点为圆心所绘制的所需要的圆,如图 3-48 所示。

6. 三点画圆

选择三点画圆命令,通过指定的三个点绘制圆,如图 3-49 所示。

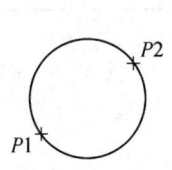

选择圆经过的点 P1 和 P2,生成圆

图 3-48 两点绘制圆

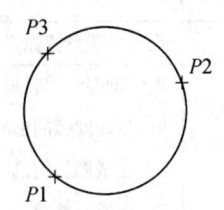

选择圆经过的点 P1、P2 和 P3,生成圆

图 3-49 三点绘制圆

7. 点半径圆

用鼠标选择点半径圆命令,通过指定半径值和圆心点位置绘制圆。

8. 点直径圆

用鼠标选择点直径圆命令,通过指定直径值和圆心点位置绘制圆。

9. 点边界圆

用鼠标选择点边界圆命令,通过指定圆心点位置和圆上一点来绘制圆,如图 3-50 所示。

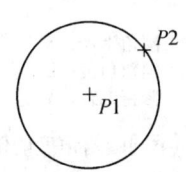

选择圆心点 P1,指定圆的边界任意点 P2,生成圆

图 3-50 "点边界圆"绘制圆

3.1.4 倒圆角

在主功能表中用鼠标依次选择:绘图→倒圆角命令,打开倒圆角子菜单,或鼠标左键单击工具栏中的按钮 来调用倒圆角命令,如图 3-51 所示。

图 3-51 倒圆角菜单

此命令是用来对两个或更多的图素做倒圆角处理，菜单的相关参数解释见表 3-2。

表 3-2 倒圆角菜单选项说明

选 项	选 项 说 明
圆角半径	设置倒圆角圆弧半径值
圆角角度	设置倒圆角圆弧形式(图 3-52)： S：生成圆弧的圆心角小于 180° L：生成圆弧的圆心角大于 180° F：生成一整圆
修整方式	是否修剪原图素。Y：修剪；N：保留原图素
连续倒圆	利用串连图素的方式对一封闭图形的每一个转角处倒圆角(与串连方式组合使用)，如图 3-53 所示
串连方式	A:串连的所有方向都倒圆角 P：只倒出逆时针方向的圆角 N：只倒出顺时针方向的圆角
清角圆	是否清圆角。Y：清圆角；N：不清圆角

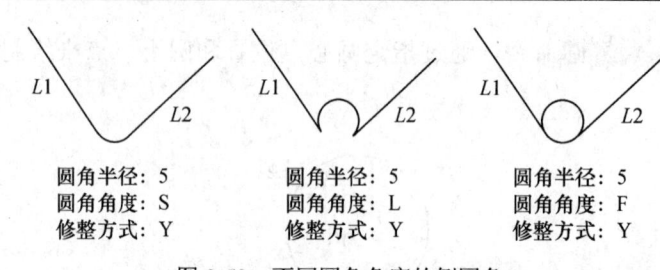

圆角半径：5　　　　圆角半径：5　　　　圆角半径：5
圆角角度：S　　　　圆角角度：L　　　　圆角角度：F
修整方式：Y　　　　修整方式：Y　　　　修整方式：Y

图 3-52 不同圆角角度的倒圆角

圆角半径：5　　　　圆角半径：5　　　　圆角半径：5
圆角角度：S　　　　圆角角度：S　　　　圆角角度：S
修剪方式：Y　　　　修剪方式：Y　　　　修剪方式：Y
串连方式：P　　　　串连方式：N　　　　串连方式：A

图 3-53 不同串连方式的倒圆角

3.1.5 样条曲线的绘制

MasterCAM 中的样条曲线包括两种形式：参数式曲线和 NURBS 曲线，用户可以通过菜单的曲线形式来进行切换。参数式曲线是一条有弹性的线条，而 NURBS 曲线比一般的参数式曲线更光滑且容易编辑，可以通过移动曲线的控制点来编辑曲线的形状。

在主功能表中用鼠标依次选择：绘图→曲线命令，打开绘制曲线子菜单，或鼠标左键单击工具栏中的按钮 ∽ 来调用绘制曲线命令，如图 3-54 所示。绘制曲线菜单的相关参数解释见表 3-3。

图 3-54 绘制曲线菜单

表 3-3 绘制曲线菜单选项说明

选 项	选 项 说 明
曲线形式	设置曲线形式，P：参数式曲线；N：NURBS 曲线
手动	手动输入或鼠标分别选取曲线所经过的点(图 3-55)
自动	通过选取已经存在的一系列点的第一点、第二点和最后一点来绘制曲线，此时曲线以不超过系统的曲线容差为原则自动选取其他点(图 3-56)
端点状态	选择是否控制所绘制曲线的端点相切状态。 Y：调整曲线的起、终点斜率(如图 3-57 所示，各参数含义见表 3-4) N：按系统默认的状态
转成曲线	将所选取的图素转换成曲线(图 3-58)
熔接	将所选取的曲线在指定的位置进行光滑的连接(如图 3-59 所示，各参数含义见表 3-5)

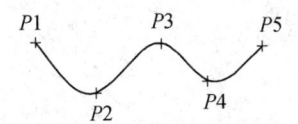

依次选取曲线经过的点 P1、P2、P3、P4 和 P5

图 3-55 手动绘制曲线

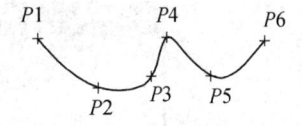

依次选取曲线经过的第一、第二点 P1、P2 和最后一点 P6

图 3-56 自动绘制曲线

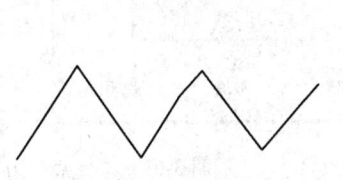

图 3-57 曲线端点状态菜单　　图 3-58 转成曲线　　图 3-59 曲线熔接菜单

表 3-4　改变曲线的端点状态参数说明

参　数	参　数　说　明
端点	选择控制曲线的起点(F)还是曲线的终点(L)
三点弧	确定曲线与通过此端点的三点圆弧相切
自然状态	保持系统默认状态
值输入	通过输入向量值来确定端点处的相切角度
角度	输入相切角度值
另一图素	控制曲线在端点处与所选取的图素相切
另一端点	按照所选的直线、圆弧或曲线的端点切线方向来调整此端点的切线方向
切换方向	切换端点的切线方向

表 3-5　曲线熔接参数说明

参　数	参　数　说　明
第一曲线	重新选取第一条曲线
第二曲线	重新选取第二条曲线
修整方式	B:两曲线都修整；N:两曲线都不修整；1:修整第一条曲线；2:修整第二条曲线
熔接值一	确定第一条曲线熔接处的熔接值，熔接值越大，曲线变形越大
熔接值二	确定第二条曲线熔接处的熔接值，熔接值越大，曲线变形越大

3.1.6　矩形的绘制

在主功能表中用鼠标依次选择：绘图→矩形命令，打开绘制矩形子菜单，或鼠标左键单击工具栏中的按钮来调用绘制曲线命令，如图 3-60 所示。

一点：通过定义矩形的宽度、高度和放置点的位置创建矩形(图 3-61)。

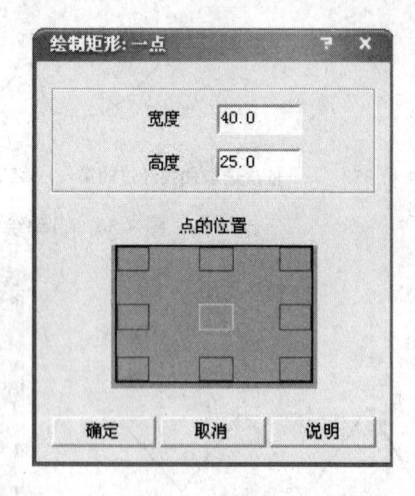

图 3-60　绘制矩形菜单　　　　图 3-61　"一点"方式绘制矩形

两点：通过给定矩形的两个对角点来创建矩形(图 3-62)。
选项：用来设置创建矩形的参数(图 3-63)。

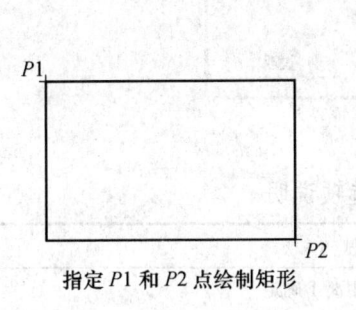

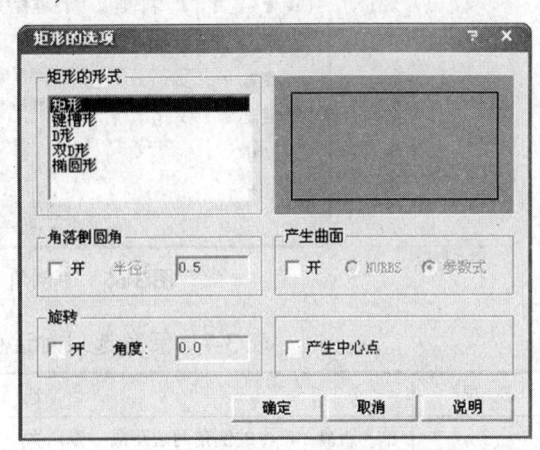

图 3-62 两点方式绘制矩形　　　　图 3-63 "矩形的选项"参数设置对话框

"矩形的选项"对话框中各参数的含义见表 3-6。

表 3-6 矩形选项对话框中各选项说明

选　项	选　项　说　明
矩形的形式	用来确定矩形的类型，如图 3-64 所示
角落倒圆角	设置矩形的四个角是否倒圆角并给定圆角半径值
旋　转	设置是否需要把矩形旋转指定的角度
产生曲面	设置是否需要同时构建曲面
产生中心点	设置是否在所构建的矩形中心处绘制点

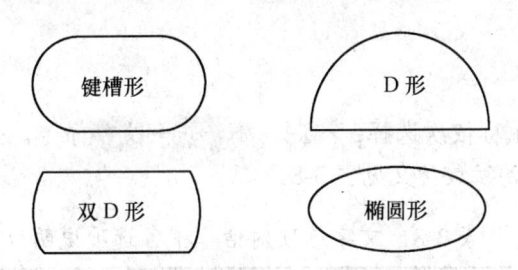

图 3-64 矩形的其他形式

3.1.7 倒角

在主功能表中用鼠标依次选择：绘图→下一页→倒角命令，弹出"倒角"对话框，如图 3-65 所示。各参数含义见表 3-7。

此命令用于对两条相交直线产生不同距离的倒角，并自动修剪原图素，倒角距离从交点处计算(图 3-66)。

61

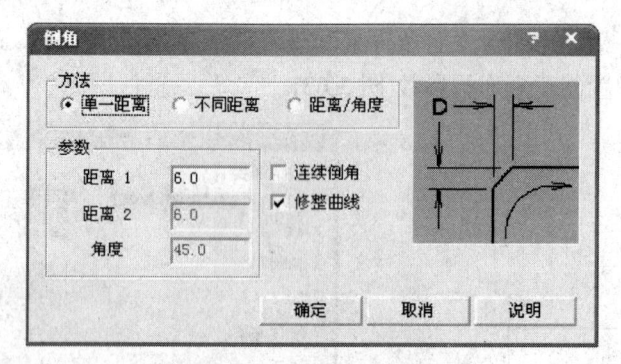

图 3-65 "倒角"对话框

表 3-7 倒角选项对话框中各选项说明

选 项	选 项 说 明
方 法	单一距离：产生的倒角两边距离一致，大小由参数中距离 1 确定 不同距离：产生的倒角两边距离不一致，大小由参数中距离 1 和距离 2 确定 距离/角度：利用倒角的一边距离和角度来控制倒角的大小
连续倒角	选择此选项，将对一个封闭的轮廓全部倒角处理
修整曲线	选择此选项，对倒角后的两边线进行修剪处理

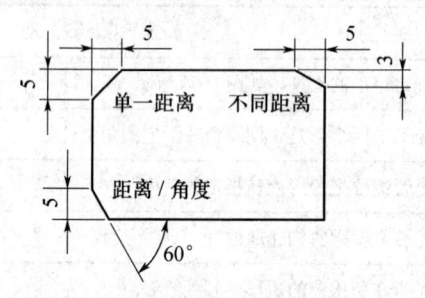

图 3-66 不同方法的倒角

3.1.8 文字

在主功能表中用鼠标依次选择：绘图→下一页→文字命令，弹出"绘制文字"对话框，如图 3-67 所示。各参数含义见表 3-8。

表 3-8 文字选项对话框中各选项说明

选 项	选 项 说 明
字 型	设置输入文字的字体，真实字型：使用 Windows 中的 True Type 字体来构建文字
文 字	在此文本框中输入要创建的文字内容
参 数	设置文字的高度、圆弧半径及相邻文字之间的间距
排列方式	设置文字放置在屏幕上的方式，如图 3-68 所示

此命令利用 MasterCAM 提供的字体库(单线字、方块字、罗马字、斜体字)，生成英文字母或利用 Windows 提供的标准真字体(True Type Fonts)生成英文或中文字。

图 3-67 "绘制文字"对话框　　　　图 3-68 绘制文字

3.1.9 椭圆的绘制

在主功能表中用鼠标依次选择：绘图→下一页→椭圆命令，弹出"绘制椭圆"对话框，如图 3-69 所示。各参数含义见表 3-9。

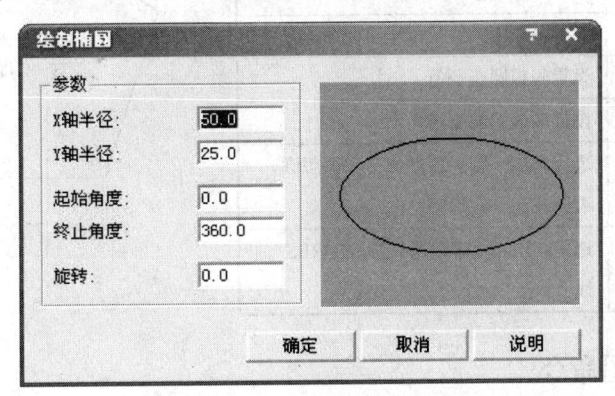

图 3-69 "绘制椭圆"对话框

设定相关参数后，指定一点作为放置椭圆的位置，如图 3-70 所示。

表 3-9 绘制椭圆各选项说明

选 项	选 项 说 明
X 轴半径	设置椭圆的 X 轴半径
Y 轴半径	设置椭圆的 Y 轴半径
起始角度	设置椭圆的起始角度
终止角度	设置椭圆的终止角度
旋转	设置椭圆的旋转角度

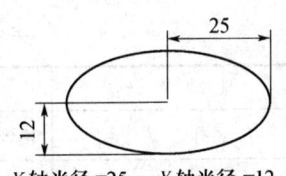

X 轴半径 =25　　Y 轴半径 =12
起始角度 =0 度　终止角度 =360 度
旋转 =0 度

图 3-70 椭圆绘制

3.1.10 正多边形的绘制

在主功能表中用鼠标依次选择：绘图→下一页→多边形命令，弹出"绘制多边形"对话框，如图 3-71 所示。各参数含义见表 3-10。

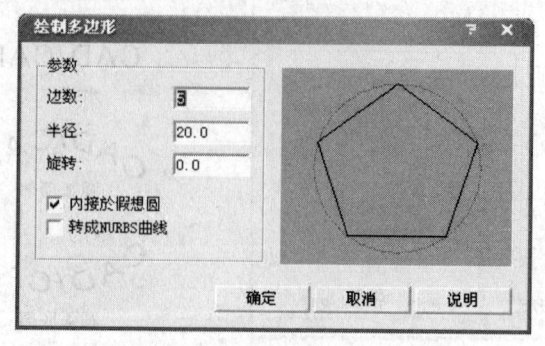

图 3-71 "绘制多边形"对话框

设定相关参数后，指定一点作为放置多边形的位置，如图 3-72 所示。

表 3-10 绘制多边形各选项说明

选 项	选 项 说 明
边数	设置多边形的边数，至少为 3 以上
半径	设置假想圆半径值
旋转	设置多边形的旋转角度
内接于假想圆	选用此项，则多边形内接于假想圆，否则外切于假想圆
转成 NURBS 曲线	选用此项，将多边形转成 NURBS 曲线

边数 =5 半径 =20
旋转 =0 度

图 3-72 多边形绘制

3.1.11 其他绘图命令

1. 呼叫副图

在主功能表中用鼠标依次选择：绘图→下一页→呼叫副图命令，弹出"呼叫副图"对话框，如图 3-73 所示。各参数含义见表 3-11。

表 3-11 呼叫副图各选项说明

选 项	选 项 说 明
名称	鼠标左键点击右边的按钮，选取插入的副图文件
参数	比例：设置副图合并到当前图形中的比例值 旋转：设置副图合并到当前图形中的旋转角度 镜射：确定副图是否相对构图面的 X、Y 或 Z 轴进行镜射
使用作图的颜色及层别	副图是否使用系统当前的颜色和图层

此命令是将已经存在的图形文件合并到当前图形中，并可对其进行比例的缩放、角度的旋转及沿 X、Y、Z 轴进行镜射。

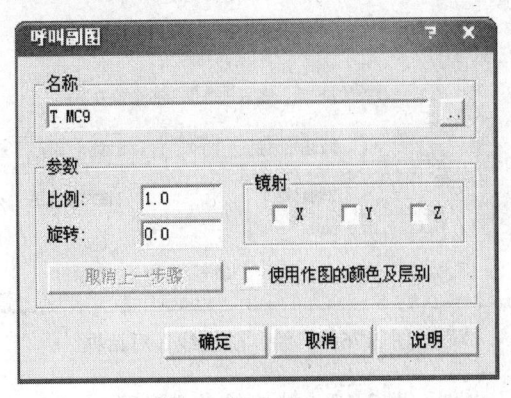

图 3-73 "呼叫副图"对话框

2. 边界盒

在主功能表中用鼠标依次选择：绘图→下一页→边界盒命令，弹出"绘制边界盒"对话框，如图 3-74 所示。各参数含义见表 3-12。

表 3-12 边界盒各选项说明

选 项	选 项 说 明
建立	在产生边界盒的同时生成需要的图素
所有图素	选取此项，将对所有图素进行边界盒定义；否则，系统提示选取需进行边界盒定义的图素
延伸量	在 X、Y 和 Z 三个方向的扩展数值

此命令是用来确定已构建三维模型的边界线或点，生成一个已存在图素的包络长方形或长方体，如图 3-75 所示。

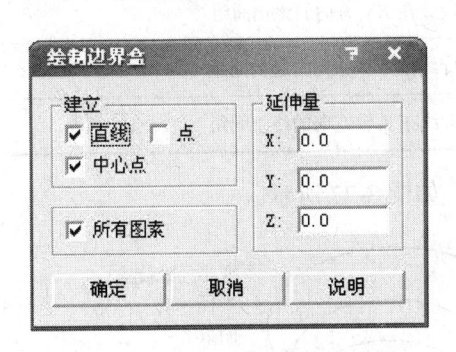

图 3-74 "绘制边界盒"对话框 　　图 3-75 创建边界盒

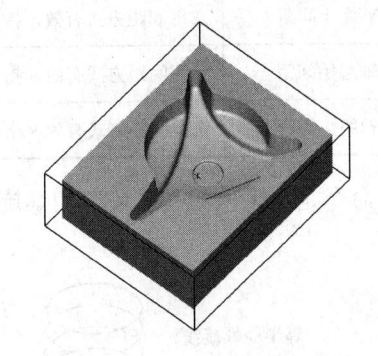

3. 螺旋线

在主功能表中用鼠标依次选择：绘图→下一页→旋线命令，弹出"绘制螺旋线"对话框，如图 3-76 所示。各参数含义见表 3-13。

65

图 3-76 "绘制螺旋线"对话框

表 3-13 螺旋线各选项说明

选 项	选 项 说 明
操作	锥度：设置相关参数创建等螺距螺旋线 间距：设置相关参数创建变螺距螺旋线
起始角度	设定等螺距螺旋线的起始角度(相对于当前坐标系 X 轴)
Z 轴间距	设定螺旋线的导程
锥角度	创建带锥度的螺旋线
螺旋半径	设定螺旋线的半径大小
角度增量	设定螺旋线的上升角的增量值
螺旋圈数	设定螺旋线的圈数
XY 起始间距	选用间距方式有效，指定螺旋线在 XY 方向的起始间距
XY 终止间距	选用间距方式有效，指定螺旋线在 XY 方向的终止间距
Z 轴起始间距	选用间距方式有效，指定螺旋线在 Z 轴方向的起始间距
Z 轴终止间距	选用间距方式有效，指定螺旋线在 Z 轴方向的终止间距

此命令是用来生成平面或空间螺旋线，如图 3-77 所示。

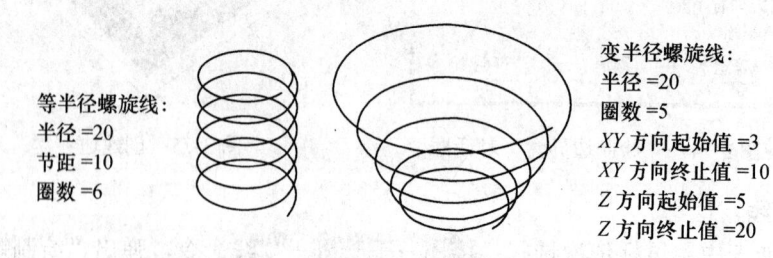

等半径螺旋线：
半径 =20
节距 =10
圈数 =6

变半径螺旋线：
半径 =20
圈数 =5
XY 方向起始值 =3
XY 方向终止值 =10
Z 方向起始值 =5
Z 方向终止值 =20

图 3-77 螺旋线绘制

4. 齿轮

在主功能表中用鼠标依次选择：绘图→下一页→附加功能→ear*命令，弹出"齿轮参数"对话框，如图3-78所示。

此命令是通过设置节圆直径、齿数、压力角等相应齿轮参数，生成外齿轮或内齿轮形，如图3-79所示。

图3-78 "齿轮参数"对话框　　　图3-79 齿轮绘制

5. 标注列表

在主功能表中用鼠标依次选择：绘图→下一页→附加功能→Htable*命令，弹出"标注列表"对话框，如图3-80所示。

此命令是对已存在图形中的整圆，列表标注其代号、数量和直径值(或半径值)，如图3-81所示。

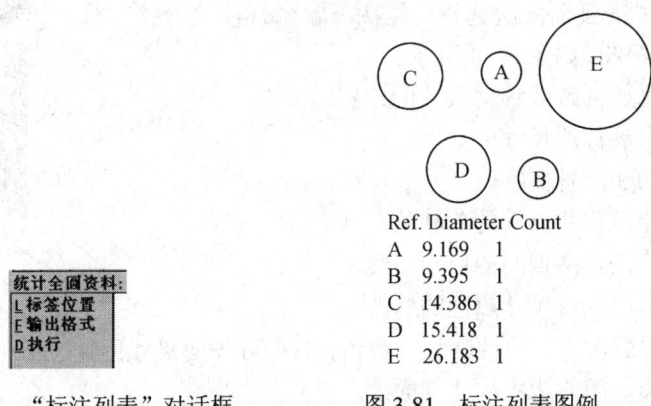

```
Ref.  Diameter  Count
 A     9.169      1
 B     9.395      1
 C    14.386      1
 D    15.418      1
 E    26.183      1
```

图3-80 "标注列表"对话框　　　图3-81 标注列表图例

输出格式：设置整圆代号的位置(圆心或端点)。

标签位置：设置输出直径值或半径值。

6. 函数(方程式)

在主功能表中用鼠标依次选择：绘图→下一页→附加功能→Fplot*命令，打开函数(方程式)子菜单，如图3-82所示。

67

此命令是利用建立函数关系式(直角方程式或参数方程式)，设置变量及范围，生成二维轮廓或三维曲面图形，如图 3-83 所示。

图 3-82 函数菜单

图 3-83 函数曲线

编辑程式：建立函数方程式曲线。
读取程式：从系统读取函数方程式。
储存程式：保存用户自定义函数方程式。
变数：定义变量。
角度格式：设定角度的单位，R：弧度；D：度数。
原点坐标：指定函数曲线放置点位置。
图形形式：设置图素的属性。
显示记录：设置是否显示函数曲线的构建参数值，Y：显示；N：不显示。
绘出：绘制设置好的函数曲线。

3.1.12 尺寸标注

在完成图纸的绘制后，一般需在图纸中对图素添加文本、数字以及其他工程符号，以表示尺寸大小、精度要求、设计材料及技术要求等信息。

在主功能表中用鼠标依次选择：绘图→尺寸标注命令，打开尺寸标注子菜单，如图 3-84 所示。

重新建立：重新修改或移动尺寸的位置。
标示尺寸：得到标注尺寸子菜单。
注解文字：构建注解文字。
延伸线：构建任意两点间的单独的尺寸界线。
引导线：构建任意两点间的单独引线。
多重编辑：对已标注尺寸属性的修改。

图 3-84 尺寸标注菜单

编辑文字：设置为 Y：可改变尺寸数值；N：可改变尺寸位置。
剖面线：选择封闭的边界构建剖面线。
整体设定：设定尺寸标注的各项属性。

1. 整体设定

用户在进行图形标注时，既可以采用系统的默认设置，也可以通过此命令来对各参数进行设置，包括尺寸的属性、尺寸标注、注解文字、引导线/延伸线/箭头及其他设定。

选择此命令后，弹出如图 3-85 所示"尺寸标注整体设定"对话框。

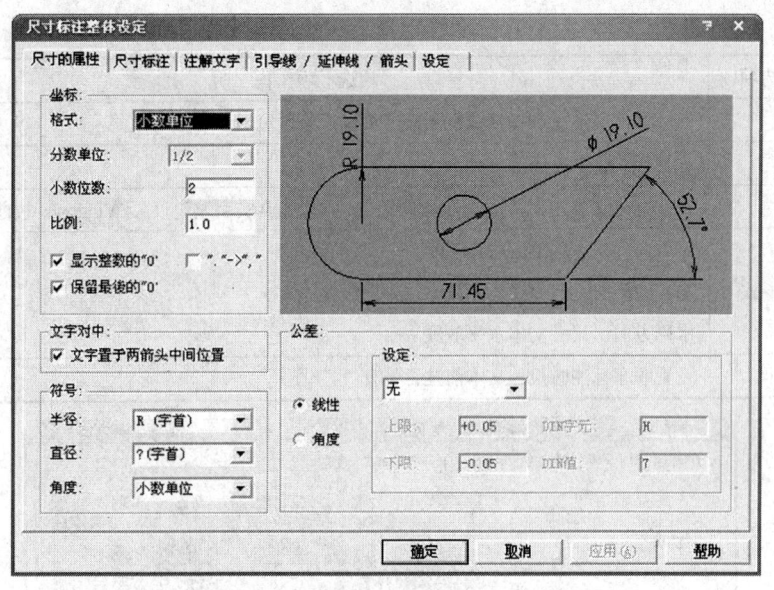

图 3-85 "尺寸标注整体设定"对话框

尺寸的属性各选项参数说明见表 3-14。

表 3-14 尺寸的属性各选项参数说明

选项	选项说明
坐标	格式：设置尺寸长度的表示方式(小数单位、科学记号、工程单位、分数单位、建筑单位) 分数单位和小数位数：分别用来设置小数点后保留的位数和设置分数的最小单位 比例：设置标注的尺寸与绘图的尺寸之间的比例 显示整数的"0"：选择此项，即尺寸在小数点前加上 0 保留最后的"0"：选择此项，即尺寸保留小数位数后的 0
文字对中	选择此项，在标注时尺寸文本自动放置在尺寸界线的中间，否则可以移动尺寸文本的位置
符号	半径：设置半径标注的文本格式 直径：设置直径标注的文本格式 角度：设置角度标注的文本格式
公差	线性：选择此项，即对线性标注的公差进行设置 角度：选择此项，即对角度标注的公差进行设置

尺寸标注对话框如图 3-86 所示。

尺寸标注各选项参数说明见表 3-15。

表 3-15 尺寸标注各选项说明

尺寸标注选项	选项说明
大小	字高：设置标注文本的高度 公差字高：设置公差标注文本的高度 间距：包括固定和依比例两个选项，选择固定，则字高与字宽大小由给定的值确定；选择依比例，则字高与字宽的大小由给定的比例确定

69

(续)

尺寸标注选项	选项说明
基准线	在标注的文本上加横线或框架线，可以通过预览显示对应的效果
书写方向	设置标注文本的书写方向
字型	设置标注文本的字体，也可以通过点击"增加真实字型"设置 Windows 中的字库
文字定位方式	设置尺寸文本的放置方向 与标注同向：尺寸文本顺尺寸线方向放置 水平方向：尺寸文本水平放置
顺序标示	设置顺序标注时尺寸文本前是否带有"-"号

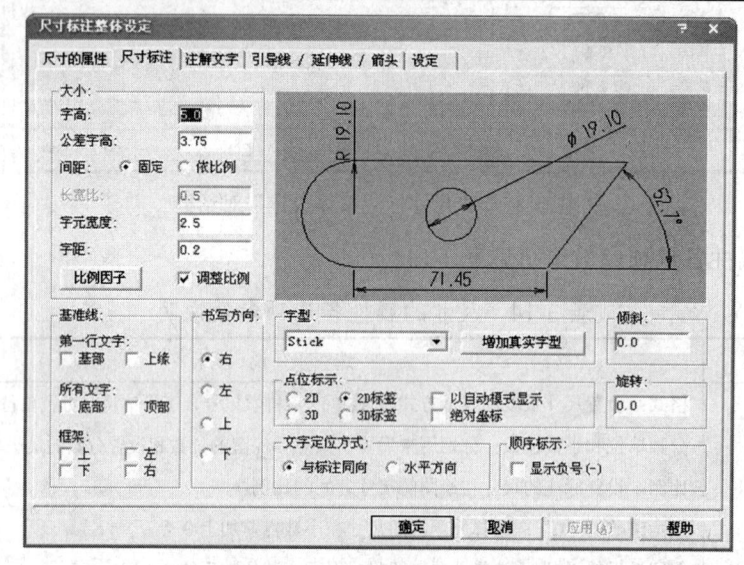

图 3-86 "尺寸标注"对话框

"注解文字"对话框如图 3-87 所示，其内容类似尺寸标注，都可以通过鼠标点击各选项进行预览。

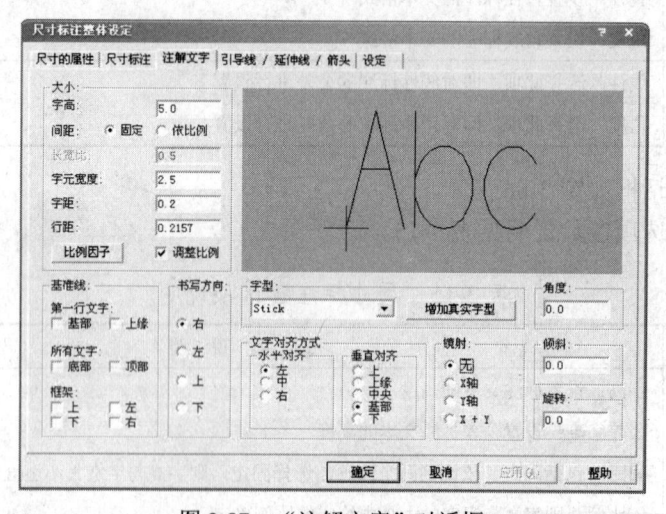

图 3-87 "注解文字"对话框

"引导线/延伸线/箭头"对话框如图3-88所示。

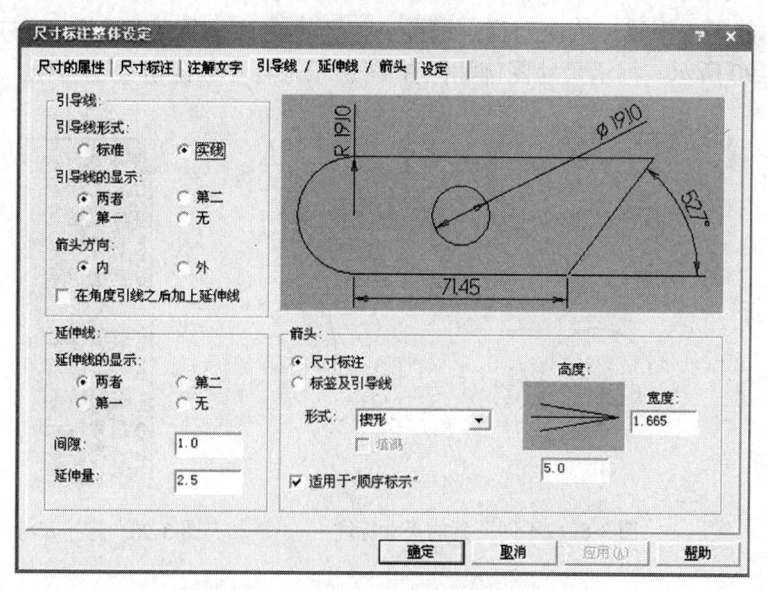

图3-88 "引导线/延伸线/箭头"对话框

"引导线/延伸线/箭头"对话框各选项参数说明见表3-16。

表3-16 "引导线/延伸线/箭头"对话框各选项参数说明

选项	选项说明
引导线	设置引导线的形式、显示及箭头的方向,可通过预览显示
延伸线	设置延伸线的显示、间隙及延伸量,可通过预览显示
箭头	分别设置尺寸标注和图形注释中的箭头样式和大小,可通过输入数值进行设置

2. 标示尺寸

1) 智能标注

在主功能表中用鼠标依次选择:绘图→尺寸标注命令,在当前状态下,系统可以根据选择的图素智能的进行尺寸标注,还可以继续选取新的图素来改变尺寸标注的类型。表3-17为不同图素的尺寸标注类型。

表3-17 不同图素的尺寸标注类型

类 型	类型解释
点与点、点与直线	线性标注(水平标注、垂直标注或平行标注),如图3-89(a)所示
点与直线、直线与点、点与点及平行的直线、直线与平行的直线	线性标注(标注图素间的垂直距离),如图3-89(b)所示
点与点及点、点与点及不平行的直线、直线与不平行的直线	角度标注,如图3-89(c)所示
圆弧或圆	圆的标注(半径或直径标注),如图3-89(d)所示
点与圆弧、直线与圆弧、圆弧与圆弧	相切标注,如图3-89(e)所示

71

2) 标注尺寸

在主功能表中用鼠标依次选择：绘图→尺寸标注→标示尺寸命令，打开标示尺寸菜单，如图 3-90 所示，标示尺寸图例如图 3-91 所示。各参数说明见表 3-18。

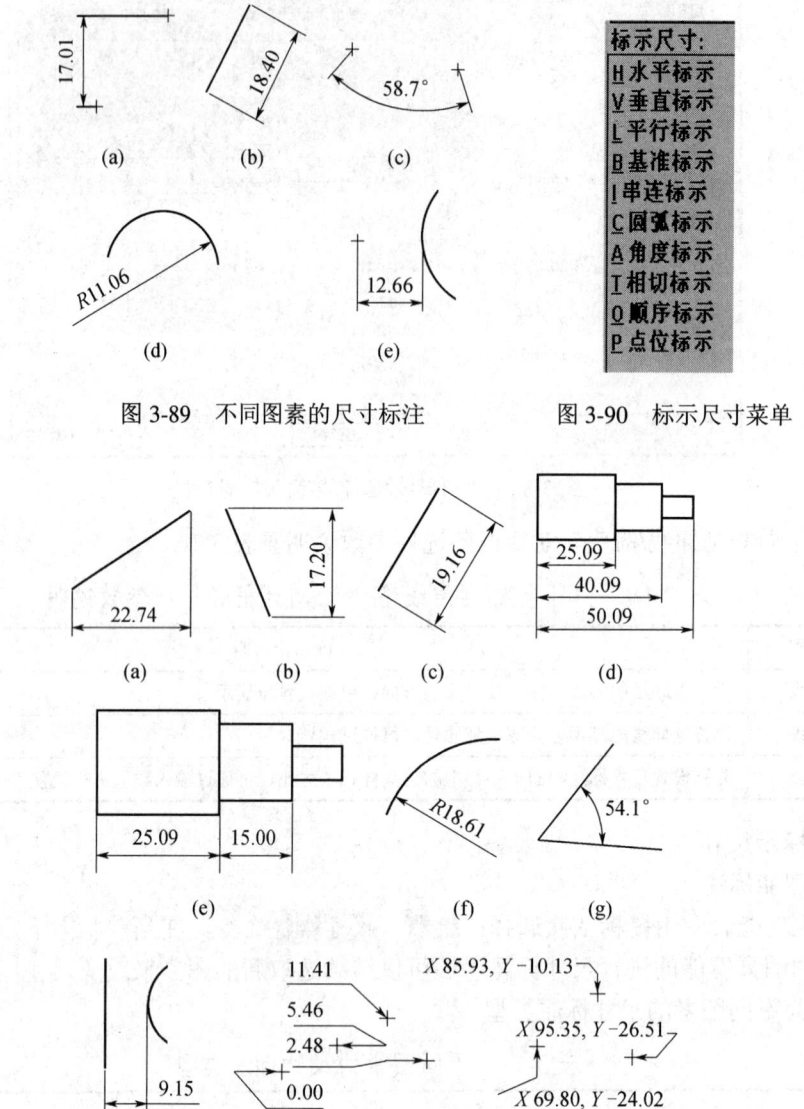

图 3-89 不同图素的尺寸标注 图 3-90 标示尺寸菜单

图 3-91 标示尺寸图例

表 3-18 标示尺寸菜单各命令含义

命令	命令含义
水平标示	标注两点间的水平距离，自动捕捉点或选择直线图素，如图 3-91(a)所示
垂直标示	标注两点间的垂直距离，自动捕捉点或选择直线图素，如图 3-91(b)所示
平行标示	标注的尺寸线平行于两个端点的连线，如图 3-91(c)所示

(续)

命令	命令含义
基准标示	标注一系列的线性尺寸，选取一条线性尺寸线作为基准，以后生成的尺寸线，均以该基准线一端点引出尺寸线连续标注，如图3-91(d)所示
串连标示	标注一系列的线性尺寸，选取一条线性尺寸线，以后生成的尺寸都以前一尺寸标注的边界为参考基准向后连续标注，如图3-91(e)所示
圆弧标示	标注圆弧或圆的尺寸(半径或直径标注)，如图3-91(f)所示
角度标示	标注两条非平行直线的角度，逆时针为正，如图3-91(g)所示
相切标示	标注圆弧与点、直线或圆弧的水平相切标注或垂直相切标注，如图3-91(h)所示
顺序标示	以第一条线作为0基准，顺序标出相对于基准的尺寸距离值，如图3-91(i)所示
点位标示	标注某点在工作坐标系统中的位置，如图3-91(j)所示

3. 剖面线

在主功能表中用鼠标依次选择：绘图→尺寸标注→剖面线命令，系统弹出如图 3-92 所示的"剖面线"对话框。

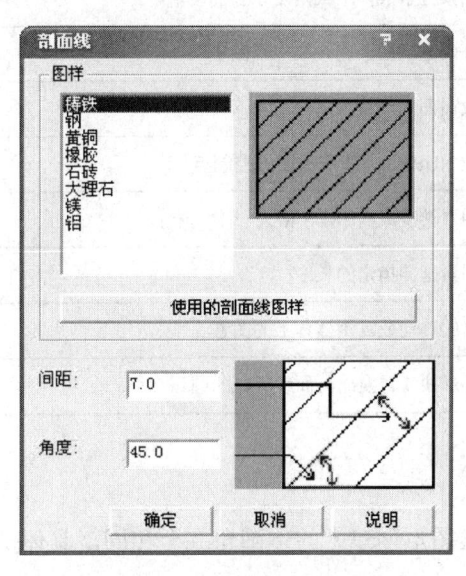

图3-92 "剖面线"对话框

在此对话框中可以对填充图案的类型及图案线的间距和角度等进行设置。设置完参数后，系统提示选取要进行填充的封闭边界。用户可以选取一个或多个封闭边界，完成选取后选择执行命令即可完成所选封闭边界的图案填充。

3.2 编辑命令

运用二维 CAD 创建出来的图形需要进行一定的编辑操作，才能满足用户最终的需要。此软件提供了修整的功能。

用鼠标单击主功能修整，打开修整功能菜单，如图3-93所示，各选项说明见表3-19。

73

```
修整之相关设定：              修剪/延伸
F 倒圆角                      1 单一物体
T 修剪延伸                    2 两个物体
B 打断                        3 三个物体
J 连接                        T 到某一点
N 正向切换                    M 多物修整
C 控制点                      C 回复全圆
X 转成NURBS                   D 分割物体
E 延伸                        U 修整曲面
D 动态移位
A 曲线变弧
```

图 3-93 修整菜单　　　　图 3-94 修剪/延伸图

表 3-19　修整菜单选项说明

选项	选项说明
倒圆角	在两个相交的图素之间产生圆角
修剪延伸	按要求修剪或延伸图素至指定的边界
打断	将图素分解成两个或两个以上的段落
连接	将打断过的图素连接成一个图素
正向切换	修改曲面的法线方向
控制点	修改 NURBS 曲线或曲面的控制点
转成 NURBS	将图素转换成 NURBS 格式
延伸	将图素延伸指定的长度
动态移位	动态的移动或复制屏幕上的图素
曲线变弧	将环形曲线转换成与曲线近似的圆弧

3.2.1　倒圆角

此命令的功能与二维图形创建中的倒圆角完全相同，具体操作在此不作详解。

3.2.2　修剪/延伸

在主功能表中用鼠标依次选择：修整→修剪延伸命令，打开修剪延伸子菜单，如图 3-94 所示。图例如图 3-95～图 3-101 所示，各参数含义见表 3-20。

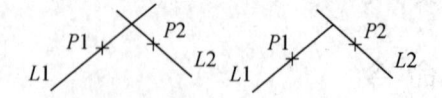

1. 选择被修剪直线 $L1$，$P1$ 处为保留部分
2. 选择边界线 $L2$

分别选择被修剪直线 $L1$、$L2$，$P1$ 和 $P2$ 处为保留部分

图 3-95　"单一物体"修剪　　　　图 3-96　"两个物体"修剪

1. 选择被修剪对象 A1 和 L3 保留部分
2. 选择边界 L2，点击的位置为边界线保留部分

图 3-97 "三个物体"修剪

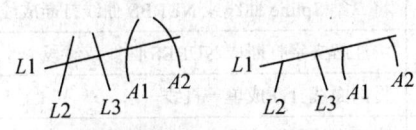

1. 选择被修剪对象 L1 保留位置
2. 选择 P1 点作为修剪的位置

图 3-98 "到某一点"修剪

1. 选择被修剪对象 L2、L3、A1、A2
2. 选择修剪边界 L1
3. 选择被修剪对象保留位置

图 3-99 多物修整

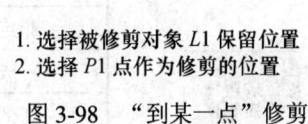

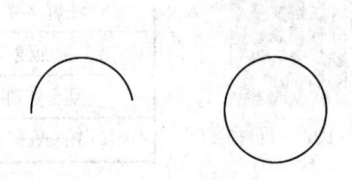

图 3-100 回复全圆

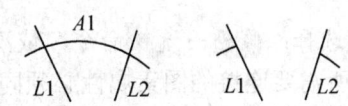

1. 选择被分割对象 A1
2. 选择分割边界 L1 和 L2

图 3-101 分割物体

表 3-20 修剪延伸菜单选项说明

选 项	选 项 说 明
单一物体	用于修剪一个图素(另一个图素不变)，如图 3-95 所示
两个物体	同时修剪两个图素到其交点(选择保留的图段)，如图 3-96 所示
三个物体	同时修剪三个图素到它们的交点(选择的第三个图素分别与前两个图素互相修剪)，如图 3-97 所示
到某一点	修剪或延伸所选择的图素到所选择点的垂足点，如图 3-98 所示
多物修整	同时修剪多个图素，如图 3-99 所示
回复全圆	将所选择的一个圆弧转变成一个完整的圆，如图 3-100 所示
分割物体	修剪两边界之间的图素，如图 3-101 所示
修整曲面	对曲面进行修整

3.2.3 打断

在主功能表中用鼠标依次选择：修整→打断命令，打开打断子菜单，如图 3-102 所示，各参数含义见表 3-21。

表 3-21 打断菜单选项说明

选项	选项说明
打成两段	将图素打断成两段
指定长度	将图素沿着给定长度的位置打断
打成多段	将所选取的图素按设定的段数或段长均匀打断
在交点处	将所选取的图素在相交处打断
曲线变弧	将二维 Spline 曲线或 NURBS 曲线打断成线和弧
注解文字	将注解文字打断成 NURBS 曲线或线段
剖面线	将剖面线打断成单一直线
复合资料	将复合线打断成点或线段
Breakcir*	将屏幕上的所有圆均匀地断开成设定的段数

图 3-102 打断菜单

3.2.4 连接

在主功能表中用鼠标依次选择：修整→连接命令，依次选择被连接图素，使其连接成一个图素。使用此命令时，所需要连接的图素属性必须同一类型，如果连接的是直线，要求共线，如果连接的是圆弧，要求同圆心。

3.2.5 其他编辑命令

1. 正向切换

在主功能表中用鼠标依次选择：修整→正向切换命令，用于改变曲面的法线方向，其方向的控制影响到曲面的修整、曲面倒圆角等操作(具体操作请参见第 4 章)。

2. 控制点

在主功能表中用鼠标依次选择：修整→控制点命令，选择 NURBS 曲线或 NURBS 曲面，根据提示选择控制点后，弹出修改 NURBS 控制点菜单，如图 3-103 所示。动态编修控制点如图 3-104 所示。各参数含义见表 3-22。

表 3-22 修改 NURBS 控制点菜单选项说明

选项	选项说明
动态编修	用鼠标动态移位控制点的方法修改曲线的形状，如图 3-104 所示
坐标位置	通过指定控制点坐标值的方法修改曲线的形状

图 3-103 修改 NURBS 控制点菜单

图 3-104 动态编修控制点

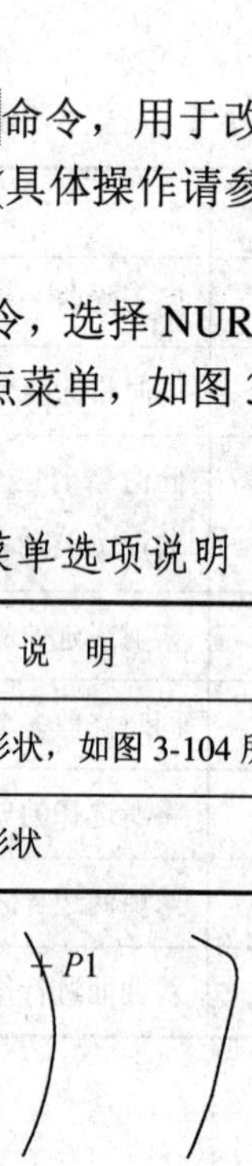

改变 NURBS 曲线的控制点 $P1$ 的位置

3. X 转成 NURBS

在主功能表中用鼠标依次选择：修整→X 转成 NURBS 命令，直接选取任一非 NURBS 的图素，再选择执行命令，即可将非 NURBS 的图素转成相对应的 NURBS 曲线或曲面。

4. 延伸

在主功能表中用鼠标依次选择：修整→延伸命令，将所选取的直线、圆弧、曲线沿着其端点的切线方向按指定的距离进行延伸。

5. 动态移位

在主功能表中用鼠标依次选择：修整→动态移位命令，将所选取的图素进行平移、旋转或牵移等操作，如图 3-105 所示。

图 3-105 动态移位菜单

6. 曲线变弧

在主功能表中用鼠标依次选择：修整→曲线变弧命令，将趋近于圆形的曲线转变成圆弧，如图 3-106 所示。各参数说明见表 3-23。

表 3-23 曲线变弧参数说明

图 3-106 曲线变弧菜单

参 数	参 数 说 明
选取曲线	重新选取曲线
误差值	确定曲线转变成圆弧的误差值，误差值太小，曲线可能转变不了圆弧
处理方式	对原曲线的处理方式： D：删除 K：保留 B：隐藏

3.3 图形转换

在主功能表中用鼠标选择转换命令，系统进入图 3-107 所示的转换菜单，利用该菜单中的镜射、旋转、比例缩放、平移和补正等编辑方法改变图素的位置、方向和大小。

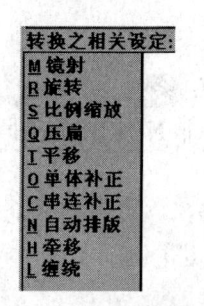

```
转换之相关设定：
M 镜射
R 旋转
S 比例缩放
Q 压扁
T 平移
O 单体补正
C 串连补正
N 自动排版
H 牵移
L 缠绕
```

图 3-107 转换菜单

3.3.1 镜射

镜射是指将图素对构图平面中的 X 轴、Y 轴、一条任意线或两点产生镜像。

选择镜射命令，依次选择镜射图素，系统进入镜射参考轴菜单，如图 3-108 所示。各选项说明见表 3-24。直接利用鼠标选取参考轴线后，系统弹出图 3-109 所示"镜射"对话框，镜射图例如图 3-110 所示。各参数的含义见表 3-25。

```
镜射：请选参考轴
X 轴
Y 轴
L 任意线
2 两点
```

图 3-108 镜射参考轴菜单

表 3-24 镜射参考轴各选项说明

选 项	选 项 说 明
X 轴	以构图面的 X 轴作为镜射轴线
Y 轴	以构图面的 Y 轴作为镜射轴线
任意线	以所选取的任意直线作为镜射轴线
两点	以所选取的两点的连线作为镜射轴线

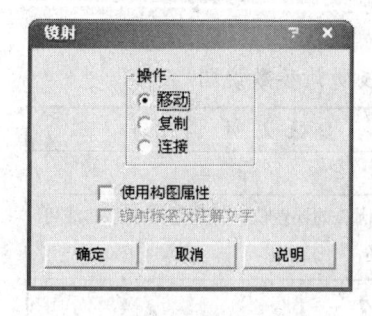

图 3-109 "镜射"对话框

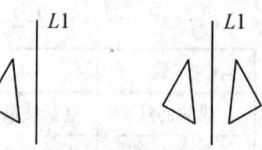

1. 选择三角形为镜射对象
2. 选择镜射轴：$L1$
3. 操作方式：复制

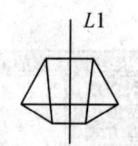

1. 选择三角形为镜射对象
2. 选择镜射轴：$L1$
3. 操作方式：连接

图 3-110 镜射图例

表 3-25 镜射各选项说明

镜射选项		选 项 说 明
操作	移动	镜射后将删除原图素
	复制	镜射后将保留原图素，如图 3-110 所示
	连接	镜射后将保留原图素并将相对应的图素用直线进行连接，如图 3-110 所示
使用构图属性		确定是否将镜射后的图素使用当前设置的图层、线型和颜色

3.3.2 旋转

旋转是指将所选取的图素围绕旋转基准点旋转给定的角度，并通过设置旋转次数可完成所选图素的圆周阵列。

选择旋转命令，依次选择旋转图素，旋转基准点，系统弹出图 3-111 所示"旋转"对话框，旋转图例如图 3-112 所示。各参数的含义见表 3-26。

图 3-111 "旋转"对话框　　　　　图 3-112 旋转图例

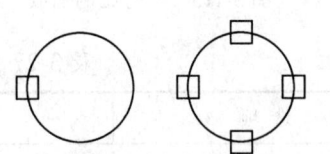

表 3-26 旋转各选项说明

选项		选项说明
操作	移动	旋转后将删除原图素
	复制	旋转后将保留原图素
	连接	旋转后将保留原图素并将相对应的图素用直线进行连接
使用构图属性		确定是否将旋转后的图素使用当前设置的图层、线型和颜色
次数		设定旋转的次数，如图 3-112 所示
旋转角度		设定旋转的角度

3.3.3 比例缩放

比例缩放分为等比例缩放和不等比例缩放两种。等比例缩放是指将所选取的图素按给定的缩放基准点和缩放比例进行图素的放大和缩小；不等比例缩放是指通过分别设置 X、Y、Z 方向的不同比例值对所选取的图素进行放大和缩小。

1. 等比例缩放

选择比例缩放命令，选取缩放图素，再选取点作为缩放的基准点，系统弹出图 3-113 所示"比例缩放"对话框，等比例缩放图例如图 3-114 所示。各参数的含义见表 3-27。

图 3-113 "等比例缩放"对话框

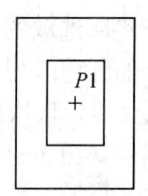

缩放基准：$P1$
缩放比例：2.0

图 3-114 等比例缩放图例

表 3-27 等比例缩放各选项说明

选项		选项说明
操作	移动	缩放后将删除原图素
	复制	缩放后将保留原图素
	连接	缩放后将保留原图素并将相对应的图素用直线进行连接
使用构图属性		确定是否将比例缩放后的图素使用当前设置的图层、线型和颜色
模式		选择"等比例缩放"或者"不等比例缩放"
次数		设定缩放的次数
缩放的比例		设定等比例放大或缩小的倍数，如图 3-114 所示

2. 不等比例缩放

选择比例缩放命令，选取缩放图素，再选取点作为缩放的基准点，系统弹出图 3-115 所示"比例缩放"对话框，不等比例缩放图例如图 3-116 所示。各参数的含义见表 3-28。

表 3-28 不等比例缩放各选项说明

选项		选项说明
操作	移动	缩放后将删除原图素
	复制	缩放后将保留原图素
	连接	缩放后将保留原图素并将相对应的图素用直线进行连接
使用构图属性		确定是否将比例缩放后的图素使用当前设置的图层、线型和颜色
模式		选择"等比例缩放"或者"不等比例缩放"
次数		设定缩放的次数
X 方向比例		设定 X 方向比例放大或缩小的倍数，如图 3-116 所示
Y 方向比例		设定 Y 方向比例放大或缩小的倍数，如图 3-116 所示
Z 方向比例		设定 Z 方向比例放大或缩小的倍数，如图 3-116 所示

图 3-115 "不等比例缩放"对话图　　　　图 3-116 不等比例缩放图例

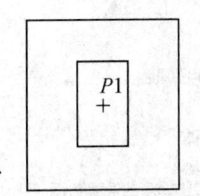

3.3.4 平移

平移是指将所选取的图素移动或复制到新的指定位置。

选择平移命令，依次选择平移图素，选择执行，系统弹出图 3-117 所示菜单。各参数的含义见表 3-29。

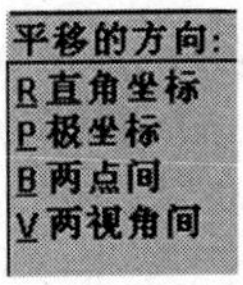

表 3-29 平移菜单各参数说明

菜单参数	参 数 说 明
直角坐标	根据笛卡儿坐标系，给定平移之向量，如图 3-118 所示
极坐标	用极坐标方式给定平移的方向和距离，如图 3-119 所示
两点间	通过选取的两个点来确定平移的方向和距离，如图 3-120 所示
两视角间	在不同的视角间转换图素，参见第 4 章

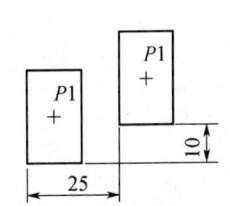

图 3-117 平移菜单

1. 选择平移对象
2. 输入平移向量 $X25Y10$

图 3-118 直角坐标平移

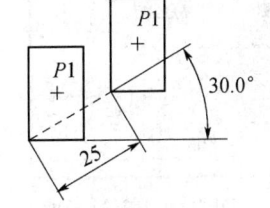

1. 选择平移对象
2. 输入极坐标距离 25，角度 30

图 3-119 极坐标平移

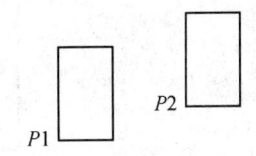

1. 选择平移对象
2. 选择移动基准点 $P1$，移动到 $P2$ 点

图 3-120 两点间平移

3.3.5 单体补正

单体补正是指将所选取的图素在法线方向偏移给定的距离。

选择单体补正命令，系统弹出图 3-121 所示的对话框，设置对话框中的参数，得到单体补正的结果，如图 3-122 所示。

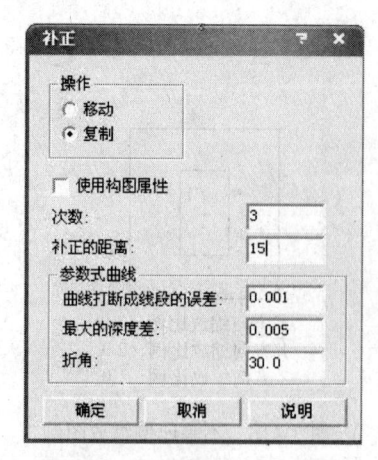

图 3-121 "单体补正"对话框

1. 设置参数，操作方式：复制；补正次数：1；
   补正距离：10；
2. 选择补正方向

图 3-122 单体补正图例

3.3.6 串连补正

串连补正是指将多个相连且串连在一起的图素同时进行偏移给定的距离。

选择串连补正命令，串连选取图素，选择执行命令，系统弹出图 3-123 所示"串连补正"对话框。部分参数说明见表 3-30。

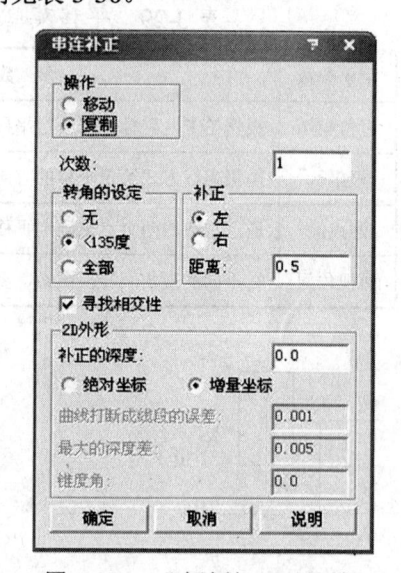

图 3-123 "串连补正"对话框

表 3-30 "串连补正"对话框部分参数

参 数		参 数
操作	移动	补正后删除原串连图素
	复制	补正后保留原串连图素
转角的设定	无	补正时保留原串连图素的转角，如图 3-124 (b)、(d)所示
	<135°	当串连图素转角处角度小于 135°时，补正时进行圆弧过渡，如图 3-124 (c)所示
	全部	补正时对所有的转角进行圆弧过渡，如图 3-124 (c)所示

(续)

参 数		参 数
补正	左	确定补正方向为串连图素箭头的左边，如图 3-124(b)、(c)所示
	右	确定补正方向为串连图素箭头的右边，如图 3-124(d)所示

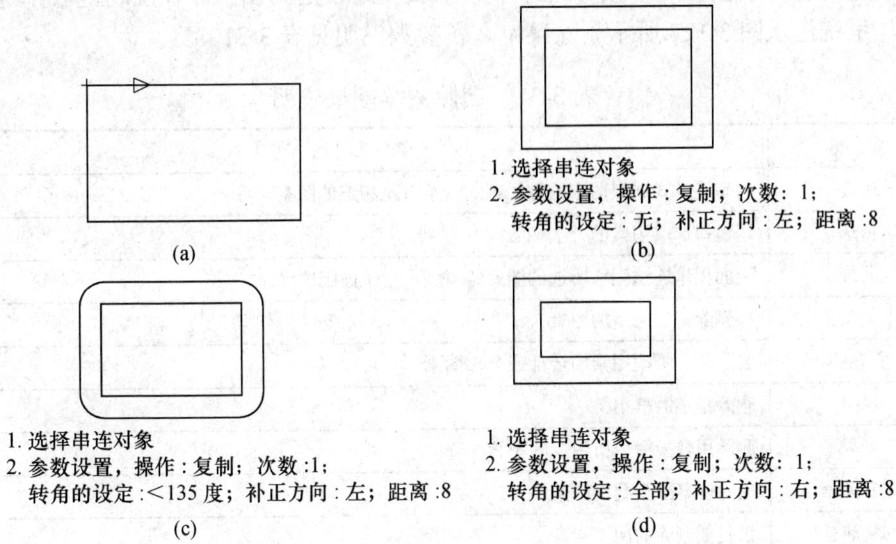

(a)

1. 选择串连对象
2. 参数设置，操作：复制；次数：1；
   转角的设定：无；补正方向：左；距离：8
(b)

1. 选择串连对象
2. 参数设置，操作：复制；次数：1；
   转角的设定：<135 度；补正方向：左；距离：8
(c)

1. 选择串连对象
2. 参数设置，操作：复制；次数：1；
   转角的设定：全部；补正方向：右；距离：8
(d)

图 3-124　串连补正图例

3.3.7　其他图形转换命令

1. 压扁
压扁是指将被选择的图素按照给定的深度值在当前构图面上进行投影，即可将三维空间任意位置的图素投影到二维平面上，如图 3-125 所示。

2. 自动排版
自动排版是指将较小的零件以合理的数量成批地放置到一长薄片材料上。

3. 牵引
牵引是指将所选取的图素平移或复制到一个新的位置，并可随意地加长或缩短被选择的直线，如图 3-126 所示。

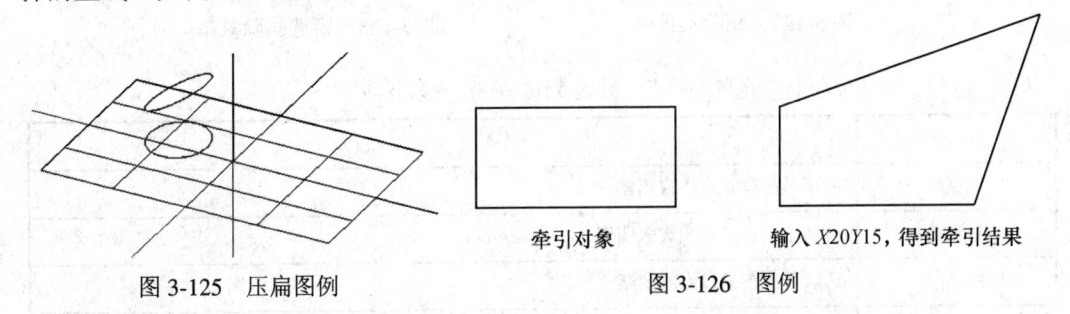

图 3-125　压扁图例

牵引对象　　　输入 X20Y15，得到牵引结果

图 3-126　图例

4. 缠绕
缠绕命令是指将直线、圆弧或样条曲线围绕一个圆柱体进行缠绕或展开。利用该命

令将一条直线缠绕成螺旋线,也可将螺旋线展开成一条直线。

3.4 删 除

删除功能可以删除屏幕或资料库中一个或一组设定的图素。在主功能表中选择删除命令,系统进入图 3-127 所示删除菜单。各参数说明见表 3-31。

表 3-31 删除菜单参数说明

参数	参 数 说 明
串连	用串连方式选取图素的方法删除一组首尾相连的图素
窗选	用窗口选取图素的方法删除
区域	用面积串连法删除所选的图素(包含某一点的封闭轮廓)
仅某图素	仅删除某一类型的图素
所有的	删除某一类型图素的全部或全部图素
群组	删除指定的群组
结果	删除用转换命令所生成的图素
重复图素	删除屏幕上重叠的图素
回复删除	恢复被删除的图素

1. 窗选删除图素

在主功能表中用鼠标依次选择:删除→窗选命令,弹出图 3-128 所示菜单。各参数说明见表 3-32。

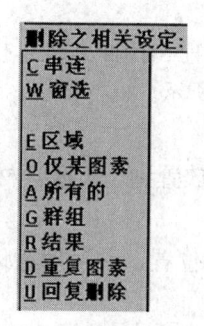

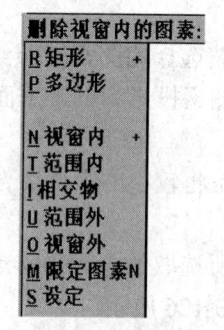

图 3-127 删除菜单　　　　图 3-128 窗选删除菜单

表 3-32 窗选删除菜单参数说明

参数	参 数 说 明
矩形	用矩形窗口方式选取图素
多边形	用多边形窗口方式选取图素
视窗内	选取全部在窗口内的图素
范围内	选取同窗口相交的和包含在窗口内的图素
相交物	选取同窗口相交的图素

(续)

参 数	参 数 说 明
范围外	保留同窗口相交的和包含在窗口内的图素，删除其余图素(同范围内相反)
视窗外	保留全部在窗口内的图素，删除其余图素(同视窗内相反)
限定图素	设置是否限定选择图素： Y：限定起作用 N：限定不起作用
设定	设置限定图素的类型

2. 仅某图素方式删除图素

在主功能表中用鼠标依次选择：删除→仅某图素命令，弹出图3-129所示菜单，设置删除图素的类型。

3. 删除所有的图素

在主功能表中用鼠标依次选择：删除→所有的命令，弹出图3-130所示菜单，设置删除图素的类型。

图 3-129　仅某图素删除菜单　　图 3-130　所有的图素删除菜单

4. 恢复删除图素

在主功能表中用鼠标依次选择：删除→回复删除命令，弹出图3-131所示菜单。各参数说明见表3-33。

表 3-33　恢复删除菜单参数说明

参 数	参 数 说 明
单一图素	恢复最后一个被删除的图素
指定数量	恢复指定数目的被删除的图素
所有图素	恢复被删除的某种类型或属性的所有图素(可以设置限定)

图 3-131　恢复删除菜单

3.5　二维绘图综合实例

本小节中，通过两个二维综合实例图形的绘制过程的讲解，使用户熟练掌握二维图形的绘制方法和步骤。

例 3.1 绘制如图 3-132 所示二维图形。

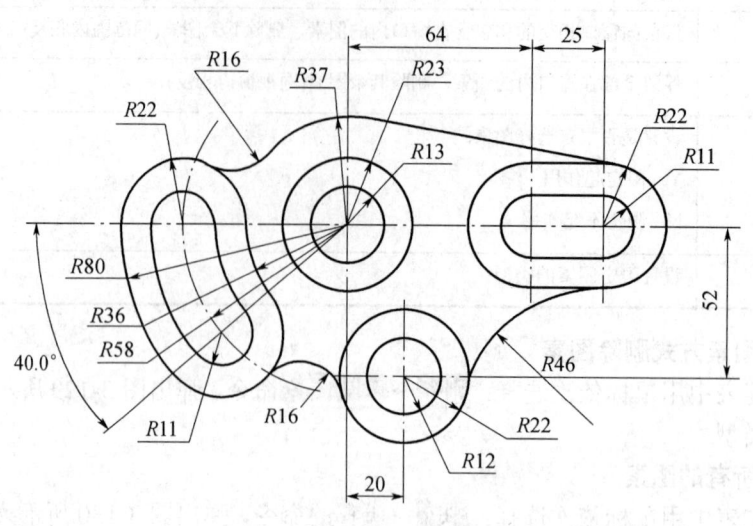

图 3-132 二维综合实例一

步骤一 构建中心线

在次功能表中用鼠标选择图素属性命令，系统弹出图 3-133 所示图素"属性"对话框；将线型设置为中心线，确定参数。

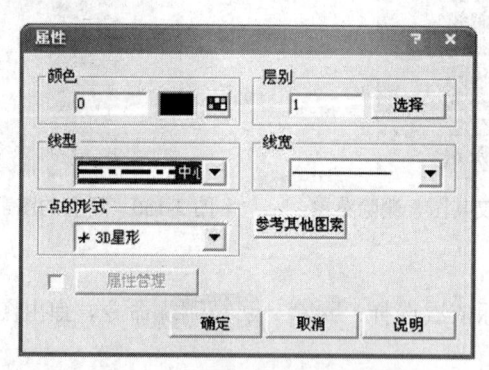

图 3-133 图素"属性"对话框

在主功能表中用鼠标依次选择：绘图→直线→水平线→在屏幕上点取两点→输入 Y 轴坐标：0，按 Esc 键返回上层功能表→垂直线→在屏幕上点取两点→输入 X 轴坐标：0，返回主功能表，此时构建出如图 3-134 所示的两条中心线，交点为(0，0)点；

在主功能表中用鼠标依次选择：绘图→直线→平行线→方向/距离→选择线段→指定平行线间距；

在主功能表中用鼠标依次选择：绘图→圆弧→极坐标→已知圆心(原点)→输入半径：58→输入起始角度：135→输入终止角度：250；

在主功能表中用鼠标依次选择：绘图→直线→极坐标线→指定起始位置(原点)→输入角度：220→输入线长：70，返回主功能表，此时的图形如图 3-135 所示。

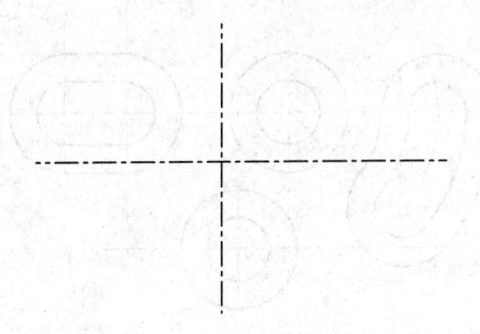

图 3-134　通过坐标原点的中心线 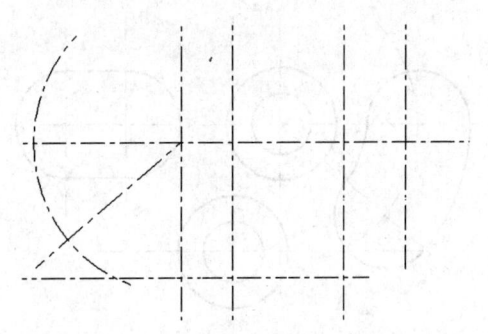　　　　　　图 3-135　所有中心线的绘制

步骤二　构建圆

在次功能表中用鼠标选择 图素属性 命令，将线型设置为实线，线宽改为粗实线；

在主功能表中用鼠标依次选择：绘图→圆弧→点半径圆→输入半径→指定圆心位置：选择自动抓点方式(交点)；此时的图形如图 3-136 所示。

步骤三　构建直线及圆弧

在主功能表中用鼠标依次选择：绘图→直线→切线→两弧→选择相切圆弧→输入圆弧半径；

在主功能表中用鼠标依次选择：绘图→圆弧→两点画弧→输入第一点及第二点：自动抓点方式(交点→输入半径→选择保留圆弧)；此时的图形如图 3-137 所示。

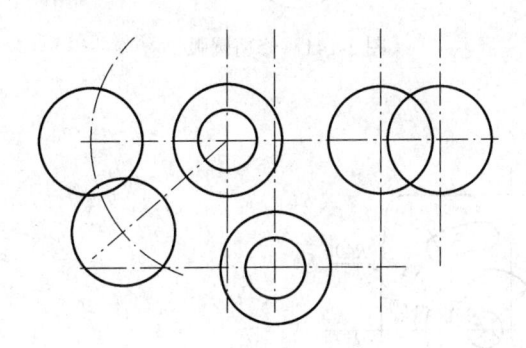

图 3-136　绘制圆 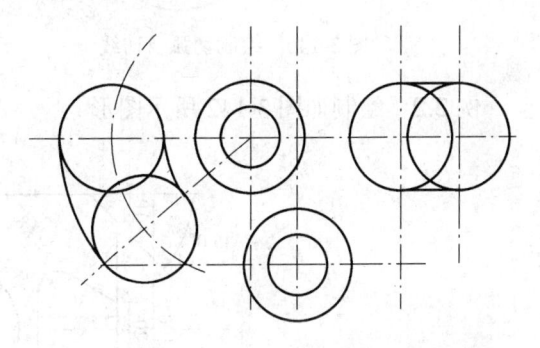　　　　　　　　　　　图 3-137　绘制直线及圆弧

步骤四　修剪圆

在主功能表中用鼠标依次选择：修整→修剪延伸→三个物体→依次选择两边界及第三图素保留部分；此时的图形如图 3-138 所示。

步骤五　串连补正图素

在主功能表中用鼠标依次选择：转换→串连补正→选择补正图素→设置补正参数；此时的图形如图 3-139 所示。

步骤六　构建切弧及切线

在主功能表中用鼠标依次选择：绘图→直线→切线→两弧→分别选择相切的圆弧；

在主功能表中用鼠标依次选择：绘图→圆弧→切弧→切两物体→输入圆弧半径→选择所需要的圆；此时的图形如图 3-140 所示。

步骤七　修剪圆弧，完成图形的构建

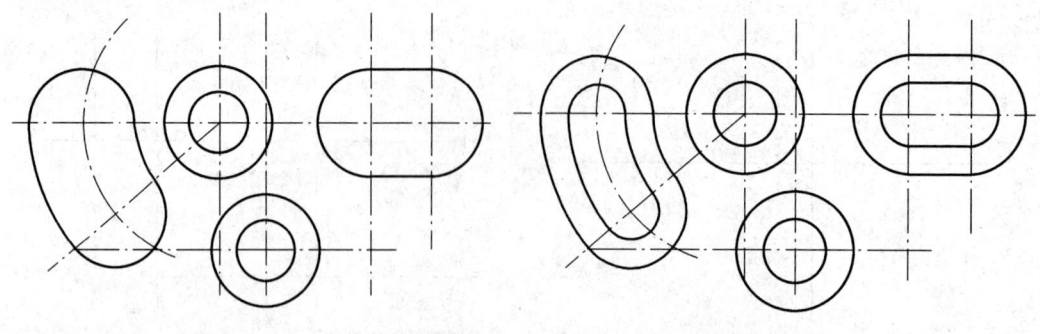

图 3-138　三个物体修剪圆　　　　　图 3-139　串连补正

在主功能表中用鼠标依次选择：修整→修剪延伸→单个物体→依次选择保留部分及边界，如图 3-141 所示。

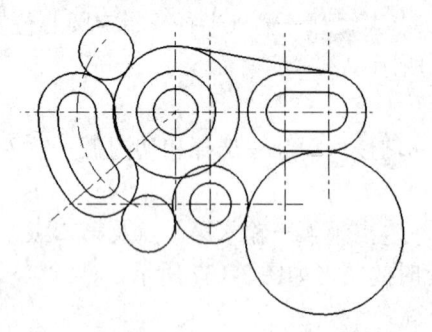

图 3-140　绘制切弧及切线　　　　　图 3-141　修剪圆弧

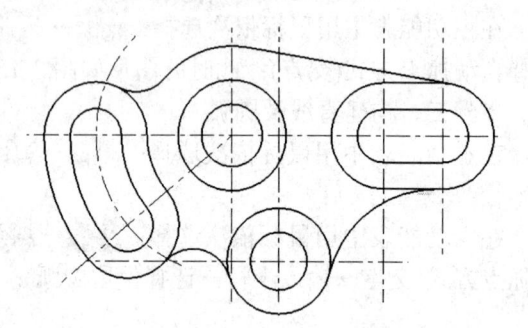

例 3.2　绘制如图 3-142 所示图形。

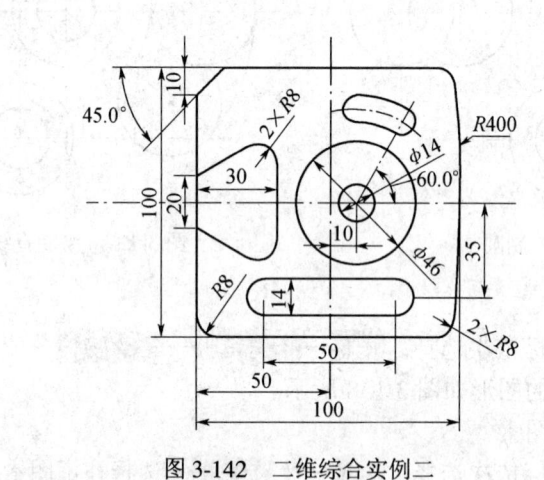

图 3-142　二维综合实例二

步骤一　构建中心线

在次功能表中用鼠标选择图素属性命令，系统弹出图 3-143 所示图素"属性"对话框；将线型设置为中心线，确定参数。

在主功能表中用鼠标依次选择：绘图→直线→水平线→在屏幕上点取两点→输入 Y 轴坐标：0，按 Esc 键返回上层功能表→垂直线→在屏幕上点取两点→输入 X 轴坐标：0，返回主功能表，此时构建出如图 3-144 所示的两条中心线，交点为(0，0)点。

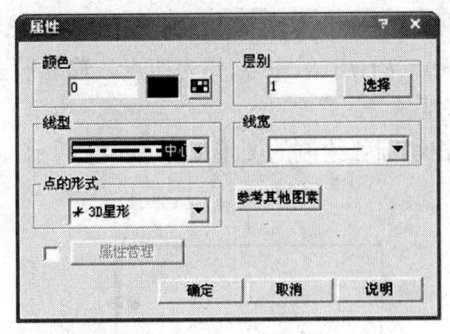

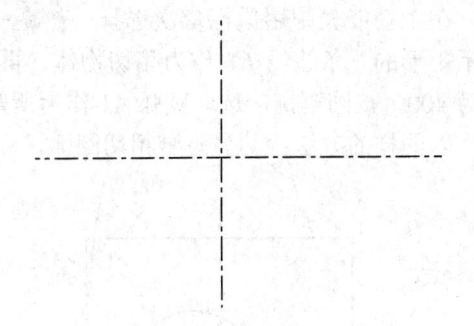

图 3-143　图素"属性"对话框　　　　　图 3-144　通过坐标原点的中心线

步骤二　构建圆形凹槽

选择此功能表中的"图素属性"命令，将线型设置为实线。

在主功能表中用鼠标依次选择：绘图→圆弧→点半径圆命令，输入半径值：7，按回车键，再从键盘上输入圆放置的圆心点坐标(X10，Y0)，按回车键即可。再以同样的方法在同一圆心位置绘制一个直径为 46 的圆，完成绘制的图形如图 3-145 所示。

步骤三　构建图形的外形轮廓

在主功能表中用鼠标依次选择：绘图→矩形→一点命令，系统弹出图 3-146 所示的对话框，设置宽度和高度都为 100，放置位置为中心点。

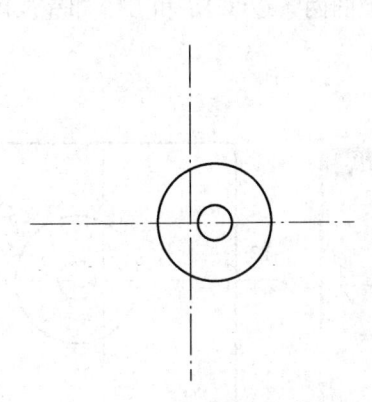

图 3-145　绘制圆形凹槽　　　　　图 3-146　一点法绘制矩形参数

确定参数后，选择原点(0，0)命令，将矩形的中心放置在原点处，即完成矩形的构建，完成绘制的图形如图 3-147 所示。

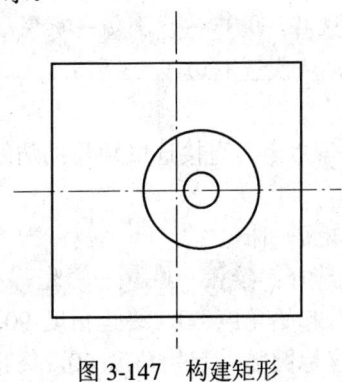

图 3-147　构建矩形

在主功能表中用鼠标依次选择：绘图→圆弧→切弧→切一物体命令，选取图 3-148 所示矩形的一条边线 L1 作为相切物体，再选取点 P1(L1 的中点)作为切点，输入圆弧半径为 400，按回车键，选取圆弧 A1 作为所需圆弧。

以同样的方法绘制另一半相切圆弧，完成相切圆弧绘制的图形如图 3-149 所示。

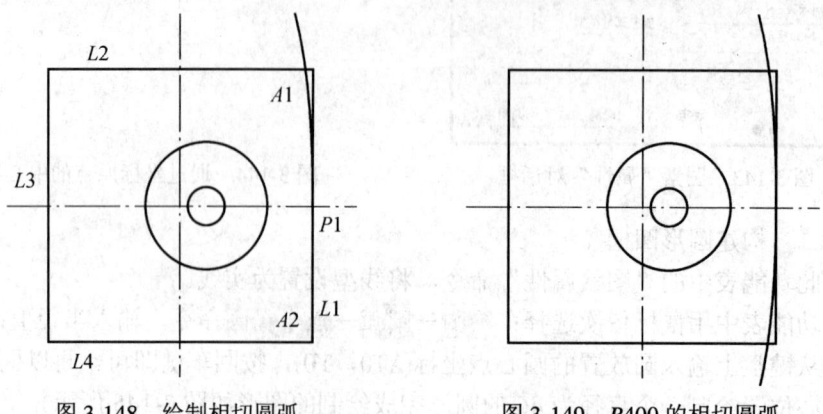

图 3-148　绘制相切圆弧　　　　　图 3-149　R400 的相切圆弧

在主功能表中用鼠标依次选择：绘图→下一页→倒角命令，系统弹出图 3-150 所示"倒角"对话框。

完成参数设置后，选取如图 3-151 所示矩形的两条边线 L2 和 L3，即完成图形倒角的绘制，按 Esc 键退出即可。

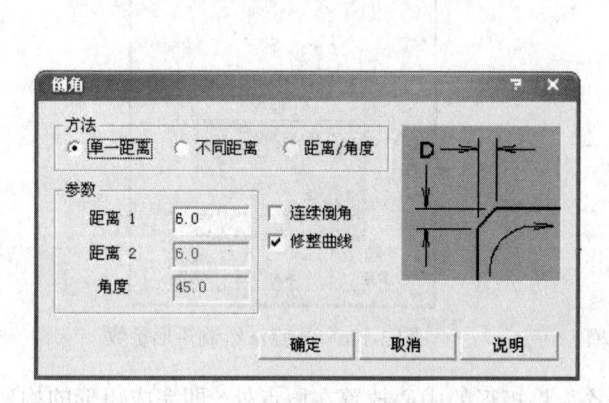

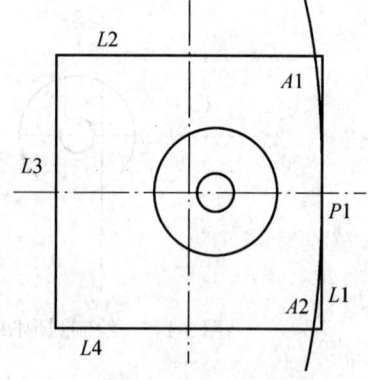

图 3-150　"倒角"对话框　　　　　图 3-151　选取边线倒角

在主功能表中用鼠标依次选择：修整→倒圆角→圆角半径命令，输入半径值 8，设置圆角角度为 S 及修整方式为 Y，依次选取边线 L3 和 L4、边线 L4 和圆弧 A2 及边线 L2 和圆弧 A1。

在主功能表中用鼠选择删除命令，直接选取矩形的边线 L1，将其删除。完成外形轮廓构建的图形如图 3-152 所示。

步骤四　构建弧形凹槽和矩形凹槽

在主功能表中用鼠标依次选择：绘图→圆弧→极坐标→已知圆心命令，输入圆心点坐标为(X10, Y0)，半径值 30，起始角度 60，终止角度 90；再以同样的方法在同一圆心位置绘制一个半径为 40 的极坐标圆弧，起始角度 60，终止角度 90；完成后的图形如图

3-153 所示。

在主功能表中用鼠标依次选择：绘图→圆弧→两点画弧命令，选取前面刚完成的两个极坐标圆弧相对应的两个端点，输入半径值 5，选取外面一段圆弧为所需圆弧；再以同样的方法在另外两个端点上绘制同样大小的圆弧。完成后图形如图 3-154 所示。

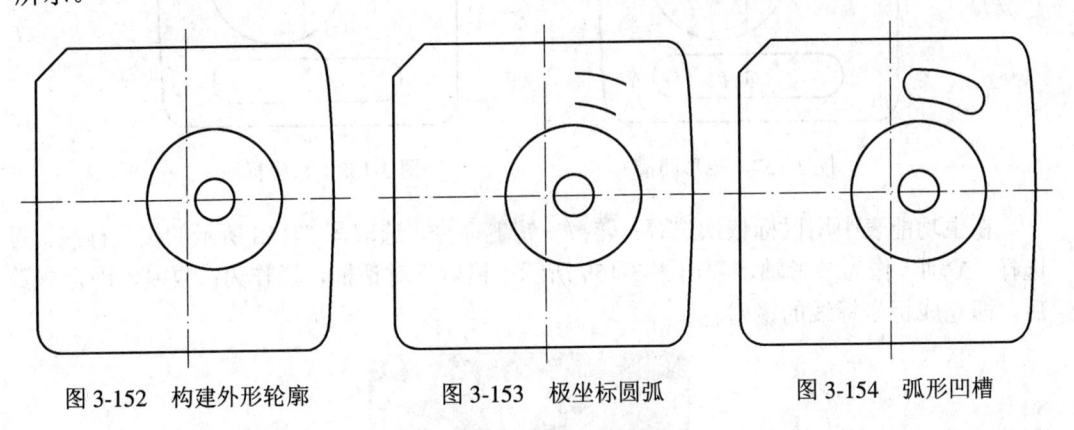

图 3-152 构建外形轮廓　　　图 3-153 极坐标圆弧　　　图 3-154 弧形凹槽

在主功能表中用鼠标依次选择：绘图→矩形→一点命令，系统弹出图 3-155 所示对话框，设置宽度为 50，高度为 14，放置点为中心点。

确定参数后，从键盘上输入坐标($X0$，$Y-35$)作为矩形中心的放置位置。完成后的矩形如图 3-156 所示。

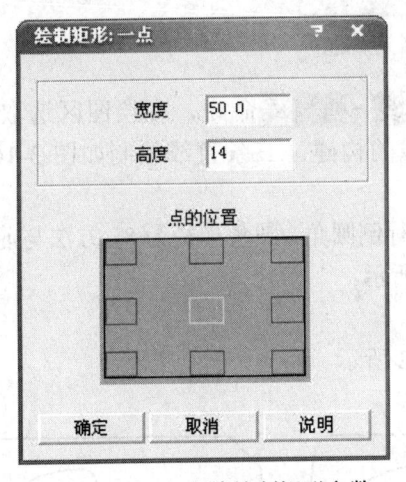

图 3-155　一点法绘制矩形参数　　　图 3-156　50×14 的矩形

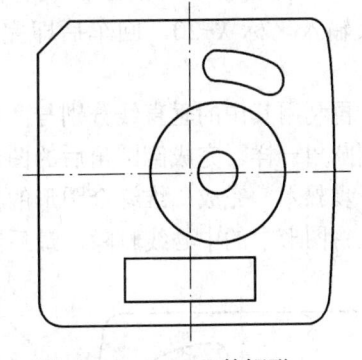

在主功能表中用鼠标依次选择：绘图→圆弧→两点画弧命令，选取刚完成的矩形的一条短边线的两个端点，输入半径值 7，选取外面一段圆弧为所需圆弧；再以同样的方法在另一条矩形边线的两个端点上绘制同样大小的圆弧。最后将矩形的两条边线删除，操作与前面所讲删除方法一样，完成后图形如图 3-157 所示。

步骤五　构建开口凹槽

在主功能表中用鼠标依次选择：绘图→直线→极坐标线命令，输入起始位置坐标($X-50$，$Y10$)，角度为 30，线长为 40，完成后的极坐标线如图 3-158 所示。

91

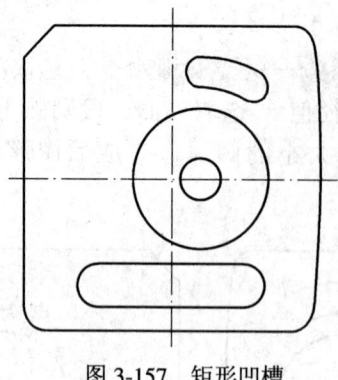

图 3-157　矩形凹槽　　　　　　　　图 3-158　极坐标线

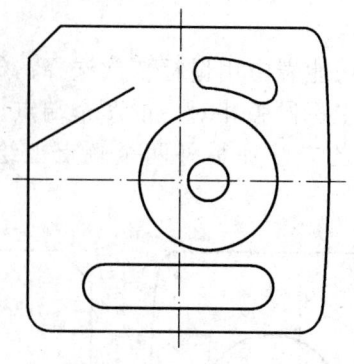

在主功能表中用鼠标依次选择：转换→镜射命令，选取图 3-158 所示的极坐标线，再选择"X 轴"作为参考轴，弹出图 3-159 所示"镜射"对话框，操作为：复制，确定参数后，即完成极坐标线的镜射。

图 3-159　"镜射"对话框

在主功能表中用鼠标依次选择：绘图→直线→垂直线命令，在绘图区选取两个点，输入坐标 X-20，回车后即完成一条垂直线的构建。三条直线绘制如图 3-160 所示。

再利用其中的垂直线分别与两条极坐标线进行倒圆角，圆角半径为 8。方法与前面所讲倒圆角一样，完成倒圆角后的图形如图 3-161 所示。

步骤六　完成二维综合图形的构建

将图形中的中心线删除，最后图形如图 3-162 所示。

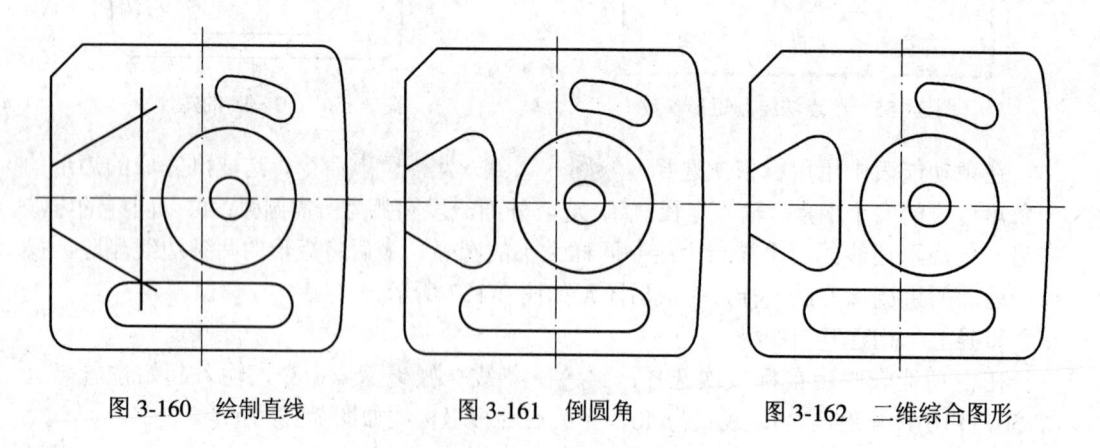

图 3-160　绘制直线　　　　　图 3-161　倒圆角　　　　　图 3-162　二维综合图形

3.6 本章小结

(1) 绘图功能的基本构建思路：选择构建方法，根据图纸已知条件或命令功能选择绘制方式，按照系统提示输入或设置相应的参数进行绘制图素。

(2) 编辑、转换功能的基本操作思路：分析构建图素，选择编辑或转换命令，根据系统提示选取被编辑图素，设置相应对话框或菜单参数进行编辑及转换。

(3) 学习本章的过程中，应牢记操作命令的基本含义，根据系统提示完成图素的建立。灵活应用编辑、转换及删除功能中的命令达到快速进行二维图素的构建。

思考与练习题

按尺寸绘制下列二维图形。

1. 直线练习。

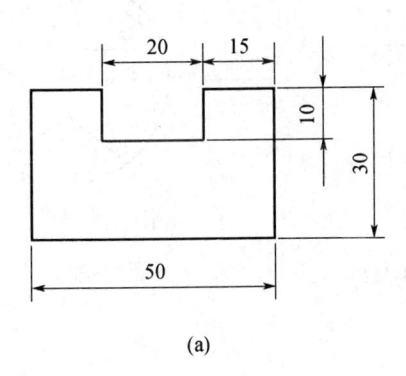

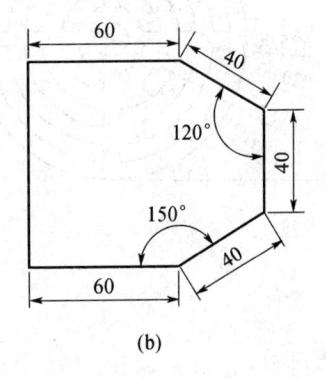

(a)　　　(b)

图 3-163

2. 圆弧练习。

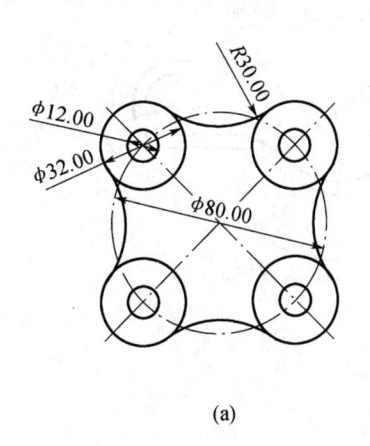

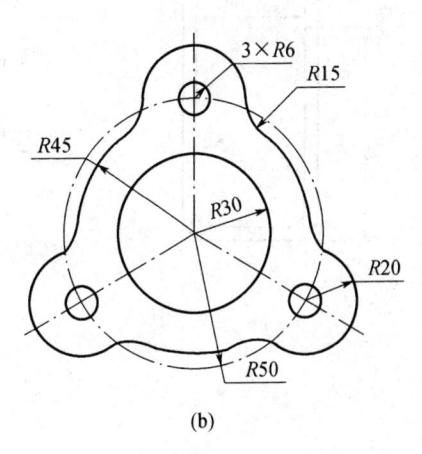

(a)　　　(b)

图 3-164

3. 修整练习。

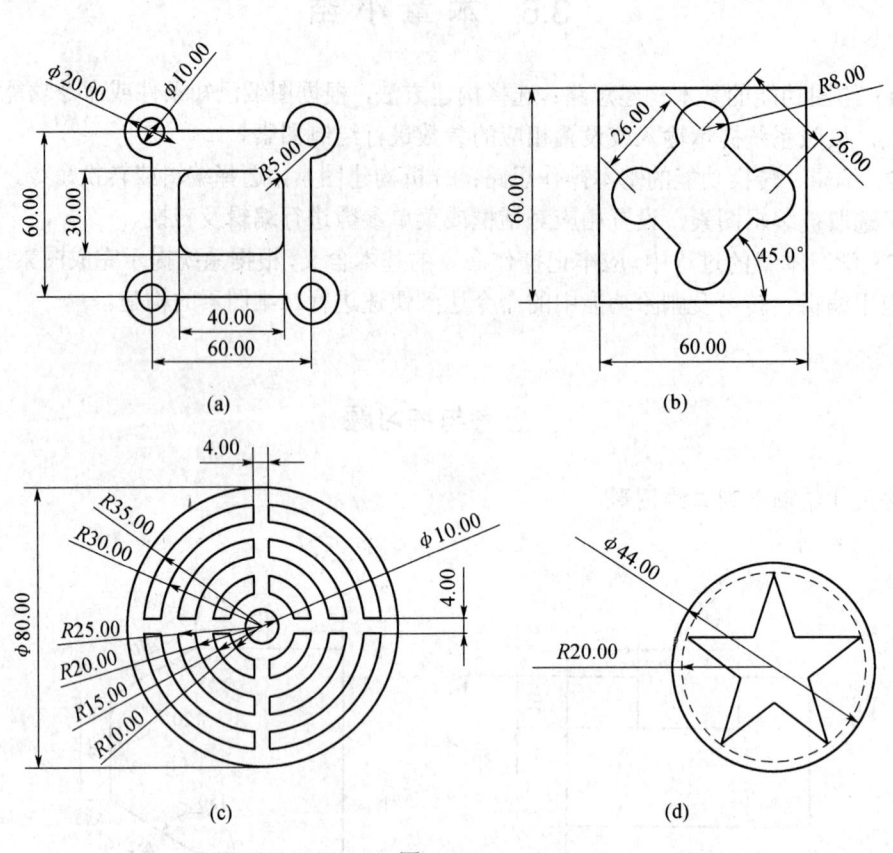

图 3-165

4. 补正练习。

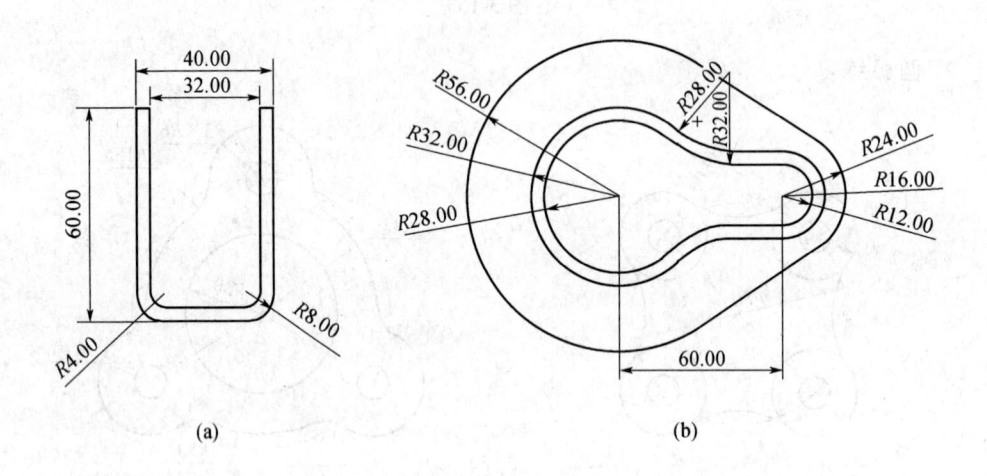

图 3-166

5. 平移练习。

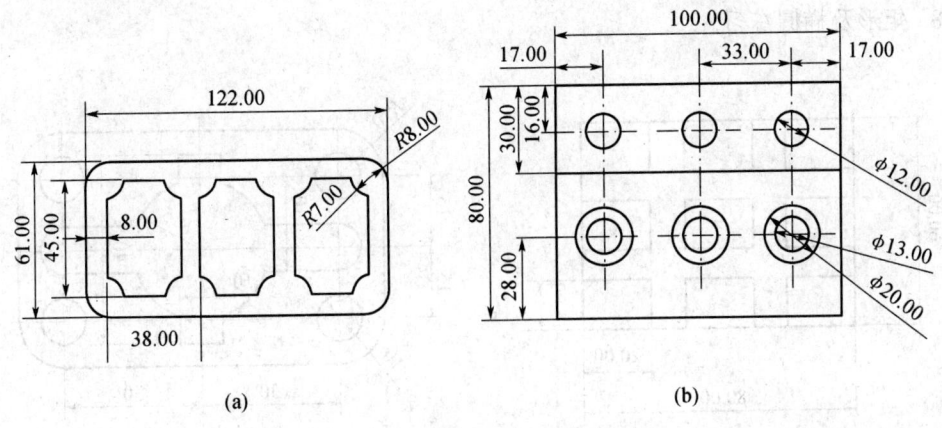

图 3-167

6. 旋转练习。

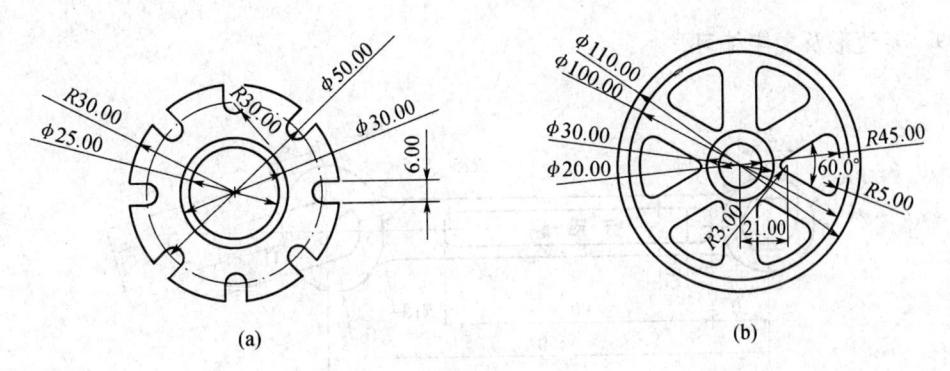

图 3-168

7. 镜像练习。

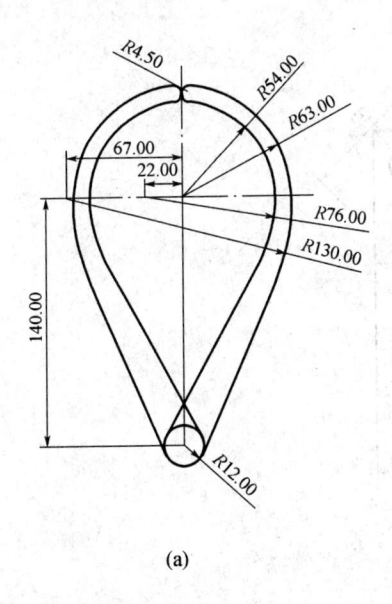

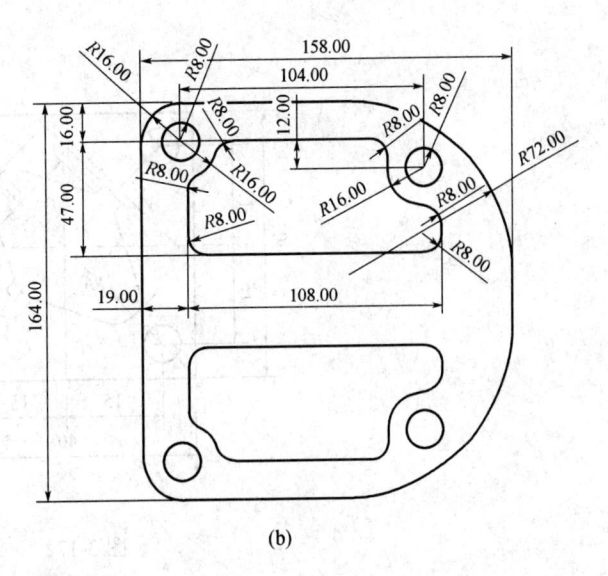

图 3-169

8. 矩形及椭圆练习。

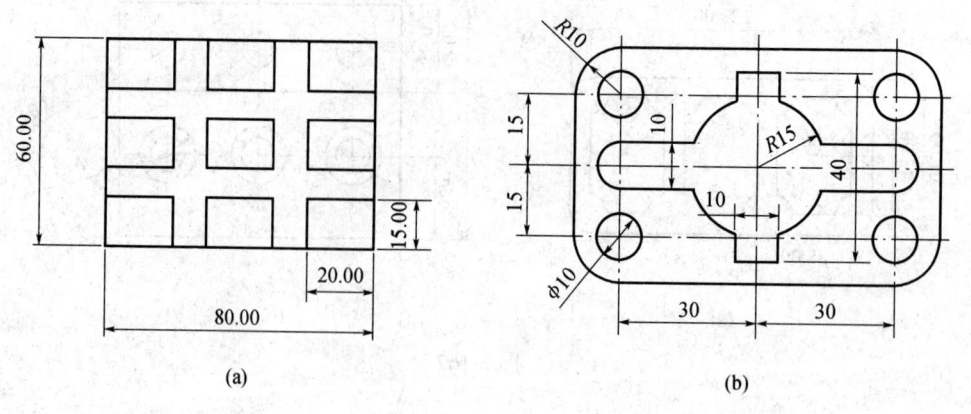

(a)

(b)

图 3-170

9. 多边形及文字练习。

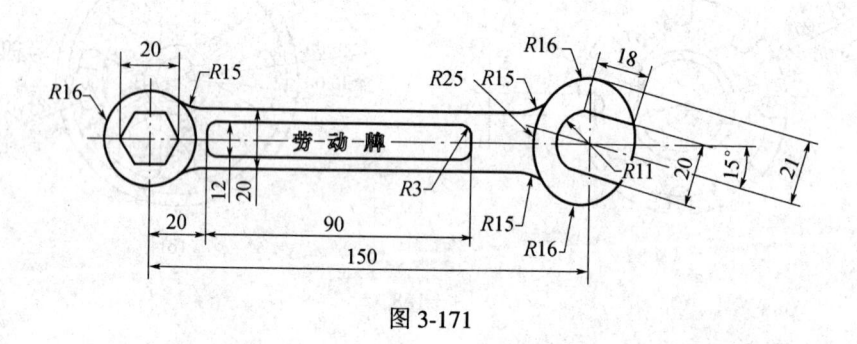

图 3-171

10. 标注练习。

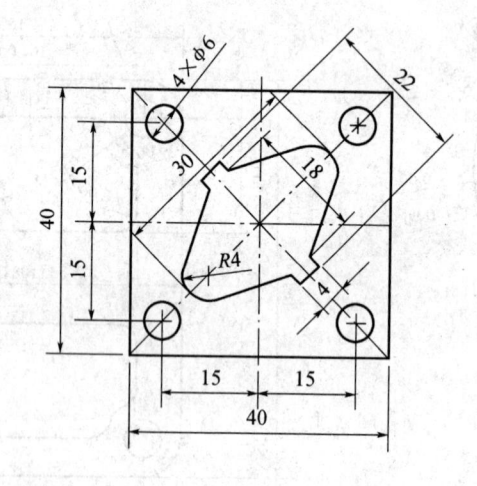

图 3-172

图 3-173

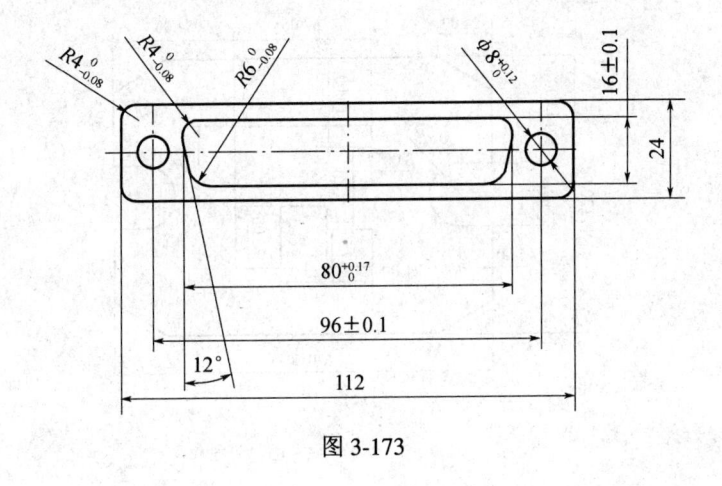

11. 剖面线练习。

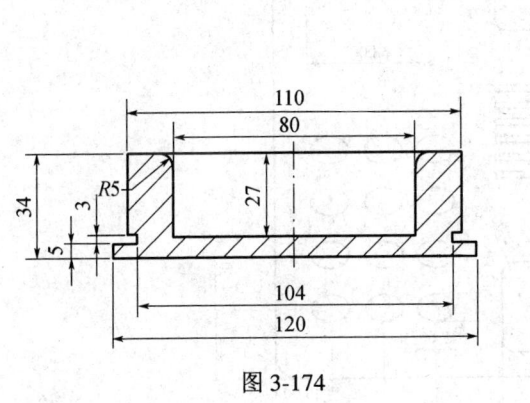

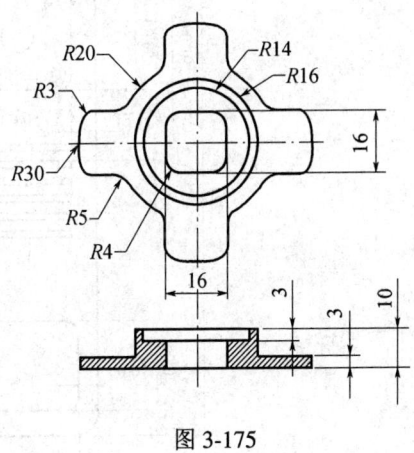

图 3-174

图 3-175

12. 综合练习。

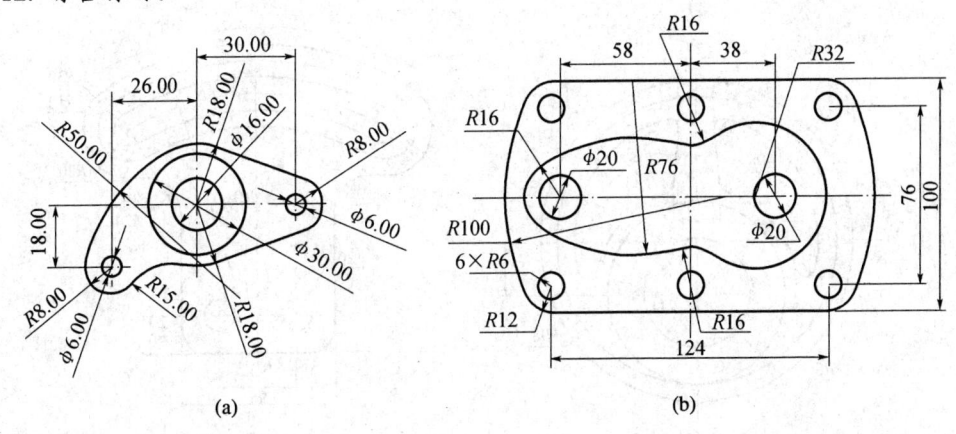

(a)

(b)

97

(c)

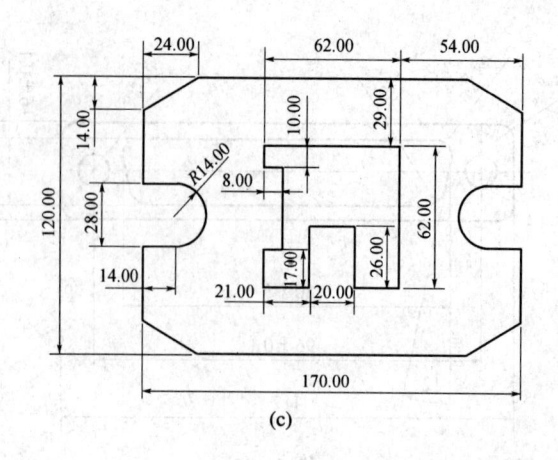

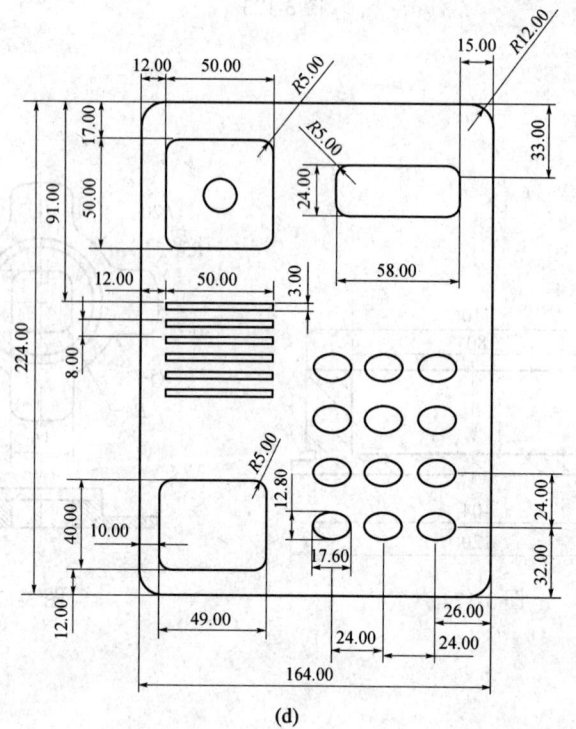

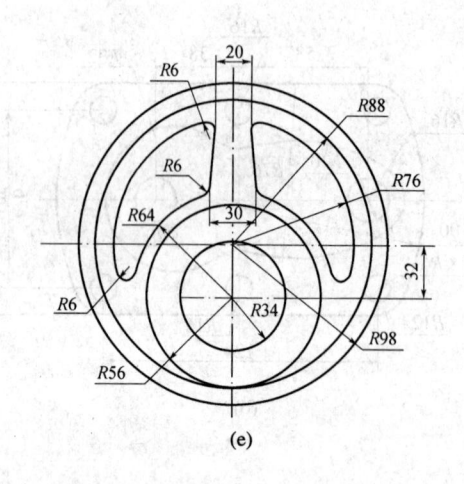

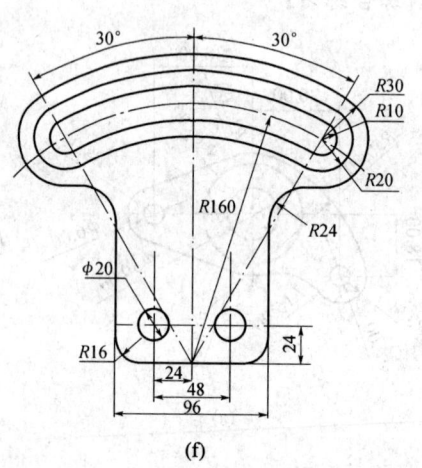

(d)

(e)

(f)

98

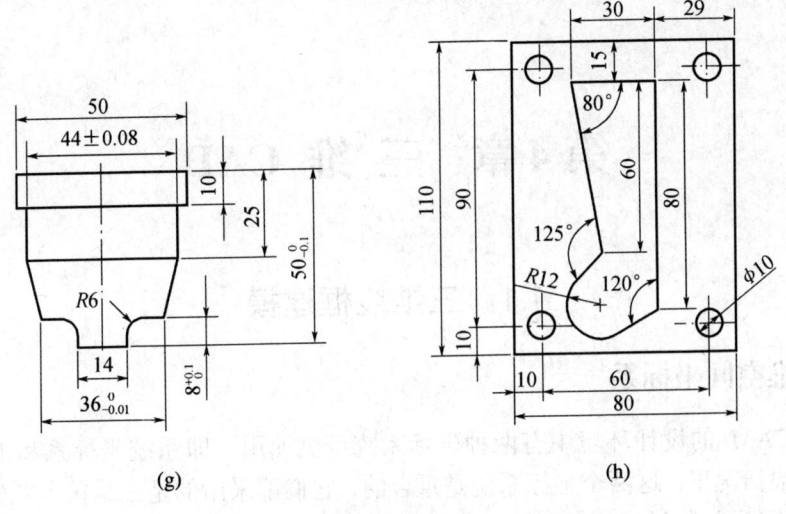

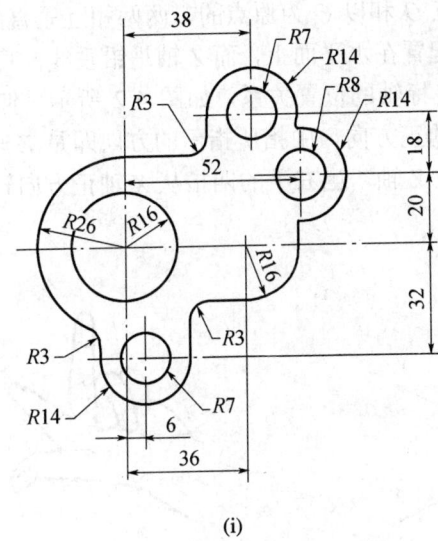

图 3-176

第4章 三维 CAD

4.1 三维线框建模

4.1.1 三维空间坐标系

MasterCAM 的设计环境中有两种坐标系统可供使用，即系统坐标系和工作坐标系(WCS)。一般情况下，这两个坐标系统是重合的，它们都采用的是三维笛卡儿坐标系。三维笛卡儿坐标系由一个定点 O 和以 O 为原点的、两两相互垂直的 X、Y 和 Z 三个坐标轴构成，通常将 X 轴和 Y 轴配置在水平面上，而 Z 轴是铅垂线，其位置关系如图 4-1 所示。人们常用右手规则来表示坐标轴的位置关系，如图 4-2 所示，伸出右手，拇指指向 X 轴的正方向，食指指向 Y 轴的正方向，中指所指示的方向即是 Z 轴的正方向；Z 轴的正方向也可以采用或以右手握住 Z 轴，当右手的四指从 X 轴正方向转向 Y 轴正方向时，拇指的指向就是 Z 轴的正方向。

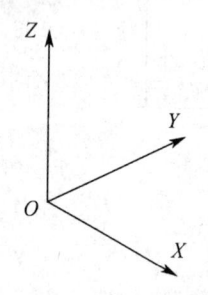

图 4-1 三维笛卡儿坐标系 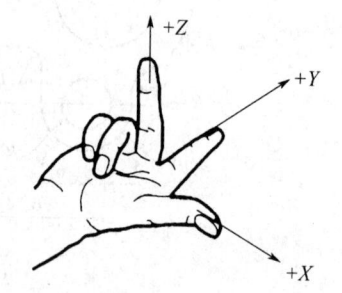　　图 4-2 右手规则

4.1.2 构图面

在 MasterCAM 中，所有的图素都是在构图面上构建的。构图面是构建图素时所使用的二维平面。在 MasterCAM 中引入构图面的概念是为了将复杂的三维设计简化为简单的二维设计。在二维设计中，用户都是在一个平面上进行绘图的，通常为 XY 平面；在三维设计中，用户可以在系统预先定义的 8 个构图面和用户自定义的构图面之间进行切换，同时配合不同的工作深度 Z，可以完成任意位置空间图素的构建。

构图面的设置可以通过选择工具栏相应按钮以及辅助菜单上的"构图面"按钮打开相应子菜单进行设置。

1. 工具栏按钮

单击图 4-3 所示的工具栏按钮来设置俯视图(Top)、前视图(Front)、侧视图(Right Side)和空间绘图(3D)等构图面。

俯视图　前视图　侧视图　空间绘图

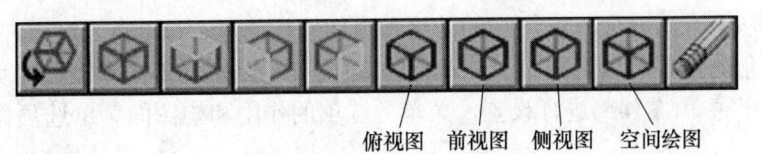

图 4-3　构图面工具栏按钮

2. 构图面子菜单

用鼠标单击辅助菜单上的"构图面"按钮,打开图 4-4 所示构图面子菜单进行设置。菜单中各选项的功能见表 4-1。

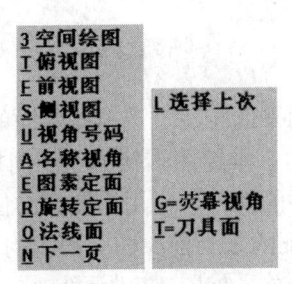

```
3 空间绘图
T 俯视图
E 前视图              L 选择上次
S 侧视图
U 视角号码
A 名称视角
E 图素定面             G=荧幕视角
R 旋转定面             T=刀具面
O 法线面
N 下一页
```

图 4-4　构图面子菜单

表 4-1　构图面子菜单选项说明

选　项	选　项　说　明
空间绘图	在三维空间直接绘图,创建通过不同平面上的点的空间图素
俯视图	设置俯视图构图面
前视图	设置前视图构图面
侧视图	设置右侧视图构图面
视角号码	可以通过键入预定义构图面所对应的号码进行构图面的切换,其中数字 1~8 所对应的构图面分别为俯视图、前视图、后视图、底视图、侧视图、左侧视图、等角视图和轴测图,8 以后的数字对应用户自定义的构图面
选择上次	选取上一次设置的构图面
图素定面	通过选取一个二维的圆弧、曲线或两条平行或相交的直线、三个点来确定构图面,也可以通过直接选取实体的表面来确定构图面
旋转定面	通过将当前的构图面旋转一个角度来确定新的构图面
法线面	通过选取一条直线来确定一个垂直于该直线的构图面
视角	设置一个与当前视角一致的构图面
刀具面	设置一个与刀具面一致的构图面,若刀具面设置为关闭,则此时构图面就设置为空间绘图

4.1.3　图形视角的设置

图形视角表示的是在工作坐标系中对三维图形对象的观察角度。用户可以通过图形视角的设置来观察三维图形在某一视角的投影视图,如将图形视角设置为俯视图,则三维图形在屏幕上表现为俯视图,即从上往下看的投影视图。用户通过切换不同的视角来观察图形，从而准确获取三维图形的外形和内部结构信息。

图形视角的设置可以选择工具栏相应按钮(图 4-5)以及辅助菜单上的"荧幕视角"按钮打开相应子菜单(图 4-5)进行设置，菜单各选项的作用和构图面菜单选项作用类似。

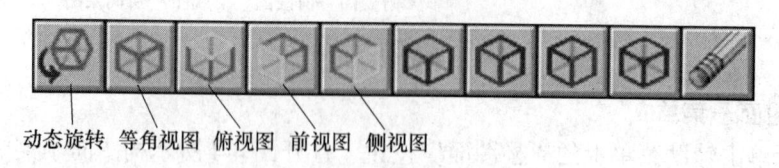

动态旋转　等角视图　俯视图　前视图　侧视图

图 4-5　图形视角工具栏按钮

4.1.4　构图深度

构图深度是用户当前绘图的平面相对于当前构图面的距离和方向。在 MasterCAM 中，通过构图深度和构图面将复杂的三维绘图转换为在不同构图面和不同构图深度上的多个二维绘图过程，从而简化了软件的操作。常用构图面的位置关系如图 4-6 所示。

应该注意，构图深度 Z 表征的是当前绘图平面和构图面之间的距离和方向，不是 Z 轴坐标值。构图深度和构图面的关系如图 4-7 所示。

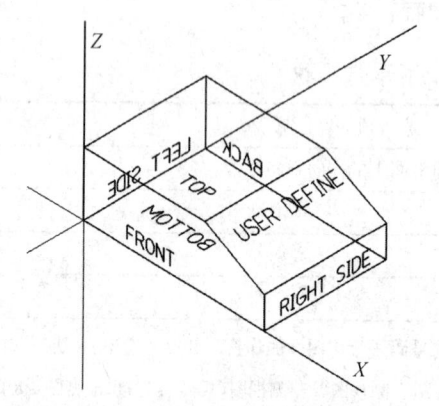

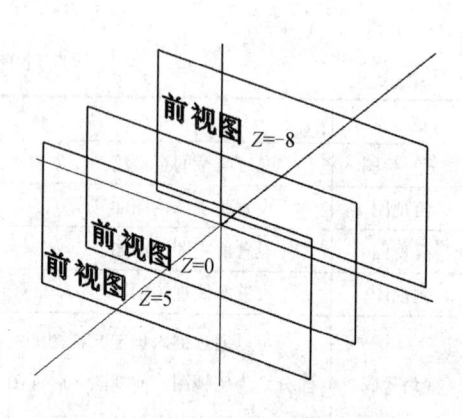

图 4-6　构图面的位置关系　　　　图 4-7　构图深度和构图面的关系

设置方法：用鼠标单击辅助菜单上的"Z:"选项，在出现的文本输入框中直接键入数值或从屏幕上拾取一个点来设定构图深度。

例 4.1　自动串连昆氏曲面三维线框模型的构建。

本例将生成图 4-8 所示的图形，在后面自动串连构建昆氏曲面(Coons)时将会用到。

步骤一　绘制矩形盒

打开 MasterCAM，新建一个文件。选择构图面为 T(俯视图)，图形视角选为 I(等角视图)，设置构图深度 Z 为 0。

用鼠标单击主菜单绘图→矩形→一点，设置宽度为 50，高度为 75，"点的位置"选择左下角，单击"确定"，选择原点作为定位点，绘制出矩形。

按 Esc 键回到主菜单，用鼠标单击转换→平移→串连，设定串连模式为"全部"，选取矩形任意一条边界后单击"选择串连"菜单中的执行，再单击"平移"菜单中的执行→直角坐标，在"请输入平移之向量"文本框中输入"Z20"，在弹出图 4-9 所示的"平移"

102

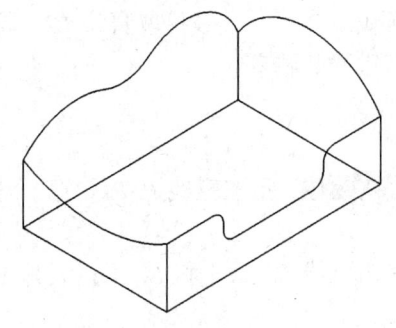

图 4-8 自动串连昆氏曲面的三维线框模型　　　　图 4-9 "平移"对话框

对话框中设置"操作"为"连接",次数为1次,此时绘制出的矩形盒如图4-10所示。

步骤二　绘制圆弧

设置构图面为F(前视图),设置构图深度Z为0。

用鼠标单击绘图→圆弧→两点画弧,选取 $P1$、$P4$ 两点,输入半径"50",在出现的所有可能圆弧中选择所需的圆弧,绘出圆弧 $C1$。

用鼠标单击辅助菜单上的"Z:　",拾取 $P2$ 或者 $P3$ 点,或者直接输入"-75",设置构图深度 Z 为-75。

用鼠标单击绘图→圆弧→两点画弧,选取 $P2$、$P3$ 两点,输入半径"30",在出现的所有可能圆弧中选择所需的圆弧,绘出圆弧 $C2$。

设置构图面为 S(侧视图),设置构图深度 Z 为0。

用鼠标单击绘图→圆弧→两点画弧,选取 $P1$ 和 $P1P2$ 直线的中点,输入半径"25",绘出圆弧 $C3$;选取 $P1P2$ 直线的中点和 $P2$ 点,输入半径"20",绘出圆弧 $C4$。

回主菜单,用鼠标单击修整→倒圆角→圆角半径,输入半径值"15",选取圆弧 $C3$ 和 $C4$,进行圆角过渡,此时结果如图4-11所示。

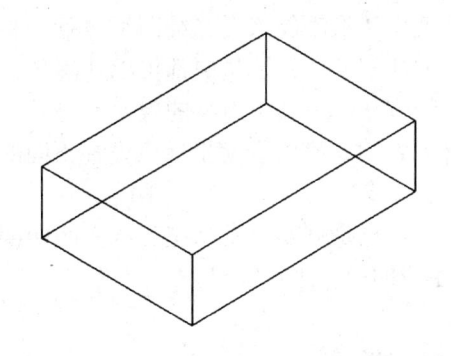

图 4-10 绘制出的矩形盒　　　　图 4-11 绘制出的圆弧

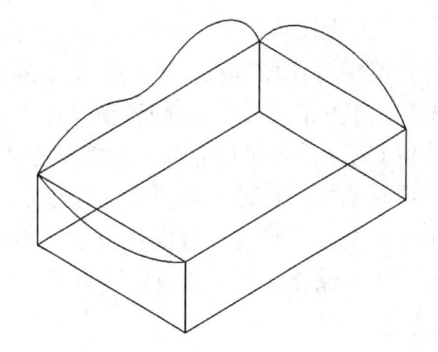

步骤三　绘制右侧曲线

设置构图面为 S(侧视图),拾取 $P3$ 或 $P4$ 点,或者直接输入设置构图深度 Z 为50。

用鼠标单击主菜单绘图→直线→两点画线,分别拾取直线 $L1$ 和 $L2$ 的中点,绘出直线。

回主菜单,用鼠标单击绘图→直线→平行线→方向/距离,拾取直线 $L1$,拾取补正方

103

向为 L1 右侧，输入平行线间距"20"，单击右键确认输入；继续拾取直线 L2，拾取补正方向为 L2 左侧，输入平行线间距"20"，单击右键确认输入。

结果如图 4-12 所示。

步骤四　修整及删除多余图素

回主菜单，用鼠标单击 修整→修剪延伸→分割物体，拾取直线 P3P4，第一边界线选择 L3，第二边界线选择 L4。

回上层菜单，用鼠标单击 三个物体，依次单击直线 L3、L4 和 L5 上需要保留的部位进行裁剪，结果如图 4-13 所示。

回主菜单，用鼠标单击 修整→倒圆角→圆角半径，输入半径值"3.75"，对直线 P3P4、L3、L5 和 L4 的相交部分进行圆角过渡。

删除多余的图素，结果如图 4-8 所示。

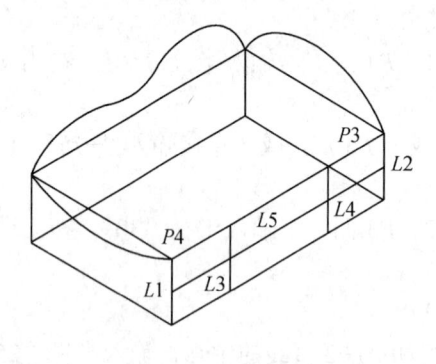

图 4-12　绘制出的直线　　　　　　　图 4-13　修剪后的图形

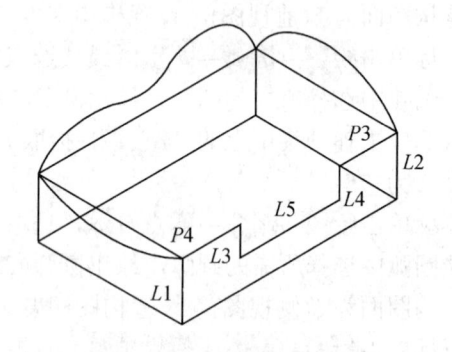

4.1.5　图形在三维空间中的转换

在二维图形的绘制过程中，用户可以方便地使用转换功能来对二维图形进行平移、旋转、镜像等操作。在三维线框模型的构建以及曲面和实体的造型中都可以使用转换功能来进行类似的操作，这些转换操作丰富了造型的方法、提高了造型的效率。另外，在将其他 CAD 系统中构建的三维模型导入 MasterCAM 时，有时会有坐标系设置不同的问题，这时就可以通过空间转换的方法来进行坐标系的转换。

三维空间转换与二维操作方法及步骤基本相同，只是需要注意到在三维空间转换时构图平面对操作结果的影响。可以采用例 4.1 中生成的模型进行练习。

4.2　曲面建模

曲面建模又叫表面建模，是通过对物体的各种表面或曲面进行描述的一种三维建模方法。一个曲面由多个基本单元——断面(Section)或缀面(Patch)熔接而成，一个曲面模型由一个或多个曲面组成。曲面主要用于其表面不能用简单的数学模型进行描述的复杂物体型面，如汽车、飞机、船舶和家用电器产品外观设计、各种模具的设计和造型、地形地貌、人物造型以及其他需要描述复杂表面特征的情形。

曲面建模方法非常丰富，因此可以构造复杂的型面；同时，曲面几何模型能表达形体的表面信息，并能进行着色、消隐等操作，曲面模型也可以提供数控加工编程所需的表面信息，为其在数控加工中的应用奠定了良好的基础。

但是曲面几何模型也存在一些缺点，就是在有限元分析、物性计算等方面很难实施。

曲面建模技术和实体建模技术是互相独立、平行发展的，彼此之间几乎没有影响，但是关于曲面造型的理论发展更为成熟，因此在复杂形体的三维建模中，大都是实体建模和曲面建模相结合进行造型。

构造曲面的方法可分为两类：一类是由曲线构造曲面，如旋转、扫描、举升等；另一类是由曲面派生出曲面，如修剪、延伸、倒角等。

4.2.1 直纹曲面

直纹曲面是由两个或两个以上的外形以直线熔接方式而形成的曲面，外形可以不封闭，外形之间也可以不平行。

例 4.2 直纹曲面构建。

构建图 4-14 所示的直纹曲面，操作方法和步骤如下：

步骤一 绘制线框模型

打开 MasterCAM，新建一个文件。选择构图面为 T(俯视图)，图形视角选为 I(等角视图)，设置构图深度 Z 为 0。

单击主菜单绘图→圆弧→点半径圆，在左下角出现的文本框中键入半径值"25"，然后在出现的"抓点方式"菜单中单击原点或直接键入快捷键"O"，捕捉原点作为圆心点，绘制出圆心为原点(0，0)、半径为 25 的圆 1。

设置构图深度 Z 为 30。回主菜单，单击绘图→矩形→选项，选择"角落倒圆角"，半径为 3，单击"确定"，单击矩形形式菜单中的一点，在弹出的"绘制矩形：一点"对话框中输入宽度和高度值均为"20"，"点的位置"选择几何中心，单击"确定"，选择原点作为定位点，绘制出矩形 2。

设置构图深度 Z 为 60。绘制圆心在原点、半径为 20 的圆 3。

至此，用来构建直纹曲面的三个外形绘制完成，此时图形如图 4-15 所示。

回主菜单，单击修整→打断→打成两段，拾取图 4-15 中 P 点所在直线作为被打断的图素，以直线的中点为打断点，将此直线在中点处打断为两段。打断该直线的目的是为了使三个外形母线的起点一致，保证曲面平顺，另外为了方便地选择起点，可以利用更改起点选项中的动态、端点、向前以及向后等选项灵活的改变所选串连的起点。

步骤二 绘制直纹曲面

单击绘图→曲面→直纹曲面→串连→更改模式→串连，设定串连方式为"全部"，拾取首尾相接的图素，也可根据需要选择部分串连或者其他的拾取方法。

单击回上层功能→直纹曲面，依次拾取圆 1、矩形 2 和圆 3，在拾取过程中，应该注意外形的拾取次序和串连的方向，曲面成形时会根据拾取的次序进行熔接，如果次序不对就会出现扭曲或其他现象，外形选取次序不同对曲面结果的影响如图 4-16 所示；串连的方向如果不一致，也会导致曲面扭曲。

三个外形拾取完毕后，单击"直纹曲面：定义外形 3"菜单上的执行，出现"直纹曲面参数"菜单。此菜单用来设定构建曲面的参数，误差值用来设置曲面贴合母线的程度，取值越小，贴合程度越高；曲面形式用来设置要生成曲面的类型，有三个选项：P、N 和 C，对应 MasterCAM 中的三种曲面类型：Parametric(参数式曲面)、NURBS(非均匀有理 B 样条曲面)和 Curve-generated(曲线生成曲面)，每种曲面类型对应的是一种系统中计算和存储曲面的方法，建立曲面菜单中的大多数选项均可选用这三种形式，但昆氏曲面、扫描曲面和曲面熔接只能选择参数式和 NURBS 曲面；选择完成后，单击执行。生成的直纹曲面如图 4-14 所示。

注意：一般情况下，用来构建曲面的外形轮廓要光滑，避免有尖角，否则会出现"曲线的锐角部分将被忽略，请按<Enter>键继续"的提示。

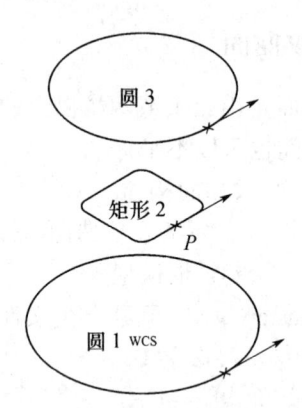

图 4-14　直纹曲面　　　　　　　　　　图 4-15　三个外形的拾取

4.2.2　举升曲面

举升曲面是由两个或两个以上的外形以抛物线熔接方式而形成的曲面，外形可以不封闭，外形之间也可以不平行。当只有两个外形时，生成的曲面实际是一个直纹曲面。

例 4.3　举升曲面构建实。

构建举升曲面的方法和注意事项同构建直纹曲面类似，利用图 4-15 所示的线框模型构建的举升曲面如图 4-17 所示。

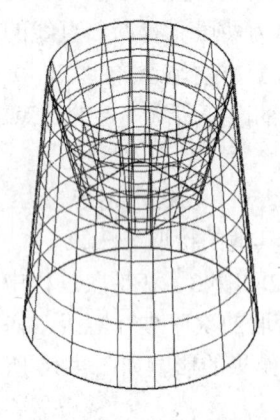

图 4-16　拾取次序不同对曲面结果的影响　　　　　图 4-17　举升曲面

106

4.2.3 昆氏曲面

昆氏曲面是 MasterCAM 中构建复杂曲面的一种较好的方法。昆氏曲面由四条封闭的边界曲线熔接而成，并且可由许多小的缀面熔接形成一个大的光滑的曲面。昆氏曲面的优点是它能够穿过所有的线框或控制点而生成精确的平滑曲面，因此只要定义好线框模型就能构建一个精确的曲面，这种情况在构建自由曲面的时候更为常用。

昆氏曲面的构建有两种方法，即自动串连选取和手动串连选取。当线框较为复杂时，自串连选取方式可能因为分歧点太多，不能顺利地构建昆氏曲面，所以在实际操作中一般选择手动选取的方法。

在建立昆氏曲面的之前，首先需要明确引导方向(along)、截断方向(across)和缀面数的设置。用于构建昆氏曲面的缀面线框是由分别位于引导方向和截断方向的曲线相交而形成的。如果要构建的曲面为开放模式，引导方向和截断方向可以任意替换(类似于横向和纵向)，如图 4-18 所示；如果要构建的曲面是首尾相接的封闭模式时，引导方向只能是沿着闭合的环绕方向(切向)，与之相交的方向才是截断方向(径向)，如图 4-19 所示。

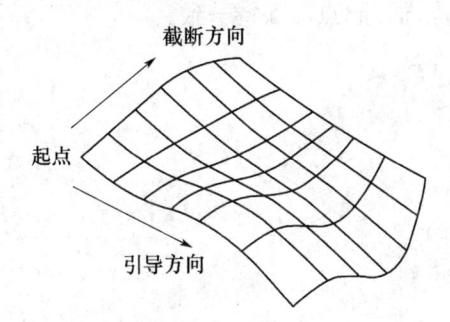

图 4-18　开放模式的引导方向和截断方向 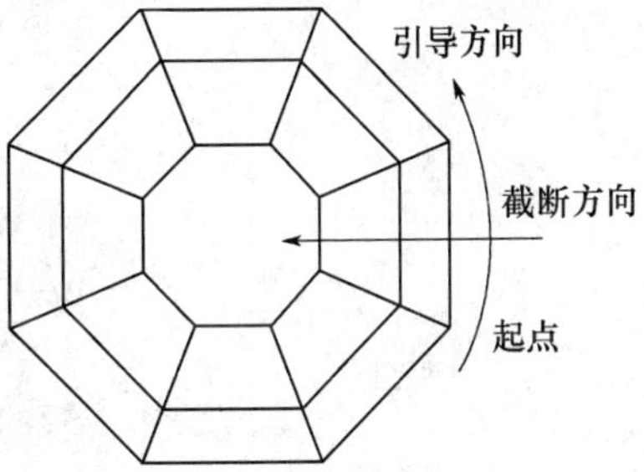　　图 4-19　封闭模式的切削方向和截断方向

例 4.4　自动串连构建昆氏曲面。

步骤一　准备图 4-20 所示的三维线框模型(线框模型的构建过程参见 4.1 节的实例)

步骤二　构建昆氏曲面

单击主菜单绘图→曲面→昆氏曲面，弹出如图 4-21 所示的"昆氏曲面的自动串连"对话框，询问用户"要使用自动串连来建立昆氏曲面吗？"，单击"是"，按照提示选取左上角相交的两条曲线，然后根据提示拾取右下角的一条曲线，系统会自动将这三条曲线及与之首尾相接构成"四边形"的所有曲线拾取；如果系统不能自动构成串连，可以通过改变拾取曲线的方向或设置最小分歧角度来进行调整。

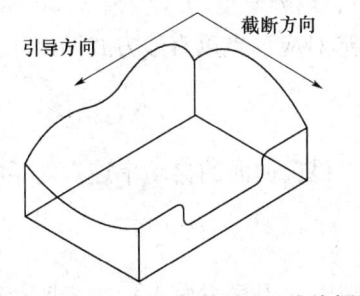

图 4-20　自动串连昆氏曲面的三维线框模型 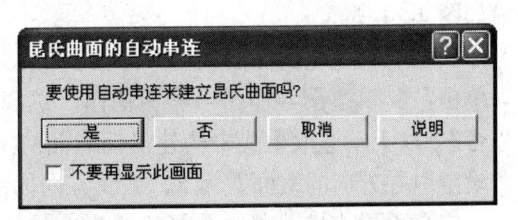　　图 4-21　"昆氏曲面的自动串连"对话框

在昆氏曲面菜单中设置误差值、曲面形式、熔接模式等参数后单击执行，生成的昆氏曲面如图 4-22 所示。另外，在昆氏曲面的熔接模式有四种：L(Linear)线性，产生的曲面路径比较接近直线，当曲面是非常平直的时候选用该选项；P(Parabolic)抛物线，其产生路径的方法，是以相切弧的方式进入所定义的截面外形，比线性曲面平滑，称为抛物线曲面，当曲面有较大曲率的时候选用该选项；C(Cubic)三次式曲线，此方式会在进入截断面时产生较平坦的曲面，比抛物线曲面平滑；S(Cubic with slope match)随曲面斜率变化而融合的曲面，当引导(切削)多重曲面时，此方式产生的曲面是最平滑的曲面，因为这种方式的曲面连接方式最好，不会在曲面中间产生凹陷现象，多用于当抛物线或三次式曲线在平面上产生平点的时候。

当然，也可以采用手动选取模式构建昆氏曲面。从例 4.4 可以看出此昆氏曲面是由四条边界曲线定义的，这四条边界曲线构成了一个封闭的"四边形"，此时从引导方向上看的截面数为 1，从截断方向的截断面也为 1，构成此昆氏曲面的总缀面数为此两方向上的截面数之积，即 $1 \times 1 = 1$；然后，根据提示分别拾取引导方向上的两条边界曲线和截断方向上的两条边界曲线，从而选取构成昆氏曲面的线框，按照系统提示，完成曲面的构建。

注意：在手动拾取时，要注意各条曲线的方向、起点应保持一致。

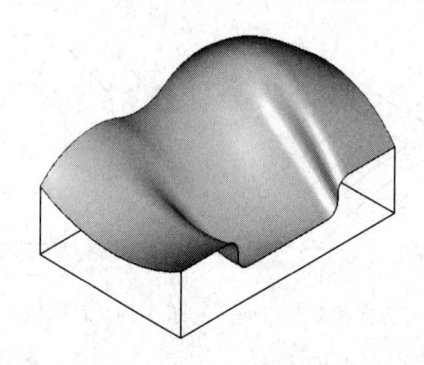

图 4-22　自动串连昆氏曲面

例 4.5　封闭模式昆氏曲面一的构建。

步骤一　绘制三维线框模型

打开 MasterCAM，新建一个文件。选择构图面为 T(俯视图)，图形视角选为 I(等角视图)，绘制图 4-23 所示的三个正八边形，具体尺寸如下：

正六边形 1：构图深度 Z=0，内接圆半径=30，中心点为原点；

正六边形 2：构图深度 Z=15，内接圆半径=23，中心点为原点；

正六边形 3：构图深度 Z=27，内接圆半径=12，中心点为原点。

选择构图面为 3D(空间绘图)，依次将三个正八边形对应顶点以直线方式两两相连，结果如图 4-24 所示。

步骤二　构建昆氏曲面

单击主菜单绘图→曲面→昆氏曲面，选择弹出的"昆氏曲面的自动串连"对话框中的"否"，以手动选取模式来构建昆氏曲面；

设定引导方向的缀面数为 8，截断方向的缀面数为 2；

在定义引导方向菜单中选择模式为单体，对于此图形在引导方向上构成"四边形"

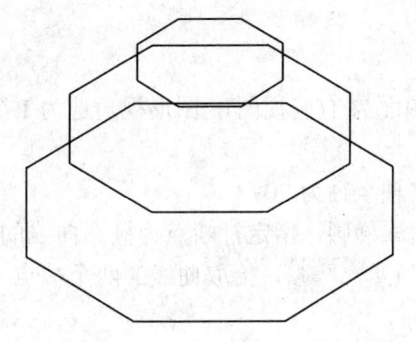

图 4-23 三个正八边形线框 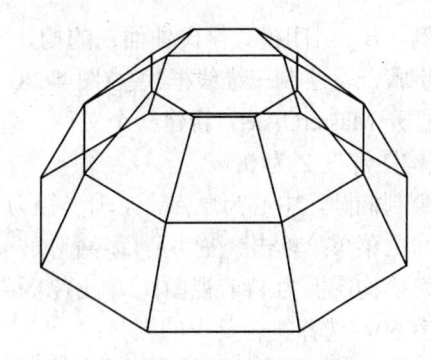   图 4-24 封闭模式昆氏曲面的线框

的边共有 8×3=24 条,按图 4-25 所示的位置分别依次拾取 1 条~24 条边,拾取时应注意"定义引导方向"后的关于段落和外形的提示,同时注意保证方向一致;

当引导方向上所有的外形拾取完成后,主菜单上的提示自动变为"定义截断方向:段落 1 外形 1",开始定义截断方向上的外形,在定义截断方向时,对于封闭模式的图形其终止边(17 和 18)和起始边(1 和 2)重合,故对于此图形在截断方向上构成"四边形"的边共有 2×8+2=18 条,按图 4-26 中所示的位置分别依次拾取 1 条~18 条边;

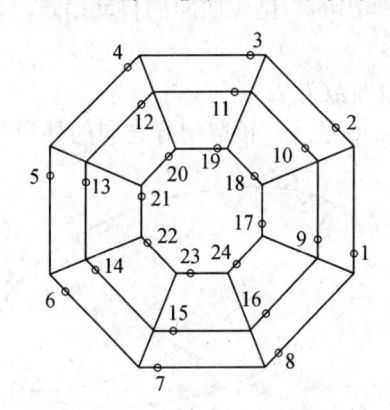

图 4-25 引导方向上的拾取次序 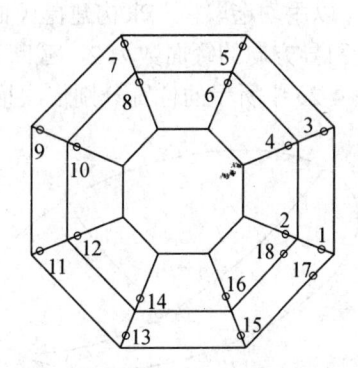   图 4-26 截断方向上的拾取次序

所有用于构建昆氏曲面的边按次序拾取完毕后,单击执行→执行,生成的曲面如图 4-27 所示。

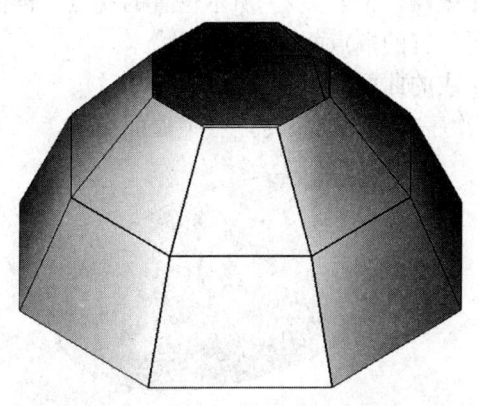

图 4-27 生成的昆氏曲面

例 4.6 封闭模式昆氏曲面二的构建。

步骤一 绘制三维线框模型(图 4-28)

打开 MasterCAM，新建一个文件。选择构图面为 T(俯视图)，图形视角选为 I(等角视图)，构图深度 Z 为 0；

绘制椭圆，中心为原点，X 轴半径为 30，Y 轴半径为 20；

回主菜单，单击修整→打断→打成两段，拾取椭圆，指定打断点为椭圆曲线的中点；

切换构图面为 F(前视图)，单击绘图→圆弧→两点画弧，拾取曲线的两个端点，输入半径值 60，选择符合要求的圆弧；

切换构图面为 2(侧视图)，单击绘图→圆弧→三点画弧，依次拾取三条曲线的中点，此时线框如图 4-28 所示；

切换构图面为 3D(空间绘图)，回主菜单，单击修整→打断→在交点处→所有的→图素→执行，将所有的图素在交点处打断。

步骤二 构建昆氏曲面

通过图形可以看出，这是一个特殊的线框模型，不符合"四边形"的要求，可以认为其一个边被压缩为一点。

单击主菜单绘图→曲面→昆氏曲面，选择弹出的"昆氏曲面的自动串连"对话框中的"否"，以手动选取模式来构建昆氏曲面；

设定引导方向的缀面数为 2，截断方向的缀面数为 2；

按图 4-29 中所示的位置分别依次拾取 1 条～6 条边，拾取引导方向的外形；

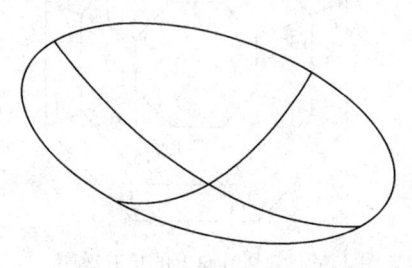

图 4-28 椭圆形线框   图 4-29 拾取次序

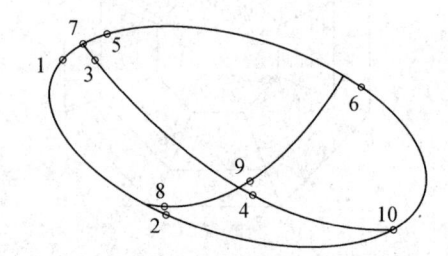

在拾取截断方向外形时，单击"定义截断方向"菜单更换模式→单点，拾取图上"7"所示位置的端点，再单击单点，拾取"7"所示位置的端点，再依次拾取 8 和 9，最后用同样方法拾取"10"所示位置的端点两次；

单击执行→执行，生成的曲面如图 4-30 所示。

注意：拾取时如果次序或者方向不对，会使曲面扭曲。

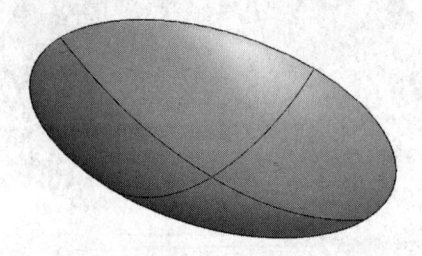

图 4-30 最终生成的昆氏曲面

4.2.4 旋转曲面

旋转曲面是由几何图素绕一固定轴线沿一个方向旋转而得到的曲面。旋转曲面的母线可由多个图素串连而成，所得到的曲面数目等于所有串连图素的数目。

旋转的方向可以用右手螺旋法则来判定，即伸出右手，拇指方向为被拾取的旋转轴端点指另一端点的方向，其余手指的环绕方向即为旋转的方向。旋转的角度不能选用负值，但是可以通过选择旋转轴的另一端点来确定相反的旋转角度。

例 4.7 旋转曲面构建。

步骤一 绘制线框模型

在前视图绘制图 4-31 所示的线框模型。

步骤二 构建旋转曲面

单击主菜单绘图→曲面→旋转曲面→串连→部分串连，选择直线 $L1$ 右侧，$P1$ 和 $P2$ 之间的所有图素，单击执行，系统提示选择旋转轴，在靠近 $P1$ 的一侧拾取直线 $L1$，设置起始角度为 0 度，终止角度为 270 度，单击执行，生成的曲面如图 4-32 所示。

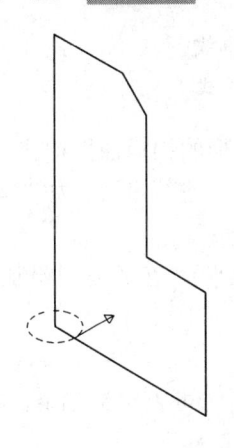

图 4-31 旋转曲面的线框　　图 4-32 完成的旋转曲面

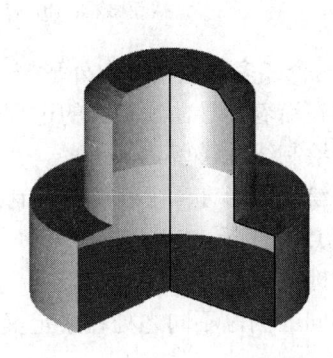

4.2.5 扫描曲面

扫描曲面是由截断方向外形(截形)沿着引导方向外形(引导曲线)扫描而形成的曲面。截形用来控制曲面一个方向上的外形，引导曲线用来确定截形在空间的位置、约束截形的运动。MasterCAM 中提供了三种扫描方式，下面以实例进行简单的说明。

例 4.8 一个截断方向外形/一个引导方向外形的扫描曲面构建。

一个截形沿着一条引导曲线扫描，在沿着引导曲线扫描时截形可以旋转或者平移，如图 4-33 所示。

步骤一 绘制线框模型

在前视图绘制截形，在俯视图绘制引导曲线，注意引导曲线过渡处的半径不应太小。

步骤二 构建扫描曲面

单击主菜单绘图→曲面→扫描曲面，定义截断方向外形，单击执行，定义引导方向外形，单击执行，在"扫描曲面"菜单中设定扫描方式是"旋转(R)"或"平移(T)"，然后单击执行，结果如图 4-33 所示。

说明：构建扫描曲面时，旋转方式是指截形和引导曲线的切矢方向保持不变，而平移方式是指截形是平行移动。

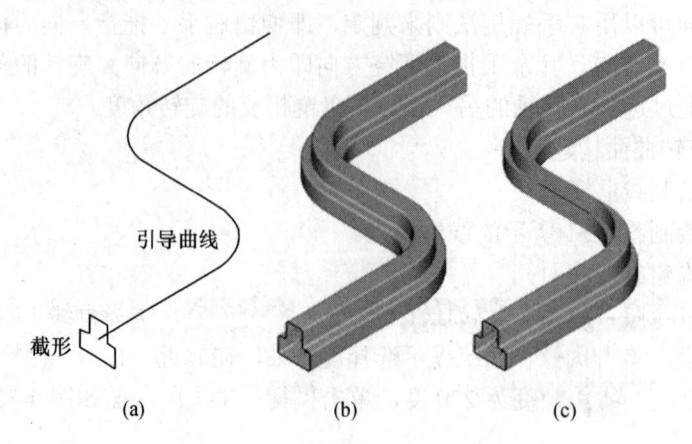

图 4-33 一个截形/一条引导曲线
(a) 线框；(b) 旋转方式；(c) 平移方式。

例 4.9 两个或多个截断方向外形/一个引导方向外形的扫描曲面构建。

一个截形在沿着引导曲线扫描的过程中向另一个截形进行过渡，如图 4-34 所示。

步骤一　绘制线框模型

在前视图绘制截形 1，在侧视图绘制截形 2(圆角矩形)，在俯视图绘制引导曲线 3，将截形 2 在 P 点处打断。

步骤二　构建扫描曲面

操作步骤同上例，不同之处在于定义截断方向外形时可以定义多个，本例中仅定义了两个截形。

注意：定义截形时串连的方向及拾取位置应对应，以保证曲面平顺。

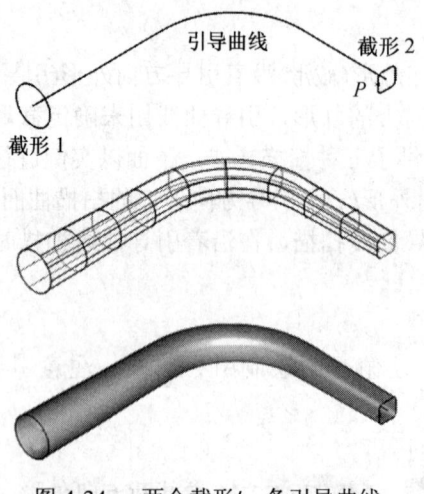

图 4-34 两个截形/一条引导曲线

例 4.10 一个截断方向外形/两个引导方向外形的扫描曲面构建。

一个截形沿两条引导曲线扫描的同时在两条引导曲线之间进行比例缩放,如图 4-35 所示。

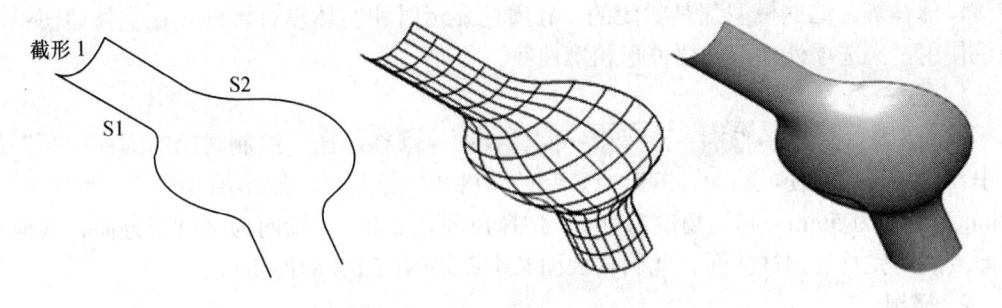

图 4-35 一个截形/两条引导曲线

步骤一 绘制线框模型

在俯视图绘制两条引导曲线 $S1$ 和 $S2$,在侧视图绘制截形 1。

步骤二 构建扫描曲面

单击主菜单绘图→曲面→扫描曲面→单体,定义截形 1,单击执行。

单击串连→部分串连,定义第一条引导曲线 $S1$,单击部分串连,定义第二条引导曲线 $S2$,单击执行,结果如图 4-35 所示。

4.2.6 牵引曲面

牵引曲面是将截形沿某一条直线方向拉伸而形成的曲面,常用来构建具有拔模斜度的曲面。牵引曲面的形状受牵引方向、牵引长度和牵引角度等的影响。

通常牵引方向为当前构图面的正方向,但当牵引长度为负值时,表示牵引方向为相反方向。牵引角度可以为负值,当牵引角度为正值时的方向为沿牵引方向指向截形内部的方向(图 4-36)。另外,牵引角度不能设置得太大,否则会出现曲面交叉的现象。

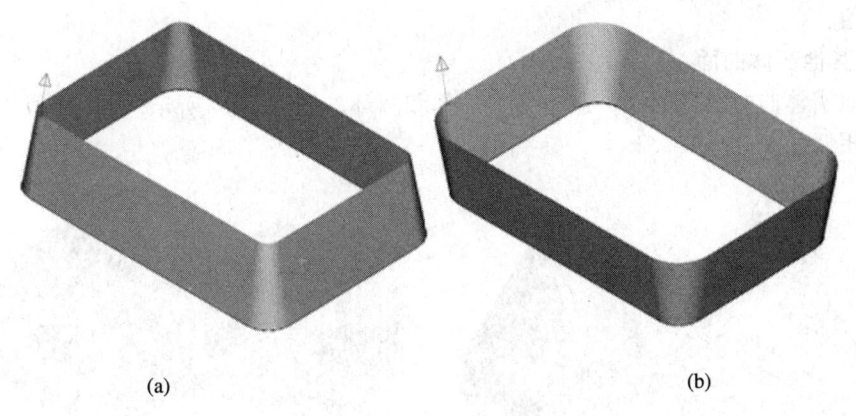

图 4-36 牵引曲面

(a) 牵引角度为正值时;(b) 牵引角度为负值时。

113

4.2.7 实体曲面(基本几何体参数化曲面)

实体曲面模型由一个或多个预先定义好的形状的 NURBS 曲面组成的封闭图形,如立方体、球体等。这些模型都是封闭的,在着色显示时和实体没有区别。在实体曲面中,除了使用挤出选项外都不需要外形轮廓曲线。

1. 圆柱

单击主菜单绘图→曲面→下一页→实体曲面→圆柱,在"绘制封闭的圆柱曲面"菜单中设置高度、半径、轴向、基准点、起始角度和扫掠角度,绘出图 4-37 所示的高度为 20mm、半径为 5mm、起始角度为 0°、扫掠角度为 280°、轴向为 Z 轴正方向、基准点为原点的不完整的圆柱曲面。此圆柱曲面共由 5 块 NURBS 曲面组成。

2. 挤出

实体曲面中的挤出操作是将外形轮廓曲线在垂直方向上牵引所形成的封闭的图形,如图 4-38 所示。

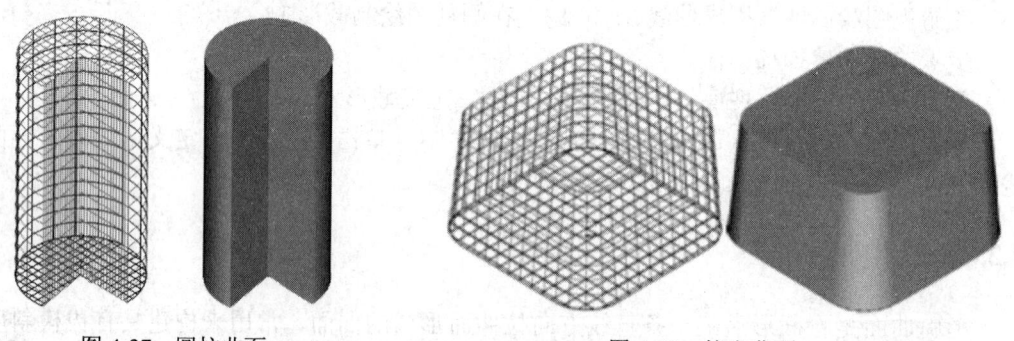

图 4-37 圆柱曲面　　　　　　图 4-38 挤出曲面

单击主菜单绘图→曲面→下一页→实体曲面→挤出,拾取要挤出的串连曲线,挤出操作要求要进行挤出的串连必须是封闭的,如果不封闭,系统将会自动将其封闭。在"绘制封闭的牵引曲面"菜单中设置高度、比例、旋转角度、补正距离、锥度角、轴向和基准点等。其中,挤出的方向是由构建串连的方向来决定,符合右手螺旋法则;锥度角可以是负值。

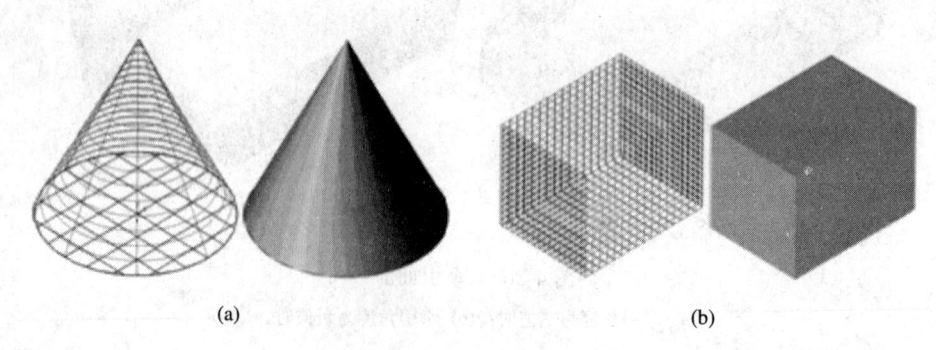

3. 其他实体曲面

其他实体曲面还有圆锥、立方体、球体和圆环,如图 4-39 所示,其操作方法都与上述操作相似。

(a)　　　　　　　　　　　　(b)

(c)   (d)

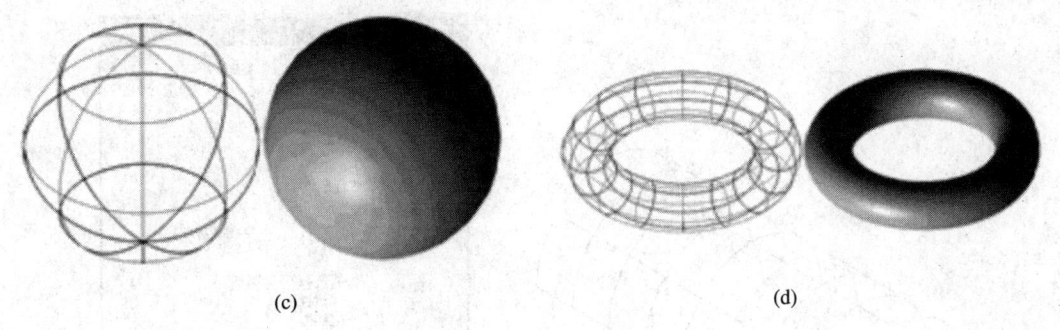

图 4-39 其他实体曲面

4.2.8 由实体产生曲面

由实体产生曲面功能用于从已有的实体产生曲面，系统会根据用户在实体上拾取的位置来创建独立的 NURBS 曲面。

拾取实体时，在"点选实体图素"菜单中，通过设定是否选用"从背面"、"实体面"、"实体主体"、"验证"等选项可以比较灵活地选取自己所需的面，具体选项的操作可在上机练习时予以熟悉。

4.3 曲 面 编 辑

4.3.1 曲面倒圆角

曲面倒圆角用于对曲面进行圆角过渡，即以一定的方式，作出给定半径或给定半径变化规律的圆弧过渡面。

曲面倒圆角有平面/曲面倒圆角、曲线/曲面倒圆角、曲面/曲面倒圆角三种方式，其中曲面/曲面倒圆角是使用最多的一种。

1. 平面/曲面倒圆角

平面/曲面倒圆角是在原始曲面和指定的平面之间构建圆角过渡曲面。具体操作方法以下面的例子进行说明。

操作方法及步骤：

1) 准备原始曲面

选择构图面为 F(前视图)，图形视角选为 I(等角视图)，设置构图深度 Z 为 0，以极坐标方式绘制一个圆心位于原点、半径为 25 的半圆弧，以此半圆弧为截形构建牵引长度为 100 的牵引曲面，如图 4-40 所示。

2) 进行曲面倒圆角

单击主菜单绘图→曲面→曲面倒圆角→平面/曲面，根据状态栏上的提示拾取曲面，单击执行，输入倒圆角的半径值为 5，在出现的"定义平面"菜单中选择 Z xy 平面，输入平面的 Z 坐标值为 50(注意此时当前构图面为前视图)，确定平面的法线方向，如图 4-40 所示，单击确定，在"平面对曲面倒圆角"菜单中设置修剪曲面为 Y，单击选项，如图 4-41 设定各选项参数后，单击执行，结果如图 4-42 所示。

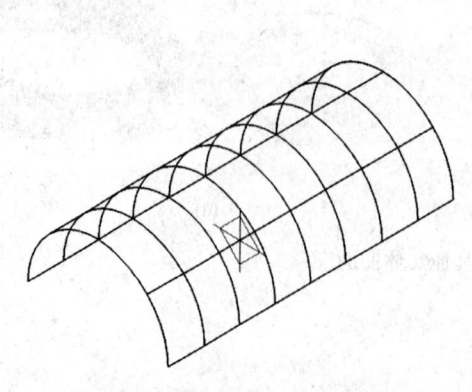

图 4-40　原始曲面和平面法线方向 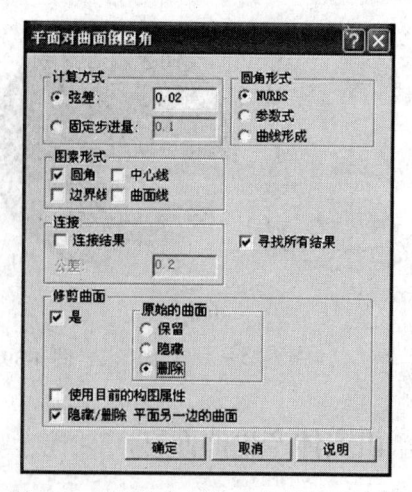　　　　图 4-41　"平面对曲面倒圆角"对话框

"定义平面"菜单和"平面对曲面倒圆角"菜单的各菜单项的作用分别见表 4-2 和表 4-3。

表 4-2　"定义平面"菜单选项说明

选　项	选　项　说　明
xy 平面	由垂直于当前构图面 Z 轴的平面来定义，即 XY 平面
zx 平面	由垂直于当前构图面 Y 轴的平面来定义，即 ZX 平面
yz 平面	由垂直于当前构图面 X 轴的平面来定义，即 YZ 平面
牵引面	通过在构图面上的一条直线牵引生成的曲面来定义平面
视角号码	通过输入视角号码选择与之相对应的平面
三点定面	通过空间的三个点来定义一个平面
图素定面	通过平面图素来定义平面，如圆弧、两条平行或相交的直线
法线面	通过一条直线定义其法线面(垂直于此直线且直线的一个端点在此平面)

表 4-3　"平面对曲面倒圆角"菜单选项说明

选　项	选　项　说　明
选取曲面	重新拾取想要倒圆角的曲面
选取平面	重新定义平面
圆角半径	设置倒圆角的半径值
变化半径	设置变化半径倒圆角值
正向切换	切换曲面的法线方向
修剪曲面	确定是否对原始曲面进行裁减
选项	确定倒圆角的选项(图 4-42)

2. 曲线/曲面倒圆角

曲线/曲面倒圆角是在一条曲线和曲面之间构建圆角过渡曲面。具体操作方法以下面的例子进行说明。

操作方法及步骤：
1) 准备原始曲面

选择构图面为 F(前视图)，图形视角选为 I(等角视图)，设置构图深度 Z 为 0，以极坐标方式绘制一个圆心位于原点、半径为 25 的半圆弧，以此半圆弧为截形构建牵引长度为 100 的牵引曲面，如图 4-40 所示。

选择构图面为 T(俯视图)，手动方式绘制一条曲线，注意不要和曲面距离太远，如图 4-43 所示。

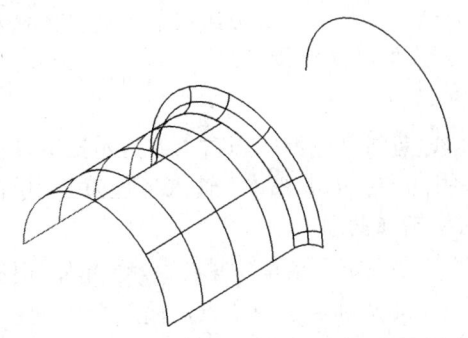

图 4-42　平面/曲面倒圆角结果 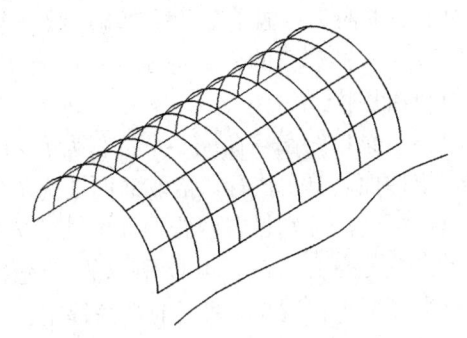　　　　　图 4-43　原始曲面和曲线

2) 进行曲面倒圆角

单击主菜单 绘图→曲面→曲面倒圆角→曲线/曲面，根据状态栏上的提示拾取曲面，单击执行，输入倒圆角的半径值为 20(半径值不能太小，否则无法进行倒圆角操作或结果不理想)，根据提示拾取曲线，单击执行，确定圆角曲面在曲线的左侧，在"曲线对曲面倒圆角"菜单中设置好各项参数后单击执行，结果如图 4-44 所示。

注意："曲线对曲面倒圆角"菜单中各选项的设置可以在上机时反复练习，以熟悉其功能。

3. 曲面/曲面倒圆角

曲面/曲面倒圆角可在两组曲面之间构建圆角过渡曲面。曲面/曲面倒圆角时要求两组曲面的法线方向都要指向倒圆角曲面的圆心，这是曲面/曲面倒圆角成功的前提；另外，圆角半径值不应过大，以防在两曲面之间容纳不下倒圆角曲面。

在曲面/曲面倒圆角时，可以通过切换曲面的法线方向控制倒圆角的位置。例如，通过对图 4-45 所示的两个相互垂直的曲面的法线方向进行切换，可以分别在四个象限进行曲面倒圆角操作，具体操作方法不再赘述，请在上机时练习。

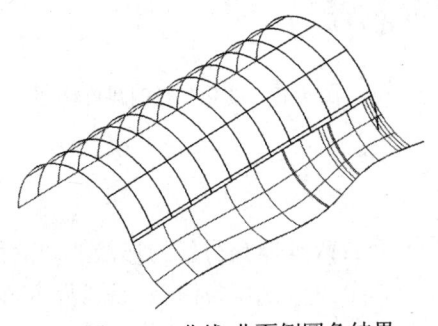

图 4-44　曲线/曲面倒圆角结果 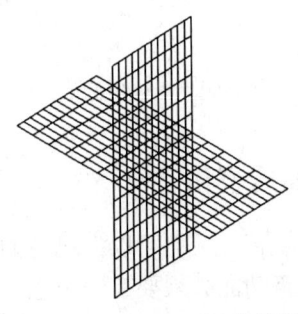　　　　　图 4-45　互垂直的曲面倒圆角

4. 变半径倒圆角

变半径倒圆角是指在倒圆角时过渡面的半径值不是固定不变的，可由操作者设置在边界上某点处的半径值。

操作方法及步骤：

1) 准备原始曲面

选择构图面为 S(侧视图)，图形视角选为 I(等角视图)，设置构图深度 Z 为 0，以极坐标方式绘制一个圆心位于原点、半径为 25 的半圆弧，以此半圆弧为截形构建牵引长度为 -50 的牵引曲面1；过圆弧的两个端点做一条直线，以直线和圆弧组成的封闭二维线框以曲面修整→平面修整的方式构建一个曲面2，结果如图 4-46 所示。

2) 曲面倒圆角

单击主菜单绘图→曲面→曲面倒圆角→曲面/曲面，根据状态栏上的提示拾取曲面 1 为第一组曲面，单击执行，拾取曲面 2 为第二组曲面，单击执行，输入半径为 2，单击正向切换→循环，分别设置两张曲面的法线方向均指向曲面内部。

单击变化半径，在图 4-47 所示的"变化半径之设定"菜单中单击两点中间，根据提示拾取半径标记位置 1、邻近的半径标记位置 2，此时确定了两个点，输入半径为 8，如图 4-48 所示；单击完成，将修剪曲面→选项设定为 Y，单击执行，变半径倒圆角的结果如图 4-49 所示。

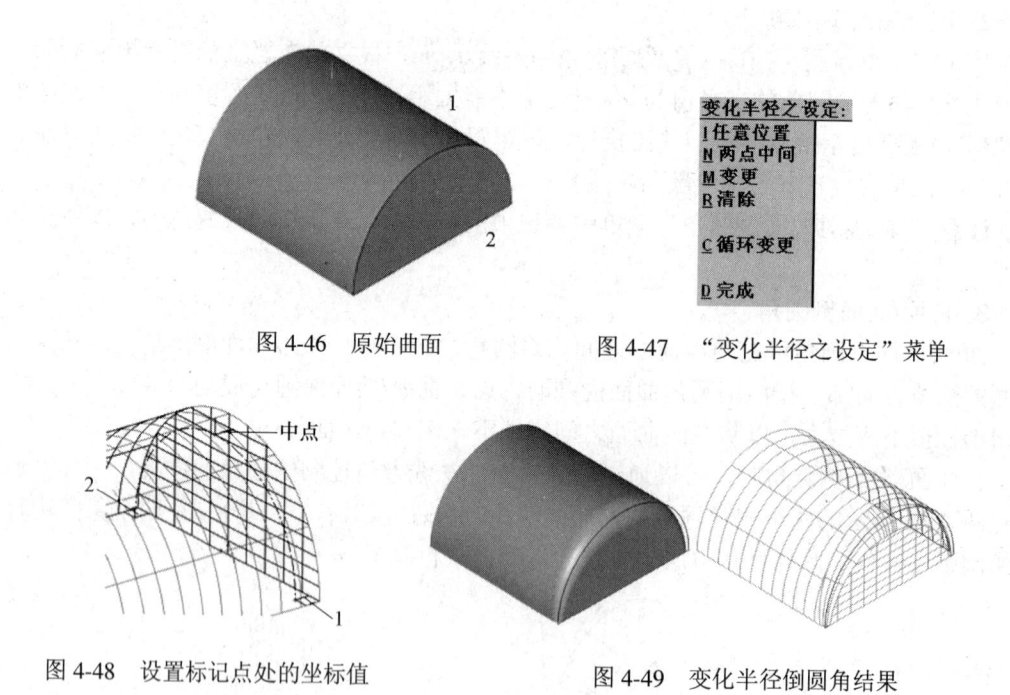

图 4-46　原始曲面　　　　图 4-47　"变化半径之设定"菜单

图 4-48　设置标记点处的坐标值　　　　图 4-49　变化半径倒圆角结果

4.3.2　曲面修整和延伸

曲面的修整、延伸可以把已有的曲面经过修剪或延伸获得新的形状或新的曲面。要使用曲面修整功能必须要有一个已存在的曲面和至少一个作为修整的边界，可以使用曲线、曲面和平面等作为边界来进行操作。

1. 修整至曲线

用曲线对曲面进行修整，此曲线可以是直线、圆弧、样条线或者是曲面曲线，如果用于修剪的曲线不垂直于待修整曲面，系统会将该曲线投影到曲面上来计算曲面被修剪的边界。

操作方法及步骤：

1) 准备原始曲面和曲线

选择构图面为 T(俯视图)，图形视角选为 I(等角视图)，设置构图深度 Z 为-25，绘制一个圆心位于原点、半径为 20 的圆，并以此圆构建牵引长度为 50 的牵引曲面。

选择构图面为 F(前视图)，Z 深度为 30，绘制一个圆心位于原点、半径为 10 的圆。此时图形如图 4-50 所示。

2) 进行曲面修整

选择构图面为 F(前视图)，图形视角选为 I(等角视图)。单击主菜单绘图→曲面→曲面修整→至曲线，拾取圆柱面作为被修整曲面，单击执行，根据提示拾取 $R10$ 的圆作为边界，单击执行，在修整至曲线菜单中设置投影方式为 "V" 向(即构图面的法线方向，注意此时构图面为前视图；如果为 "N" 向，则为曲面的法线方向)，单击选项，设置各选项如图 4-51 所示，单击执行，拾取曲线投影范围以外的区域作为曲面修剪后要保留的地方。

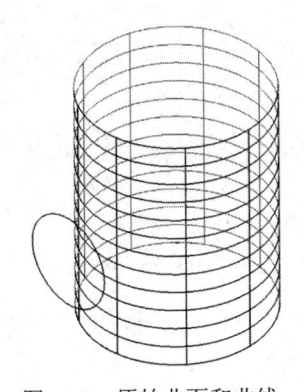

图 4-50 原始曲面和曲线　　　图 4-51 "曲线对曲面修剪"对话框

结果如图 4-52 所示，如果拾取曲线投影范围以内的区域作为曲面修剪后要保留的地方，则曲面修剪后的结果如图 4-53 所示。

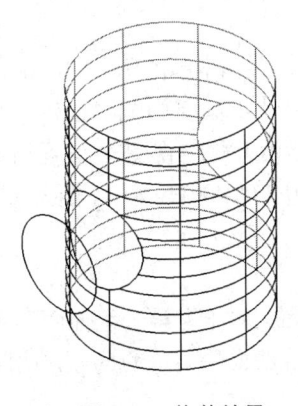

图 4-52 修剪结果 1　　　图 4-53 修剪结果 2

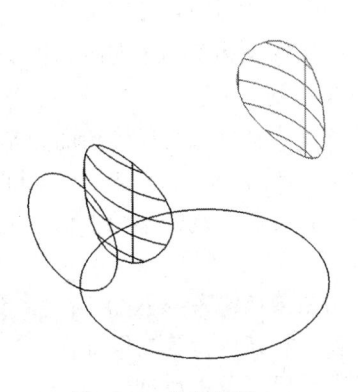

2. 修整至平面

用平面对曲面进行修整，其实质是通过曲面和平面的交线或投影后的交线对曲面进行修剪。

操作方法及步骤：

1) 准备原始曲面

选择构图面为 T(俯视图)，图形视角选为 I(等角视图)，设置构图深度 Z 为-25，绘制一个圆心位于原点、半径为 20 的圆，并以此圆构建牵引长度为 50 的牵引曲面。

2) 进行曲面修整

单击主菜单绘图→曲面→曲面修整→至平面，选取圆柱面作为被修整的曲面，单击执行，在图 4-54 所示的"定义平面"菜单中选择 Z xy 平面选项，输入 Z 坐标为 0，确定平面的法线方向向上，如图 4-55 所示，单击执行，结果如图 4-56 所示。

注意："定义平面"菜单中前"Z xy 平面"、"Y xz 平面"和"X yz 平面"三个选项分别是指当前构图面的 Z 轴、Y 轴和 X 轴的方向，而不是用户坐标系的坐标轴方向。

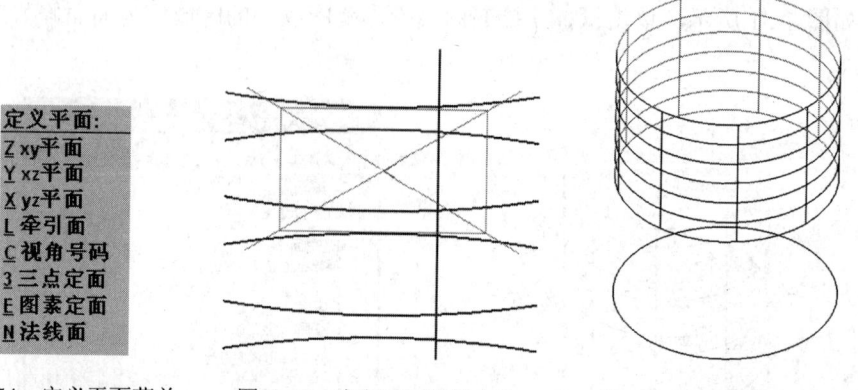

图 4-54 定义平面菜单　　图 4-55 确定平面法线方向　　图 4-56 修整至平面结果

3. 修整至曲面

用曲面对曲面进行修整，是两组相交的曲面相互进行修剪，实际是通过曲面和曲面的交线对曲面进行修剪。

操作方法及步骤：

1) 准备原始曲面

选择构图面为 F(前视图)，图形视角选为 I(等角视图)，设置构图深度 Z 为-60，以极坐标方式绘制一个圆心位于原点、半径为 25 的半圆弧，以此半圆弧为截形构建牵引长度为 120 的牵引曲面；选择构图面为 S(侧视图)，图形视角选为 I(等角视图)，设置构图深度 Z 为-60，以极坐标方式绘制一个圆心位于原点、半径为 30 的半圆弧，以此半圆弧为截形构建牵引长度为 120 的牵引曲面，如图 4-57 所示。

2) 进行曲面修整

单击主菜单绘图→曲面→曲面修整→至曲面，拾取曲面 A 作为第一组曲面，单击执行，拾取曲面 B 作为第二组曲面，单击执行，单击"修整至曲面"菜单的选项，如图 4-58 设定各参数后，单击执行；

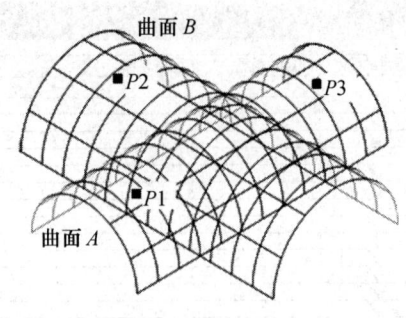

图 4-57 原始曲面

根据系统提示，拾取要保留的曲面位置，单击曲面 A，移动箭头到 P1 的位置单击(即选择保留 P1 处的曲面)，如图 4-59 所示，然后单击曲面 B，移动箭头到 P2 的位置单击，此时的修整结果如图 4-60 所示。

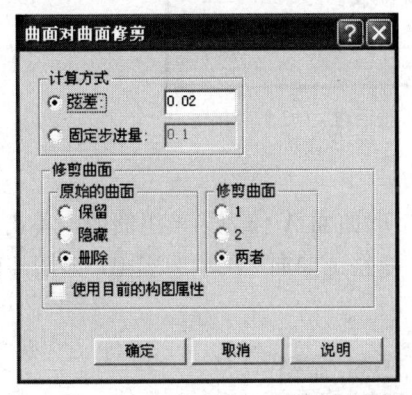

图 4-58 "曲面对曲面修剪"对话框

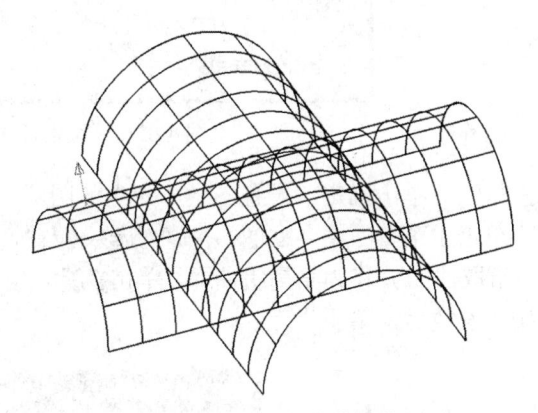

图 4-59 选择保留曲面的位置

如果要得到图 4-61 所示的修整结果，可按下面的步骤进行操作：
1) 准备原始曲面
仍构造图 4-57 所示的原始曲面。

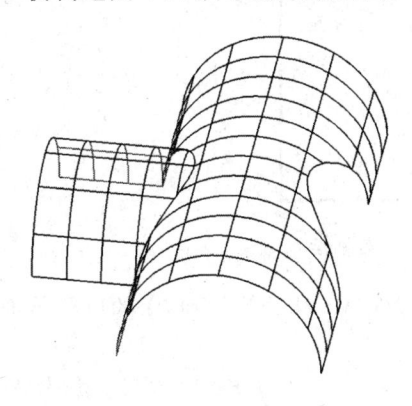

图 4-60 修整结果 1

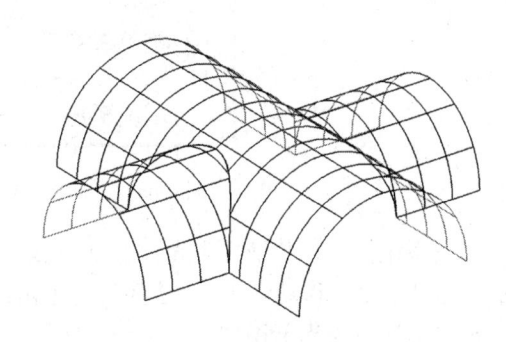

图 4-61 修整结果 2

2) 进行曲面修整
单击作图层别，打开图 4-62 所示的"层别管理员"对话框，在图层 2 的"图层编号"

121

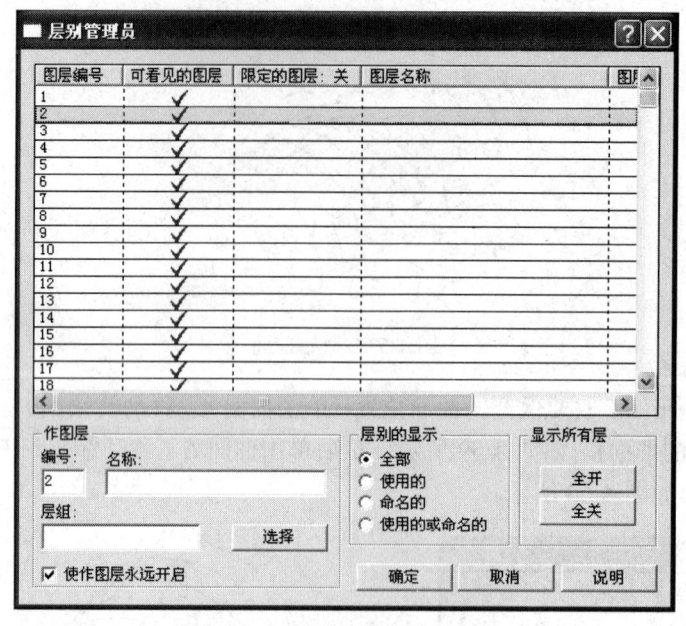

图 4-62 "层别管理员"对话框

位置单击,单击确定,设置图层 2 为当前图层;

单击主菜单绘图→曲面→曲面修整→至曲面,拾取曲面 A 作为第一组曲面,单击执行,拾取曲面 B 作为第二组曲面,单击执行,单击"修整至曲面"菜单的选项,如图 4-63 设定各参数后,单击执行;

图 4-63 "曲面对曲面修剪"对话框

根据系统提示,拾取要保留的曲面位置,单击曲面 A,移动箭头到 P1 的位置单击,然后单击曲面 B,移动箭头到 P2 的位置单击;

设置图层 3 为当前图层;

单击主菜单绘图→曲面→曲面修整→至曲面,在 P3 点位置单击,拾取曲面 A 作为第一组曲面,单击执行,拾取曲面 B 作为第二组曲面,单击执行;根据系统提示,拾取要保留的曲面位置,单击曲面 A,移动箭头到 P3 的位置单击,然后单击曲面 B,移动箭头到 P2 的位置单击；

打开"层别管理员"窗口，在图层 1 的"可看见图层"位置单击，将图层 1 不显示，单击确定，此时结果如图 4-61 所示。

4．平面修整

通过位于同一平面上的边界来构建一个"平的"曲面，这些二维边界可用串连图素或曲面的边界来定义。

操作方法及步骤：

1) 准备外形边界

选择构图面为 T(俯视图)，图形视角选为 T(俯视图)，设置构图深度 Z 为 0，绘制图 4-64 所示的二维线框。

2) 进行平面修整

单击主菜单绘图→曲面→曲面修整→平面修整，在"以 2D 轮廓产生修整的曲面"菜单中单击串连，依次拾取矩形、圆和四边形的边界，单击执行→执行，结果如图 4-65 所示。

如果仅拾取矩形、圆或四边形的边界，则以该图形作为边界生成曲面。

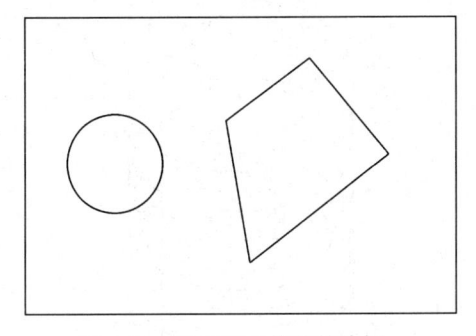

图 4-64　用于平面修整的线框　　　　　　图 4-65　平面修整的结果

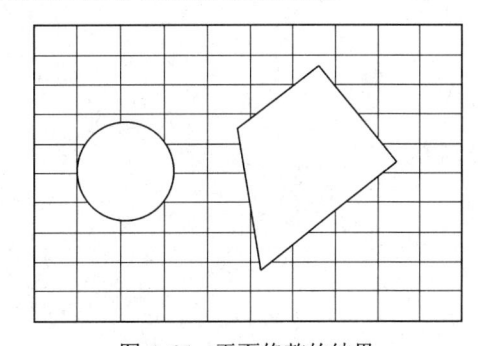

5．曲面分割

曲面分割操作可将曲面在指定的位置沿曲面的方向分割成两个曲面，并将原始曲面隐藏。

操作方法及步骤：

1) 准备原始曲面

准备原始曲面如图 4-66 所示，曲面构建方法参见 4.2 节自动串连构建昆氏曲面的例子。

2) 进行曲面分割

单击主菜单绘图→曲面→曲面修整→曲面分割，拾取原始曲面，移动光标到需要分割的位置后单击鼠标，根据提示选择分割线的方向如图 4-67 所示，单击确定，结果如图 4-68 所示，此时曲面分割成曲面 1 和曲面 2。

6．回复边界

回复边界操作用来填充经过修剪的曲面上的孔，系统通过移除修整过的边界来填充孔，如果曲面包含几个修整过的孔，用户可以选择移除所有的内边界或者仅移除一个边界。回复边界操作实际是生成一个新的曲面来代替原来的曲面。

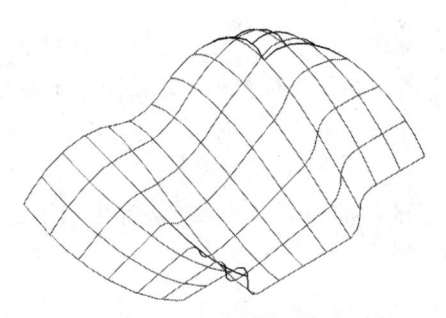

图 4-66　曲面分割的原始曲面　　　　　图 4-67　分割线的方向

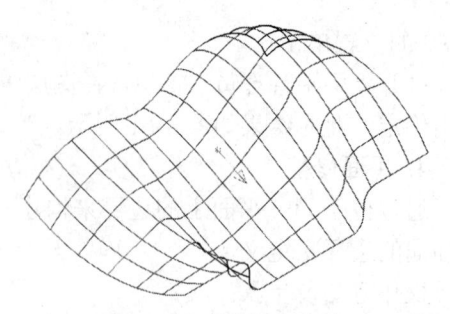

操作方法及步骤：
1) 准备原始曲面
准备如图 4-52 所示的曲面。
2) 进行回复修整
单击主菜单 绘图→曲面→曲面修整→回复边界 ，拾取欲回复的曲面，根据提示将箭头移动到要后侧的孔边界，单击鼠标即可，此时边界回复后的结果如图 4-69 所示。

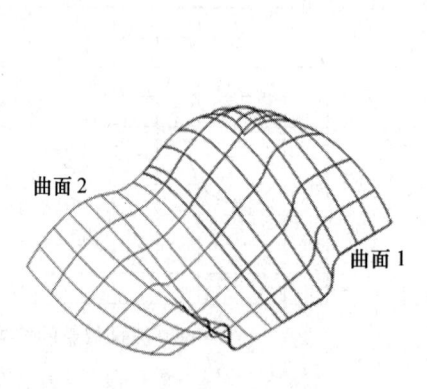

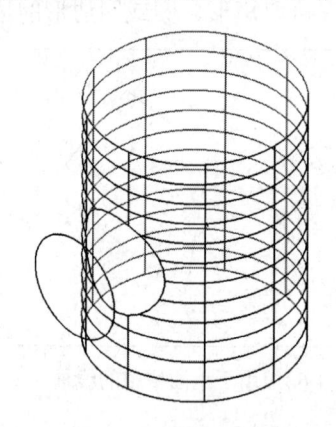

图 4-68　曲面分割结果　　　　　图 4-69　回复边界的结果

7. 填补内孔
填补内孔操作用来填补经过修剪得曲面上的孔，系统通过由孔的边界定义而生成一个曲面来填补该孔。

填补内孔的操作方法及步骤简单，不再赘述。

8. 曲面延伸
曲面延伸操作用来将曲面沿其某一个边界延伸指定长度或延伸至某一平面，延伸时可以选择线形延伸或者以原来的曲率进行延伸。经过延伸的曲面的类型、精度都与原始曲面相同。

操作方法及步骤：
1) 准备原始曲面
准备原始曲面如图 4-66 所示。
2) 进行曲面延伸
单击主菜单 绘图→曲面→曲面修整→曲面延伸 ，拾取要延伸的曲面，移动光标到欲延伸的边界，单击鼠标，如图 4-70 所示，在"曲面延伸"菜单(图 4-71)中单击 指定长度 ，

124

从键盘输入数值为 20，单击执行，曲面在选定的边界处延伸了 20mm，如图 4-72 所示。如果继续单击执行，则曲面在刚延伸出的曲面边界处继续延伸指定长度。

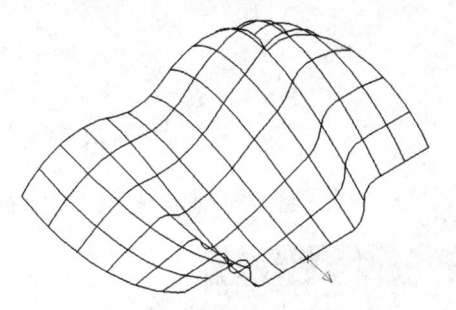

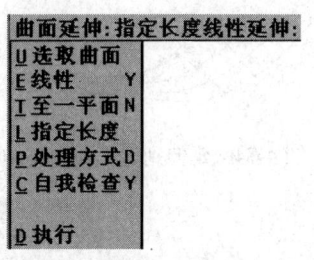

图 4-70　曲面延伸的边界　　　　　　　　图 4-71　曲面延伸指定长度菜单

选择构图面为 F(前视图)，将"曲面延伸"菜单中的至一平面设置为 Y，此时"曲面延伸"菜单如图 4-73 所示，单击选取平面，在定义平面菜单中选取 Z xy 平面，输入平面的 Z 坐标值为 10，拾取要延伸的曲面，移动光标到欲延伸的边界，单击鼠标，如图 4-74 所示，单击执行，结果如图 4-75 所示。

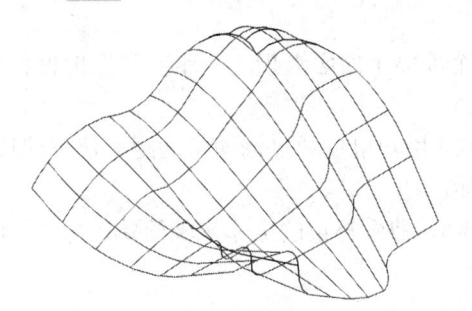

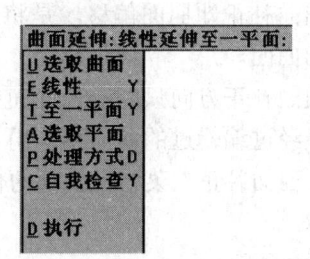

图 4-72　曲面延伸的边界　　　　　　　　图 4-73　曲面延伸至一平面菜单

曲面延伸菜单各菜单选项的作用见表 4-4。

表 4-4　曲面延伸菜单各选项说明

选项	选项说明
选取曲面	重新选取欲延伸的曲面
线性	设定系统对曲面延伸的计算方法，有 Y 和 N 两个选项：选择为 Y 时，系统以线性方式进行延伸；选择为 N 时，系统按照曲面的曲率进行延伸
至一平面	设定系统对曲面延伸长度的控制方法，选择为 Y 时，系统将曲面延伸至选取平面，选择为 N 时，系统将曲面延伸指定长度；此选项仅当"线性"选项设置为 Y 时才显示
指定长度	指定曲面延伸的长度，由用户输入数值
处理方式	设定延伸后对原始曲面的处理方式，有三个选项：D 删除、K 保留和 B 隐藏
自我检查	设定在延伸时系统是否对延伸曲面进行自交或扭曲检查，选择为 Y 时，当曲面延伸出现扭曲时，会弹出图 4-76 所示的对话框供用户选择是否继续延伸
选取平面	仅当"至一平面"选项设定为 Y 时才出现，用来设定曲面要延伸到的平面，从而设定曲面延伸的长度

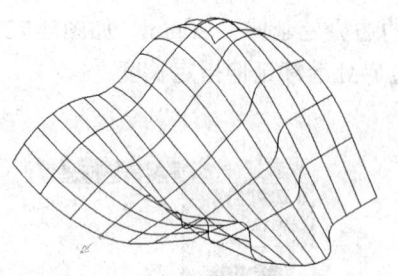

图 4-74　延伸到的平面和延伸的边界 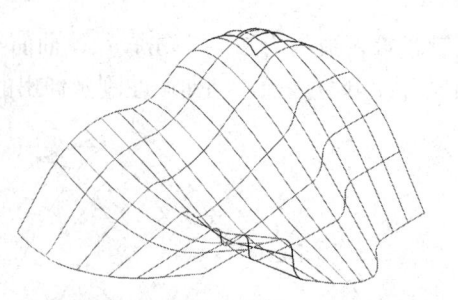　　　　　图 4-75　曲面延伸至一平面的结果

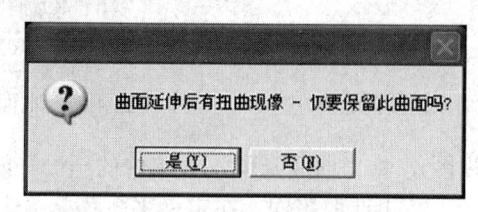

图 4-76　"曲面延伸扭曲"对话框

4.3.3　曲面补正

曲面补正即曲面偏移，是将选取的一个或多个曲面沿指定的距离和方向偏移生成一个新的曲面。

曲面补正方向只能沿各曲面的法线方向，用户可以通过输入负的距离值来偏移方向。另外，经过编辑过的曲面不能用于曲面的补正。

"曲面补正"菜单个选项的作用见表 4-5，曲面补正的操作步骤简单，与二维图素补正类似。

表 4-5　曲面补正菜单各选项说明

选　项	选　项　说　明
选取曲面	重新选取欲补正的曲面
补正距离	设置补正距离，可为负值
正向切换	切换选取曲面的法线方向
处理方式	设定补正后对原始曲面的处理方式，有三个选项：D 删除、K 保留和 B 隐藏

4.3.4　两曲面熔接

曲面熔接是指把两个或三个已存在的曲面通过与这几个曲面都保持相切的光滑曲面进行连接。熔接曲面的构建方式有三种：两曲面熔接、三曲面熔接和三圆角曲面熔接。

两曲面熔接是通过生成一个与两个曲面都相切的曲面实现的。

操作方法及步骤：

1. 准备线框模型

选择构图面为 T(俯视图)，图形视角选为 T(俯视图)，设置构图深度 Z 为 0，绘制图 4-77 所示的两条直线；

选择构图面为 S(侧视图)，图形视角为 I(等角视图)，拾取 P1 点作为构图深度 Z，以极坐标方式绘制一个圆心为原点、半径为 10、起始角度为 0°、终止角度为 180°的半圆弧；

单击构图面→法线面，拾取直线 2 为正交参考线，单击储存，拾取 P2 点作为构图深度 Z，以极坐标方式绘制一个圆心为原点、半径为 8、起始角度为 180°、终止角度为 360°的半圆弧；

此时线框模型如图 4-78 所示。

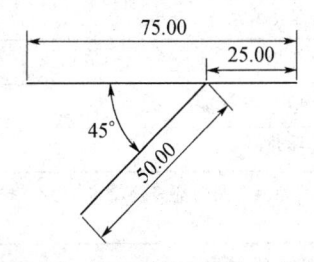

图 4-77 用于两曲面熔接的直线

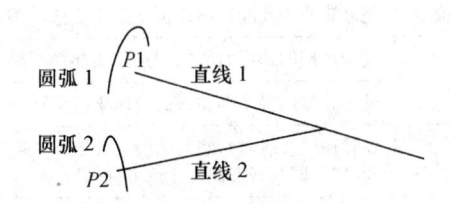

图 4-78 用于两曲面熔接的线框模型

2. 构建原始曲面

单击主菜单绘图→曲面→扫描曲面，根据提示拾取圆弧 1 作为截断方向外形，单击执行；拾取直线 1 为引导方向外形，单击执行→执行；用同样的方法做出圆弧 2 和直线 2 的扫描曲面，如图 4-79 所示。

3. 两曲面熔接

单击主菜单绘图→曲面→下一页→两曲面熔接，根据提示拾取要熔接的曲面 1，移动光标到欲进行熔接的边界位置，单击换向→确定，再按相同方法拾取曲面 2，此时屏幕显示出熔接后的效果，如图 4-80 所示，此时还可以利用"两曲面熔接"菜单修改各选项以获得理想的效果，"两曲面熔接"菜单各选项的作用见表 4-6，设置曲面修整为 B，单击执行，结果如图 4-81 所示。

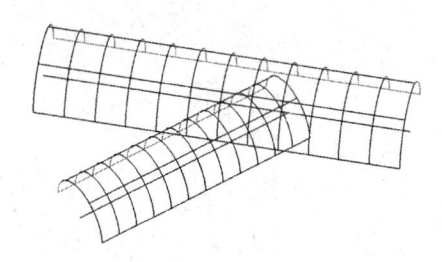

图 4-79 用于两曲面熔接的曲面模型

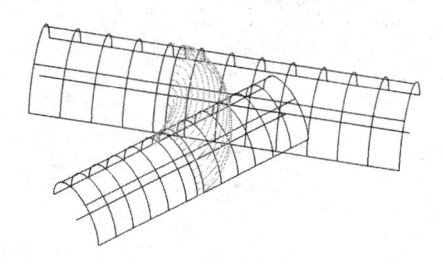

图 4-80 用于两曲面熔接的曲面模型

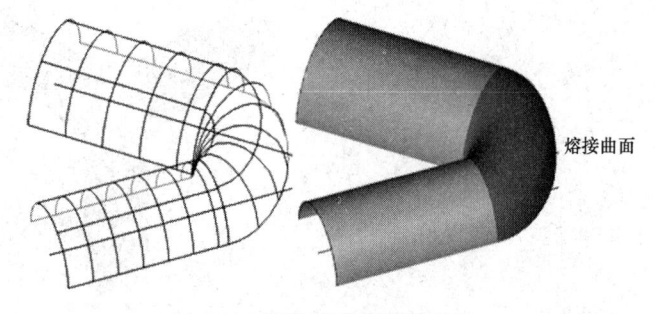

图 4-81 两圆角曲面熔接结果

表 4-6 "两曲面熔接"菜单各选项说明

选项	选项说明
第一曲面	重新拾取第一个曲面
第二曲面	重新拾取第二个曲面
起始值	分别设置两个曲面在起始位置的熔接值,熔接值越大,曲面的弯曲程度越大,设有 0~4 共 5 个值,其中 0 为平面方式,默认值为 1,数字越大,弯曲程度越大
终止值	别设置两个曲面在终止位置的熔接值,熔接值的设置及作用同上
端点位置	设置熔接的边界曲线的端点,即曲面熔接从曲线的什么地方开始熔接
换向	通过改变熔接边界曲线的方向来改变熔接曲面的方向和形状
曲面修整	设置在熔接时对原始曲面的处理方式,共有 4 个值,"B" 为两个曲面都修整,"N" 为不修整,"1" 和 "2" 即只修整曲面 1 或曲面 2
保留曲线	设置对熔接后的边界曲线的处理方式,设置值同曲面修整的设置值
曲面形式	设置熔接曲面的形式为 NURBS 曲面或参数式曲面

4.3.5 三曲面熔接

三曲面熔接是通过生成位于三个曲面之间的多个曲面组成的过渡面来实现的,其操作方法及步骤和两曲面熔接类似。

生成立方体曲面三条棱边的圆角曲面如图 4-82 所示,造型过程不再赘述。

单击主菜单绘图→曲面→下一页→三曲面熔接,根据提示拾取要熔接的曲面 1,移动光标到欲进行熔接的边界位置,单击确定,再按相同方法设定曲面 2 和曲面 3,此时屏幕显示出熔接后的效果,如图 4-83 所示,单击执行,结果如图 4-84 所示。

图 4-82 用于三曲面熔接的曲面模型　　图 4-83 三曲面熔接结果显示

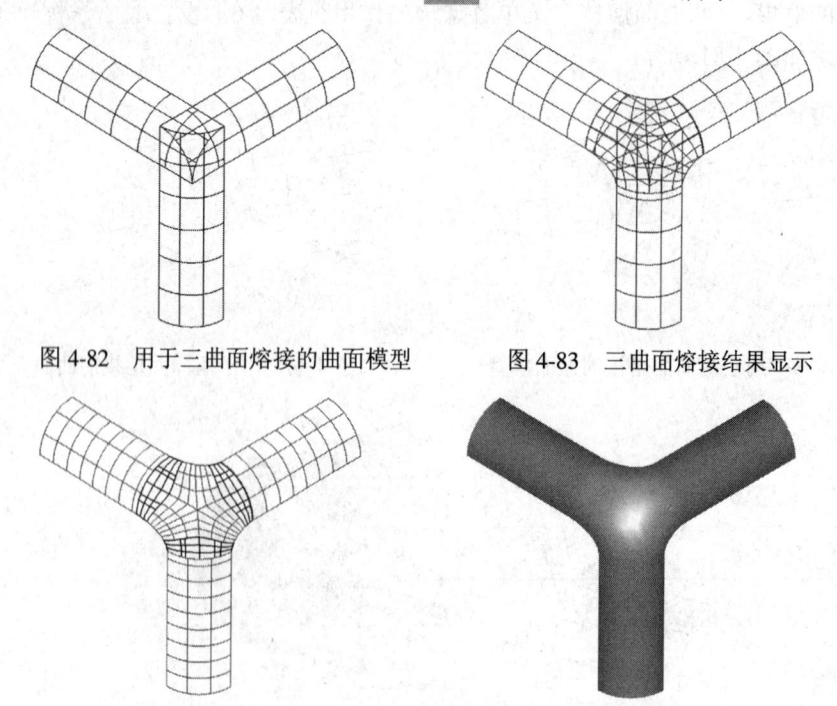

图 4-84 三曲面熔接的结果

4.3.6 圆角熔接

圆角熔接用于三个相交的圆角曲面的熔接，如倒过圆角的立方体等图形在顶点处的过渡，采用圆角熔接时，系统会自动计算确定熔接的位置。

仍采用图 4-82 所示的图形：

单击主菜单 绘图→曲面→下一页→三曲面熔接，依次拾取要熔接的三个圆角曲面，结果如图 4-85 (a)所示。

说明："圆角曲面"菜单中的边数选项用来设置进行三圆角曲面熔接时的边界数，有 3 和 6 两个值备选，边数为 3 的熔接结果如图 4-85 (b)所示。

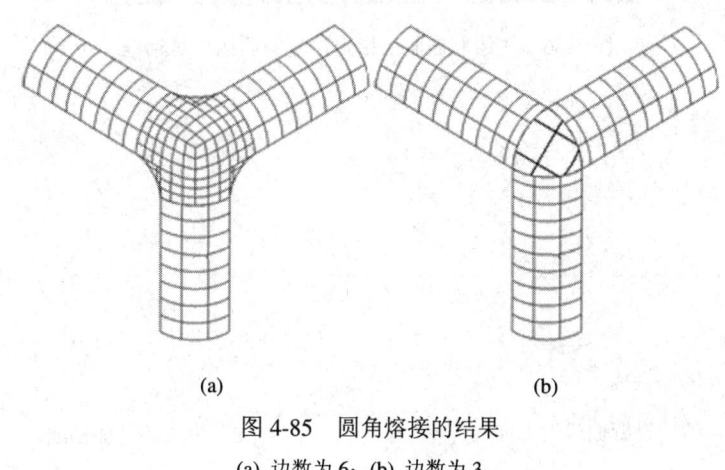

(a)　　　　　　　　(b)

图 4-85　圆角熔接的结果

(a) 边数为 6；(b) 边数为 3。

4.4　曲 面 曲 线

在 MasterCAM 中绘制三维曲线可以在绘制直线、圆弧和 Spline 曲线时，采用拾取三维空间上的点或采用输入三维点坐标的方式进行绘制。同时 MasterCAM 还提供了在曲面或实体表面绘制三维曲线的曲面曲线命令。

4.4.1　指定位置(常参数)

用于在曲面或实体面的指定位置上生成曲线。

操作方法和步骤如下：

1. 准备原始曲面

准备图 4-66 所示的原始曲面。

2. 构建曲面曲线

单击主菜单 绘图→曲面曲线→指定位置，单击选项，打开"绘制曲面上指定位置的曲线"对话框，设置各选项如图 4-86 所示，拾取曲面，移动光标到欲生成曲面曲线的位置单击，设置曲线的方向如图 4-87 所示，然后单击确定，生成曲面曲线如图 4-88 所示。

129

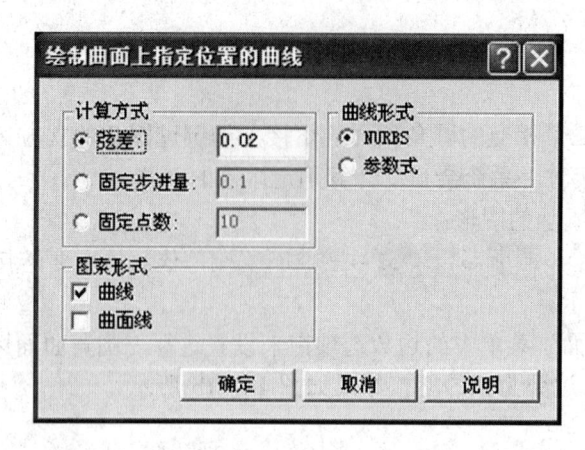

图 4-86 "绘制曲面上指定位置的曲线"对话框

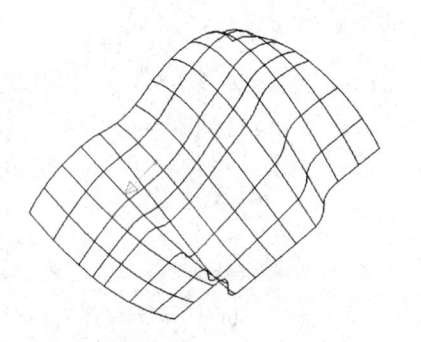

图 4-87 设置曲线的方向　　　　图 4-88 生成的曲面曲线

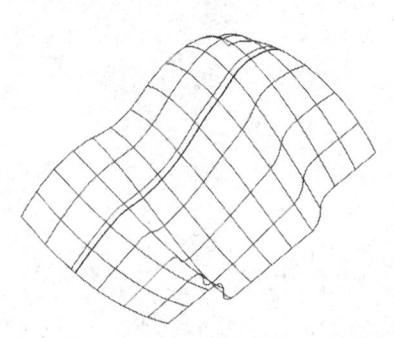

"绘制曲面上指定位置的曲线"对话框中各选项的作用如下：

"计算方式"选项用来设置在曲面上生成曲线时所需的点的计算方法，它影响到所生成的曲线和原始曲面的吻合程度，弦差方式是常用的较为精确的计算方法，而且只有弦差方式既可用于生成 NURBS 也可用于生成参数式曲线。

"弦差"，即在曲面上定义构建曲线的点时，要求任一点到曲线的距离(弦高)小于"弦差"选项的设定值；"固定步进量"和"固定点数"只能用于生成参数式曲线，"固定步进量"即每隔指定的距离插入一个点，"固定点数"则是在单位长度内平均插入指定的点数，两者的作用相同。

"图素形式"选项用来设定生成的曲线的类型，有两个选项：曲线和曲面曲线。选择"曲线"时，系统根据计算出的点生成曲线，是线性的，就转化为直线，生成的曲线是圆的，就转化为圆，生成的曲线和曲面的交集一般只有生成曲线的那些点；而选择"曲面曲线"时，生成的曲线的类型都是曲面线，并且整条曲线都在曲面上面。

4.4.2 缀面边线

缀面边线功能用于绘制参数式曲面的所有缀面的边界曲线。

操作方法和步骤如下：

1. 准备原始曲面

准备图 4-89 所示的原始曲面。

2. 构建曲面曲线

单击主菜单绘图→曲面曲线→缀面边线，根据提示拾取参数式曲面，系统自动构建出网格状的缀面边线，如图4-90所示。

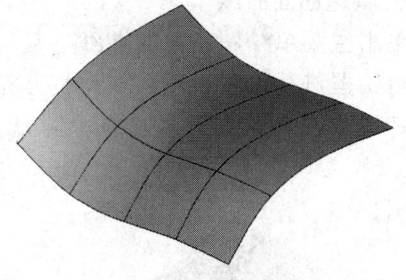

图4-89 参数式曲面　　　　　图4-90 曲面上生成的缀面边线

4.4.3 曲面流线

用于生成沿着曲面方向的多条曲线。可将曲面看作由经线和纬线交织而成，这样的经线和纬线统称为流线。

操作方法和步骤如下：

1. 准备原始曲面

准备图4-89所示的原始曲面。

2. 构建曲面曲线

单击主菜单绘图→曲面曲线→曲面流线，根据提示拾取曲面，根据需要切换生成流线的方向，单击确定，在图4-91所示的"绘制曲面流线"菜单中设置生成曲线的数量、曲线之间的间距等选项后单击执行，图4-92所示为设置曲线距离为"6"时，生成的曲面曲线。

图4-91 "绘制曲面流线"菜单　　　　　图4-92 曲面流线

注意："绘制曲面流线"菜单中的"数量"和"距离"选项为单选，即生成曲面曲线时，既可以采用数量方式，也可以采用距离方式，采用数量方式时，生成的曲面流线是将曲面等分的，而采用距离方式时，从曲面的一条边界开始，等距离插入曲线，但最后一条曲线必须为另一对称边界，如图4-92所示。

4.4.4 动态绘线

动态绘线是用鼠标在曲面上拾取一系列点，并经由这些点绘制出曲线或者曲面曲线。

操作方法和步骤如下：
1. 准备原始曲面
准备图 4-89 所示的原始曲面。
2. 构建曲面曲线
单击主菜单绘图→曲面曲线→动态绘线，单击选项，打开"动态绘制曲面上的曲线"对话框进行设置，然后根据提示拾取曲面，移动光标到选定的位置并单击鼠标，依次定义多个点，如图 4-93 所示，选完后按 Esc 键结束拾取，绘制出图 4-94 所示的曲线。

图 4-93 依次定义多个点　　　　　　　　图 4-94 动态绘线结果

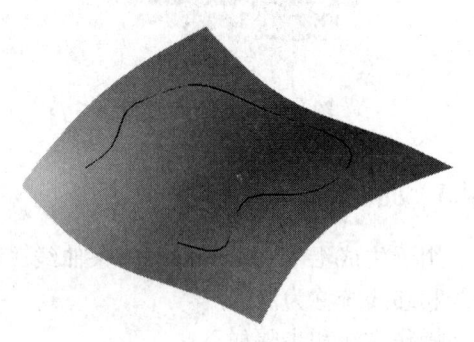

4.4.5 剖切线

剖切线是用平行且等距的平面对曲面进行剖切而得到的多条曲线或曲面曲线。
操作方法和步骤如下：
1. 准备原始曲面
准备图 4-66 所示的原始曲面。
2. 构建曲面曲线
设置构图面为 T(俯视图)，单击主菜单绘图→曲面曲线→剖切线，拾取原始曲面，单击执行，在"定义平面"菜单中单击 Z xy 平面，输入平面 Y 坐标值为 8，如图 4-95 所示，单击剖切间距，设定剖切间距为 12，单击执行，结果如图 4-96 所示。

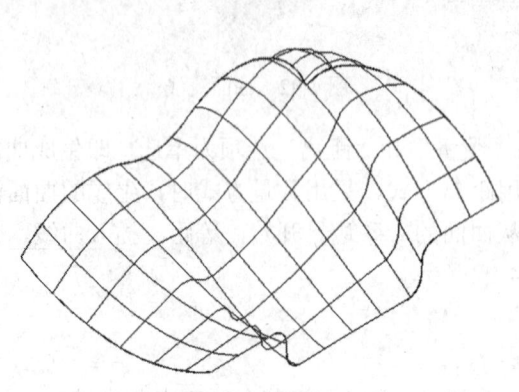

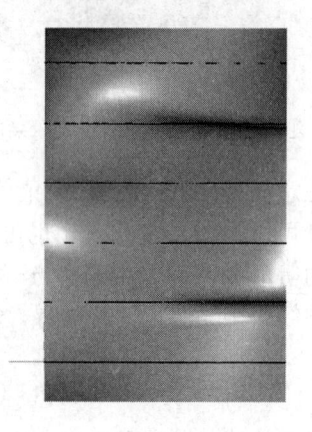

图 4-95 定义平面　　　　　　　　图 4-96 生成的剖切线(俯视图)

若选中"绘制剖切线"菜单中的补正距离选项，则将曲面沿曲面法线方向偏移指定距离后再与指定平面剖切生成曲线。

若设定修整选项为 Y，则在构建剖切线的同时对曲面进行修整。

4.4.6 交线

用于在两组相交曲面间构建曲面的交线。

操作方法和步骤如下：

1. 准备原始曲面

准备图 4-97 所示的曲面 1 和曲面 2。

2. 构建曲面曲线

设置构图面为 T(俯视图)，单击主菜单绘图→曲面曲线→交线，根据提示拾取曲面 1 作为第一组曲面，单击执行，拾取曲面 2 作为第二组曲面，拾取单击执行，根据需要设置各项参数后单击执行，结果如图 4-98 所示。

"绘制曲面交线"菜单中的补正距离 1 和补正距离 2 用来设置对所选取的第一组曲面和第二组曲面的偏移距离，用来将所选曲面沿曲面法线方向偏移指定距离后再生成交线。

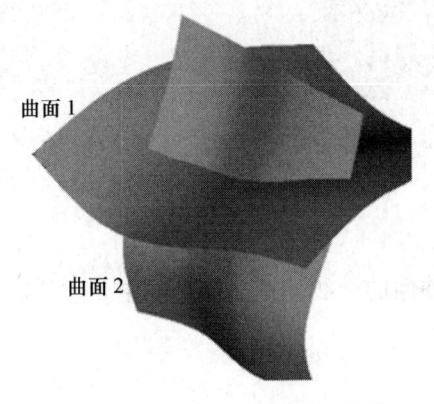

图 4-97 生成交线的两个曲面   图 4-98 两曲面的交线

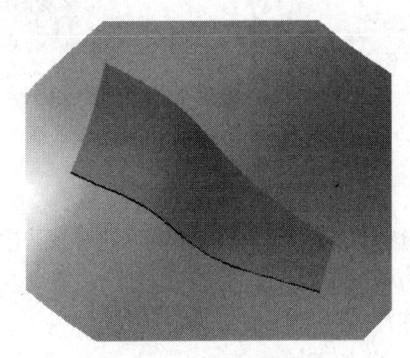

4.4.7 投影线

用于生成曲线在选定曲面上的投影线，投影方向可为构图面法线方向或曲面法线方向；沿曲面法线方向投影时，一般用于曲线和曲面距离较小的情况。

操作方法和步骤如下：

1. 准备原始曲面和曲线

准备图 4-99 所示的曲面和曲线。

2. 构建曲面曲线

设置构图面为 T(俯视图)，单击主菜单绘图→曲面曲线→投影线，根据提示拾取曲面，单击执行，再拾取曲线，单击执行；

在"绘制投影线"菜单中单击投影方式，设置投影方式为 V(投影方式"V"为构图面法线方向，投影方式"N"为曲面法线方向)，单击执行，结果如图 4-100 所示。

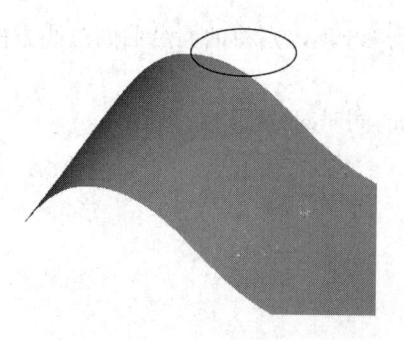

图 4-99　用于投影的曲面和曲线 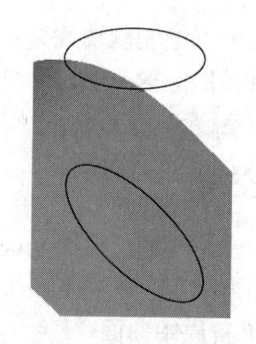　　　　　图 4-100　沿 V 向投影的结果

如果投影方式设置为 N 向，则需要设置曲线距离曲面的最大距离，如果最大距离值设置得太小，会提示"找不到投影线"，投影方式为 N 向时生成的投影线如图 4-101 所示。

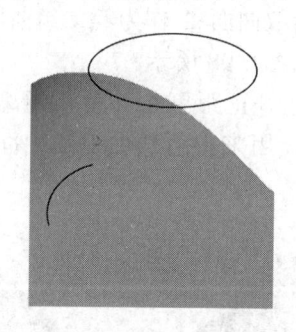

图 4-101　沿 N 向投影的结果

4.4.8　分模线

分模线是以平行于构图面的平面与选定曲面的交线。在模具设计中，往往需要将型腔分为两部分，分模线就是上模和下模的交线。

操作方法和步骤如下：

1. 准备原始曲面

主菜单绘图→曲面→下一页→实体曲面→圆球，绘制一个球面。

2. 构建曲面曲线

设置构图面为 T(俯视图)，单击主菜单绘图→曲面曲线→分模线，拾取曲面，单击执行，在"绘制分模线"菜单中单击视角→俯视图，设置角度值为 0，结果如图 4-102 所示。"绘制分模线"菜单各选项的作用见表 4-7。

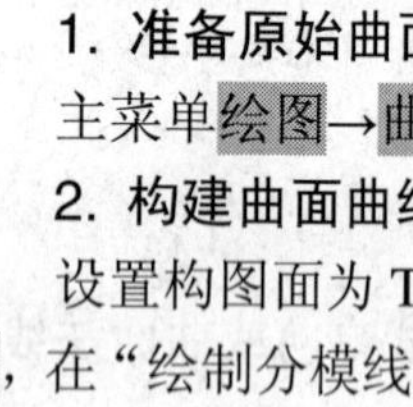

表 4-7　"绘制分模线"菜单各选项说明

选项	选项说明
选取曲面	重新选取需要构建分模线的曲面
视角	确定生成分模线的视角方向，默认的视角方向与构图面一致
角度	确定生成分模线的位置，角度含义同地理中纬度
修整	确定是否需要进行曲面修剪
选项	打开"分模线"对话框，设置曲线类型等参数

图 4-102　分模线

4.4.9 单一边界

用于构建曲面或实体的一条边界曲线。

操作方法和步骤如下：

单击主菜单绘图→曲面曲线→单一边界，拾取曲面，移动光标到欲生成曲线的曲面边界，单击执行即可。

4.4.10 所有边界

用于构建曲面所有的边界曲线。操作方法和步骤同单一边界，不再赘述。

4.5 曲面建模综合实例

例 4.11 由三维线架建构曲面模型。

本例构建图 4-103 所示的电话机听筒曲面模型，用于生成曲面的线框模型如图 4-104、图 4-105 和图 4-106 所示。

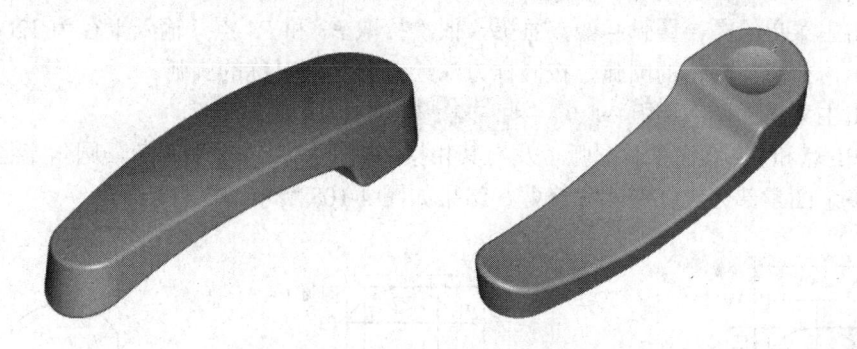

图 4-103 电话机听筒曲面模型

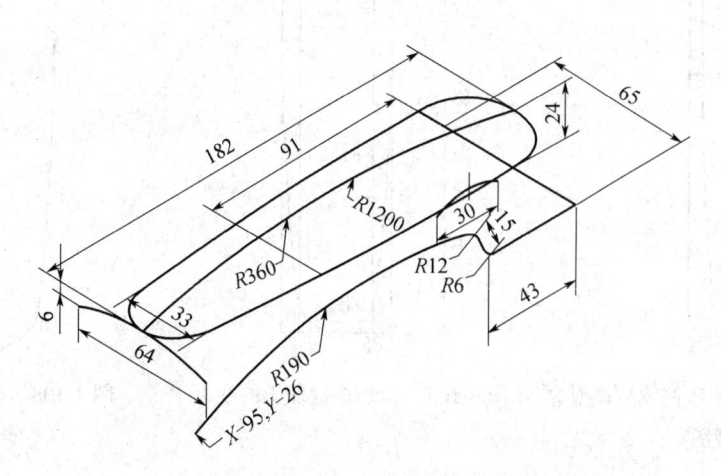

图 4-104 电话机听筒线框模型(等角视图)

135

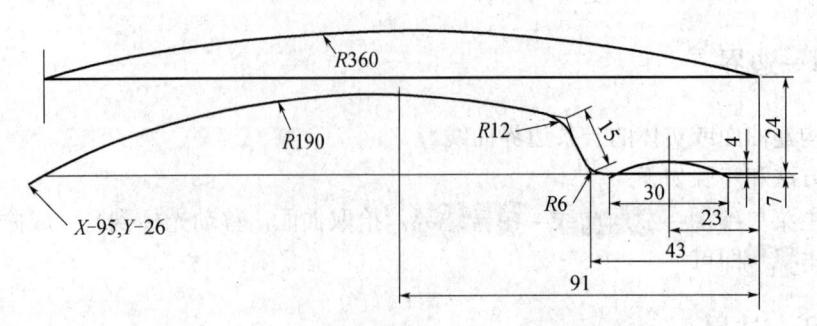

图 4-105　电话机听筒线框模型(侧视图)

操作方法和步骤如下：

1. 绘制线框模型

选择构图面为 T(俯视图)，图形视角选为 I(等角视图)，设置构图深度 Z 为 0。

单击主菜单 绘图→矩形→一点，在"绘制矩形"对话框里设置宽度值为 46，高度值为 182，单击确定，拾取原点作为矩形的中心点。

单击主菜单 绘图→直线→平行线→方向/距离，向矩形内侧分别绘制三条平行线，如图 4-107 所示。

单击主菜单 绘图→圆弧→三点画弧，依次拾取 P1、P2 和 P3 点，绘制圆弧 1。

单击主菜单 绘图→圆弧→两点画弧，依次拾取 P3 和 P4 点，输入半径为 1200，根据系统提示，拾取要保留的圆弧，按同样方法绘制另一侧对称的圆弧。

单击主菜单 绘图→圆弧→切弧→切三物体，绘制圆弧 2。

在 P1 点和 P3 点位置对圆弧 1 及与其相接的两个圆弧进行倒圆角，圆角半径为 20；对图中多余图素部分进行删除和修剪，结果如图 4-108 所示。

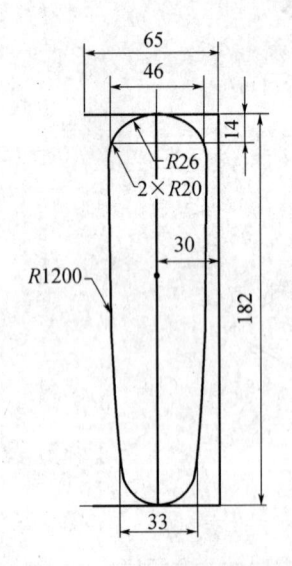

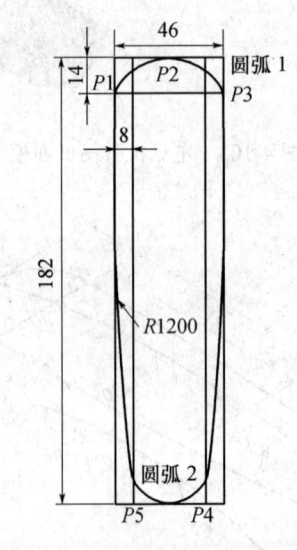

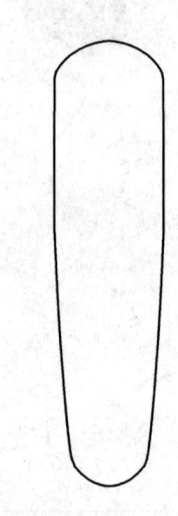

图 4-106　电话机听筒线框模型(俯视图)　　图 4-107　构建俯视图上的线框 1　　图 4-108　构建俯视图上的线框 2

选择构图面为 F(前视图)，图形视角选为 I(等角视图)，设置构图深度 Z 为 91。

单击主菜单 绘图→圆弧→三点画弧，依次输入圆弧起点坐标"32,-6"、"0,0"和

136

"-32,-6"，绘制圆弧 3，如图 4-109 所示。

选择构图面为 S(侧视图)，图形视角选为 I(等角视图)，设置构图深度 Z 为 0。

单击主菜单绘图→圆弧→两点画弧，依次拾取图 4-107 中圆弧 1 和圆弧 2 的中点，输入半径为 360，根据系统提示，拾取要保留的圆弧 4，结果如图 4-109 所示。

设置构图深度 Z 为 30。

单击主菜单绘图→直线→两点画线，输入线段起点坐标"91,-24"，输入线段终点坐标"48,-24"，绘制出图 4-109 中的直线 1。

单击主菜单回上层功能→极坐标线，输入极坐标线起始点坐标"48,-24"，输入角度值"115"，输入线段长度"15"，绘制出图 4-109 中的直线 2。

单击主菜单绘图→圆弧→两点画弧，以直线 2 的一个端点为圆弧起点，输入终点坐标"-95,-26"，输入圆弧半径值"190"，按照图中形状，拾取要保留的圆弧。

单击主菜单修整→倒圆角，设置修整方式为 Y，对直线 1 和直线 2 连接处进行半径为 6 的倒圆角，对直线 2 和圆弧的连接处进行半径为 12 的倒圆角，结果如图 4-110 所示。

选择构图面为 T(俯视图)，图形视角选为 I(等角视图)，设置构图深度 Z 为-24。

单击主菜单绘图→直线→两点画线，拾取直线 1 的一个端点(坐标值为"30,91")，输入线段终点坐标"-35,91"，绘制直线 3。

选择构图面为 S(侧视图)，图形视角选为 I(等角视图)，设置构图深度 Z 为 0。

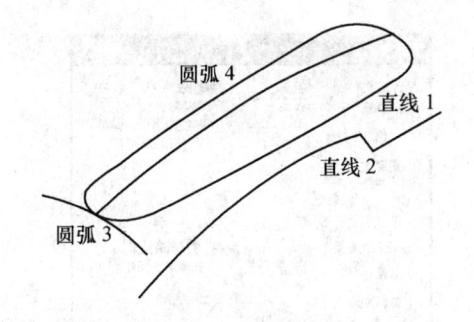

图 4-109　构建扫描曲面的线框 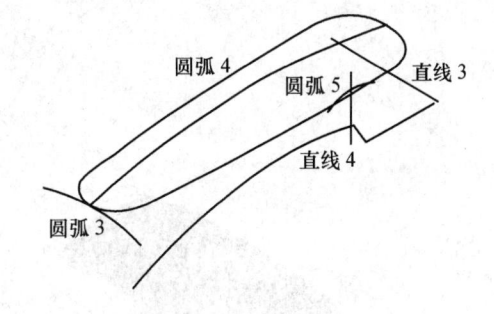　　　　图 4-110　构建旋转曲面的线框

单击主菜单绘图→圆弧→三点画弧，输入第一点坐标为"83,-25"，第二点坐标为"68,-21"，第三点坐标为"53,-25"，绘制圆弧 5。

然后再做一条过圆弧 4 圆心和中点的直线 4。以直线 4 为边界对圆弧 5 进行修剪，完成构建电话机听筒曲面所需的线框模型如图 4-111 所示。

2. 构建电话机听筒曲面模型

回主菜单，单击作图层别，定义第 1 层的名称为"线框模型"，单击图层号，设置第 2 层为当前图层，定义第 2 层的名称为"扫描曲面 1"。

单击主菜单绘图→曲面→扫描曲面→单体，拾取圆弧 3 为截断方向外形，单击执行，单击单体，拾取圆弧 4 为引导方向外形，单击执行→执行，结果如图 4-112 所示。

137

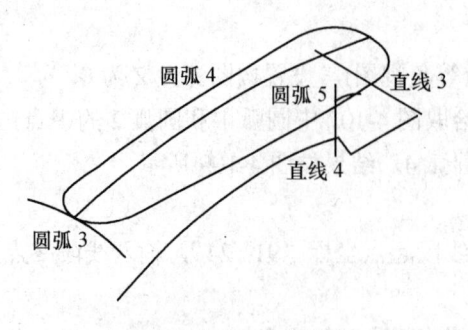

图 4-111 修剪结果　　　　　图 4-112 扫描曲面

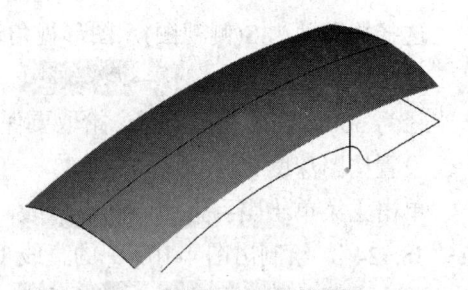

单击作图层别，设置第 3 层为当前图层，定义第 3 层的名称为"偏移曲面"。

单击回上层功能→曲面补正，拾取刚才生成的扫描曲面，单击执行，拾取"曲面补正"菜单中的补正距离，设置补正距离为"5"，单击正向切换，设置扫描曲面的法线方向向下，设置处理方式为"K(保留)"，单击执行，生成偏移曲面。

单击作图层别，单击图层 2 的"可看见的图层"，将其不显示，此时结果如图 4-113 所示。

单击回上层功能→曲面修整→曲面延伸→指定长度，设置长度值为"10"，拾取偏移曲面，将其四个边都向外延伸。

单击主菜单绘图→曲面曲线→投影线，根据提示拾取偏移曲面，单击执行，根据提示拾取图 4-108 中的串连曲线，单击执行，设置投影方式为 N(曲面的法线方向)；设置修整为 N(不修整)；单击选项，打开"投影线"对话框，按图 4-114 所示设置参数；设置最大投影距离为"10"，单击执行，结果如图 4-115 所示。

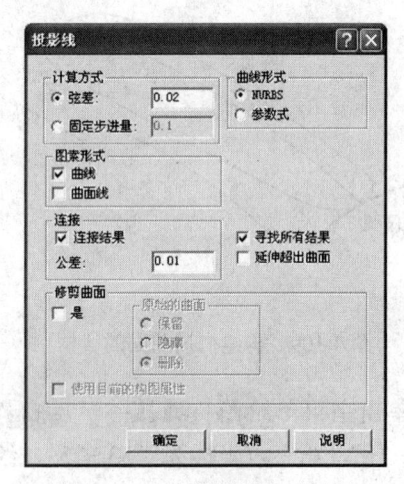

图 4-113 偏移曲面　　　　　图 4-114 "投影线"对话框

单击作图层别，设置第 4 层为当前图层，定义第 4 层的名称为"向上牵引曲面"。
选择构图面为 T(俯视图)。

单击主菜单绘图→曲面→牵引曲面，拾取偏移曲面上的投影线，单击执行，设置牵引长度为"20"，牵引角度为"-5"，单击执行。

单击作图层别，设置第 2 层为当前图层，同时设置图层 3 为不可见，此时屏幕图形如图 4-116 所示。

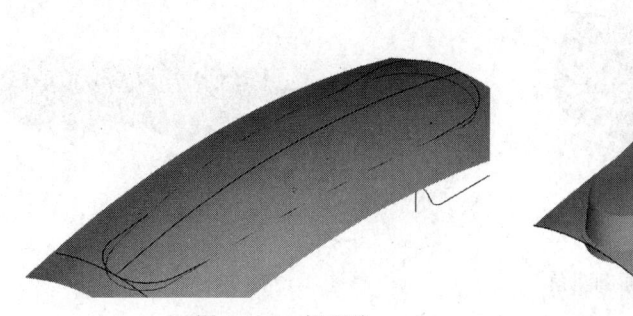

图 4-115 投影线 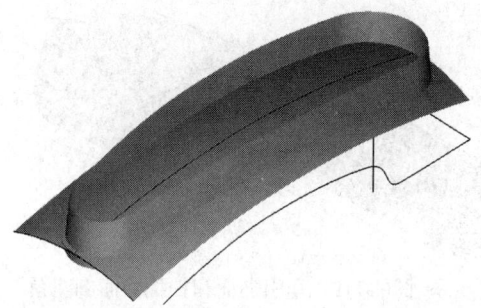　　　　　　　　图 4-116 牵引曲面

单击主菜单绘图→曲面→曲面倒圆角→曲面/曲面，分别拾取牵引曲面和扫描曲面为第一组和第二组曲面，输入半径值为"2"；单击正向切换→循环，设置牵引曲面的法线方向指向封闭曲面的内侧，设置扫描曲面的法线方向向下；设置修剪曲面为 Y，单击执行，结果如图 4-117 所示。

单击作图层别，设置第 5 层为当前图层，定义第 5 层的名称为"向下牵引曲面"，同时设置图层 3 为可见，图层 2 和图层 4 为不可见。

单击主菜单绘图→曲面→牵引曲面，拾取偏移曲面上的投影线，单击执行，设置牵引长度为"-30"，牵引角度为"-5"，单击执行。

单击作图层别，设置第 6 层为当前图层，定义第 6 层的名称为"扫描曲面 2"，同时设置图层 3 为可见，图层 2 和图层 4 为不可见。

单击主菜单绘图→曲面→扫描曲面，以部分串连方式拾取直线 1、直线 2 及与之相连的圆弧为截断方向外形，以单体方式拾取直线 3 为引导方向外形，构建扫描曲面，如图 4-118 所示。

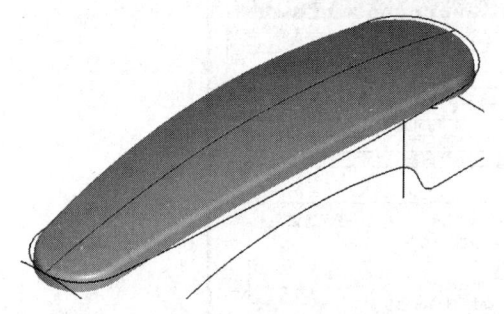

图 4-117 电话机听筒上侧曲面 　　　　　　　　图 4-118 牵引曲面和扫描曲面

单击主菜单绘图→曲面→曲面倒圆角→曲面/曲面，分别拾取上面构建的牵引曲面和扫描曲面为第一组和第二组曲面，输入半径值为"2"；单击正向切换→循环，设置牵引曲面的法线方向指向封闭曲面的内侧，设置扫描曲面的法线方向向上；设置修剪曲面为 Y，单击执行，结果如图 4-119 所示。

单击作图层别，设置第 7 层为当前图层，定义第 7 层的名称为"旋转曲面"，同时设置图层 6 为不可见。

单击主菜单绘图→曲面→旋转曲面，拾取圆弧 5，单击执行，拾取直线 4 为旋转轴，设置起始角度为 0，终止角度为 360，单击执行，结果如图 4-120 所示。

图 4-119 牵引曲面和扫描曲面倒圆角　　　　图 4-120 旋转曲面

单击曲面倒圆角→曲面/曲面，根据提示，拾取扫描曲面为第一组曲面，拾取旋转曲面为第二组曲面，单击正向切换→循环，设置扫描曲面和旋转曲面的法线方向均向上；设置修剪曲面为 Y，单击执行，结果如图 4-121 所示。

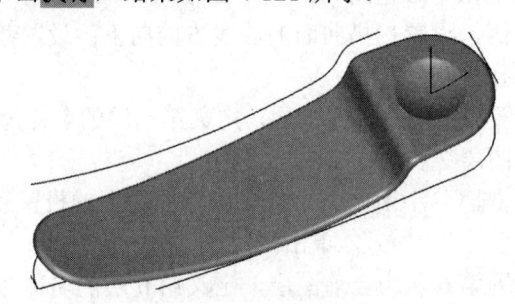

图 4-121 倒圆角的结果

单击作图层别，设置图层 1 和 3 为不可见，如图 4-122 所示，完成后的曲面如图 4-103 所示。

图 4-122 "层别管理员"对话框

4.6 实体建模

实体模型提供了物体边界和质量的完整数学描述，是一个完整的几何模型，它可以对模型进行质量、质心、惯性矩等实际物理量的计算，也可以进行实体与实体间的相交、消隐、明暗、渲染等处理，因此被广泛应用。

三维实体的构建过程就是多个实体特征的堆积过程,例如先构建一个挤出特征,然后在其基础上挖一个孔、切除一部分材料、倒一个圆角等,经过这些挤出、切割等特征的创建,最终构建出一个三维实体模型。

MasterCAM 提供了挤出、旋转、扫掠、举升、基本实体和薄片加厚等多种构建实体的方法。

4.6.1 挤出

挤出(Extrude)操作在其他软件中也被称为拉伸,是三维 CAD 软件中最常用实体造型方法。挤出是将二维轮廓曲线沿着指定的方向(一般为曲线所在平面的法线方向)移动所生成的实体特征。在挤出操作中,可以生成新的实体,或将生成的实体作为工件主体与选取的目标主体进行布尔加或布尔减操作,即增加凸缘或切割主体操作。在一次挤出操作中可以选取多个曲线串连,但每个串连都必须共面。当生成的实体为薄壁实体时,一次挤出操作中所选取的所有串连所在的平面必须是平行的。当所选取得所有串连为封闭串连时,挤出操作的结果可以是实心的实体或者薄壁实体,当所选取的串连为不封闭的串连时,只能生成薄壁实体。

操作方法和步骤如下:

1. 构建用于挤出操作的线框模型

构建图 4-123 所示的线框模型。

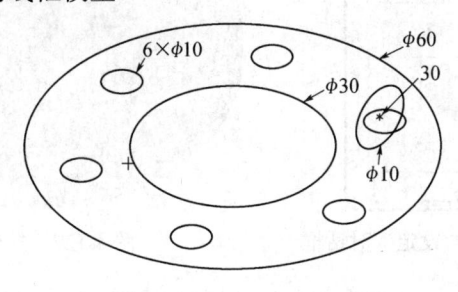

图 4-123 用于挤出的线框模型

2. 构建挤出实体

单击作图层别,单击图层号,设置第 2 层为当前图层;

单击主菜单实体→挤出,依次拾取 φ60 和 6 个 φ10 的圆,如图 4-124 所示,单击执行,在"挤出方向"菜单中设置挤出的方向,"挤出方向"菜单如图 4-125 所示,表 4-8 列出了各选项的作用,灵活使用这些选项,可以快速切换挤出方向。

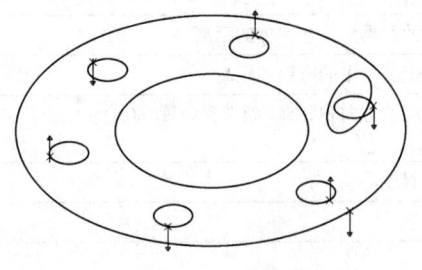

图 4-124 串连的方向　　　图 4-125 挤出方向菜单

表 4-8　"挤出方向"菜单各选项说明

选　项	选　项　说　明
右手定则	系统默认的方向，即根据串连的选取方向决定挤出方向，符合右手螺旋定则
参考其他	以某一指定串连的挤出方向为所有串连的挤出方向
构图 Z 轴	以构图面的 Z 轴方向为挤出方向
任意线	选取一条直线作为挤出方向，其方向为沿直线，由靠近拾取位置的一个端点指向另一个端点
任意两点	选取两个点作为挤出方向，其方向为由第一个选取点指向第二个选取点
全部换向	将所有选定串连的挤出方向反向
单一换向	将某一选定串连的挤出方向反向

设定好串连方向后，单击执行，打开"实体挤出的设定"对话框，如图 4-126 所示，对话框中各选项的作用见表 4-9，设定好各参数后，单击确定，生成实体如图 4-127 所示。

图 4-126　"实体挤出的设定"对话框　　　　图 4-127　挤出操作 1

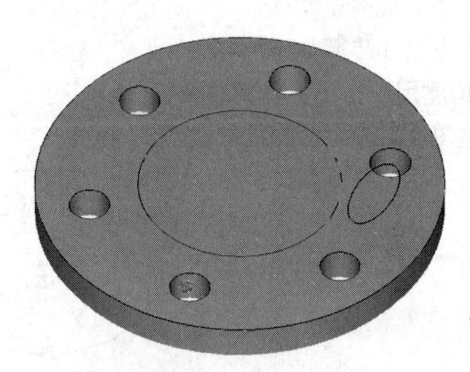

表 4-9　"实体挤出的设定"对话框各选项说明

选　项		选　项　说　明
实体之挤出操作	建立主体	构建一个新的实体
	切割主体	将生成的实体作为工件主体与选取的目标主体进行求差布尔运算
	增加凸缘	将生成的实体作为工件主体与选取的目标主体进行求和布尔运算
	合并操作	将多个串连的挤出操作合并成为一个操作，可以简化实体特征树
挤出之距离/方向	指定距离	设定要挤出的距离
	全部贯穿	只用于切割，切割的距离为贯穿实体的距离
	延伸至指定点	用空间上的一点来定义挤出的方向和距离
	指定向量	通过向量来定义挤出的方向和距离，如设置向量(0,0,1)表示沿着 Z 轴方向挤出 1 个单位距离
拔模角	增加拔模角	设置是否增加拔模斜度
	朝外	设置拔模的方向
	角度	设置拔模的角度

(续)

选 项	选 项 说 明
重新选取	重新选择挤出的方向，回到"挤出方向"菜单
修整至选取的面	将挤出特征修整到所选取的表面，仅限于切割主体和增加凸缘
更改方向	将挤出方向反向
两边同时延伸	将选取串连沿着正反两个方向同时拉伸，此时拉伸的距离为指定距离的2倍
对称拔模角	仅用于两边同时延伸时，设置相同的拔模角度

单击挤出，拾取 $\phi 30$ 的圆，设置挤出方向向上，单击执行，在"实体挤出的设定"对话框中设置"实体挤出操作"为"增加凸缘"，挤出距离为45；单击"薄壁"选项卡，如图4-128所示进行设置，"薄壁"选项卡各选项的作用见表4-10，设置好各参数后，单击确定，生成实体如图4-129所示。

图4-128　"薄壁"选项卡　　　　图4-129　薄壁实体

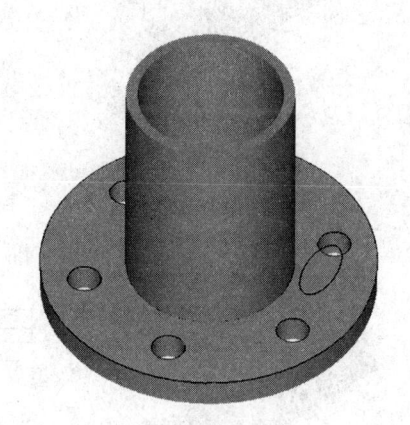

表4-10　"薄壁"选项卡各选项说明

选 项	选 项 说 明
薄壁实体	设置挤出时是否构建成薄壁实体
厚度向内	设定薄壁零件厚度方式为选定串连的边界向内
厚度朝外	设定薄壁零件厚度方式为选定串连的边界向外
内外同时产生薄壁	从串连的边界同时以设定的两个厚度分别向内、向外生成薄壁实体
开放轮廓之两端同时产生拔模角	仅在拔模角设置好时才可以选用，用于当薄壁实体外形为开放轮廓时在两个端点处加入拔模角，如图4-132所示

单击挤出，拾取 $\phi 10$ 的圆，单击执行→执行，关闭"薄壁实体"选项，选择"切割实体"、"修整至选取的面"，单击确定，系统提示拾取要挤出的面，同时出现"点选实体图素"菜单，如图4-130所示，"点选实体图素"菜单各选项的作用见表4-11，拾取薄壁实体的内表面，单击执行，结果如图4-131所示。

143

图 4-130 "点选实体图素"菜单　　　　图 4-131 挤出切割结果

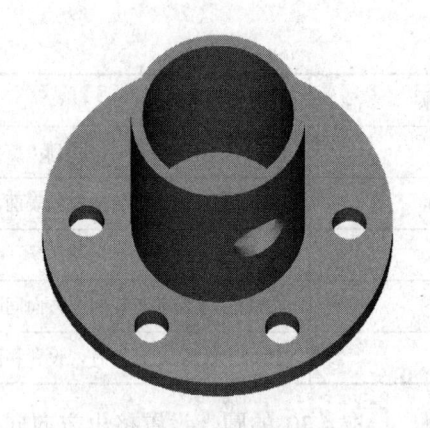

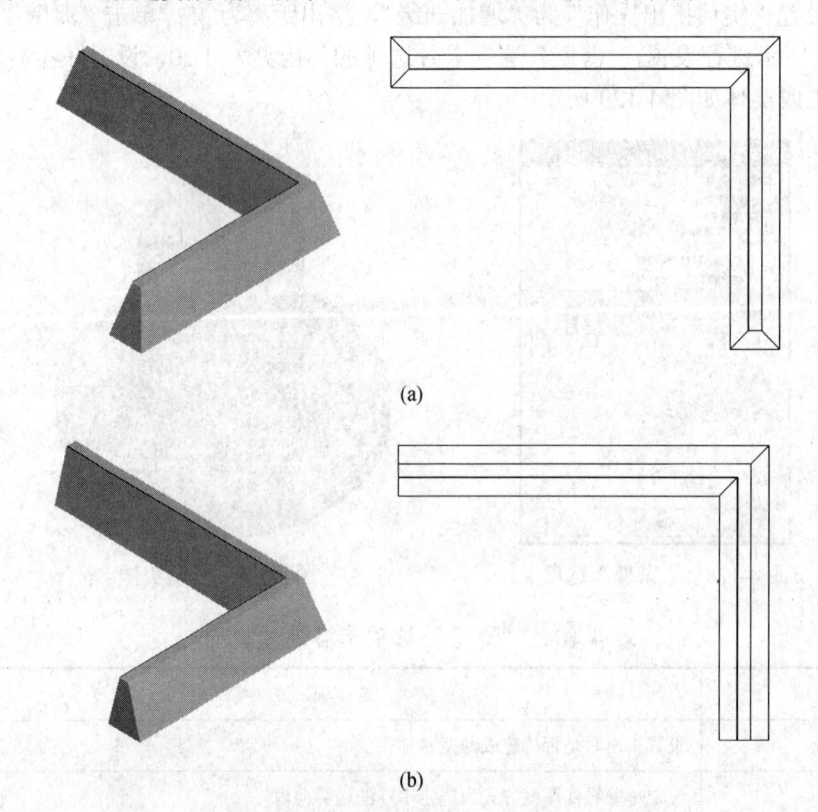

(a)

(b)

图 4-132 开放轮廓两端产生拔模角的情况

(a) 产生拔模角的情况； (b) 不产生拔模角的情况。

表 4-11 "点选实体图素"菜单各选项说明

选项	选项说明
从背面	设置为 N 时只能选取当前视角可见的实体表面，设置为 Y 时只能选取当前视角不可见的实体表面，即背面
实体面	设置为 Y 时可以选取实体的表面，为 N 时不可以选取实体的表面
验证	设置为 Y 时可以对选取的图素再进行一次验证，以确保选择正确
选择上次	选取上一次所选取的图素

挤出实体操作的参数较多,在练习时可针对同一图形,用不同选项构建,比较其异同,以加深对各选项参数功能的理解。

在实体建模时,经常要用到实体管理功能,利用实体管理功能,用户可以很方便地对文件中的实体以及实体操作进行编辑。

单击主菜单实体→实体管理,打开图 4-133 所示的"实体管理员"对话框,对话框的操作和 Windows 资源管理器类似,在对话框中可以进行实体历史特征树查看、删除实体特征、修改实体特征参数、编辑实体外形轮廓等操作。更多实体管理的操作方法参见 4.7.5 小节。

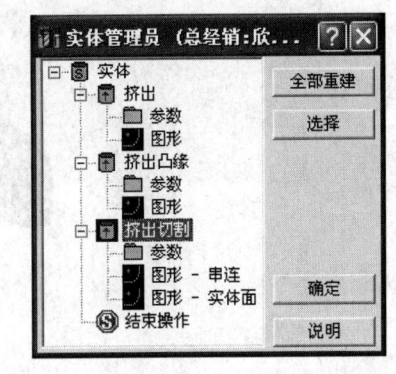

图 4-133 "实体管理员"对话框

4.6.2 旋转

旋转(Revolve)操作是将封闭的二维轮廓曲线绕旋转轴进行旋转,生成新的实体或将生成的实体作为工件主体与选取的目标主体进行布尔加或布尔减操作。在一次旋转操作中可以选取多个曲线串连,但每个曲线串连必须是共面的,旋转操作的结果可以是实体或者薄壁实体。

操作方法和步骤如下:

1. 构建用于旋转操作的线框模型

构建图 4-134 所示的线框模型。

2. 构建旋转实体

单击作图层别,单击图层号,设置第 2 层为当前图层;

单击主菜单实体→旋转,拾取串连图形,根据系统提示拾取直线 1 作为旋转轴,旋转方向的判定方法与构建旋转曲面时的方法一样,遵循右手螺旋法则,在"旋转实体"菜单中设置好轴线及其方向后,单击执行,弹出图 4-135 所示的对话框,设定好各参数后,单击确定,生成实体如图 4-136 所示。

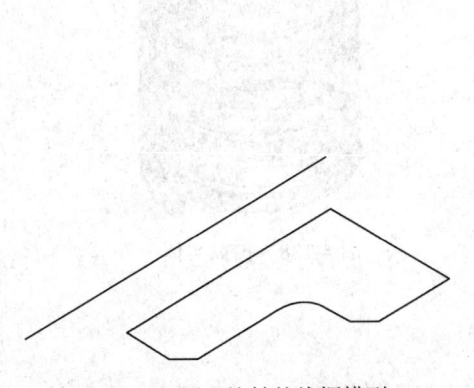

图 4-134 用于旋转的线框模型 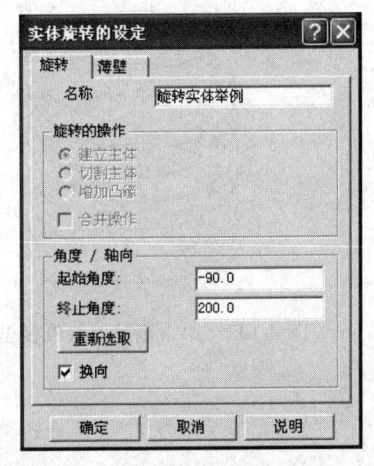　　图 4-135 "实体旋转的设定"对话框

145

图 4-136 旋转实体

实体旋转也可以产生薄壁实体，参数设置和挤出操作相似，不再赘述。

4.6.3 扫掠

扫掠(Sweep)也称扫描，是将封闭的二维轮廓曲线(截形)沿着指定的引导路径平移和旋转，生成新的实体或将生成的实体作为工件主体与选取的目标主体进行布尔加或布尔减操作。在一次扫掠操作中可以选取多个截形，但每个截形必须是封闭且共面。在扫掠操作中，截形沿着引导路径进行平移和旋转并保持与路径的夹角不变。

操作方法和步骤如下：

1. 构建用于旋转操作的线框模型

利用螺旋线功能构建图 4-137 所示的线框模型。

2. 构建扫掠实体

单击作图层别，单击图层号，设置第 2 层为当前图层；

单击主菜单实体→扫掠，拾取小圆为要扫掠的串连图素，单击执行，拾取螺旋线为扫掠路径，在弹出的"实体扫掠的设定"对话框中设置好参数，单击确定，生成如图 4-138 所示的扫掠实体。

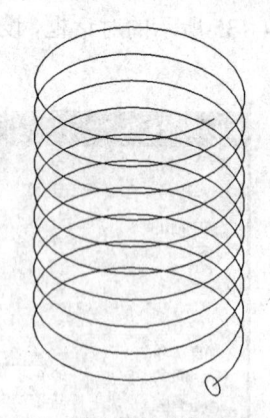

图 4-137 用于扫掠的线框模型　　图 4-138 扫掠实体

4.6.4 举升

举升(Loft)也称放样，是将两个或两个以上的封闭的二维轮廓曲线(截形)按选取的熔接方式进行熔接，生成新的实体或将生成的实体作为工件主体与选取的目标主体进行布尔加或布尔减操作。

为了保证举升操作的成功，选取的截形必须满足：选择两个以上的封闭截形，每个截形必须共面，各截形之间可以不平行，但不能相交，所有截形的串连方向必须一致。

操作方法和步骤如下：

1. 构建用于旋转操作的线框模型

利用螺旋线功能构建图 4-139 所示的线框模型，为了保证实体的表面平顺，要将中间截形在右侧边的中点处打断。

2. 构建举升实体

单击作图层别，单击图层号，设置第 2 层为当前图层；

单击主菜单实体→举升，从下向上依次 3 个截形为构建举升实体的三个外形，注意，要保证 3 个截形的串连方向一致、起点位置对齐，然后单击执行，弹出图 4-140 所示的对话框，设定好各参数后，单击确定，生成实体如图 4-141 所示，若选中对话框中的"以直纹方式产生"，则生成实体如图 4-142 所示。

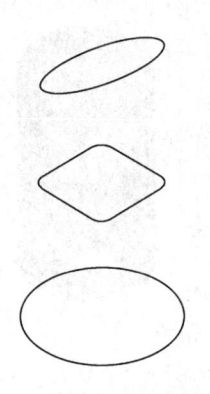

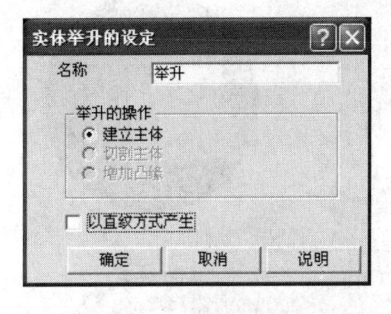

图 4-139 用于举升的线框模型　　图 4-140 "实体举升的设定"对话框

图 4-141 以曲线熔接方式构建的举升实体　　图 4-142 以直纹熔接方式构建的举升实体

4.6.5 基本实体

MasterCAM 提供了圆柱体、圆锥体、立方体、圆球及圆环等五种预定义形状的基本实体，用户可以通过单击主菜单实体→下一页→基本实体，打开基本实体菜单，通过设置相应参数就可以很方便地创建对应的基本实体。基本实体各项参数的设置及作用和曲面中的实体曲面类似，根据提示即可顺利完成，此处不再赘述。

常见的基本实体如图 4-143 所示。

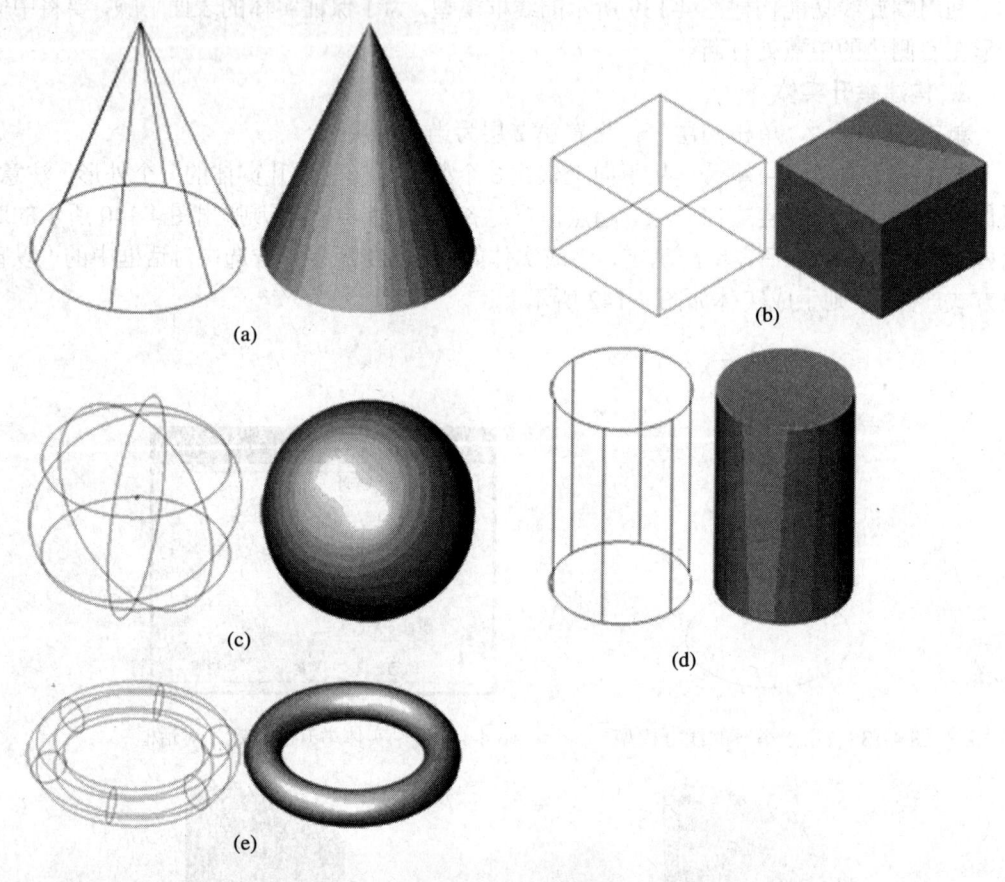

图 4-143 基本实体
(a) 圆锥；(b) 立方体；(c) 球；(d) 圆柱；(e) 圆环。

4.6.6 其他实体建模方法

在 MasterCAM 中构造曲面时，可以使用已有的曲面来构建实体，主要用到"来自曲面"和"薄片加厚"两个功能。

1. 来自曲面

即曲面缝合，可以让用户利用已有的曲面来构建实体。如果选择的一组曲面之间的间隙小于允许的边界误差，那么系统会通过将这些曲面缝合形成一个封闭的实体；如果选择的是一个开放的曲面，就会产生一个薄片实体。这种方法常用于处理从其他系统导入的以曲面方式表达实体的文件，或者以一个新的曲面替换有问题的面。

操作方法和步骤如下：

1) 创建曲面模型

创建图4-144所示的曲面模型(利用4.2节中自动串连构建昆氏曲面的线框模型构建)，利用此曲面模型构建一个实体。

2) 利用"来自曲面"功能构建实体模型

单击主菜单实体→下一页→来自曲面，在弹出的"曲面转成实体"对话框中设置参数，如图4-145所示，单击确定，系统开始计算并生成实体，结果如图4-146所示。

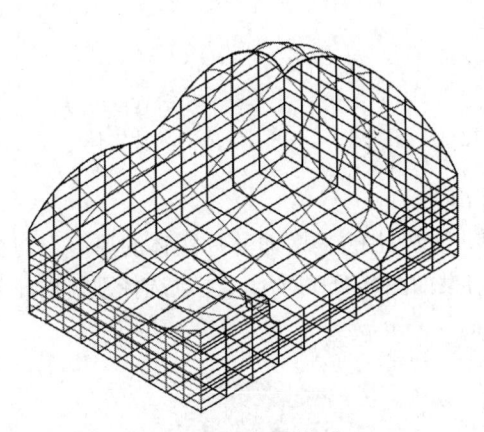

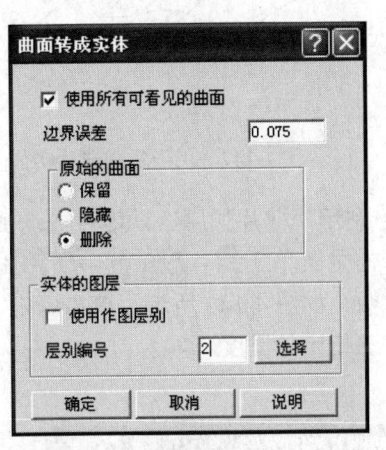

图4-144 封闭的曲面模型　　　　图4-145 "曲面转成实体"对话框

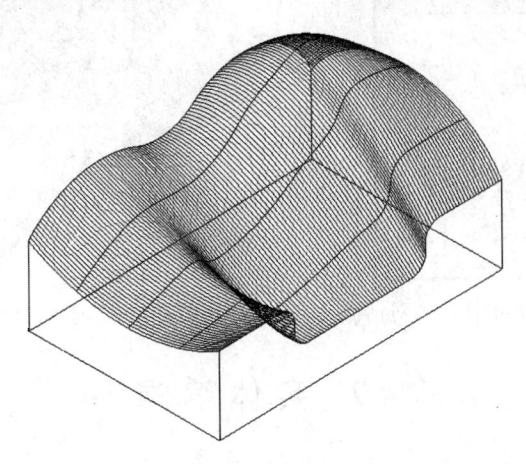

图4-146 生成的实体

2. 薄片加厚

利用"来自曲面"功能生成实体时，如果选择的曲面是一个开放的曲面，则会生成一个薄片实体，薄片实体是一个没有厚度的实体特征，需要对其增加一个厚度使其成为真正的实体特征。

操作方法和步骤如下：

1) 创建曲面模型

创建图4-147所示的曲面模型。

2) 利用"来自曲面"功能构建实体模型

单击主菜单实体→下一页→来自曲面，构建出的薄片实体如图 4-148 所示。

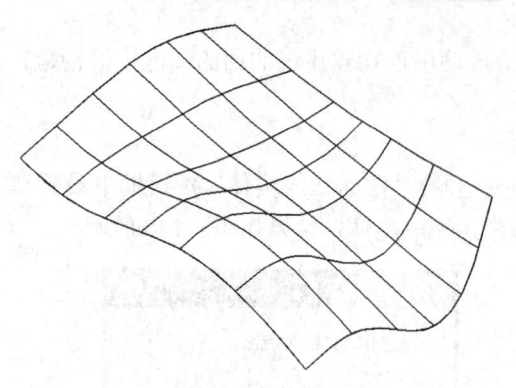

图 4-147　用于生成薄片实体的曲面　　　图 4-148　生成的薄片实体

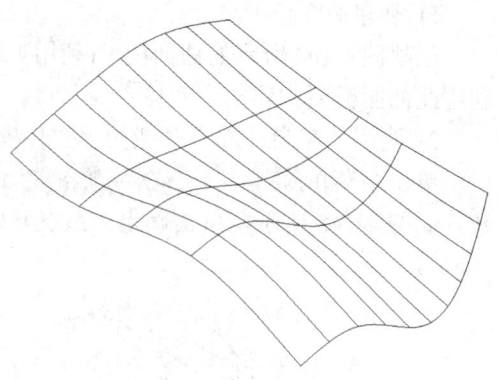

3) 利用"薄片加厚"功能生成增加厚度

单击主菜单实体→下一页→薄片加厚，在弹出的"增加薄片实体的厚度"对话框中设置参数，如图 4-149 所示，单击确定，结果如图 4-150 所示，注意选择双侧时，是向两侧各加深指定的厚度。

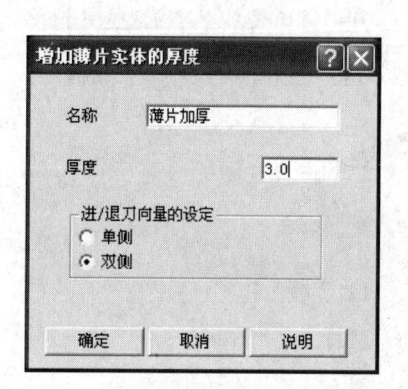

图 4-149　"增加薄片实体的厚度"对话框　　　图 4-150　薄片加厚的结果

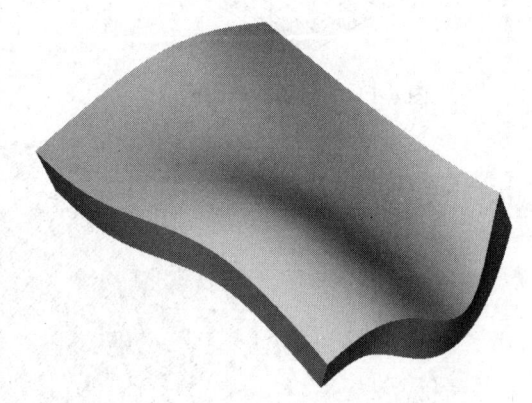

4.7　实 体 编 辑

建好基本模型后，就需要使用实体编辑命令来编辑模型。MasterCAM 提供了倒圆角、倒角、薄壳、布林运算(布尔运算)、实体管理、牵引面(拔模)、修整及其他实体编辑命令来编辑实体。

4.7.1　倒圆角

倒圆角(Fillet)操作是指在实体边界上通过圆弧曲面进行过渡，用户可以选取一条边线、一个面的边线或实体的所有边线来生成内倒圆角或外倒圆角。

在倒圆角时，特别是实体表面比较复杂的时候，不容易正确构建倒圆角特征，因此在生成圆角时最好遵循以下规律：

(1) 在添加小圆角之前添加较大圆角。当有多个圆角会聚于一个顶点时，应先生成较大的圆角。

(2) 在生成圆角前先进行拔模。如果要生成具有多个圆角边线及倾斜面的铸模零件，在大多数情况下，应在添加圆角之前添加拔模特征。

(3) 最后添加装饰用的圆角。应在多数其他几何特征完成后，再尝试添加装饰圆角，因为太多特征会导致系统花费更多的时间来进行计算和渲染。

(4) 条件允许的情况下，为了加快零件重构的速度，相同半径的圆角最好在一次特征操作中完成。

1．等半径倒圆角

操作方法和步骤如下：

准备如图 4-151 所示的实体，单击主菜单实体→倒圆角，菜单栏变为图 4-152 所示的"点选实体图素"菜单，"点选实体图素"菜单各选项的作用见表 4-12，选择要进行倒圆角的边界，单击执行，系统弹出"实体倒圆角的设定"对话框(图 4-153)，设置圆角半径及其他参数，单击确定，即完成倒圆角操作，试完成如图 4-154 所示的倒圆角操作，其中大圆角半径为 $R10$，小圆角半径为 $R5$。

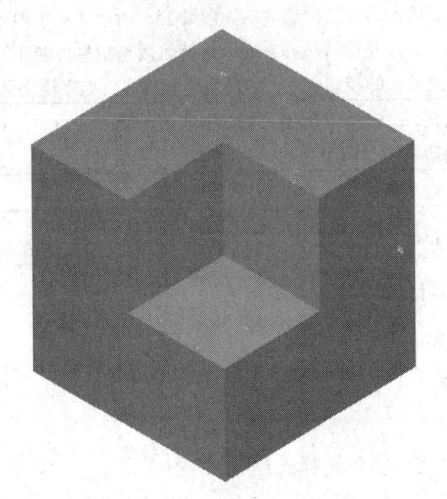

图 4-151　用于倒圆角的实体 　　　图 4-152　"点选实体图素"菜单

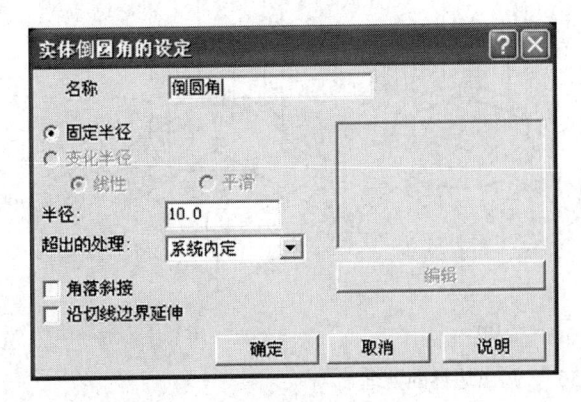

图 4-153　"实体倒圆角的设定"对话框 　　　图 4-154　简单倒圆角

表 4-12 "点选实体图素"菜单各选项的作用

选项	选项的作用
从背面	设置为 N 时只能选取当前视角可见的实体表面,设置为 Y 时只能选取当前视角不可见的实体表面,即背面
实体边界	设置为 Y 时可以选取实体的边界,为 N 时不可以选取实体的边界
实体面	设置为 Y 时可以选取实体的表面,为 N 时不可以选取实体的表面
实体主体	设置为 Y 时可以选取实体,为 N 时不可以选取实体
验证	设置为 Y 时可以对选取的图素再进行一次验证,以确保选择正确
选上一次	选取上一次选取的实体图素

"实体倒圆角的设定"对话框各项参数的作用见表 4-13。

表 4-13 "实体倒圆角的设定"对话框各项参数的作用

参数	参数的作用
固定半径	倒圆角半径固定不变
变化半径	倒圆角半径沿边线变化
超出的处理	决定如何处理当倒圆角半径大到超出原来与边沿相连的两个面进入第三个面(即溢出面)的情况。有系统内定、维持熔接、维持边界三种选项,如图 4-156 所示,系统内定是指系统根据情况自动确定采用维持熔接方式还是维持边界方式,维持熔接是指尽可能在溢出区使倒圆角和溢出面之间保持倒圆角面或原来的相切条件,维持边界是指尽可能在溢出区保持面的边沿
角落斜接	此选项仅用于固定半径倒圆角,确定当三个或三个以上的边沿交于一点时,将每个倒圆角曲面延长求交,而不对倒圆角边沿进行圆滑处理,如图 4-157 所示
沿边线边界延伸	决定用于所选取的边线是否将与其相切的边沿都进行倒圆角

在倒圆角时,拾取实体边界、实体表面、实体主体光标各不相同,在拾取时应该注意光标的变化,三种对象的光标如图 4-155 所示。

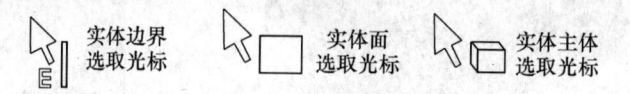

图 4-155 实体选择光标

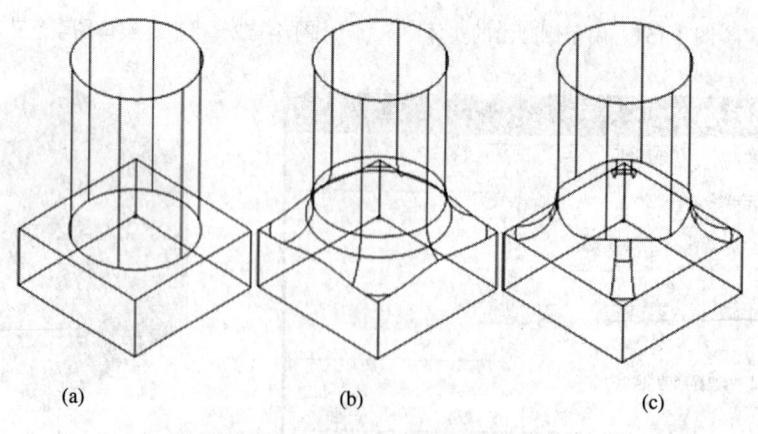

图 4-156 超出边界的处理
(a) 原始实体;(b) 维持熔接;(c) 维持边界。

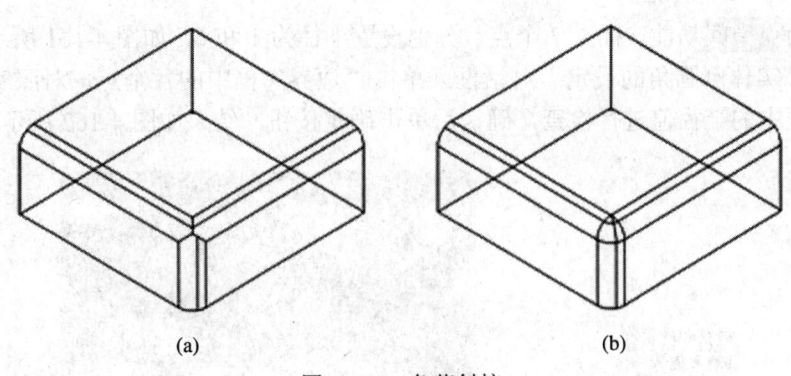

图 4-157 角落斜接

(a) 角落斜接；(b) 角落未斜接。

2. 变半径倒圆角

变化半径倒圆角是通过设置倒圆角的边界上若干个关键点处的半径值，然后对这几个截面进行曲线或者直线熔接以形成变半径倒圆角表面。

操作方法和步骤如下：

准备如图 4-158 所示实体，单击主菜单实体→倒圆角，拾取上表面的椭圆形边界，单击执行，弹出图 4-159 所示的"实体倒圆角的设定"对话框，选择"变化半径"，单击"编辑"按钮，利用图 4-160 所示的"圆角的编辑"菜单进行设置，菜单各选项的作用见表 4-14。

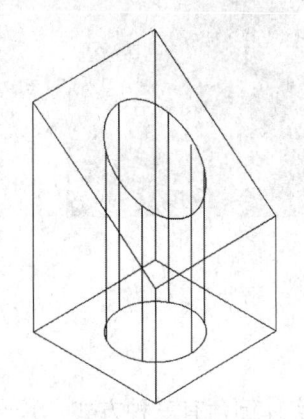

图 4-158 用于变半径倒圆角的实体

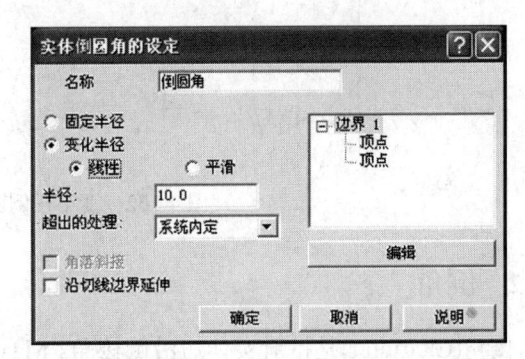

图 4-159 变化半径"实体倒圆角的设定"对话框

表 4-14 "圆角的编辑"菜单各选项的作用

选 项	选 项 的 作 用
动态插入	在边界上动态插入用于控制圆角半径的内部点
两点中间	在边界上相邻两个点的中间位置插入一个用于控制圆角半径的点
更改位置	拾取一个内部点(注意不是顶点)，动态改变点的位置
更改半径	拾取一个点，改变在该点处的圆角半径
删除	删除一个内部点
循环变更	对所有控制点逐一设定半径值

由于本例的边界是一个封闭边界，因此，它的两个顶点重合，利用"圆角的编辑"

菜单中的两点中间功能,插入 3 个点,分别设置半径为 1 和 6,如图 4-161 所示,单击完成,回到"实体倒圆角的设定"对话框,单击"边界"框中的各个点,对照实体上的标志和对话框中的半径值进行检查,确认后单击确定按钮,结果如图 4-162 所示。

图 4-160 "圆角的编辑"菜单　　图 4-161 各点的半径

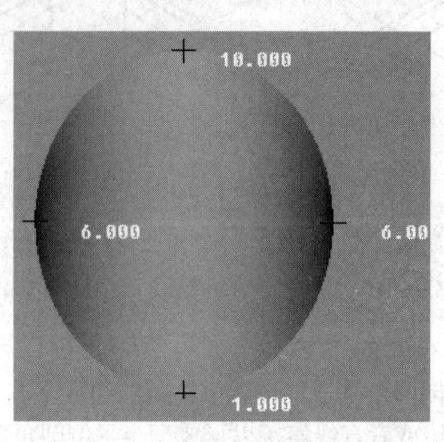

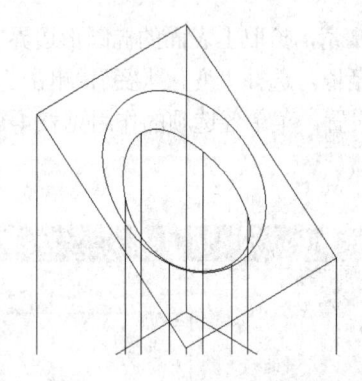

图 4-162 变半径倒圆角的结果

4.7.2 倒角

倒角(Charmfer)是指对实体边沿倒棱角。MasterCAM 中实体倒角有三种方式:单一距离、不同距离和距离/角度等,其中单一距离方式只能做出 45°倒角,其他两种方式可以做出自定义角度的倒角。这里仅介绍距离/角度方式的操作,其他两种方式的操作与之类似,不再赘述。

操作方法和步骤:

利用基本实体功能作一长方体,单击主菜单实体→倒角→距离/角度,拾取长方体的一条棱边,选择好参考面后单击确定→执行,设置弹出的"实体倒角的设定"对话框参数,单击确定即可。

在使用"不同距离"和"距离/角度"两种倒角方式时会用到参考面,参考面是用来确定倒角的位置和尺寸的。在"不同距离"方式下,"距离 1"在参考面上,"距离 2"在另一相邻面上;在"距离/角度"方式下,参考面用来确定倒角的距离和倒角面的角度,如图 4-163 所示。

154

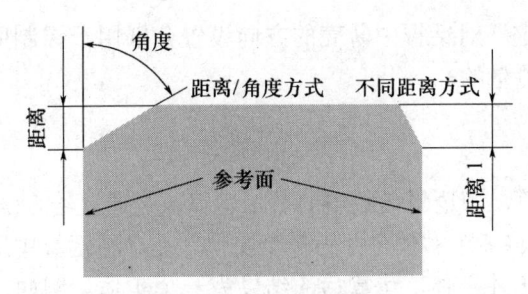

图 4-163　参考面示意图

4.7.3 薄壳

薄壳(Shell)操作可以挖除部分实体，按设置的壁厚及方向生成一个空心壳体。

操作方法和步骤：

以图 4-164 所示实体为例进行薄壳操作。

单击主菜单 实体→薄壳，拾取实体主体或实体面，单击 执行，系统弹出图 4-165 所示"实体薄壳的设定"对话框，设置好相关参数后单击确定按钮，生成薄壳特征。

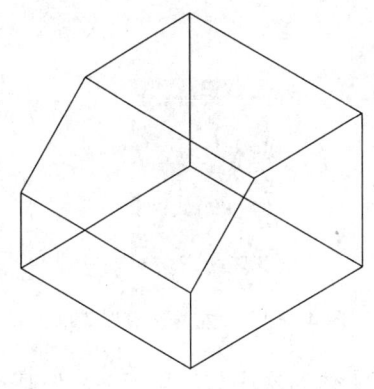

图 4-164　用于薄壳的实体　　图 4-165　"实体薄壳的设定"对话框

在薄壳操作时，如果拾取的是实体面，则从选择的面位置挖入实体，其他面则保留所选定的厚度，如图 4-166(a)所示；如果拾取的是实体主体，则形成一个中空的封闭壳体，如图 4-166(b)所示。

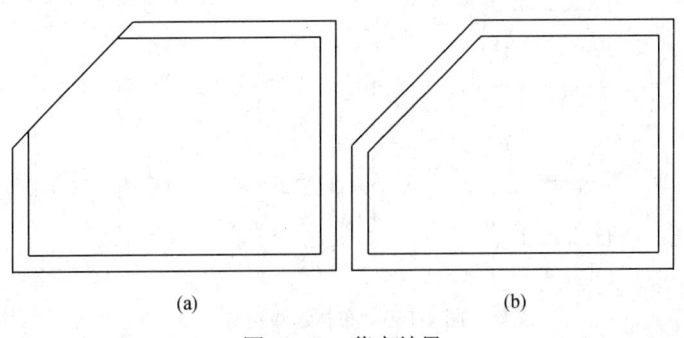

(a)　　(b)

图 4-166　薄壳结果

(a) 拾取实体面薄壳；(b) 拾取实体主体薄壳。

155

"实体薄壳的设定"对话框中薄壳的方向设置分别用于控制所保留的面的厚度是从实体边缘向哪个方向测量的。

4.7.4 布林运算

布林(Boolean)运算，即逻辑代数中的布尔运算，是通过结合(Add)、切割(Remove)和交集(Common)的方法将多个实体合并为一个实体。在布林运算中所选择的第一个实体为目标主体，其余的为工件主体，运算后的结果为一个实体。例如，在挤出操作时的"增加凸缘"选项就是构建一个挤出特征并且和原有的实体进行布尔加运算，从而组成一个实体，在零件造型时，最终要组成一个实体，否则会影响倒圆角及其他编辑操作。

操作方法和步骤：

以图 4-167 所示的圆柱和圆球实体为例进行布林运算。

单击主菜单实体→布林运算，在图 4-168 所示的"布林运算"菜单中选择相应选项，根据提示拾取实体，单击执行即可。

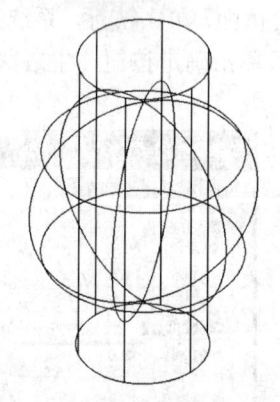

图 4-167　用于布林运算的实体　　图 4-168　"布林运算"菜单

在结合和交集操作时，选取目标主体和工件主体的次序与结果无关，但是在切割操作时，要注意目标主体和工件主体的拾取次序。

对图 4-167 所示的实体分别进行三种布林运算的结果如图 4-169 所示。

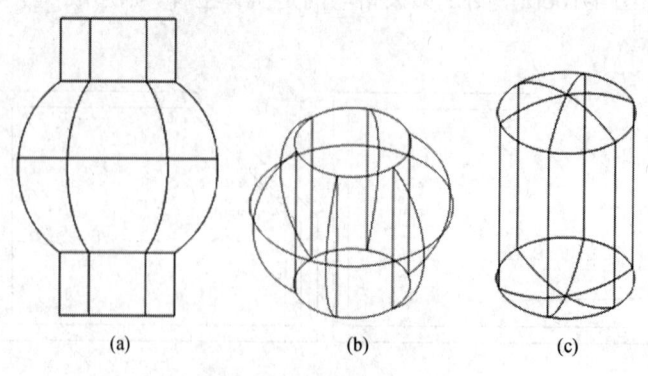

图 4-169　布林运算结果

(a) 结合；(b) 切割；(c) 交集。

在进行切割操作时，如果选择圆柱体为目标主体，圆球为工件主体，则圆柱体会被分割为 3 段，此时如果"关联性"选项设置为 Y，系统会弹出图 4-170 所示的"布林切割操作失败"提示，询问用户是否要建立非关联的布林运算，如果选择"是"，系统会弹出菜单，让用户选择要保留目标主体还是工件主体或是两者都保留，如果选择保留目标主体，则保留下的主体是三个互不关联的部分。

图 4-170 "布林切割操作失败"提示

4.7.5 实体管理

实体管理是一个有效地管理实体操作的工具，它保存了实体操作过程中的历史记录，用户可以利用实体管理功能编辑或新建实体特征、查看实体操作的过程等。

以图 4-171 所示的实体为例介绍实体管理的操作。

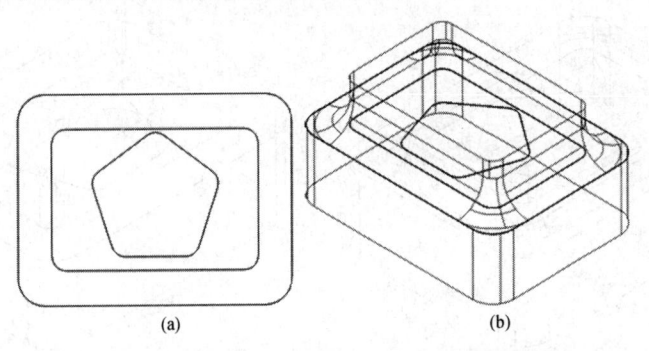

图 4-171 使用的实体及其线框
(a) 构建实体的线框模型；(b) 经过挤出和倒圆角操作的实体。

1. 修改实体特征参数

单击主菜单实体→实体管理，打开"实体管理员"对话框，在对话框中单击右键，在弹出的图 4-172 所示的环境菜单中选择"全部展开"，将实体的特征历史树全部展开，如图 4-173 所示。

图 4-172 右键环境菜单　　图 4-173 "实体管理员"对话框

双击倒圆角特征下的"参数",系统弹出图 4-174 所示的对话框,在对话框中修改半径值为 3,单击确定,此时"实体管理员"对话框如图 4-175 所示,刚修改过的实体特征前面出现了标记,单击"全部重建",实体便重新运算,修改后的实体如图 4-176 所示。

图 4-174 "实体倒圆角的设定"对话框    图 4-175 修改参数后的"实体管理员"对话框

2. 隐藏实体特征

单击主菜单实体→实体管理,在"实体管理员"对话框中拾取倒圆角特征,单击右键,选择环境菜单中的"隐藏",将圆角特征隐藏,此时实体显示如图 4-177 所示。

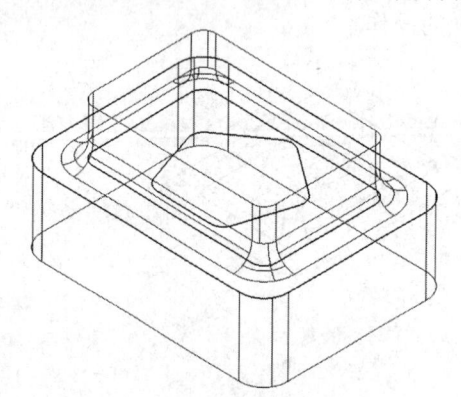

图 4-176 修改圆角半径后的实体 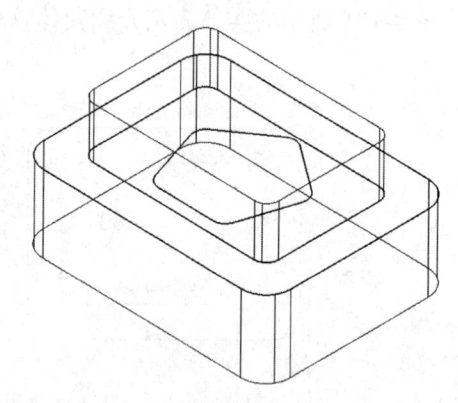   图 4-177 圆角特征被隐藏后的实体

如果要取消隐藏,操作方法和设置隐藏相同,在"实体管理员"对话框中拾取倒圆角特征,单击右键,可以看到,此时隐藏被选中,只需再次单击该选项即可。

3. 删除实体特征

单击主菜单实体→实体管理,在"实体管理员"对话框中拾取倒圆角特征,单击右键,选择环境菜单中的"删除",单击"全部重建",单击"确定",此时圆角特征被删除。

4. 编辑实体特征的图形

单击主菜单实体→实体管理,双击"挤出凸缘"下的"图形",打开图 4-178 所示的"实体串连管理员"对话框,在"基础串连"上单击右键,选择"重新串连",拾取五边形,单击执行,单击"确定"回到"实体管理员"对话框,单击"全部重建",单击"确定",此时原来矩形的挤出凸缘特征变成五边形,实体显示如图 4-179 所示。

注意:"实体管理员"对话框中的特征历史树是一个根在上的倒置的树,因此删除一个特征时,其后续的特征都将被删除;在"实体管理员"对话框中不能删除作为实体基础操作的第一个特征,要删除这个特征,只能使用工具栏上的删除功能删除对应的实体。

图 4-178 "实体串连管理员"对话框

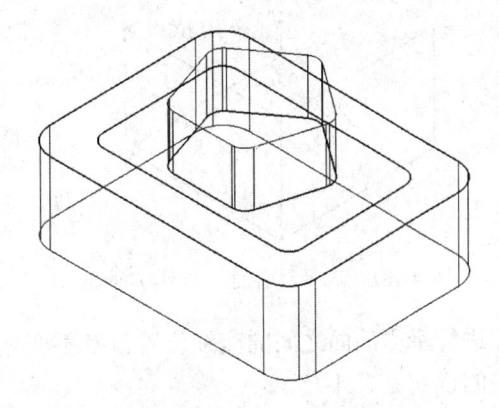

图 4-179 修改串连后的实体

4.7.6 牵引面

牵引面(Draft faces)操作也称为拔模,是将选取的面(欲牵引的面)绕旋转轴按照设定的方向和角度进行旋转以后生成一个新的面,其他面以新生成的面为边界进行修剪或延伸后生成一个新的实体。牵引面操作的结果是使实体面倾斜,多在构建模具时使用。

操作方法和步骤:

以一个长方体为例进行牵引面操作。

单击主菜单实体→下一页→基本实体→立方体,绘制一个长方体。

单击主菜单实体→下一页→牵引面,根据提示拾取长方体的四个侧面作为要牵引的面,单击执行,在弹出的图 4-180 所示的"实体牵引面的设定"对话框中选择"牵引至实体面",设置好牵引角度后单击确定,再拾取长方体的顶面作为牵引到的实体面,系统用一个带有箭头的圆台表示出牵引面的方向,如图 4-181 所示,单击执行,结果如图 4-182 所示。

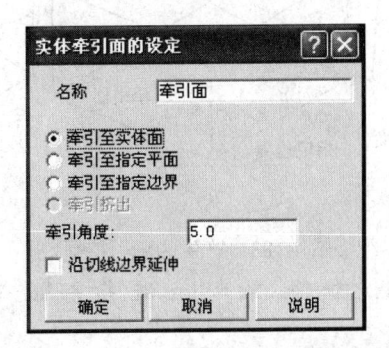

图 4-180 "实体牵引面的设定"对话框

牵引面的构建有四种方式,这四种方式其实都是用不同的方式来指定进行牵引操作时的轴线。如本例中采用的"牵引至实体面",选中顶面作为牵引到的实体面,即顶面和

159

图 4-181　选择牵引面和牵引方向　　　　图 4-182　产生的牵引特征

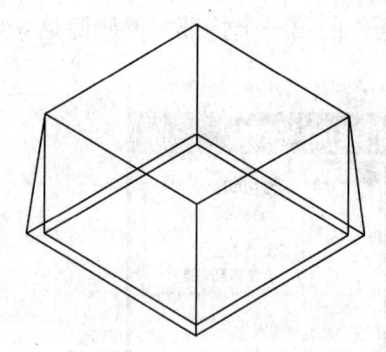

其他要进行牵引的面之间的交线位置保持不变。其他牵引面的构建如图 4-183 所示。这四种方式的说明见表 4-15。

表 4-15　牵引面的构建方法

牵引面	牵引面的构建方法
牵引至实体面	通过实体面来确定牵引的变形，欲牵引的面与实体面相交处的边界作为轴线，如图 4-181 所示
牵引至指定的平面	通过平面来确定牵引的变形，欲牵引的面与平面相交处的交线作为轴线，如图 4-183(a) 所示
牵引至指定的边界	通过选择欲牵引的面的一条边界作为轴线，另一相邻边界用来确定牵引的方向，如图 4-183(b) 所示
牵引挤出	这种方式只针对通过挤出切割方式构建的实体型腔，其牵引方向由原来构建挤出操作的方向确定，如图 4-183(c) 所示，牵引挤出方式的牵引角度可以设置为负值

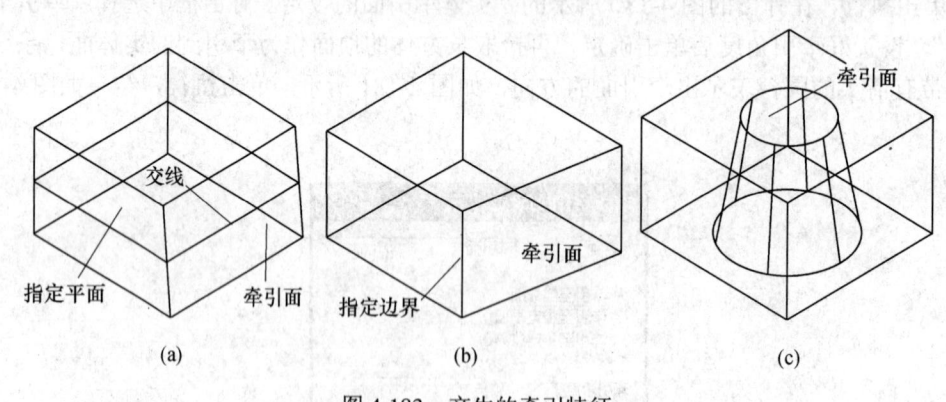

图 4-183　产生的牵引特征
(a) 牵引至指定的平面；(b) 牵引至指定的边界；(c) 牵引挤出。

4.7.7　修整

修整(Trim)是用选取的平面、曲面或开放的薄片实体为边界对实体进行修剪从而产生一个新的实体。

操作方法和步骤：

以图 4-184 所示的实体为例。

单击主菜单实体→下一页→修整，根据提示拾取实体，单击执行，在图 4-185 所示的"修整实体"菜单中选择修整实体的方式，当选择选取平面时，用户通过"定义平面"菜单中的选项定义用于修剪实体的平面，"定义平面"菜单各选项的功能此处不再赘述。定义好平面后，系统显示平面的法线方向，实体上法线所指向的部分是系统将要保留的部分。当平面为 YZ 平面，X=0 时的修剪结果如图 4-186 所示。

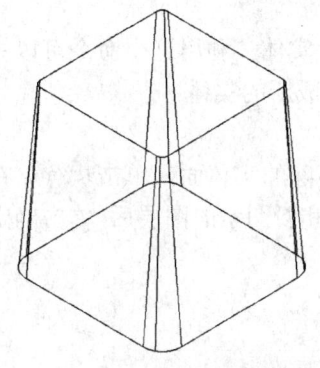

图 4-184　用于修整的实体 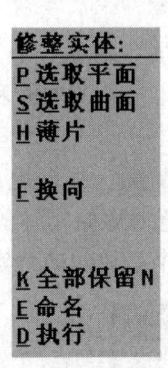　　图 4-185　"修整实体"菜单 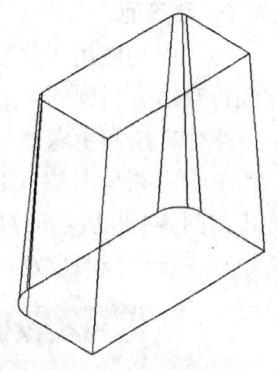　　图 4-186　选取平面修整结果

如用图 4-187 所示曲面对实体进行修剪，根据曲面法线方向的不同，修剪结果有两个，如图 4-188 所示。

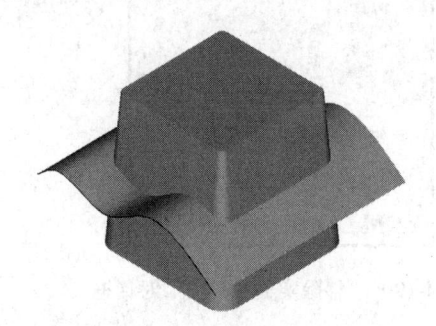

图 4-187　用于修整实体的曲面 　　　　图 4-188　选取曲面修整结果

4.7.8　其他实体编辑命令

本节介绍其他两个实体编辑命令。

1. 寻找特征

在 MasterCAM 实体造型中，系统将记录创建实体的过程，用户可以通过修改"实体管理器"对话框的历史记录中的各项操作来编辑实体。但是，对于通过汇入操作创建的实体、布尔减和布尔交操作创建的分离实体及修剪操作中被剪切部分创建的实体等没有任何历史记录。由于在实体造型过程中，经常遇到的这类实体是通过汇入其他软件创建的实体的结果，在此将没有任何历史记录的实体称为汇入实体。对于汇入实体，用户仅能对其添加新的操作对进行编辑，由于汇入没有任何历史记录，所以不能通过修改参数

对其进行编辑。为了可以通过修改参数来编辑汇入实体，MasterCAM 9.1 新增了寻找特征(Find features)操作来寻找指定的特征(如圆角、孔等)，并在实体的历史记录中添加这部分操作；也可以删除导入实体中的指定特征(如半径很小的倒圆角等)。

操作方法和步骤：

单击主菜单实体→下一页→寻找特征，根据提示选择导入实体后，单击执行，系统弹出图 4-189 所示的"寻找特征"对话框，设置完相应参数，单击确定按钮，系统就按照设置参数创建或删除寻找出的特征。

2. 移除面

移除面功能用于除去实体上的面，生成一个开放的薄片实体。利用这个命令可以去除经检查后有问题的曲面，再通过生成新的曲面和缝合后形成新的实体。

操作方法和步骤：

单击主菜单实体→下一页→移除面，根据提示拾取要移除的实体面，单击执行，在弹出的图 4-190 所示的对话框中设置对原始实体的处理方法和新图素的图层后，单击确定按钮，系统即按照设定参数生成一个开放的薄片实体。

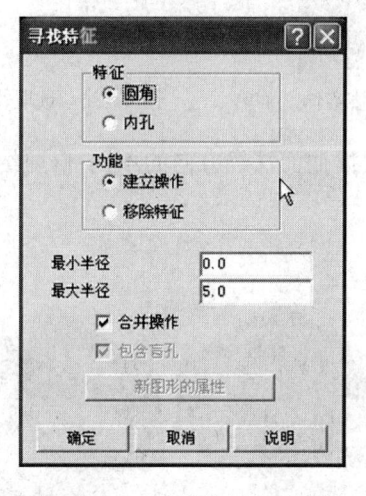

图 4-189 "寻找特征"对话框　　图 4-190 "移除实体中的面"对话框

4.8　实体建模综合举例

本节以连杆模具型腔和轴承支座造型为例综合介绍实体建模的过程和方法。

例 4.12　连杆模具型腔造型。

操作方法和步骤如下：

1. 构建线框模型

图 4-191 为连杆零件图，根据零件图构建实体造型的线框模型。

设置构图面为 T(俯视图)，图形视角为 T(俯视图)，构图深度 Z 为 0。

按照零件图尺寸，绘制图 4-192 所示图形，作为基础实体的外形轮廓；绘制连杆大头和小头的外形轮廓，如图 4-193 所示；利用单体补正和修剪功能绘制凹槽的外形轮廓并对其倒圆角，圆角半径为 6，如图 4-193 所示。

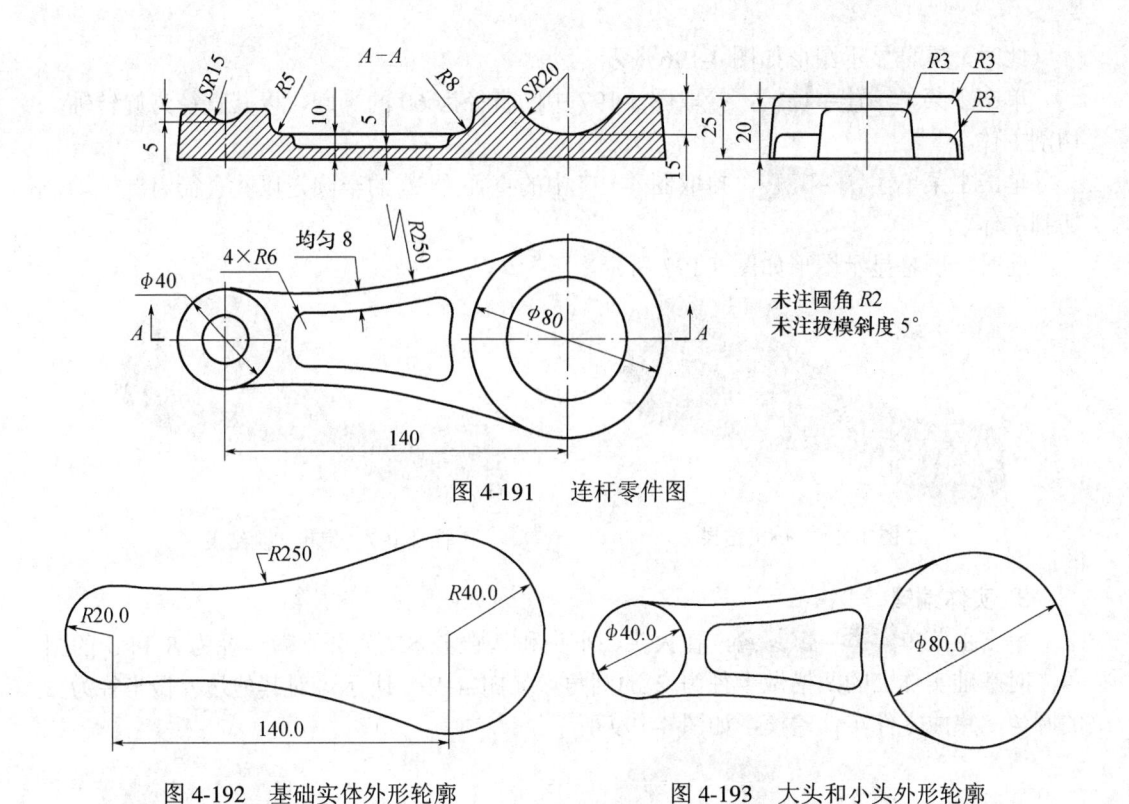

图 4-191　连杆零件图

图 4-192　基础实体外形轮廓

图 4-193　大头和小头外形轮廓

设置构图面为 F(前视图)，图形视角为 I(等角视图)，构图深度 Z 为 0。

绘制两个半圆，如图 4-194 所示。

线框模型构建完毕，如图 4-195 所示。

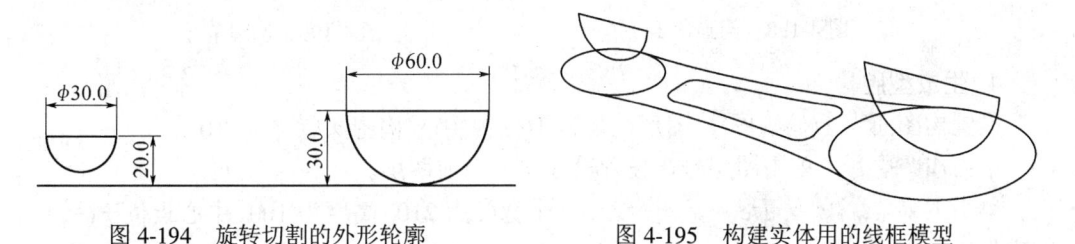

图 4-194　旋转切割的外形轮廓

图 4-195　构建实体用的线框模型

2. 构建实体模型

单击作图层别，单击图层号，设置第 2 层为当前图层。

单击主菜单实体→挤出，拾取图 4-192 中的基础实体外形轮廓，选择挤出方向向下，挤出距离为 10，向外拔模，角度为 5°。

单击主菜单实体→挤出，拾取图 4-193 中的大圆，选择增加凸缘，挤出方向向上，挤出距离为 15，拔模(向内)，角度为 5°。

单击主菜单实体→挤出，拾取图 4-193 中的小圆，选择增加凸缘，挤出方向向上，挤出距离为 10，拔模(向内)，角度为 5°。

单击主菜单实体→挤出，拾取图 4-193 中的补正外形轮廓，选择切割主体，方向向下，挤出距离为 5，拔模(向内)，角度为 5°。

此时，屏幕显示图形如图 4-196 所示。

单击主菜单实体→旋转，拾取图 4-197 中的直径为 60 的半圆，以其直径为旋转轴，切割主体。

单击主菜单实体→旋转，拾取图 4-197 中的直径为 30 的半圆，以其直径为旋转轴，切割主体。

此时，屏幕显示图形如图 4-197 所示。

图 4-196　挤出结果　　　　　　　　图 4-197　旋转切割结果

3. 实体编辑

单击主菜单实体→倒圆角，在大头、小头和基础实体之间分别做半径为 8 和 5 的圆角，对基础实体上的凹槽做半径为 2 的圆角，如图 4-198 所示；对其他边界做半径为 3 的圆角，完成零件实体建模，如图 4-199 所示。

图 4-198　倒圆角 1　　　　　　　　图 4-199　倒圆角 2

4. 生成型腔

设置构图面为 T(俯视图)，图形视角为 T(俯视图)，构图深度 Z 为-10。

单击作图层别，单击图层号，设置第 3 层为当前图层。

单击主菜单绘图→矩形→一点，绘制一个宽度为 210、高度为 100、中心点位于(-60,0) 的矩形。

单击作图层别，单击图层号，设置第 4 层为当前图层。

单击主菜单实体→挤出，拾取矩形作为挤出轮廓，选择建立主体，不拔模，方向向上，挤出距离为 30，单击确定，如图 4-200 所示。

单击主菜单实体→布林运算→切割，拾取长方体为目标主体，单击从背面，将其设置为 Y，拾取连杆模型为工件主体，单击执行，此时在长方体内部形成连杆的型腔。

设置构图面为 F(前视图)。

单击主菜单转换→镜射，拾取型腔实体作为镜射对象，单击执行，单击 X 轴，在"镜射"对话框中选择"移动"单击确定。

连杆模具型腔构建完毕，如图 4-201 所示。另外，如果需要设置收缩率，可以使用转换→比例缩放来实现。

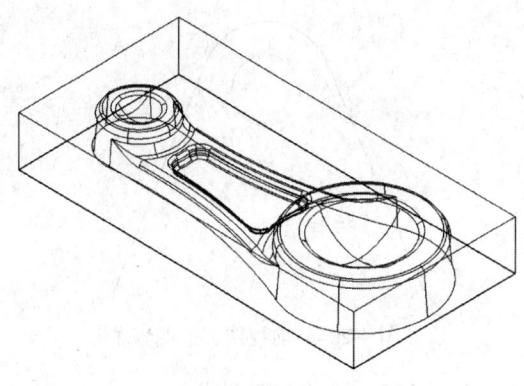

图 4-200 生成的长方体和连杆　　　　图 4-201 连杆模具型腔

例 4.13　轴承支座造型。

操作方法和步骤如下：

步骤一　构建线框模型

图 4-202 为轴承支座的零件图，根据零件图构建实体造型的线框模型。

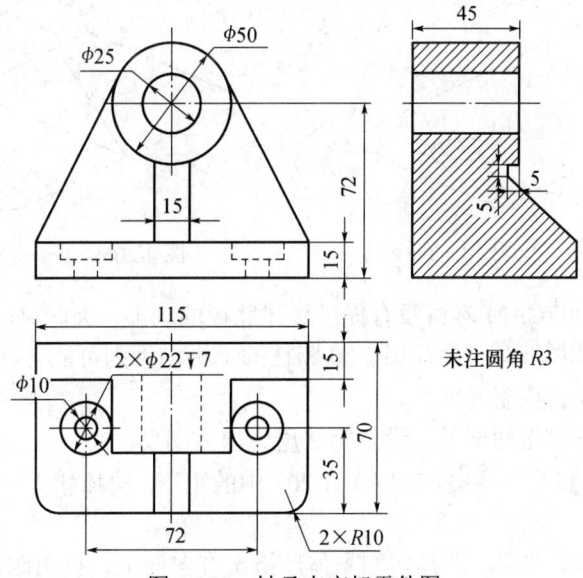

图 4-202 轴承支座架零件图

(1) 设置构图面为 T(俯视图)，图形视角为 I(等角视图)，构图深度 Z 为 0。

绘制宽度 115，高度 70 的矩形，对其两个角做半径为 10 的倒圆角。

绘制 ϕ 22 和 ϕ 10 的圆。

俯视图上图形如图 4-203 所示(注意坐标原点的位置)。

(2) 设置构图面为 F(前视图)，图形视角为 I(等角视图)，构图深度 Z 为 0。

绘制图 4-204 所示图形，此截形可以使用俯视图上的直线，因此未将其封闭，以减少重复图素。

构图深度 Z 为 15，绘制 ϕ 50 的圆。

此时屏幕图形如图 4-205 所示。

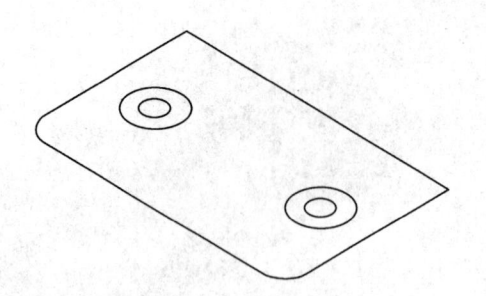

图 4-203 俯视图上的图素 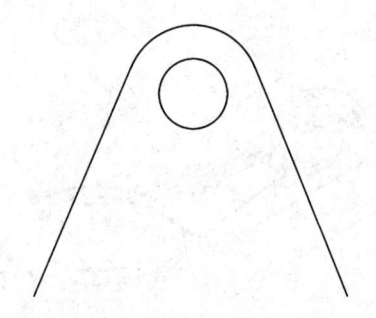　　　　图 4-204 前视图上的图素 1

（3）设置构图面为 S(侧视图)，图形视角为 I(等角视图)，构图深度 Z 为 0，构建肋板的外形轮廓如图 4-206 所示，线框模型构建完毕。

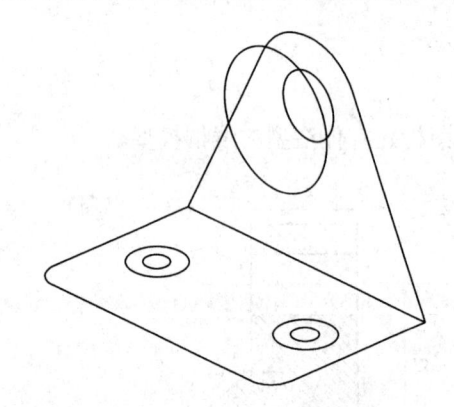

图 4-205 前视图上的图素 2 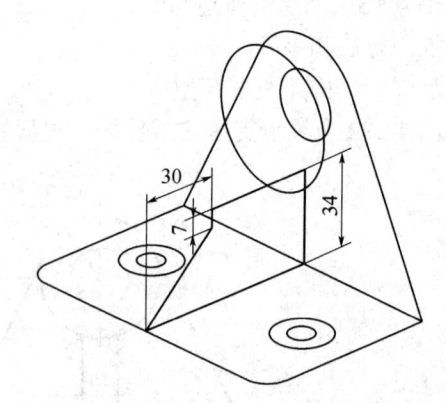　　　　图 4-206 轴承支座用线框模型

说明：由于 MasterCAM 本身没有提供构建肋板的功能，因此采用了双向挤出操作来实现，但是要注意截形的高度应高出 φ50 圆柱的下沿，否则可能会变成线接触。

步骤二　构建实体模型

单击作图层别，单击图层号，设置第 2 层为当前图层。

（1）单击主菜单实体→挤出，拾取图 4-203 中的矩形，选择建立主体，挤出方向向下，挤出距离为 15。

（2）拾取两个 φ22 的圆，选择切割主体，挤出方向向下，挤出距离为 7。

（3）拾取两个 φ10 的圆，选择切割主体，挤出方向向下，挤出距离为贯穿。

（4）拾取图 4-204 上的直线和圆弧以及底边的直线，选择增加凸缘，挤出方向沿 Y 轴正方向(向前)，挤出距离为 15，如图 4-207 所示。

（5）拾取图 4-205 上的 φ50 的圆，选择增加凸缘，挤出方向沿 Y 轴正方向(向前)，挤出距离为 30。

（6）拾取图 4-204 上的小圆直线，选择切割主体，挤出方向沿 Y 轴正方向(向前)，挤出距离为贯穿。

（7）拾取侧视图上构建的外形轮廓，选择增加凸缘，挤出距离为 7.5，两边同时延伸。

此时屏幕显示图形如图 4-208 所示。

图 4-207 底座和立板　　　　　图 4-208 挤出操作结果

步骤三　实体编辑

单击主菜单实体→倒圆角，拾取相应边界进行倒圆角，圆角半径为3，结果如图 4-209 所示。

图 4-209 轴承支座实体模型

说明：对于边界复杂的位置倒圆角时可能会出现无法熔接的错误提示，此时可以尝试改变倒圆角的次序进行倒圆角。

4.9　本 章 小 结

(1) 介绍了三维造型的类型及线架造型、曲面造型及实体造型的特点。重点介绍了在三维造型中构图面、构图深度及视角的设置方法。三维线框模型是三维建模的基础，后续的曲面建模、实体建模都要用到这部分的功能，因此，在学习时应该注意理解，特别是构图面的和构图深度的概念、构图面的选择以及自定义构图面、图形视角的选择和定义，对这些概念及操作，都应通过大量的练习和比较来加深理解。

(2) 介绍了各种曲面的作法、各种曲面曲线的作法以及曲面编辑作法等。在构建线框模型时，应注意构图面和构图深度的设置；在构建曲面模型时，利用图层可以更快捷地操作及取得较好的显示效果，在练习时可以对比体会。

电话机听筒建模实例，综合运用了扫描曲面、牵引曲面、旋转曲面及曲面倒圆角等功能。

(3) 介绍了实体建模的各种方法、实体的编辑以及实体建模的实例。实体建模是将线框建模、曲面建模的综合，是 CAM 的基础，必须牢固掌握。在建模之前，需要分析建模对象，为对象选择一个合适的构图面和工件坐标原点，应从方便建模、方便对刀等方面考虑，切不可随意确定。

思考与练习题

1. 绘制三维线框模型。

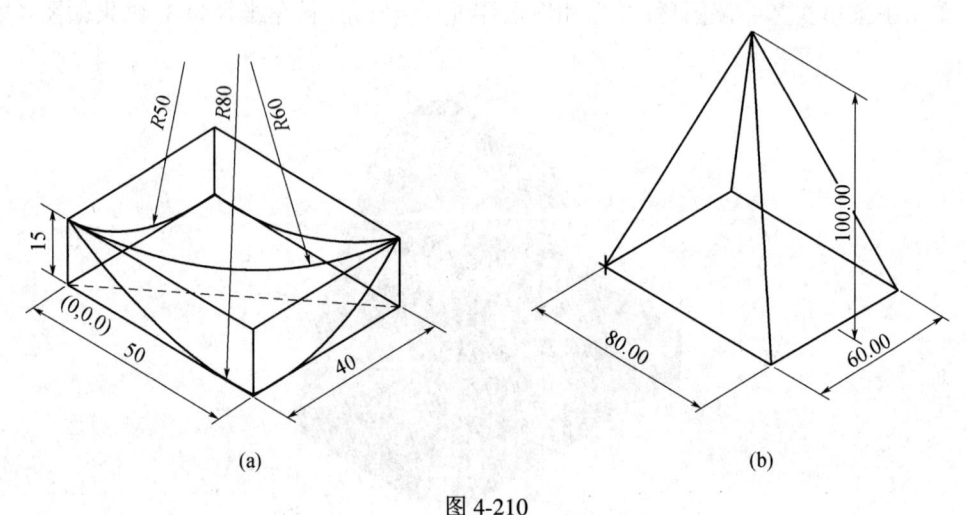

(a)   (b)

图 4-210

2. 绘制直纹线架和直纹曲面。

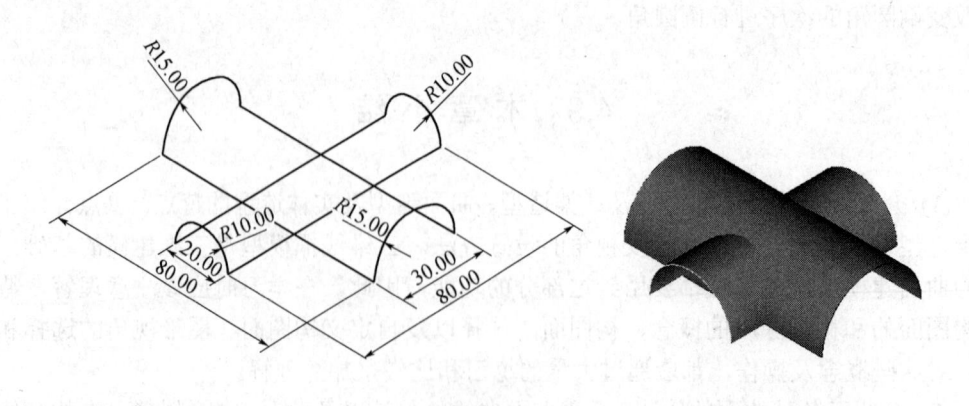

图 4-211

168

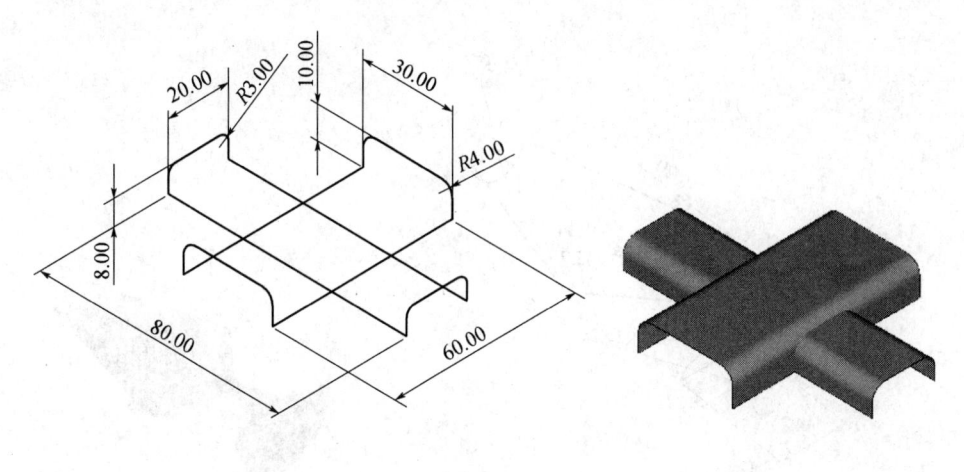

图 4-212

3. 绘制举升线架和举升曲面。

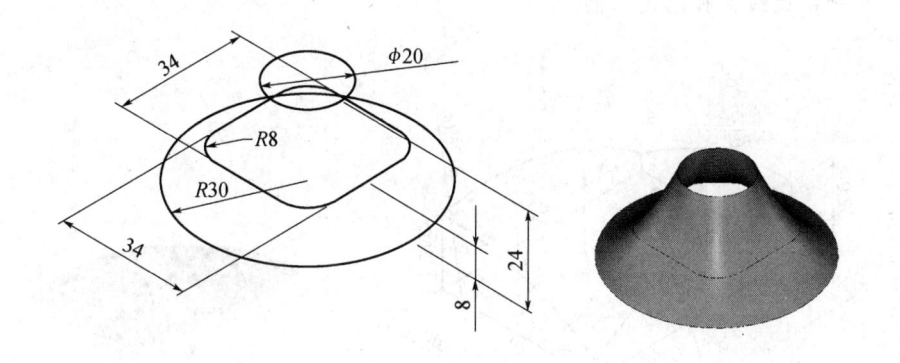

图 4-213

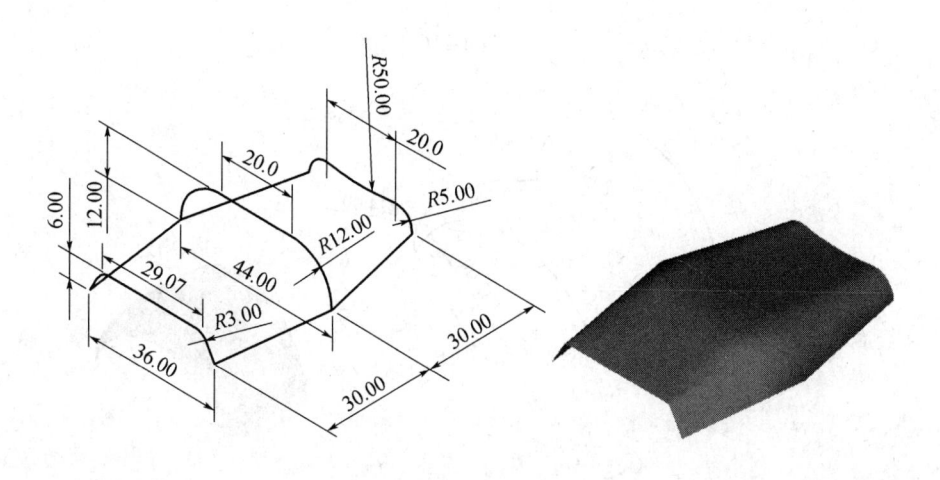

图 4-214

4. 绘制旋转线架和旋转曲面。

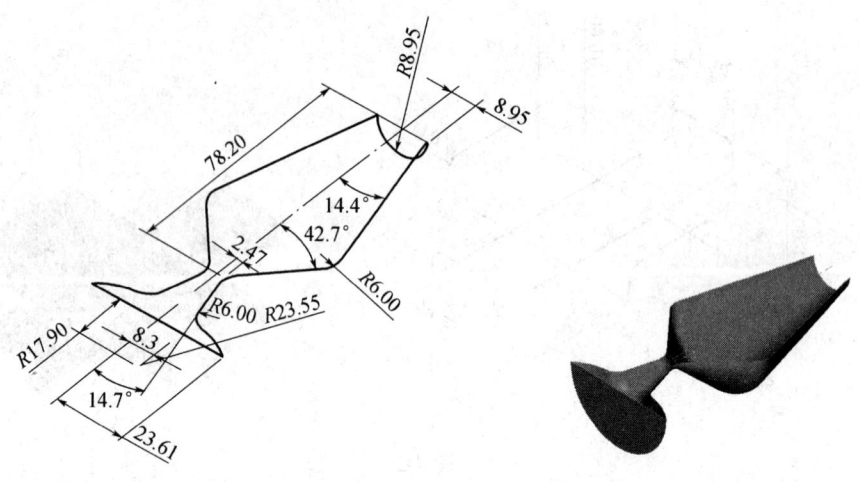

图 4-215

5. 绘制昆氏线架和昆氏曲面。

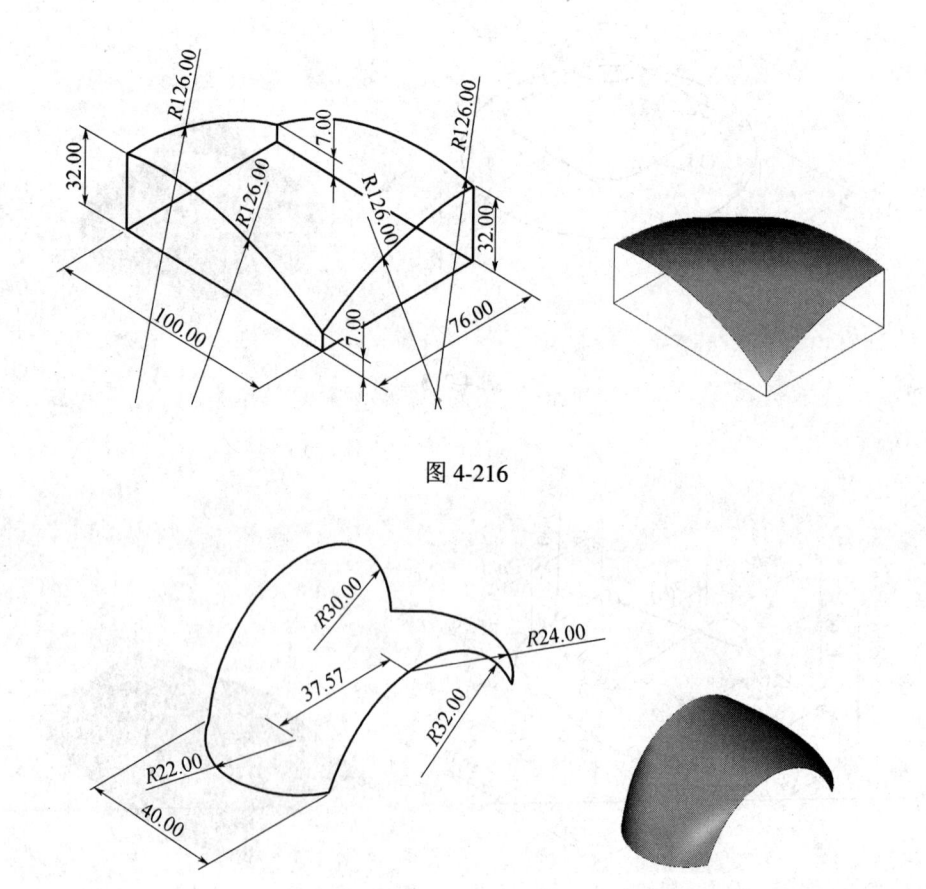

图 4-216

图 4-217

图 4-218

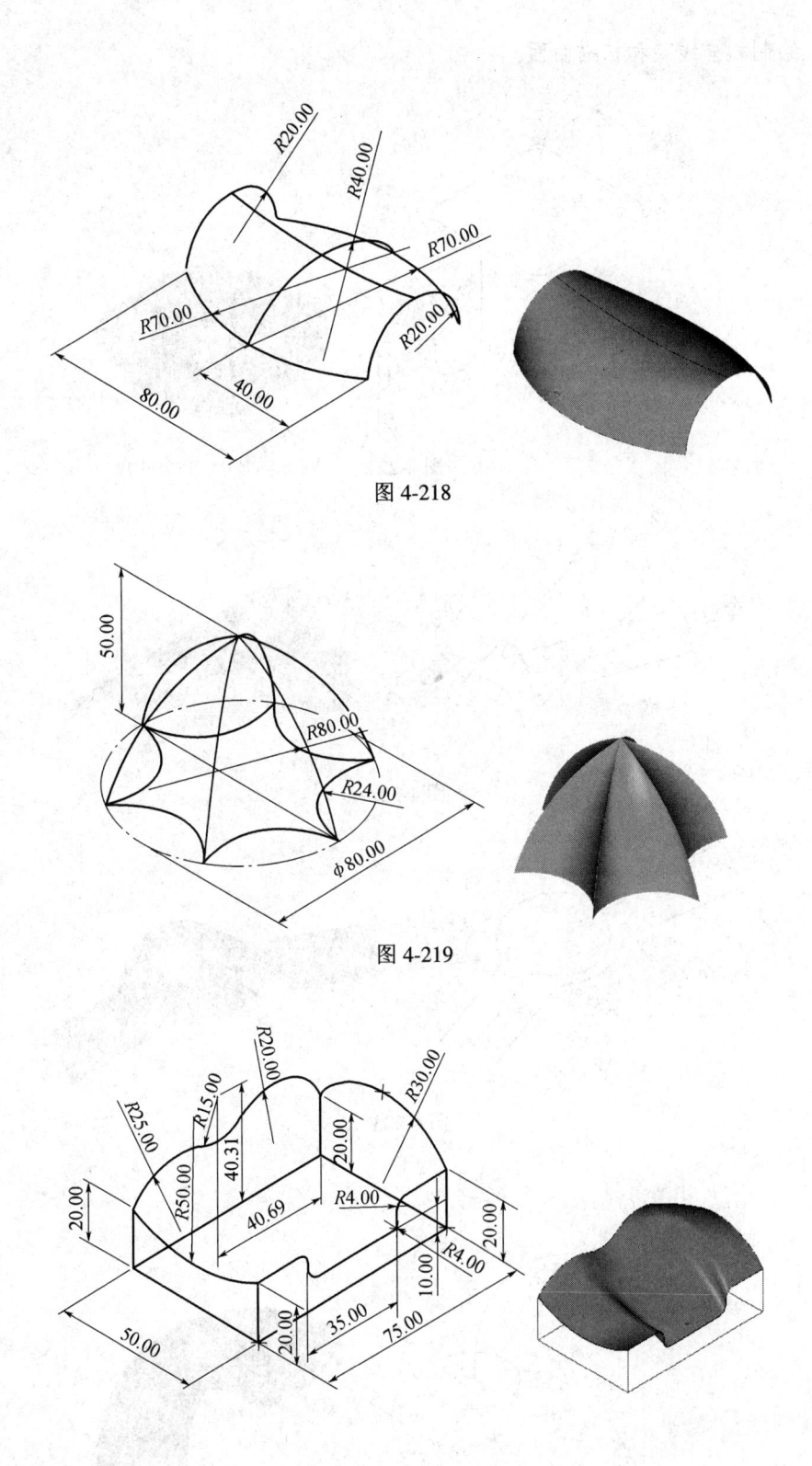

图 4-219

图 4-220

6. 绘制扫描线架和扫描曲面。

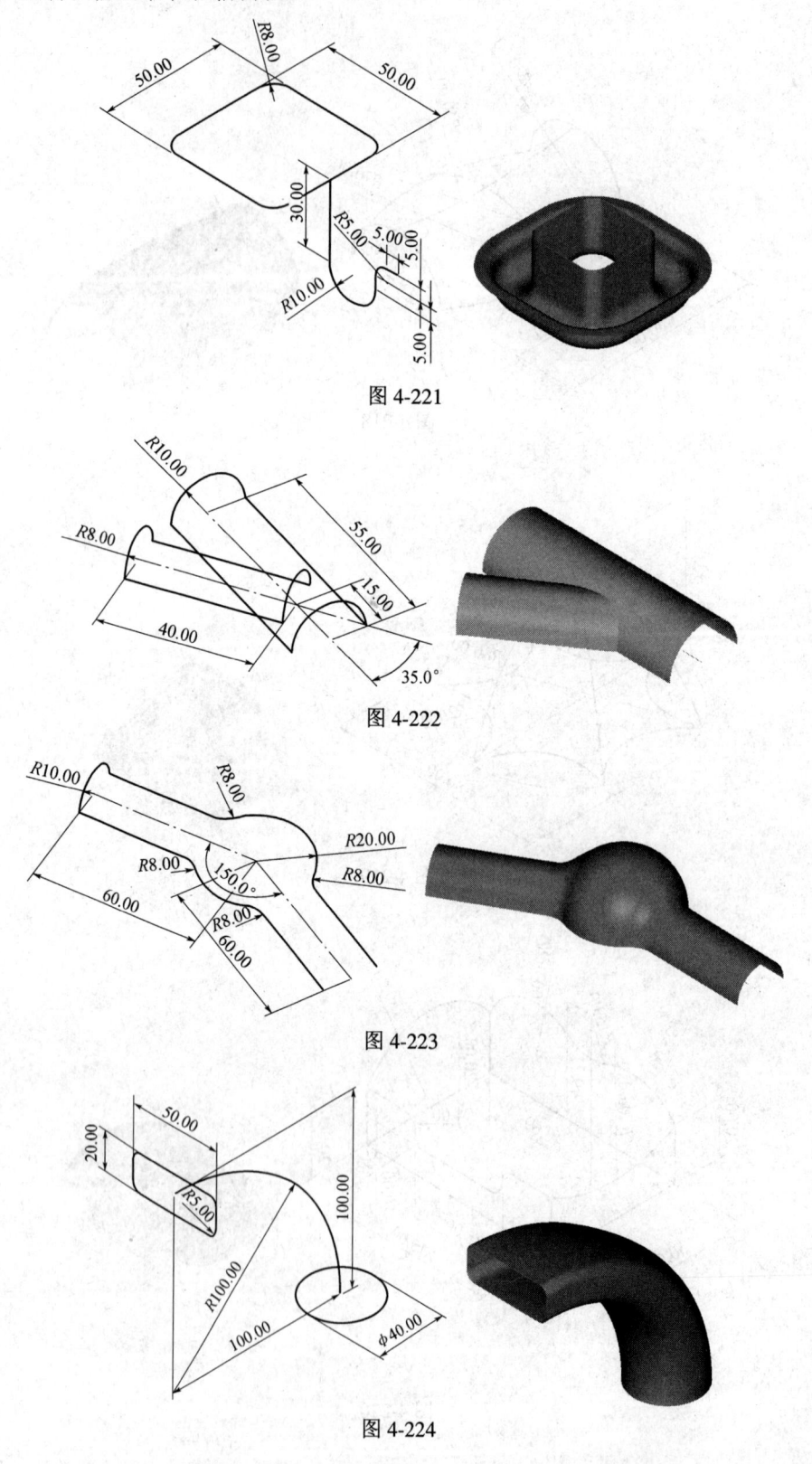

图 4-221

图 4-222

图 4-223

图 4-224

7. 绘制牵引曲面。

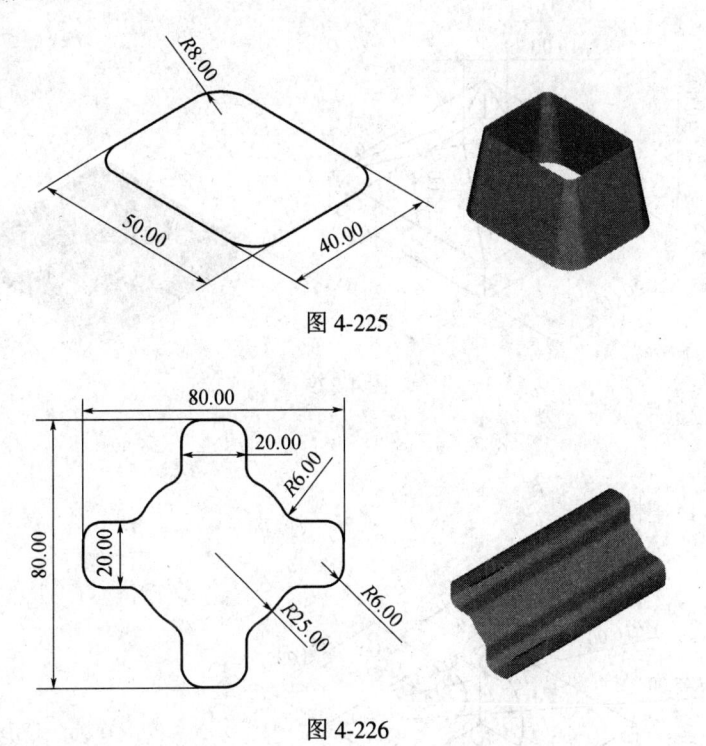

图 4-225

图 4-226

8. 平面修整面建模。

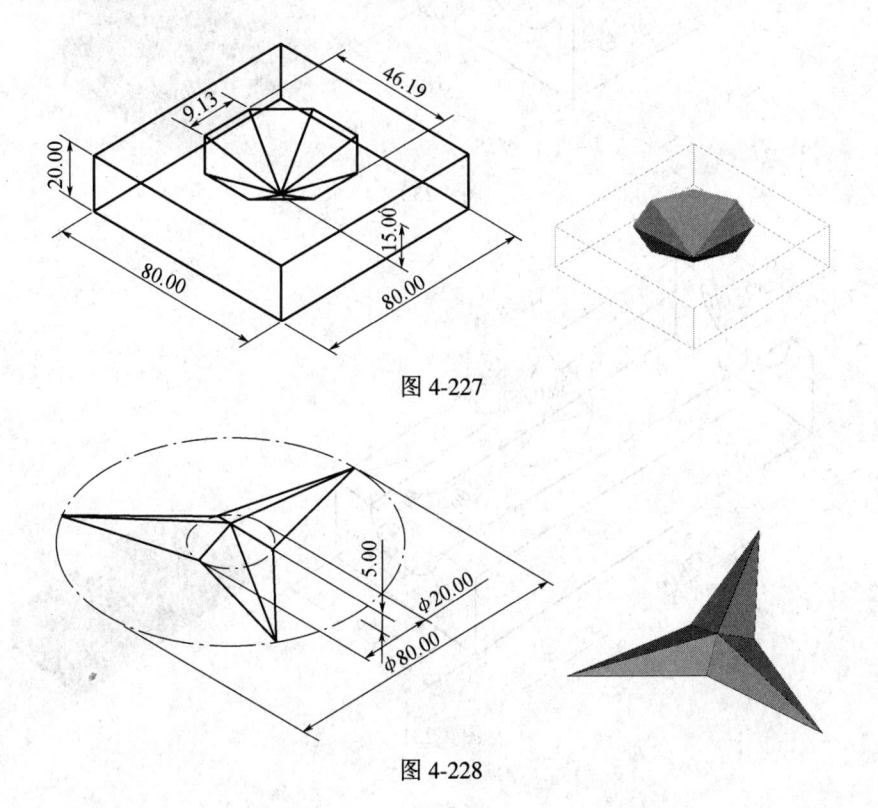

图 4-227

图 4-228

173

图 4-229

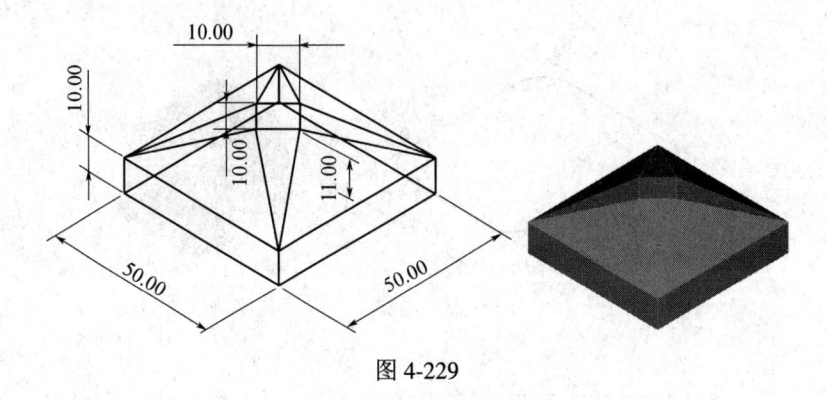

9. 曲面综合建模。

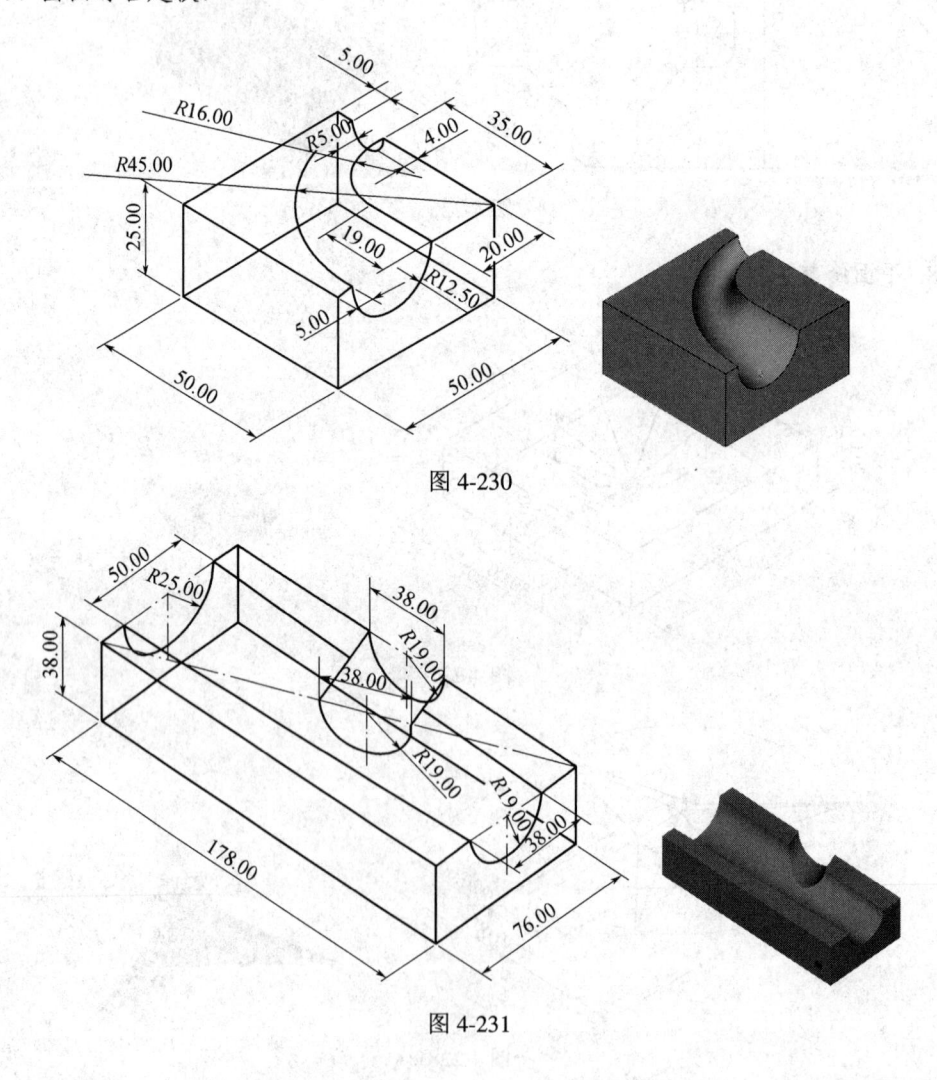

图 4-230

图 4-231

174

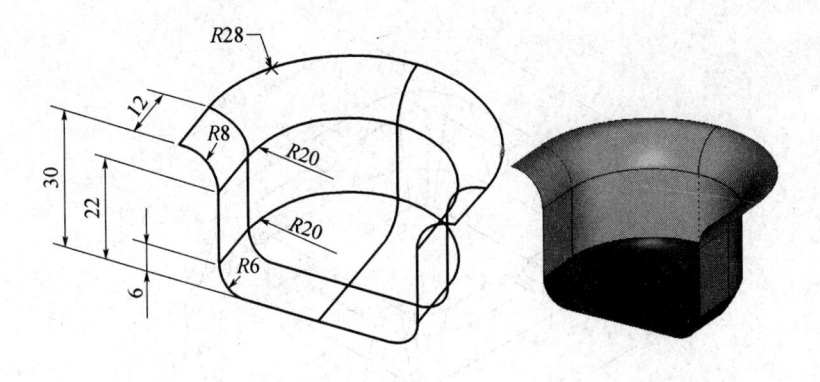

图 4-232

10. 实体建模。

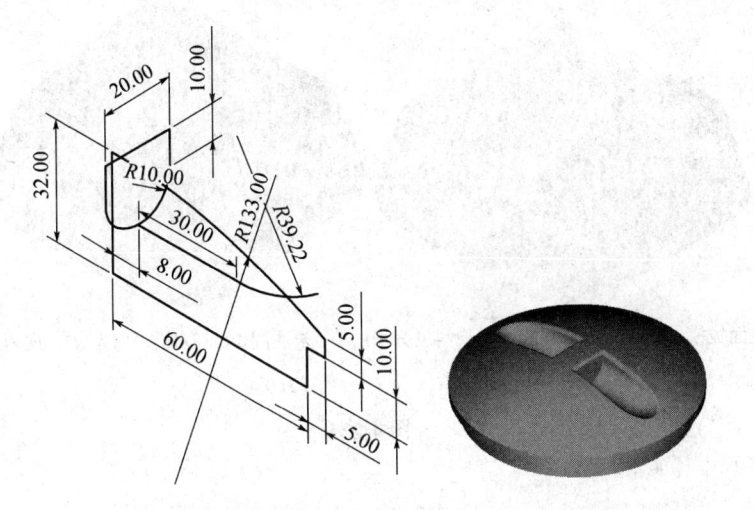

(注：倒圆角 R2，底面抽壳 1mm)

图 4-233

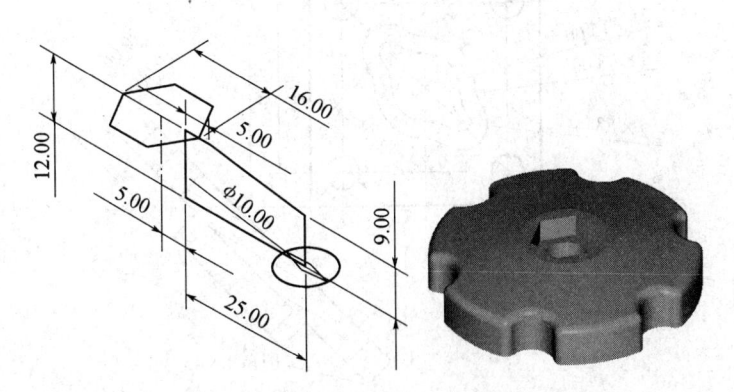

(注：六方孔深 5 mm，倒圆角 R2，底面抽壳 1mm)

图 4-234

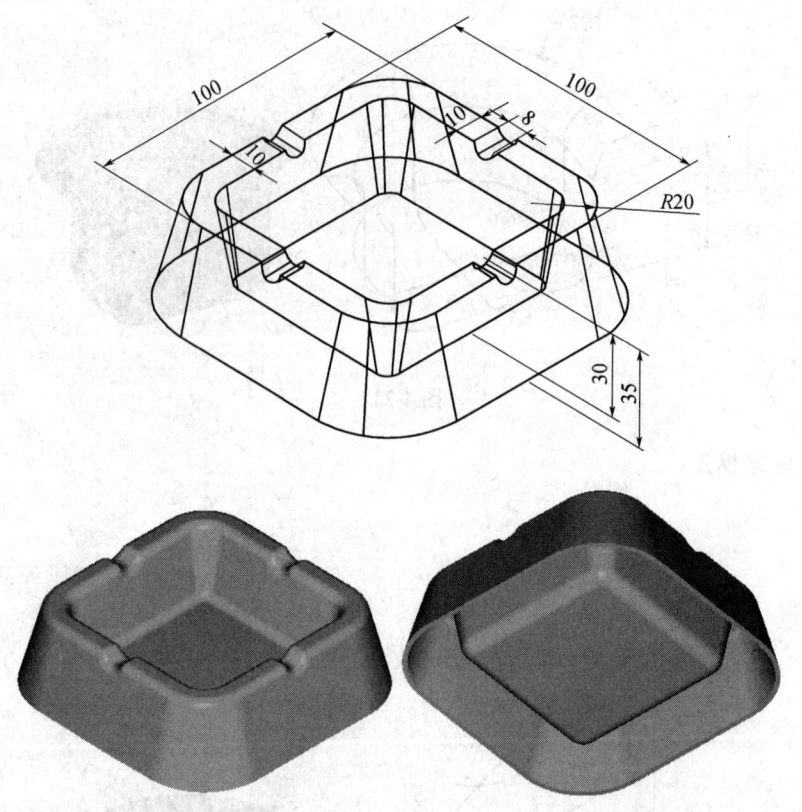

(注：外表面拔模斜度为15°，内表面拔模斜度为10°； 未注圆角(见实体图)均为R3；向内产生2mm厚度的薄壳)

图 4-235

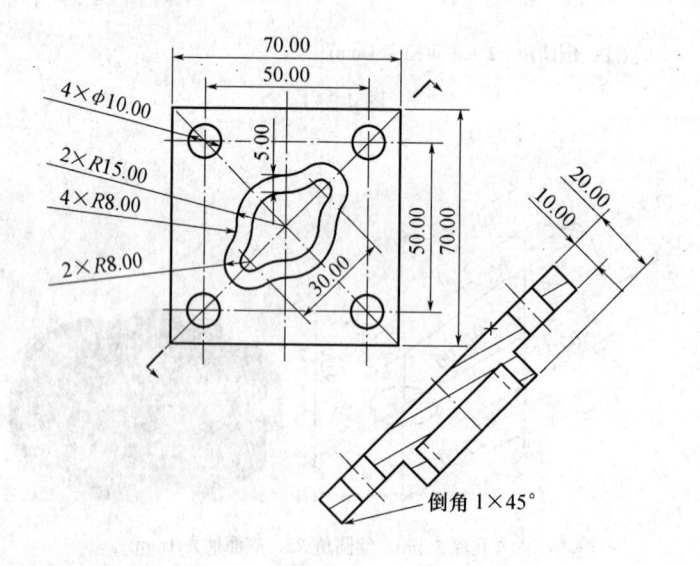

倒角1×45°

图 4-236

176

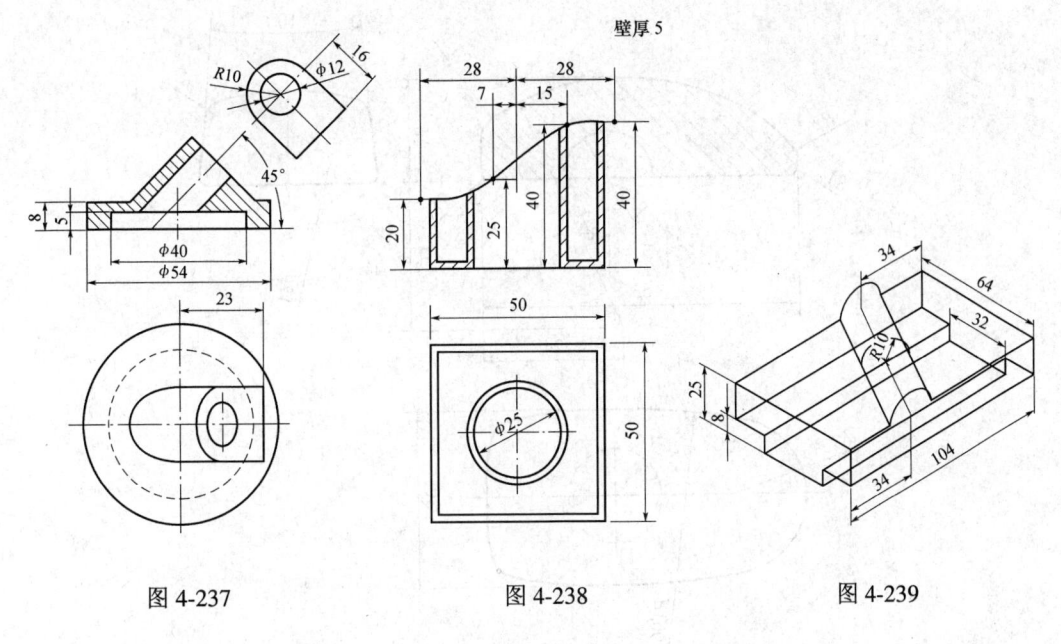

图 4-237　　　　　图 4-238　　　　　图 4-239

11. 实体曲面综合建模。

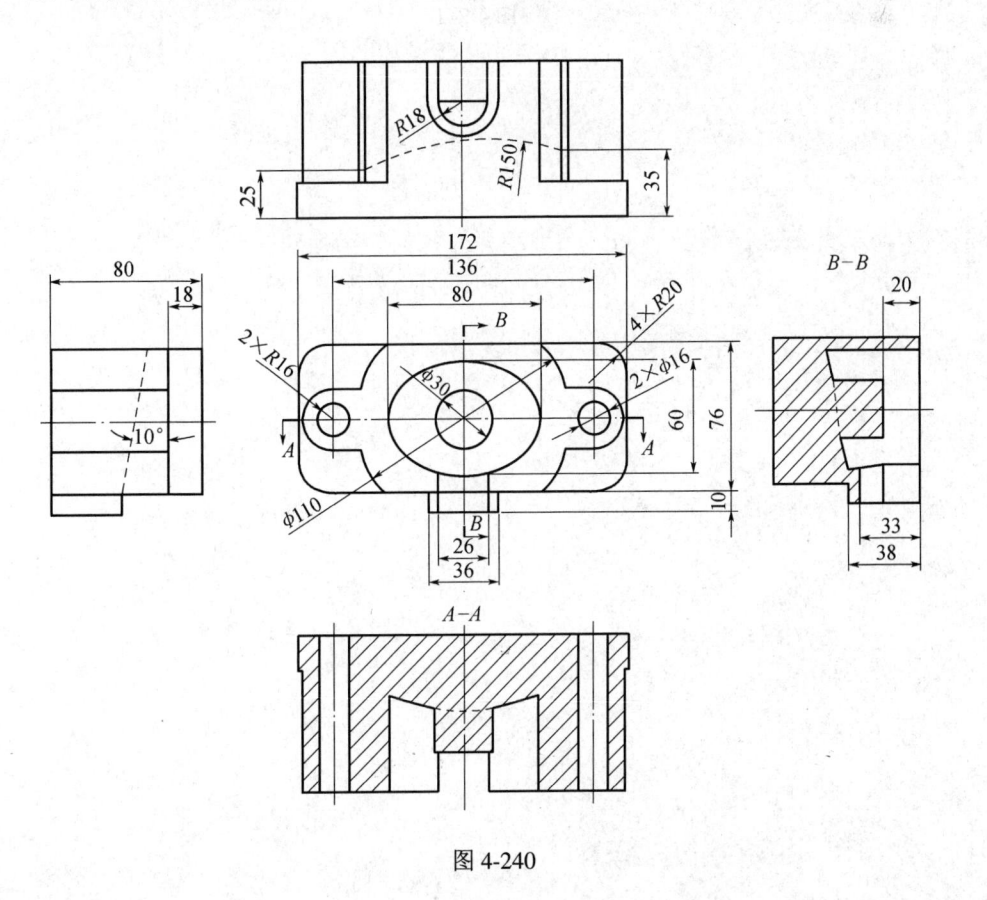

图 4-240

图 4-241

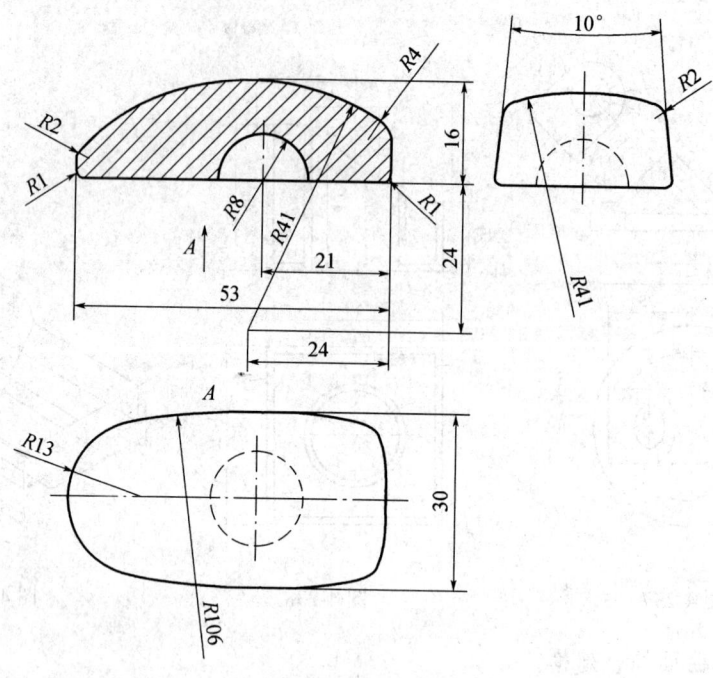

第 5 章 工 程 图

MasterCAM 是国内外应用很普遍的数控编程软件,大多数书中只对其编程和模具设计功能进行了介绍,对其绘制工程图的功能几乎没有提及。对于简单二维轮廓零件的工程图绘制功能的强弱,各个机械类软件都差不多,对于复杂型面零件的工程图绘制各机械类软件之间的差别就很大,AutoCAD 不具有实体转制工程图的功能,这是为什么大多数企业都用 Pro/E 或 UG 等绘制工程图,再到 AutoCAD 中标注的原因。我们的高职院校大多开设的是 AutoCAD 和 MasterCAM 的课,其他软件靠自学或培训,到毕业设计时有很多学生对复杂型面零件的工程图制作望而生畏,临时去学其他软件。实际上,MasterCAM 具有实体转工程图功能和数据转换功能,完全可以解决这个问题。本章对 MasterCAM 出工程图的功能进行介绍。

5.1 MasterCAM 软件出工程图的流程

MasterCAM 软件与其他三维软件造型一样,只有实体模型才能转出工程图,曲面模型是不能转工程图的。因此,要制作工程图要先建构零件的实体模型,再利用软件的实体转工程图功能出工程图,再对工程图进行标注。对标注要求不高的工程图可直接在 MasterCAM 中标注,对标注要求符合国标厂标的还要利用 MasterCAM 的数据转换功能,转到 AutoCAD 中标注。MasterCAM 制作工程图的流程如图 5-1 所示。

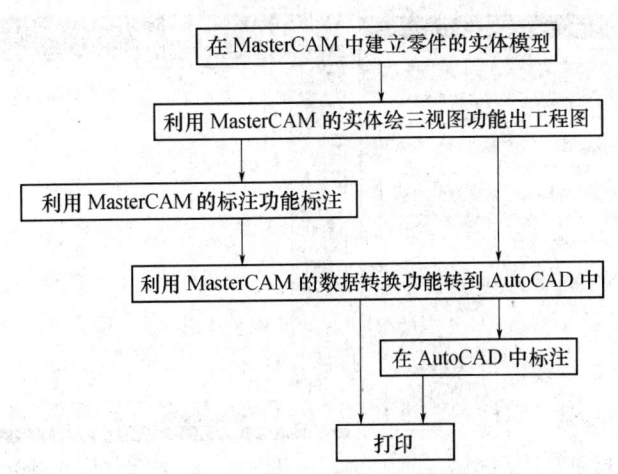

图 5-1 MasterCAM 制作工程图的流程

5.2 实体出三视图方法

在 MasterCAM 建构零件实体模型在前面的章节已经进行了介绍,这里不再重复。下面用已经建好的实体模型为例来讲解 MasterCAM 实体出三视图的方法。

步骤一　建立或打开一个已建好的零件实体模型，如图 5-2 所示。

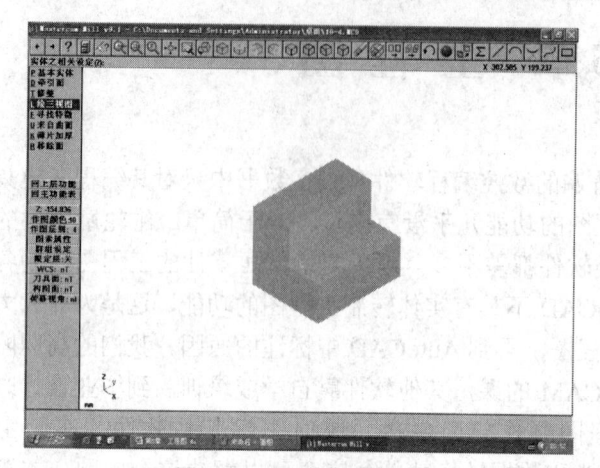

图 5-2　零件实体模型　　　　　　　　　图 5-3　"绘制实体的三视图"对话框

步骤二　依次用鼠标单击主菜单命令：实体→下一页→绘三视图，此时出现图 5-3 所示对话框，可以对图纸大小、横印或直印、载入图框、不显示隐藏线、缩放比例、视图的布局等进行初步设置。这里将各选项分别设为：A4、横印、不载入图框、不显示隐藏线、比例为1、视图按5、1、7、2自定义方式布图。

步骤三　用鼠标单击确定按钮，出现三视图所放图层选择对话框，如图5-4所示，系统默认是放在第255层，自己可以定义放在哪一层，这里选择放在第10层。

步骤四　用鼠标单击确定按钮，打开第10层，可看到所制作的三视图，如图5-5所示。

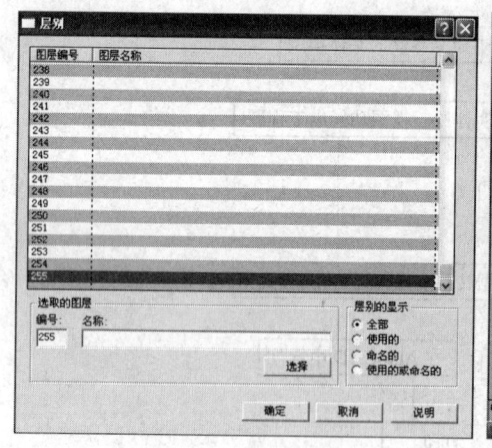

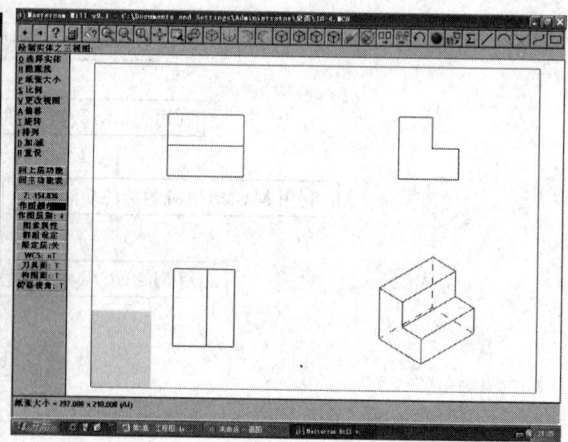

图 5-4　"层别"对话框　　　　　　　　　图 5-5　按5、1、7、2自定义方式布的图

下面对图 5-3 中各选项的含义分别进行解释：

(1) 在此可设置图纸大小，图纸规格有 A0、A1、A2、A3、A4、A、B、C、D、E 共十种，还可以自定义满足单位要求的图纸规格，下面灰色框中显示选中图纸的尺寸。

(2) 打印可选择横印或直印。

(3) 在"载入图框"文字前的框中用鼠标单击一下会出现√,在绘三视图时的图纸会带边框和标题栏,否则只有边框。

(4) 在"不显示隐藏线"文字前的框中用鼠标单击一下去掉√,在绘三视图时隐藏线将显示。

(5) 缩放比例指视图与实物之比,在此进行设置对所有视图有效。

(6) 视图的布局方式有五种可供选择:选择方法是直接用鼠标在文字前面的圆框中单击一下即可。4个视窗的有两种,分别采用的是第一角法和第三角法。3个视窗的也有两种,同样分别采用的是第一角法和第三角法。还可以用户自定义,自定义的方法是将所需要的视图编号依次填入后面的框内即可。

① MasterCAM 中各视图编号见表 5-1。

表 5-1 MasterCAM 中各视图编号的含义

编号	编号的含义
1	俯视图(TOP)→相当于中国制图中的俯视图转了 270°
2	主视图(FRONT)→相当于中国制图中的左视图
3	后视图(BACK)→相当于中国制图中的右视图
4	底视图(BOTTOM)→相当于中国制图中的仰视图转了 90°
5	右视图(RIGHT SIDE)→相当于中国制图中的主视图
6	左视图(LEFT SIDE)→相当于中国制图中的后视图
7	轴测图(ISOMETRIC)→相当于中国制图中的轴测图
8	等轴测图(AXONOMETRIC)→相当于中国制图中的等轴测图

② 布图方式。要得到满足中国制图标准的视图,如图 5-6 所示,首先要了解 MasterCAM 的布图方式,前四种布图方式如图 5-7 所示。

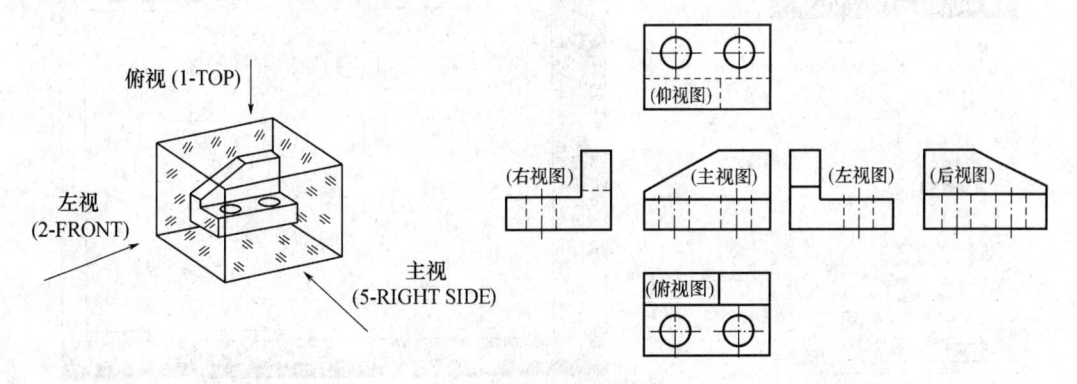

图 5-6 中国制图标准的视图

使用者自定义:MasterCAM 的 8 个视图不管放在什么位置,视图都是同一方位,不一定满足投影关系。最能满足中国制图要求、最常用的视图编号顺序是:5、1、7、2(即主视图、俯视图、轴测图、左视图,从第一个位置开始按逆时针方向摆放一周,如图 5-8

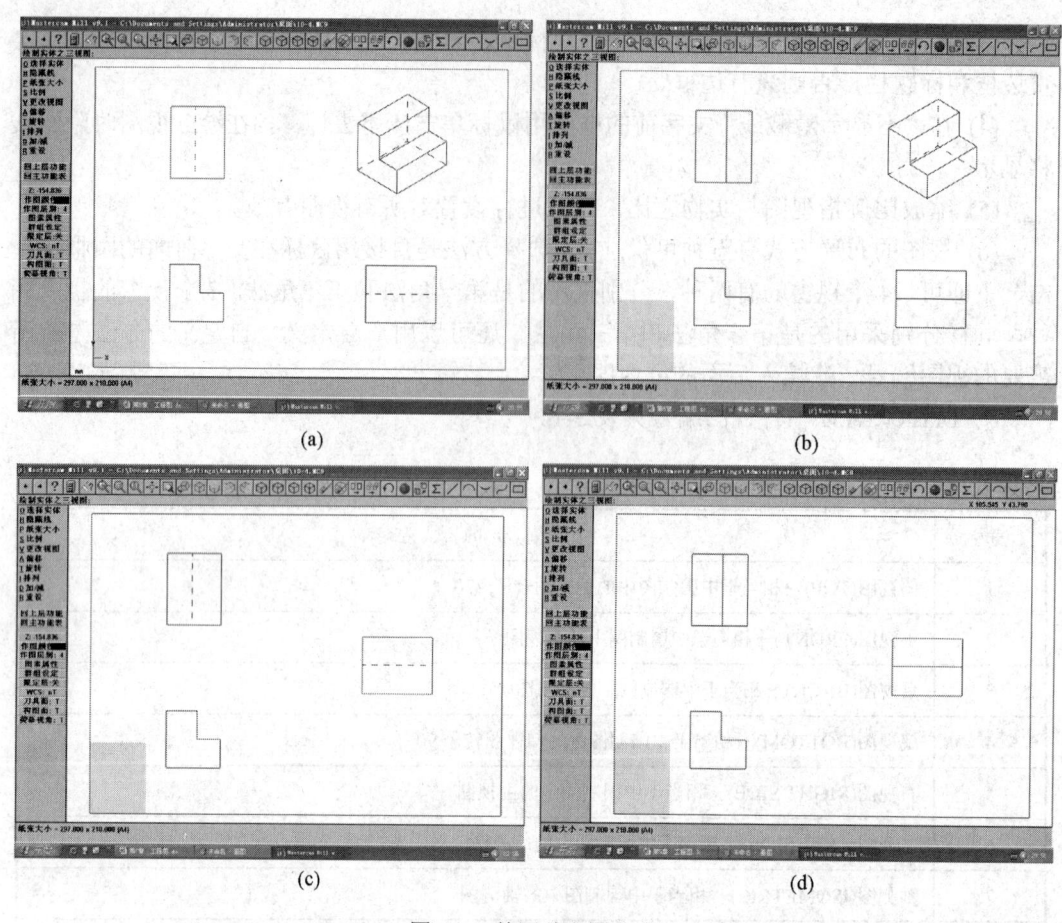

图 5-7 前四种布图方式

(a) 4 个视窗(第一角法); (b) 4 个视窗(第三角法); (c) 3 个视窗(第一角法); (d) 3 个视窗(第三角法)。

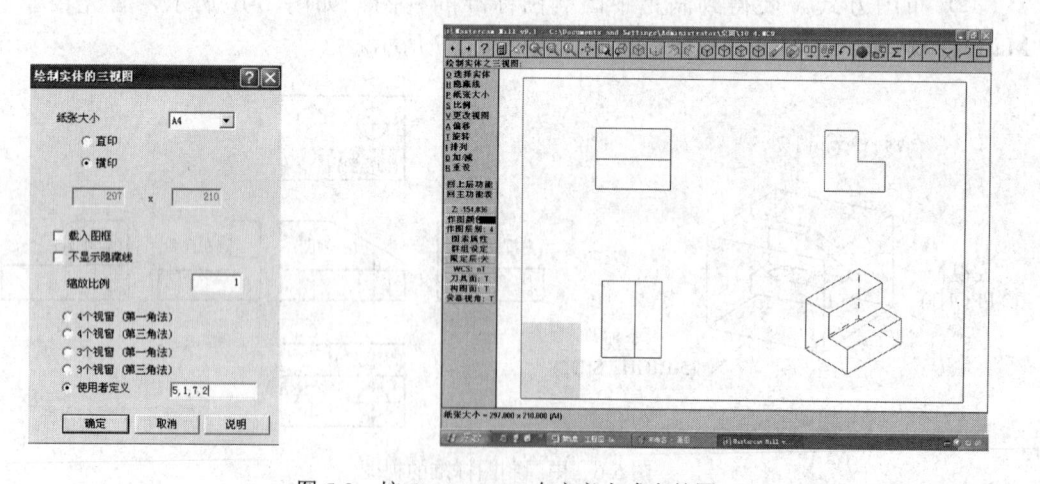

图 5-8 按 5、1、7、2 自定义方式布的图

所示),其中俯视图还要转 270°才能完全符合中国制图要求,如图 5-9 所示。

纵观前面五种布图方式,唯有采用自定义方式改动最少,且符合中国人制图习惯。

182

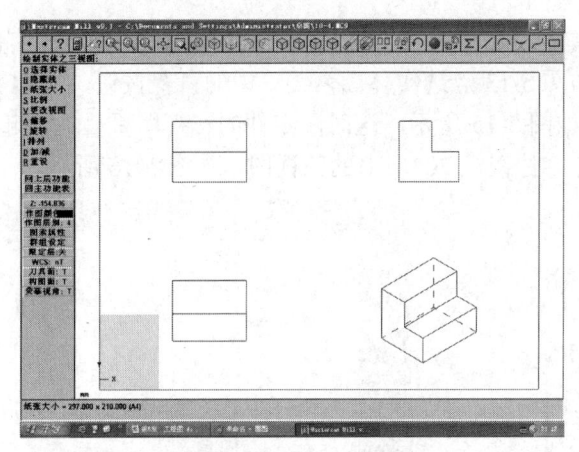

图 5-9　对俯视图使用旋转命令旋转 270°后的图

5.3　菜单命令解释

依次用鼠标单击主菜单命令：实体→下一页→绘三视图，出现图 5-10 所示菜单。

5.3.1　选择实体

当一个 MasterCAM 文件中有多个实体零件时，如图 5-11 所示，可将各零件的三视图放在不同的图层。

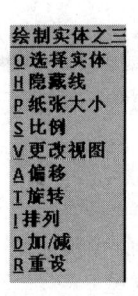

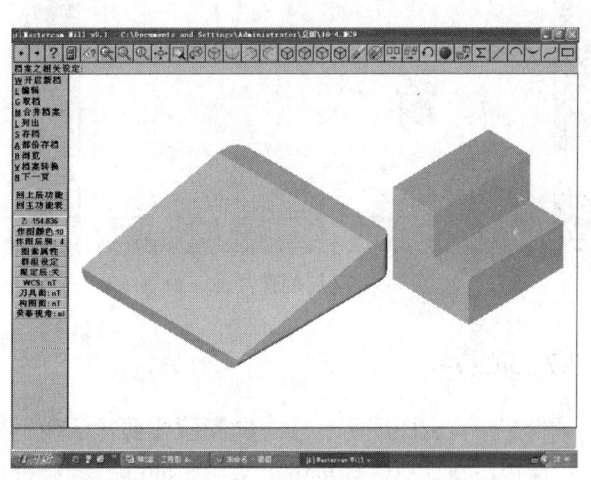

图 5-10　绘三视图菜单　　　　　图 5-11　文件中有多个实体零件图

操作步骤：按 5.2 节所述的步骤一、步骤二(三视图放在第 10 层)进行操作完后会出现图 5-12 选择实体菜单；用鼠标单击选取按钮，会出现图 5-13 点选实体图素菜单；选择右边实体，用鼠标单击图 5-13 点选实体图素菜单中的执行按钮，右边实体零件的三视图就出现在第 10 层上，如图 5-14 所示。

用鼠标单击主菜单中的选择实体命令，出现三视图所放图层选择对话框，选择第 20 层，用鼠标单击确定按钮，会出现

图 5-12　选择实体菜单

183

图 5-12 选择实体菜单；用鼠标单击选取按钮，会出现图 5-13 点选实体图素菜单；选择左边实体，用鼠标单击图 5-13 点选实体图素菜单中的执行按钮，左边实体零件的三视图就出现在第 20 层上，如图 5-15 所示，这时两零件的三视图重叠在一起，关掉第 10 层，可清楚地看到左边实体零件在第 20 层上的三视图，如图 5-16 所示。

图 5-13　点选实体图素菜单 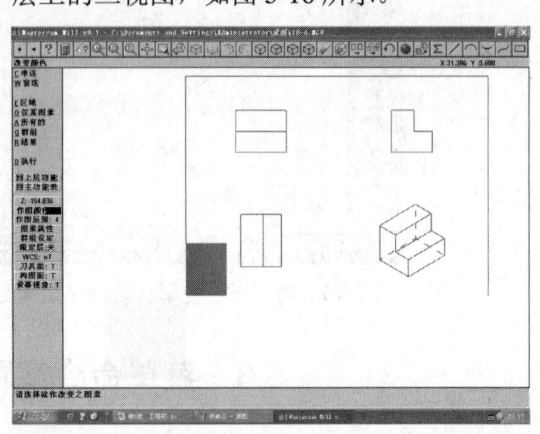　　图 5-14　放在第 10 层上的右边实体零件的三视图

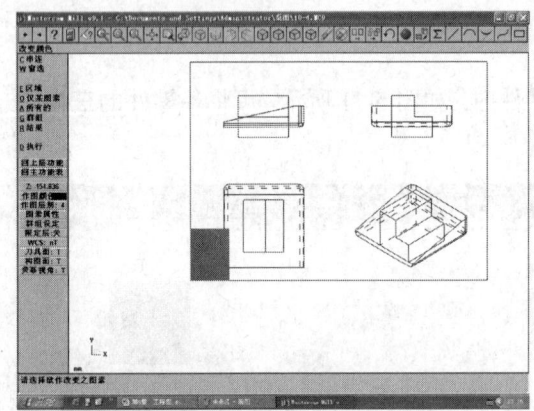

图 5-15　第 10 层和第 20 层都打开的三视图 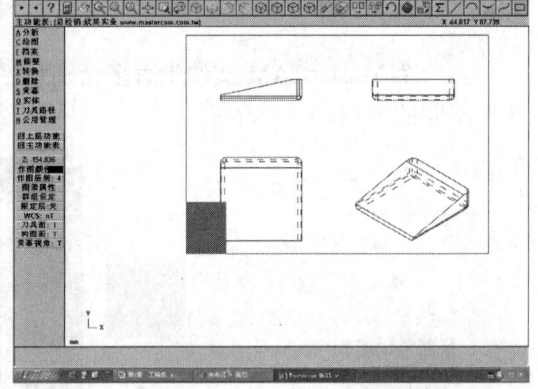　　图 5-16　放在第 20 层上的左边实体零件的三视图

5.3.2　隐藏线

当某一个视图或所有视图的隐藏线要显示或不显示时，可用隐藏线命令实现。

操作步骤：用鼠标单击主菜单中的隐藏线命令，出现图 5-17 所示菜单。

单一视图：对单一视图不可见线的隐藏或显示进行操作。

全部切换：对全部视图不可见线的隐藏或显示进行操作。

全部隐藏：全部隐藏不可见线。

全部显示：全部显示不可见线。

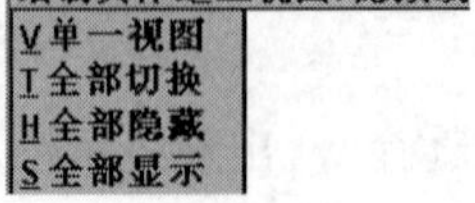

图 5-17　隐藏线菜单

零件按 5、1、7、2 自定义方式布的图如图 5-18 所示，用鼠标单击主菜单中的<u>单一视图</u>，在视图区中选择要隐藏隐藏线的视图，即可将该视图中的隐藏线隐藏，如图 5-19 所示。

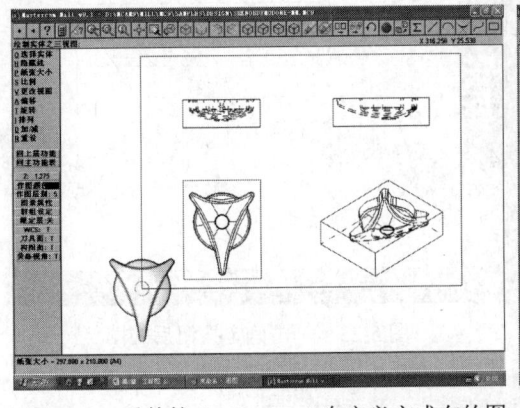

图 5-18　零件按 5、1、7、2 自定义方式布的图 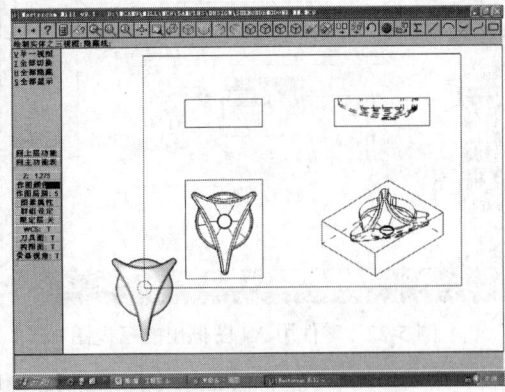　　　图 5-19　单一视图隐藏了隐藏线图

用鼠标单击主菜单中的<u>全部切换</u>，则可使视图区中所有视图隐藏线隐藏，如图 5-20 所示，再次用鼠标单击主菜单中的<u>全部切换</u>，又可使视图区中所有视图隐藏线显示，它是一个开关式按钮。

用鼠标单击主菜单中的<u>全部隐藏</u>，可使视图区中所有视图隐藏线隐藏，如图 5-20 所示。

用鼠标单击主菜单中的<u>全部显示</u>，可使视图区中所有视图隐藏线显示，如图 5-21 所示。

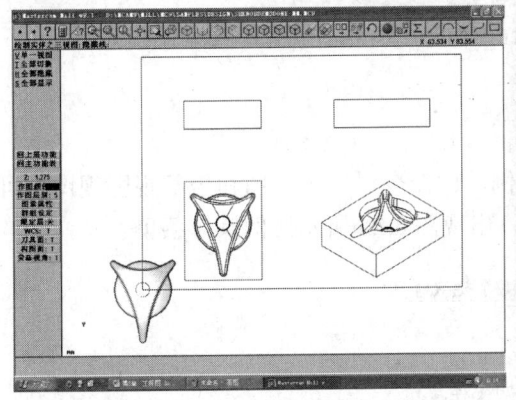

图 5-20　视图中所有视图隐藏线隐藏图 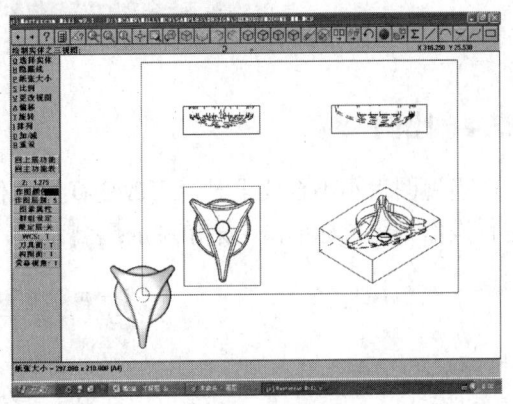　　　图 5-21　视图中所有视图隐藏线显示图

5.3.3　纸张大小

当初始设定的图纸大小不满意时，可用此命令改变图纸大小。

如图 5-22 所示图纸选择太小，选择的是 A4 图框，出现了警告信息。单击<u>确定</u>按钮，出现图 5-23 所示界面。

操作步骤：用鼠标单击主菜单中的<u>纸张大小</u>命令，将<u>提示</u>行出现的纸张大小由 A4

改为 A1，则出现图 5-24 所示界面，纸张大小已满足要求。

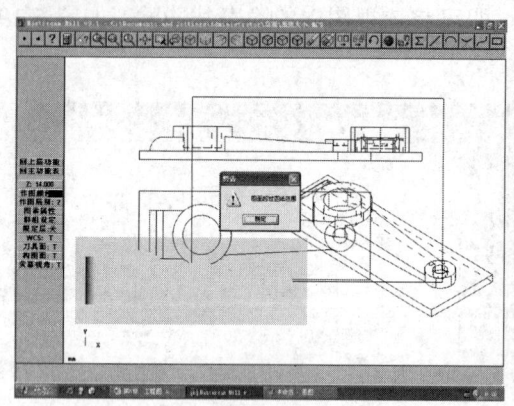

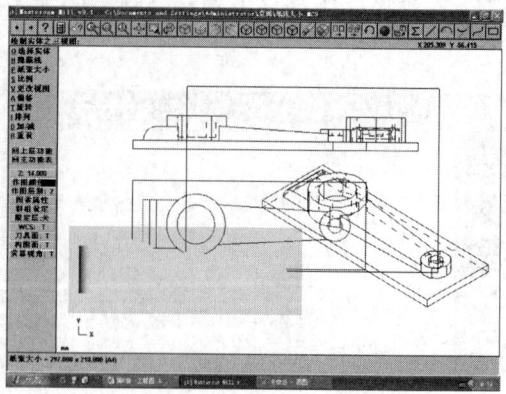

图 5-22　零件用 A4 图框出的三视图　　　图 5-23　单击确定按钮后的图

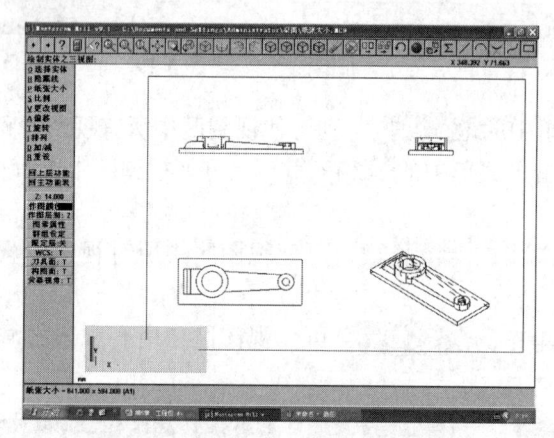

图 5-24　零件用 A1 图框出的三视图

5.3.4　比例

当视图大小不合要求时，可改变视图比例，此命令对单一视图和全部视区视图都可进行操作。用鼠标单击主菜单中的比例命令，出现图 5-25 所示比例操作菜单。

图 5-25　比例操作菜单

单一视图：对单一视图进行比例缩放操作。
全部：对全部视图进行比例缩放操作。
操作步骤：
用鼠标单击主菜单中的比例→单一视图命令，在视图区选择单一视图，在提示行输入比例大小，可改变单一视图大小。
例：更改图 5-26 视图区中的轴测图大小，将其比例由 1 改为 2。图 5-27 是更改比例后的图。

186

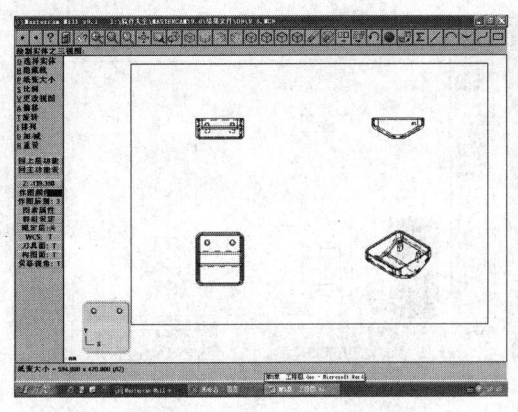

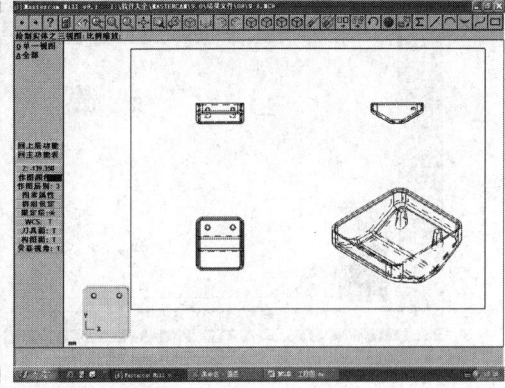

图 5-26　更改比例前的图　　　　　　图 5-27　更改比例后的图

用鼠标单击主菜单中的比例→全部命令，在提示行输入比例大小，可改变全部视图大小。

例：更改图 5-28 视图区中的全部图大小，将其比例由 1 改为 0.5。图 5-29 是更改后的图。

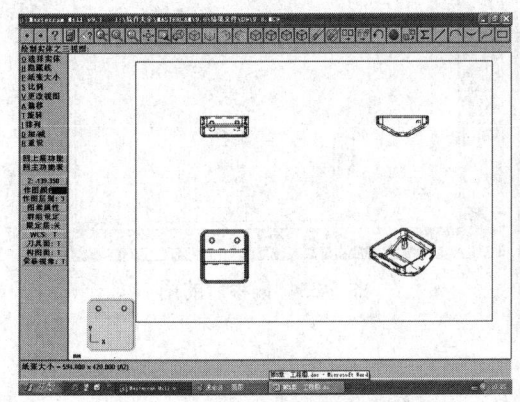

图 5-28　更改比例前的图　　　　　　图 5-29　更改比例后的图

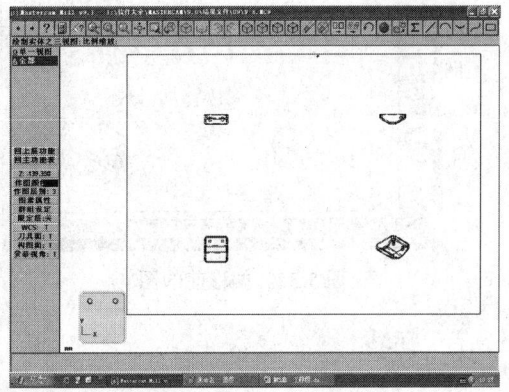

5.3.5　更改视图

当某一视图不合要求时，可用此命令更改视图。

操作步骤：

用鼠标单击主菜单中的更改视图命令，在视图区选择单一视图，在提示行输入视角号码，可更改单一视图。

例：更改图左视图为视角号码为 6 的视图，图 5-30 是更改前的图，图 5-31 是更改后的图。

5.3.6　偏移

当某一视图的位置要改变时，可用此命令移动视图区中某一视图。

操作步骤：

用鼠标单击主菜单中的偏移命令，出现抓点方式菜单，用鼠标在视图区选择要移动

187

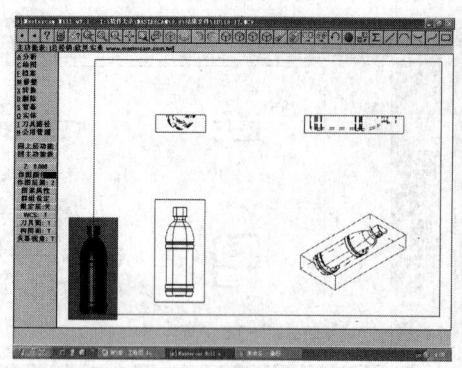

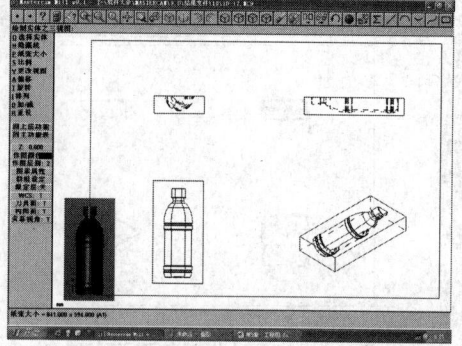

图 5-30　更改前的图　　　　　　　　图 5-31　更改后的图

的视图上的一点，出现"橡皮筋"引线，用鼠标在视图区选择一个放置点单击一下，即可实现视图的移动。

例：移动视图区中的轴测图，图 5-32 是偏移前的图，图 5-33 是偏移后的图。

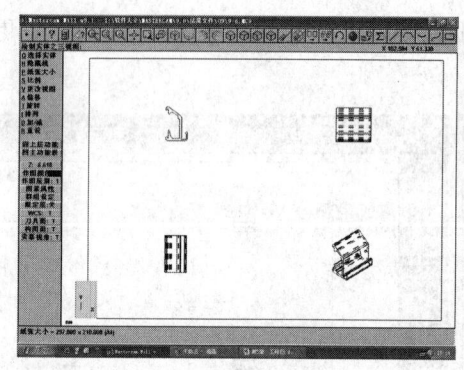

图 5-32　偏移前的图　　　　　　　　图 5-33　偏移后的图

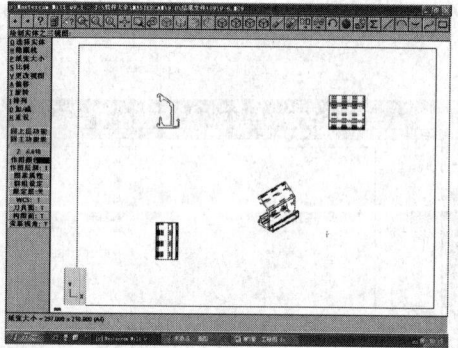

5.3.7　旋转

当某一视图的方位不对时，可用旋转命令使其方位符合要求。

操作步骤：

用鼠标单击主菜单中的旋转命令，在视图区选择要旋转的视图上的一点，在提示行中输入旋转的角度(不能输负值，逆时针方向为正)，即可实现视图的旋转。

例：将轴测图旋转 90°，图 5-34 是旋转前的图，图 5-35 是旋转后的图。

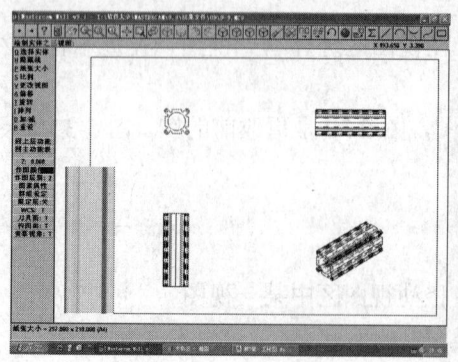

图 5-34　旋转前的图　　　　　　　　图 5-35　旋转后的图

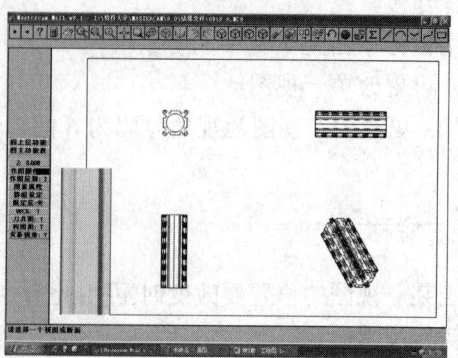

188

5.3.8 排列

当视图摆放变得不整齐时，可使用此命令实现视图之间的水平和垂直对齐。

操作步骤：

用鼠标单击主菜单中的排列命令，选择用来对齐视图上的点，出现对齐"十字虚线"，选择要对齐的视图上的点，即可完成视图之间的对齐。视图之间的水平和垂直对齐操作完全相同。

例：将图 5-36 中的俯视图和左视图与主视图对齐，图 5-37 是选好用来对齐的点后的界面，图 5-38 是选好被对齐的点后出现的界面——主视图和俯视垂直对齐，图 5-39 是主视图和俯视水平对齐后的界面。

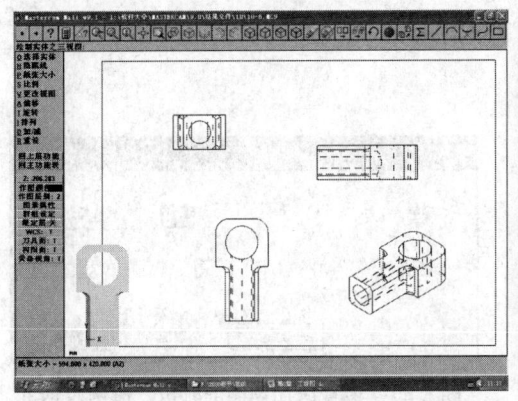

图 5-36 视图摆放变得不整齐的图 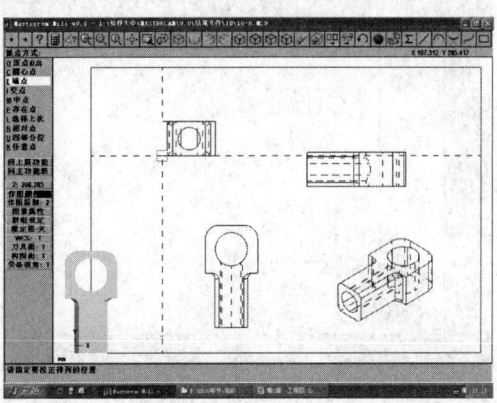　　　　图 5-37 选好用来对齐的点后的界面

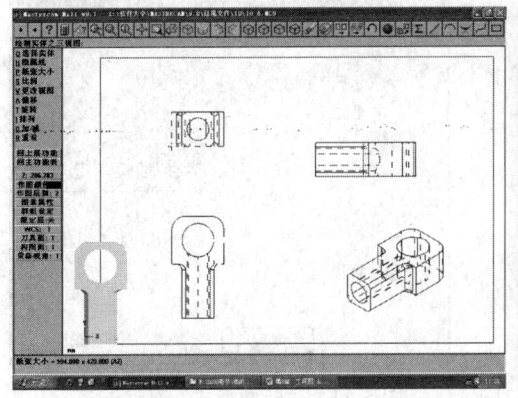

图 5-38 主视图和俯视垂直对齐的界面 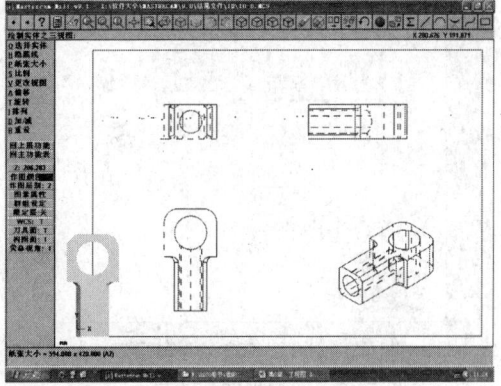　　图 5-39 主视图和俯视水平对齐后的界面

5.3.9 加/减

当初选定的视图不够或要添加剖视图、剖面图等，可以使用此命令实现。

操作步骤：

用鼠标单击主菜单中的加/减命令，出现图 5-40 所示视图加/减命令菜单。

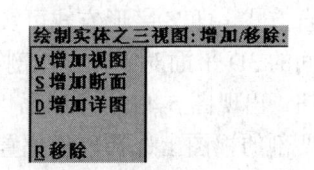

图 5-40 视图加/减命令菜单

增加视图：在视图区增加一个视图。
增加断面：在视图区增加一个断面图。
增加详图：在视图区增加一个局部视图。
移除：移除不要的视图。

例：将图 5-41 添加一个左视图，一个断面图，一个局部详图，移除主视图，用断面图取代主视图。

(1) 用鼠标单击主菜单中的增加视图命令，在提示行填入要增加视图的视角号码，此处填入的视角号码为 2，出现视图参数填写框，如图 5-42 所示，可设置增加视图的颜色、比例。单击确定按钮，在视图区选择一个放置位置，可实现视图的增加，如图 5-43 所示。

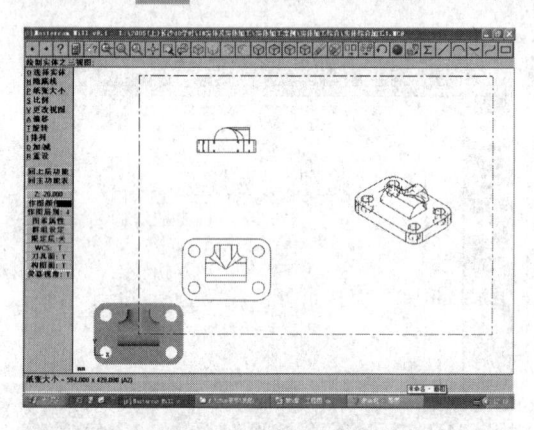

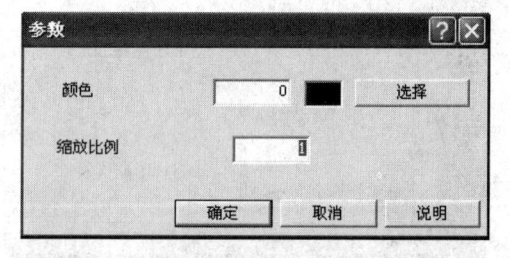

图 5-41 零件三视图原图   图 5-42 设置增加视图的颜色、比例对话框

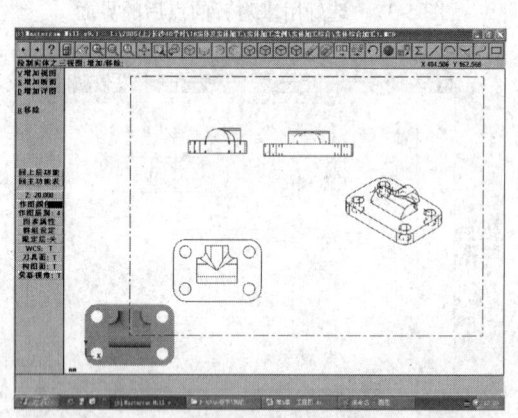

图 5-43 增加视图后的界面   图 5-44 "断面形式"对话框

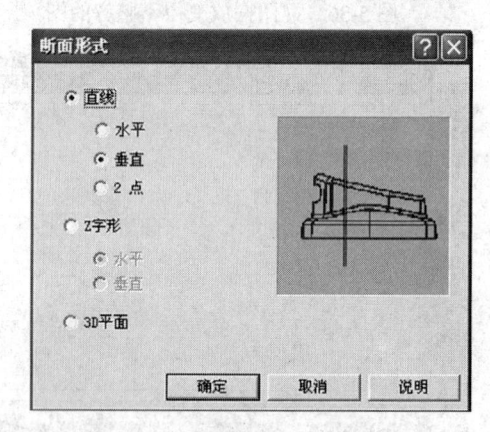

(2) 用鼠标单击主菜单中的增加断面命令，出现"断面形式"对话框，如图 5-44 所示，断面形式可设置成：直线、Z 字形折线、3D 平面等式，其中直线可设置成水平、垂直、2 点方式，即用直线方式可实现水平剖切、垂直剖切和斜剖；Z 字形可设置成水平、垂直方式，即 Z 字形方式可实现水平、垂直方向的阶梯剖；3D 平面只有一种方式，即用空间的 3D 平面对零件进行剖切。此处采用直线方式的垂直剖切来作一个剖面，单击确定按钮，出现图 5-45 所示断面"参数"设置对话框，设置断面参数，用鼠标单击确定按钮，在要剖的视图上选择剖切位置，在要放置剖面图的位置单击一下，即可实现剖面图的增加(剖面线可在退出绘三视图环境后去填充)，如图 5-46 所示。

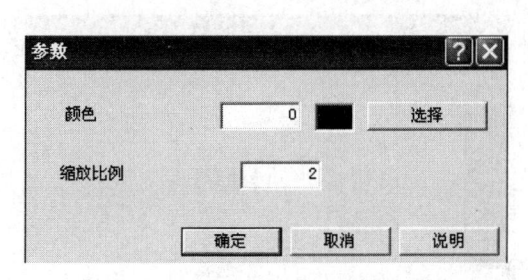

图 5-45　剖面图"参数"设置对话框　　　　图 5-46　增加剖面图的界面

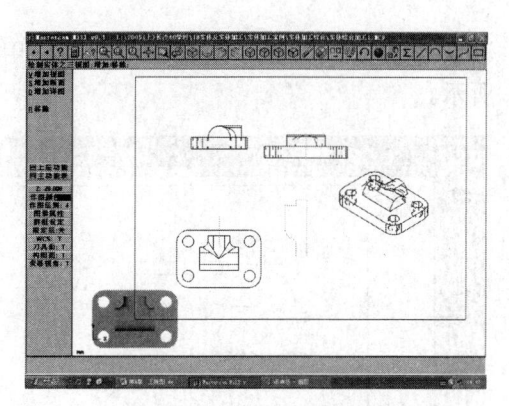

　　(3) 用鼠标单击主菜单中的 增加详图 命令，出现"详图形式"对话框，如图 5-47 所示；详图形式可设置成矩形和圆形两种形式，在要作局部详图的视图上用鼠标选择一点，出现一个圆，拖动鼠标，可控制圆的大小，它控制局剖详图的范围；单击一下鼠标，出现图 5-48 所示详图"参数"设置对话框，可对详图的颜色、比例进行设置，此处比例设为 2，在要放置局剖详图处用，用鼠标单击一下，即可完成详图的增加，如图 5-49 所示。

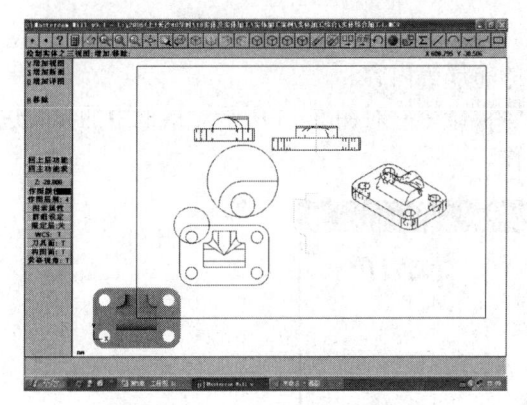

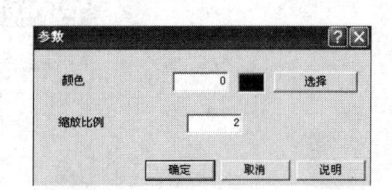

图 5-47　"详图形式"对话框　　　　图 5-48　详图"参数"设置对话框

　　(4) 用鼠标单击主菜单中的 移除 命令，在视图区选择要移除的视图，此处选择轴测图，出现图 5-50 所示"移除视图询问"对话框，用鼠标单击 是 按钮，轴测图即被移除，如图 5-51 所示。

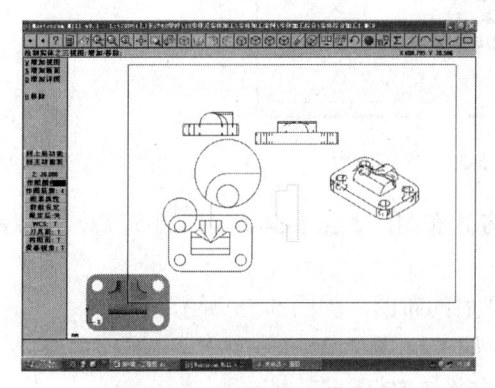

图 5-49　增加详图后的界面　　　　图 5-50　"移除视图询问"对话框

(5) 最后可用偏移命令移动视图、用排列命令对齐视图、使布图合理，如图 5-52 所示。

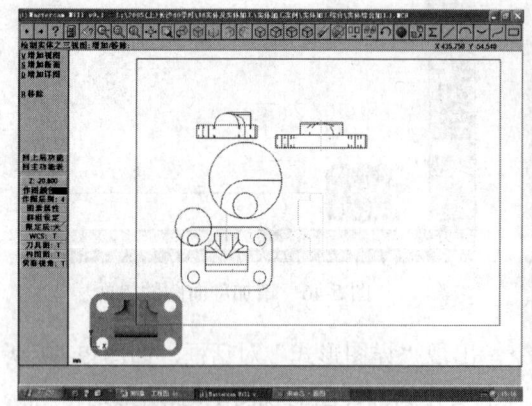

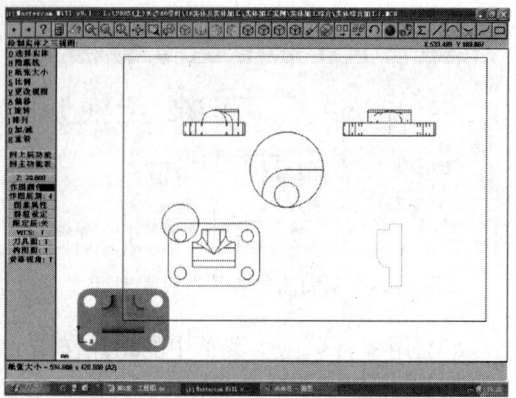

图 5-51　移除轴测图后的界面　　　　图 5-52　用偏移和排列命令整理后的图

5.3.10　重设

当绘三视图的初始设置不理想时，可用此命令重设：图纸大小、横印或直印、载入图框、不显示隐藏线、缩放比例、视图的布局等内容。

操作步骤：用鼠标单击主菜单中的重设命令，对图 5-53 所示对话框中的参数进行设置，然后单击确定钮按即可完成重设操作。

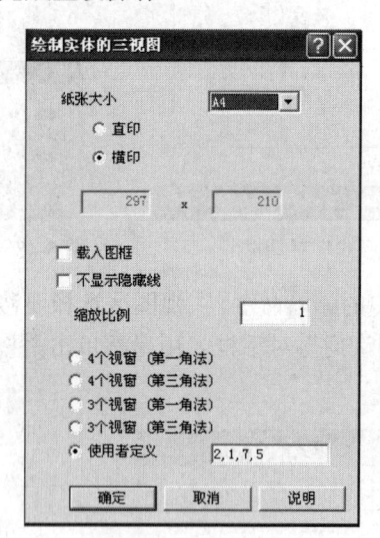

图 5-53　原图设置

例：原图是按 5、1、7、2 自定义方式布图，如图 5-54 所示，不理想，用鼠标单击主菜单中重设命令，出现"重设"对话框。

(1) 重设图纸大小：由 A4 改为 A2 后的布图，如图 5-55 所示。
(2) 横印或直印：图 5-54 为横印，图 5-56 为直印。
(3) 载入图框：载入图框后的界面如图 5-57 所示。

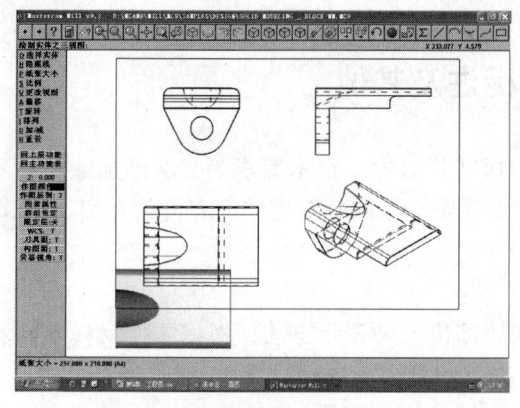

图 5-54　原图为 A4 图框的布图 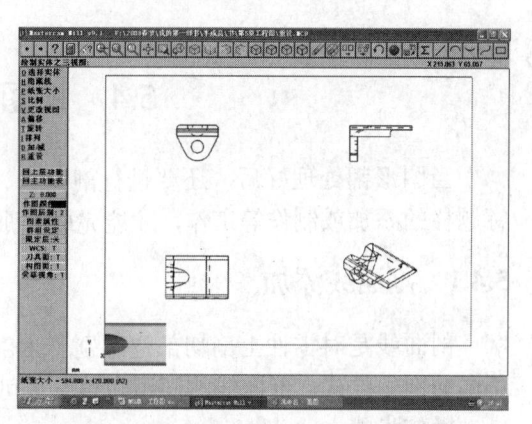　　　　　　　图 5-55　重设图纸大小 A2 图框的布图

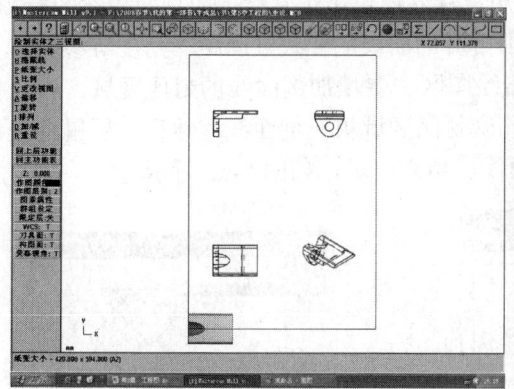

图 5-56　改直印后的界面 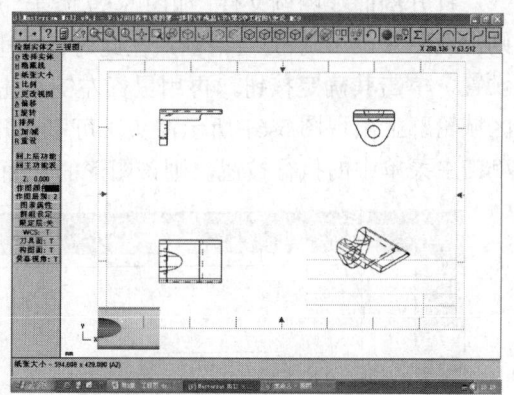　　　　　　　　　　图 5-57　改载入图框后的界面

(4) 不显示隐藏线：与 5.3.2 小节所述类似,只不过这里是对整个图纸上所有视图进行操作。

(5) 缩放比例：与 5.3.4 小节所述类似,只不过这里是对整个图纸上所有视图进行操作。

(6) 视图的布局：将自定义方式中的数字改为 2、1、7、5，用鼠标单击确定按钮，出现按 2、1、7、5 自定义方式布的图，如图 5-58 所示。

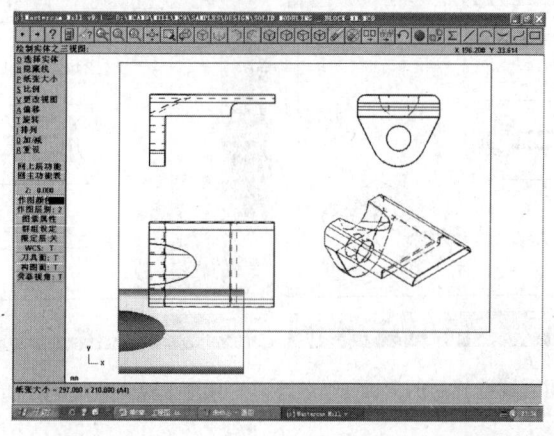

图 5-58　按 2、1、7、5 自定义方式布的图

193

5.4 视图标注及其他

当图形都处理好后,还要进行剖面线、尺寸和公差、技术要求等文字添加,边框和标题栏的添加或制作等工作,才能完成一张工程图。下面就对这些内容进行介绍。

5.4.1 剖面线添加

剖面线是对零件上剖切部位区别于未剖切部位一种表示方法,根据零件材料不同有不同的剖面样式,剖面线的间距和角度也可根据图纸大小进行设置。

操作步骤:

打开剖面线图例文件,如图 5-59 所示。用鼠标左键单击工具栏上的剖面填充图标,则出现图 5-60 所示的对话框,在此对话框中可对剖面线的样式、间距、角度等参数进行设置,单击其确定按钮,再用鼠标左键单击绘图区中要填加剖面线的封闭区域,在封闭区域轮廓上出现图 5-61 所示箭头,可多选几个封闭区域填充剖面线,然后,用鼠标左键单击主菜单中的执行按钮,则该图形的剖面线已填充好了,如图 5-62 所示。

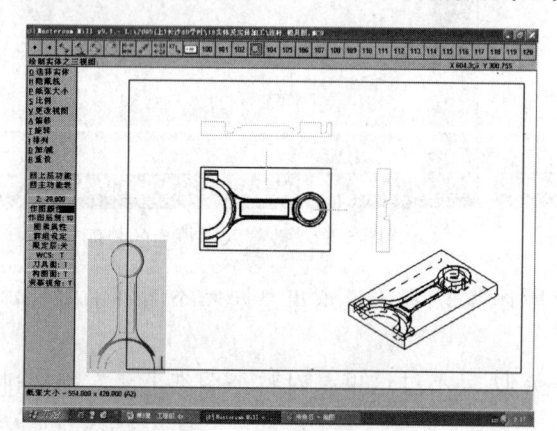

图 5-59 剖面线图例文件

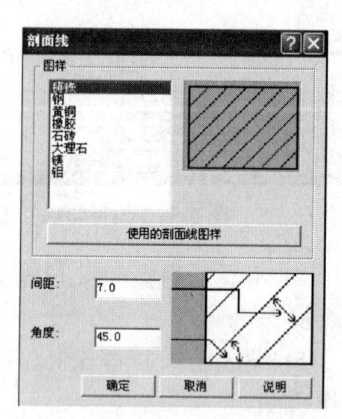

图 5-60 "剖面线"对话框

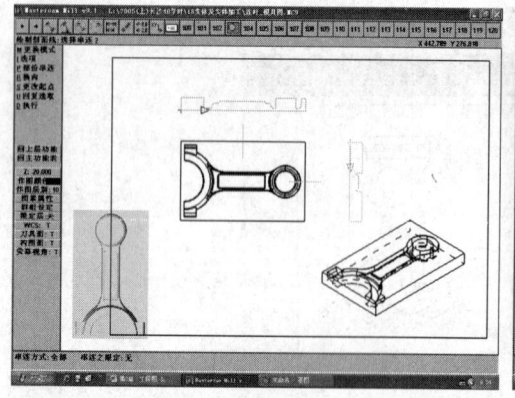

图 5-61 封闭区域选择后的界面

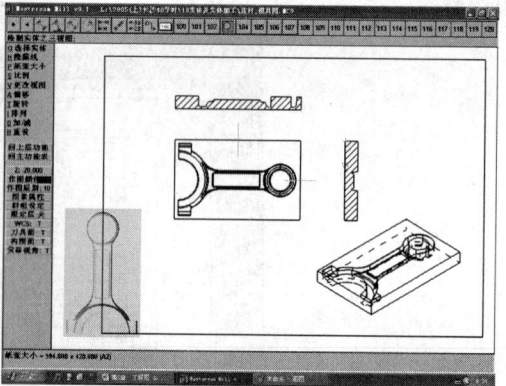

图 5-62 剖面线已填充好的界面

若已退出了三视图绘图环境,则可直接用绘图菜单中的剖面线命令对其填充。

5.4.2 尺寸及公差的添加

尺寸标注是对零件大小、图素位置的一种表达方法，公差是对零件尺寸、形状、位置进行限制的一种表达方法，在制作工程图时常需要进行标注。

操作步骤：

用鼠标左键单击工具栏上的尺寸标注图标 进行标注，分别可进行平行尺寸、角度尺寸、圆弧尺寸、基准尺寸、串连尺寸、顺序尺寸、点坐标等的标注。

有时不好标注，建议退出三视图环境，用绘图菜单中的尺寸标注去标注要好一些。

不过用 MasterCAM 标注有时候会很不方便，最好还是转到 AutoCAD 中去做。

5.4.3 技术要求等文字添加

文字的添加在工程图中主要是针对技术要求、标题栏、尺寸编辑进行的。

操作步骤：

用鼠标左键单击工具栏上的注解文字图标工具，出现图 5-63 所示"注解文字"对话框；用鼠标左键单击对话框中的属性按钮，出现图 5-64 所示对话框，修改文字属性，再单击对话框中的确定按钮，回到"注解文字"对话框；输入文字，在图中所要放置的位置用鼠标左键单击，即可完成文字的填加。具体方法请参看 3.1.8 小节。

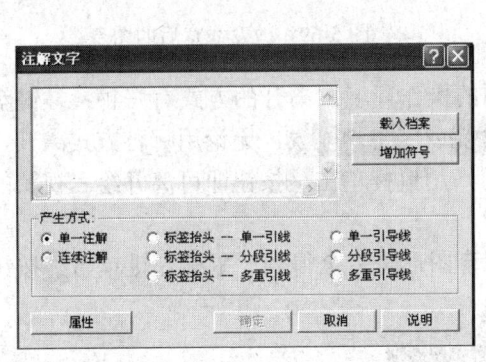

图 5-63 "注解文字"对话框   图 5-64 "尺寸标注整体设定"对话框

5.4.4 边框和标题栏的添加或制作

当全部图形绘制好后，可进行边框和标题栏的添加，具体方法请参看 5.3.10 小节，不过添加的边框和标题栏是不符合中国国标的。下面介绍绘制边框和标题栏方法。

图 5-65 是制图教材上常出现的标题栏，可用鼠标左键单击工具栏上的补正图标工具，绘出各线，如图 5-66 所示；然后，用工具栏上的打断图标工具，在交点处打断各线，如图 5-67 所示；用删除图标工具，删除多余的线段，如图 5-68 所示；再用工具栏上的改变属性图标工具，改变某些线的线宽，标题栏很快就制作出来了，如图 5-69 所示。

195

图 5-65 制图教材上常出现的标题栏

图 5-66 补正绘制直线后的图

图 5-67 在交点处打断后的图

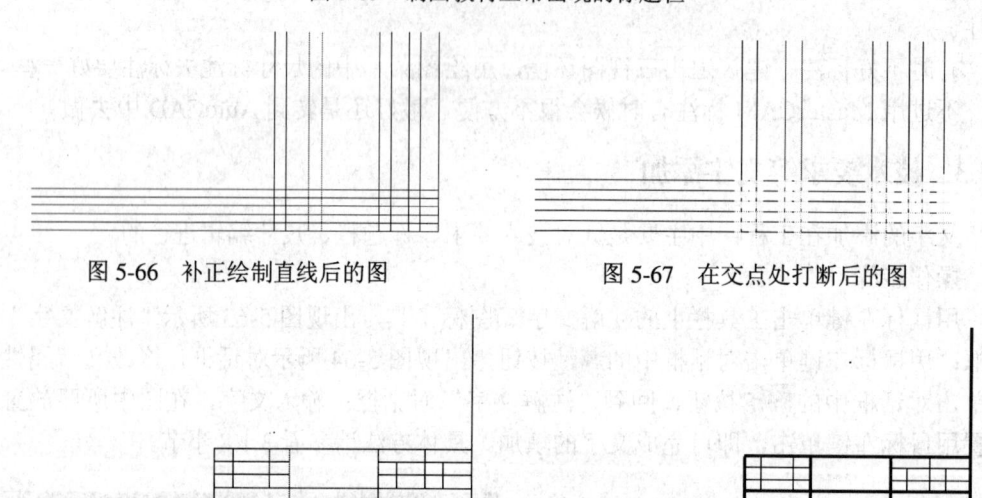

图 5-68 删除多余的线段后的图

图 5-69 改变线宽后的图

当全部图形绘制好后，才能离开绘三视图的操作环境；离开的方式有三种：按键盘上的 Esc 键、用鼠标单击主菜单中的回上层功能或回主功能表，无论用哪种方式离开，都会出现"离开提示"对话框，如图 5-70 所示，用鼠标单击是按钮即可离开绘三视图的操作环境。

注意：离开了就再也回不来了，一定要检查图形是否全得到！鼠标左键单击是按钮即可离开三视图绘图环境。

图 5-70 "离开提示"对话框

5.5 工程图综合实例

用 MasterCAM 绘制图 5-71 所示零件的工程图。

步骤一 打开工程图例文件，依次用鼠标单击主菜单命令：实体→下一页→绘三视图，出现图 5-72 所示对话框，图纸大小设为 A3、横印、不载入图框、不显示隐藏线、缩

196

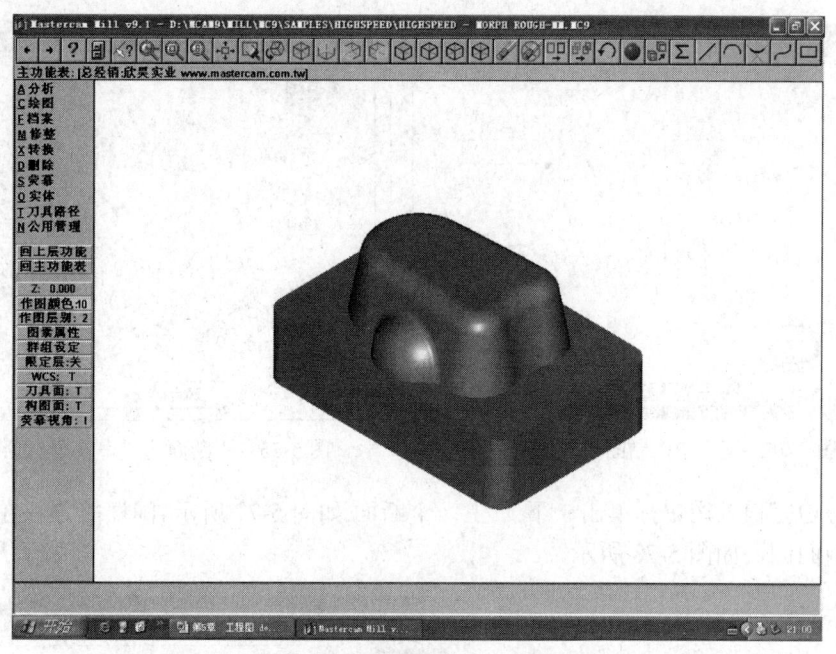

图 5-71 零件的三维实体图形

放比例为 1、视图的布局设置由使用者自定义(5、7、1、2)，用鼠标单击确定钮按，出现图 5-73 所示界面。

图 5-72 "绘制实体的三视图"参数设置对话框

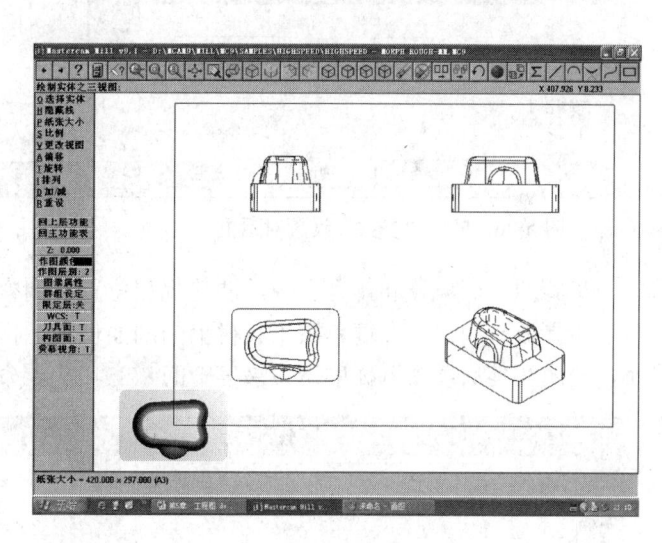

图 5-73 基础视图界面

步骤二　用鼠标单击主菜单中的旋转命令，在视图区选择俯视图上的一点，在提示行中输入旋转角度 270°，得到符合中国制图要求的三视图，如图 5-74 所示。

步骤三　用鼠标单击主菜单中的增加断面命令，出现图 5-75 所示"断面形式"设置对话框，设置断面形式，用鼠标单击确定按钮，出现图 5-76 所示断面"参数"设置对话框，设置断面参数，用鼠标单击确定按钮，在主视图下边的中点处用鼠标单击一下，再在

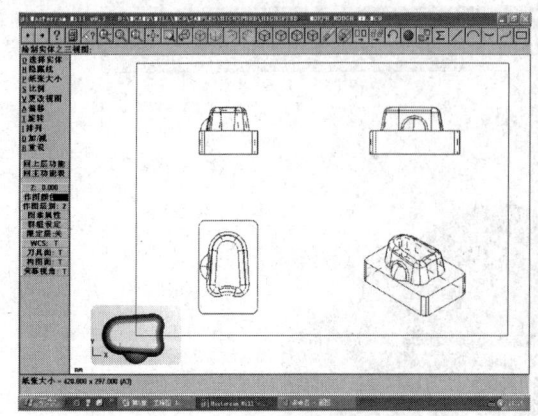

图 5-74 符合中国制图要求的三视图 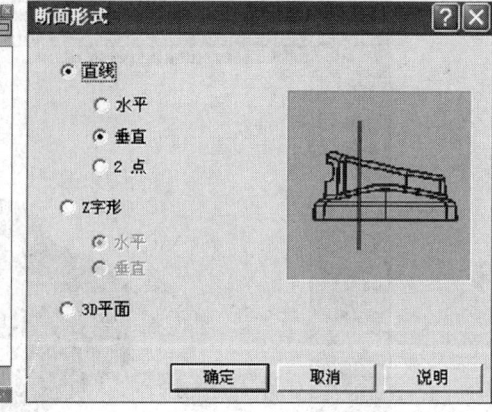　　　　图 5-75 "断面形式"设置对话框

主视图旁边空白处用鼠标单击一下,产生一个断面,如图 5-77 所示。同样的方法在俯视图旁边添加剖面图,如图 5-78 所示。

图 5-76 断面"参数"设置对话框 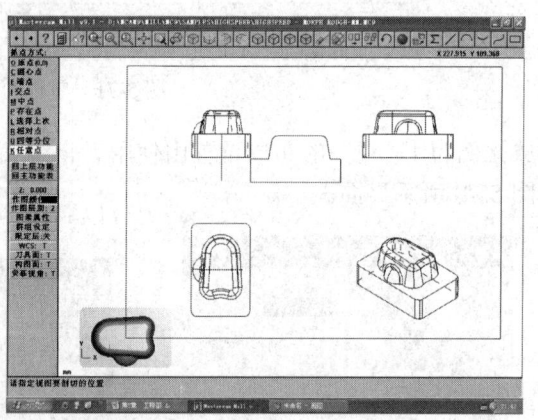　　　　图 5-77 产生第一个断面的图

步骤四　用偏移和排列命令,调整视图位置,调整好后的图如图 5-79 所示。

步骤五　用鼠标左键单击工具栏上的剖面填充图标 ▨ 工具,添加剖面线如图 5-80 所示。关闭实体层,用鼠标单击主菜单中的回主功能表命令,离开三视图绘图环境,变成

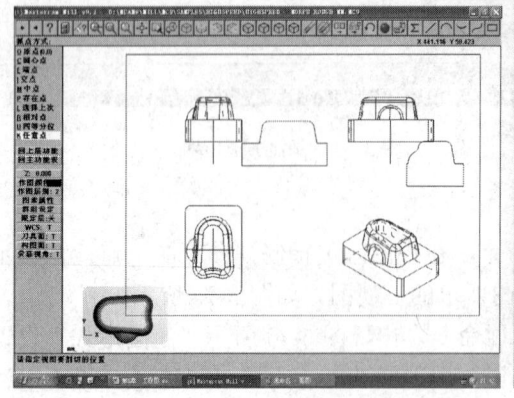

图 5-78 产生第二个断面的图 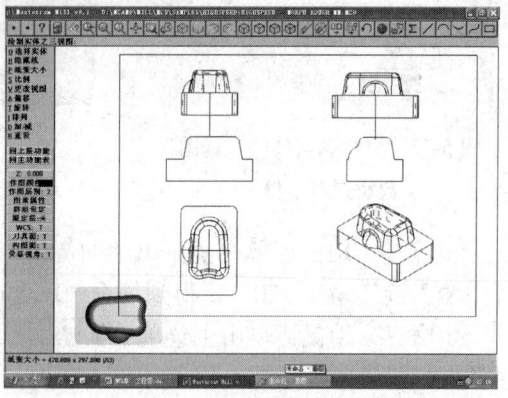　　　　图 5-79 视图位置调整好后的图

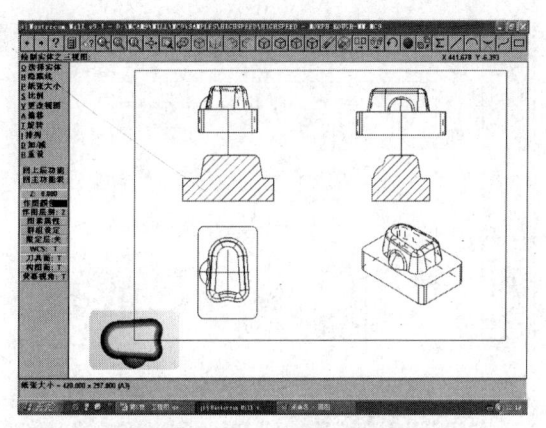

图 5-80　添加剖面线后的图

图 5-81 所示界面(确认图形不再要添加了,就可离开了,当然,在第四步之后就可离开;因为,在三视图绘图环境添加尺寸和标题栏,工具栏按钮不太好用,还是绘图菜单好用)。

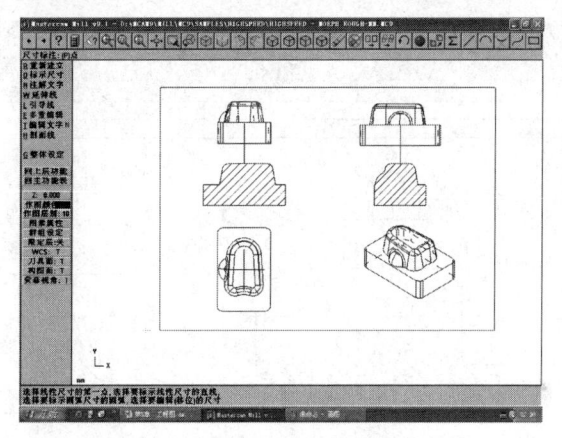

图 5-81　离开三视图绘图环境的图形

步骤六　添加尺寸,如图 5-82 所示。

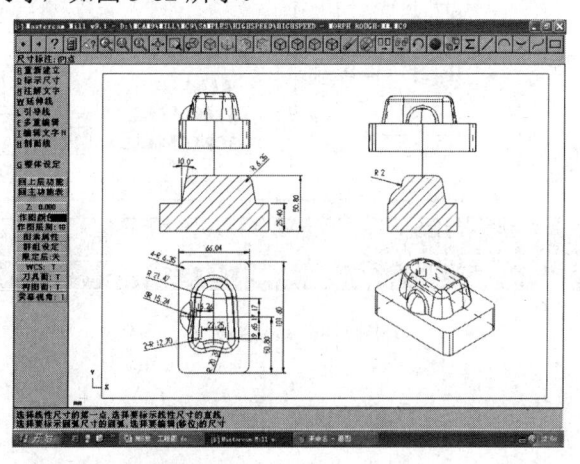

图 5-82　添加尺寸后的图

步骤七　添加边框和标题栏,如图 5-83 所示。

199

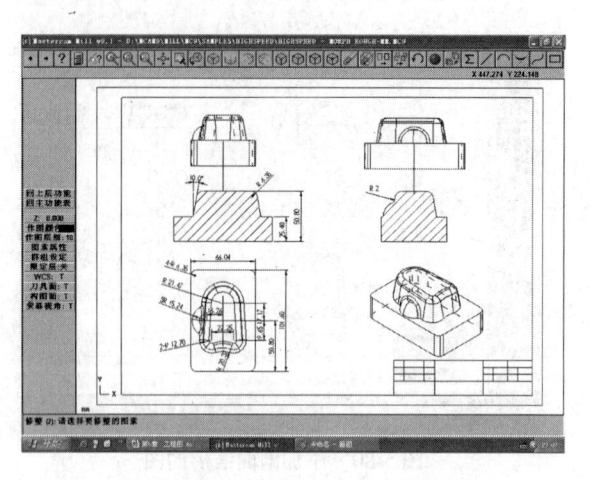

图 5-83 添加边框和标题栏后的图

步骤八 添加注解文字最后成图，如图 5-84 所示。

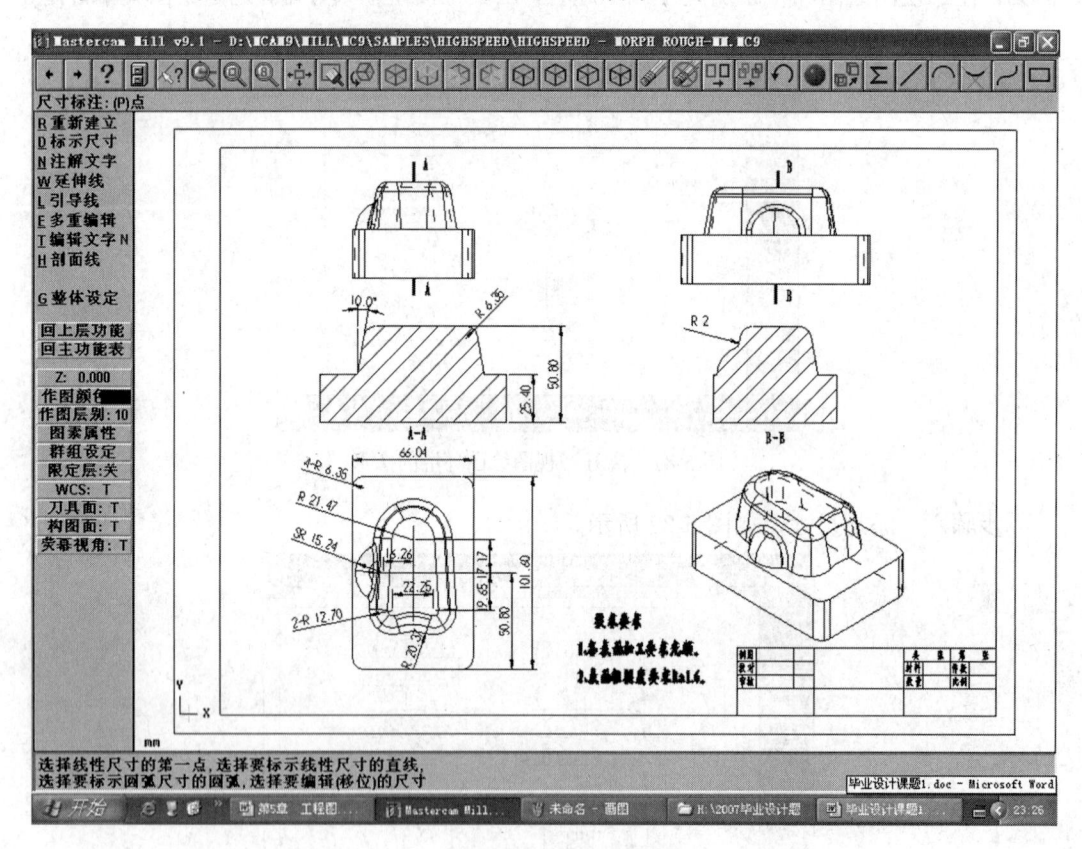

图 5-84 最后成图

5.6 本章小结

本章主要介绍了 MasterCAM 的出工程图流程，MasterCAM 的实体菜单中的绘三视图命令和操作方法，最后用 MasterCAM 绘出一张完整的零件工程图。

思考与练习题

1. 回顾 MasterCAM 的绘制工程图流程。
2. 熟悉 MasterCAM 的实体菜单中的绘三视图命令和操作方法。
3. 先建立零件的实体模型,再利用 MasterCAM 绘制零件的工程图。

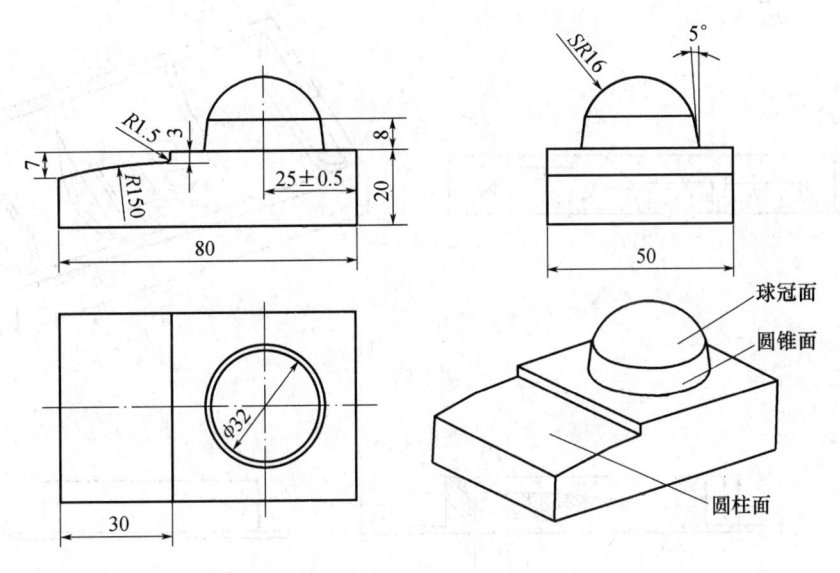

图 5-85

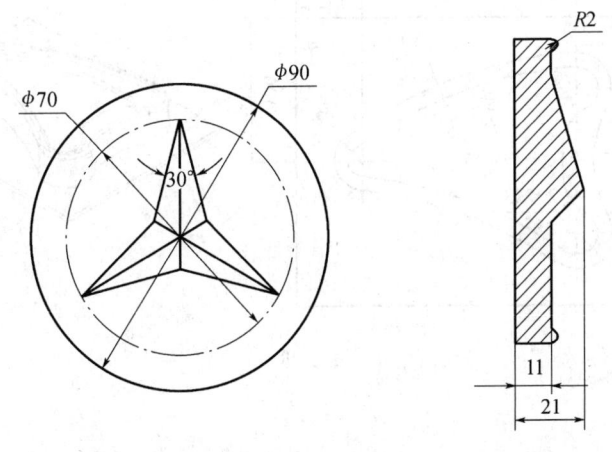

图 5-86

图 5-87

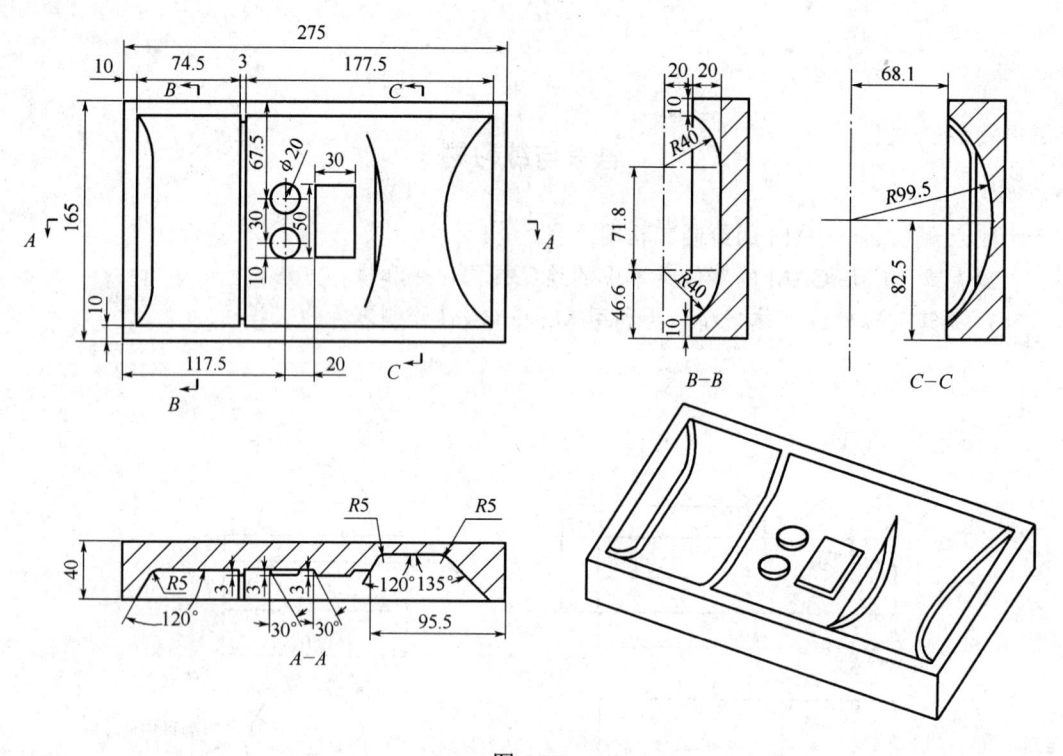

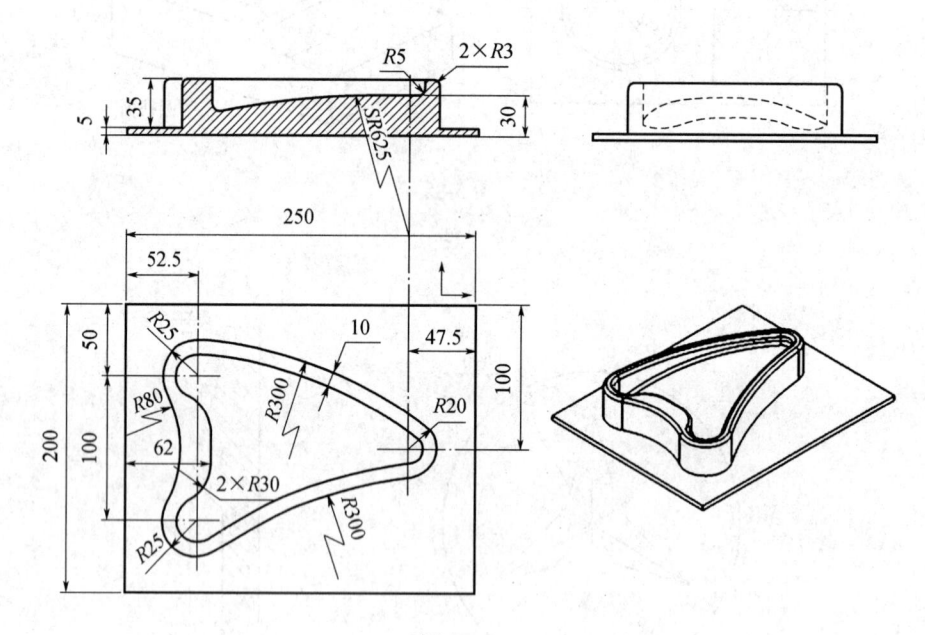

图 5-88

第 6 章　二维 CAM

6.1　CAM 概述

CAD/CAM 系统中，CAD 主要是生成工件的几何外形，而 CAM 则主要是把工艺数据文件(NCI)运用于已经生成的工件几何外形，以生成所需要的数控刀具路径。刀具路径文件包含进给量、主轴转速、切削速度、起刀点位置、换刀点位置、冷却液控制等，再由后置处理程序将刀具路径文件转换为 CNC 控制器可以解读的 NC 代码(即常用的 G 代码)，通过传输介质传送到数控机床可完成零件的加工。

6.1.1　CAM 流程

MasterCAM 的 CAM 流程如图 6-1 所示。

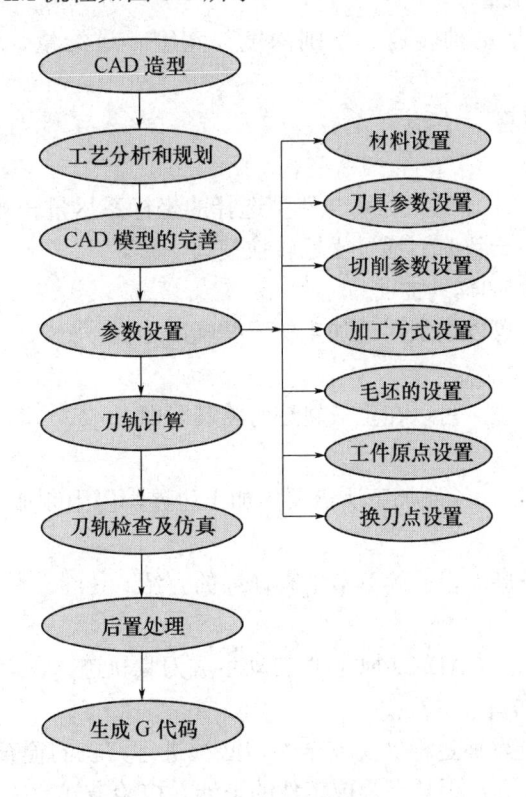

图 6-1　CAM 流程

1. 获得 CAD 模型

CAD 模型是 NC 编程的前提和基础，获得 CAD 模型的方法有：

1) 直接造型

MasterCAM 本身是一个功能强大的 CAD/CAM 一体化软件，可以完成曲面和实体的造型。对于不是特别复杂的零件，可以在编程前直接造型。

2) 数据转换

当模型文件是其他 CAD 软件进行造型时，可利用 MasterCAM 的文件转换功能，转换为 MasterCAM 能够识别的 CAD 造型文件。

2. 加工工艺分析和规划

加工工艺分析和规划的主要内容包括：

1) 加工对象的确定

分析加工模型，确定加工部位，并制定零件加工方案。对于尖角不适合在数控铣床上加工，可以选用线切割或电加工来加工。数控铣床适用于平面类、变斜角类、曲面类零件的加工。

2) 工序的划分

按形状特征、功能特征、形位及尺寸精度要求，合理安排工序。

3) 加工工艺路线制定

制定加工工艺路线时要充分考虑零件特点，使加工路线最短，从而提高效率。

4) 合理选择切削用量

数控铣削用量包括主轴转速、铣削深度与宽度、进给量、行距、残留高度、层高等。

3. CAD 模型的完善

1) 坐标系的确定

加工坐标系的确定：加工坐标系与造型选择的坐标系尽量一致，减少换算的误差，当造型与加工坐标系不一致时，通过坐标转换使其一致。

2) 根据加工需要增加辅助曲面

根据加工的需要，可以增加用于加工的一些辅助曲面。

3) 隐藏不需要的部位

对不需要加工的部位，可以在生成轨迹时将其隐藏。

4) 绘制加工边界

在获取 CAD 造型后，绘制加工所需要的加工边界，以限制加工范围。

4. 参数的设置

加工参数的设置较多，在后续章节中有详细的介绍。

5. 刀轨计算

完成参数设置后，由 CAD/CAM 软件自动生成刀具轨迹。

6. 刀轨的检查及仿真

生成刀具轨迹后，为确定程序的安全性，必须进行刀轨的检查校验，检查有无明显的过切或干涉，同时检查是否与夹具或工件的干涉。校验方式有：

1) 模拟仿真

MasterCAM 软件的模拟仿真功能非常优秀，既可以以手工方式，也可以以自动方式进行，还可以以单步或连续的方式进行模拟仿真。

2) 实体切削

MasterCAM 软件提供实体切削验证功能，以实际加工环境进行试切削，直接可以从计算机屏幕上观察加工的效果。

3) G 代码校核

除上述方法外，还可以利用 MasterCAM 软件的后置处理程序，生成 G 代码后，用记事本打开，直接进行校核并修改。

7. 后置处理

后置处理实际是一个程序优化的过程，其作用是将计算出的刀具轨迹以规定的标准格式转化为 NC 代码并输出。

8. 生成 NC 代码

检查无误的刀轨，经后置处理后，可以直接生成数控机床需要的 NC 代码。

6.1.2 MasterCAM 软件的二维铣削加工

MasterCAM 二维铣削加工主要包括：外形铣削、钻孔、挖槽加工、平面铣削、文字加工、全圆路径等。

6.1.3 工作设定

工作设定用来设置当前的工作参数，包括毛坯的大小、原点以及材料、刀具等。在主菜单中选择：刀具路径→工作设定按钮后，打开"工作设定"对话框，如图 6-2 所示。

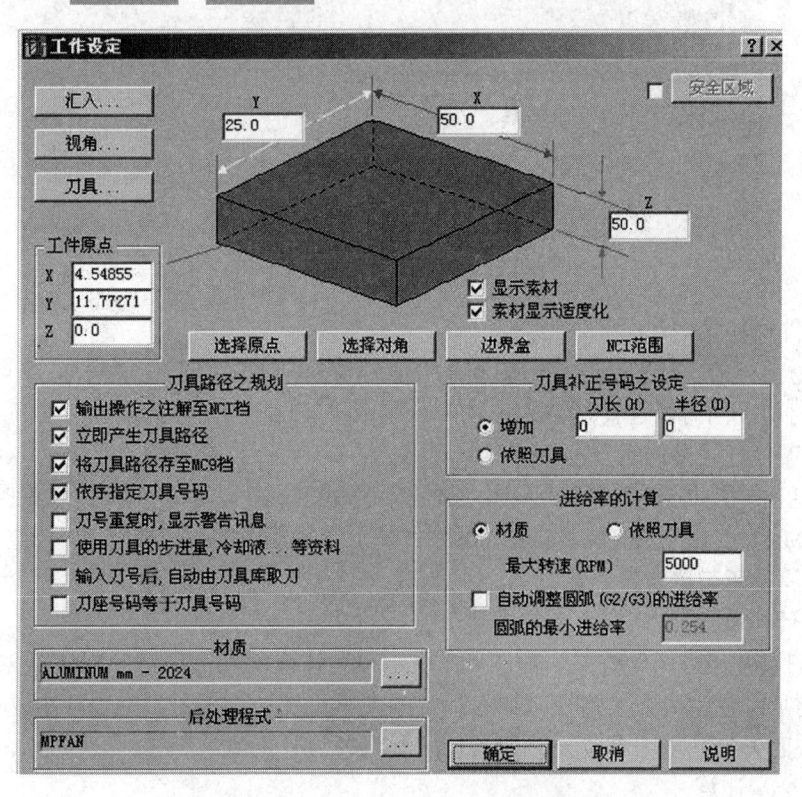

图 6-2 "工作设定"对话框

1. 毛坯(工件)原点设定方法

方法一：直接在图 6-2 所示的"工件原点"输入对话框中输入工件原点的 X、Y 和 Z 坐标。

方法二：单击图 6-2 所示的"选择原点"按钮，然后用鼠标单击工件上的某一点即为工件原点。

2. 毛坯(工件)大小设定方法

方法一：直接在图 6-2 所示的"工件大小"输入对话框中输入毛坯的中心点坐标的 X、Y 和 Z 值。

方法二：在图 6-2 所示的"工件大小"对话框单击选择对角，然后用鼠标分别选择两点，即工件左下角点和工件右上角点或者工件左上角点和工件右下角点。

方法三：在图 6-2 所示的"工件大小"对话框单击边界盒，然后弹出边界盒对话框，可以加入 X、Y、Z 方向的延伸量，完成工件大小的设定。

方法四：在图 6-2 所示的"工件大小"对话框单击 NCI 范围，系统将自动计算出刀具路径的最大和最小坐标作为毛坯大小(此方法的前提是已经生成有部分刀轨)。

毛坯大小设定好以后，会出现毛坯的边界框。

3. 刀具路径规划

此功能用于设置产生刀具路径时的一些具体的要求，如图 6-3 所示。

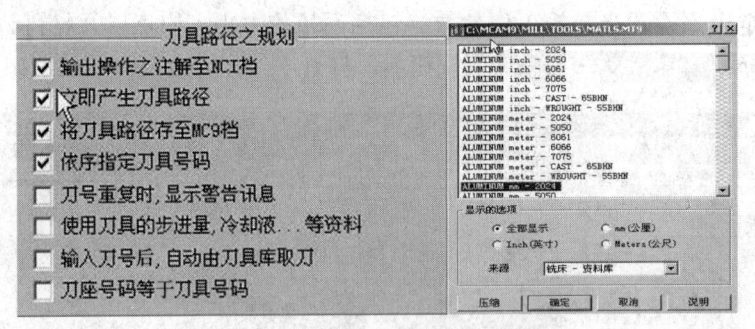

图 6-3 刀具路径规划及材料设置

4. 工件材料表

单击材质下的 ![] 图标，弹出图 6-3 所示对话框，选择"铣床-资料库"，即可选择材料库中的材料，同时可选择材料的单位为公制或英制。

5. 后置处理程序的设置

单击后置处理程序下的 ![] 图标，弹出后置处理程序选择，用户可以根据实际加工的需要在 MasterCAM 的安装目录的 Posts 目录下选择相应的后置程序。

6. 刀具补正与进给量计算

1) 刀具补正

设定刀具补正有两种方式，如图 6-4 所示刀具补正设置。

(1) 增加。在生成刀具路径时加入指定的刀具长度补正和刀具半径补正。

(2) 依照刀具。以刀具定义时刀具长度和半径为补正值。

2) 进给量计算

进给量计算两种方式，如图 6-5 所示进给量设置。

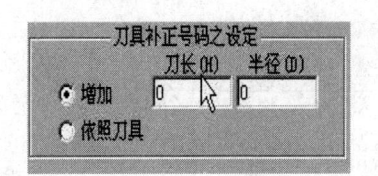

图 6-4　刀具补正设置　　　　　　　　图 6-5　进给量设置

(1) 依照工件材料。选择该项表示以工件材料来计算进给速度和主轴转速。

(2) 依照刀具。选择该项表示以所选的刀具来计算进给速度和主轴转速。

不管选哪种方式，都可以设定主轴的最大转速。另外，对于铣削较小的圆弧，为达到零件的精度要求，应设定较小的进给率。

6.1.4　刀具参数设置

在 MasterCAM 软件中，用户可以直接从系统的刀具库中选择刀具，也可以建立新刀具或对已有的刀具进行编辑，并加入刀库中。

1. 从刀具库中选择刀具

调入 CAD 工件模型，在主功能菜单中选择刀具路径，选择一种加工方法如外形铣削，选取加工对象并串选图形，系统弹出"刀具参数"对话框，如图 6-6 所示。在该图中单击鼠标右键，从刀具库中选择刀具，弹出"刀具管理员"对话框，如图 6-7 所示，选中一把刀具，单击确定，完成刀具选择。

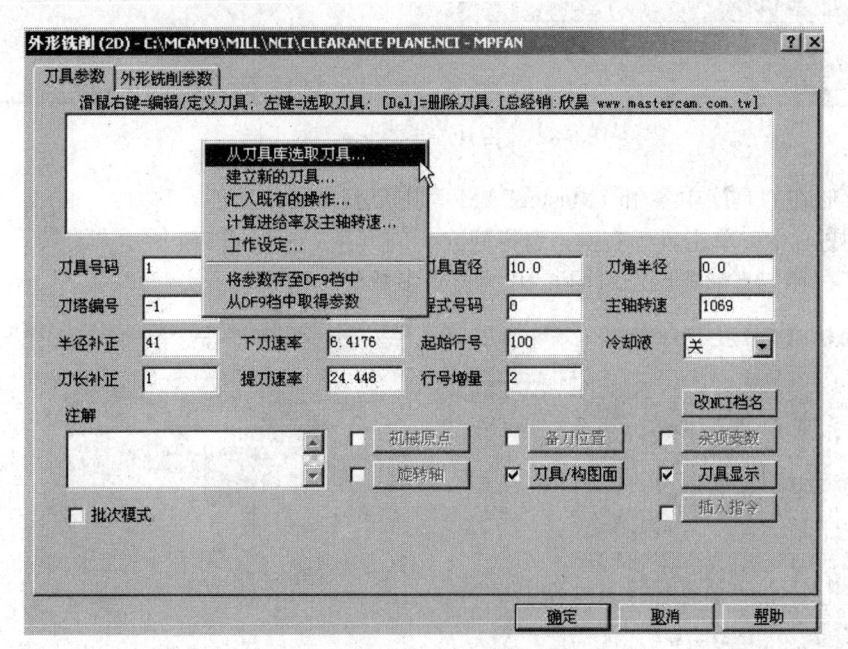

图 6-6　"刀具参数"对话框

当刀具库中的刀具较多时，选择某一刀具较麻烦，可以在图 6-7 中单击"过滤的设定"，弹出图 6-8 所示对话框，以设定限制条件来选择相应的刀具。

2. 定义新刀具

在加工时，有时需要使用一些特定的刀具，用户可以根据自己的需要创建新的刀具

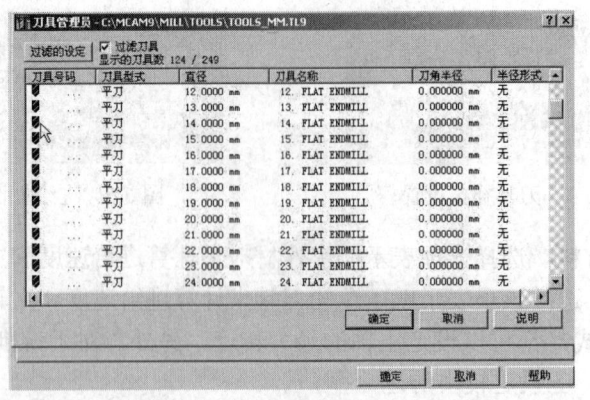

图 6-7 "刀具管理员"对话框

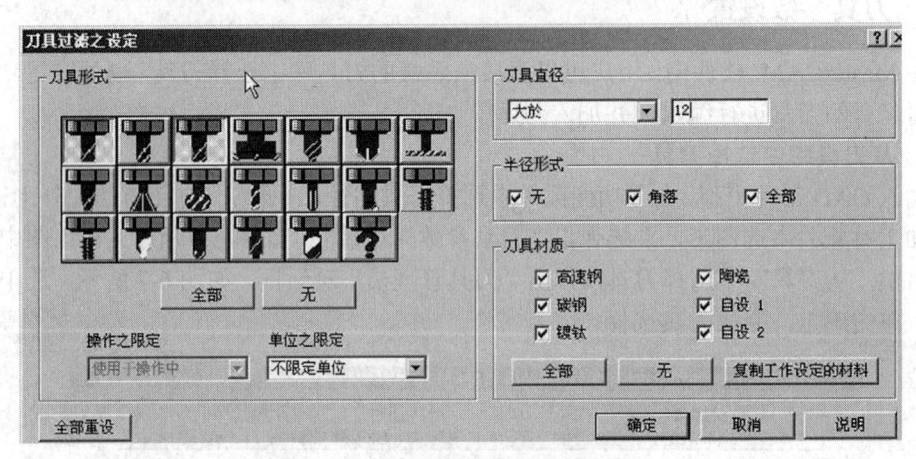

图 6-8 "刀具过滤之设定"对话框

并将其存储在刀具库中备用，MasterCAM 为用户提供了该功能。

在图 6-6 中，单击鼠标右键，选择建立新的刀具，弹出图 6-9 所示"刀具形式"对话框，选择一种刀具形式后，对图 6-10 的刀具参数进行定义。

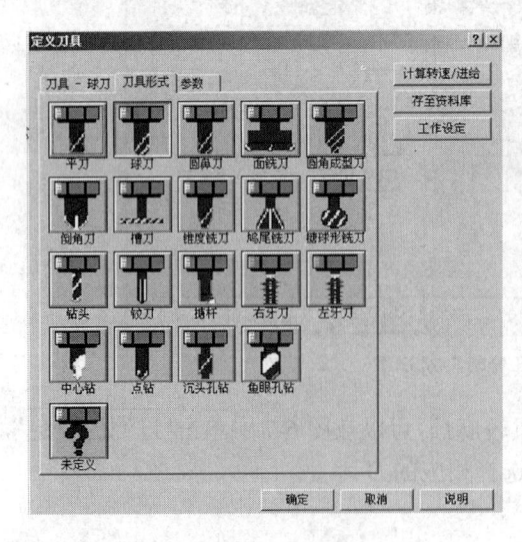

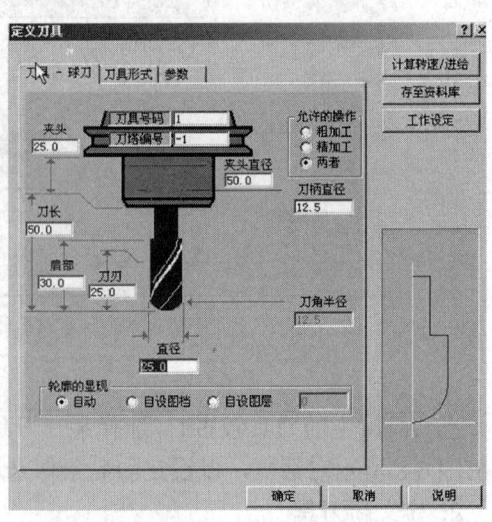

图 6-9 "刀具形式"对话框   图 6-10 刀具参数定义对话框

208

单击参数选项卡，弹出刀具的详细加工参数设置。设置完成后，单击存入资料库，完成新刀具的定义和设置。

3. 编辑刀具

在图 6-6 中，在已选中的刀具上单击鼠标右键，会弹出"刀具编辑"对话框，如图 6-11 所示，按工件实际加工的要求修改参数，并存入资料库。

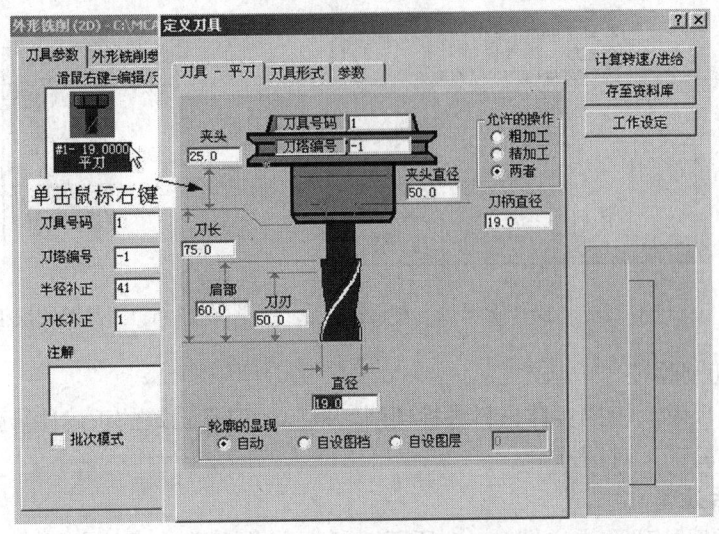

图 6-11 "刀具编辑"对话框

6.1.5 操作管理

在操作管理员视窗中，以树状结构列出了每一个加工的操作记录。生成的刀具路径与图形参数、刀具参数、加工工艺参数具有关联性，即当这些参数中的任何部分改变时，只要更新(重新计算)，就可以立即生成新的刀具路径。

在"操作管理员"视窗中，还可以直接执行刀具路径模拟、实体切削验证、执行后处理和高速加工命令。

在菜单主功能中单击：刀具路径→操作管理，弹出图 6-12 所示的对话框。

1. 全选

当单击全选时，会选中所有的已经生成的刀具路径。

2. 重新计算

用于对参数进行修改后，重新生成刀具路径。

3. 刀具路径模拟

执行此选项时，可以模拟当前生成的刀具轨迹，以检查刀具轨迹的正确性。如图 6-13 所示，可以选择手动控制或自动执行。

手动控制：当选择手动控制时，直接按住键盘上的 S 字母，刀具轨迹就会模拟显示。

自动控制：当选择自动控制时，整个模拟过程由计算机自动控制。

单击参数设定，弹出图 6-14 所示的刀具"路径模拟显示"设置对话框。可以设置刀具的步进方式为显示中间过程或端点显示；刀具移动方式：静态或动态。还可以设置刀具模拟的轨迹显示颜色。

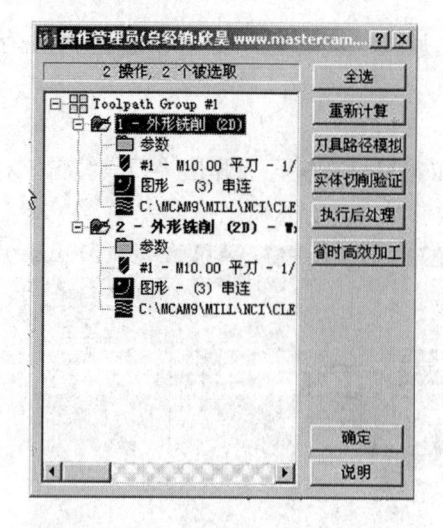

图 6-12 "操作管理员"对话框   图 6-13 "刀具路径模拟"对话框

4. 实体切削验证

单击此选项时,模拟实体材料进行切削,以验证刀具轨迹的正确性,弹出图 6-15 所示"实体切削验证"对话框。

5. 执行后处理

单击执行后处理,弹出图 6-16 所示对话框,单击更改后处理程式,弹出图 6-17 所示对话框,可以选择不同的后处理程序。选中一种后置处理后,系统自动生成 NC 代码。

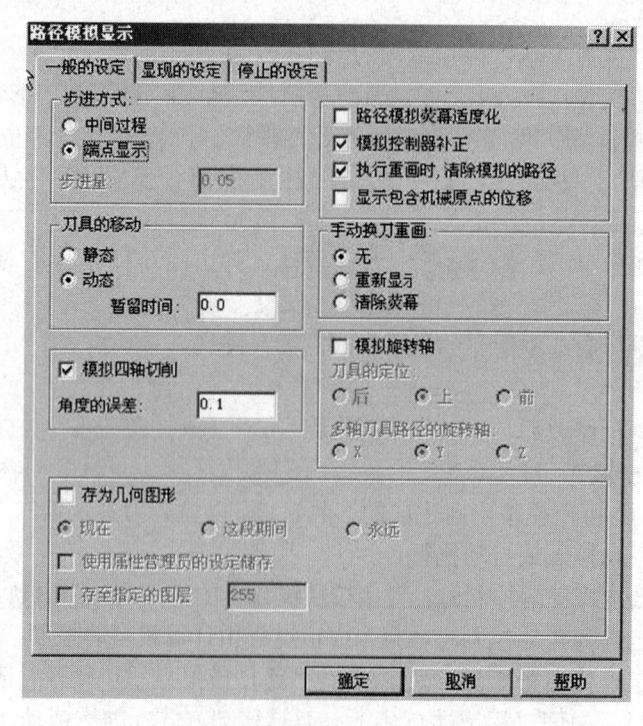

图 6-14 刀具"路径模拟显示"设置对话框

210

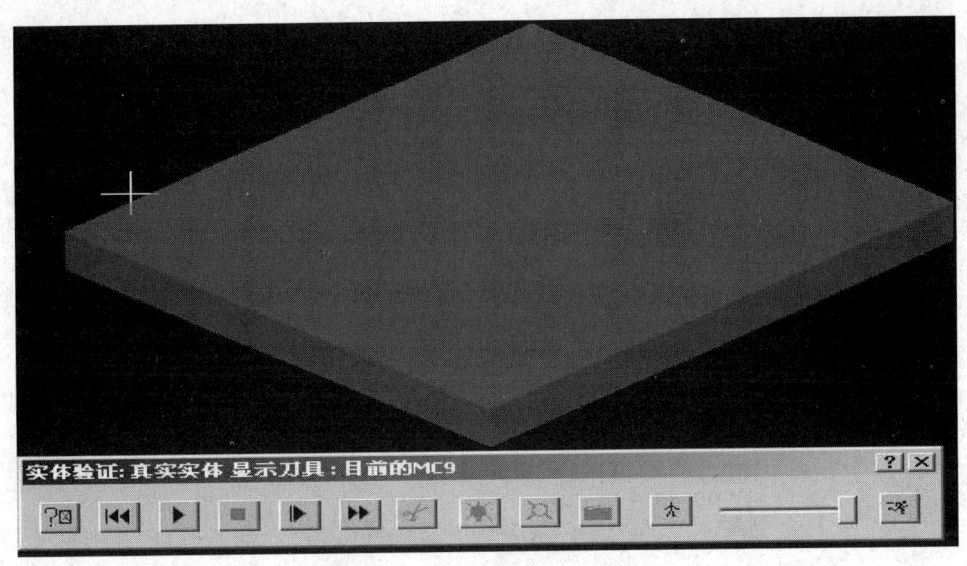

图 6-15 "实体切削验证"对话框

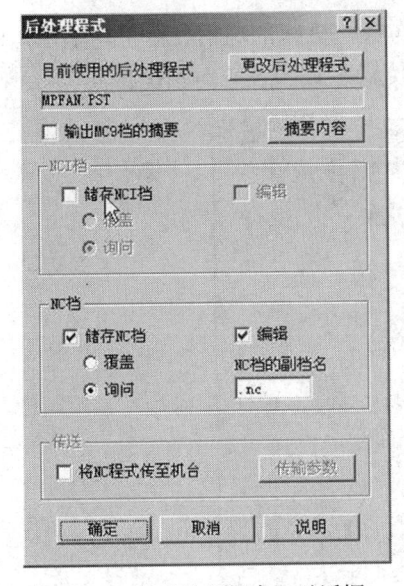

图 6-16 "后处理程式"对话框　　　　图 6-17 选择不同的后处理程序

6.1.6 后处理

当在图 6-16 后置处理中选中编辑选项时,可以对已经生成的程序代码进行编辑修改,如图 6-18 所示。

6.1.7 程序传输

程序传输有很多种方法：一种用数控机床专用的 CF 卡,先在计算机中编辑好程序保存在 CF 卡中,然后直接插入到数控机床的插槽；另一种方法是编辑修改 NC 程序并将其保存在计算机硬盘上,用 RS232 数据线一端连接在计算机的 COM1 端口,另一端连接在数控机床的 COM1 端口上,利用数控传输软件完成计算机与数控机床的通信；第三种方

211

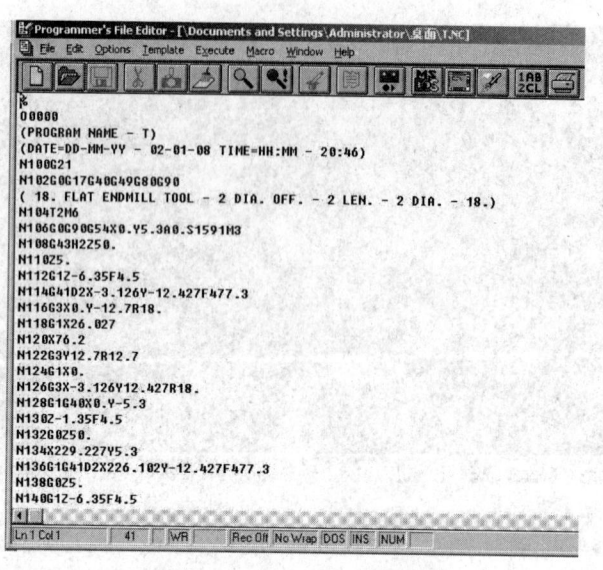

图 6-18 NC 代码的修改

法，利用 MasterCAM 软件自带的数据传输功能实现与数控机床的通信。在主功能中，单击：档案→下一页→DNC 传输，弹出图 6-19 所示"传输参数"设置对话框。

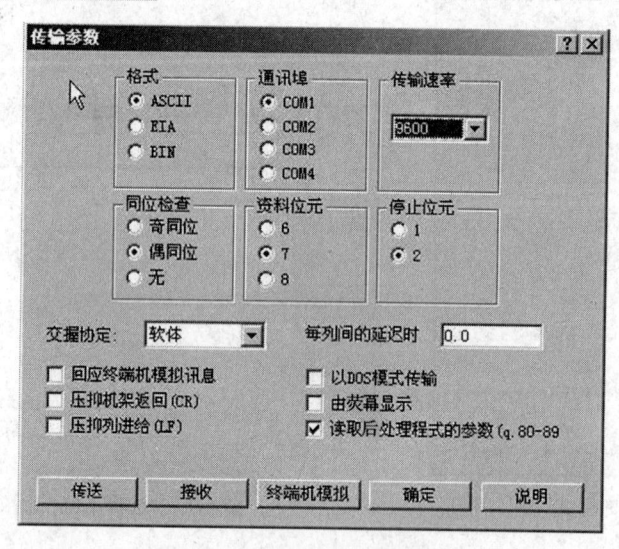

图 6-19 "传输参数"设置对话框

1. 格式

计算机编码有 ASCII、BIN、EIA 编码，常用的的采用 ASCII 码。

2. 通信端口

计算机通信端口常用 COM1、COM2、COM3、COM4 以及 LPT1、LPT2 端口，在计算机端一般选择 COM1 端口作为与数控机床通信的端口，在数控机床端，应该选择对应的 COM1 端口。

3. 传输速率

计算机通信的速率从 110～115200，一般选择 9600。在数控机床端速率也应与计算机端一致。

4. 同位检查
用于设定数据过程采用的校验位为奇或偶校验。

5. 资料位无和停止位无
用于设定传输数据位数及停止位数。

6. 传输协定
设定是软件或硬件传输。

将以上参数设置完后，单击传送，弹出选择 NC 程序的对话框，如图 6-20 所示，选择一个 NC 程序，单击打开，就可以进行数据传输了(数据传输前，数控机床端也应做好相应的准备)。

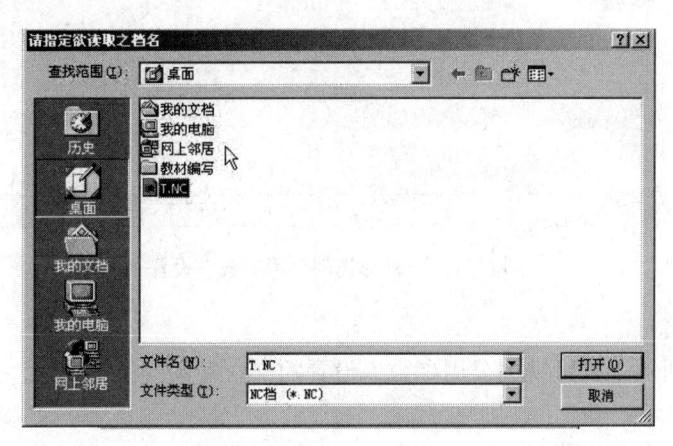

图 6-20　选择 NC 程序对话框

6.2　二维加工刀具路径

6.2.1　外形铣削

外形铣削也称为轮廓铣削，其特点是沿着零件的外形即轮廓线生成切削加工的刀具轨迹。轮廓可以是二维的，也可以是三维的，二维轮廓产生的刀具路径的切削深度是固定不变的，而三维轮廓线产生的刀具路径的切削深度是随轮廓线的高度位置变化的。

二维轮廓线的外形铣削是一种 2.5 轴的铣床加工，它在加工中产生在水平方向的 XY 两轴联动，而 Z 轴方向只在完成一层加工后进入下一层时才作单独的动作。外形加工在实际应用中，主要用于一些形状简单的，模型特征是二维图形，侧面为直面或者倾斜度一致的工件，如凸轮外轮廓铣削、简单形状的凸模等。使用这种方法可以用简单的二维轮廓线直接进行编程，快捷方便。

外形铣削的操作步骤:在主功能菜单中单击：刀具路径→外形铣削→用串连方式选择零件轮廓→执行→弹出参数设置对话框，设置参数后单击确定→生成外形铣削路径。

加工参数分为公用参数和专用参数两种，公用参数是各种加工都要输入的带有共性的参数，又叫做刀具参数；专用参数是每一铣削方式独有的专用模组参数。

6.2.1.1 外形铣削公用参数设置

外形加工的公用参数如图 6-21 所示。

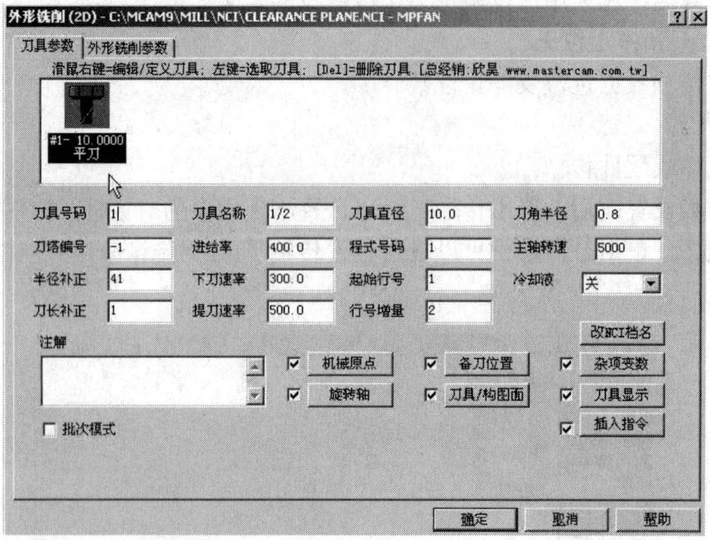

图 6-21 "外形铣削公用参数"设置

1. 选择刀具

在图 6-21 所示"外形铣削公用参数"设置的空白处单击鼠标右键,选择从刀具库中选择刀具。

2. 刀具相关参数设置

1) 刀具号码

用于指定刀具的编号如 01、02 号刀具。

2) 刀具半径补偿

用于指定刀具补偿采用左刀补 G41 或右刀补 G42。

3) 刀具长度补偿

用于指定刀具长度补偿采用 G43 或 G44。

4) 刀具名称、刀具半径和刀角半径

分别用于输入当前刀具名称、刀具的半径和刀尖角的半径。

5) 进给率、下刀速率和提刀速率

分别用于设定刀具的进给速度、下刀时的速度和快速提刀时的速度。该项参数根据工件材料、刀具及机床刚性进行选择。

6) 主轴转速和冷却液

主轴转速用于设定当前主轴的转速,如 5000r/min。冷却液可以选择喷油、喷气和其他。

7) 机械原点

选中图 6-21 中的机械原点,单击机械原点弹出换刀点坐标的设置(图 6-22),本参数用于设置机床回参考点时经过的中间位置(相当于 FANUC 系统中用 G28 指令设置换刀点)。合理设置回参考点时经过点的坐标值,可以避免机床回参考点时刀具碰到工作台上的工件或夹具。

8) 备刀位置

选定"备刀位置"按钮,弹出图 6-23,在机床加工过程中,刀具先从刀具原点移动到图 6-23 所示设置的进入点坐标位置后,再开始第一条刀具路径的加工。切削完成后,刀具先移动到退出点坐标设定的位置后,再返回刀具原点。

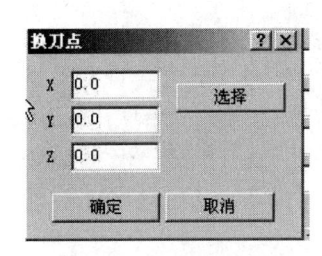

图 6-22 机械原点设置　　　　图 6-23 "备刀位置"设置

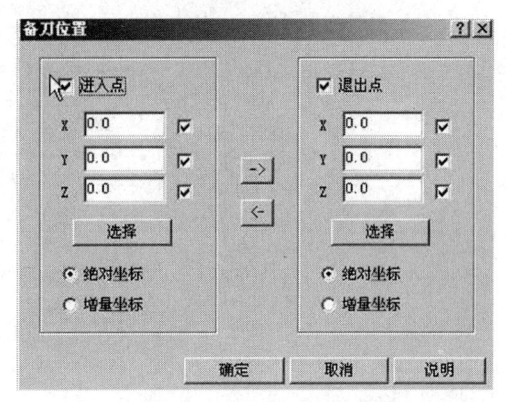

9) 旋转轴

该选项主要用于设置工件的旋转轴,一般用于数控车床。

10) 刀具面/构图面

刀具平面为刀具工作的平面,通常选垂直于刀具轴线的平面。刀具平面一般设置为俯视图 T,并与一般的机床坐标系一致,如图 6-24 所示。

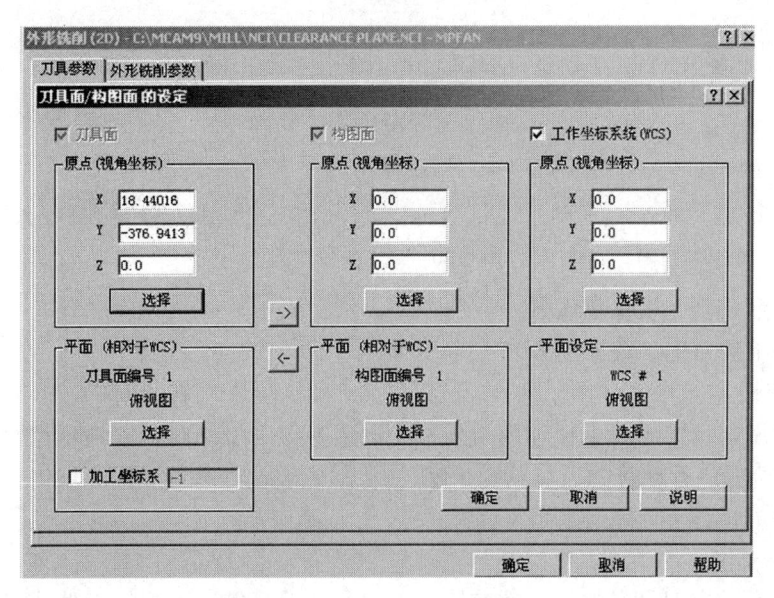

图 6-24 "刀具面/构图面"设置

11) 改变 NCI 档

用于改变 NCI 文档的文件名及存放路径。

12) 杂项参数

单击杂项参数选项,可以选定设置 G92 工件坐标系,用 0 或 1 表示,当设定为 G54 工件坐标系是用 2 表示,还可以设定为绝对或增量以及 10 个整数和 10 个实数(图 6-25)。

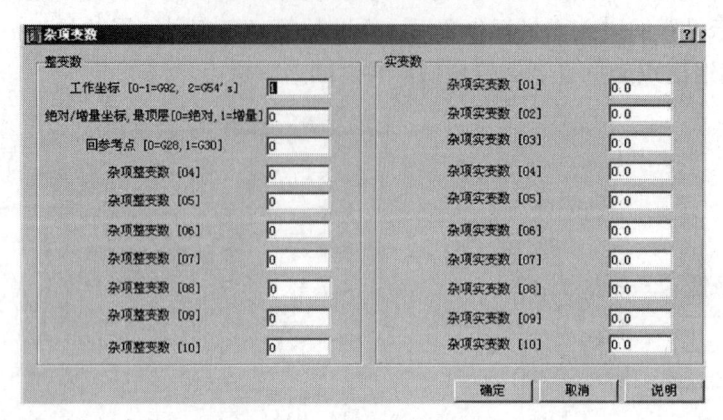

图 6-25 "杂项参数"设置

13) 插入指令

选择图示插入指令,在控制码中选中相应的代码,按增加,即可加入右侧区域,该代码即可插入到 NC 代码中(图 6-26)。

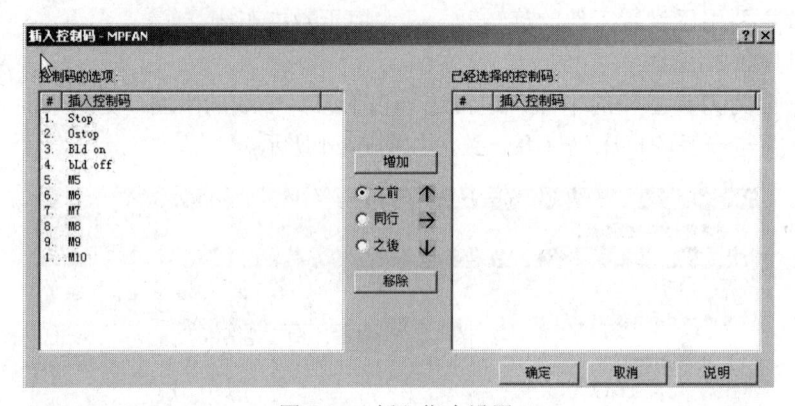

图 6-26 插入指令设置

6.2.1.2 外形铣削专用参数设置

外形加工的专用参数如图 6-27 所示。

1. 高度设定

高度的设定可用绝对坐标和增量坐标。设定为绝对坐标时,它表示相对于当前构图平面 Z0 的位置进行计算的刀具路径,Z0 的位置一般设在基准平面上。当设定为增量坐标时,它表示相对于毛坯最高顶平面。

1) 安全高度

安全高度是指刀具在加工工件前快速进刀和换刀时保证不碰撞工件或夹具的高度,通常在加工完成后刀具也退回安全高度。

2) 参考高度

参考高度是指刀具在 Z 向加工完一个刀具路径后,在 Z 向快速提刀退回的高度,即

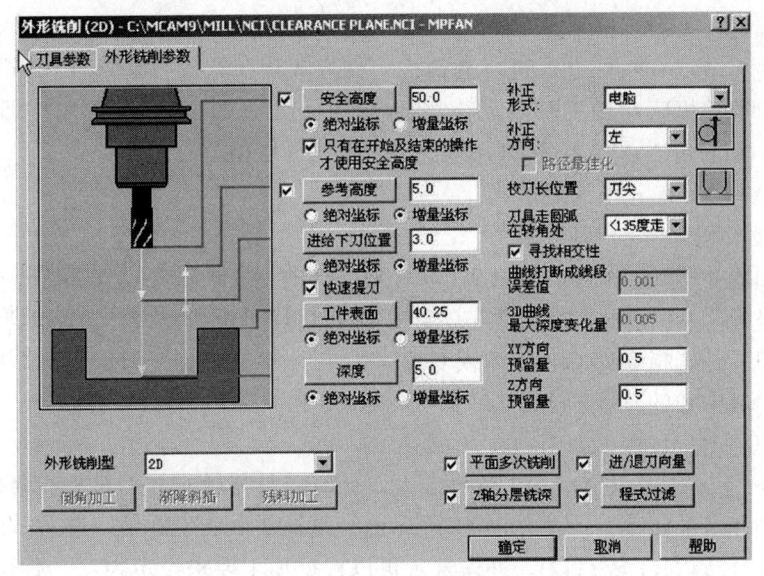

图 6-27 "外形铣削专用参数"设置

在同一加工区域中，完成一层的铣削加工，进行下一层铣削加工前先提刀到该位置，然后再下刀开始切削。

3) 进给下刀位置

进给下刀位置是指开始正常进给切削前的一段高度，在数控加工中，刀具从安全高度以 G00 的速度快速进给到进给下刀位置，然后以慢速进给接近工件。该值一般为 1mm～5mm。

4) 加工表面

加工表面是指毛坯表面的 Z 向高度，通常以其作为坐标轴 Z 向的原点位置。当选绝对坐标时，设定的高度是相对当前构图面 Z0 位置而定的，当采用增量坐标时，设定的高度是相对于所定义的外形高度。

5) 最后切削深度

最后切削深度是指外形加工的最后深度。选用相对坐标时，是相对于所定义的外形的高度。

6) 快速提刀

快速提刀是加工后以快速提刀(G00)到进给高度，若不选此项，则加工后刀具以进给速度提刀(G01)到进给高度。

各种高度示意图如图 6-28 所示。

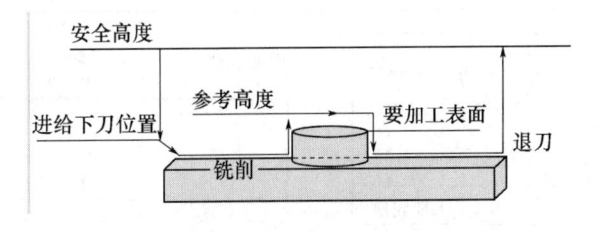

图 6-28 各种高度示意图

2. 刀具补偿

在自动编程中，有两种方式进行补偿：一种方式是在数控自动编程软件中不加入刀具补偿值，由数控机床在加工时设定补偿值，然后进行零件加工；另一种方式是在数控自动编程软件(MasterCAM 9.1 或 UG 等)中加入刀具补偿值进行补偿。

MasterCAM 9.1 有五种补偿形式：

1) 控制器补偿

选用控制器补偿时，MasterCAM 9.1 软件所生成的 NC 程序是以要加工零件的尺寸为依据来计算坐标，并在程序中加入刀具补偿指令(如 G41 或 G42)及补偿号码(D01 或 D02)，程序中含有刀具补偿指令如 G41D01 或 G42D02。机床执行该程序时由控制器根据这个补偿指令计算刀具中心的轨迹。

2) 计算机补偿

计算机补偿由 MasterCAM 9.1 软件实现，计算刀具路径时将刀具中心向指定方向移动与刀具半径相等的距离，产生的 NC 程序已经是补偿后的坐标值，并且程序中不再含有刀具补偿指令(如 G41 或 G42)。补偿选项可以根据加工要求设定为左、右补偿。

3) 两者

指同时具有计算机补偿和控制器补偿功能。

4) 两者反向

指同时具有计算机补偿和控制器补偿功能，但是控制器补偿的偏移方向与设置的方向相反。

5) 不补偿

刀具中心铣削到轮廓线上；当加工留量为 0 时，刀具中心刚好与轮廓线重合，如图 6-29 所示。

3. 刀具补偿方向

刀具补偿方向有左、右刀补两种。左刀补：刀具沿加工方向向左偏移一个刀具半径；右刀补：刀具沿加工方向向右偏移一个刀具半径，如图 6-30～图 6-32 所示。

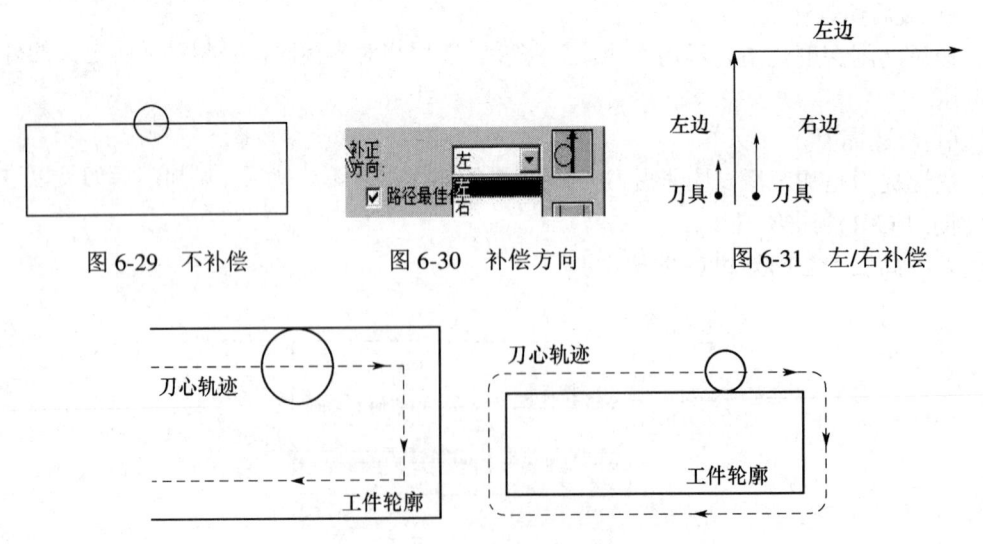

图 6-29 不补偿　　图 6-30 补偿方向　　图 6-31 左/右补偿

图 6-32 右/左刀具半径补偿的判别

4. 刀具长度补偿

设定刀具长度补偿位置,有补偿到球心和刀尖两个选择。

1) 球心

补偿至刀具端头中心。

2) 刀尖

补偿到刀具的刀尖。

实际上补偿到哪一点就是以哪一点来计算刀具路径,在数控机床上就是以该点为对刀点。

图 6-33 是不同类型刀具的刀心和刀尖不同的情况。

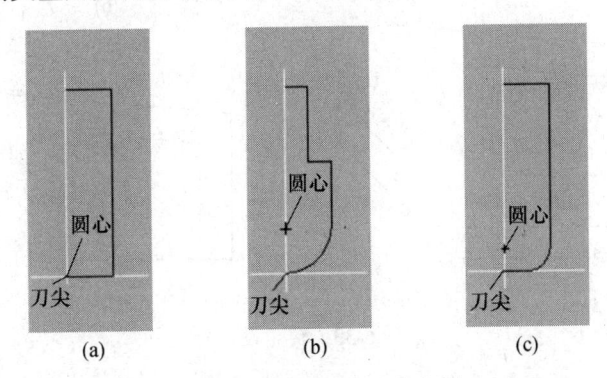

图 6-33 刀尖与圆心点的位置

(a) 平底刀;(b) 球头刀;(c) 圆角刀。

图 6-34 是补偿位置不同时的刀路区别。

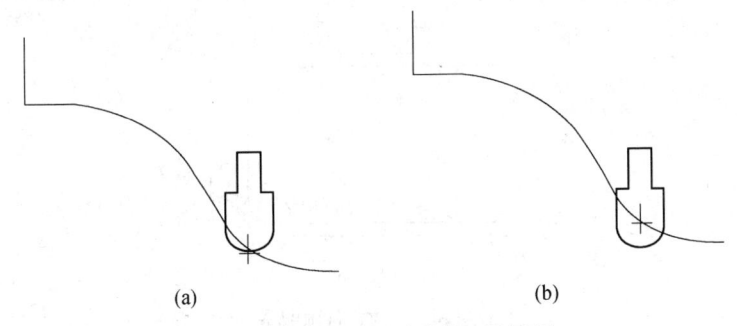

图 6-34 补偿位置不同时的刀路区别

(a) 补偿到刀尖;(b) 补偿到球心。

5. 转角设定

转角设定有三个选项:不走圆角、尖角部位走圆角、全走圆角。

1) 不走圆角

所有的角落尖角直接过渡,产生的刀具轨迹的形状为尖角,如图 6-35(a)、(d)所示。

2) 尖角部位走圆角

对尖角部位(默认为<135°)走圆角,对于大于该角度的转角部位采用尖角过渡,如图 6-35(b)所示。

3) 全走圆角

对所有的转角部位均采用圆角方式过渡，如图 6-35(c)所示。

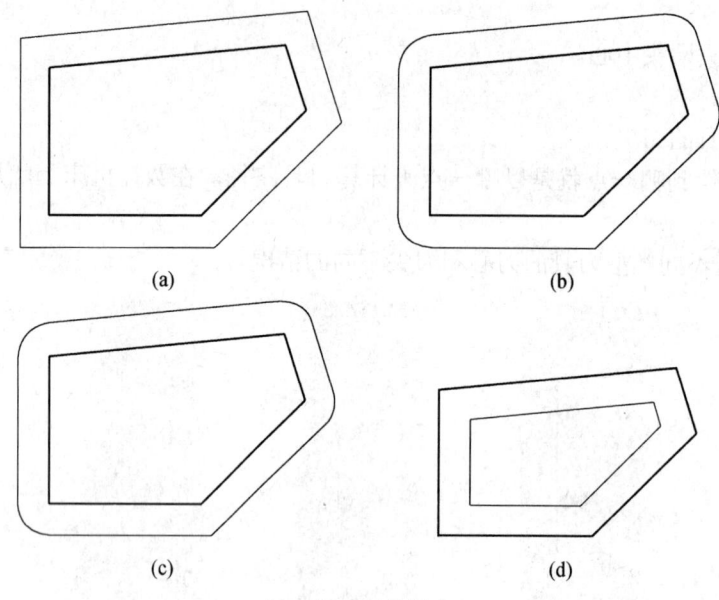

图 6-35　转角设定

6. 加工预留量

外形加工时 XY 和 Z 轴方向两个方向的预留量需要设定。

1) XY 方向预留量

粗加工时一般留预留量为 0.1mm～0.5mm，精加工时设为 0，如图 6-36 所示。

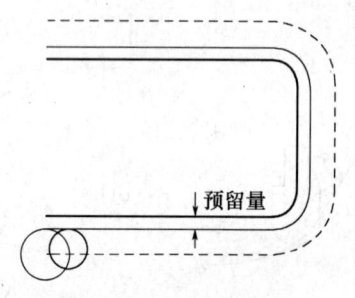

图 6-36　XY 向预留量

2) Z 轴方向预留量

粗加工时一般留预留量为 0.1mm～0.5mm，精加工时设为 0。

7. 平面分层铣削

外形分层是在 XY 方向分层粗铣和精铣，主要用于外形材料切除量较大，刀具无法一次加工到定义的外形尺寸的情形。选中并单击 [平面多次铣削]，弹出图 6-37 所示的对话框，分别设置粗、精铣的次数和间距。

8. Z 轴分层铣削

Z 轴分层铣深是指在 Z 方向(轴向)分层粗铣与精铣，用于材料较厚无法一次加工到最后深度的情形。选中并单击 [Z轴分层铣深]，可弹出图 6-38 所示对话框。

图 6-37　XY 平面多次铣削　　　　　图 6-38　Z 轴分层铣削

1) Z 轴的最大粗切深度

用于输入粗加工时 Z 方向的最大粗切进刀量。

2) 精修次数

切削深度方向的精加工次数。

3) 精修量

精加工时每层切削的深度，做 Z 方向精加工时两相邻切削路径层间的 Z 方向距离。

4) 不提刀

选中时指每层切削完毕不提刀。

5) 使用副程式

选中时指分层切削时调用子程序，以减少 NC 程序的长度。在子程序中可选择使用绝对坐标或增量坐标。

6) 锥度斜壁

分层铣深的顺序(依照轮廓或依照深度)、设置精修的次数以及精修量等，当选中 ☑ 锥度斜壁，并在 锥度角 0.0 中输入角度时，可以铣削带斜面的锥角，如图 6-39 所示。

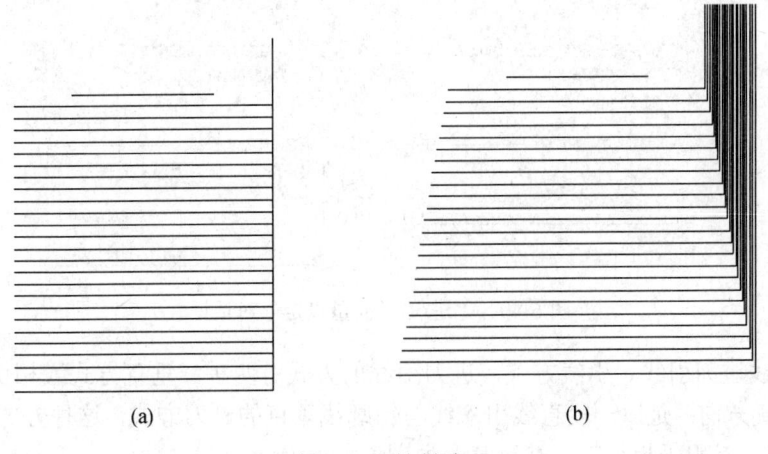

图 6-39　铣斜壁

9. 进/退刀向量设定

轮廓铣削一般都要求加工表面光滑，如果在加工时刀具在表面处切削时间过长(如进刀、退刀、下刀和提刀时)，就会在此处留下刀痕。MasterCAM 的进/退刀功能可在刀具切入和切出工件表面时加上进退引线和圆弧使之与轮廓平滑连接，从而防止过切或产生毛边。

选中并单击图 6-27 的 ☑ 进/退刀向量 ，弹出如图 6-40 所示"进/退刀向量设定"对话框。

1) 在封闭轮廓的中点进行进刀/退刀

在封闭轮廓的轮廓铣削使用中，系统自动找到工件中心进行进/退刀，如果不激活该选项，系统默认进/退刀的起始点位置在串连的起始点。

2) 干涉检查进刀、退刀

激活该选项可以对进/退刀路径进行过切检查。

3) 退刀重叠量

在退刀前刀具仍沿着刀具路径的终点向前切削一段距离，此距离即为退刀的重叠量，如图 6-41 所示。退刀重叠量可以减少甚至消除进刀痕。

4) 进刀向量设置

MasterCAM 有多个参数来控制进/退刀。如图 6-40 所示，左半部为进刀向量设置，右半部为退刀向量设置，每部分又包括引线方式、引线长度、斜向高度以及圆弧的半径、扫掠角度、螺旋高度等参数设置。

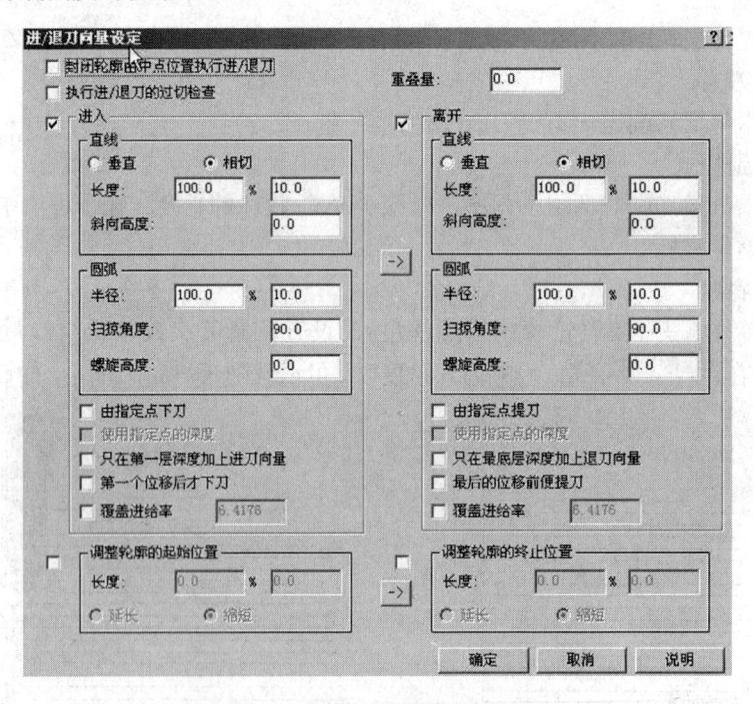

图 6-40　"进/退刀向量设定"对话框

(1) 直线进刀引线。引线方式，进刀引线的方式有两种：垂直方式或相切方式。

① 垂直方向：是以一段直线引入线与轮廓线垂直的进刀方式，这种方式会在进刀处留下进刀痕，常用于粗加工，其示意图如图 6-42(a)所示。

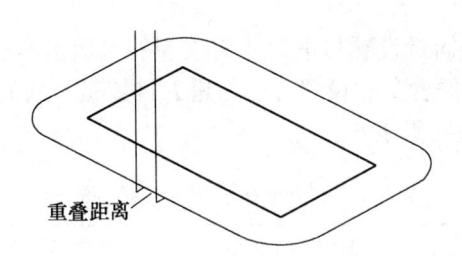

图 6-41 退刀重叠量

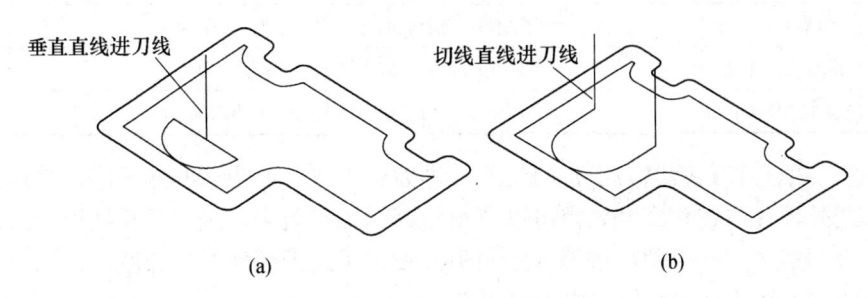

图 6-42 进刀引线
(a) 垂直直线进刀引线；(b) 切线直线。

② 切线方向：是以一段直线引入线与轮廓线相切的进刀方式，这种进刀方式常用于圆弧轮廓的加工的进刀，其示意图如图 6-42(b)所示。

③ 长度：进刀向量中直线部分的长度。设定了进刀引线长度，可以避免刀具与工件成形侧壁发生挤擦，但也不能设得过大，否则进刀行程过大影响加工效率。引线长度的定义方式有两种，可以按刀具直径的百分比或者是直接输入长度值，两者是互动的。

④ 斜向高度：进刀向量中直线部分起点和终点的高度差，一般为 0。

(2) 圆弧进刀线。圆弧进刀线是以一段圆弧作引入线与轮廓线相切的进刀方式，这种方式可以不断地切削进入到轮廓边缘，可以获得比较好的加工表面质量，通常在精加工中使用。如果设定了进刀方式为切向进刀，那么就需要设定进刀圆弧半径、扫掠角度。图 6-43 所示为切向进刀示例。

① 半径：进刀向量中圆弧部分半径值，圆弧半径的定义方式有两种，可以按刀具直径的百分比或者是直接输入半径值，两者是互动的。

② 扫掠角度：进或退刀向量中圆弧部分包含的夹角，一般为 90°。

③ 螺旋高度：进或退刀向量中圆弧部分起点和终点的高度差，一般为 0。

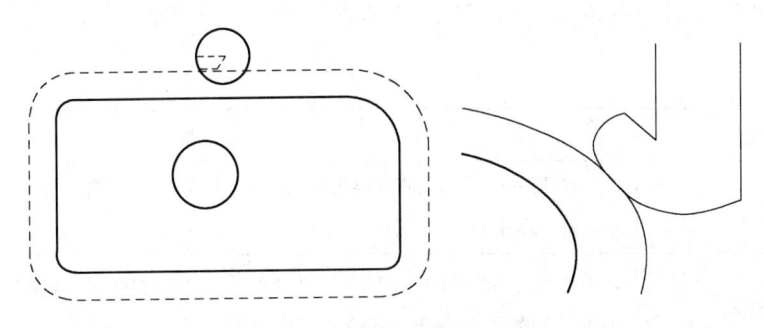

图 6-43 圆弧切线进退刀引线

退刀向量设置：退刀向量设置与进刀向量设置的参数基本上是相对应的，只是将进刀换成退刀。其对应选项的含义和设置方法与进刀设置是一致的。

进/退刀量其他参数说明见表 6-1。

表 6-1 进/退刀量其他参数说明

参　　数	参　数　说　明
由指定下刀(提刀)	进退刀的起始点可由操作者在图中指定
使用指定点的深度	自动使用指定点的深度作高下刀(提刀)深度
只在第一层深度上加上进刀向量	分层铣削时为了减少进刀时间可选此项
只在最后深度加上退刀向量	分层铣削时为了减少退刀时间可选此项

(3) 进刀线延伸长度/退刀线延伸长度。进刀延长线一般用于开放轮廓，将进刀点延伸到轮廓之外，使得在轮廓开始点可以获得较好的加工效果。进刀延长线用于封闭轮廓时，将在进刀点之前一段距离进刀开始切削。设定了进刀延伸线的长度后，法向进刀或切向进刀的引入线将延伸后的点作为进刀点。

退刀延长线用于开放轮廓，将退刀点延伸到轮廓之外，使得在轮廓结束点可以获得较好的加工效果。退刀延长线用于封闭轮廓时，将在退刀点之后再作一段距离的切削后才退刀。设定了退刀延伸线的长度后，法向退刀或切向退刀的引入线将延伸后的点作为退刀点。图 6-44(a)、(b)所示分别为进/退刀延长线的示意图。

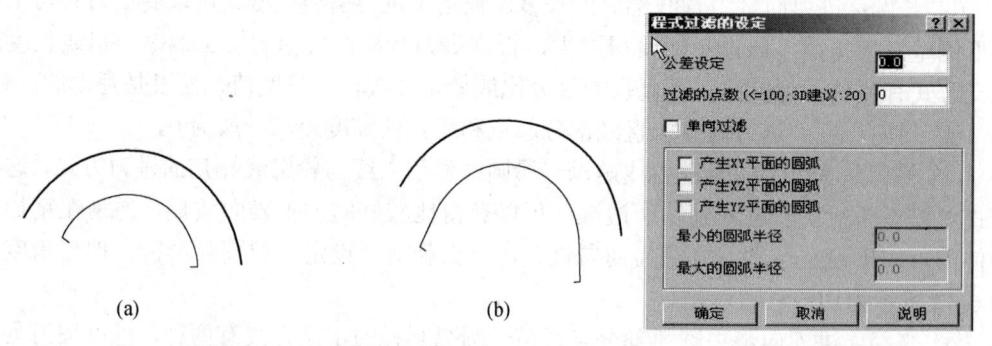

图 6-44 进/退刀延长线的示意图

图 6-45 "程序过滤的设定"对话框

10. 程序过滤

设定系统刀具路径产生的容许误差值，用来删除不必要的刀具路径，简化 NCI 文件的长度，参数设置对话框如图 6-45 所示。各参数的含义见表 6-2。

表 6-2 程序过滤参数说明

参　　数	参　数　说　明
误差值	当刀具路径中的点与直线或圆弧的距离小于或等于该框输入的误差值时,系统自动将该点的刀具移动去除
过滤的最大点数	用来设定每次过滤时删除的最多点数，小于 100 时，过滤速度可加快，但过滤的效果会降低，建议使用内设值

(续)

参　　数	参 数 说 明
过滤成圆弧(G02 或 G03)	若选中该复选框,在去除刀具路径中的共线点时用圆弧代替直线,若未选中此项,则仅用直线来调整刀路
最小圆弧半径	用于设置在过滤中圆弧路径的最小半径,圆弧半径小于该值,用直线代替
最大圆弧半径	用于设置在过滤中圆弧路径的最大半径,圆弧半径大于该值,用直线代替

11. 外形铣削形式

MasterCAM 对于 2D 轮廓铣削提供四种形式来供用户选择：2D、2D 倒角、螺旋式渐降斜插以及残料加工，如图 6-46 所示。对于 3D 轮廓铣削时，用户也可以选择 2D、3D 和 3D 成型刀等三种轮廓铣削形式。选择的外形轮廓是位于同一水平面内时，系统内设值是 2D，用于常规二维铣削加工。

下面介绍其他三种形式的作用及 3D 的外形加工。

1) 2D 倒角

主要用于成型刀加工，如倒角等，参数设置如图 6-47 所示。主要按刀具形状设置其加工的宽度和深度。

图 6-46　外形铣削形式　　　　　图 6-47　2D 倒角

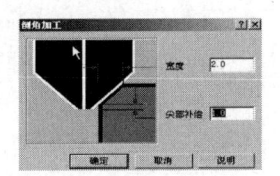

2) 螺旋式渐降斜插

螺旋式渐降斜插式外形铣削主要有三种下刀方式：角度(指定每次斜插的角度)、深度(指定每次斜插的深度)和垂直下刀(不作斜插,直接以深度值垂直下刀)，参数设置如图 6-48 所示。图 6-49 所示为采用斜插角度 2°的单向斜插加工示意。

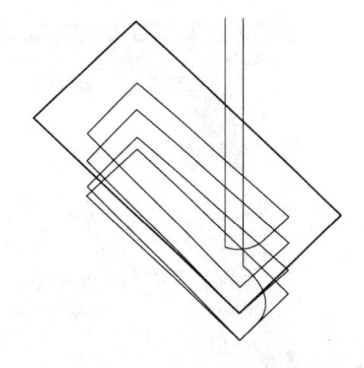

图 6-48　螺旋式渐降斜插　　　　　图 6-49　螺旋式渐降斜插示意图

3) 残料加工

外形铣削中的残料加工主要针对先前用较大直径刀具加工遗留下来的残料再加工，特别是工件的狭窄的凹型面处。图 6-50 所示为"外形铣削的残料加工"参数设定对话框。

残料加工参数说明：

残料包括由于先前加工所用刀具直径较大而在狭窄处未加工的区域及前一操作所设定的加工预留量。

(1) 所有先前的操作：对本次加工之前的所有加工进行残料计算。

(2) 前一个操作：只对前一次加工进行残料计算。

(3) 自设的刀具直径：依据所使用过的粗铣铣刀直径进行残料计算，选择该项时，需要输入粗铣使用的刀具直径。

(4) 刀具路径的超出量：指残料加工路径沿计算区域的延伸量(刀具直径%)。

(5) 残料加工的误差：计算残料加工的控制精度(刀具直径%)，当加工余量小于该值时不做加工。

(6) 显示素材：计算过程中显示工件已被加工过的区域。

图 6-50 "外形铣削的残料加工"对话框

6.2.2 钻孔

MasterCAM 的钻孔加工可以指定多种参数进行加工，设定钻孔参数后，自动输出相对应的钻孔固定循环加指令(G81~G89)，包括钻孔、铰孔、镗孔、攻丝等加工方式(图 6-51)。钻孔加工程序可以用于工件上各种点的加工，对于使用数控加工中心进行加工的工件，为了保证有足够的精度，通常在数控加工机床上直接进行孔的加工。

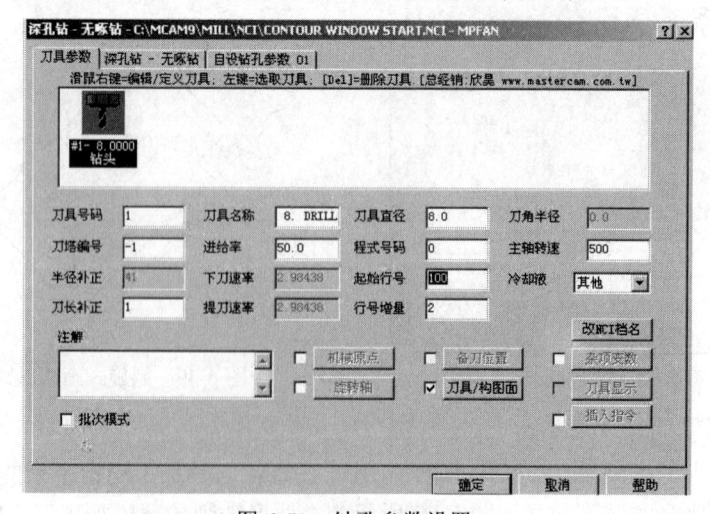

图 6-51 钻孔参数设置

6.2.2.1 钻孔点选择

在主功能菜单选：刀具路径→钻孔，显示钻孔加工的菜单，如图 6-52 所示。

1. 手动

手动选择钻孔点，产生刀具路径。如图 6-53 所示，可以选择原点、圆心点、端点、交点、中点等。

2. 自动

自动选择钻孔点，产生刀具路径。如图 6-54 所示，自动选钻孔点一般选择第一点、第二点和最后一点。

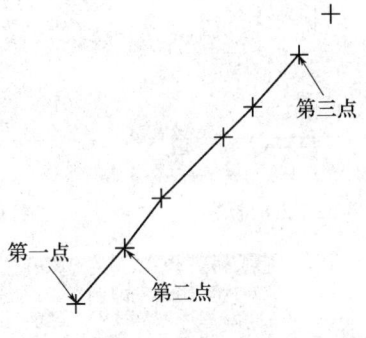

图 6-52　钻孔子菜单　　图 6-53　手动选点方式　　图 6-54　自动选点方式

3. 图素

将已选择的几何对象端点作为钻孔中心。

4. 窗选

用两个对角点形成的矩形框内所包容的点作为钻孔点。

5. 选择上次

使用上一次选择的钻孔点为钻孔中心点。

6. 限定半径

先选择一段圆弧或圆作为基准圆弧获取其半径，再指定公差范围，最后再选择另一段圆弧或圆，以其圆心作为钻孔点。

7. 图样

根据预制的样板定义钻孔点，有网格点和圆周点。

8. 选项

设置所选点的排序方法，另外还有绘制路径和过滤重复点选项。点的排序，即安排钻孔的顺序，分为三种：图 6-55 为 2D 排序，图 6-56 为旋转排序，图 6-57 为交叉断面排序。

9. 编辑

在已经选择了钻削点后，选择编辑进行钻孔点的修改。

6.2.2.2 钻孔参数设置

1. 刀具参数及选择钻头

在刀具参数表中，单击鼠标右键，选择从刀具库中选刀，类型为钻头，如图 6-58 所示。在钻头的参数中，最重要的参数就是钻头直径和刀尖角度。

227

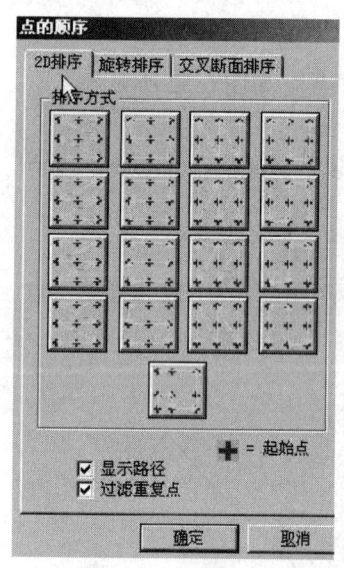

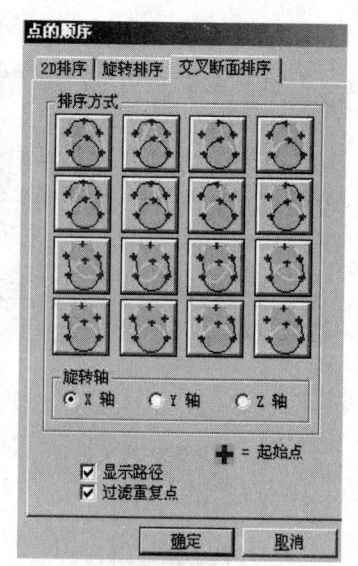

图 6-55 2D 排序　　　　　图 6-56 旋转排序　　　　　图 6-57 交叉断面排序

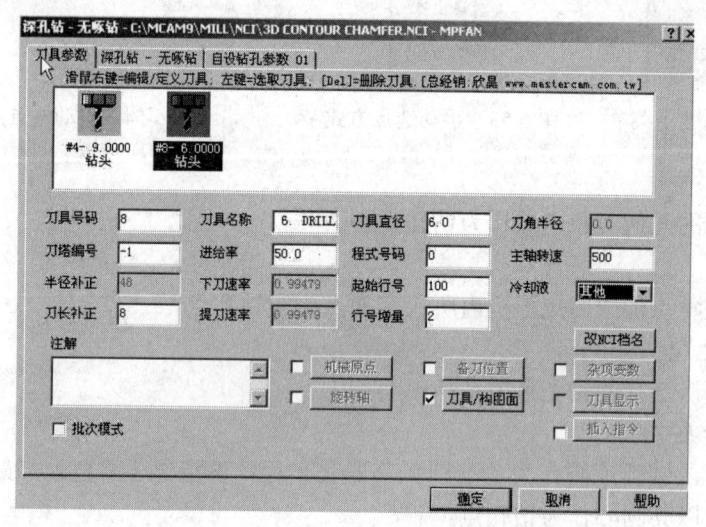

图 6-58 选择钻头

2. 钻削参数

1) 有关高度或深度参数的设置

(1) 安全高度：安全高度参数是从起始位置移动设计的高度，系统默认该选项为关，在有些情况下，MasterCAM 使用退刀高度作为安全平面高度，选择安全高度按钮，输入高度值并在图形上选择一点或在文本框键入一个值。设置该高度时考虑到安全性，一般应高于零件的最高表面。只在刀具路径的起始和终止位置使用安全高度：激活该选项后，刀具在钻孔加工过程中路径转换时抬刀到退刀高度，而只在起始位置和结束位置抬刀到安全高度。即相当于 G 指令的 G99 固定循环 R 点复位。抬刀到转换位置的抬刀路径相对较短，可以节省一点抬刀时间。

(2) 参考高度(退刀高度)：参考高度参数是设置刀具在钻削点之间退回的高度，该值即是指令代码中 R 值，从该位置起，刀具将作切削进给。对于深孔啄钻加工，抬刀时将抬刀至该位置；而铰孔时进给抬刀也将抬刀至该位置。选择退刀高度按钮输入高度值，在图中选择一点，或在文本框输入一个值。退刀高度也有绝对坐标、增量坐标的选择。

(3) 工件表面：一般为毛坯顶面，设置材料在 Z 轴方向的高度，即指定钻孔的起始高度位置。选择要加工的表面按钮输入高度值，在图中选择一点，或在文本框输入一个值。

(4) 钻孔深度：钻孔深度设置孔底部的深度位置，可以使用绝对值或者相对值。

2) 刀尖补正设置

刀尖补偿：使用刀尖补正方式计算切削深度计算，当激活刀尖补偿选项时，钻头端部的斜角部分将不计算在深度尺寸内，如图 6-59 所示，而图 6-60 是将端部斜角部分计算在内的。

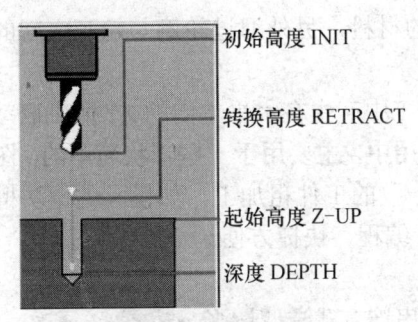

图 6-59　钻头端部不计算在内　　图 6-60　钻头端部计算在内

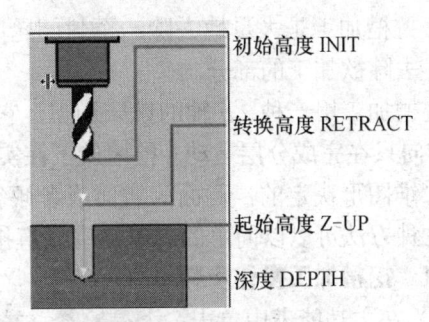

3) 钻头尖部补偿

选中并单击刀尖补偿按钮将弹出图 6-61 所示的"钻头尖部补偿"对话框。在该对话框中最主要设置贯穿距离以确保钻孔时刀具的整个直径钻穿工件。

七种标准钻孔形式如图 6-62 所示。

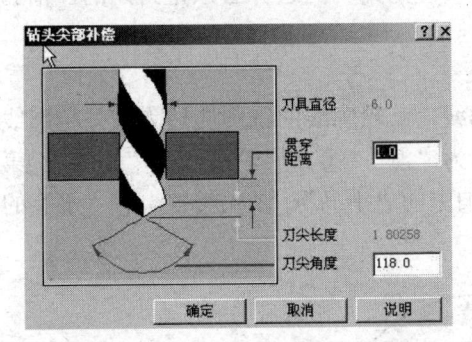

图 6-61　"钻头尖部补偿"对话框　　图 6-62　七种标准钻孔形式

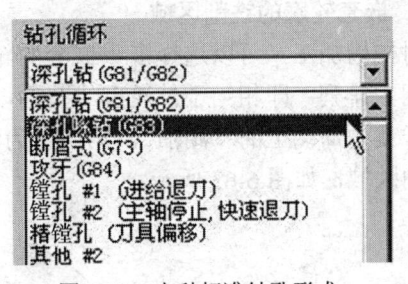

七种标准钻孔形式说明见表 6-3。

表 6-3　七种标准钻孔形式

钻 孔 形 式	钻孔形式说明
深孔钻(G81/G82)	一般钻孔和镗孔，孔深小于三倍刀具直径，孔底要求平整，可在孔底暂停
深孔啄钻(G83)	用于钻深孔，孔深大于三倍刀具直径
断屑式(G73)	用于钻深孔，孔深大于三倍刀具直径
攻牙(G84)	加工内螺纹

229

(续)

钻孔形式	钻孔形式说明
镗孔#1	用进给速度进刀和退刀进行镗孔
镗孔#2	用进给速度进刀和主轴停止、快速退刀进行镗孔
精镗孔	在孔深处停转，将刀具旋转角度后退刀

6.2.3 挖槽加工

挖槽加工，主要用来切除一个封闭外形所包围的材料或切削一个槽，其特点是移除封闭区域里的材料，其定义方式由外轮廓与岛屿所组成。挖槽加工与外形铣削最大的区别是，挖槽加工是大量地去除一个封闭轮廓内的材料，另外通过轮廓与轮廓之间的嵌套关系，去除欲加工的部分。

挖槽加工用一种 2.5 轴的铣床加工，它在加工中产生在水平方向的 XY 两轴联动，而 Z 轴方向只在完成分层运动。挖槽加工在实际应用中，主要用于一些形状简单的，图形特征是二维图形决定的，侧面为直面或者倾斜度一致的工件粗加工，如模具的镶块槽等。使用这种方法可以以简单的二维轮廓线直接进行编程，快捷方便。

6.2.3.1 挖槽加工操作步骤

(1) 在主功能表中单击：刀具路径→挖槽→串连方式选取图形→执行。

(2) 选择刀具后：设置刀具参数→挖槽参数→粗铣/精修参数→确定→生成挖槽加工轨迹。

6.2.3.2 槽及岛屿的含义

1. 槽及岛屿的含义

挖槽加工时要先定义槽及岛屿的轮廓，要注意岛屿的边界必须是封闭的，槽和岛屿可以嵌套使用。

2. 嵌套轮廓的铣削区域

对挖槽加工，可以选择多重嵌套的轮廓线，其轮廓线的铣削侧边为按外轮廓线，岛屿相间的排列。即相当于外轮廓线范围以内为"海"，第二层轮廓线为"岛屿"，第三层轮廓线就是岛屿上的"湖泊"，第四层为湖泊中的"小岛"，以此类推。有"水"的部位为切削区域，如图 6-63 所示。

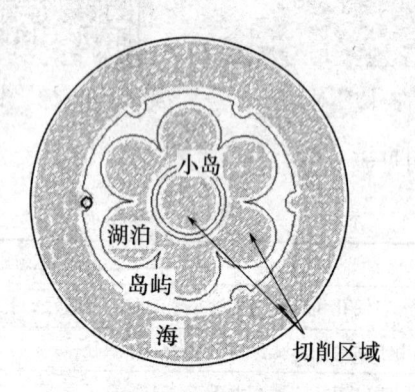

图 6-63 槽及岛屿嵌套示意图

注意：一般来说，挖槽加工的轮廓线应该是封闭的，对于不封闭的开放轮廓，只能使用开放轮廓的挖槽加工来生成刀具路径。

6.2.3.3 挖槽加工专用参数

挖槽加工参数共有三项：刀具参数、挖槽参数、粗铣/精修参数。刀具参数选项卡与轮廓铣削的刀具参数选项完全一致。在此，介绍挖槽参数、粗铣/精修参数。

1. 挖槽参数

图 6-64 为"挖槽参数"选项卡。与前面介绍的外形铣削参数基本相同，下面只介绍不同参数的含义。

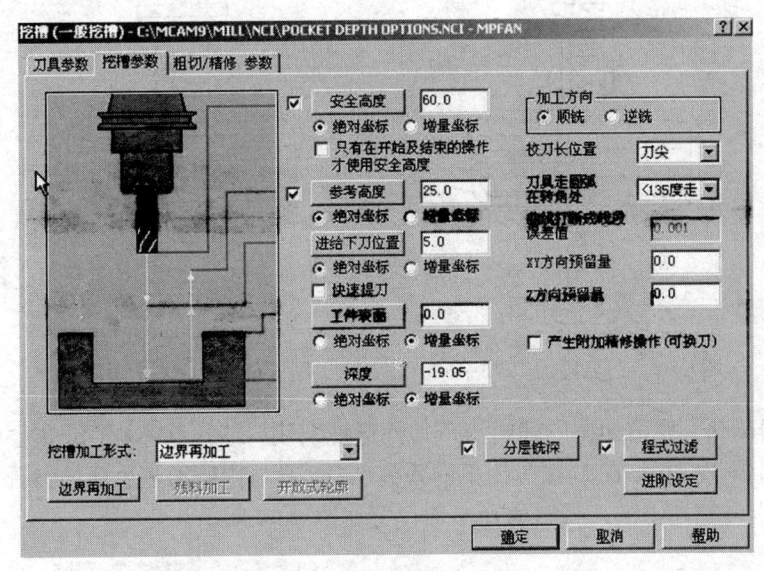

图 6-64 "挖槽参数"选项卡

1) 挖槽加工形式

挖槽加工形式有五种：一般挖槽、边界再加工、使用岛屿深度挖槽、残料清角、开放式轮廓挖槽，如图 6-65 所示。一般挖槽是主要加工形式，其他四种用于辅助挖槽加工方式。

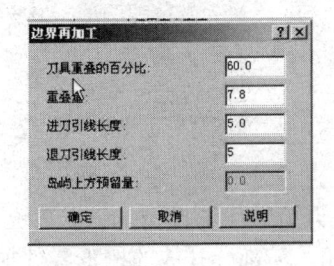

图 6-65 挖槽加工形式　　图 6-66 "边界再加工"对话框

(1) 一般挖槽加工。系统采用标准的挖槽加工方式，即只切削所定义外形内的材料，而对边界外的材料不进行切削。

(2) 边界再加工。一般挖槽加工后，可能在边界处留下毛刺，这时可采用该功能对边界进行加工。同时单击边界再加工按钮，可弹出图 6-66 所示对话框，可设定边界再加工参数。采用边界再加工方式生成的刀具路径示例如图6-67所示，图6-68为使用一般挖槽加工产生的刀具路径。

(3) 使用岛屿深度挖槽。使用岛屿深度挖槽加工时，系统不会考虑岛屿深度变化，对于岛屿的深度和槽的深度不一样的情形，就需要使用该功能。使用岛屿深度挖槽可以打开"边界再加工"对话框，对话框与边界再加工方式的对话框相同，但是系统将图6-64岛屿上方的预留量选项激活，可以输入预留量值。同时它的"边界"是指岛屿轮廓线。该方式主要用于岛屿深度和挖槽深度不同的挖槽加工。

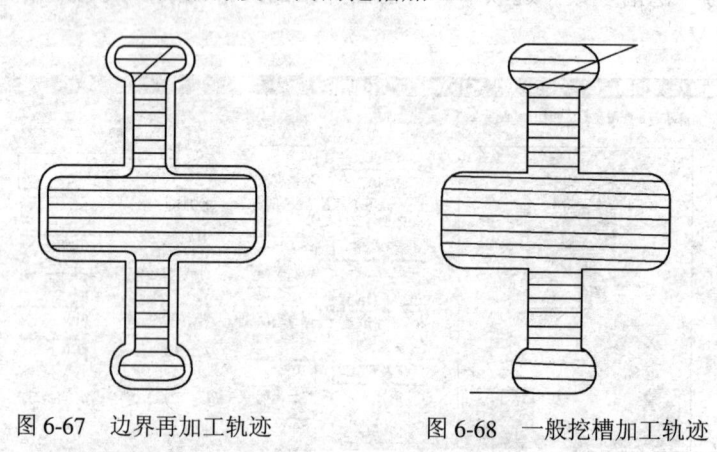

图 6-67　边界再加工轨迹　　　图 6-68　一般挖槽加工轨迹

(4) 残料清角。挖槽加工的残料清角与外形铣削残料清角基本相同，主要是用较小的刀具去切除上一次(较大刀具)加工留下的残留部分。但是挖槽加工生成的刀具路径是在切削区域范围内多刀加工的。残料清角参数设置如图6-69所示。

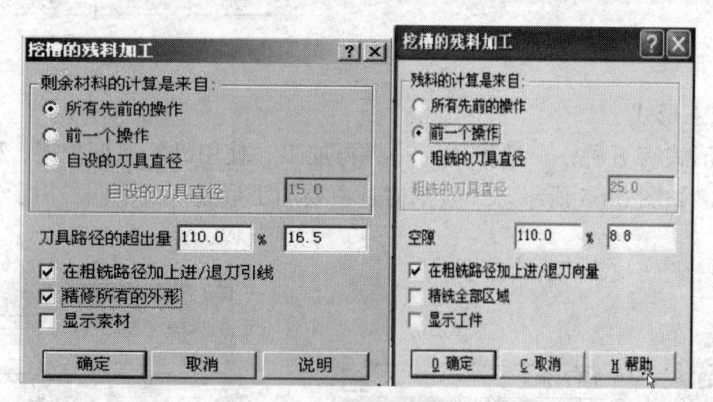

图 6-69　残料清角加工

(5) 开放式轮廓挖槽加工。系统专门提供了开放挖槽加工的功能，用于轮廓串连没有完全封闭，一部分开放的槽形零件加工。"开放式轮廓挖槽"加工对话框如图6-70所示，设置刀具超出边界的百分比或刀具超出边界的距离即可进行开放式挖槽加工。生成的刀具路径将在切削到超出距离后直线连接起点与终点。

2) 产生附加的精铣操作(可换刀)

在编制挖槽加工刀具路径时，同时生成一个精加工的操作，可以一次选择加工对象完成粗加工和精加工的刀具路径编制，在操作管理器中将可以看到同时生成了两个操作。

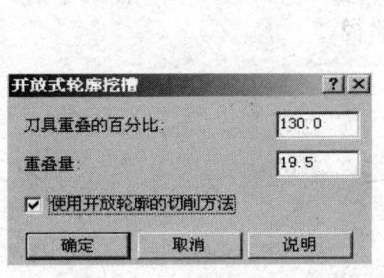

图 6-70 开放式轮廓挖槽加工实例

2. 粗铣/精铣参数

1) 粗铣

粗铣/精铣参数用于选择切削加工时的走刀方式以及切削步距、进退刀选项等重要参数。挖槽加工的粗铣/精铣参数的对话框如图 6-71 所示,其参数说明如下。

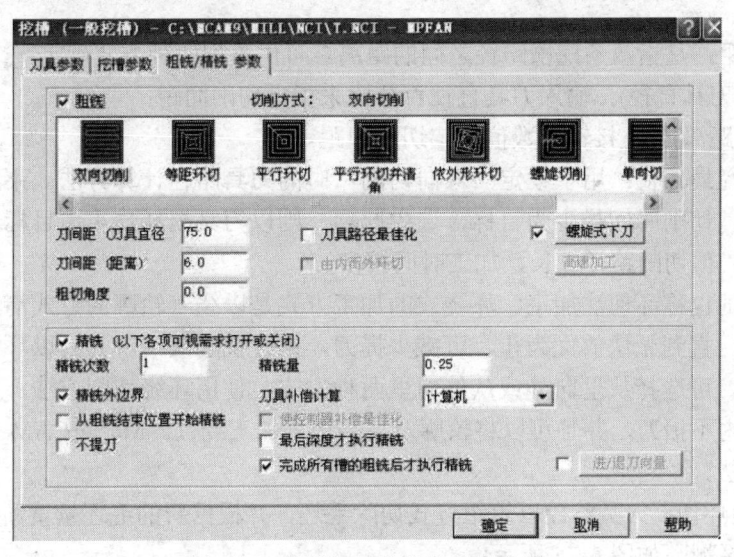

图 6-71 挖槽加工的粗铣/精铣参数

(1) 走刀方式。MasterCAM 提供八种挖槽粗铣切削方式,在粗铣/精修对话框中以图例方式分别表示八种不同的走刀方式,包括有行切的双向切削、单向切削和环切的等距环切、环绕切削、环切并清角、依外形环绕、螺旋切削、高速环切。在挖槽加工的铣削区域内,使用合适的切削方法来设定刀具路径行进方向,可获得更好的表面加工质量。八种切削方式中直线切削可以分为双向切削、单向切削方式;另外六种为环切法加工。

① 双向切削:产生一组往复的直线刀具路径。其所生成刀具路径将以相互平行且连续不提刀之方式产生,其走刀方式为最节省时间的方式,适合于粗铣面加工,如图 6-72(a) 所示。

② 单向切削:所建构之刀具路径相互平行,且在每段刀具路径的终点,提刀至安全高度后,以快速移动速度行进至下一段刀具路径的起点,再进行铣削下一段刀具路径的

动作，如图 6-72(b)所示。

双向切削或者是单向切削，选项如下：

粗切角度：是指刀具路径与 X 轴的夹角，逆时针方向为正，顺时针方向为负。图 6-73 所示的是粗切角度为 30°的双向切削刀具路径。

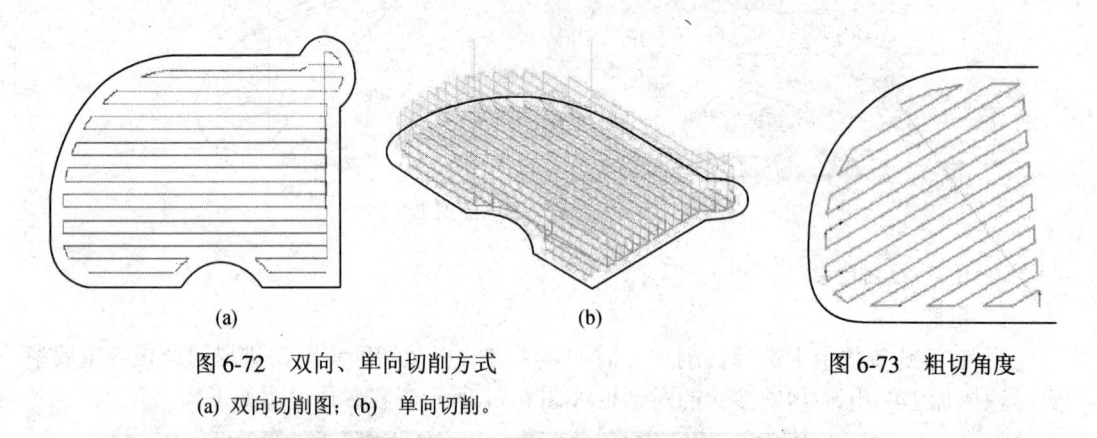

图 6-72 双向、单向切削方式
(a) 双向切削图；(b) 单向切削。

图 6-73 粗切角度

切削间距：是指两条挖槽路径之间的距离。可由下列两种方式确定：

刀间距(刀具直径)：输入刀具直径百分比来指定切削间距；

刀间距(距离)：直接输入数值指定切削间距。

刀具路径最佳化：用于设定"双向切削"时的刀具路径计算方法。不选此项，双向切削刀具以使切削时间最少为目标，选中此项，则以刀具损耗最小为目标，刀具保持单面切削状态，但切削路径更长，加工时间较多。

环绕切削也称环切法加工，环绕式的加工方式是以绕着轮廓的方式清除材料，并逐渐加大轮廓，直到无法放大为止，可减少提刀，提升铣削效率。刀具以环绕轮廓走刀方式切削工件，可选择从里向外或从外向里两种方式。使用环绕切削方法，生成的刀路轨迹在同一层内不抬刀，并且可以将轮廓及岛屿边缘加工到位。MasterCAM 提供了六种环绕切削的方法。

③ 等距环切：刀具路径以等距方式切除毛坯，并根据新的毛坯量重新计算，直至系统铣完加工区域，如图 6-74 所示。

④ 平行环切：以平行螺旋方式粗加工内腔，每次用横跨步距补正轮廓边界，如图 6-75 所示。

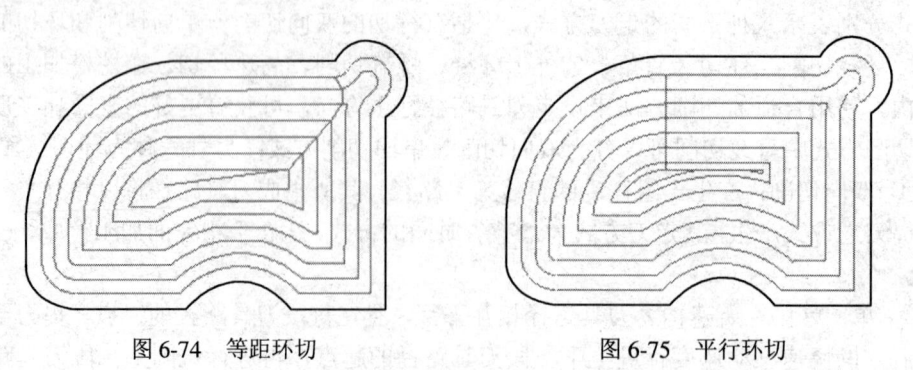

图 6-74 等距环切

图 6-75 平行环切

⑤ 平行环切并清角：以平行环切的方法粗加工内腔，但是在内腔转角上增加清角加工，可切除更多的毛坯，该选项增加了可用性，但不能保证将所有的毛坯都清除干净，如图 6-76 所示。

⑥ 依外形环切：依外形螺旋方式产生挖槽刀具路径，在外部边界和岛屿间用逐步进给进行插补，直至加工完内腔。该选项最多只能有一个岛屿，如图 6-77 所示。

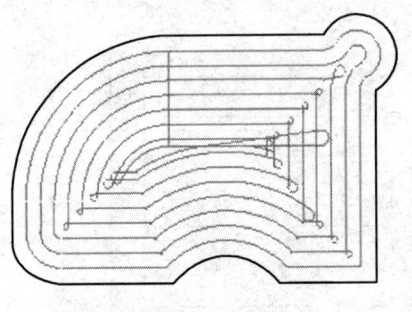

图 6-76 平行环切并清角

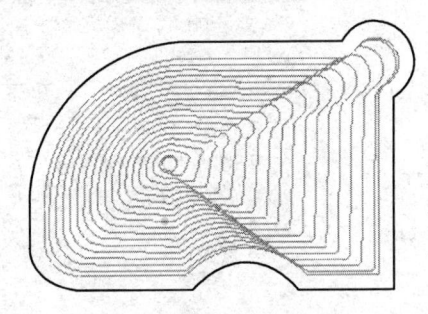

图 6-77 依外形环切

⑦ 螺旋切削：以圆形、螺旋方式产生挖槽刀具路径。用所有正切圆弧进行粗加工铣削，其结果为刀具提供了一个平滑的运动，能较好地全部清除毛坯余量。该加工方式对于周边余量不均的切削区域会产生较多抬刀，如图 6-78 所示。

⑧ 高速环切：以平行环切的同一方法粗加工内腔，但其在行间过渡时采用一种平滑过渡的方法，另外在转角处也以圆角过渡，保证刀具整个路径平稳而高速，如图 6-79 所示。

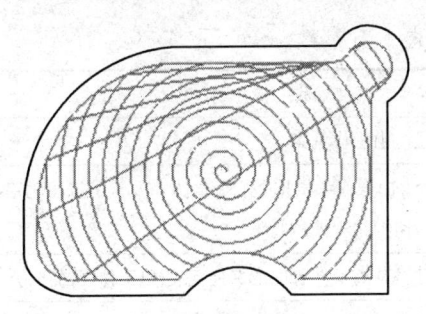

图 6-78 螺旋切削

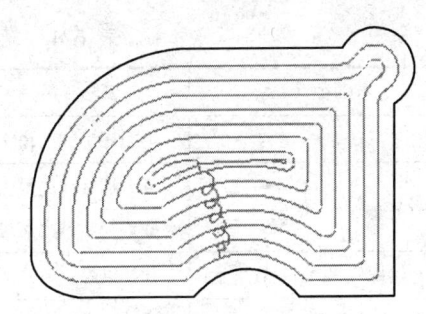

图 6-79 高速环切

选项"由内而外环切"，选择了环绕切削的某一切削方式后，此时由内而外环切复选框变得可选，该复选框用于确定每一种环绕切削方式的挖槽起点，选中该选项，系统将以挖槽中心或指定挖槽起点开始，向外环绕至挖槽边界，如图 6-80 所示；当不激活该选项时，系统自动由挖槽边界外围开始环绕切削至挖槽中心，如图 6-81 所示。

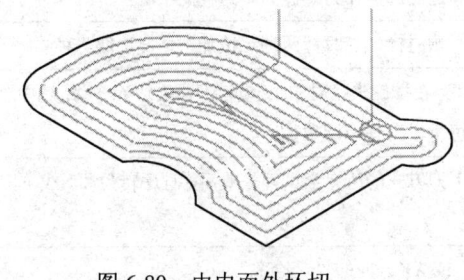

图 6-80 由内而外环切

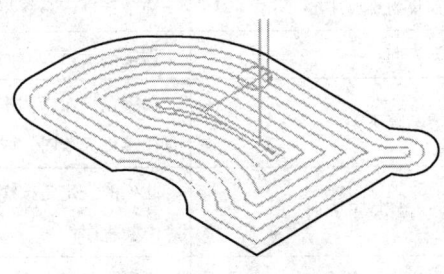

图 6-81 由外而内环切

(2) 下刀方式。用于设定 Z 方向下刀方式。挖槽粗加工一般用平铣刀，这种刀具主要用侧面刀刃切削材料，其垂直方向的切削能力很弱，若采用直接垂直下刀(不选用"下刀方式"时)，易导致刀具损坏。所以，MasterCAM 提供了螺旋式下刀和斜插式下刀两种下刀方式，如图 6-82 所示。

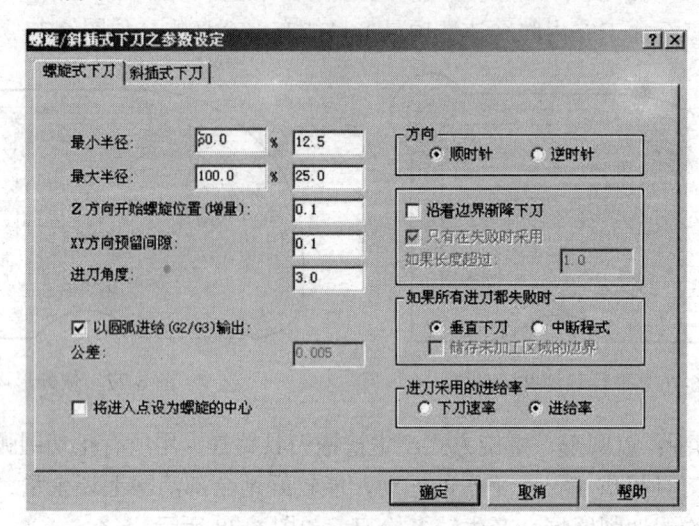

图 6-82 螺旋式下刀方式

① 螺旋式下刀参数说明见表 6-4。

表 6-4 螺旋式下刀参数

参　数	参　数　说　明
最小半径	下刀螺旋线的最小半径，由操作者定
最大半径	下刀螺旋线的最大半径，由操作者根据型腔空间大小及铣削深度确定，一般是螺旋半径 2 越大，进刀的切削路程就越长
Z 方向开始螺旋/斜插位置(增量)	开始以螺旋方式运行时刀具离工件表面的 Z 向高度(以工件表面作为 Z 向零点)
XY 方向之预留间隙	计算刀具与工件内壁下刀时在 XY 方向上预留量
进刀角度	螺旋斜坡的斜角，即为螺旋线的升角，此值选取得太小，螺旋圈数增多，切削路程加长；升角太大，又会产生不好的端刃切削的情况，一般选 5°～20°之间
以圆弧方式输出(G02/G03)误差值	选中此复选框，刀具以螺旋圆弧运动，没有选取此项，刀具以直线方式一段一段地运动，框中的数值是直线的长度
进入点设为螺旋中心	选中该框，系统将以串连的起点作为螺旋刀具路径的中心
进退刀方向	指定螺旋直刀方向，有顺时针、逆时针两种，按加工情况选取一种
沿边界渐降下刀	选中该框而未选中"只有在螺旋失败时"时，设定刀具沿边界移动；选中了"只有在螺旋失败时"时，可重设刀具螺旋参数下刀
无法执行螺旋下刀时	此栏的设定是按螺旋下刀方式的所有尝试都失败后，程序转为"干线下刀"或"中断程序"
进刀采用进给率	可采用"Z 轴进给率"或 XY 方向的"进给率"

② 斜插式下刀方式参数设置页面如图 6-83 所示，参数设置说明见表 6-5。

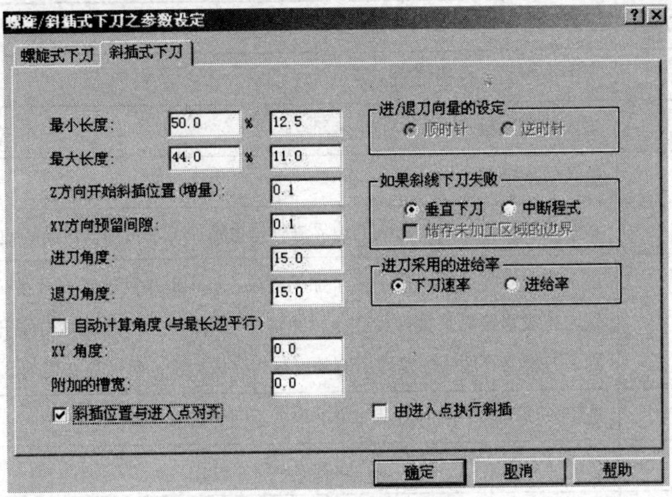

图 6-83 斜插式下刀方式

表 6-5 斜插式下刀参数

参 数	参 数 说 明
最小半径	下刀螺旋线的最小半径，由操作者定
最大半径	下刀螺旋线的最大半径，由操作者根据型腔空间大小及铣削深度确定，一般是螺旋半径 2 越大，进刀的切削路程就越长
Z 方向开始螺旋/斜插位置(增量)	开始以螺旋方式运行时刀具离工件表面的 Z 向高度(以工件表面作为 Z 向零点)
XY 方向之预留间隙	计算刀具与工件内壁下刀时在 XY 方向上预留量
进刀角度	螺旋斜坡的斜角，即为螺旋线的升角，此值选取得太小，螺旋圈数增多，切削路程加长；升角太大，又会产生不好的端刃切削的情况，一般选 5°～20°之间
退出角度	刀具切出的斜角，即为向反方向进刀时的角度。正向与反向进刀的角度可以选得相同，也可以选得不同
自动计算角度	选中该框，斜下刀平面与 X 轴的夹角由系统自动决定；未选中该框时，斜插下刀平面与 X 轴的夹角须手动输入
XY 角度	输入斜插下刀平面与 X 轴的夹角
附加的槽宽	输入下刀的返回方向分开的距离
斜插位置与进入点对齐	选中该框，指定进刀点直接沿斜面线下刀到挖槽路径的起点
由进入点进行斜插	选中该框，指定进刀点为斜插下刀路径的起点

2) 精修

在挖槽加工中可以进行一次或多次的精修加工，让最后切削轮廓成形时最后一刀的切削精加工余量相对较小而且均匀，从而达到较高的加工精度和表面加工质量，精修参数说明见表 6-6。

表 6-6　精铣参数

参　数	参　数　说　明
精修	选中该项激活挖槽精加工
精修次数	输入精修次数
精修量	输入每次精修的切削量
精修外边界	选中此项，将对槽和岛屿的边界进行挖槽精加工，否则只对岛屿边界进行精修
从粗铣结束位置开始精修	由于槽中有岛屿，形成了多个加工区域。选中此项功能，刀具路径的顺序是在一个区域内完成粗铣后直接开始此区域的精修，然后从另一个区域分别开始粗铣和精修。否则，刀具路径的顺序是在所有的区域内完成粗铣，然后再在切削区域内完成精修
不提刀	选中该项功能，指定刀具加工过程中不回缩到安全高度
刀具补正计算	可选择"电脑"、"控制器"或者"两者"补正
使控制器补正最佳化	采用"控制器"补正时，选中此项功能，可避免在刀具路径中产生小于等于刀具半径的圆弧刀路，避免过切；关闭"控制器"补正，选中此项功能，可避免精加工刀具进入粗加工刀具所不能加工的区域
最后深度才进行精修	只在分层挖槽的最后深度进行精修
完成所有槽之粗铣后精修	完成所有粗铣后进行精修
进/退刀向量	设定精修边界加工的进/退刀向量，参见外形铣削部分

6.2.4　平面铣削

平面铣削是用于铣削工件表面生成平面刀具路径轨迹的。

6.2.4.1　生成平面铣削刀具路径的操作步骤

(1) 在主功能表中依次选择：刀具路径→平面铣削。

(2) 选取图形线串→执行 →设置平面铣削参数→系统将自动对已设定的毛坯材料范围进行平面铣削加工。

6.2.4.2　平面铣削参数

平面铣销参数设置页面如图 6-84 所示。

平面铣销加工参数的含义与前面介绍的基本相同，在此作简要介绍。

1. 切削方式

共有四种方式可供选择，含义如下。

1) 双向切削

刀具在工件表面双向来回切削，切削效率高。

2) 单向切削－顺铣

单方向按顺铣方向切削。

3) 单向切削－逆铣

单方向按逆铣方向切削，吃刀量可选较大。

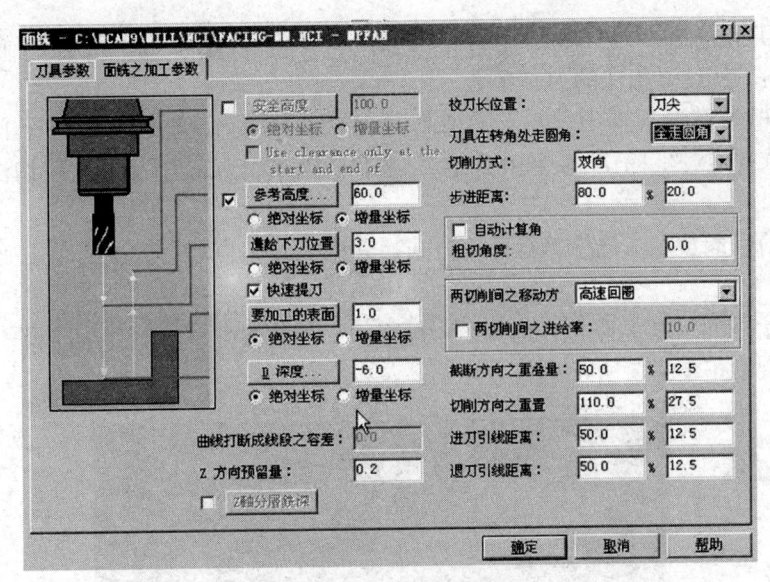

图 6-84 平面铣削参数

4) 一刀次

刀具直径大于要加工表面，采用一刀切削。

2. 切削间移动方式

共有三种方式：高速回圈加工、直线双向和直线单向，如图 6.85 所示。

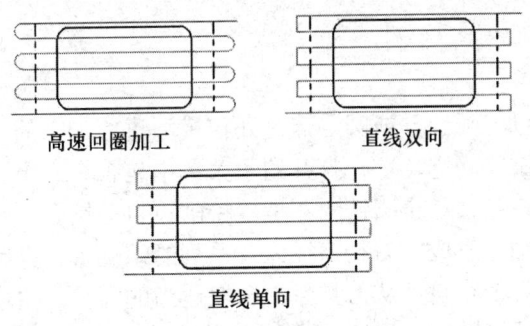

图 6-85 切削间移动方式

6.2.5 文字加工

文字雕刻常用于在零件表面上雕刻文本，其刀具路径的生成主要使用挖槽加工来完成。下面以实例介绍文字雕刻的操作过程。操作步骤如下：

(1) 绘制文字模型，如图 6-86 所示。

CAD/CAM 软件应用

图 6-86 文字模型

(2) 在主功能菜单中选择：刀具路径→挖槽→窗选→矩形，然后单击文字的左下角和右上角，在提示输入搜寻点时，单击左边"2"字的最左上角点→单击执行。

(3) 打开"挖槽参数"对话框→刀具参数→单击鼠标右键→新建刀具：输入刀具的半径为 0.3mm，并设置相应的刀具参数。

(4) 挖槽参数选项卡中，输入参考高度 10(绝对坐标)，进给下刀位置 1(增量坐标)，工件表面 0.1(绝对坐标)，深度-0.2(绝对坐标)。选中分层铣削：最大粗切深度 0.2，不提刀。

粗切/精修参数中，选中平行环切方式，切削间距为 0.12，完成后单击确定。生成刀具轨迹。

(5) 视角平面：等角视图，选择：刀具路径→操作管理→选中刀具路径→实体切削验证。模仿结果如图 6-87 所示。

图 6-87 文字加工模拟仿真

6.2.6 全圆路径

全圆加工模组是以圆弧、圆或圆心点为几何模型进行加工的。在刀具路径菜单中顺序选择：下一页→全圆路径选项，在打开的子菜单中包含有六个选项，选择不同的选项可选不同的加工方式，包括：全圆铣削、螺旋铣削、自动钻孔、钻起始孔、键槽铣削和螺旋钻孔。螺旋铣削加工生成的刀具路径为一系列的螺旋形刀具路径。自动钻孔加工在选取了圆或圆弧后，系统将自动从刀具库中选取适当的刀具，生成钻孔刀具路径。钻起始孔用于切除较大余量的材料。

1. 全圆铣削

全圆铣削操作步骤：刀具路径菜单中顺序选择：下一页→全圆路径→全圆铣削，其参数选项卡如图 6-88 所示。

其特有的参数有：

圆的直径：当选取的几何模型为圆心点时，该选项用来设置圆外形的直径；否则直接采用选取圆弧或圆的直径。

起始角度：设置全圆刀具路径起点位置的角度。

进/退刀切弧的扫掠角：设置进刀/退刀圆弧刀具路径的扫掠角度，该设置值应小于或等于 180°。

由圆心开始：选中该复选框时，以圆心作为刀具路径的起点；否则以进刀圆弧的起点为刀具路径的起点。

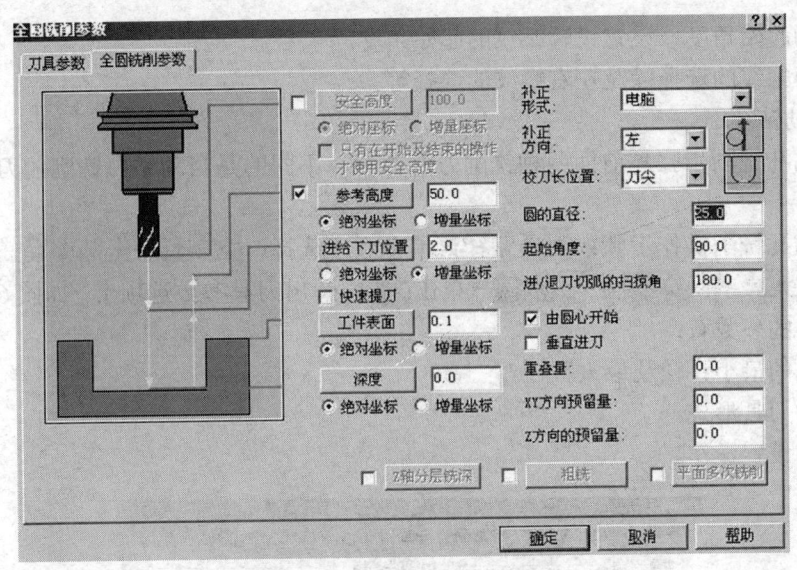

图 6-88 "全圆铣削参数"对话框

垂直进刀：当选中该复选框时，在进刀/退刀圆弧刀具路径起点/终点处增加一段垂直圆弧的直线刀具路径。

粗铣：选中该复选框后，全圆铣削加工相当于挖槽加工。

2. 螺旋铣削

螺旋铣削操作步骤：刀具路径菜单中顺序选择：下一页→全圆路径→螺旋铣削→提示选取点：用手动或自动方式选一点，然后选取图素，其参数选项卡如图 6-89 所示。

图 6-89 "螺旋铣削"对话框

其特有的参数有：

齿数：设置刀具的实际齿数，一般齿数大于1。

241

螺旋的起始角度：设置设置螺纹的起始角度。
内、外螺纹的选择以及左右螺纹的选择等。

3. 自动钻孔

自动钻孔铣削步骤与前面两种铣削方法类似，不同的是自动钻孔铣削的刀具设置参数不同。

自动钻孔铣削操作步骤：刀具路径菜单中顺序选择：下一页→全圆路径→自动钻孔→提示选取图素或限定半径→选取圆→单击执行，弹出刀具参数选项卡，如图 6-90 所示。

其特有的参数有：
预钻孔的最小直径及最大直径。
精修的刀具形式。
点钻的设置操作。

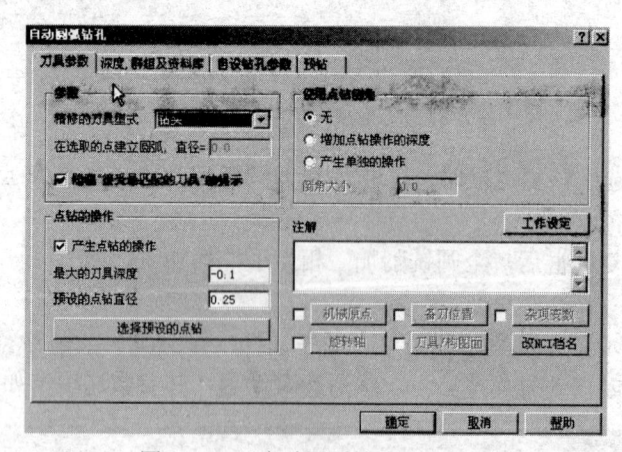

图 6-90 "自动圆弧钻孔"对话框

6.2.7 刀具路径编辑

1. 路径修剪

选择曲线来修剪一个已存在的刀具路径(NCI 文件)，生成新的刀具路径。

路径修剪操作步骤：刀具路径菜单中顺序选择：下一页→路径修整→串选：选取要修剪轨迹的曲线→指定要保留的部分→弹出路径修剪对话框，可以设置修剪路径时：提刀或不提刀，并单击确定→生成刀路修剪轨迹，如图 6-91～图 6-96 所示。

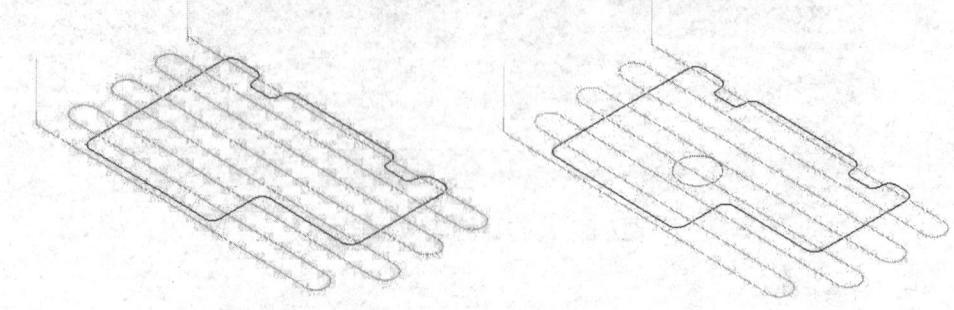

图 6-91 未修剪的刀具路径　　　　图 6-92 绘制修剪圆

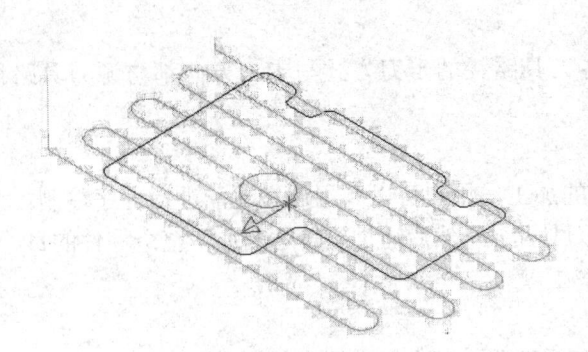

图 6-93　选取圆修剪轨迹

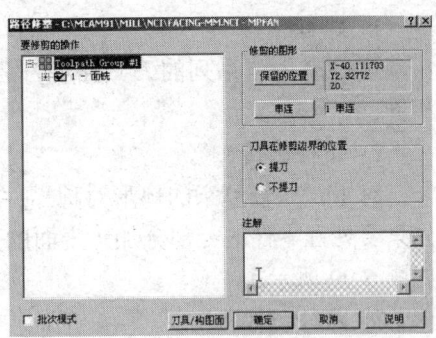

图 6-94　"路径修整"对话框

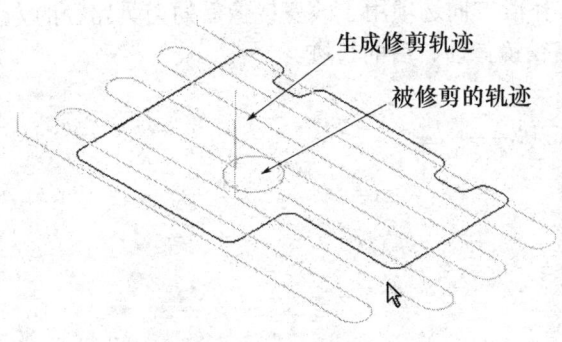

图 6-95　生成修剪轨迹

图 6-96　修剪轨迹模拟仿真

2. 路径转换

路径转换功能是重复以前的刀具路径，通过平移、镜像和旋转来产生新的操作，进行多次加工。使用刀具路径转换在选择加工对象很复杂的情况下，只需作一次的选择就能生成其他对应的程序，可以简化编程。另外，当模型只有一部分(未作完整时)，可以通过路径转换复制编程加工完成所有的加工，以提高效率。

路径转换操作步骤：刀具路径菜单中顺序选择：下一页→路径转换，如图 6-97 所示，选取转换方式→如镜像→选择镜像选项，设置向 Y 轴镜像，单击确定→生成新的镜像轨迹，如图 6-98 所示。

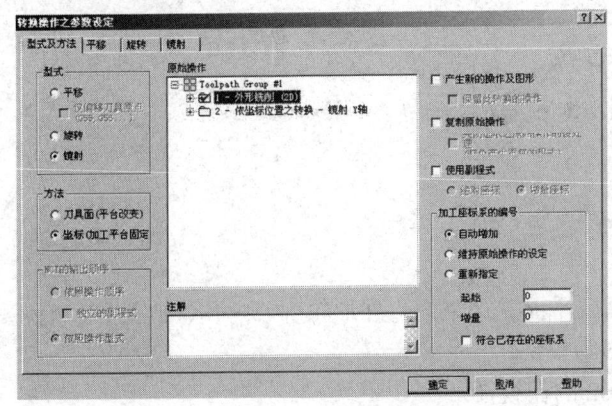

图 6-97　路径转换参数

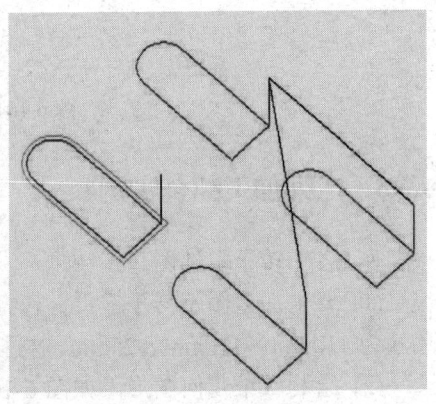

图 6-98　路径平移

243

1) 路径平移

可以产生一系列的刀具路径,各刀具路径的走刀方式与走刀方向都与源刀具路径相同。

2) 路径旋转

对于一些较复杂的环形对称零件的加工,用户可以利用旋转功能进行程序编制。事先只要处理零件的一部分加工表面的刀具路径,然后通过旋转达到加工整个零件的目的,如图 6-99 所示。

3) 路径镜像

可以产生一组对称于某一轴线的刀具路径,要求指定镜像的方法,即指定镜像轴线。如果用户想按某一特定的图素进行镜像,那么镜像之前就应绘制好轴心线,也可以选择两点或者输入两个基点的坐标。更改刀具补偿方向选项用于改变镜像后的刀具路径的方向(顺铣或逆铣)。图 6-100 和图 6-101 为路径镜像前、后的轨迹。

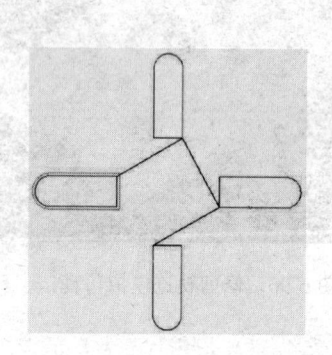

图 6-99 路径旋转

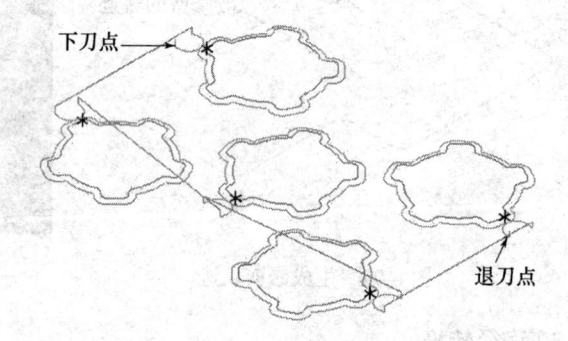

图 6-100 镜像前的原轨迹

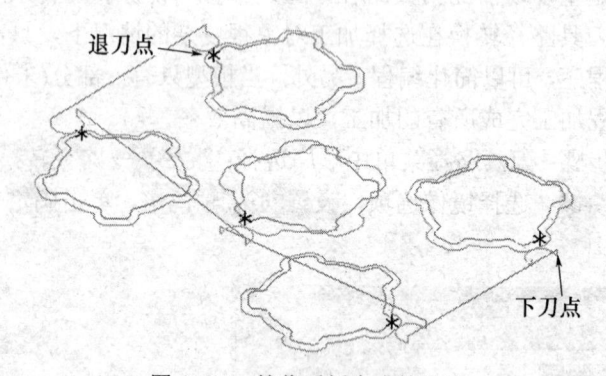

图 6-101 镜像后新生成的轨迹

6.2.8 二维加工综合实例

例 6.1 转子零件图。

(1) 要求加工图示转子零件,包括底平面、顶平面、外形轮廓、内孔、钻孔等,毛坯尺寸为 110mm×110mm×25mm,材料为铸铝。

(2) 绘制二维几何图形,如图 6-102 的俯视图。

(3) 设置边界及加工原点(图 6-103)。

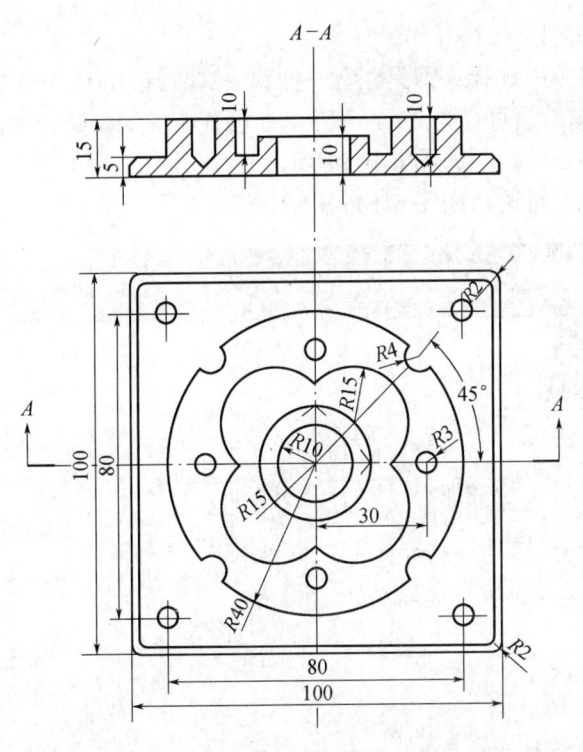

图 6-102 转子零件图

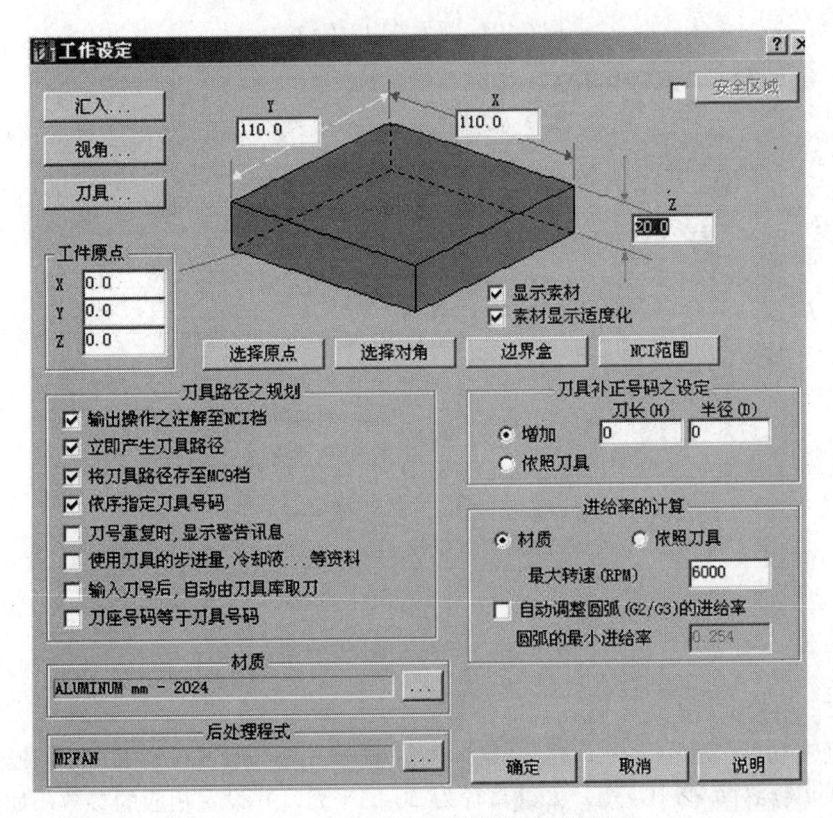

图 6-103 转子零件边界及加工原点设置

245

步骤一　平面铣削

(1) 在主功能菜单中选择：刀具路径→面铣→选串连(100×100)的轮廓线→在弹出的面铣对话框中，选择刀具直径为 25 的平刀，并设置相应的参数，如图 6-104 所示。

(2) 平面铣削加工参数，如图 6-105 所示。

(3) 平面铣削加工轨迹，如图 6-106 所示。

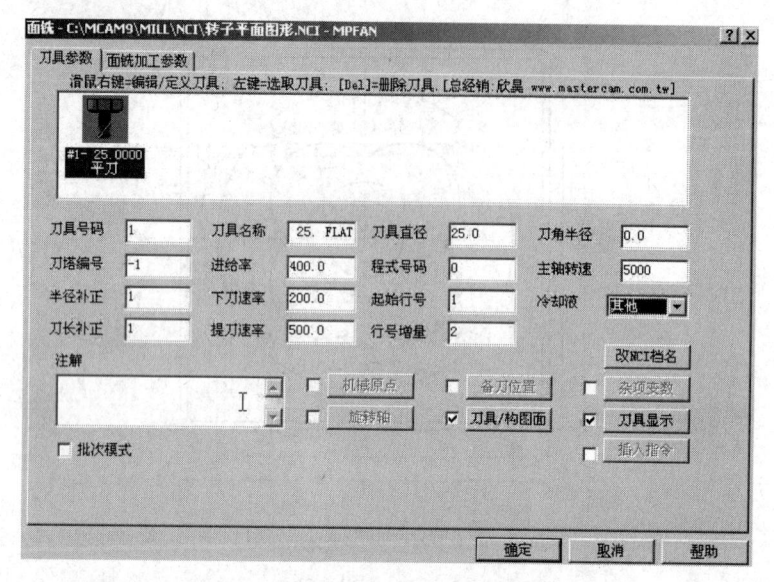

图 6-104　平面铣削刀具参数

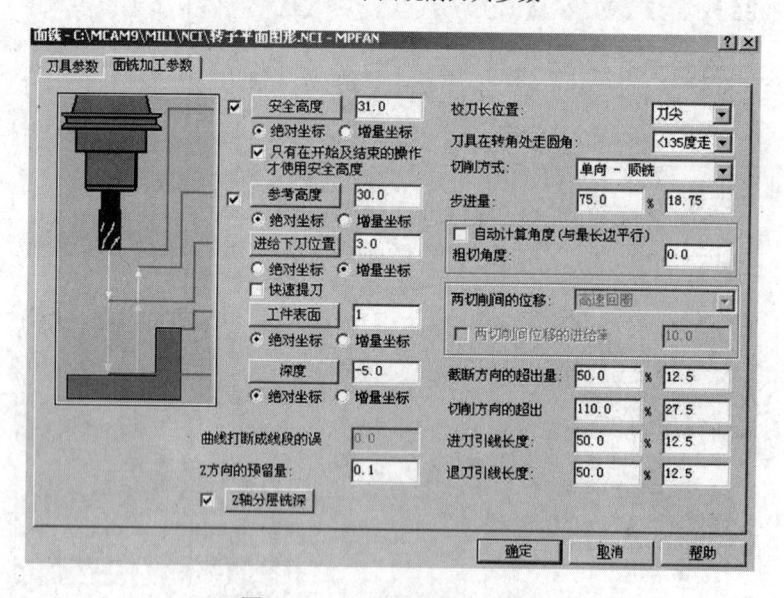

图 6-105　平面铣削加工参数

步骤二　外形铣削

(1) 在主功能菜单中选择：刀具路径→外形铣削→选串连直径为 80 的轮廓线→执行→在弹出的面铣对话框中，选择刀具直径为 20 的平刀，并设置相应的参数，如图 6-107 所示。

246

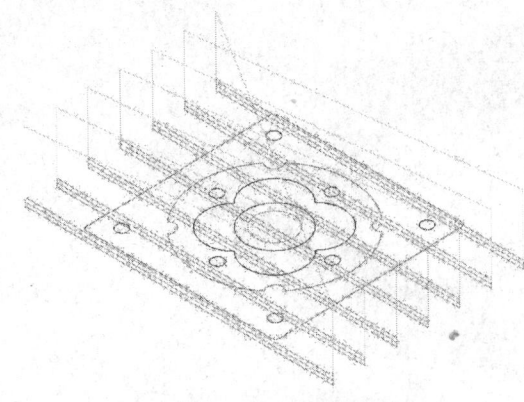

图 6-106 平面铣削加工轨迹 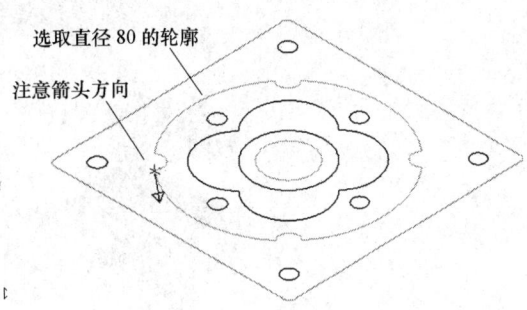　　　　　图 6-107 外形粗铣削加工轨迹

(2) 外形粗铣削加工参数设置,如图 6-108 所示。

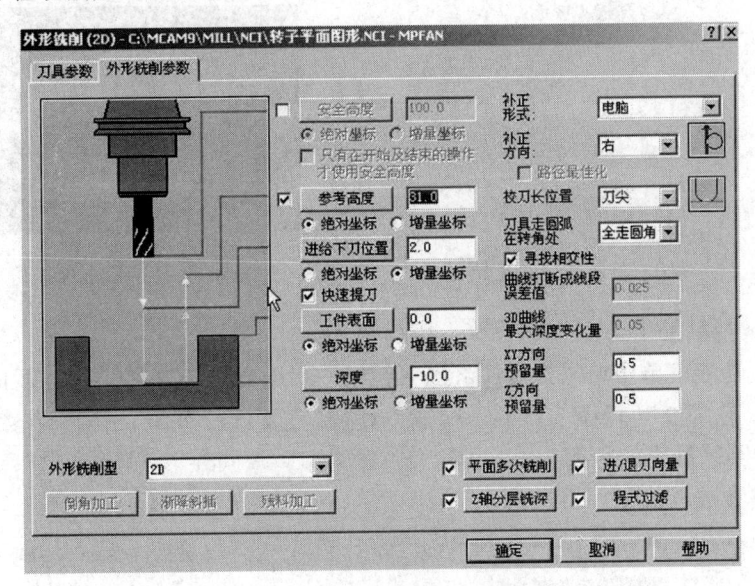

图 6-108 外形粗铣削加工参数

参考高度:31;进给下刀位置:2;工件表面:0;深度:-10,些处切削深度为 10mm,补正形式:电脑;补正方向:右,与图 6-102 选择的轮廓外形后的箭头方向相对应。如果箭头方向相反,则此处选择补正方向为:左。外形铣削的类型为 2D。校长刀位置:刀尖。

平面多次铣削:设置粗铣次数为 3 次,间距为 13;精修一次,间距 0.5;执行精修时机为:所有深度完成时精修,不提刀。

Z 轴分层铣削:最大粗切深度 1.5,精修一次,不提刀,依照轮廓。选中进/退刀设置和程序过滤。

(3) 外形粗铣削加工轨迹,如图 6-109 所示。

(4) 外形精铣,选择刀具直径为 6mm 的平刀。因外形槽直径为 8mm,刀具直径只能小于或等于该尺寸。X、Y 方向的预留量都设为 0;平面多次铣削:粗铣次数为 6,其余的参数与外形粗铣相同,如图 6-105 所示。外形精铣加工轨迹如图 6-110 所示,外形铣削模拟仿真如图 6-111 所示。

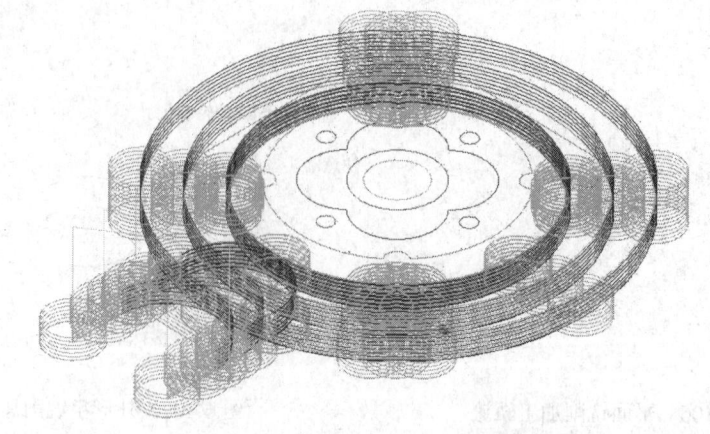

图 6-109 外形粗铣削加工轨迹

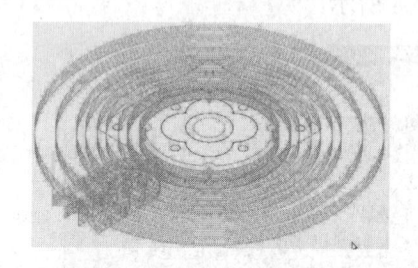

图 6-110 外形精铣加工轨迹 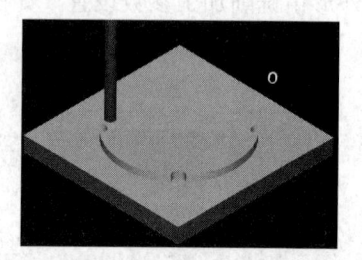　　　　图 6-111 外形铣削模拟仿真

步骤三　挖槽加工

(1) 在主功能菜单中单击：刀具路径→挖槽→串连方式选取图形：轮廓 1 为花瓣形状的四个 $R15$，轮廓 2 为直径 30 的圆→执行→选择刀具直径为 5mm(因为花瓣轮廓形状与直径为 30 的圆的最小的距离为 6.2mm)，设置刀具参数(同外形铣削)。

(2) 挖槽参数，如图 6-112 所示。

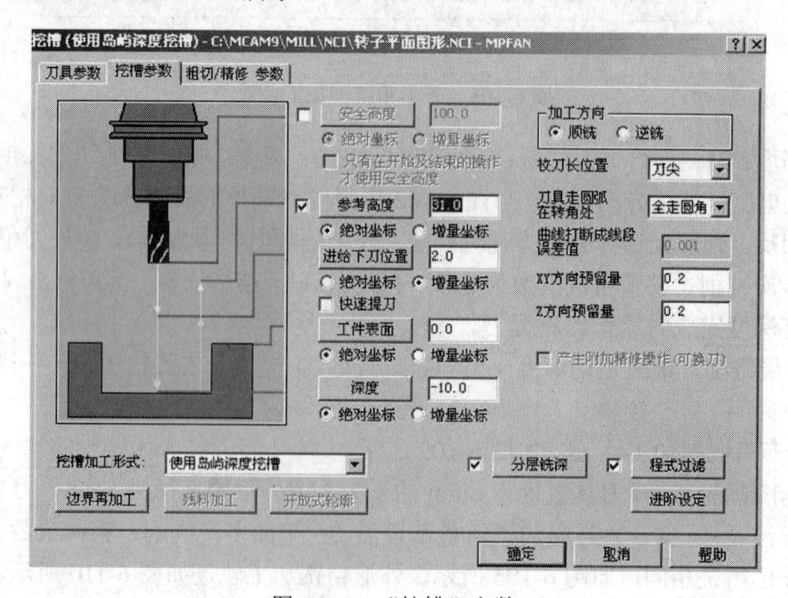

图 6-112　"挖槽"参数

挖槽参数设置：挖槽加工形式：使用岛屿深度挖槽，单击"边界再加工"，设置岛屿上方预留量为 5mm，如图 6-113 所示；选中 Z 轴分层铣削，在图 6-114 中设置，最大精切深度为 1.5mm，精修次数一次，精修量为 0.3，不提刀，使用岛屿深度。

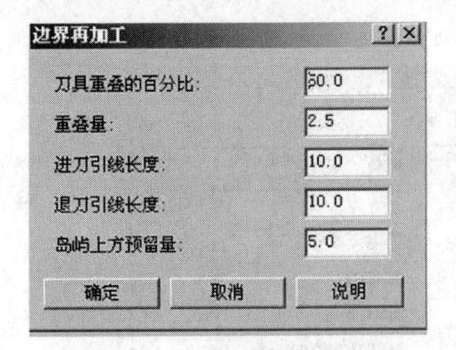

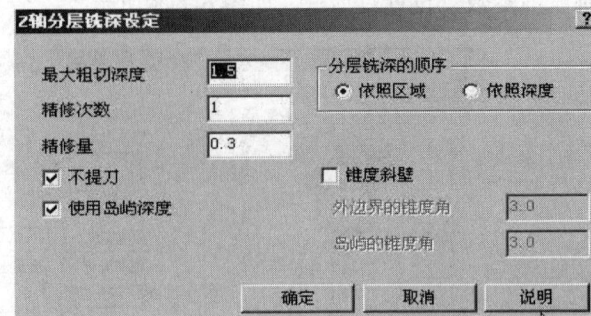

图 6-113　"边界再加工"参数　　　　　图 6-114　"Z 轴分层铣深设定"对话框

(3) 粗铣/精修参数，如图 6-115 所示。

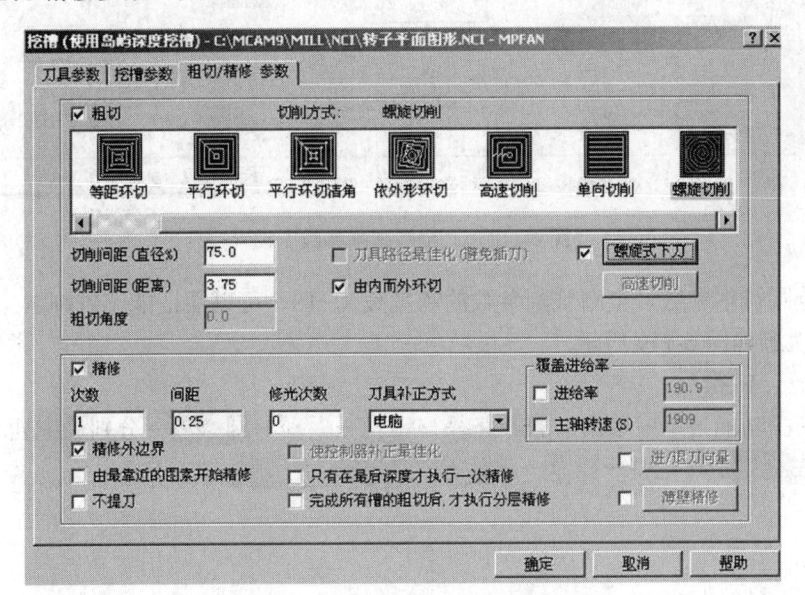

图 6-115　"粗铣/精修"参数

切削方式：螺旋切削；选中螺纹式下刀，具体设置如图 6-108 所示。

(4) 生成挖槽轨迹，如图 6-116 所示。挖槽仿真如图 6-117 所示。

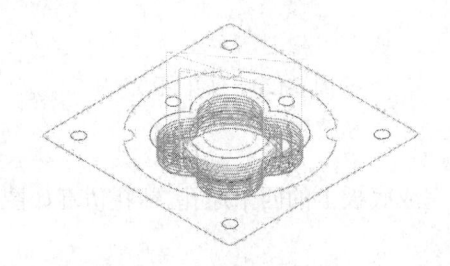

图 6-116　挖槽轨迹　　　　　图 6-117　挖槽仿真

步骤四　全圆铣削

(1) 在主功能菜单中单击：刀具路径→下一页→全圆路径→全圆铣削→手动→选取 R10 的通孔圆的圆心→按 Esc 键退出选择→执行→选择直径为 10mm 的平刀，弹出"全圆铣削参数"设置对话框，如图 6-118 所示。

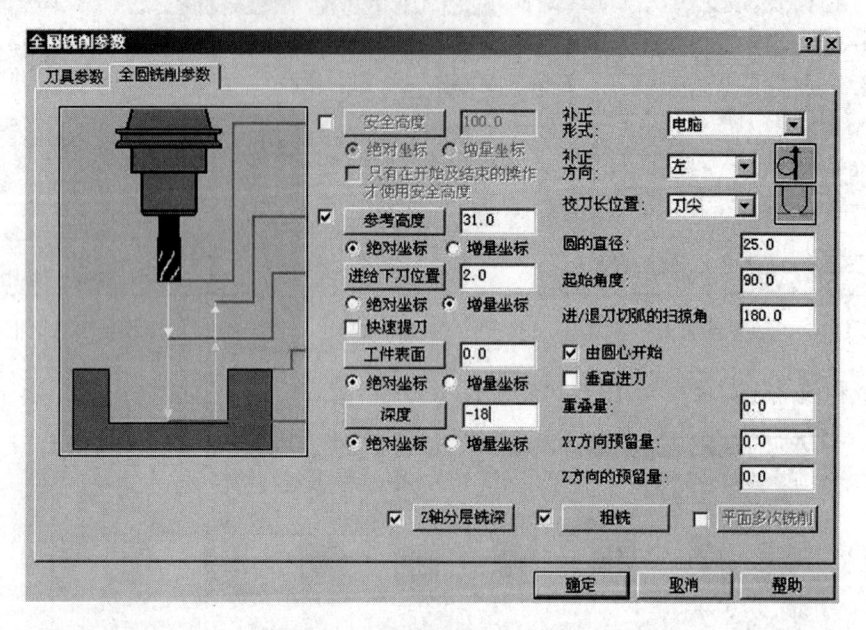

图 6-118　"全圆铣削参数"设置

(2) 全圆铣削参数。全圆铣削参数的深度设为-18，可以保证能够铣削 R10 为通孔。全圆铣削轨迹如图 6-119 所示。

步骤五　钻孔

(1) 在主功能菜单中单击：刀具路径→钻孔→手动→圆心点→分别选取四个 R3 圆的圆心→按 Esc 键退出选择→执行→选择直径为 6mm 的钻头(图 6-120)。

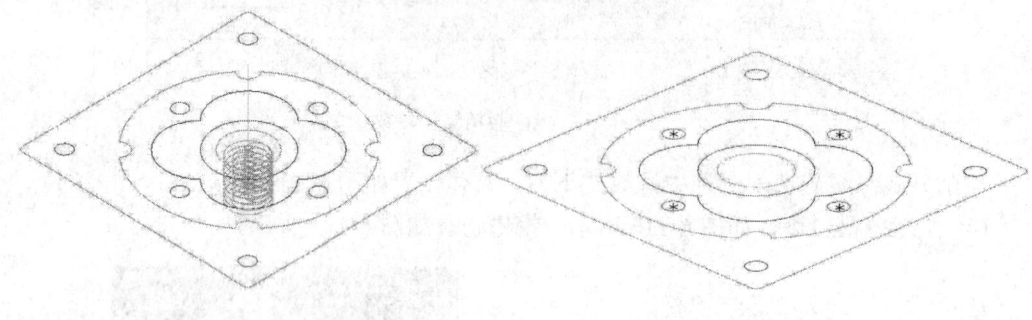

图 6-119　全圆铣削轨迹　　　　图 6-120　钻孔圆心选择

(2) 钻孔参数设置，如图 6-121 所示。

(3) 生成钻孔轨迹，如图 6-122 所示，同理完成底板上的四个通孔。钻孔仿真如图 6-123 所示。

(4) 转子零件仿真图如图 6-124 所示。

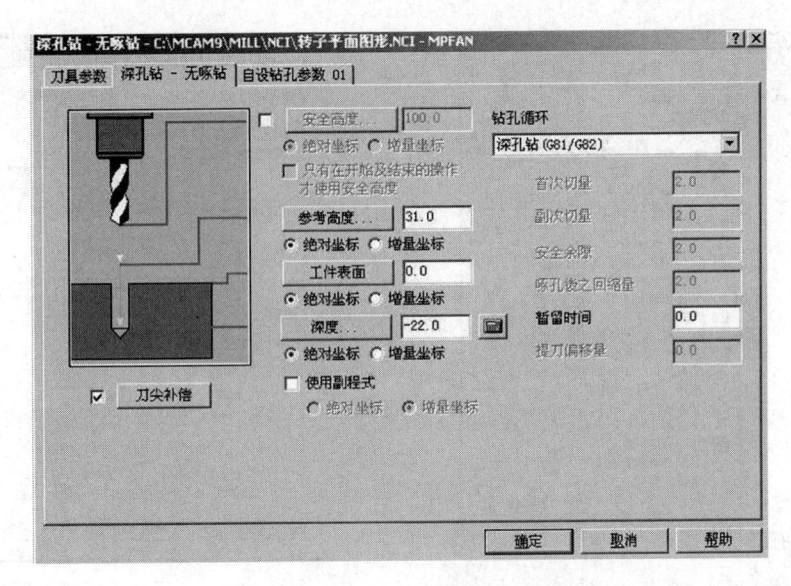

图 6-121 钻孔参数设置

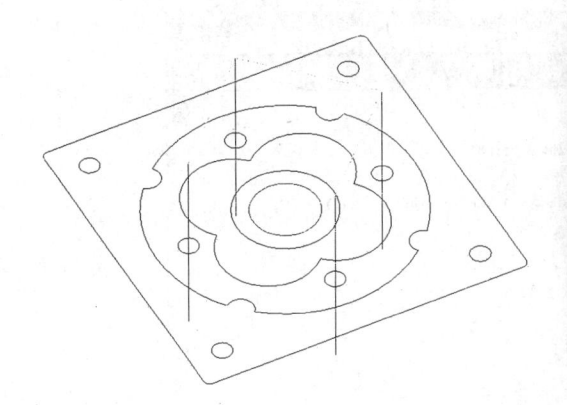

图 6-122 钻孔轨迹　　图 6-123 钻孔仿真

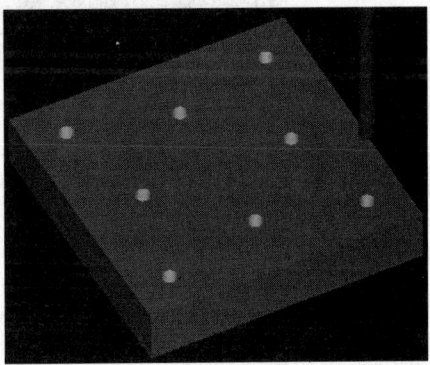

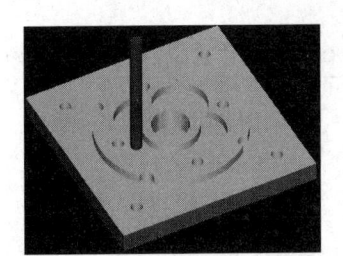

图 6-124 转子零件仿真图

将转子零件翻面，铣掉夹持面，完成整个零件的加工。

步骤六　G 代码的生成

(1) 在主菜单功能中单击：刀具路径→操作管理，如图 6-125 所示。

(2) 在操作管理中→单击全选后，全部选中所有的刀具路径→单击执行后处理→在图 6-126 中，选择后处理程式，如 MPFAN.PST→确定，生成数控 NC 代码，如图 6-127 所示。

251

图6-125 "操作管理员"对话框 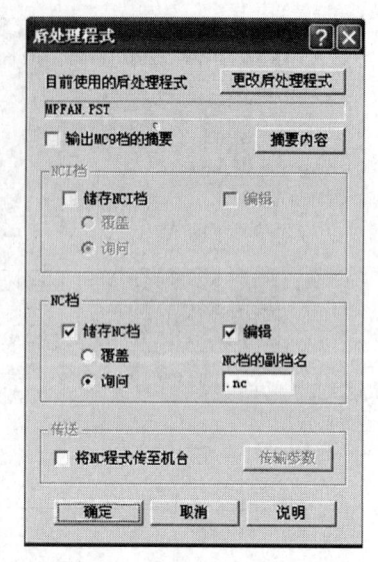　　图6-126 "后处理程式"对话框

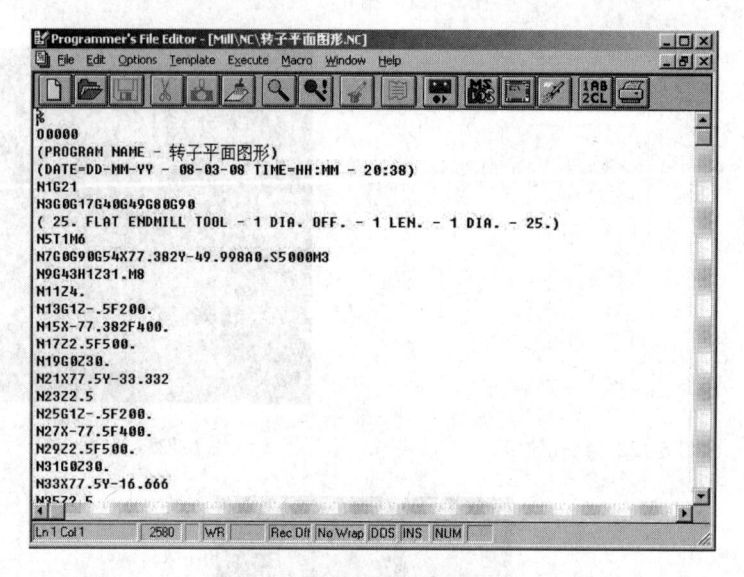

图6-127 NC代码

6.3 本章小结

　　本章主要介绍了二维铣削加工系统中工件、刀具、材料等基本参数设置以及二维平面铣削加工、外形铣削加工、挖槽铣削加工、钻孔铣削加工、全圆铣削的参数设置及零件加工方法，最终完成综合实例零件的加工及模拟仿真、数控代码生成。

思考与练习题

1. Mill 的构图平面指的是什么？刀具平面又指的是什么？要进行刀路定义时，刀具平面和构图平面之间应是什么样的关系?

2. 在 MasterCAM 中,*.NCI 是一个什么样的文件?*.NC 又是什么文件?为了生成一个和某机床数控系统相适应的数控加工程序,起决定性作用的文件是什么?这类文件的扩展名是什么?

3. 二维铣削加工中,毛坯(工件)原点设定方法有哪些?其大小有哪些设定方法?

4. 如果在进行刀路参数设定时,已设定为轮廓粗铣 3 次,精铣 2 次,深度方向分层粗铣 2 次,精铣 2 次,那么当设为每层精铣方式时,将产生多少个刀路?设为最后精铣方式时,又将产生多少个刀路?

5. 完成下图零件轮廓的外形铣削,模拟仿真效验轨迹的正确性,并按默认后处理器生成数控 NC 代码;毛坯尺寸 120mm×100mm×20mm;材料为铸铝。

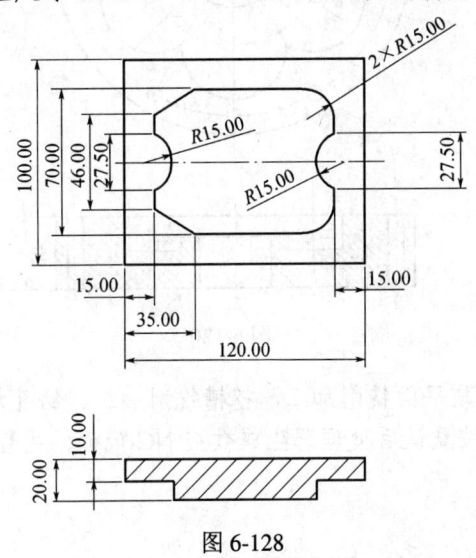

图 6-128

6. 完成下图零件轮廓的挖槽铣削,模拟仿真效验轨迹的正确性,并按默认后处理器生成数控 NC 代码;毛坯尺寸 120mm×100mm×20mm;材料为铸铝。

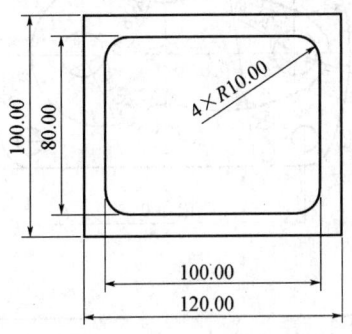

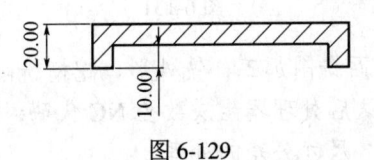

图 6-129

7. 完成下图零件的顶平面铣削加工、挖槽铣削加工、钻孔加工，模拟仿真效验轨迹的正确性，并按默认后处理器生成数控 NC 代码；毛坯尺寸 ϕ 100 mm × 22 mm；材料为 45 钢。

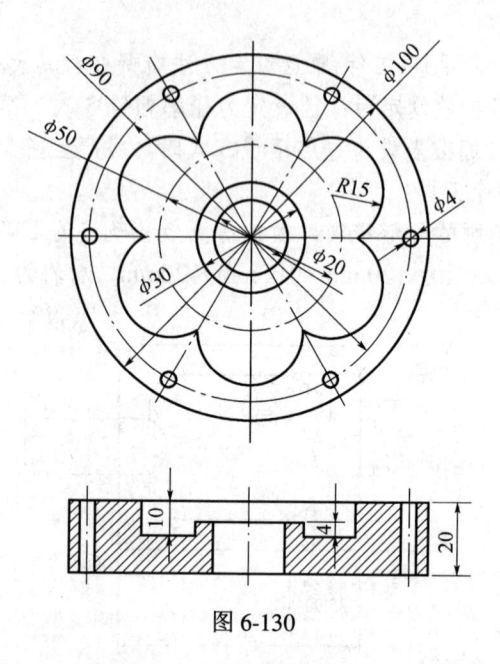

图 6-130

8. 完成下图零件的顶平面铣削加工、挖槽铣削加工、钻孔加工、铣外形，模拟仿真效验轨迹的正确性，并按默认后处理器生成数控 NC 代码；毛坯尺寸 150mm×120mm×40mm；材料为 45 钢。

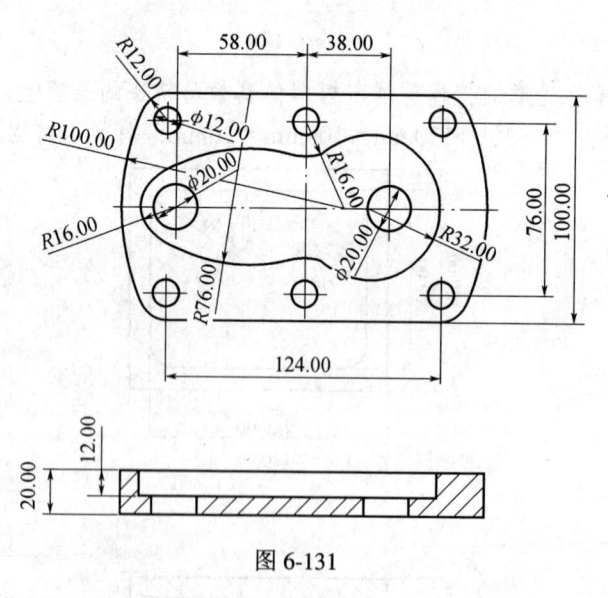

图 6-131

9. 完成下图零件的顶平面铣削加工、铣外形、挖槽铣削加工、钻孔加工，模拟仿真效验轨迹的正确性，并按默认后处理器生成数控 NC 代码；毛坯尺寸 150mm×100mm×40mm；材料为 45 钢；注意：尺寸公差的处理。

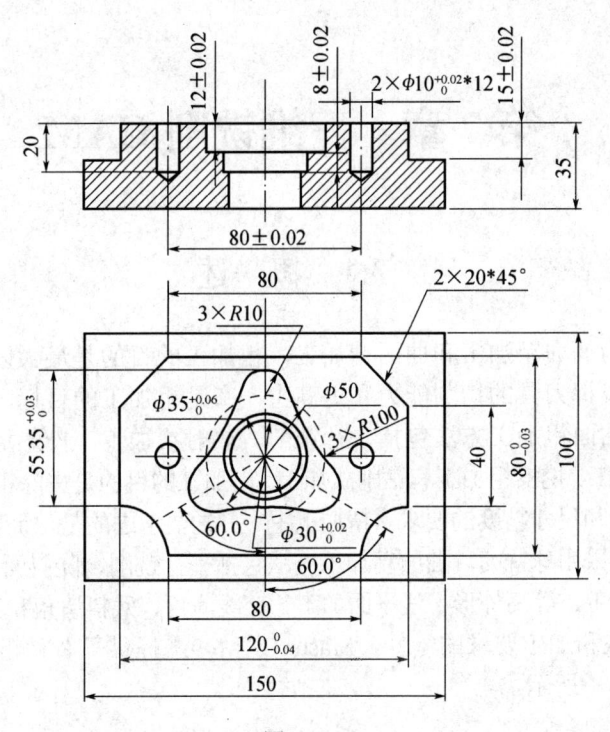

图 6-132

10. 完成下图零件的各个种孔加工，模拟仿真效验轨迹的正确性，并按默认后处理器生成数控 NC 代码；毛坯尺寸 100mm×100mm×30 mm；材料为 45 钢。

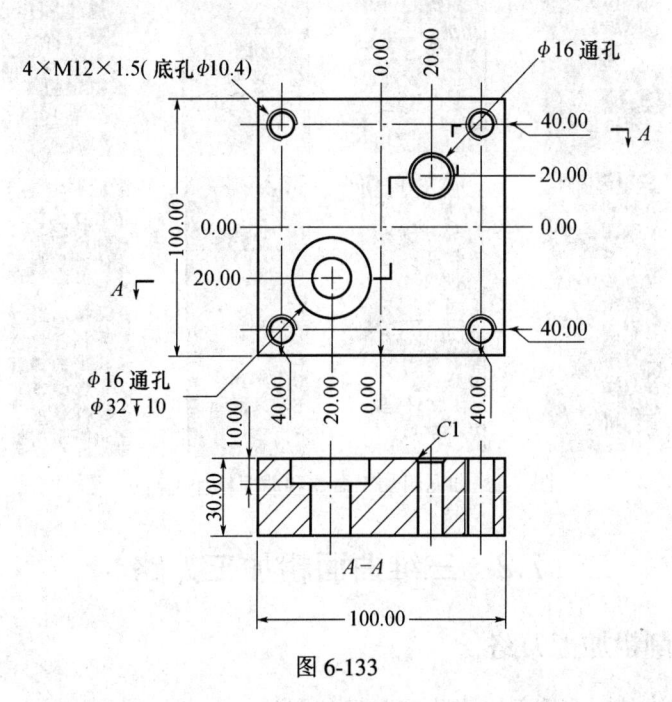

图 6-133

第 7 章 三维铣削 CAM

7.1 概 述

曲面加工分为曲面粗加工和曲面精加工。粗加工的目的是最大限度地切除工件上的多余材料。如何发挥刀具的切削能力和提高生产率是粗加工的目标,粗加工中,一般采用平底端铣刀。曲面粗加工方法包括平行铣削、放射状加工、投影加工、流线加工、等高外形、残料粗加工、挖槽粗加工和钻削式加工。精加工的目的是去除粗加工后的加工余量,以达到零件的形状和尺寸精度的要求。精加工中,首先要考虑的是保证零件的形状和尺寸精度,精加工中一般采用球铣刀。曲面精加工方法包括平行铣削、陡斜面加工、放射状加工、投影加工、流线加工、等高外形、浅平面加工、交线清角、残料清角和 3D 等距加工。

对于不同形状和加工要求的零件,MasterCAM 9.1 提供了 8 种粗加工方法、10 种精加工方法,如图 7-1 所示。

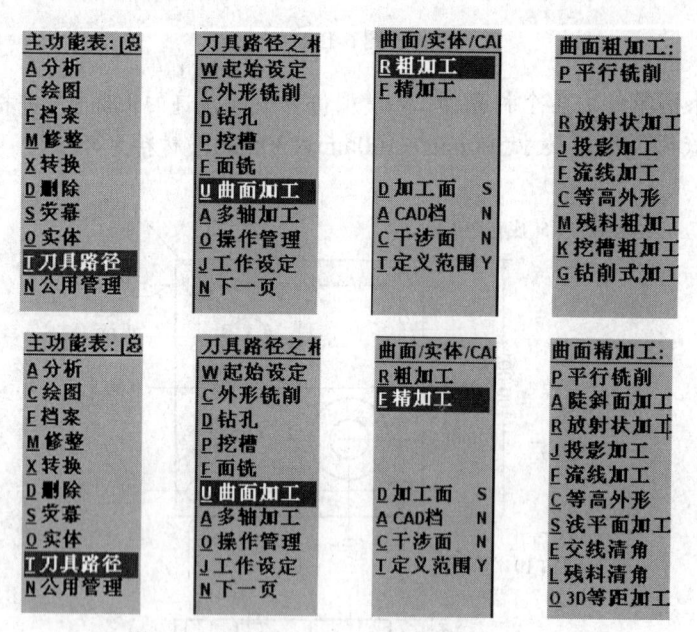

图 7-1　曲面粗加工命令和曲面精加工命令

7.2　三维曲面粗加工刀路

7.2.1　平行铣削粗加工刀路

平行加工方法是一个简单、有效和常用的粗加工方法,加工刀具路径平行于某一给定方向，用于工件形状中凸出物和沟槽较少的情况。

例 7.1 平行铣削粗加工编程。

步骤一 曲面造型(扫描曲面)

如图 7-2 所示，图中的虚线表示毛坯的线框轴测图，实线部分表示用于加工的曲面。

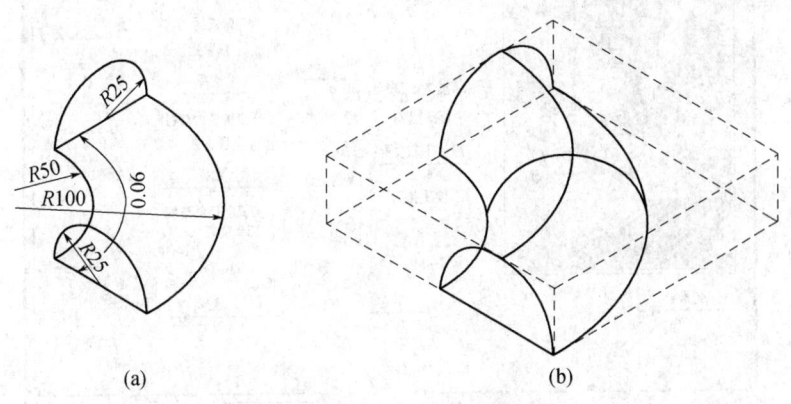

图 7-2 平行铣削粗加工零件图

(a) 线框造型；(b) 曲面造型。

步骤二 生成平行铣削粗加工刀路

(1) 选择回主功能表→刀具路径→曲面加工→粗加工→平行铣削→凸→所有的→曲面→执行，弹出"刀具参数"对话框，如图 7-3 所示。

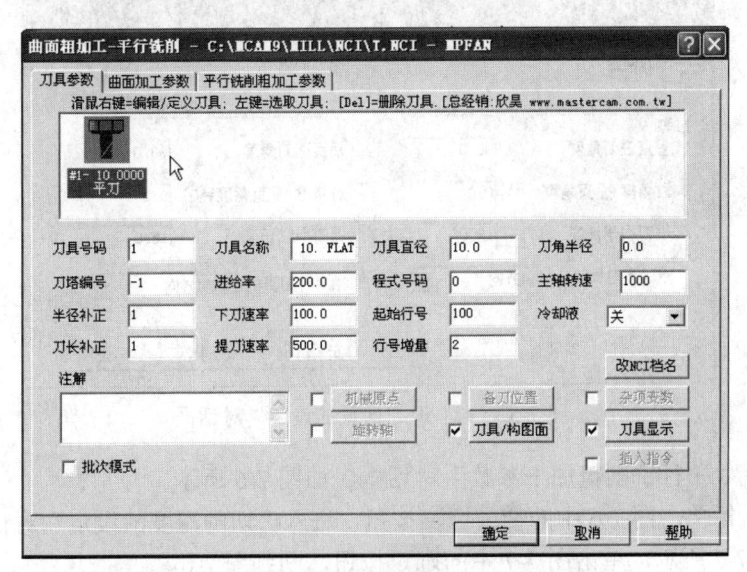

图 7-3 "刀具参数"对话框

(2) 进入"刀具参数"对话框，在空白区域单击鼠标右键，出现快捷菜单，然后选择"从刀具库选取刀具…"菜单，进入"刀具管理员"，选择一把 10mm 的平底铣刀，单击确定按钮，刀具就显示在图 7-3 所示的"刀具参数"对话框的刀具显示处，设置相关参数(实际加工刀具参数与机床、工件、切削要素等有关，此处为示例，后续同)。

(3) 设置"曲面加工参数"对话框,如图7-4所示。

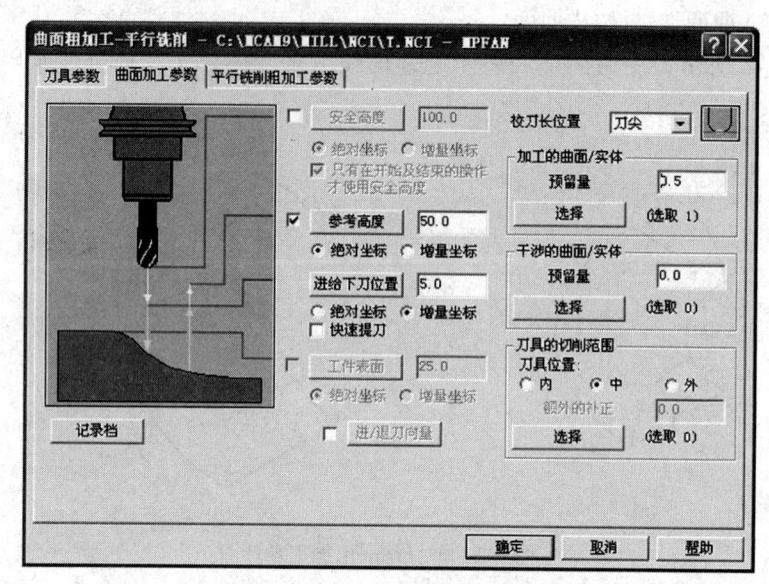

图7-4 "曲面加工参数"对话框

(4) 用鼠标选中图7-4中的进/退刀向量复选框,然后单击进/退刀向量按钮,进入"进/退刀向量的设定"对话框,设置完毕后,单击图7-5中的确定按钮。

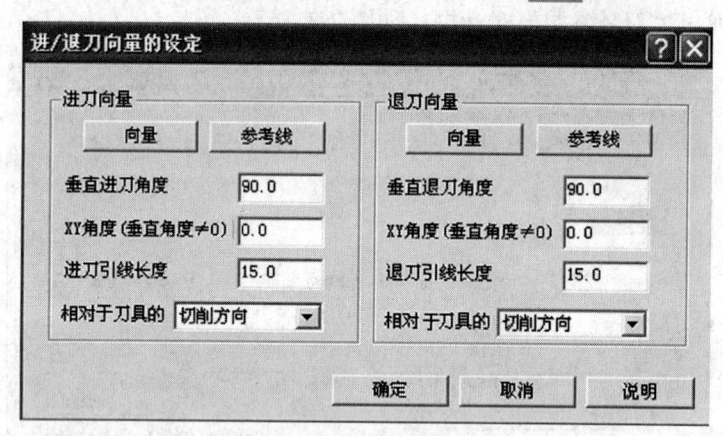

图7-5 "进/退刀向量的设定"对话框

(5) 设置"平行铣削粗加工参数"对话框,如图7-6所示。
(6) 用鼠标单击图7-6中的切削深度按钮,进入"切削深度的设定"对话框,设置完毕后,如图7-7所示,单击图7-7中的确定按钮,回到图7-6。
(7) 用鼠标单击图7-6中的确定按钮,单击菜单执行,则得到平行铣削粗加工刀路,如图7-8所示。

步骤三 存储文件

选择回主功能表→档案→存档。

文件名为:平行铣削粗加工刀路.MC9。

258

图 7-6 "平行铣削粗加工参数"对话框

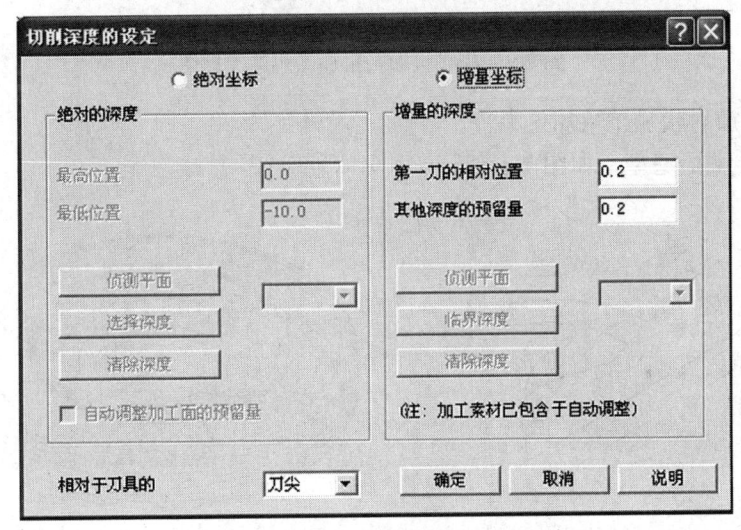

图 7-7 "切削深度的设定"对话框

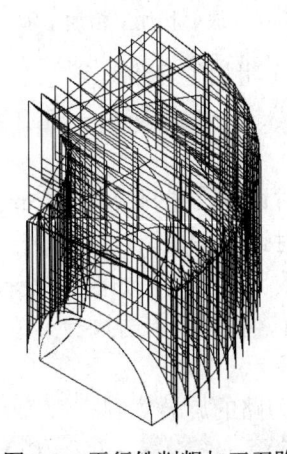

图 7-8 平行铣削粗加工刀路

259

7.2.2 放射状加工粗加工刀路

放射加工方法适用于具有回转特征的零件形状。由于 CAD/CAM 软件中，设计与加工(生成刀具路径)是两个不同的概念，如果只是为了生成某个零件的加工刀具路径，可以根据加工的需要进行设计和造型，这样可以简化设计，节省时间。如在下面的例子中的图 7-9 所示，由于具有三个相同的凸台，而且凸台造型时，需要编辑曲面，比较浪费时间。因此，本例采用只设计出一个凸台，产生其放射粗加工刀具路径，再用编辑生成刀具路径的方法，生成其余另两个凸台的刀具路径。此思路和方法是一个普遍方法，读者可以悉心体会。

图 7-9 放射状加工粗加工实体零件图

例 7.2 放射状加工粗加工编程。
步骤一 曲面造型，如图 7-10 所示(由实体生成)

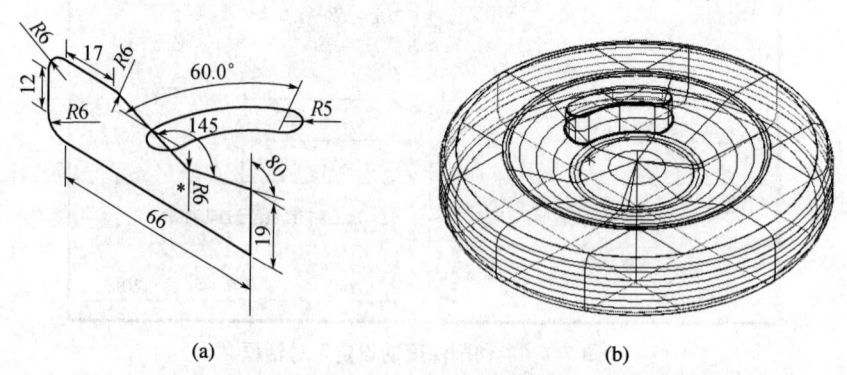

(a) (b)
图 7-10 放射状加工粗加工零件图

步骤二 生成部分放射状加工粗加工刀路

(1) 选择 回主功能表 → 刀具路径 → 曲面加工 → 粗加工 → 放射状加工 → 未指定 → 所有的 → 曲面 → 执行。

(2) 进入"刀具参数"设置对话框，选择直径为15mm的端铣刀。

(3) 设置"曲面加工参数"对话框，如图7-11所示。

(4) 设置"放射状粗加工参数"对话框，如图7-12所示。

(5) 用鼠标单击图7-12中的确定按钮，单击执行菜单，选择旋转中心点，得到部分放射状加工粗加工刀路，如图7-13所示。

步骤三 放射状加工粗加工刀路的旋转复制

(1) 选择 回主功能表 → 刀具路径 → 下一页 → 路径转换命令，在"转换操作之参数设定"

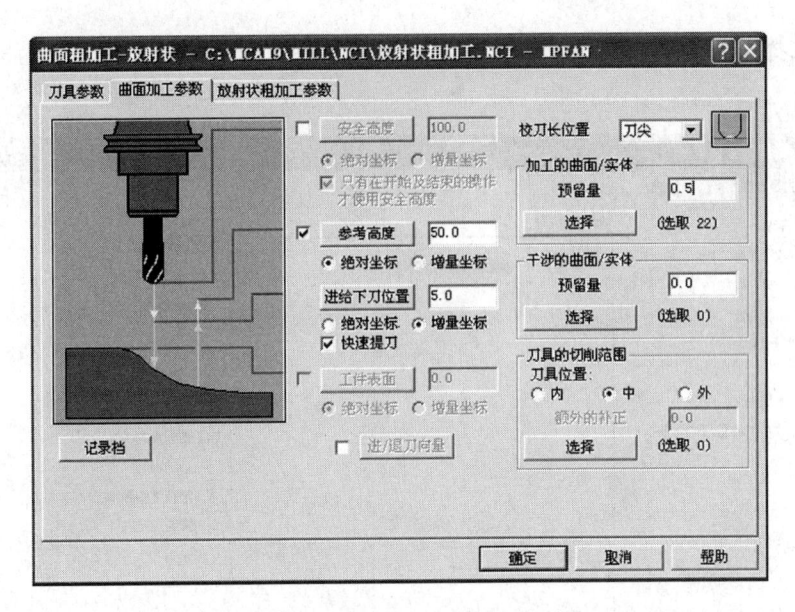

图 7-11 "曲面加工参数"对话框

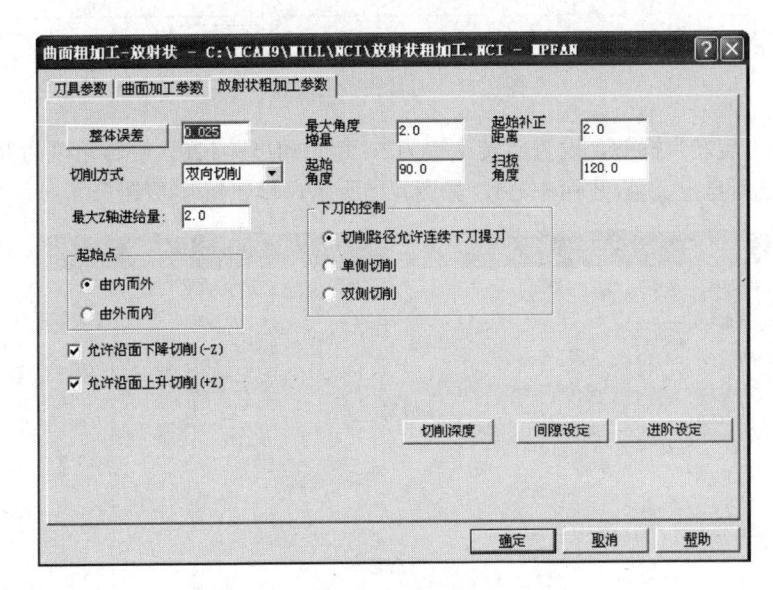

图 7-12 "放射状粗加工参数"对话框

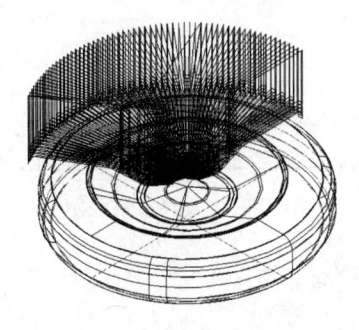

图 7-13 部分放射状加工粗加工刀路

261

视窗中,选择形式为旋转,方法为坐标,即生成的所有刀具路径在同一个坐标平面,如图7-14所示。

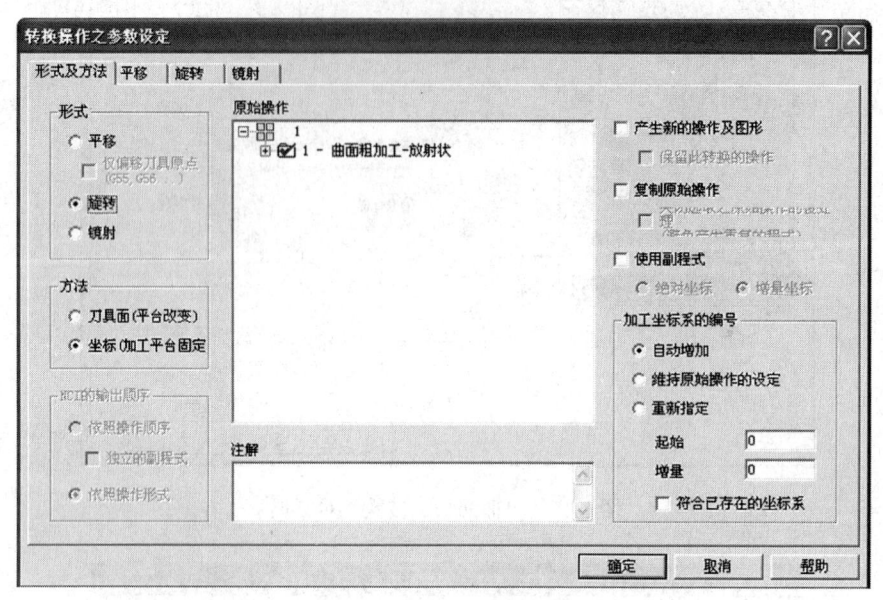

图 7-14　刀具路径的转换

(2) 选择"旋转"标签,设置旋转次数为2,起始角度为120,旋转角度为360/3(=120),旋转的基准点为自定义点(几何中心),如图7-15所示,单击确定按钮。

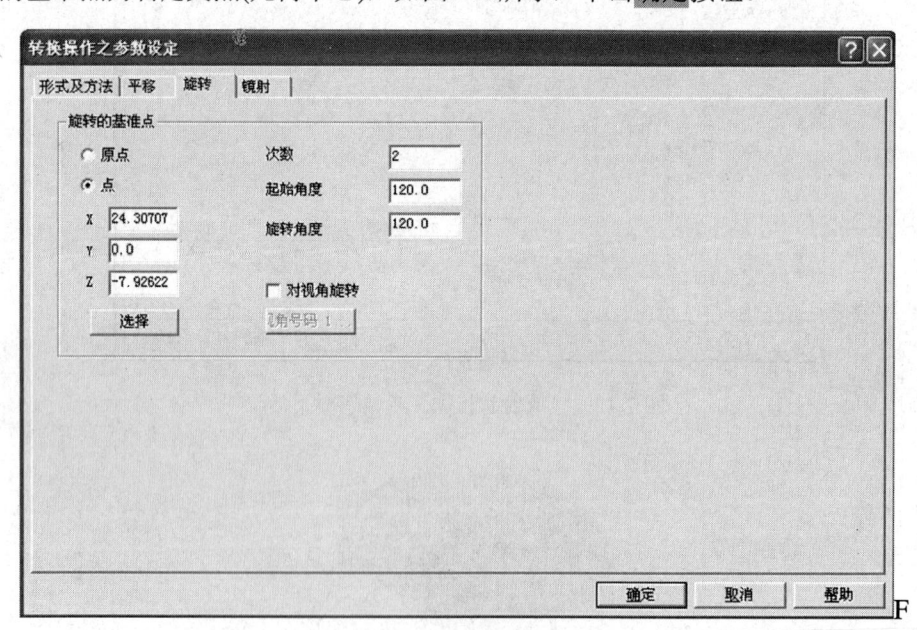

图 7-15　旋转参数设定

(3) 刀具路径如图7-16所示。

步骤四　存储文件

文件名为:放射状加工粗加工刀路.MC9。

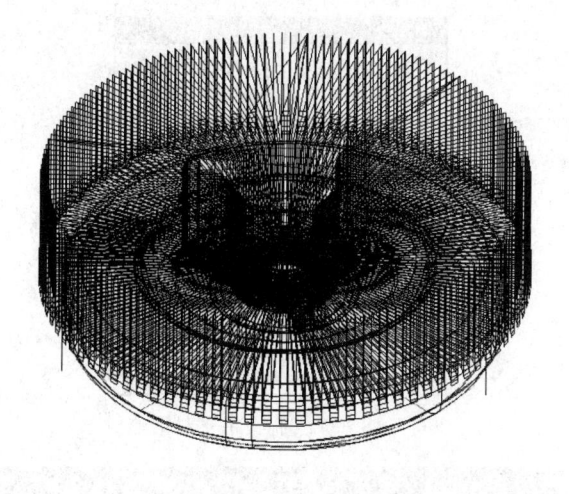

图 7-16 转换后的刀具路径

7.2.3 投影加工粗加工刀路

投影加工方法是将已生成的 NCI 文件或图素(曲线或点阵)投影到被加工曲面上。投影加工方法可以加工任意的零件形状，对于雕刻加工，一般采用投影加工方法。投影粗加工和精加工基本一样，本例中给出了投影粗加工和精加工方法的应用，投影粗加工是将挖槽加工生成的 NCI 文件投影到被加工曲面上，投影精加工是将一组曲线(如字母 XHZY，在图形中，XHZY 被视为曲线)投影到被加工曲面上。

例 7.3 投影加工粗加工编程。

步骤一 曲面造型，如图 7-17 所示(昆氏曲面)

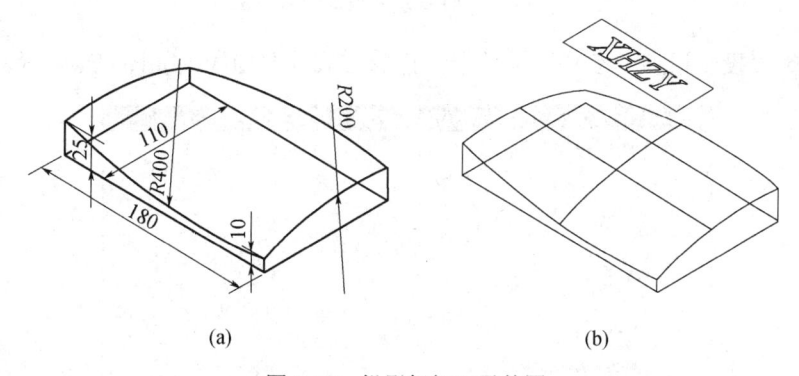

图 7-17 投影粗加工零件图

步骤二 生成投影加工的粗加工刀路

(1) 设置构图深度Z相对高于曲面底平面100，选择 回主功能表→绘图→下一页→文字 命令，弹出"绘制文字"对话框，设置参数如图7-18所示。

(2) 选择 回主功能表→刀具路径→曲面加工→粗加工→投影加工→未指定→所有的→曲面→执行 命令。弹出"曲面粗加工"对话框，选取1mm球刀，选择"曲面加工参数"标签，设置参数如图7-19所示。

263

图 7-18 "绘制文字"对话框

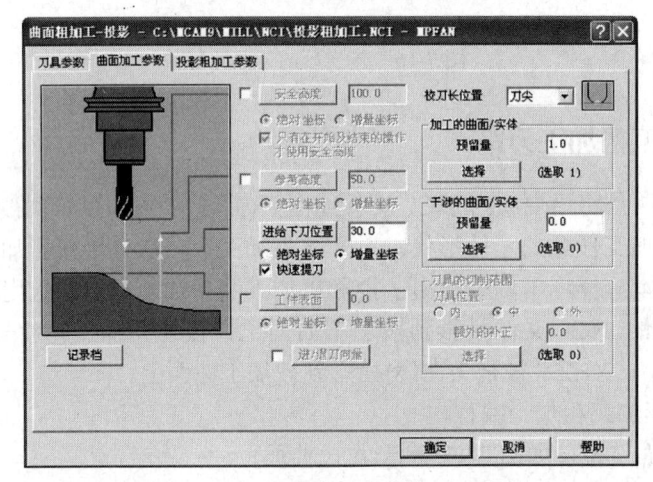

图 7-19 "曲面加工参数"对话框

(3) 选择"投影粗加工参数"选项卡，投影方式选取曲线，如图7-20所示。

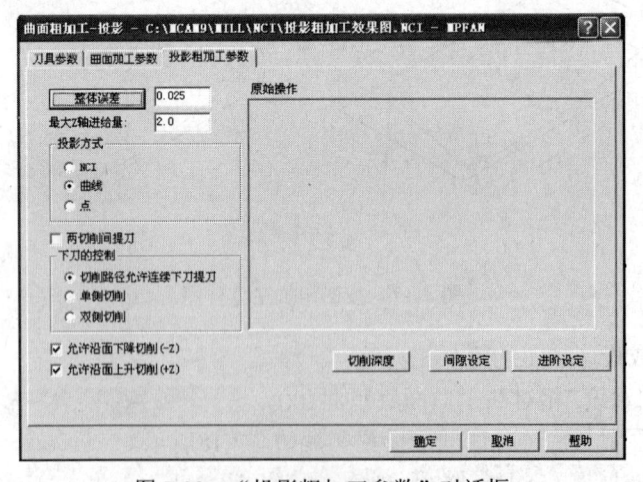

图 7-20 "投影粗加工参数"对话框

(4) 单击确定按钮，选择窗选菜单，选取图7-21中的矩形内的字母，选取X附近一点作为串连起始点，执行；结果生成曲线轮廓在曲面上的刀具轨迹，如图7-21所示。

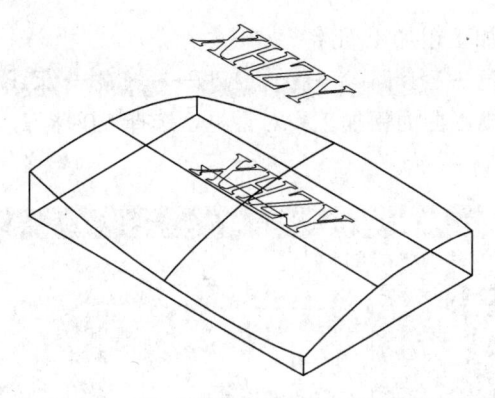

图 7-21 投影加工粗加工刀具路径

步骤三　存储文件
文件名为：投影加工粗加工刀路.MC9。

7.2.4 流线加工粗加工刀路

在"曲面粗加工"子菜单中选择"流线加工"选项可打开流线粗加工模组。该模组可以沿曲面流线方向生成粗加工刀具路径。可以通过"曲面流线粗加工参数"标签来设置该模组的参数。

例 7.4　流线加工粗加工编程。

步骤一　曲面造型，如图 7-22 所示(旋转曲面)

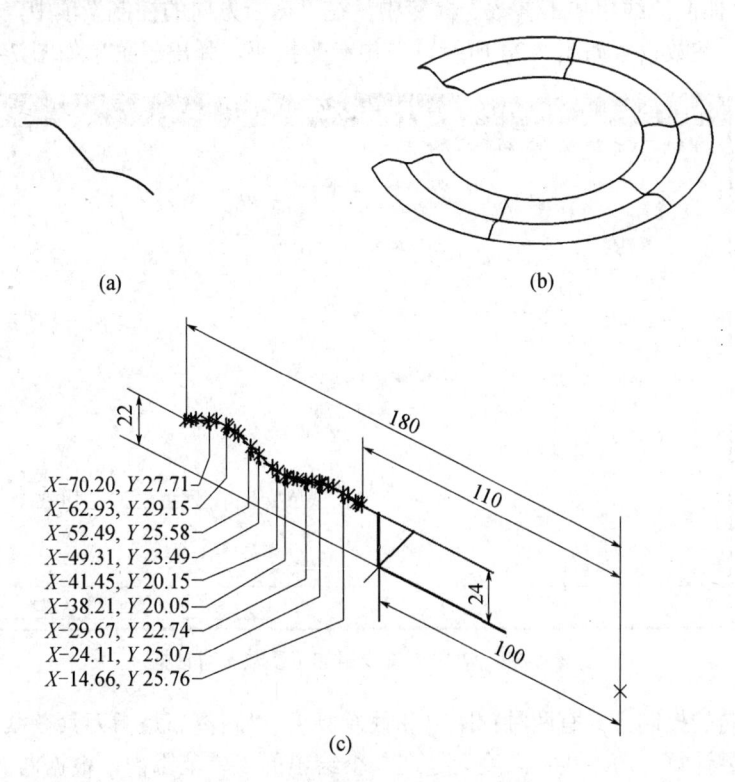

(a)　　　　　　　　　　(b)

22
180
110
X-70.20, Y 27.71
X-62.93, Y 29.15
X-52.49, Y 25.58
X-49.31, Y 23.49
X-41.45, Y 20.15
X-38.21, Y 20.05
X-29.67, Y 22.74
X-24.11, Y 25.07
X-14.66, Y 25.76
24
100

(c)

图 7-22　流线加工粗加工零件图

步骤二　生成流线加工粗加工刀路

(1) 选择回主功能表→刀具路径→曲面加工→粗加工→流线加工→未指定→所有的→曲面→执行命令。弹出"曲面粗加工"对话框，选择 5.0 球刀，在"曲面加工参数"标签中，设置参数如图 7-23 所示。

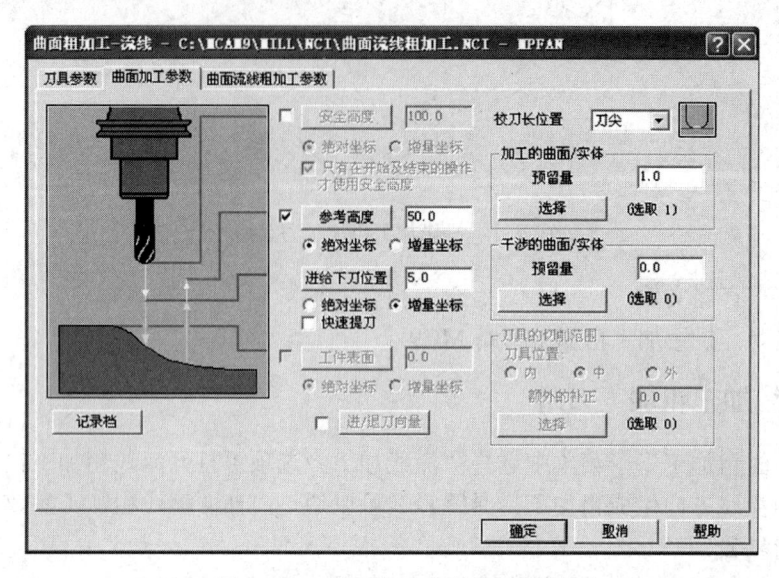

图 7-23　"曲面加工参数"对话框

(2) 在"曲面流线粗加工参数"标签中，在"截断方向的控制"项中，设定球刀残脊高度为 0.04，参数设置如图 7-24 所示，单击确定按钮，弹出子菜单如图 7-25 所示。

图 7-24　"曲面流线粗加工参数"对话框

截断方向的控制方式有两种：距离和残脊高度。"距离"是指刀具在截断方向的间距依照绝对距离计算；而"残脊高度"是在一个给出的误差范围内，根据曲面的不同形状，系统自动计算出不同的间距增量。

(3) 设置补正方向、切削方向等参数，如图 7-26 所示。

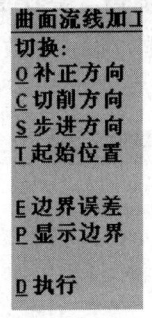

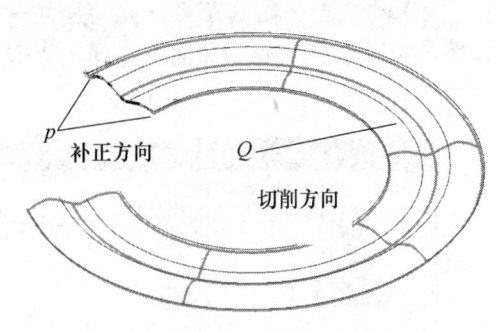

图 7-25　子菜单

图 7-26　设置加工方向

(4) 生成流线加工粗加工刀路，如图 7-27 所示。

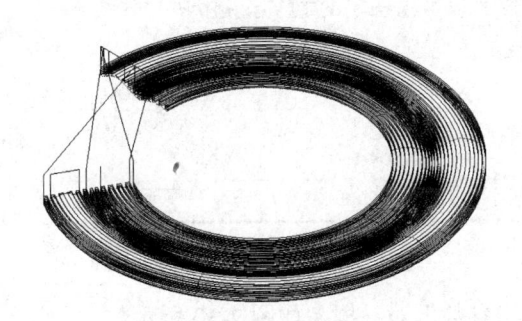

图 7-27　流线加工粗加工刀路

步骤三　存储文件

文件名为：流线加工粗加工刀路.MC9。

7.2.5　等高外形粗加工刀路

等高外形粗加工是用一系列平行于刀具平面的不同 Z 值深度的平面来剖切要加工曲面，然后对剖切后得到的曲线进行二维外形加工，也叫做等高线加工。主要用于铸造或锻造毛坯的粗加工。

例 7.5　等高外形粗加工编程。

步骤一　曲面造型，如图 7-28 所示(旋转曲面)

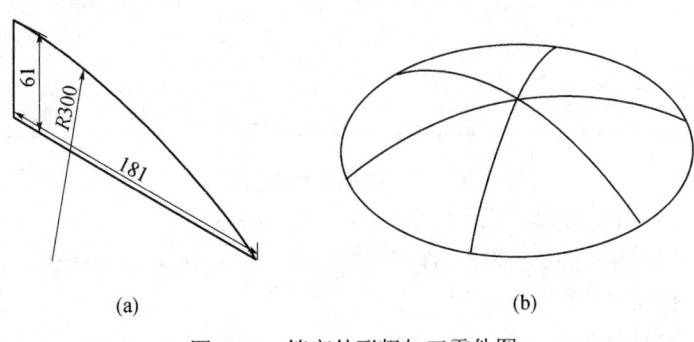

图 7-28　等高外形粗加工零件图

步骤二　生成曲面的等高外形粗加工刀具路径

(1) 选择回主功能表→刀具路径→曲面加工→粗加工→等高外形→所有的→曲面→执行命令，系统自动选择所有的曲面，并弹出"刀具参数"对话框，设置参数如图 7-29 所示。

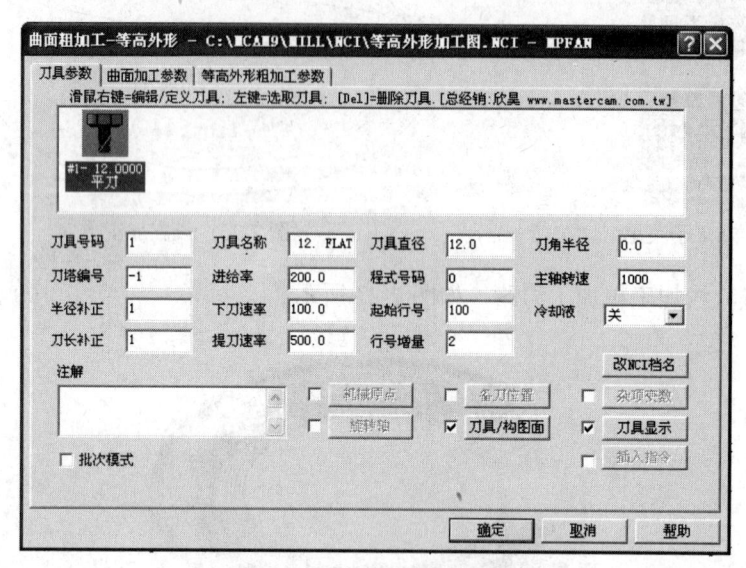

图 7-29　"刀具参数"对话框

(2) 设置"曲面加工参数"对话框，如图 7-30 所示。

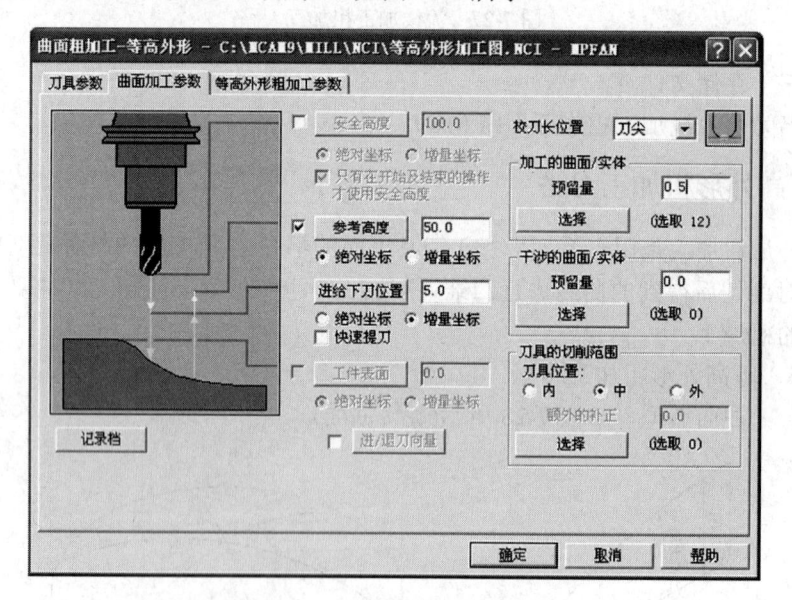

图 7-30　"曲面加工参数"对话框

(3) 设置"等高外形粗加工参数"对话框，如图 7-31 所示。

(4) 单击图 7-31 中的确定按钮，选择执行菜单，自动出现走刀轨迹，如图 7-32 所示。

步骤三　存储文件

文件名为：等高外形粗加工刀路.MC9。

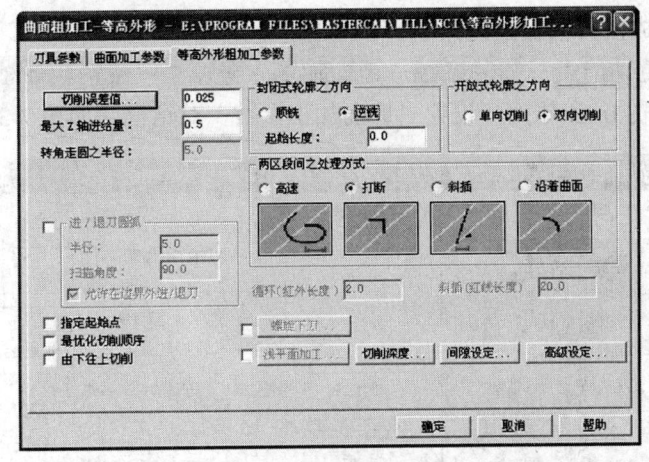

图7-31 "等高外形粗加工参数"对话框

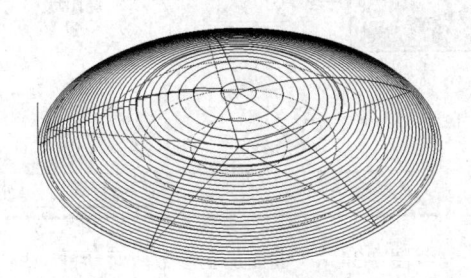

图7-32 等高外形粗加工刀路

7.2.6 残料粗加工刀路

残料粗加工方法是一种非常实用的粗加工方法，用于清除掉前一种加工方法剩余的材料。这种方法的突出优点是可以用较大直径的刀具进行加工，以发挥大直径刀具切除效率高、不易损伤的特点，再用小直径刀具清除余料，由于残料粗加工方法只加工剩余材料部分，没有空行程，效率很高。与曲面残料精加工方法不同的是，残料粗加工不是直接进入曲面的最低层切削，因此，不易损伤刀具，安全性好。

例7.6 残料粗加工编程。

步骤一 曲面造型，如图7-33所示，未注圆角均为$R5$(由实体生成)

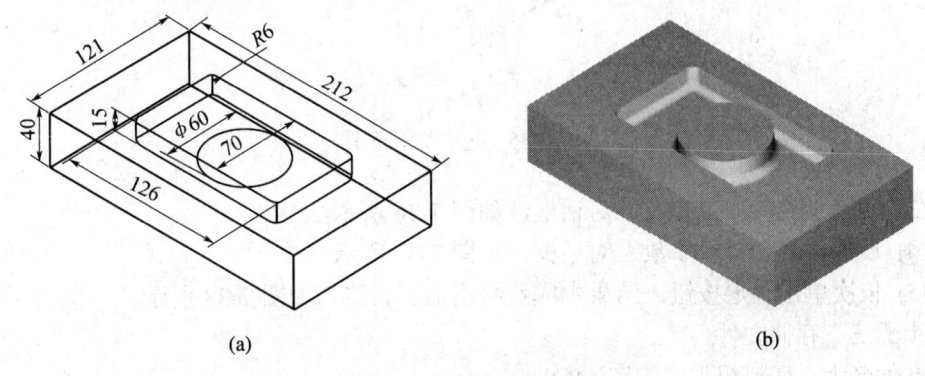

图7-33 残料粗加工零件图

步骤二 生成残料粗加工刀路

(1) 选择回主功能表→刀具路径→曲面加工→粗加工→残料粗加工→所有的→曲面→执行命令，选取 1mm 球刀，设置"曲面加工参数"对话框，如图 7-34 所示。

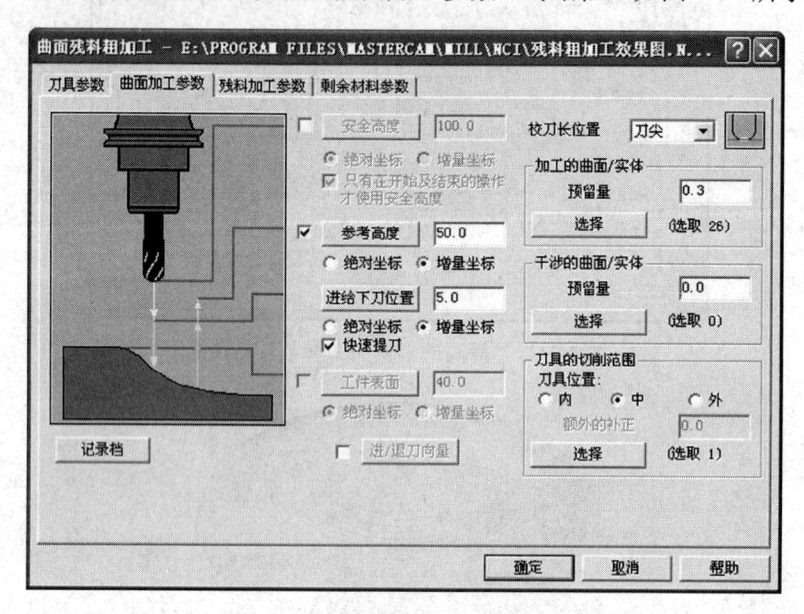

图 7-34 "曲面加工参数"对话框

(2) 在"刀具的切削范围"项中单击选择按钮，选取零件的外边界位置 1，执行，如图 7-35 所示。

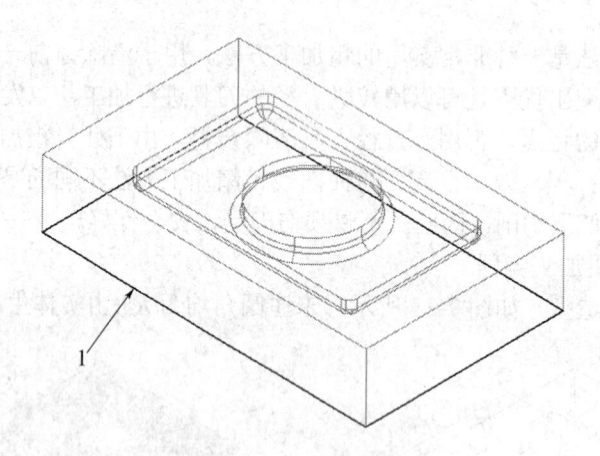

图 7-35 选取切削范围

(3) 设置"残料加工参数"对话框，如图 7-36 所示。
(4) 设置"剩余材料参数"对话框，如图 7-37 所示。
(5) 依次单击确定按钮，结果生成残料粗加工刀路，如图 7-38 所示。

步骤三 存储文件

文件名为：残料粗加工刀路.MC9。

图 7-36 "残料加工参数"对话框

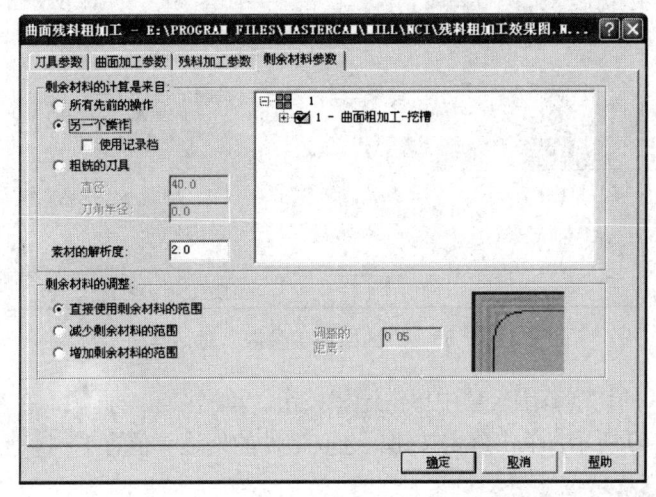

图 7-37 "剩余材料参数"对话框

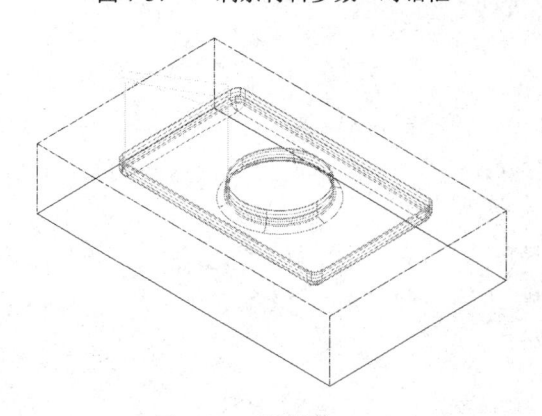

图 7-38 残料粗加工刀

7.2.7 挖槽粗加工刀路

曲面挖槽粗加工方法也是一个效率高的曲面加工方法，与二维挖槽加工类似，刀具

271

切入的起始点可以人为控制,这样可以选择切入起始点在工件之外,再逐渐切入,使得切入过程平稳,保证加工质量。

例 7.7 挖槽粗加工编程。

步骤一 曲面造型,如图 7-33 所示

步骤二 生成挖槽粗加工刀路

(1) 选择回主功能表→刀具路径→曲面加工命令,设置加工面为 A,定义范围为 Y,其余为 N。

(2) 选择粗加工→挖槽粗加工命令,选取 10mm 平底铣刀,设置"曲面加工参数"对话框,如图 7-39 所示。

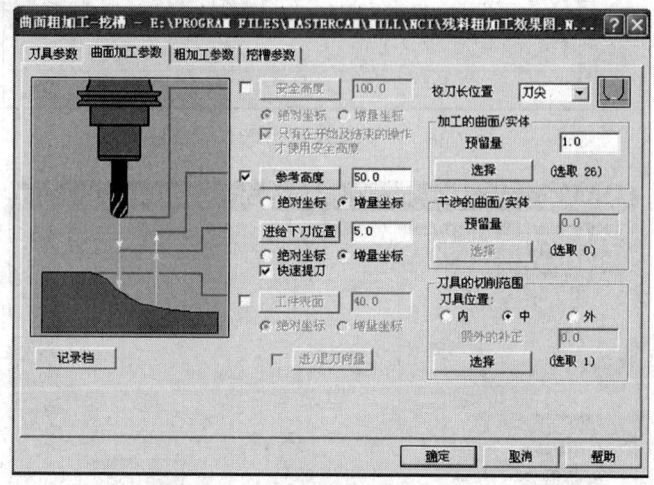

图 7-39 "曲面加工参数"对话框

(3) 在"刀具的切削范围"项中单击选择按钮,单击串连→选项,在对话框中选中"限定平面",如图 7-40 所示,单击确定按钮,选取零件的外边界位置 1,执行,如图 7-41 所示。

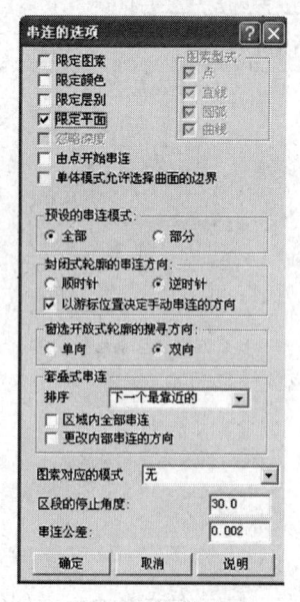

图 7-40 限定平面

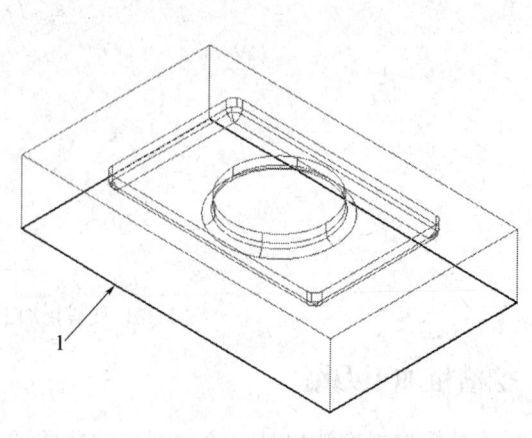

图 7-41 选取刀具切削范围

(4) 设置"粗加工参数"对话框，如图 7-42 所示。

(5) 单击图 7-42 中的切削深度按钮，弹出"切削深度设定"对话框，单击侦测平面按钮，系统会自动侦测到岛的顶面，并显示在右侧的列表中。系统将会在这些高度值上生成刀具轨迹，如图 7-43 所示。

图 7-42 "粗加工参数"对话框

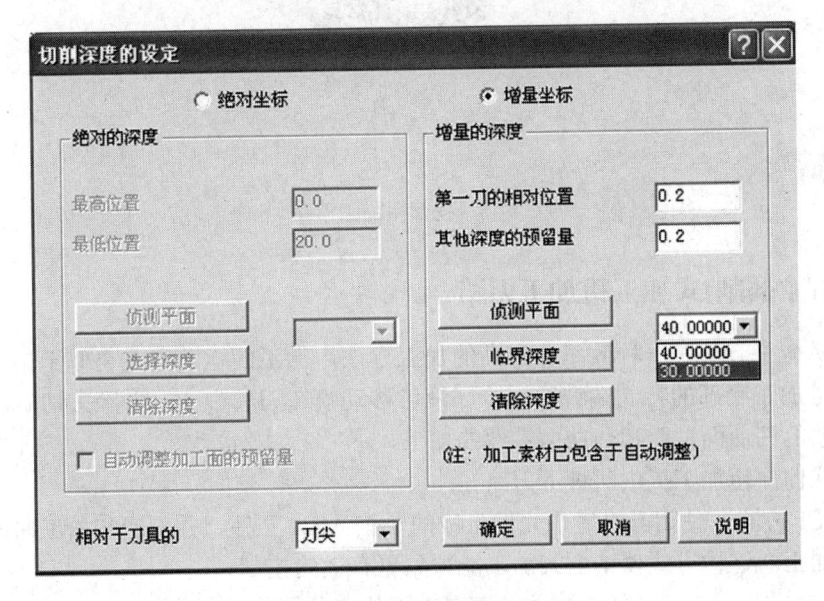

图 7-43 自动侦测平面

(6) 设置"挖槽参数"对话框，如图 7-44 所示。
(7) 依次单击确定按钮生成刀路，如图 7-45 所示。

步骤三　存储文件

文件名为：挖槽粗加工刀路.MC9。

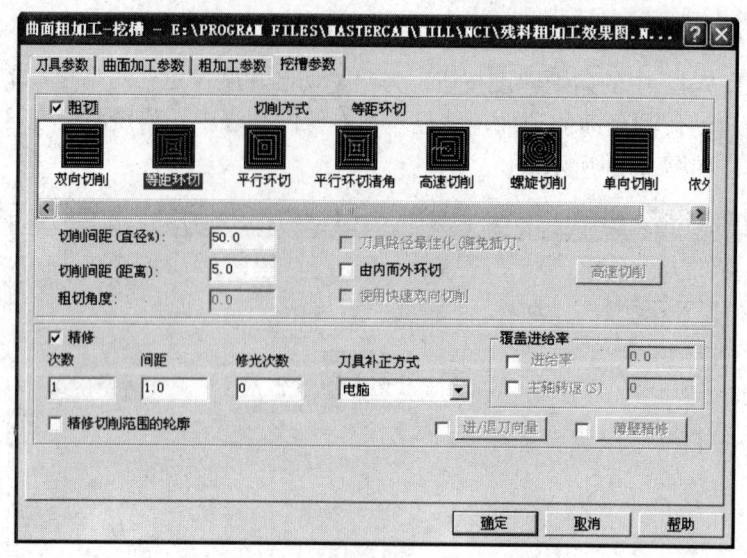

图 7-44 "挖槽参数"对话框

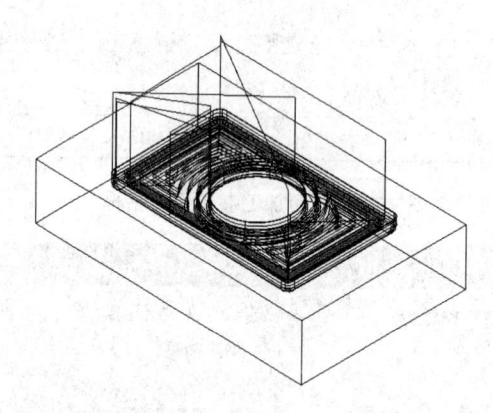

图 7-45 挖槽粗加工刀路

7.2.8 钻削(插削)式加工粗加工刀路

钻削式加工方法是一种效率非常高的加工方法，加工的运动方式类似于钻削加工。通常采用可加工底部的特制端铣刀。冷却液可移动喷在刀具中心，以除去切屑。适用于具有陡峭壁的凹曲面型腔和凸曲面零件的加工。

钻削式曲面粗加工提供两种下刀路径：

(1) NCI 方式：使刀具沿着预先已生成的一个 MCI 文件，并投影在加工曲面的路径作钻削式加工。这种方式使钻削式加工能得到更有效的控制。

(2) 双向方式：定义一矩形网络，刀具在网格点位置作钻削式加工。

例 7.8 钻削(插削)式加工粗加工编程。

步骤一 曲面造型，如图 7-46 所示(由实体生成)

步骤二 生成钻削式加工粗加工刀路

(1) 选择回主功能表→刀具路径→曲面加工→粗加工→钻削式加工→所有的→曲面→执行命令，选取 10mm 平底铣刀，设置"曲面加工参数"对话框，如图 7-47 所示。

274

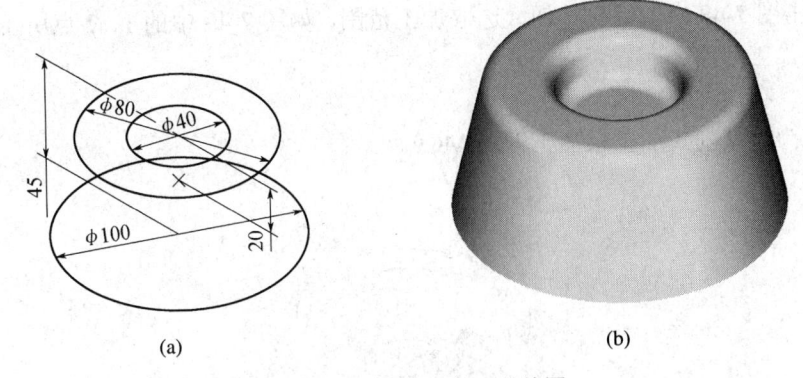

图 7-46 钻削式粗加工零件图

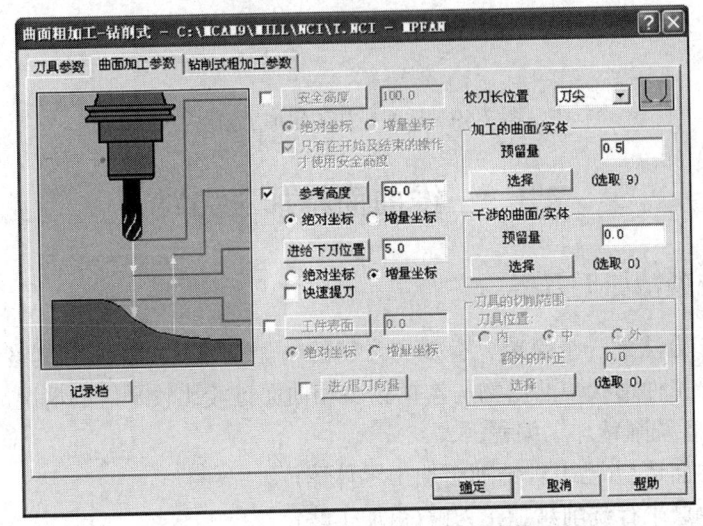

图 7-47 "曲面加工参数"对话框

(2) 设置"钻削式粗加工参数"对话框,如图 7-48 所示。

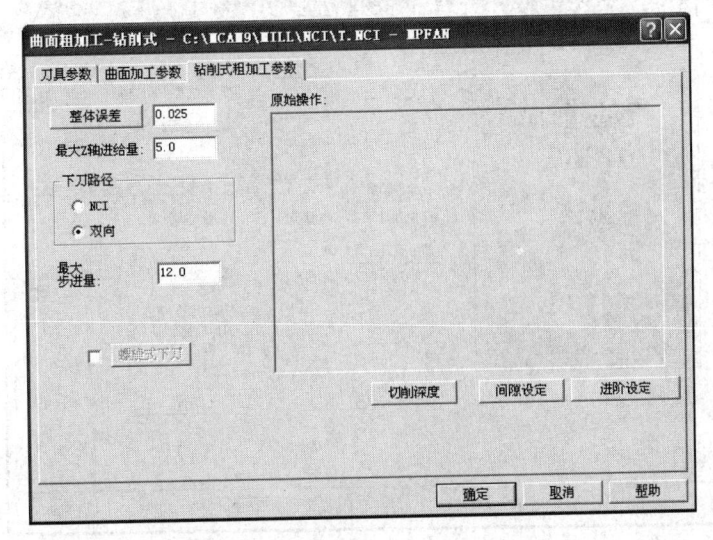

图 7-48 "钻削式粗加工参数"对话框

275

(3) 单击图 7-48 中的确定按钮,选取加工范围,如图 7-49 中的 1、2 点所示,生成钻削式加工粗加工刀路。

步骤三　存储文件

文件名为:钻削式加工粗加工刀路.MC9。

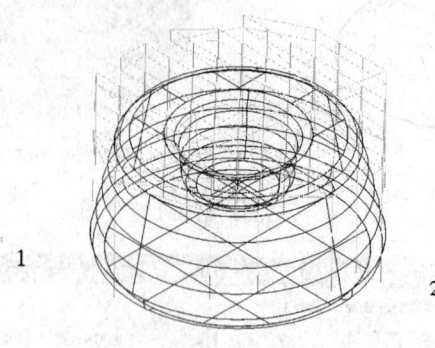

图 7-49　钻削式加工粗加工刀路

7.3　三维曲面精加工刀路

7.3.1　平行铣削精加工刀路

平行精加工方法是一个简单、有效和常用的精加工方法,加工刀具路径平行于某一给定方向,用于工件形状中凸出物与沟槽较少和曲面过渡比较平缓的情况。

例 7.9　平行铣削精加工编程。

步骤一　曲面造型(见平行铣削粗加工零件图)

步骤二　生成平行铣削精加工刀路(粗加工略)

(1) 选择回主功能表→刀具路径→曲面加工→精加工→平行铣削→所有的→曲面→执行命令,选取 6mm 球刀,设置"曲面加工参数"对话框,如图 7-50 所示。

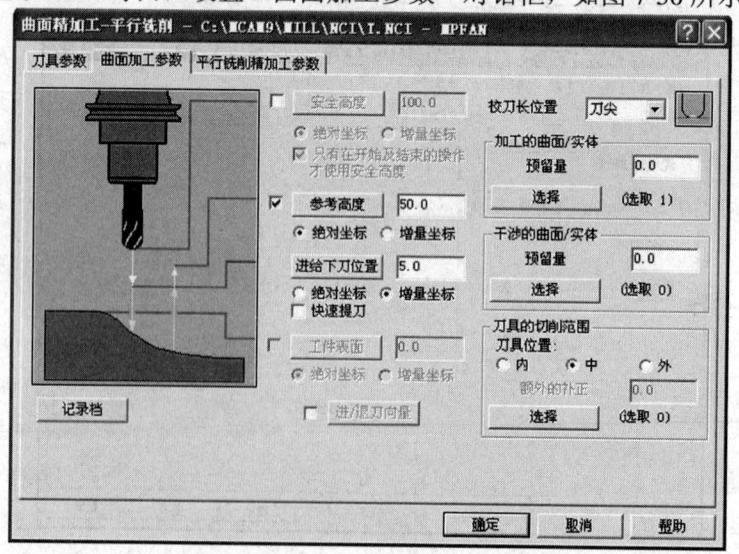

图 7-50　"曲面加工参数"对话框

(2) 设置"平行铣削精加工参数"对话框，如图 7-51 所示。

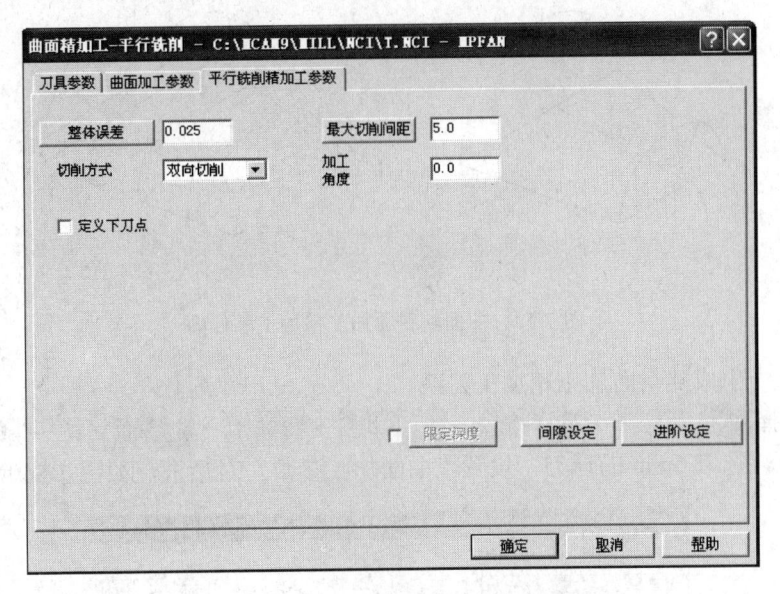

图 7-51 "平行铣削精加工参数"对话框

(3) 单击确定按钮，执行，生成刀具加工路径，如图 7-52 所示。

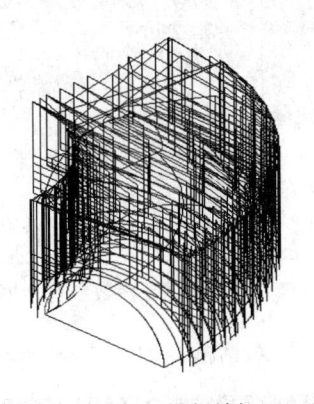

图 7-52 平行铣削精加工刀路

步骤三　存储文件

文件名为：平行铣削精加工刀路.MC9。

7.3.2 陡斜面精加工刀路

陡斜面精加工方法产生的刀具路径是在被选择曲面的陡斜面上，其范围由参数设定，由于陡斜面加工刀具路径也是平行于给定方向，在其他方向上不产生刀具路径，因此，此方法只适用于零件被加工曲面基本平行于给定方向的特殊场合，通过对加工角度的修改可加工多方向的陡斜面。

例 7.10 陡斜面精加工编程。

步骤一　曲面造型，如图 7-53 所示(举升曲面)

277

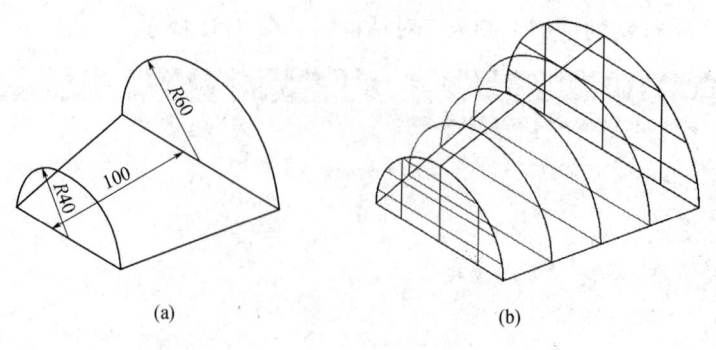

图 7-53　曲面陡斜面加工精加工零件图

步骤二　生成陡斜面加工精加工刀路

(1) 选择回主功能表→刀具路径→曲面加工→精加工→陡斜面加工→所有的→曲面→执行命令，选取 5mm 的球刀，设置"曲面加工参数"对话框，如图 7-54 所示。

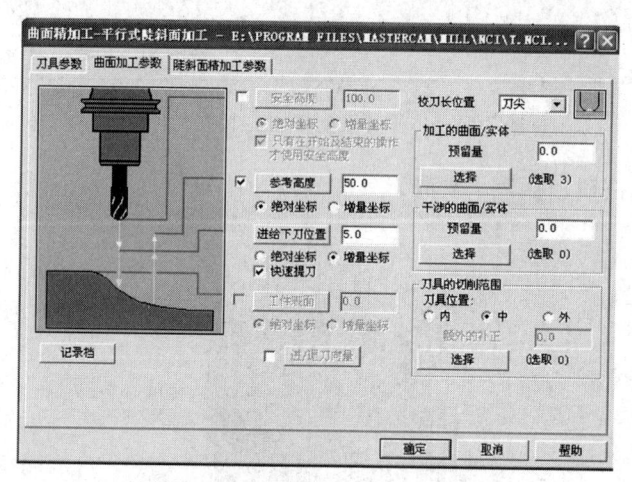

图 7-54　"曲面加工参数"对话框

(2) 设置"陡斜面精加工参数"对话框，如图 7-55 所示。

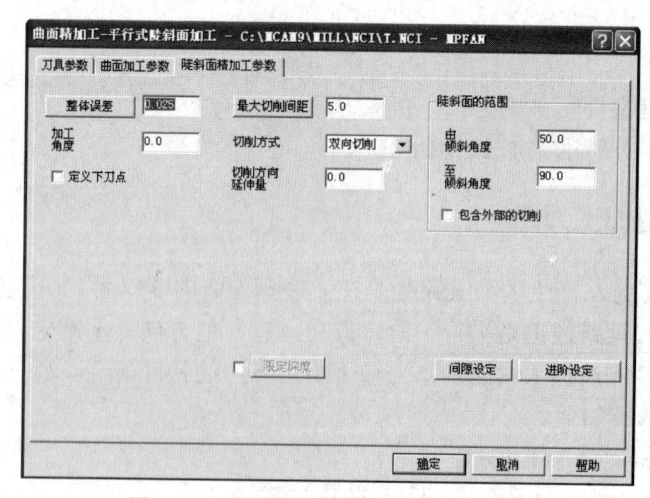

图 7-55　"陡斜面精加工参数"对话框

(3) 单击确定按钮，生成轨迹如图 7-56 所示。

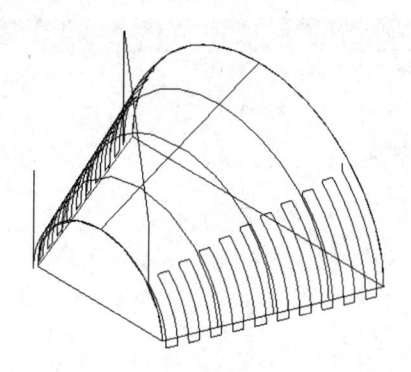

图 7-56 陡斜面加工精加工刀路

步骤三 存储文件
文件名为：陡斜面加工精加工刀路.MC9。

7.3.3 放射状加工精加工刀路

对于环形零件，放射状曲面精加工是最理想的加工方法。下面以曲面放射状粗加工的零件为例说明放射状曲面精加工的方法。

例 7.11 放射状加工精加工编程。
步骤一 曲面造型(见放射状加工粗加工零件图)
步骤二 生成放射状加工精加工刀路(放射状加工粗加工刀路略)

(1) 选择回主功能表→刀具路径→曲面加工→精加工→放射状加工→所有的→曲面→执行命令，选取 8mm 球刀，设置"曲面加工参数"对话框，如图 7-57 所示。

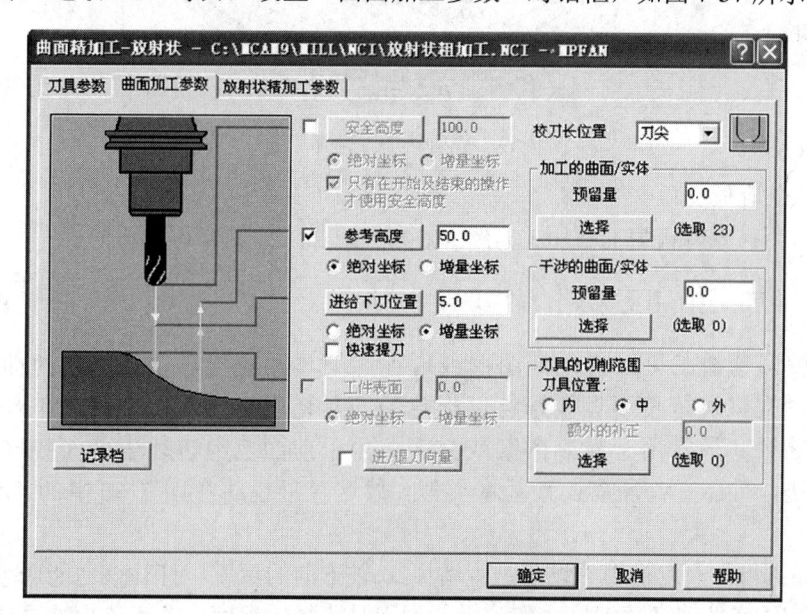

图 7-57 "曲面加工参数"对话框

279

(2) 设置"放射状精加工参数"对话框，如图 7-58 所示。

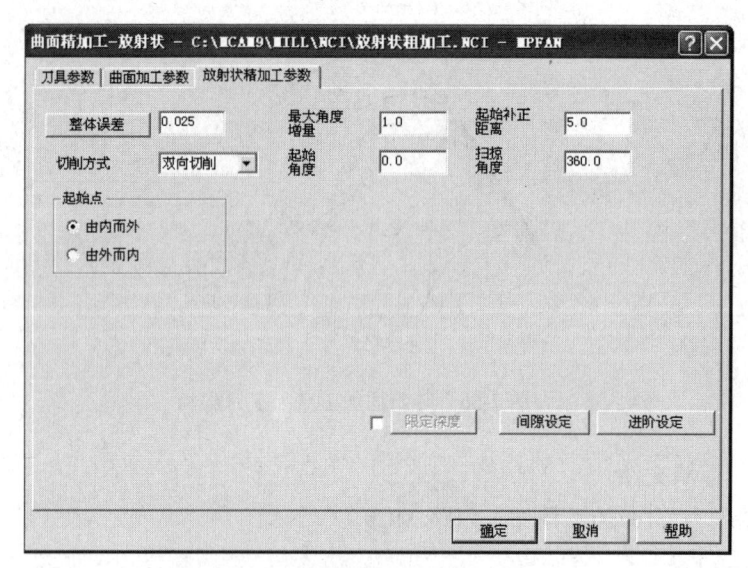

图 7-58 "放射状精加工参数"对话框

(3) 单击确定按钮，执行，选取旋转中心点生成轨迹，如图 7-59 所示。

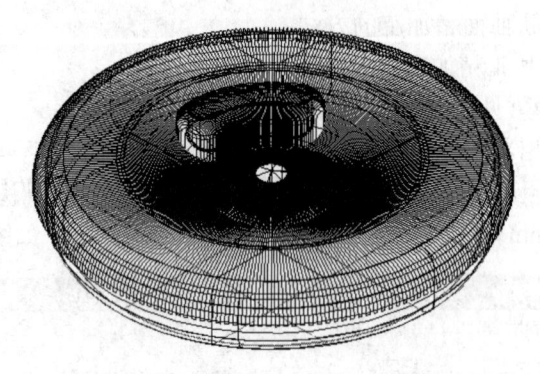

图 7-59 放射状加工精加工刀路

步骤三　存储文件
文件名为：放射状加工精加工刀路.MC9。

7.3.4　投影加工精加工刀路

曲面投影精加工可以将几何图形或现存的刀具路径投影到被选取的曲面上。这种刀具路径提供可依使用者偏好自由指定的刀具切削方式，以产生与工件形状相符合的刀具路径。通常用于雕刻图案或文字。由于前面已经讲述了曲面投影粗加工刀路设置方法，而且二者参数设置基本类似，故这里只说明在图 7-60 中的"增加深度"的含义。

"增加深度"复选框用于设定是否增加 Z 轴方向的深度。打开该功能选项，系统将使用所选 NCI 文件的 Z 值深度，作为投影后刀具路径的深度，关闭该功能选项，系统将直接由曲面来决定投影后刀具路径的深度。

图 7-60 "投影精加工参数"对话框

7.3.5 流线加工精加工刀路

曲面流线精加工可以沿着曲面流线方向生成光滑和流线型的刀路路径，它和曲面平行精加工不同，后者以一定的角度加工，并不沿着曲面流线加工，因此可能会有许多空切削。曲面流线精加工可以精确控制工件的加工残脊高度，因此可以产生一精确、平滑的刀具路径。这种加工方法是早期单一曲面加工方法的改良，只能应用于纹路相同的多个相邻曲面的加工。在 MasterCAM 软件中，曲面流线精加工与曲面流线粗加工的参数设置方法相似，故在此略过，不同点在于"曲面流线精加工参数"设置页面有所改变，如图 7-61 所示。

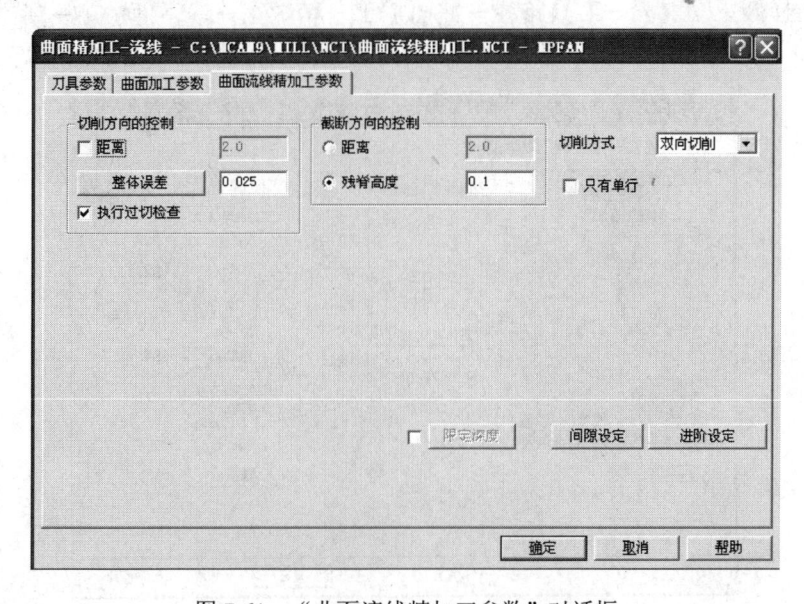

图 7-61 "曲面流线精加工参数"对话框

7.3.6 等高外形精加工刀路

参照等高外形粗加工刀路。

7.3.7 浅平面精加工刀路

浅平面精加工方法产生的刀具路径是在被选择曲面的上表面层上，其范围由参数设定，浅平面精加工刀具路径也是平行于给定方向的。由于精加工刀具路径在 Z 向切削深度上不可控制，因此，浅平面精加工方法不适用于在 Z 向有两个切削深度的表面。

浅平面和陡斜面精加工刀具路径合在一起的加工效果，类似于选用相近参数平行精加工的加工效果，浅平面、陡斜面和平行精加工这三种方法之间是相互联系的。读者在选用时，应注意它们的共同点及差别。

例 7.12 浅平面加工编程。

步骤一 曲面造型，如图 7-62 所示(扫描曲面)

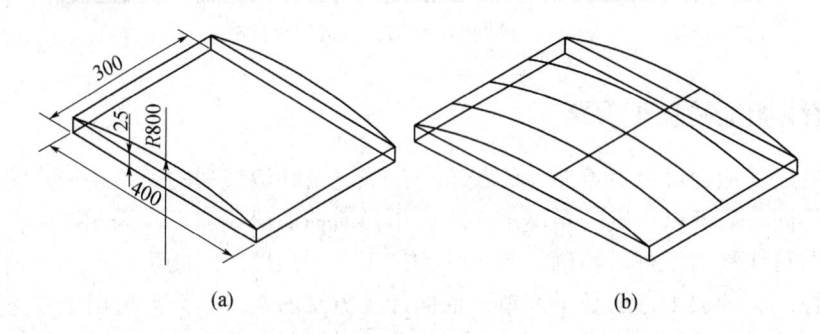

图 7-62 浅平面加工精加工零件图

步骤二 生成浅平面加工精加工刀路

(1) 选择 回主功能表→刀具路径→曲面加工→精加工→浅平面加工→所有的→曲面→执行 命令，选取 5mm 球刀，设置"曲面加工参数"对话框，如图 7-63 所示。

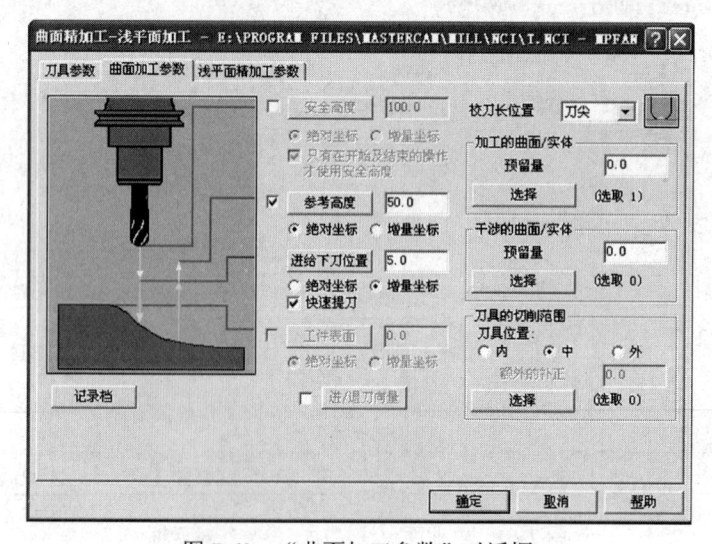

图 7-63 "曲面加工参数"对话框

(2) 设置"浅平面精加工参数"对话框，如图 7-64 所示。

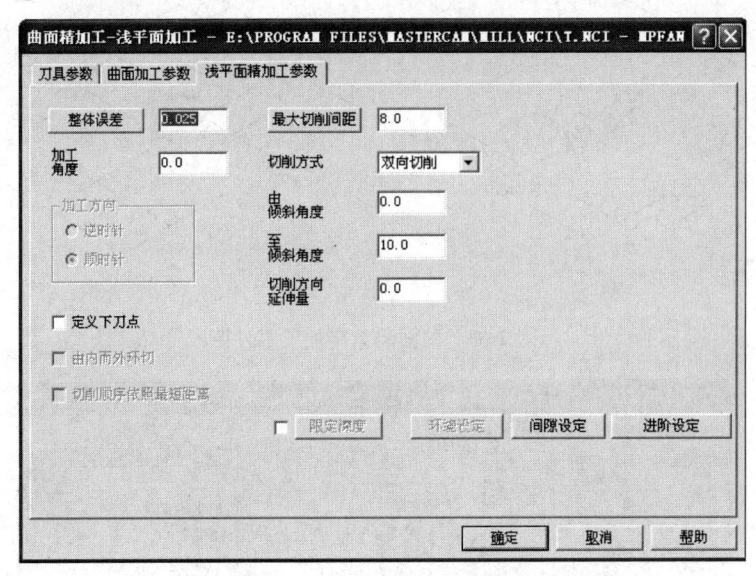

图 7-64 "浅平面精加工参数"对话框

(3) 单击确定按钮，生成轨迹如图 7-65 所示。

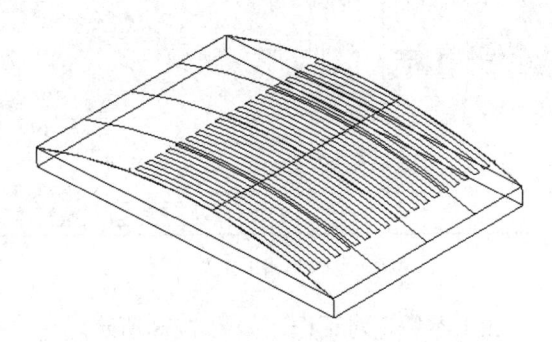

图 7-65 浅平面加工精加工刀路

步骤三　存储文件
文件名为：浅平面加工精加工刀路.MC9。

7.3.8　交线清角精加工刀路

曲面交线清角精加工用于两个或多个曲面间的交角处加工。曲面交线清角精加工主要用于清除曲面交角处的材料并在交角处产生一致的半径，相当于在曲面间增加一个倒圆曲面。

例 7.13　交线清角加工编程。
步骤一　曲面造型，如图 7-66 所示(由两个空间半圆柱面相贯而成)
步骤二　生成交线清角精加工刀路

(1) 选择回主功能表→刀具路径→曲面加工→精加工→交线清角→所有的→曲面→执行命令，选取 6mm 球刀，设置"曲面加工参数"对话框，如图 7-67 所示。

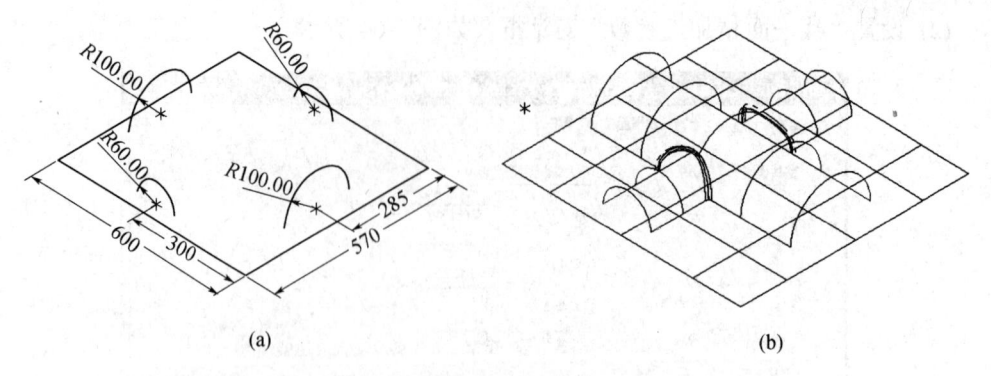

图 7-66 曲面清角精加工零件图

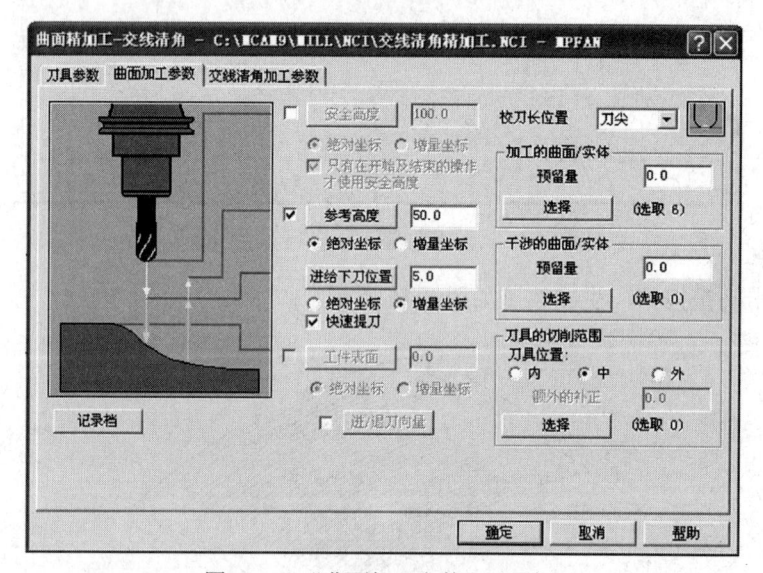

图 7-67 "曲面加工参数"对话框

(2) 设置"交线清角加工参数"对话框，如图 7-68 所示。

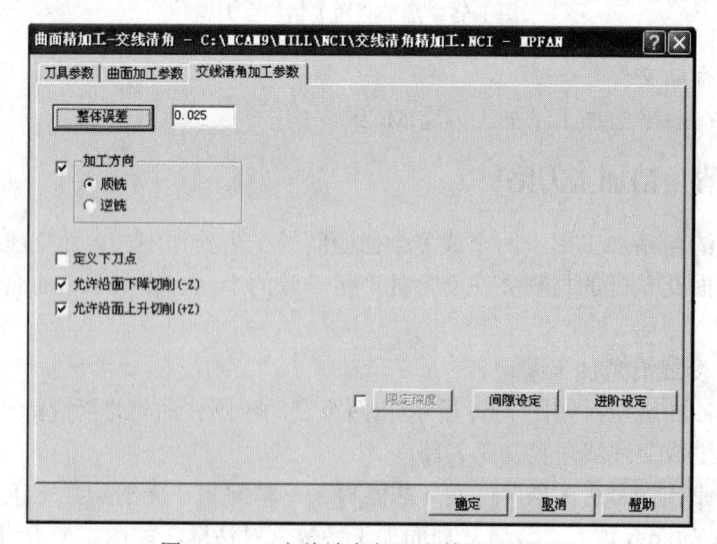

图 7-68 "交线清角加工参数"对话框

284

(3) 单击确定按钮，执行，生成交线清角精加工刀路，如图 7-69 中 P 点所指。

步骤三　存储文件

文件名为：交线清角精加工刀路.MC9。

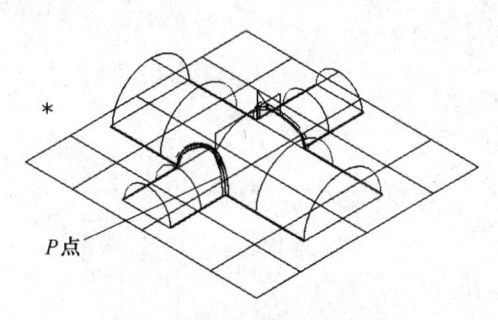

图 7-69　交线清角精加工刀路

7.3.9　残料清角精加工刀路

残料清角精加工主要是用来清除前道工序加工时由于刀具直径过大而留下的残余材料，根据曲面的形状，残料清角精加工过程中调整不同的 Z 轴深度，来达到清除残余材料的目的。

例 7.14　残料清角精加工编程。

步骤一　曲面造型，如图 7-66 所示

步骤二　生成曲面残料清角精加工刀具路径

(1) 选择回主功能表→刀具路径→曲面加工→精加工→残料清角→所有的→曲面→执行命令，选取 6mm 球刀，设置"曲面加工参数"对话框，如图 7-70 所示。

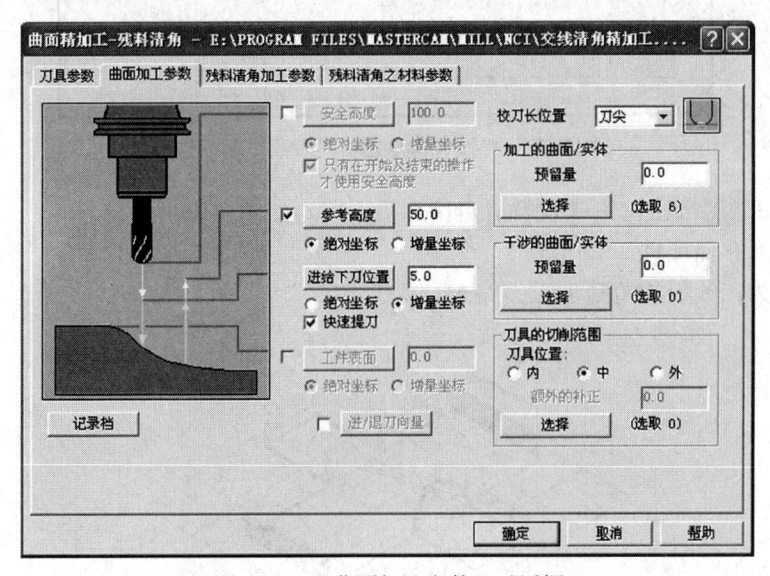

图 7-70　"曲面加工参数"对话框

(2) 设置"残料清角加工参数"对话框，如图 7-71 所示。

(3) 设置"残料清角之材料参数"对话框，如图 7-72 所示。

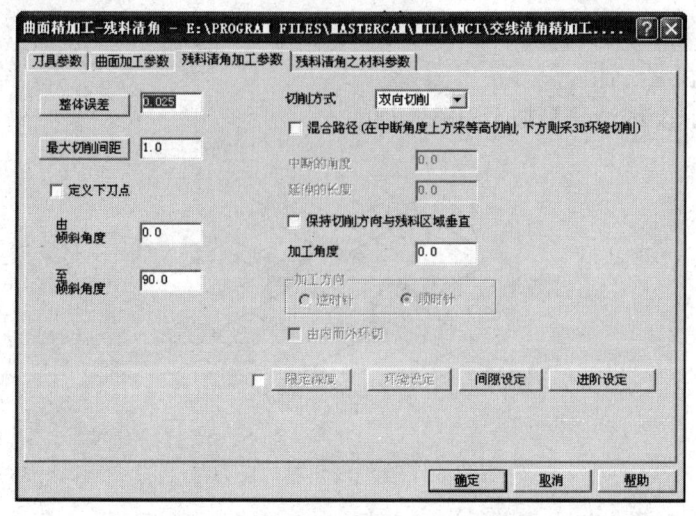

图 7-71 "残料清角加工参数"对话框

图 7-72 "残料清角之材料参数"对话框

(4) 单击确定按钮,生成残料清角精加工刀路,如图 7-73 所示。
步骤三 存储文件
文件名为:残料清角精加工刀路.MC9。

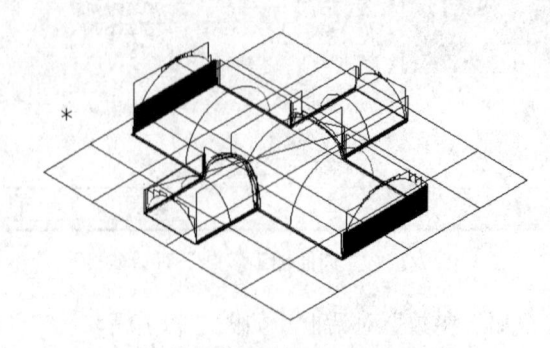

图 7-73 残料清角精加工刀路

7.3.10 3D 等距加工精加工刀路

环绕等距精加工方法产生的刀具路径是在被选择的所有曲面上,不受零件形状的影响,因此,可以适用于各种零件形状。环绕等距精加工方法在 Z 向切削进给量是固定的,使用此方法时,对于陡斜的面,当横向刀具路径间距较小时,要注意曲面加工精度是否满足要求。

例 7.15 3D 等距加工精加工编程。

步骤一 曲面造型,如图 7-74 所示(昆氏曲面)

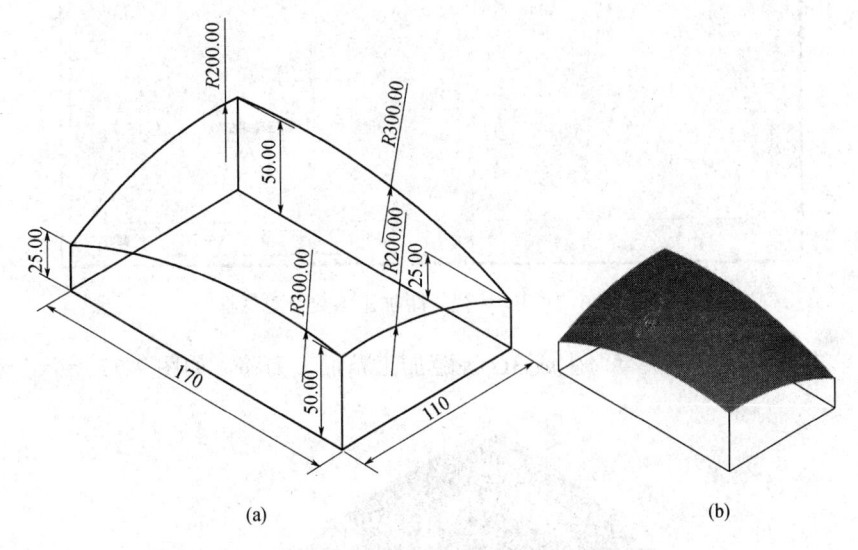

图 7-74 3D 等距加工精加工零件图

步骤二 生成 3D 等距加工精加工刀路

(1) 选择 回主功能表→刀具路径→曲面加工→精加工→3D 等距加工→所有的→曲面→执行 命令,选取 6mm 球刀,设置"曲面加工参数"对话框,如图 7-75 所示。

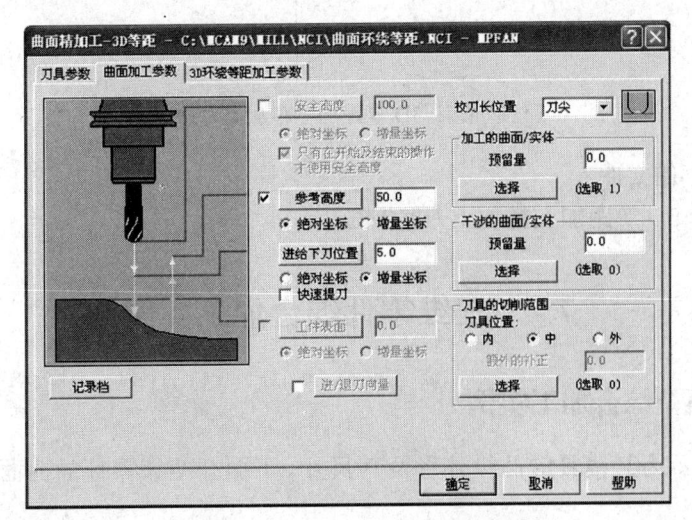

图 7-75 "曲面加工参数"对话框

287

(2) 设置"3D 环绕等距加工参数"对话框,如图 7-76 所示。

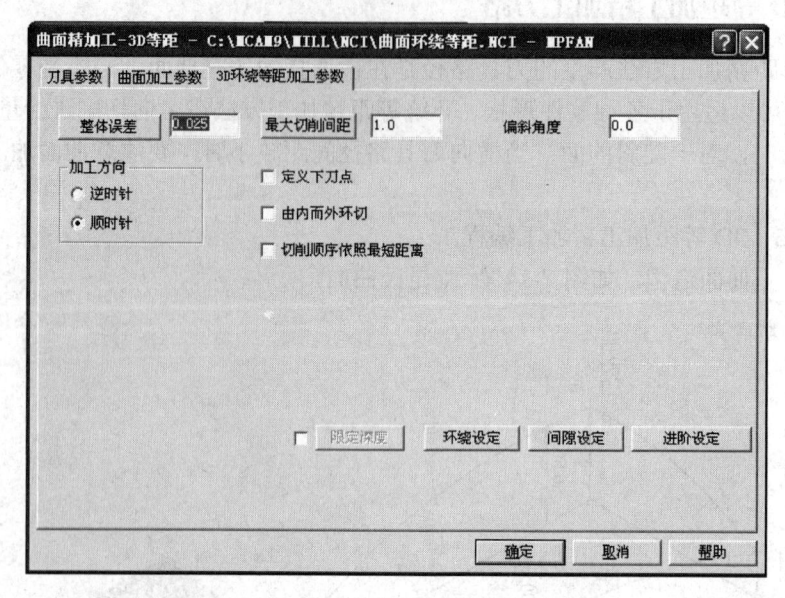

图 7-76 "3D 环绕等距加工参数"对话框

(3) 单击确定按钮,执行,生成 3D 等距加工精加工刀路,如图 7-77 所示。

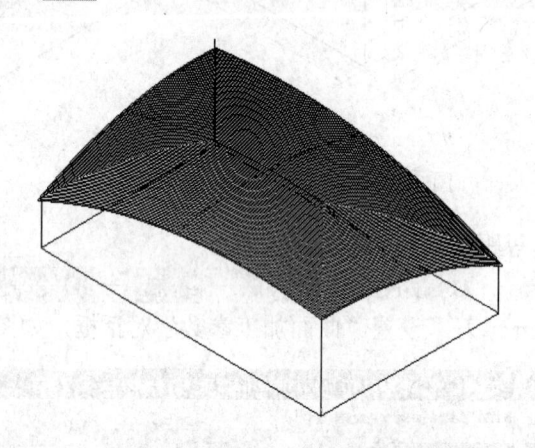

图 7-77 3D 等距加工精加工刀路

步骤三 存储文件
文件名为:3D 等距加工精加工刀路.MC9。

7.4 三维零件综合加工实例

7.4.1 曲面模型综合加工实例

图 7-78 所示为某模具的凸模外形及其尺寸。下面介绍该零件的曲面造型及加工过程。

(a)

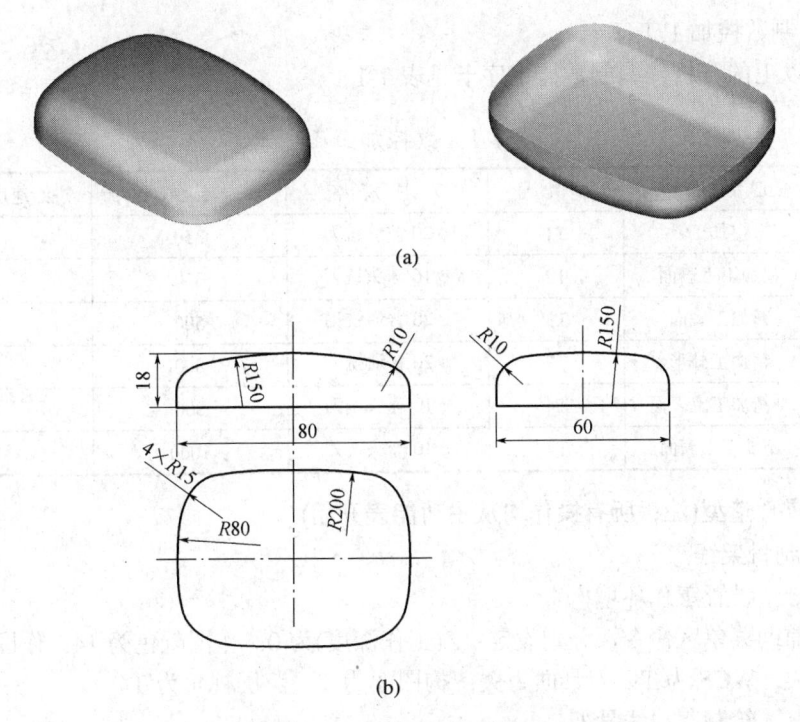

(b)

图 7-78　凸模外形及其尺寸

7.4.1.1　工艺分析

1. 零件的形状分析

由图 7-78 可知，该零件结果比较简单，表面四周由 $R80$、$R200$ 和 $R15$ 圆弧过渡组成。侧面由带 1°拔模斜度的拉伸面组成。上表面由一截线形状为 $R150$ 的扫描曲面构成。在连接处均过渡圆角为 $R10$。

2. 数控加工工艺设计

由图 7-78 可知，凸模零件所有的结构都能在立式加工中心上一次装夹加工完成。零件毛坯已经在普通机床上加工到尺寸 120mm×100mm×40mm，故主要考虑其精加工。数控加工工序中，按照粗加工→半精加工→精加工的步骤进行，为了保证加工质量和刀具正常切削，其中，在半精加工中，根据走刀方式的不同做了一些特殊处理。

1) 加工工步设置

根据以上分析，制定工件的加工工艺路线为：采用 $\phi 20$ 直柄波纹立铣刀一次切除大部分余量；采用 $\phi 16$ 球刀粗加工上表面；采用 $\phi 20$ 直柄立铣刀底面进行精加工；采用 $\phi 10$ 球刀对整个表面进行半精加工和精加工。

2) 工件的装夹与定位

工件的外形是长方体，采用平口钳定位与装夹。平口钳采用百分表找正，基准钳口与机床 X 轴一致并固定于工作台，预加工毛坯装在平口钳上，上顶面露出平口钳至少 22mm。采用寻边器找出毛坯 X、Y 方向中心点在机床坐标系中的坐标值，作为工件坐标系原点，Z 轴坐标原点定于毛坯上表面下 2mm，工件坐标系设定于 G54。

3) 刀具的选择

工件材料为 40Cr，刀具材料选用高速钢。

4) 编制数控加工工序卡

综合以上的分析,编制数控工序卡见表7-1。

表 7-1 数控加工工序卡

工步号	工步内容	刀具号	刀具规格	主轴转速/(r/min)	进给速度/(mm/min)
1	粗加工	T1	ϕ20 波纹铣刀	350	50
2	粗加工上表面	T2	ϕ16 球头铣刀	350	50
3	精加工底面	T3	ϕ20 普通铣刀	500	100
4	精加工外形	T3	ϕ20 普通铣刀	800	80
5	半精加工上表面	T4	ϕ10 球头铣刀	800	80
6	精加工上表面	T4	ϕ10 球头铣刀	1000	150

7.4.1.2 零件造型(注:所有操作均从主功能表开始)

1. 绘制骨架线

步骤一 设置工作环境

单击辅助菜单区命令,分别设定:Z(工作深度)为0;作图颜色为14;作图层别为1;限定层为关;WCS为T;刀具面为关;构图面为T;荧屏视角为T。

步骤二 绘制底边线骨架

(1) 选择回主功能表→绘图→矩形→一点命令,在"矩形"对话框中设定宽度为80,高度为60,之后选择原点菜单定义坐标系原点为矩形的中心。

(2) 选择绘图→圆弧→切弧→切一物体命令,单击矩形左边的线,并以中点方式捕捉到其中点为切点,然后输入半径为80,屏幕上出现多条切线,选择需要的一条,用同样的方法绘制出与矩形上边线相切的圆弧 $R200$。

(3) 选择绘图→倒圆角命令,设定半径为15,其余参数默认设置,之后选取 $R80$ 与 $R200$ 的圆弧绘制出图7-79所示的圆角。

(4) 在工具栏单击 按钮,删除多余的矩形边线,然后单击 按钮刷新屏幕。

(5) 选择转换→镜像命令,窗选1/4底边线,之后单击 X 轴菜单定义 X 轴为镜像轴,在镜像对话框中设定为复制方式,可得到1/2的边线形状。然后,窗选1/2的边线并单击 Y 轴菜单定义 Y 轴为镜像轴,同样以复制的方式可镜像出整个底边线,如图7-80所示。

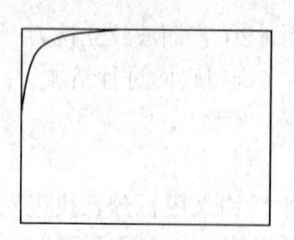

图 7-79 圆角绘制结果图

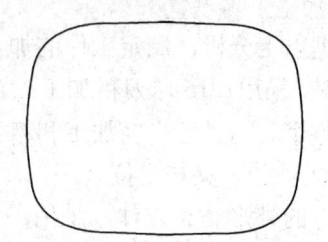

图 7-80 镜像后的底边线

步骤三 绘制顶面的骨架线

(1) 设置构图面为前视图,工作深度 Z 为0。

(2) 绘制 $R150$ 的圆弧:选择绘图→圆弧→极坐标→任意角度命令,然后按照提示输入圆心坐标(0，-132)，半径150，之后点击1、2两点大概位置即可生成一圆弧，如图7-81所示。

(3) 设置构图面为侧视图，然后按照提示输入圆心坐标(0,-132)，半径150，之后点击3、4两点绘制另一R150圆弧，如图7-81所示。

2. 绘制基体

步骤一　绘制扫描曲面

(1) 选择绘图→曲面→扫描曲面命令，选择图7-81中稍短的R150圆弧作为截断方向外形，稍长的作为引导方向外形，起始点位于图7-81中2处，之后在扫描曲面参数中设定曲面形式为N，平移/旋转为R，就生成图7-82所示曲面。

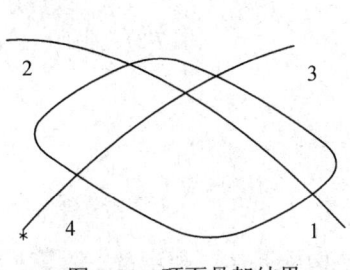

图7-81　顶面骨架结果

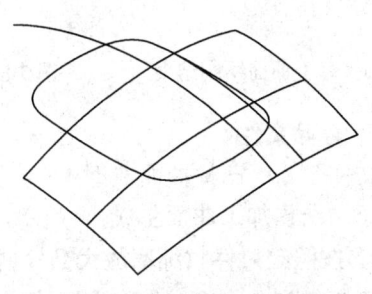

图7-82　扫描曲面结果

(2) 生成边界线：选择绘图→曲面曲线→单一边界命令，然后选择刚生成的曲面，在其右下边界处点击鼠标左键生成边界线，之后删除曲面，留下所做边界线，如图7-83所示。

(3) 选择绘图→曲面→扫描曲面命令，选取刚生成的边界线作为截断外形，稍长的R150圆弧作为引导曲线，起始点位于图7-81中的1处。之后，在扫描曲面参数中设定曲面形式为N，平移/旋转为R，结果如图7-84所示，隐藏所有的R150圆弧。

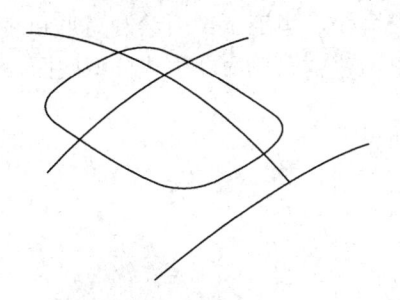

图7-83　生成的边界线

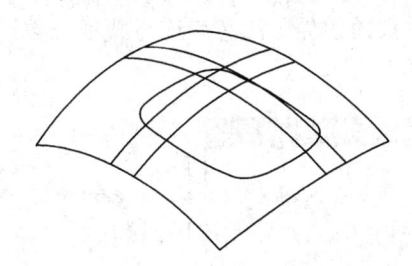

图7-84　扫描面绘制结果

步骤二　绘制基体

(1) 绘制牵引曲面：选择绘图→曲面→牵引曲面命令，选取串连菜单，串连底边线，之后在牵引曲面参数设置牵引长度为18，牵引角度为1°，生成图7-85所示的牵引曲面。

(2) 修整曲面：选择绘图→曲面→修整曲面→至曲面命令，选取图7-84中的扫描曲面为第一组曲面，窗选图7-85中的牵引曲面为第二组曲面，之后点击执行菜单，按照提示选取第一组曲面的中心为其保留部分，第二组曲面的下边部为其保留部分，生成的结果如图7-86所示。

(3) 曲面倒圆角：选取绘图→曲面→曲面倒圆角→曲面/曲面命令，选取顶面作为第一组倒圆角曲面，分别依次选取侧面共计 12 个曲面作为第二组倒圆角曲面，设置圆角半径为 $R10$，切记注意选择正向切换→循环菜单依次查看各个曲面的正向均指向内部，之后连续点击执行菜单，结果如图 7-87 所示。

图 7-85　牵引曲面绘制结果　　图 7-86　曲面修整结果　　图 7-87　曲面倒圆角结果

3. 存储文件

文件名为：凸模曲面造型.MC9。

7.4.1.3　凸模加工曲面生成

1. 按照塑料件收缩率放大凸模曲面

选择转换→比例缩放命令，窗口方式选取所有绘图区对象，然后单击原点作为收缩原点，按照图 7-88 所示设置收缩率参数，并单击确定按钮结束。

提示：塑料件根据材料、形状和注塑工艺参数等不同，收缩率有所不同，具体参照相关资料。

2. 绘制底面

设置构图面为俯视面，Z 轴深度为 0，绘制 120×100 矩形，矩形中心在坐标原点，如图 7-89 所示。

然后选择绘图→曲面→曲面修整→平面修整命令，串连上部所绘制矩形和底边边界线作为截面边界，注意串连方式要一致。之后单击执行菜单命令生成分型底面，结果如图 7-90 所示。

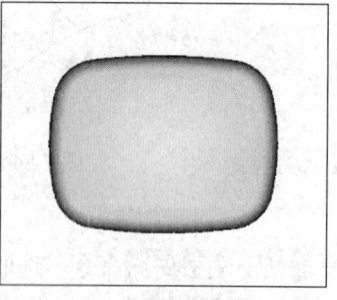

图 7-88　收缩率参数设置　　图 7-89　分型底面边界矩形绘制　　图 7-90　底面绘制结果

7.4.1.4　凸模加工刀具路径生成

1. 工件设定

选择刀具路径工件设定命令，按照图 7-91 所示设定参数。

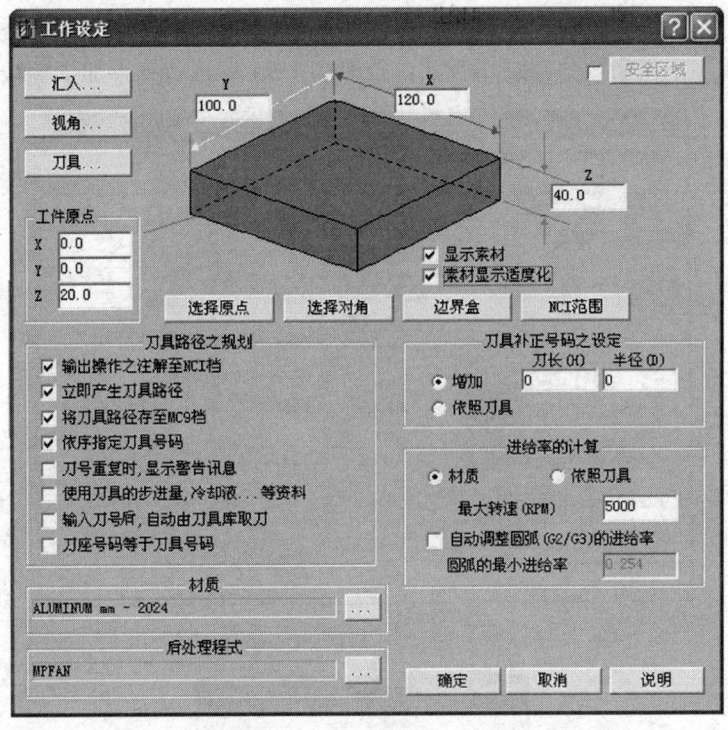

图 7-91 "工作设定"对话框

2. 粗加工刀具路径生成

步骤一 粗加工底面

采用 $\phi 20$ 直柄波纹立铣刀粗加工去除大部分余量,预留量 1.5mm 半精和精加工余量。

(1) 选择刀具路径→挖槽命令,串连选择底面边界(注意方向要一致),单击执行结束选择。

(2) 单击刀具参数选项卡,并按照图 7-92 所示设置参数。

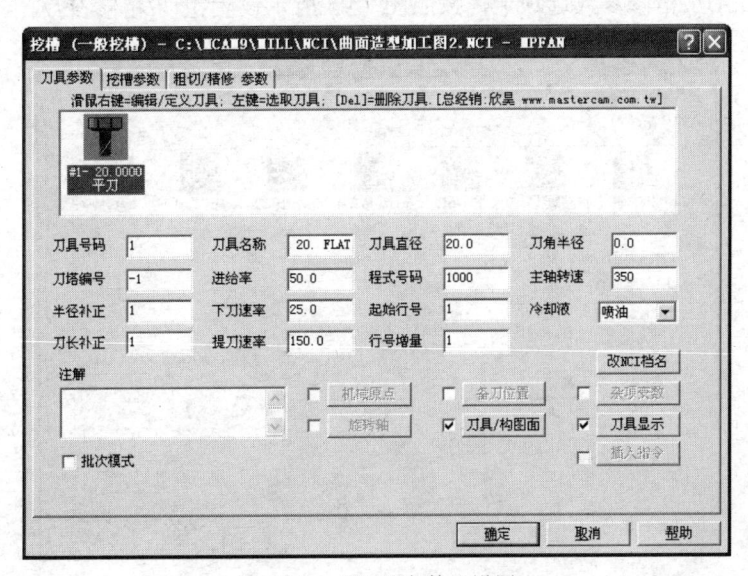

图 7-92 "刀具参数"设置

293

(3) 单击挖槽参数选项卡，按照图 7-93 所示设置挖槽参数，在挖槽类型下拉列表中选择边界再加工，单击边界再加工按钮，按照图 7-94 设置边界再加工参数。

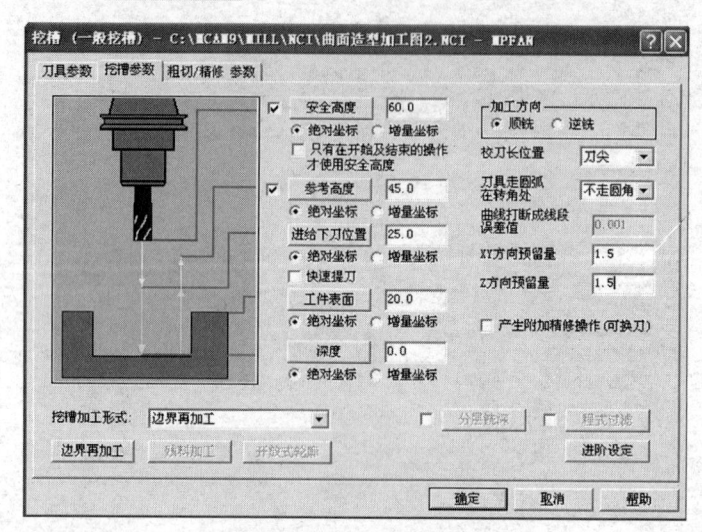

图 7-93 "挖槽参数"设置

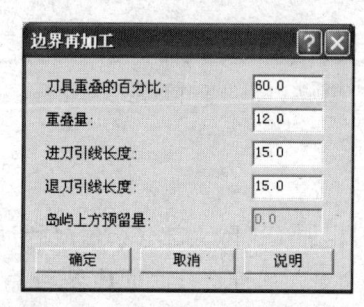

图 7-94 "边界再加工参数"设置

(4) 单击粗切/精修参数选项卡，按照图 7-95 所示设置粗切/精修参数。

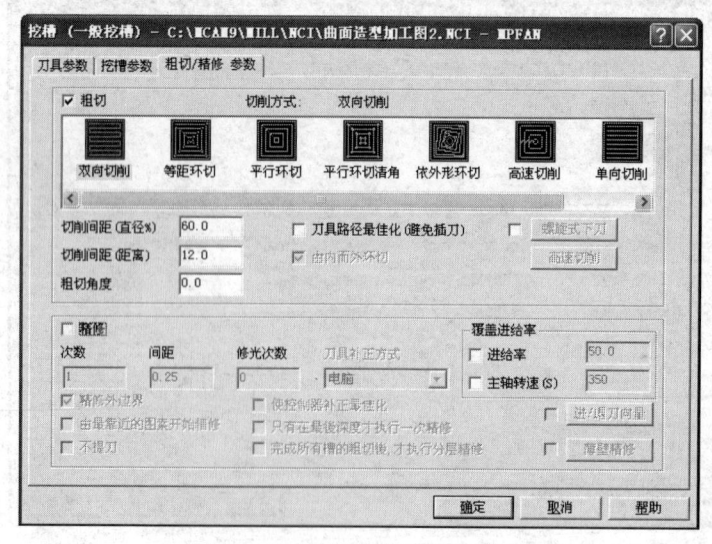

图 7-95 "粗切/精修参数"设置

294

所有参数设置完毕后单击确定按钮，生成底面粗加工刀具路径如图 7-96 所示，模拟切削结果如图 7-97 所示。

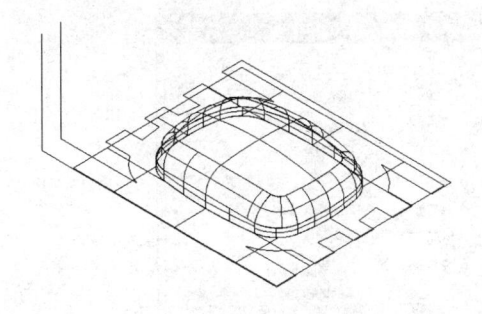

图 7-96　底面粗加工刀具路径　　　　　　图 7-97　模拟切削结果

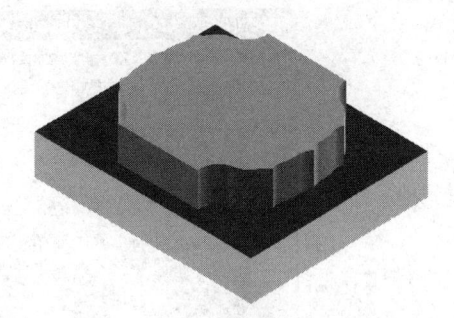

步骤二　粗加工表面

采用 φ16 直柄球头铣刀粗加工去除大部分余量，预留 1.5mm 半精和精加工量。

(1) 选择刀具路径→曲面加工→粗加工命令，按照图 7-98 设置加工选项。

(2) 选择平行铣削→凸→窗选命令，调整视角为俯视角，如图 7-99 窗选表面，单击执行。

图 7-98　曲面加工选项设置　　　　　　图 7-99　窗选曲面

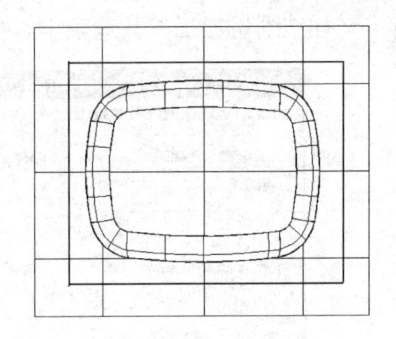

(3) 弹出"曲面平行铣削粗加工"对话框，单击刀具参数选项卡并按照图 7-100 设置参数。

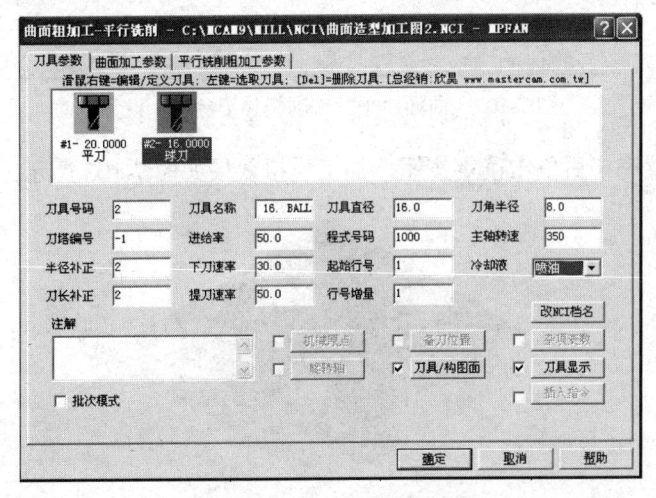

图 7-100　"刀具参数"设置

295

(4) 单击曲面加工参数选项卡,按照图 7-101 设置参数。在干涉曲面/实体栏中单击选择按钮,单击增加,选择底面作为干涉检查面,设定干涉预留量为 1mm~5mm。

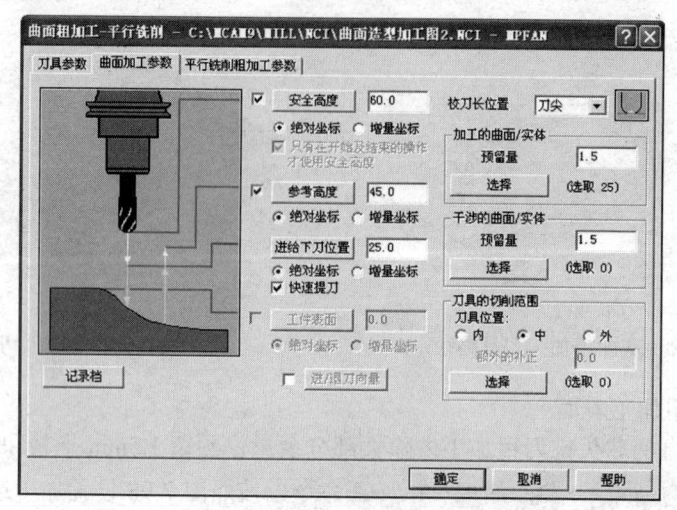

图 7-101 "曲面加工参数"设置

(5) 单击平行铣削粗加工参数选项卡,按照图 7-102 设置参数。

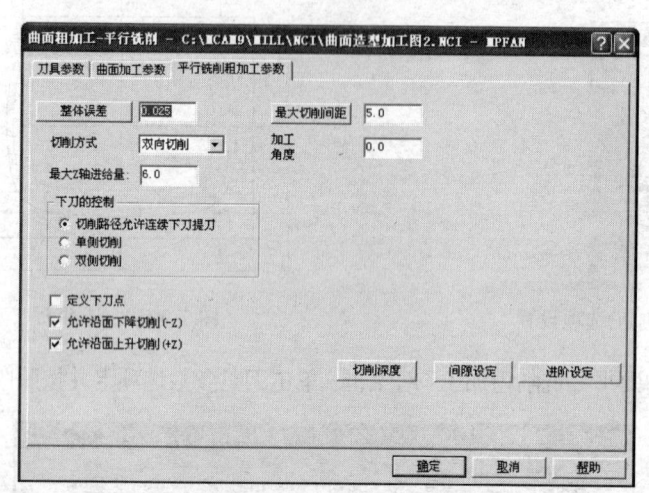

图 7-102 曲面"平行铣削粗加工参数"设置

(6) 参数设置完毕后单击确定按钮,加工模拟效果如图 7-103 所示。

图 7-103 加工模拟效果

296

3. 精加工刀具路径的生成

步骤一 采用φ20直柄立铣刀对底面、侧面部位进行精加工。

(1) 选择刀具路径→挖槽命令，串连选择分型边界线(注意方向一致)，单击执行结束选择。

(2) 单击刀具参数选项卡，并按照图7-104所示设置刀具参数。

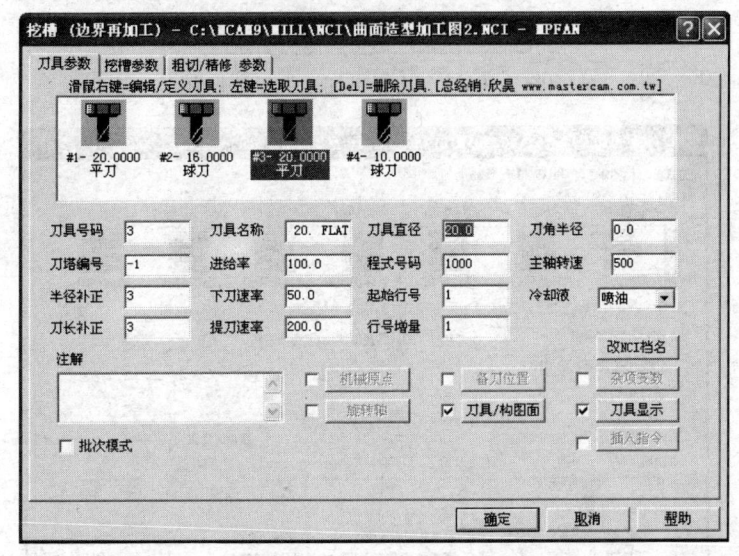

图7-104 "刀具参数"设置

(3) 单击挖槽参数选项卡，并按照图7-105所示设置挖槽参数。在挖槽类型下拉列表中选择边界再加工，单击边界再加工按钮，按照图7-106设置边界再加工参数。

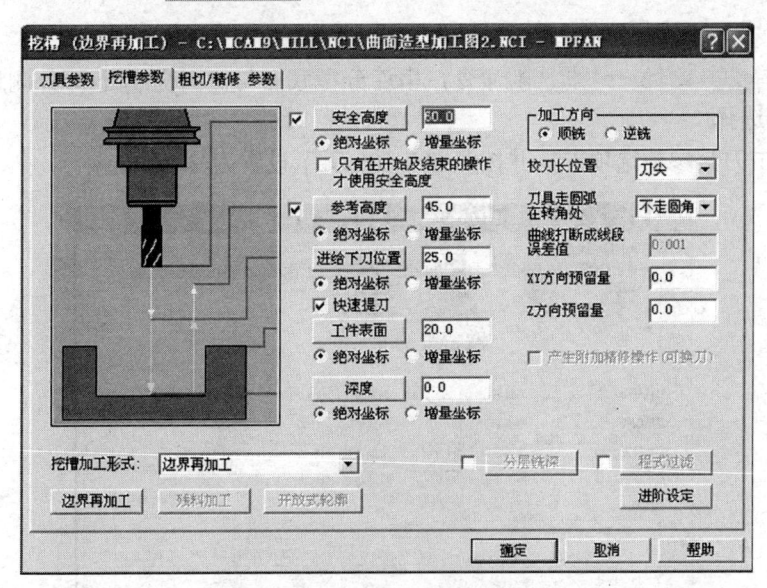

图7-105 "挖槽参数"设置

(4) 单击粗切/精修参数选项卡，按照图7-107所示设置粗切/精修参数。

步骤二 精加工外形

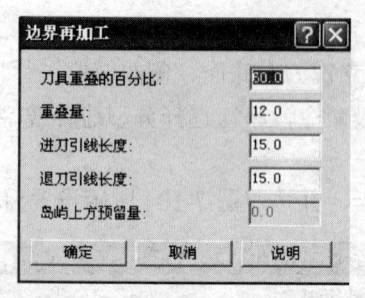

图 7-106 "边界再加工"参数设置

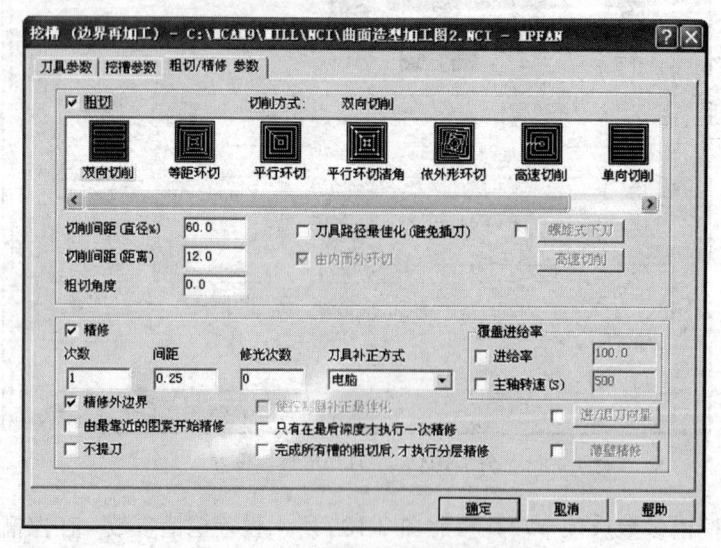

图 7-107 "粗切/精修参数"设置

采用采用φ20直柄立铣刀轮廓铣削方式加工。

(1) 选择 刀具路径→外形铣削 命令，串连分型底面与侧面交线处(即外测边界线)，单击 执行 结束选择。

(2) 单击刀具参数选项卡，并按照图 7-108 所示设置刀具参数。

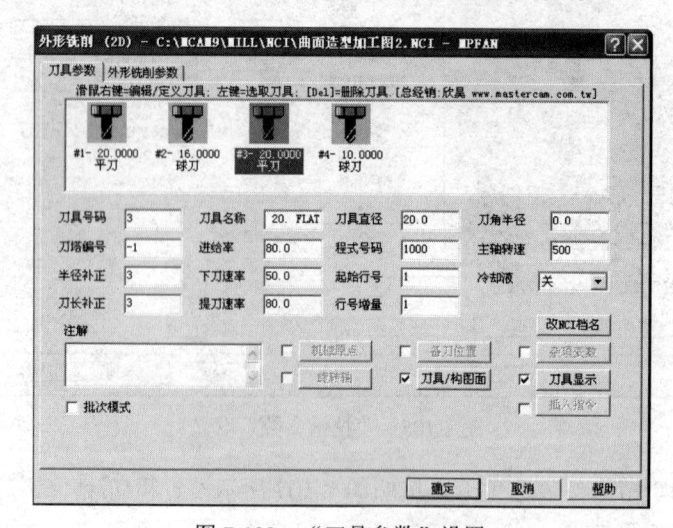

图 7-108 "刀具参数"设置

298

(3) 单击外形铣削参数选项卡，按照图 7-109 所示设置外形铣削参数，其中刀具引入/引出选项采用默认设置即可。参数设置完毕后单击确定按钮，切削模拟效果如图 7-110 所示。

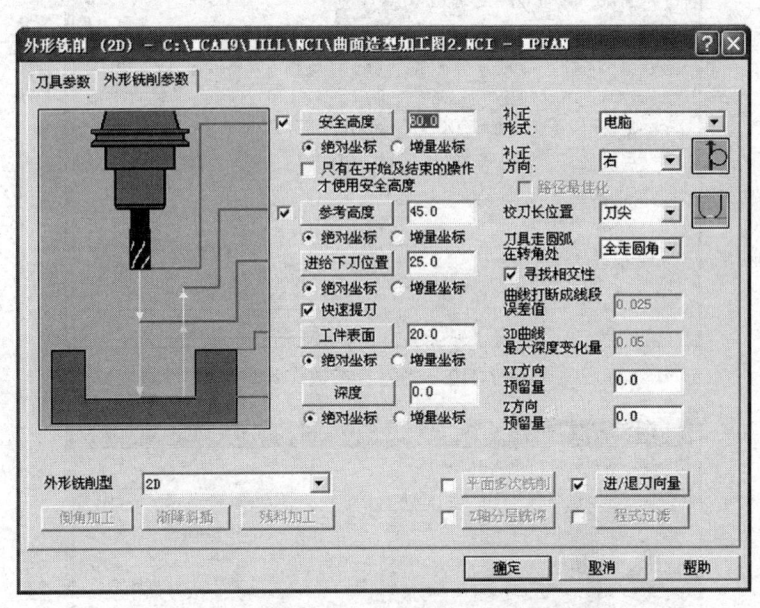

图 7-109 "外形铣削参数"设置

步骤三　半精加工上表面

采用 $\phi 10$ 直柄球头铣刀半精加工，预留 0.2mm 精加工量。

(1) 选择刀具路径→曲面加工→精加工命令，按照图 7-111 所示设置曲面加工选项。

(2) 选择平行铣削→窗选命令，调整视角为俯视角，窗选出去底面以外部分，单击执行结束选择。

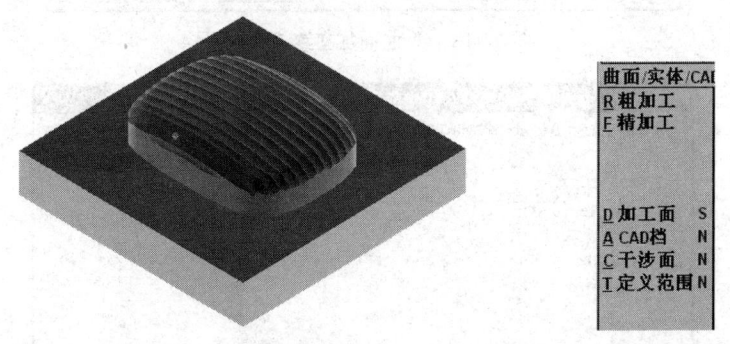

图 7-110　切削模拟结果图　　图 7-111　曲面加工选项设置

(3) 单击刀具参数选项卡，并按照图 7-112 所示设置刀具参数。

(4) 单击曲面加工参数选项卡，并按图 7-113 所示设置曲面参数。在曲面实体/干涉检查栏中选择选择按钮，单击增加菜单，选择底面作为干涉检查面，设定干涉面预留量为 0.5mm。

(5) 点击平行铣削精加工参数选项卡,并按照图 7-114 所示设置曲面平行铣削精加工参数。

(6) 参数设置完毕后单击确定按钮，加工模拟效果如图 7-115 所示。

299

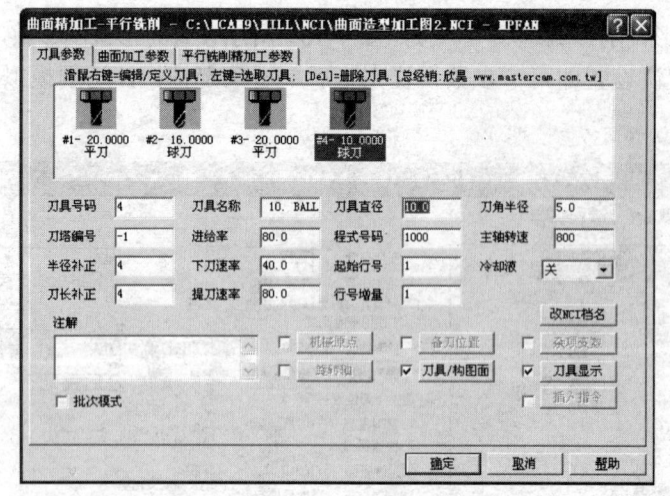

图 7-112 "刀具参数"设置

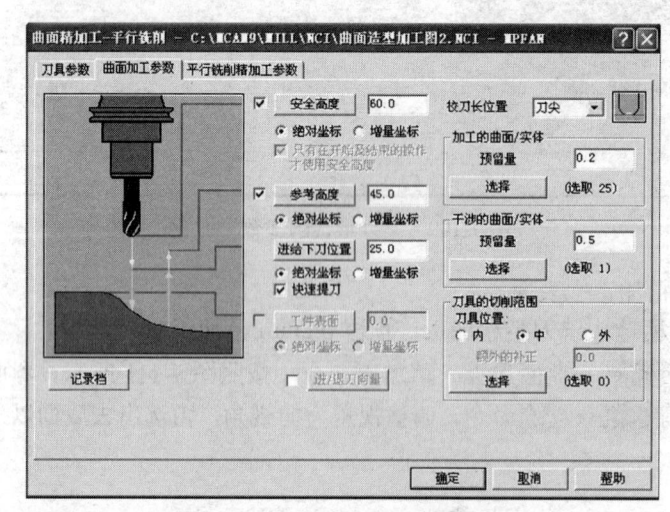

图 7-113 "曲面加工参数"设置

图 7-114 曲面"平行铣削精加工参数"设置

步骤四　精加工上表面

采用φ10直柄球头铣刀精→加工。

(1) 选择 刀具路径 → 曲面加工 → 精加工 命令，按照图 7-116 所示设置曲面加工选项。

图 7-115　加工模拟结果　　　　图 7-116　曲面加工选项设置

(2) 选择 平行铣削 → 窗选 命令，调整视角为俯视，窗选上表面部分，单击执行菜单。

(3) 单击刀具参数选项卡，并按照图 7-117 所示设置刀具参数。

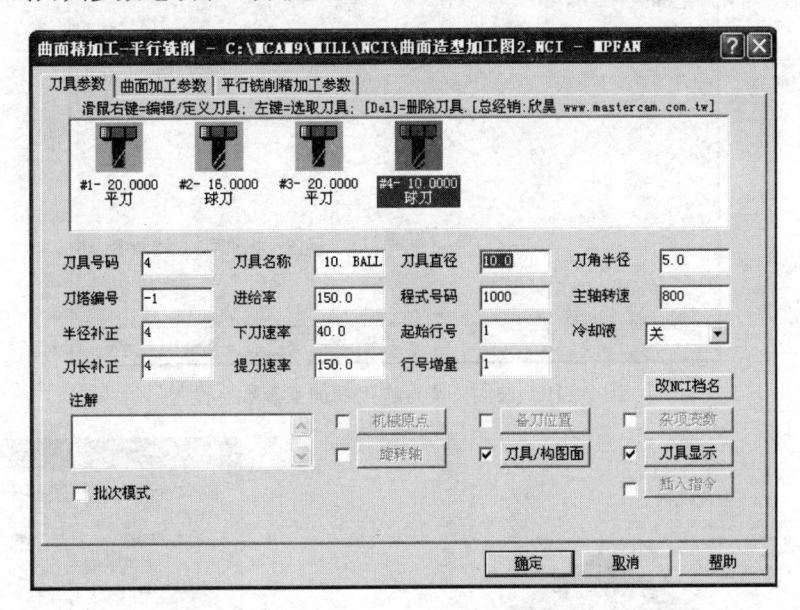

图 7-117　"刀具参数"设置

(4) 单击曲面加工参数选项卡，并按照图 7-118 所示设置曲面参数。在曲面/实体干涉检查栏中选择 选择 按钮，单击 增加 菜单，选择底面作为干涉检查面，设定干涉面预留量为 0.5mm。

(5) 单击平行铣削精加工参数选项卡，并按照图 7-119 所示设置曲面平行铣削精加工参数。

(6) 参数设置完毕后单击确定按钮，加工模拟效果如图 7-120 所示。

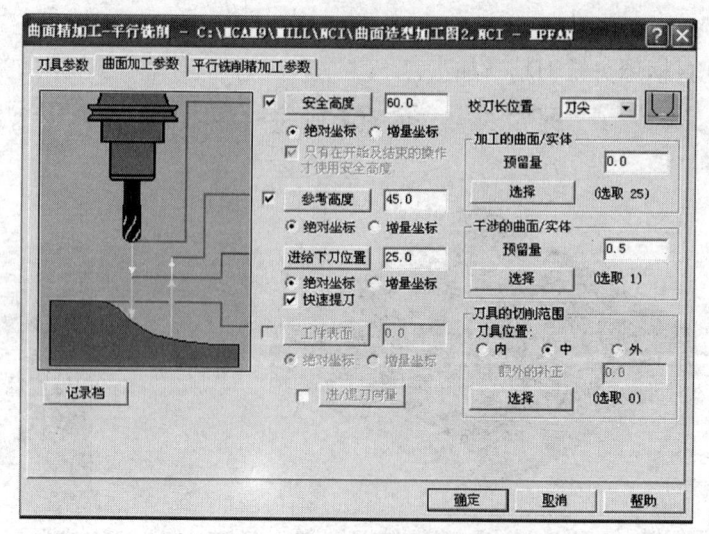

图 7-118 "曲面加工参数"设置

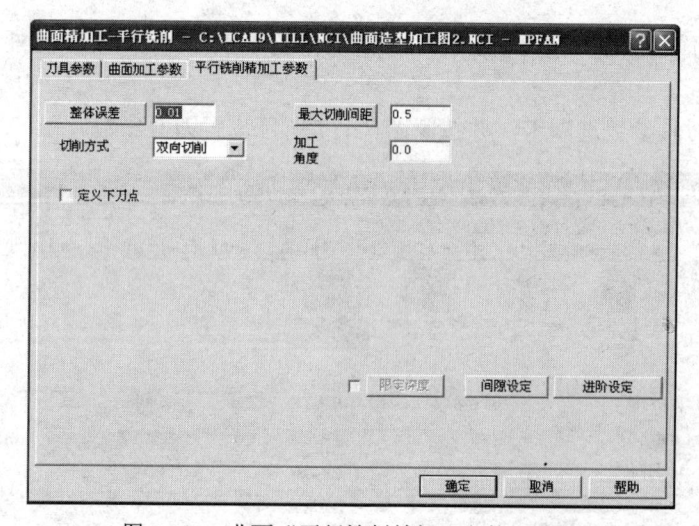

图 7-119 曲面"平行铣削精加工参数"设置

图 7-120 加工模拟效果

图 7-121 "后处理程式"对话框

302

4. 后处理

在操作管理器窗口单击执行后处理按钮，选择与所用机床数控系统对应后处理程序(这里选择用于 FANUC 数控系统的"MPFAN.PST"），并按照图 7-121 所示设置相关参数。之后，单击确定按钮确定，并按照提示输入 NC 档存储位置和名称即可得到 NC 档案。后处理得到的 NC 程序如图 7-122 所示。

5. 加工操作

利用机床数控系统网络传输功能把 NC 程序传入数控装置存储，或者使用 DNC 方式进行加工。操作前把所用刀具按照编号装入刀库，并把对刀参数存入相应位置，经过空运行等方式验证后即可加工。

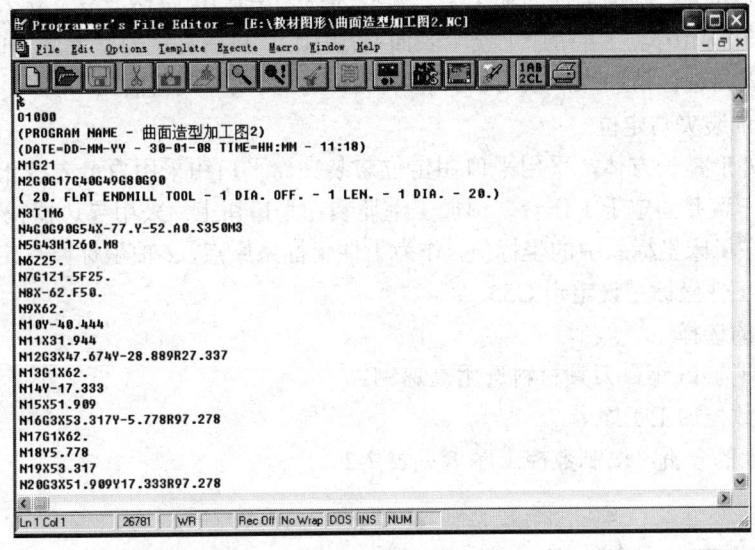

图 7-122 后处理生成的 NC 程序

7.4.2 实体模型综合加工实例

图 7-123 所示为某铣削零件外形及其尺寸。下面介绍该零件的实体造型及加工过程。

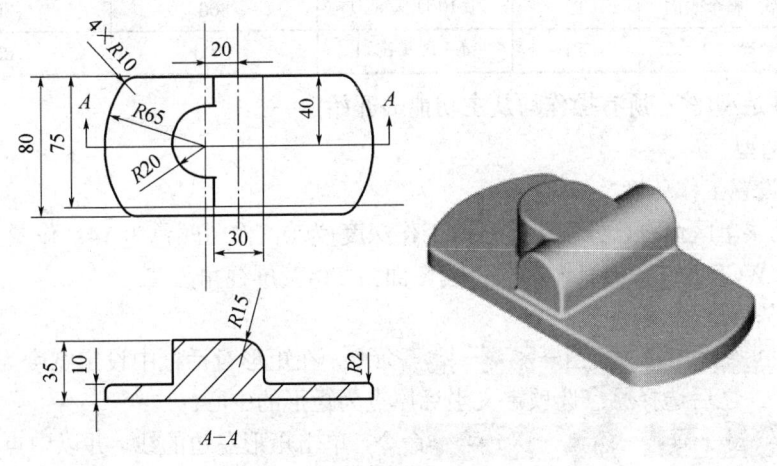

图 7-123 某铣削零件外形及其尺寸

7.4.2.1 工艺分析

1. 零件的形状分析

由图 7-123 可知,该零件结果比较简单,主要由基体和两圆柱相贯凸台结合而成。

2. 数控加工工艺设计

由图 7-23 可知,该铣削零件所有的结构都能在立式加工中心上一次装夹加工完成。零件毛坯已经在普通机床上加工到尺寸 180mm×100mm×40mm,故主要考虑其精加工。数控加工工序中,按照粗加工→半精加工→精加工的步骤进行,为了保证加工质量和刀具正常切削,其中,在半精加工中,根据走刀方式的不同做了一些特殊处理。

1) 加工工步设置

根据以上分析,制定工件的加工工艺路线为:采用 ϕ10 直柄波纹立铣刀一次切除大部分余量;采用 ϕ10 球刀半精加工整个表面;采用 ϕ10 直柄立铣刀整光底平面;采用 ϕ10 球刀对整个表面进行精加工;采用 ϕ4 球头铣刀进行交线和残料清角。

2) 工件的装夹与定位

工件的外形是长方体,采用平口钳定位与装夹。平口钳采用百分表找正,基准钳口与机床 X 轴一致并固定于工作台,预加工毛坯装在平口钳上。采用寻边器找出毛坯 X、Y 方向中心点在机床坐标系中的坐标值,作为工件坐标系原点,Z 轴坐标原点定于毛坯上表面下 2mm,工件坐标系设定于 G55。

3) 刀具的选择

工件材料为 45 钢,刀具材料选用高速钢。

4) 编制数控加工工序卡

综合以上的分析,编制数控工序卡见表 7-2。

表 7-2 数控加工工序卡

工步号	工步内容	刀具号	刀具规格	主轴转速/(r/min)	进给速度/(mm/min)
1	粗加工	T1	ϕ10 波纹铣刀	400	50
2	粗加工整个表面	T2	ϕ10 球头铣刀	400	50
3	精加工底面	T3	ϕ10 普通铣刀	500	80
4	精加工整个表面	T2	ϕ10 球头铣刀	800	80
5	修整加工	T4	ϕ4 球头铣刀	1000	80

7.4.2.2 零件造型(注:所有操作均从主功能表开始)

1. 基体造型

步骤一 设置工作环境

单击辅助菜单区命令,分别设定:Z(工作深度)为 0;作图颜色为 14;作图层别为 1;限定层为关;WCS 为 T;刀具面为关;构图面为 T;荧屏视角为 T。

步骤二 基体造型

(1) 选择回主功能表→绘图→矩形→一点命令,在矩形对话框中设定宽度为"160",高度为"80",之后选择原点选项定义坐标原点为矩形的中心。

(2) 选择绘图→圆弧→切弧→切一物体命令,单击矩形左边的线,并以中点方式捕捉左边线的中点作为相切点,然后输入半径为"65",屏幕上出现多条切线,选择需要的一条，用同样方法绘制与矩形右边线相切的圆弧，如图 7-124 所示。

(3) 选择绘图→倒圆角命令，设定半径为 10，其余参数默认设置，之后选取左上角 R65 与矩形的上边线绘制图 7-125 所示的圆角。

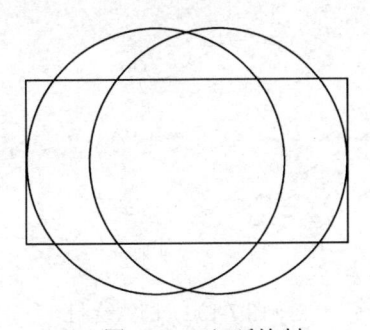

图 7-124 切弧绘制　　　　　　　　图 7-125 倒圆角

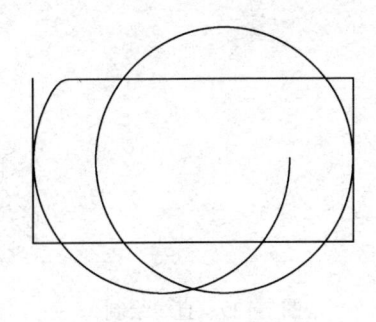

(4) 用同样方法绘制其余圆角，删除多余线段，结果如图 7-126 所示。

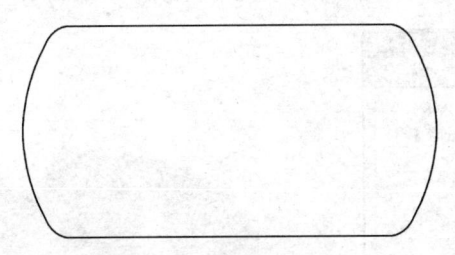

图 7-126 圆弧绘制结果

(5) 选择实体→挤出→串连命令，选取图 7-126 所示曲线，单击执行→执行，在弹出的对话框中设定参数，如图 7-127 所示(方向向上)，结果如图 7-128 所示。

图 7-127 "实体挤出的设定"对话框　　　　图 7-128 基体实体造型图

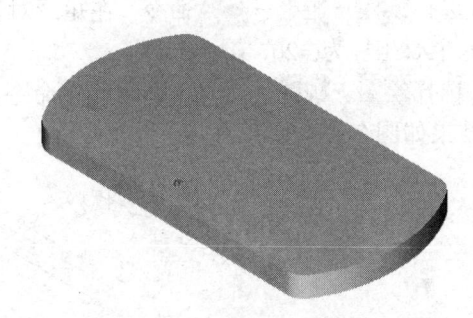

2. 相贯体的绘制

(1) 设置构图面为前视面，构图深度 Z 为 "-40"。

(2) 选择绘图→直线→极坐标线，输入点坐标(-15，10)，角度(90°)，长度(10)；继

305

续输入点坐标(15，10)，角度(90°)，长度(10)，结果如图7-129所示。

(3) 选择绘图→圆弧→两点圆弧命令，选择上面绘制的两条直线的上端点，输入半径为15，选取产生圆弧的上半部分，结果如图7-130所示。

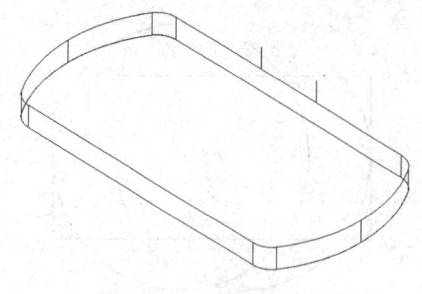

图7-129　直线绘制　　　　　　　　　图7-130　圆弧绘制

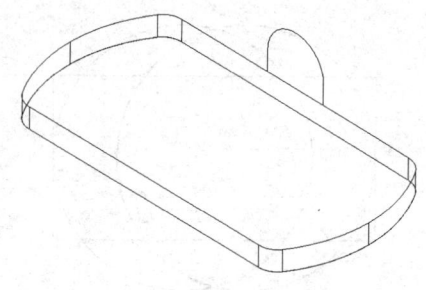

(4) 用直线连接另外两个端点，之后选择实体→挤出→串连命令，选取刚刚绘制的曲线，在弹出的对话框中设定参数，如图7-131所示(注意挤出的方向)，结果如图7-132所示。

图7-131　"实体挤出的设定"对话框　　　　图7-132　实体效果

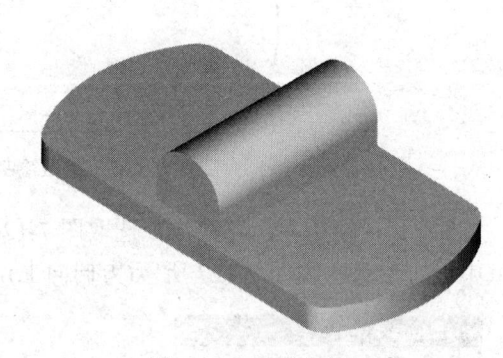

(5) 设定构图面为俯视面，构图深度为"35"。

(6) 选择绘图→矩形→一点命令，在矩形对话框中设定宽度为"40"，高度为"40"，之后输入中心坐标为(-20，0)。

(7) 选择绘图→圆弧→切弧→切三物体命令，选取矩形左、上、下三边线，删除多余线段，结果如图7-133所示。

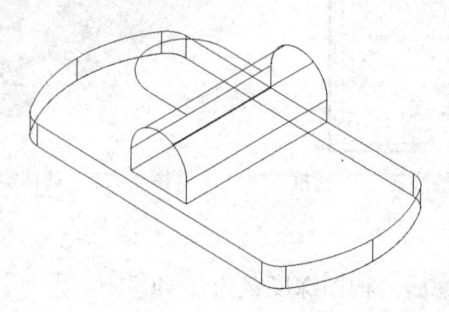

图7-133　曲线造型

306

(8) 选择实体→挤出→串连命令，选取图 7-133 中所作曲线，在弹出的对话框中设定参数，如图 7-134 所示，结果如图 7-135 所示。

图 7-134　实体挤出参数设定图 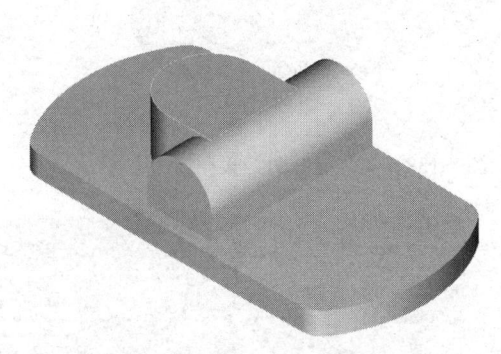　　　　图 7-135　实体效果图

3. 实体结合

选择实体→布林运算→结合命令，选取三部分实体，结果三部分实体结合成为一个实体。

4. 倒圆角

选择实体→倒圆角命令，设置倒圆角参数如图 7-136 所示，选择除过底面边线之外的所有边线，在弹出的对话框中设定半径为 $R2$，如图 7-137 所示，倒圆角结果如图 7-138 所示。

图 7-136　实体倒圆角参数设定 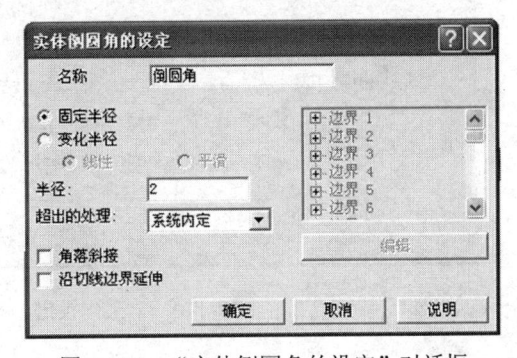　　　　图 7-137　"实体倒圆角的设定"对话框

7.4.2.3　绘制加工范围及干涉曲面

(1) 设置构图面为 T，构图深度 Z 为 "0"，选择绘图→矩形→一点命令，设置宽度为 "180"，高度为 "100"，中心选取坐标原点。

(2) 选取绘图→曲面→曲面修整→平面修整命令，选取矩形，执行，结果如图 7-139 所示。

7.4.2.4　加工刀具路径生成

1. 工件设定

选择刀具路径→工作设定命令，按照图 7-140 设置参数。

307

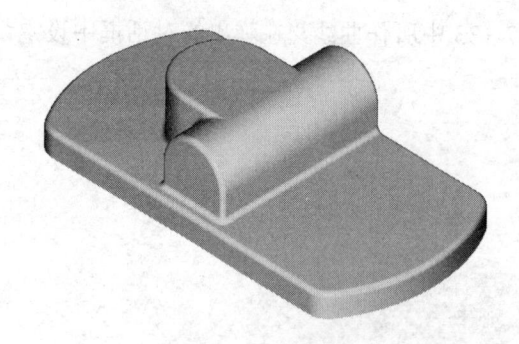

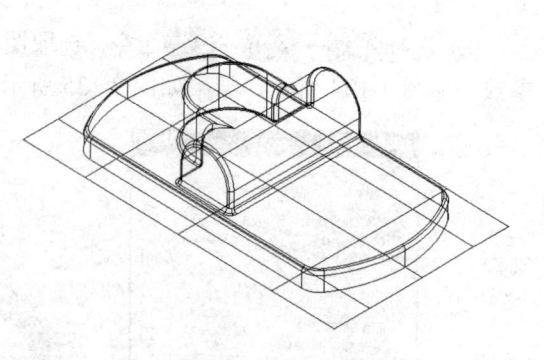

图 7-138 实体倒圆角效果图   图 7-139 干涉平面

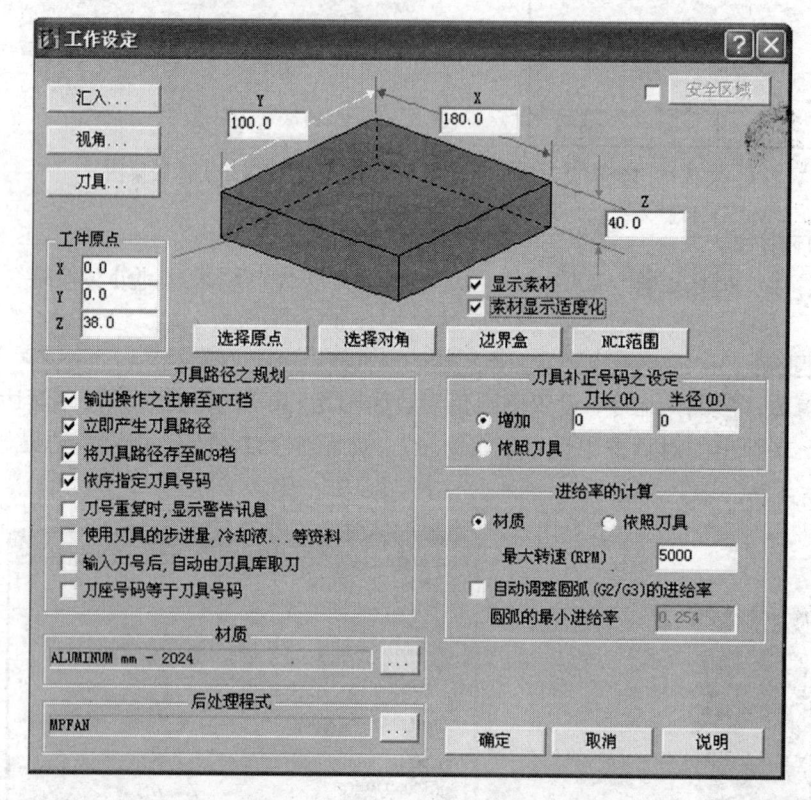

图 7-140 "工作设定"对话框

2. 粗加工刀具路径的生成

(1) 选择刀具路径→曲面加工→粗加工→挖槽粗加工→实体命令，设置参数如图 7-141 所示。

(2) 选取实体，执行→执行，在弹出的"曲面挖槽粗加工"对话框中选择 $\phi 10$ 的直柄波纹立铣刀，设置参数如图 7-142 所示。

(3) 设置"曲面加工参数"，如图 7-143 所示，刀具切削范围选取 180mm×100mm 矩形区域。

(4) 设置粗加工参数，如图 7-144 所示。

(5) 设置挖槽参数，如图 7-145 所示，模拟效果如图 7-146 所示。

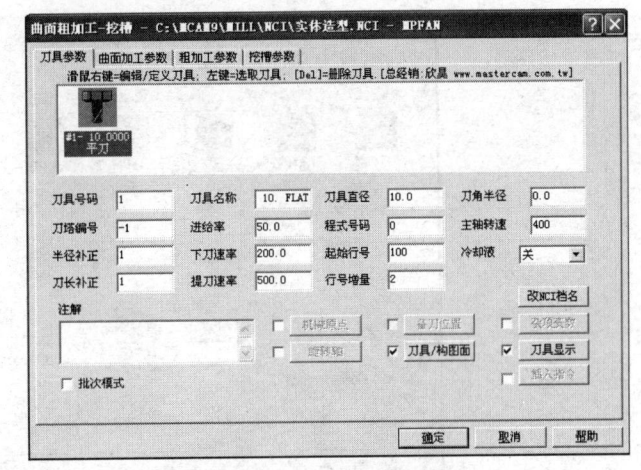

B 从背面   N

E 实体面   N
S 实体主体 Y

V 验证   N

L 选择上次
D 执行

图 7-141　曲面加工平行铣削参数设置

图 7-142　"刀具参数"设定

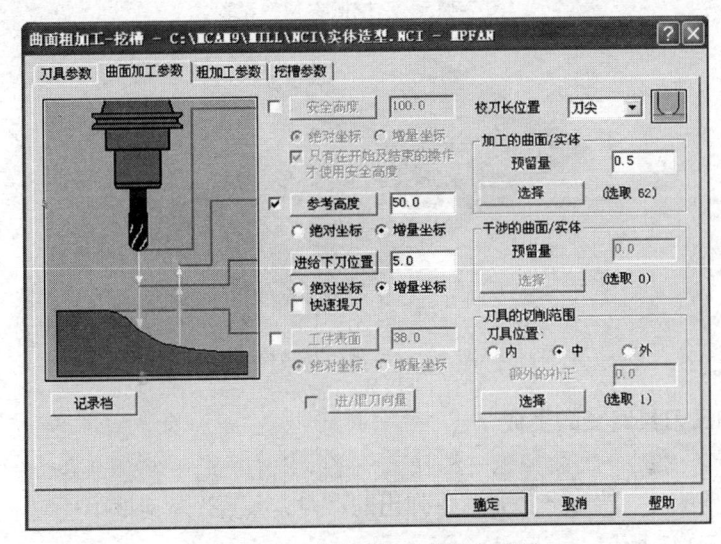

图 7-143　"曲面加工参数"设置

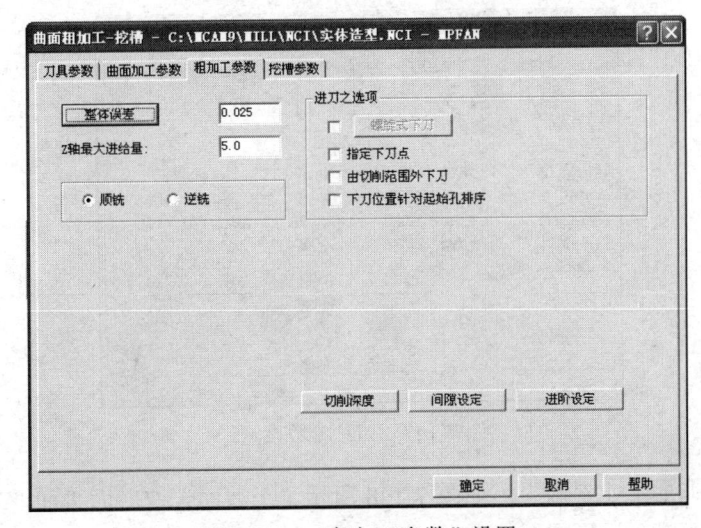

图 7-144　"粗加工参数"设置

309

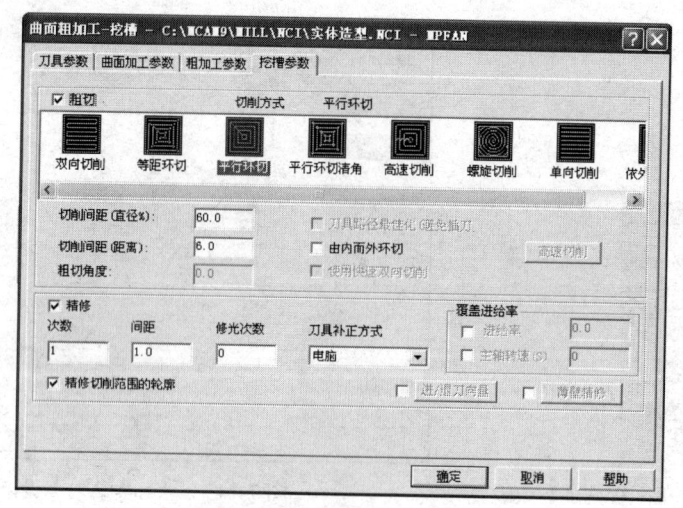

图 7-145　"挖槽参数"设置

图 7-146　模拟效果图

3. 半精加工刀具路径的生成

(1) 选择刀具路径→曲面加工→粗加工→平行铣削→凸→实体命令,设定实体主体为 Y,其余为 N,选取实体,执行→执行,在弹出的"刀具参数"对话框中选取 φ10 球头铣刀,设定参数如图 7-147 所示。

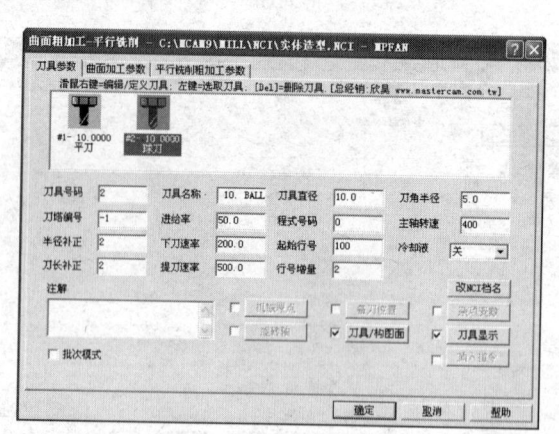

图 7-147　刀具参数设定

(2) 设置"曲面加工参数",如图 7-148 所示,干涉面选取底面平面,刀具切削范围选取 180mm×100mm 矩形区域。

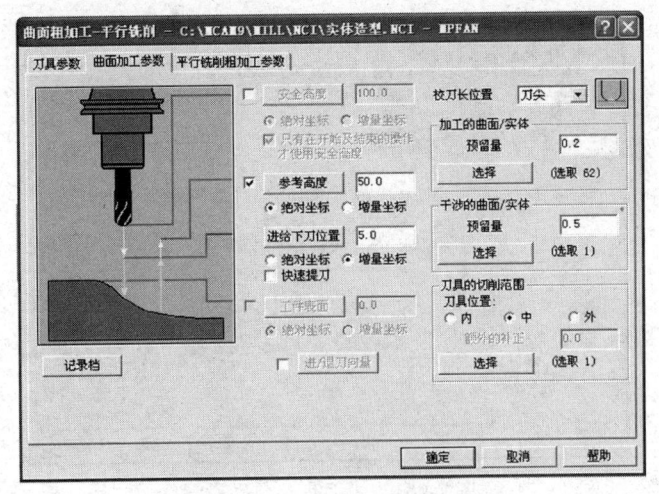

图 7-148 "曲面加工参数"设置

(3) 设置"平行铣削粗加工参数",如图 7-149 所示,模拟效果如图 7-150 所示。

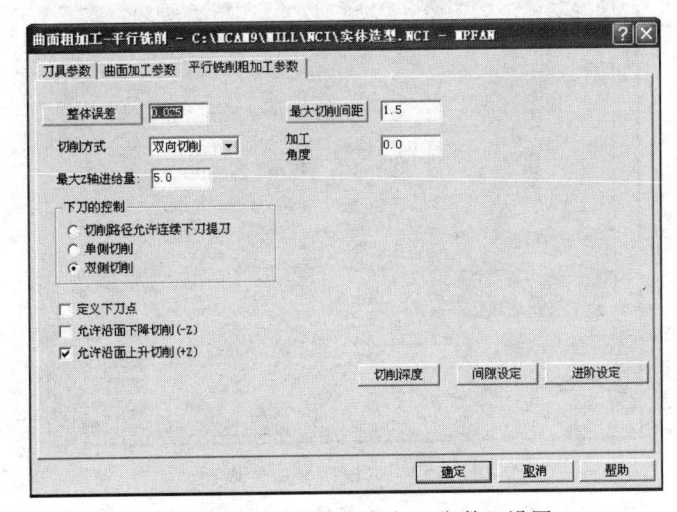

图 7-149 "平行铣削粗加工参数"设置

图 7-150 模拟效果图

4. 底面修整加工

(1) 选择刀具路径→挖槽→串连命令,选取干涉面外形边线与实体底面外形边线,在弹出的对话框中设置"刀具参数",如图 7-151 所示。

311

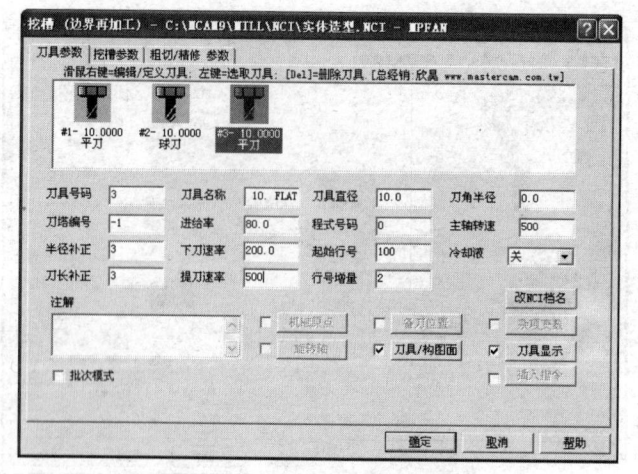

图 7-151 "刀具参数"设置

(2) 设置"挖槽参数",如图 7-152 所示。

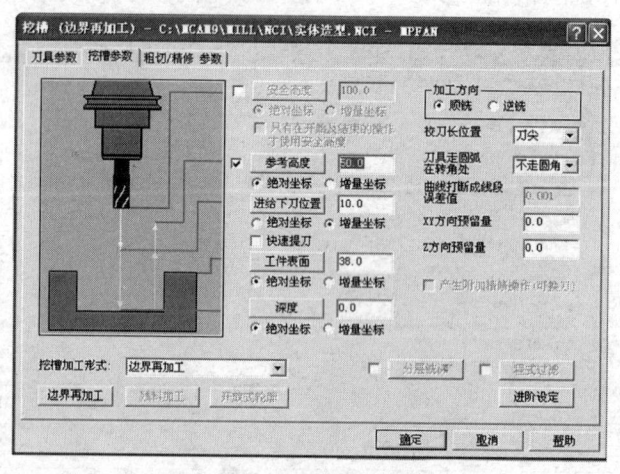

图 7-152 "挖槽参数"设置

(3) 设置"粗切/精修参数",如图 7-153 所示,模拟效果如图 7-154 所示。

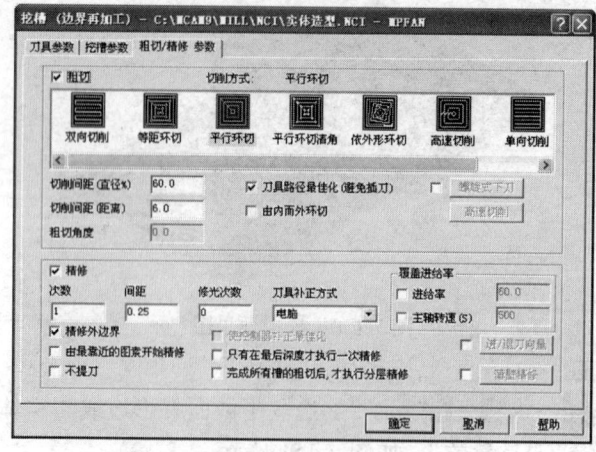

图 7-153 "粗切/精修参数"设置

图 7-154 模拟效果图

5. 精加工刀具路径的生成

(1) 选择刀具路径→曲面加工→精加工→平行铣削→实体命令,设定实体主体为 Y,其余为 N,选取实体,执行→执行,在弹出的对话框中设置"刀具参数",如图 7-155 所示。

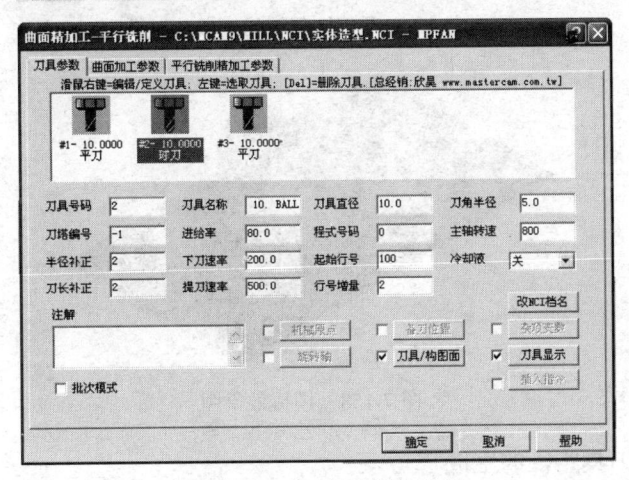

图 7-155 "刀具参数"设置

(2) 设置"曲面加工参数",如图 7-156 所示,干涉面选取底面平面,刀具切削范围选取 180mm×100mm 矩形区域。

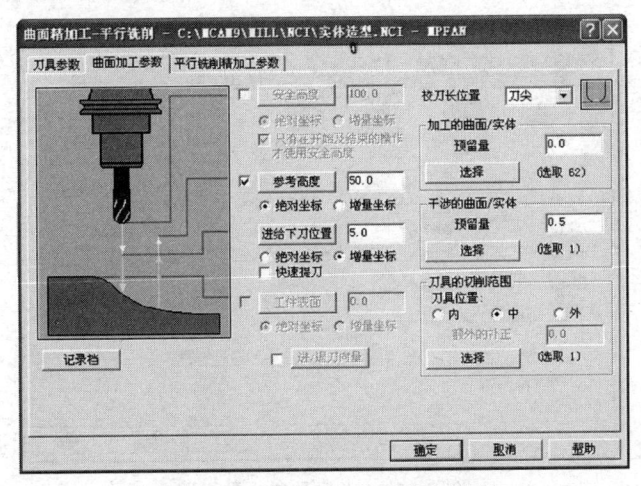

图 7-156 "曲面加工参数"设置

313

(3) 设置"平行铣削精加工参数",如图 7-157 所示,模拟效果如图 7-158 所示。

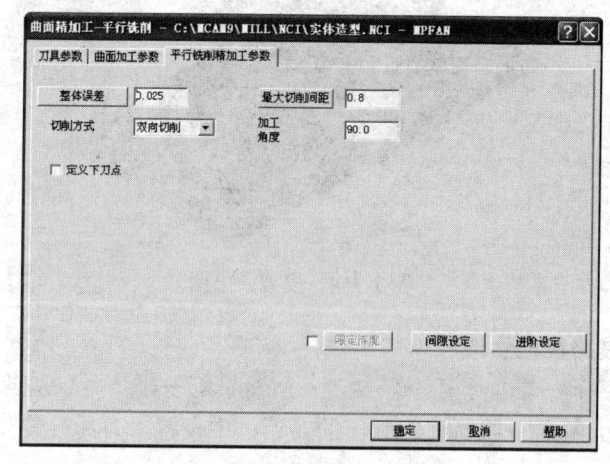

图 7-157 "平行铣削精加工参数"设置

图 7-158 模拟效果图

6. 精修加工刀具路径的生成

步骤一 交线清角精加工刀具路径的生成

(1) 选择刀具路径→曲面加工→精加工→交线清角→实体命令,设定实体主体为 Y,其余为 N,选取实体,执行→执行,在弹出的对话框中设定"刀具参数",如图 7-159 所示。

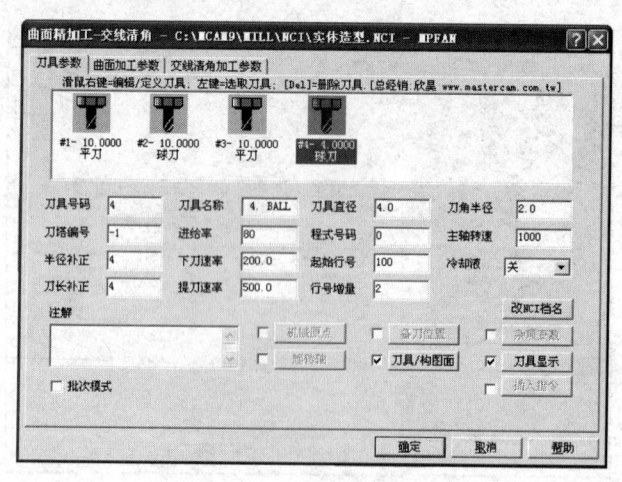

图 7-159 "刀具参数"设置

(2) 设置"曲面加工参数",如图 7-160 所示,刀具切削范围选取 180mm×100mm 矩形区域。

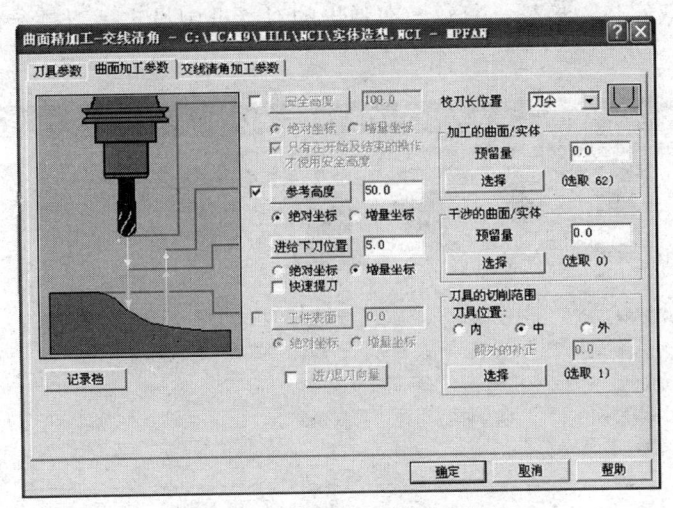

图 7-160 "曲面加工参数"设置

(3) 设置"交线清角加工参数",如图 7-161 所示,模拟效果如图 7-162 所示。

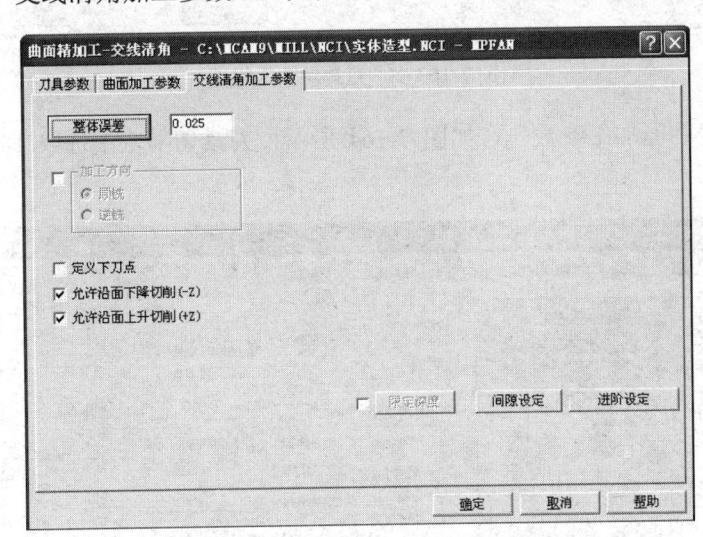

图 7-161 "交线清角加工参数"设置

图 7-162 模拟效果图

步骤二　残料清角刀具路径的生成

(1) 选择刀具路径→曲面加工→精加工→残料清角→实体命令,设定实体主体为Y,其余为N,选取实体,执行→执行,在弹出的对话框中设定"刀具参数",如图7-163所示。

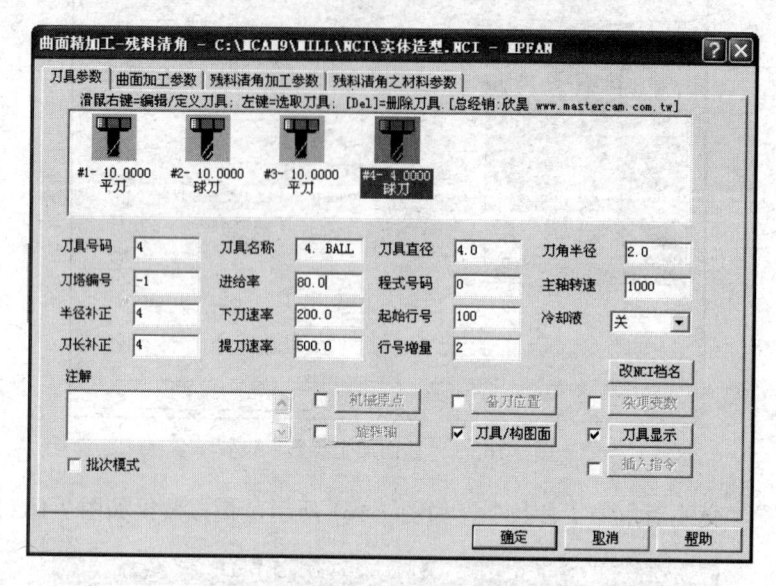

图7-163　"刀具参数"设定

(2) 设置"曲面加工参数",如图7-164所示,刀具切削范围选取180mm×100mm矩形区域。

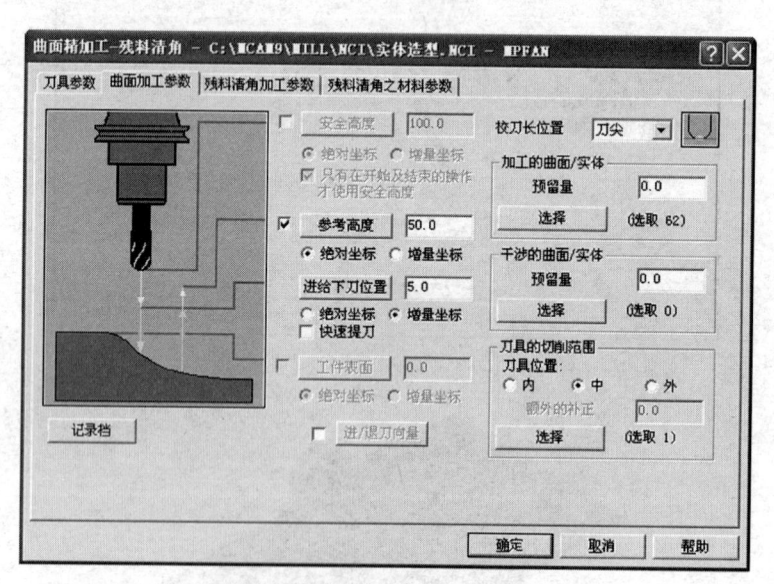

图7-164　"曲面加工参数"设置

(3) 设置"残料清角加工参数",如图7-165所示。
(4) 设置"残料清角之材料参数",如图7-166所示,模拟效果如图7-167所示。

图 7-165 "残料清角加工参数"设置

图 7-166 "残料清角之材料参数"设置

图 7-167 模拟效果图

7. 后处理(略)

317

7.5 本章小结

在实际生产中，应用CAD/CAM软件进行编程，大多是用于三维复杂曲面零件的加工，因而曲面加工功能被更多使用。

MasterCAM 9.1的铣床加工包括多种曲面的粗加工、精加工，另外还有多轴加工和线架加工。线架加工相当于选用线架用造型的方法造出曲面来进行加工。多轴加工指四轴或五轴机床上加工，即可以编制刀轴相对于工件除了三个方向的移动外增加了刀轴的转动和摆动。

使用CAD/CAM软件进行数控编程时，用到最多的还是对曲面进行加工。对于一个具有复杂形状的工件(如模具)而言，只有通过沿着其曲面轮廓外形进行加工才能获得所需的形状。MasterCAM 9.1的曲面加工系统可用来生成加工曲面、实体或实体表面的刀具路径，而要完成一个曲面的加工，通常需要进行粗加工和精加工，MasterCAM 9.1共提供了8种粗加工和10种精加工类型，曲面加工类型见表7-3、表7-4。

表7-3 曲面粗加工类型

选 项	特 点
平行铣削	生成一组相互平行切削粗加工刀具路径
放射状加工	生成放射状的粗加工刀具路径
投影加工	将已有的刀具路径或几何图形投影到曲面上生成粗加工刀具路径
曲面流线	沿曲面流线方向生成粗加工刀具路径
等高外形	沿曲面的等高线生成粗加工刀具路径
残料粗加工	生成清除前一刀具路径剩余材料的刀具路径
挖槽粗加工	切削所有位于曲面与凹槽边界的材料生成粗加工刀具路径
钻削粗加工	依曲面形态，在Z方向下降生成粗加工刀具路径

表7-4 曲面精加工类型

选 项	特 点
平行铣削	生成一组按特定角度相互平行切削精加工刀具路径
陡斜面加工	生成用于清除曲面斜坡上残留材料的精加工刀具路径
放射状加工	生成放射状的精加工刀具路径
投影加工	将已有的刀具路径或几何图形投影到曲面上生成精加工刀具路径
曲面流线	沿曲面流线方向生成精加工刀具路径
等高外形	沿曲面的等高线生成精加工刀具路径
浅平面加工	生成用于清除曲面浅面部分残留材料的精加工刀具路径，浅面区域由斜坡角度决定
交线清角	生成用于清除曲面间交角部分残留材料的精加工刀具路径
残料清角	生成用于清除因使用较大直径刀具加工所残留材料的精加工刀具路径
环绕等距	生成一组在三维方向等步距环绕工件曲面的精加工刀具路径

粗加工的目的是最大限度地切除工件上的多余材料，应优选考虑加工效率问题。

MasterCAM 9.1 提供了八种粗加工方式，各种加工类型分别有自身的特点，对于同一个工件生成的刀具路径也不同。曲面粗加工类型的说明见表 7-3。

精加工的目的是清除粗加工后所留的加工余量，以达到零件的形状和尺寸精度的要求，精加工时，首先要考虑的是保证零件的形状和尺寸精度。MasterCAM 9.1 提供了十种精加工方式，各种加工类型分别有自身的特点，生成的刀具路径的特点也不同，因此其适用的范围也不同。曲面精加工类型说明见表 7-4。

思考与练习题

1. MasterCAM 9.1 的构图面和视角有什么不同的用途？
2. MasterCAM 9.1 提供了哪几种曲面构图模块？
3. MasterCAM 9.1 提供了几种曲面倒圆角的方法？
4. MasterCAM 9.1 提供的粗加工和精加工方法有何异同点？
5. 在同一种加工方法中，比较粗加工与精加工产生的切削效果有何不同。
6. 在相同的加工方法中，精加工与粗加工有哪些共同的切削参数？有哪些不同的切削参数？
7. 完成下图曲面造型及数控编程，毛坯尺寸为 ϕ60mm×45mm 的圆柱体。

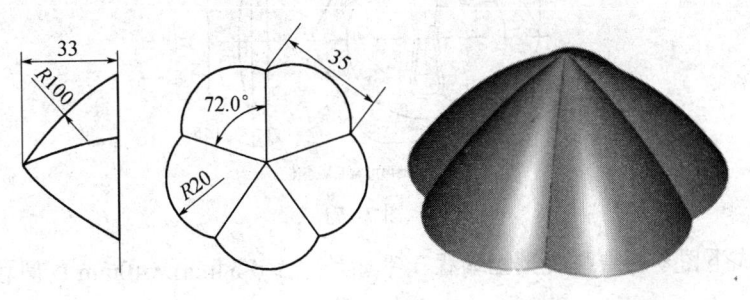

图 7-168

8. 完成下图曲面造型及数控编程，毛坯尺寸为 100mm×60mm×45mm 的长方体。

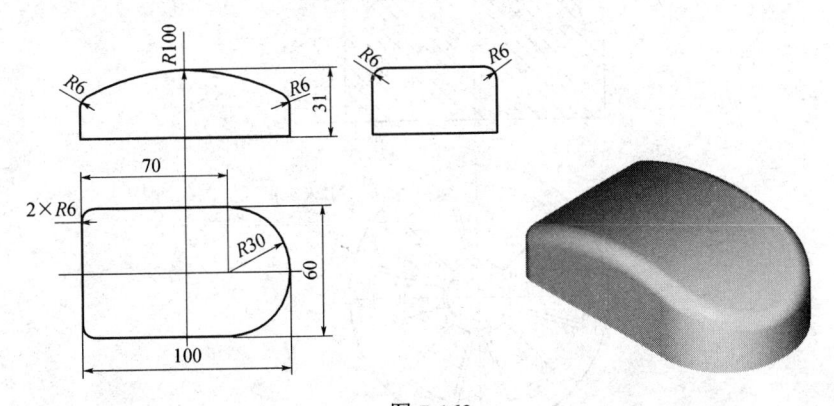

图 7-169

9. 完成下图曲面造型及数控编程，毛坯尺寸为 100mm×80mm×50mm 的长方体。

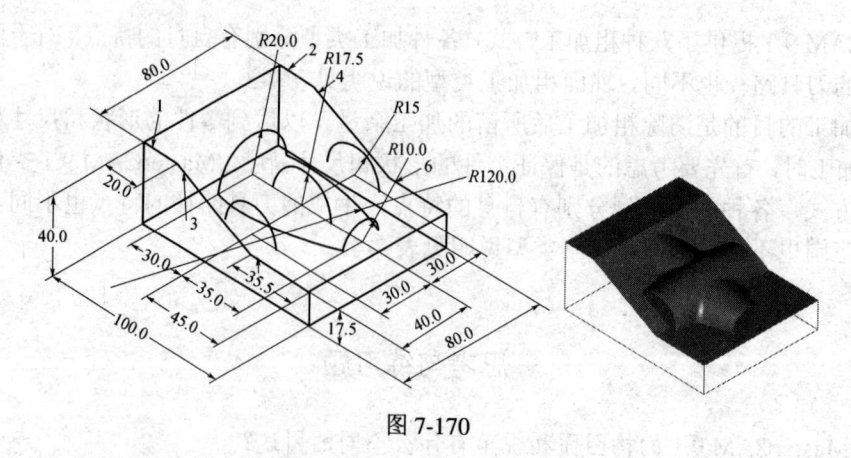

图 7-170

10. 完成下图零件造型及数控编程，毛坯尺寸为 90mm×90mm×30mm 的长方体。

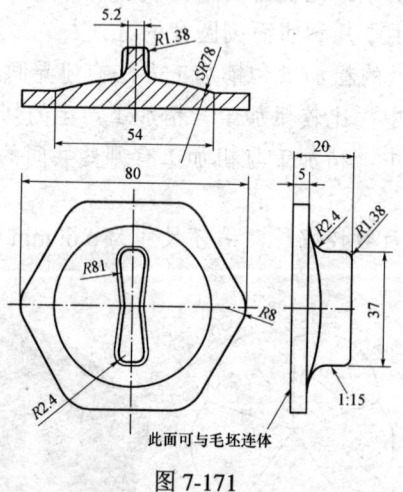

图 7-171

11. 完成下图零件造型及数控编程，毛坯尺寸为 φ54mm×40mm 的圆柱体。

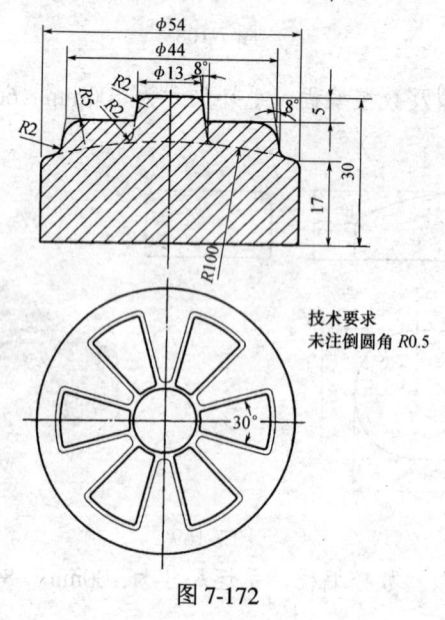

技术要求
未注倒圆角 R0.5

图 7-172

12. 完成下图零件造型及数控编程，毛坯尺寸为 150mm×90mm×50mm 的长方体。

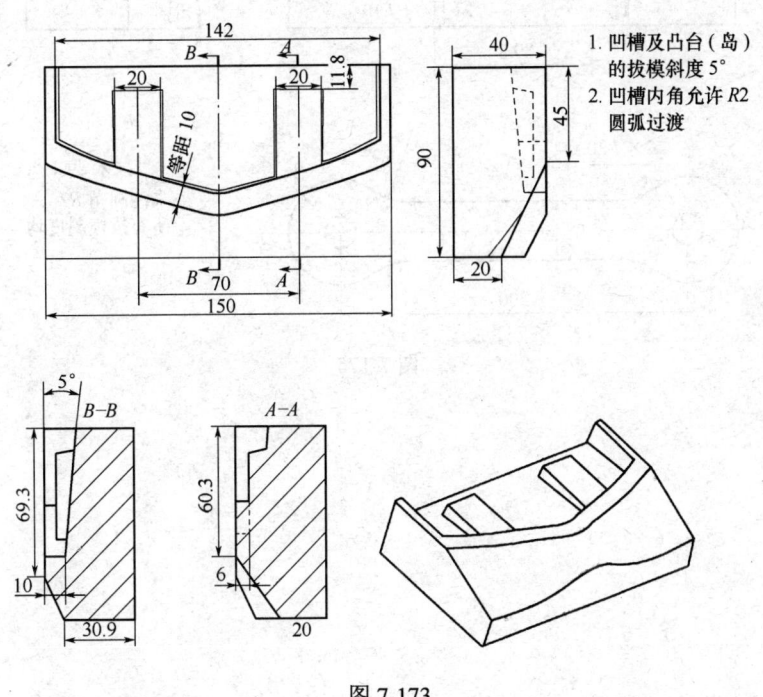

1. 凹槽及凸台（岛）的拔模斜度5°
2. 凹槽内角允许R2圆弧过渡

图 7-173

13. 完成下图零件造型及数控编程，毛坯尺寸为 96mm×96mm×35mm 的长方体。

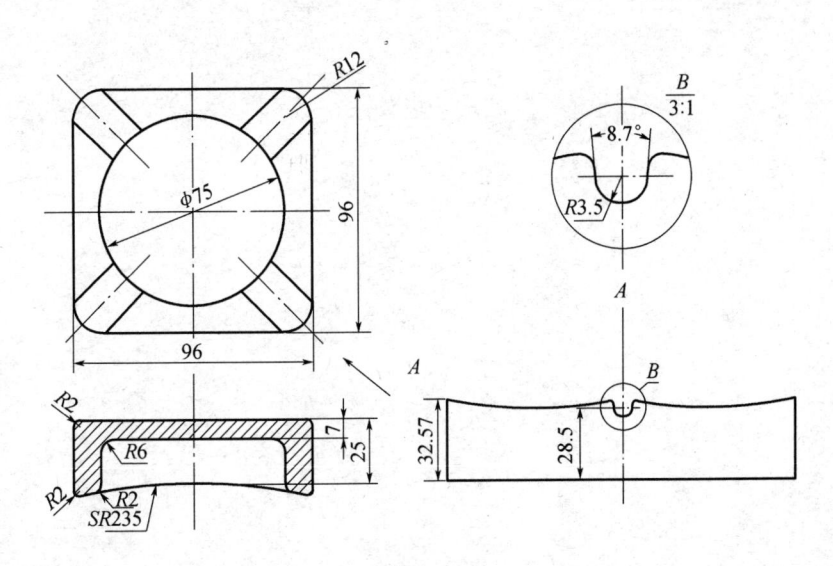

图 7-174

14. 完成下图零件造型及数控编程，毛坯尺寸为 270mm×70mm×40mm 的长方体。

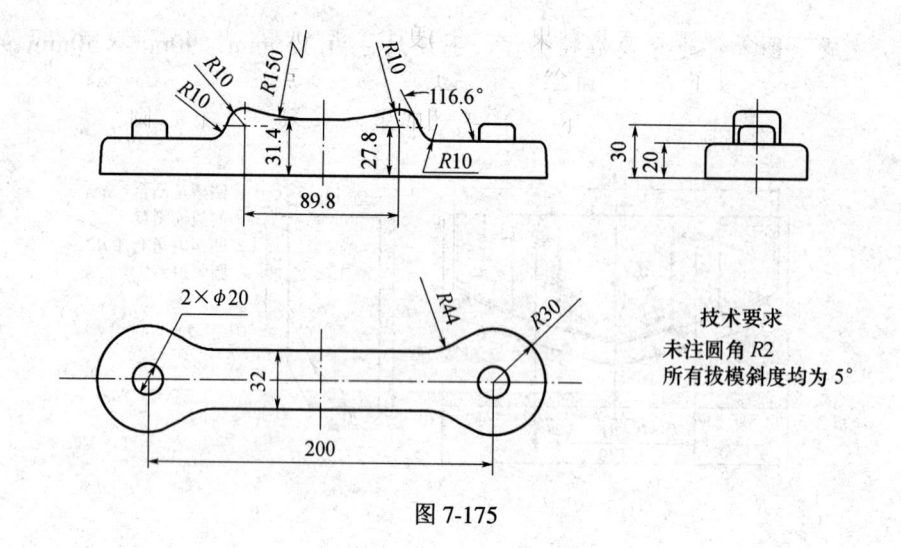

技术要求
未注圆角 R2
所有拔模斜度均为 5°

图 7-175

第8章 后置处理及其他加工刀路

8.1 后置处理的基础知识

8.1.1 后置处理的知识

1. 后置处理的概念以及作用

后置处理(Post processing)是数控加工中自动编程要考虑的一个重要问题,它将 CAM 系统通过机床的 CNC 系统与机床数控加工紧密结合起来。CAD/CAM 软件根据图形信息和加工信息生成的刀具轨迹是刀具数据(Cutter location date)文件,而不是数控程序,由于机床运动结构形式、控制系统的方式以及控制指令格式都不完全相同,因此,刀具数据文件不能够直接对数控机床进行控制,这时需要设法把刀位数据文件转变成指定机床能执行的数控程序,采用通信的方式或是 DNC 方式输入数控机床的数控系统,才能进行零件的数控加工。通常把 CAD/CAM 软件生成的刀位数据文件转换成指定数控机床能执行的数控程序的过程就称为后置处理。

刀位数据文件必须经过后置处理转换成数控机床各轴的运动信息后,才能驱动数控机床加工出设计的零件。后置处理程序是自动编程系统的一个重要组成部分。后置处理程序的功能是根据刀位数据文件及机床特性信息文件的信息,将其处理成相应数控系统能够接受的控制指令格式。也即根据刀位数据文件中各种不同的加工要求,将刀位数据文件及机床特性信息文件处理成一个个字,然后把字组成一个适当的程序段,将其输出。

后处理的主要任务是根据具体机床运动结构形式和控制指令格式,将前置计算的刀位轨迹数据变换为机床各轴的运动数据,并按其控制指令格式进行转换,成为数控机床的加工程序。

2. 后置处理的分类

图形化编程软件所生成的 NCI 代码,都需要经过特定的后置处理设置,才能生成适应于特定数控系统的 NC 代码。CAM 软件的后置处理系统,可分为专用后置处理系统和通用后置处理系统两种。Pro/E、UG、CAXA 制造工程师等 CAM 软件的后置处理,应用图形交互及对话框的方式来设置特定机床的后处理器,属于通用后置处理系统。

通用后置处理系统是指能针对不同类型的数控系统的要求,将刀位原文件进行处理生成数控程序的后置处理程序。使用通用后置处理时,用户首先需要编制数控系统数据文件或机床数据文件以便将数控系统或数控机床信息提供给编程系统。之后,将满足标准格式的刀位原文件和数控系统数据文件或机床数据文件输入到通用后置处理系统中,后置处理系统就可以产生符合该数控系统指令及格式的数控程序。数控系统数据文件或机床数据文件可以按照系统给定的格式手工编写,也可以以对话形式——回答系统提出的问题,然后由系统自动生成。有些后置处理系统也提供市场上常见的各种数控系统的数据文件。目前国际上流行的商品化 CAD/CAM 系统中刀位原文件格式都符合 IGES 标准,它们所带的通用后置处理系统具有一定的通用性。

专用后置处理系统是针对专用数控系统和特定数控机床而开发的后置处理程序。一般而言,不同数控系统和机床就需要不同的专用后置处理系统,因而一个通用编程系统往往需要提供大量的专用后置处理程序。由于这类后置处理程序针对性强,程序结构比较简单,实现起来比较容易,因此在数控编程系统中比较常见,现在在一些专用系统中仍然普遍使用。

MasterCAM 等软件采用的是通用后置处理系统,软件本身提供了多种数控系统(如 FANUC、A-B 数控系统)的标准后置处理文件,可生成供多种数控机床使用的 NC 代码。如果在使用过程中遇到软件没有提供后置处理器的数控系统,则用户必须根据数控系统的程序格式、各种功能代码及格式、各种参数初始值和默认值,来编写 MasterCAM 的后处理文件,以生成所需的加工程序。

3. 后置处理的基本流程

后处理对刀位轨迹进行转换时,首先根据具体的机床运动结构来确定运动变换关系,由此将前置计算的刀位轨迹数据变换并分解到机床的各个运动轴上,获得各坐标轴的运动分量。运动变换关系取决于具体机床的运动结构配置,机床坐标轴的配置不同,其变换关系也不相同。这里要考虑机床种类及机床配置、程序起始控制、程序块及号码、准备功能、辅助功能、快速运动控制、直线圆弧插补进给运动控制、暂停控制、主轴控制、冷却控制、子程序调用、固定循环加工控制、刀具补偿、程序输出格式转换、机床坐标系统变换及程序输出等。格式转换主要包括数据类型转换与圆整、字符串处理、格式输出等内容。算法处理主要包括坐标运动变换、跨象限处理、进给速度控制等内容。CAD/CAM 软件包提供的数控程序后处理模式一般流程如图 8-1 所示。

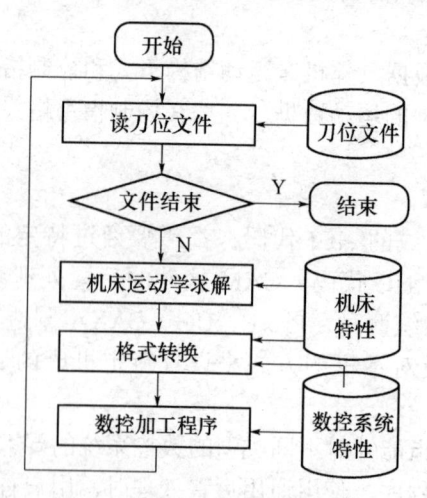

图 8-1 数控编程后置处理流程

4. MasterCAM 后置处理的文件格式

MasterCAM 后处理程序采用的是纯文本格式文件接口,该文本是以脚本文件和源代码文件混合而构成的，要求数控人员具备软件基础开发的经验和对数控系统的熟练掌握才能编制出正确的后处理程序模板。机床与数控系统接口文件(企业级数控系统接口文件)，主要控制相应的数控机床格式及数控程序文件内容输出，使其满足数控机床的正确配置。它是正确配置程序输出的重点，它的源代码采用的是宏程序形式，采用条件判断、循环、跳转等逻辑方式，根据实际需要来编写相关代码，因此编写时需要用到软件开发的基本知识。MasterCAM 系统的后置处理由两部分文件组成：可执行文件和机床特性文件。可执行文件是不允许用户修改的，如铣床为 Mp.dll 文件，车床为 Mpl.dll 文件；机床特性数据文件是用 ASCII 代码编写的，其扩展名为 pst，称为 Pst 文件。Pst 文件提供了更改 NC 代码的方法，以便适应于选定的数控系统和机床，其内容包括：机床类型、坐标输出格式、G 代码和 M 代码的分配、文件头数据、控制系统名及注释数据的输出等信息。后置生理器 Mp 文件和 pst 文件必须相互依赖才能正常工作，Mp 文件按 pst 文件来设置其开关量，pst 不能用于其他软件的后处理器。

1) MasterCAM 9.1 的 NCI 文件

MasterCAM 9.1 中刀位文件是 nci 为扩展名，它是一个中间文件，以 ASCII 码编写，包含了完成一个零件加工并产生 NC 程序的所有必须信息，主要有：确定机床运动模式、计算移动距离、计算轮廓运动、将运动置于机床坐标下、进给速度计算等。这些信息大都来源于参数屏幕的定义参数。

信息按两行排列：

第一行是操作行，用简单的数字表示操作类型，操作类型分为四组：①运动操作指令：快速进给、直线和圆弧插补、五轴插补等指令；②循环操作类指令：孔加工循环及车、铣加工固定循环等指令；③文件格式指令：NC 程序开始、结束格式；④杂项操作指令：定义杂项整数、参数等。

第二行是数据行，包含了定义操作所需的信息。

后处理器就是一个从 NCI 到机器程序的翻译器，MP 语言在读取 NCI 的时候是两行两行的读取的。例如：

第一行操作行	1					(控制器代码表示 G01)
第二行数据行	41	1.5	2.5	−0.125	3.2	(数据行包含了定义操作所需的信息)
	1	2	3	4	5	

每两行中的第一行，只有一个参数，而且和控制器代码(G Code)有不少相似之处，例如 1 代表直线移动，0 代表快速移动，2 代表顺时针圆弧移动，81 代表钻孔过程开始等。

两行中的第二行，就是对应第一行 G Code 的参数行。每个 G Code 所对应的参数各不相同，而且同一个 G Code 在不同的加工过程(车削、铣削等)中参数也不相同，见表 8-1 和表 8-2。在上面的例子中，具体的每个参数的意义如下：

表示 G01 G41 X1.5 Y2.5 Z-0.125 F3.2

表 8-1 铣削第二行数据行

参数	含义	对应系统变量	预定值
1	刀径补偿	cc / ccomp	40—取消,41—左补偿,42—右补偿,40—最后移动时取消
2	X 位置	x / xnci	
3	Y 位置	y / ynci	
4	Z 位置	z / znci	
5	进刀速率	Fr cur_cflg	正值—速率,1—不变,2—快速移动
6(可选)	控制标志		

表 8-2 车削第二行数据行

参数	含义	对应系统变量	预定值
1	刀径补偿	cc / ccomp	40—取消,41—左补偿,42—右补偿,40—最后移动时取消
2	Z 位置	z/ znci	
3	X 位置	x / xnci	
4	置空		
5	进刀速率	fr cur_cflg	正值—每分钟进给量,负值—每周进给量
6(可选)	控制标志		

MP 语言在处理刀路信息的时候,先读取 NCI 的第一行 G Code,然后根据读取到的 G Code 去调用相应的预定义后处理块。例如,如果读到的 NCI 的第一行 G Code 是 0,就会调用 prapid 或 pzrapid。然后,第二行的参数就会储存到相应的系统预定义变量中,用来输出或做相关的计算。

2) MasterCAM 9.1 的 Pst 文件

后处理文件内容

MasterCAM 9.1 的后置处理的任务是对 Pst 文件进行修改和定制,以设置 Mp 文件的开关量。它定义了切削加工参数、NC 程序格式、辅助工艺指令,设置了接口功能参数等,不同系统的后处理文件的指令代码和格式定义虽各不相同,但 MasterCAM 9.1 系统的所有 Pst 文件基本上都由以下几个部分组成:

(1) 注解。后置处理的有关注释和信息,在程序的每一行前用符号"#"开头,其后的文字的注解不影响程序的执行。

如:# Post Name: KVC-650(定义后置处理器名称)

   # mi2-Absolute, or Incremental positioning

```
0=absolute
1=incremental
```

表示 mi2 定义编程时数值给定方式,若 mi=0 为绝对值编程,mi=1 为增量值编程。

在这一部分里,定义了数控系统编程的所有准备功能 G 代码格式和辅助功能 M 代码格式。

(2) 程序纠错。程序中可以插入文字提示来帮助纠错,并显示在屏幕上。如:

```
# Error messages (错误信息)
```

```
psuberror # Arc output not allowed
"ERROR-WRONG AXIS USED IN AXIS SUBSTITUTION", e
```

如果展开图形卷成旋转轴时，轴替换出错，则在程序中会出现上面引号中的错误提示。

(3) 定义变量的数据类型、使用格式和常量赋值。如规定 G 代码和 M 代码是不带小数点的两位整数，多轴加工中心的旋转轴的地址代码是 A、B 和 C，圆弧长度允许误差为 0.002，系统允许误差为 0.00005，进给速度最大值为 10m/min 等。

(4) 定义问题。可以根据机床加工需要，插入一个问题给后置处理程序执行。

如定义 NC 程序的目录，定义启动和退出后置处理程序时的 C-Hook 程序名。

(5) 字符串列表。字符串起始字母为 s，可以依照数值选取字符串，字符串可以由两个或更多的字符来组成。

字符串 sg17，表示指定 XY 加工平面，NC 程序中出现的是 G17，scc1 表示刀具半径左补偿，NC 程序中出现的是 G41，字符串 sccomp 代表刀具半径补偿建立或取消。

(6) 自定义单节。可以让使用者将一个或多个 NC 码作有组织的排列。

自定义单可以是公式、变量、特殊字符串等。

```
pwcs # G54+ coordinate setting at toolchange
if mil >1, pwcs_g54
```

表示用 pwcs 单节指代#G54+在换刀时坐标设定值，mil 定义为工件坐标系(G54～G59)。

(7) 预先定义的单节。使用者可按照数控程序规定的格式将一个或多个 NC 代码作有组织的排列，编排成一条程序段。

(8) 系统问答。后置处理软件提出了五组问题，供使用者回答，可按照注解文字、赋值变量、字符串等内容，根据使用的机床、数控系统进行回答。

5. 后处理文件结构模块

设计后置处理文件，一般是按照 NC 程序的结构模块来进行。根据 NC 程序的功能，后置处理文件分成六个模块如下：

1) 文件头

文件头部分设定程序名称和编号，此外，SINUMERIK 810D 系统还必须指定 NC 程序存放路径，并按照以下格式输出：

"%_N_(程序名及编号)_(路径)"。

NC 程序可存放在主程序、子程序和工作程序目录下，扩展名分别为：MPF、SPF、WPD，一般放在工作程序目录下。因此经修改的 Pst 文件格式为

```
Pheader # Start of file
" %_N_", progname, "_WPD" (程序名、存放目录)
```

2) 程序起始

在程序开始，要完成安全设定、刀具交换、工件坐标系的设定、刀具长度补偿、主轴转速控制、冷却液控制等，并可显示编程者、编程日期、时间等注解。

修改后的有刀具号 Pst 文件开头格式如下：

```
# Start of file for non-zero tool number
```

......

pspindle （主轴转速计算）

pcom_movbtl （移动设备）

ptoolcomment （刀具参数注解）

......

pbld, n, *sgcode, *sgplane, "G40", "G80", *sgabsinc

（快进、XY 加工平面、取消刀补、取消固定循环、绝对方式编程）

if mil <=one, pg92_rtrnz, pg92_rtrn, pg92_g92 （返回参考点）

......

pbld, n, *sgcode, *sgabsinc, pwcs, pfxout, pfyout, pfcout, *speed, *spindle, pgear, pcan1

（快进至某位置、坐标系偏置、主轴转速等）

pbld, n, pfzout, *tlngno, scoolant, [if stagetool=one, *next_tool]

（安全高度、刀长补偿、开冷却液）

pcom_movea （加工过程）

3) 刀具交换

刀具交换执行前，须完成返回参考点、主轴停止动作，然后换刀，接着完成刀具长度补偿、安全设定、主轴转速控制。

Pst 文件中用自定义单节 ptlchg 指代换刀过程，编辑修改后的程序如下：

Ptlchg # Tool change

......

ptoolcomment （新刀参数注解）

comment （插入注解）

if stagetool <> two, pbld, n, *t, e （判断、选刀）

n, "M6" （换刀）

pindex （输出地址）

pbld, n, *sgcode, *sgabsinc, pwcs, pfxout, pfyout, pfcout, *speed, *spindle, pgear, pcan1

（快进至某位置、坐标系偏置、主轴转速等）

pbld, n, pfzout, *tlngno, "M7", [if stagetool=one, *next_tool]

（安全高度、刀长补偿号、开冷却液）

pcom_movea （加工过程）

4) 加工过程

这一过程是快速移动、直线插补、圆弧插补、刀具半径补偿等基本加工动作。

对于几乎所有系统，这些加工动作的程序指令基本相同。只是注意 SINUMERIK 810D 系统的刀具长度补偿值由字母 D 后加两位数字调用，不需要 G43/G44 指令；而半径补偿值则由 G41/G42 调用，不需要再接地址代码。用 G40 取消刀具长度和刀具半径补偿。

5) 切削循环

MasterCAM 软件提供了 6 种内定的孔加工固定循环方式：一般钻削(Drill/Cbore)、深孔啄钻(Peck Drill)、断屑钻(Chip Break)、右攻丝(Tap)、精镗孔(Bore#1)、粗镗孔(Bore #2)，通过杂项选项(Misc #1/Misc #2)可设定左攻丝、背镗孔、盲孔镗孔、盲孔铰孔等循环，并采用G73～G89代码来表示。

如对于深孔钻削固定循环，MasterCAM 采用的格式为：G83 X_Y_Z_R_Q_F；而SINUMERIK 810D系统用CYCLE83指代深孔钻削循环，其NC程序要求给出循环加工所有参数，输出格式为

```
CYCLE83(RTP, RFP, SDIS, DP, DPR, FDEP, FDPR, DAM, DTB, DTS, FRF, VARI)
```

在Pst文件中需按SINUMERIK 810D系统格式进行定义、修改和编写。

6) 程序结尾

程序结尾一般情况下是取消刀补、关冷却液、主轴停止、执行回参考点，程序停止等动作。下面是修改后的Pst程序结尾：

```
Ptoolend_t #End of tool path, toolchange
......
pbld, n, sccomp, "M5", *scoolant, e （取消刀补、主轴停止、关冷却液）
pbld, n, *sg74, "Z1=0. X1=0. Y1=0.", e （返回参考点）
if mi2=one, pbld, n, *sg74, "X1=0.", "Y1=0.", protretinc, e
else, protretabs （程序结束）
```

8.1.2 后处理修改实例

以下是针对FANUC0I系列控制系统三轴数控机床进行的后处理修改：

首先用记事本打开MasterCAM安装目录下的\Mcam9\posts\MPFAN.FST 文件，按下列方法进行操作。

1. G54的修改

第一种方法：按CTRL+F查出Start of File and Toolchange Setup这一选项：在下面的程序中找到

```
pbld, n, *sgcode, *sgplane, "G40", "G49", "G80", *sgabsinc, e
```

将其改为

```
pbld, n, *sgcode, *sgplane, "G40", "G49", "G80", *sgabsinc, "G54", e
```

程序将由

```
G0G17G40G49G80G90
```

改为

```
G0G17G40G49G80G90G54
```

其中："G54"表示字符串强制输出。

另外一种方法：

在查找对话框中输入"force_wcs"，查找结果所在行为

```
force_wcs    : no    #Force WCS output at every toolchange?
```

改"no"为"yes"，修改后为

```
force_wcs    : yes   #Force WCS output at every toolchange?
```

NC程序在修改前对应的位置指令为

```
N106 G0G90X31.992Y2.23A0S1909M03
```
修改后为：
```
N106 G0G90G54X31.992Y2.23A0S1909M03
```

2. G21 的修改

找到   pbld, n, *smetric, e   程序行。

在其前面加一#将它设置为注释部分，即可不输出 G21 代码。G21 是代表米制，G20 是代表英制。

改为
```
# pbld, n, *smetric, e
```

3. 时间和程序名的修改

搜索 DATE=DD-MM-YY，这一行是程序创建的时间，可以改成想要的字符如果想取消时间和程序名可以找到下面两句后，再在其前面加一#将它设置为注释部分，即可不输出时间和程序名：

将
```
*progno, e
"(PROGRAM NAME - ", sprogname, ")", e
"(DATE=DD-MM-YY - ", date, " TIME=HH:MM - ", time, ")", e
```

改为
```
#*progno, e
#"(PROGRAM NAME - ", sprogname, ")", e
#"(DATE=DD-MM-YY - ", date, " TIME=HH:MM - ", time, ")", e
```

4. 在程序中取消第 4 轴的 A 代码

在查找对话框中输入"Rotary Axis"，其结果所在行为
```
164. Enable Rotary Axis button?y
```

将其改为
```
164. Enable Rotary Axis button?n
```

NC 程序修改前所对应的位置指令为
```
G0G90G54X45.78Y23.87A0S800M03
```
修改后为
```
G0G90G54X45.78Y23.87S800M03
```

另一个 A0 指令在 NC 程序文件的结尾，修改后就不会出现。

5. 输出钻孔循环指令

查找"usecandrill"，其所在行为
```
usecandrill : no #Use canned cycle for drill
usecanpeck : no #Use canned cycle for peck
```

将其改为
```
usecandrill : yes #Use canned cycle for drill
usecandpeck : yes #Use canned cycle for peck
```

NC 程序在对应的位置将会输出 G83 的循环指令。

6. 删除回原点指令

查找"*sg28ref",其结果所在位置为

Pcan1,pbld,n,sgabsinc.sgcode,*sg28ref,"z0",scoolant,strcantext,e

Pbld,n,*sg28ref,"X0","Y0",Protertinc,e

将其改为

Pcan1,pbld,n, scoolant,strcantext,e

#Pbld,n,*sg28ref,"X0","Y0",Protertinc,e

在程序中将不在出现 G28X0.Y0.A0。

7. 删除刀具号、换刀指令、可以适应无刀库的数控机床

打开查找对话框,输入"M6",单击"查找"按钮,查找结果所在行为

if stagetool >= zero, pbld, n, *t, "M6", e

将其修改为

if stagetool >= zero, e # pbld, n, *t, "M6",

另一个换刀的位置所在行为

pbld, n, *t, "M6", e

将其删除或改为注释行：

#pbld, n, *t, "M6", e

修改后换刀指令行不再出现,通常修改第一个出现"M6"指令的位置即可。

通过以上的修改,将文件存盘后,就可以正常使用了。

下面的程序是没有经过设定的后处理编制出来的程序,在图中标志出来的位置是需要修改的地方。

```
%
00000
(PROGRAM NAME - T)
(DATE=DD-MM-YY-06-03-06  TIME=HH:MM - 09:28)
N100G21
N102G06G17G40G49G80G90
( 10. FLAT ENDMILL TOOL - 1 DIA. OFF. -1 LEN. -1 DIA. -10.)
N104T1M6
N106G0G90X-31.922Y28.23A0.S1909M3
N108G43H1Z50.
N110Z10.
N112G1Z-10.F3.6
N114Y-30.076F381.8
N116X34.295
N118Y28.23
N120X-31.922
N122G0Z50.
N124M5
```

N126G91G28Z0.

N128G28X0.Y0.A0.

N130M01

(8. FLAT ENDMILL TOOL - 2 DIA.OFF. - 2 LEN. - 2 DIA. - 8.)

N132T2M6

N134G0G90X-12.351Y9.714A0.S2387M3

N136G43H2Z50.

N138Z10.

N140G1Z-10.F4.5

N142Y-11.56F477.4

N144X13.142

N146Y9.714

N148X-12.351

N150G0Z50.

N152M5

N154G91G28Z0.

N156G28X0.Y0.A0.

N158M30

%

下面是经过重新设定后处理编制出来的程序，可以看出在上图标示位置已经进行了修改：

%
00000

N100G0G17G40G49G80G90G54

(10.FLAT ENDMILL TOOL - 1 DIA. OFF. - 1 LEN. - 1 DIA. - 10.)

N102T1M6

N104G0G90X-31.922Y28.23S1909M3

N106G43H1Z50.

N108Z10.

N110G1Z-10.F3.6

N112Y-30.076F381.8

N114X34.295

N116Y28.23

N118X-31.922

N120G0Z50.

N122M5

N124M01

(8. FLAT ENDMILL TOOL - 2 DIA. OFF. - 2 LEN. - 2 DIA. - 8.)

```
N126T2M6
N128G0G90X-12.351Y9.714S2387M3
N130G43H2Z50.
N132Z10.
N134G1Z-10.F4.5
N136Y-11.56F477.4
N138X13.142
N140Y9.714
N142X-12.351
N144G0Z50.
N146M5
N148M30
%
```

8.2 线架加工

线架构路径是通过选取线框架构的图形(不是曲面架构),来生成刀具路径。可以生成对直纹、旋转、扫描、昆氏和举升曲面的刀具路径。在旧版本软件(V3 版前)中,由于没有曲面造型方法,采用这种方法来生成刀具路径。由于此种刀具路径短而不占太多的内存,适合于单曲面精加工,MasterCAM 软件一直保留着这种刀具路径,最新的 X 版中也是如此。线架构刀具路径菜单如图 8-2 所示。

图 8-2 线架构路径菜单

8.2.1 直纹加工

直纹加工刀具路径是由两条以上的曲线产生的直纹曲面刀具路径。

1. 直纹加工操作

打开附盘文件,如图 8-3 所示。

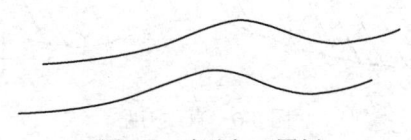

图 8-3 直纹加工图例

选择：刀具路径→下一页→线架构路径→直纹加工→选择两条曲线(与直纹曲面选择方法类似)→出现"刀具参数"对话框，选择刀具，如图 8-4 所示；选择"直纹加工参数"对话框，设置直纹加工参数，如图 8-5 所示，单击确定按钮，生成直纹刀路如图 8-6 所示。

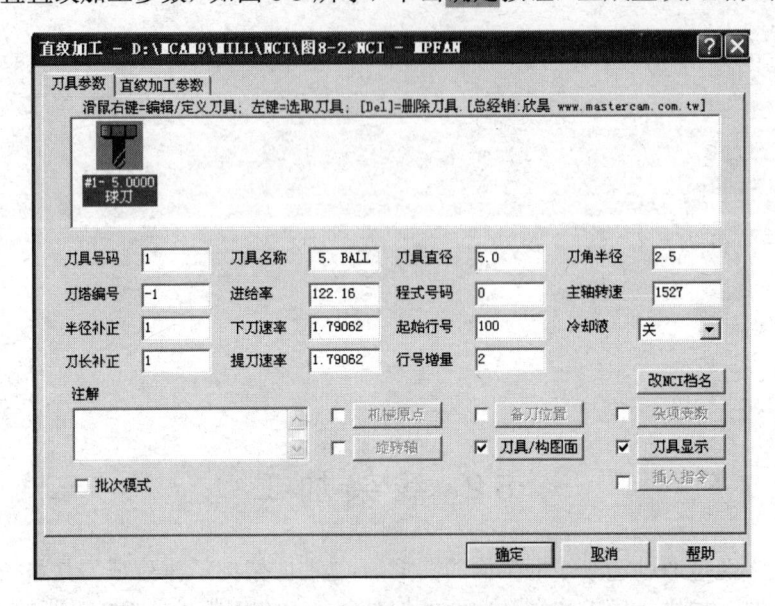

图 8-4 "刀具参数"对话框

图 8-5 "直纹加工参数"对话框

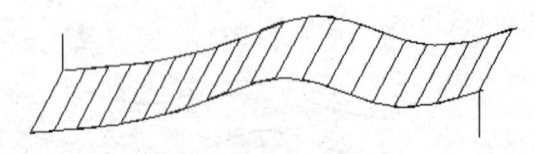

图 8-6 直纹刀路

2. 直纹加工参数解释

(1) 切削方式：该参数用于设置直纹加工的切削方式。切削方式有如下几种：

① 双向切削：该参数表示将刀具在加工面进行反复往回切削加工，图 8-7(a)所示。

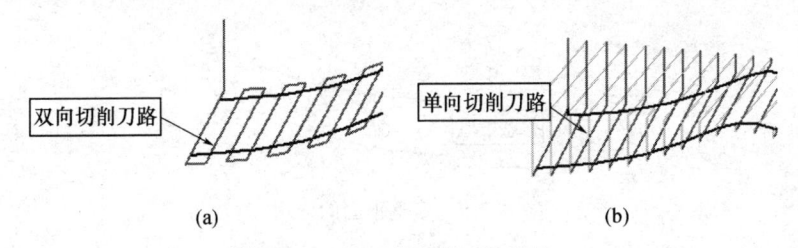

图 8-7 双、单向的刀具路径

② 单向切削：该参数表示将刀具在加工面进行单一方向切削加工，在切削加工过程中切削方向一致，下刀位置方向相同，如图 8-7(b)所示。

③ 环状切削：该参数表示产生一组环绕外形切削的刀具路径，主要针对于封闭外形进行加工，需结合固定 Z 轴切削同时使用。

④ 五轴沿面：该参数主要应用于五轴联动机床的加工。

(2) 固定 Z 轴切削：该参数由两个选项组成，分别是"关闭"和"打开"。当该选项设置为"打开"状态时，需配合以下参数使用，才可以实现理想的切削加工效果。

① 起始深度：该参数设置 Z 轴方向的加工起始深度位置，如图 8-8 所示。

② 最后深度：该参数设置 Z 轴方向的加工结束深度位置，如图 8-8 所示。

③ 步进量：该参数设置刀具在 Z 轴方向进刀时每刀的进给量，如图 8-8 所示。

起始深度和最后深度两参数起限定切削加工范围的作用。

(3) 截断方向切削量：该参数设置横截面方向的切削增量，较小的切削增量，可使被加工表面获得更精细的效果，但会相应增加数据处理的时间。

(4) 预留量：该参数设置数值后，被加工表面会保留一定数量的材料，以便被下一把刀具精加工处理。

(5) 安全高度：该参数设置 Z 轴方向快速进给时的定位高度。

(6) 电脑补正位置：该参数用于设置刀具切削时，平面方向的补偿。

(7) 校刀长位置：该参数用于设置 Z 轴方向的补偿形式。

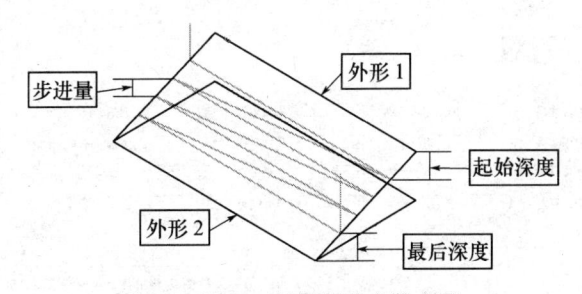

图 8-7 固定 Z 轴切削的参数应用

(8) 修整平面 1、2：该参数是防止刀具从指定的坐标通过，刀具路径被修整或延伸至指定修整平面，如图 8-9 所示。图 8-9 中的图使用修整平面 1 和 2 中的 Y 都大于外形边界；使用修整平面时，X、Y、Z 的数值是相对于绘图原点(F9)，即坐标系为(0，0，0)。

(9) 过切检查：该参数用于检测刀具对凹入型位加工时的精准程度，系统常设置此选项为关闭状态。

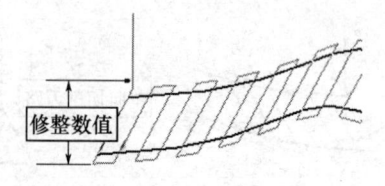

图 8-9 修整平面的应用

8.2.2 旋转加工

旋转加工刀路是由一图素绕着旋转轴旋转而产生的刀具路径。

1. 旋转加工操作

打开附盘文件，如图 8-10 所示。

选择：刀具路径→下一页→线架构路径→旋转加工→选择旋转外形→选择旋转轴之中心位置→出现"刀具参数"对话框，选择刀具，如图 8-11 所示；选择"旋转加工参数"对话框，设置旋转加工参数，如图 8-12 所示；单击确定按钮，生成旋转加工刀路，如图 8-13 所示。

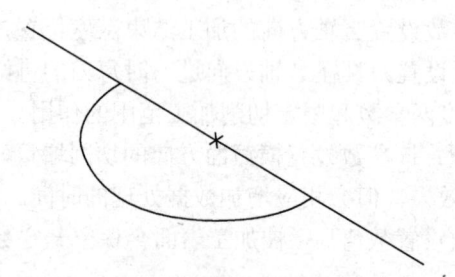

图 8-10 旋转加工图例

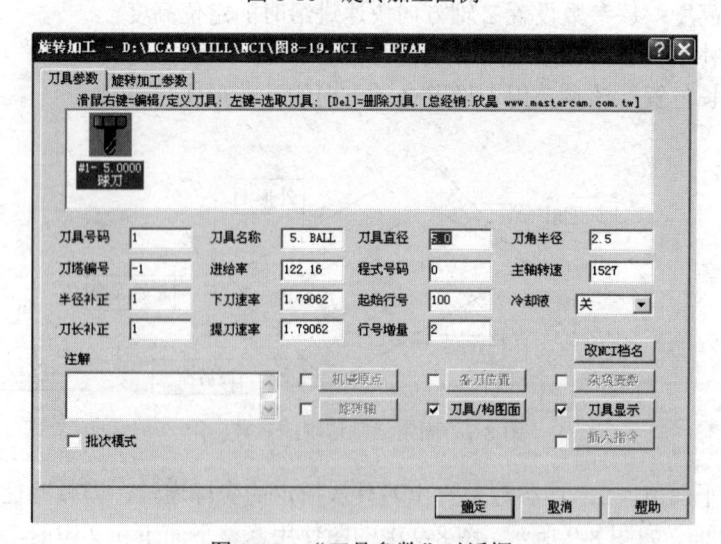

图 8-11 "刀具参数"对话框

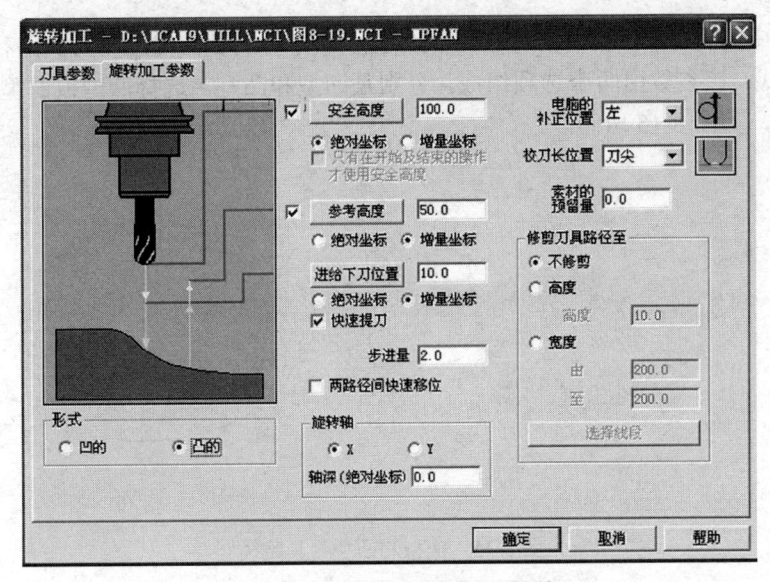

图 8-12 "旋转加工参数"对话框

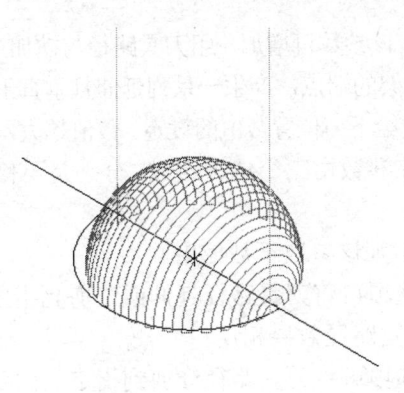

图 8-13 旋转加工刀路

2. 旋转加工参数解释

(1) 步进量：该参数用于设置在目前构图面上，相邻两次切削加工路径之间的距离。

(2) 轴深：该参数用于设置旋转轴所在的 Z 坐标。该 Z 值自动设置为开始产生刀具路径的构图平面所在的深度，如图 8-14 所示。

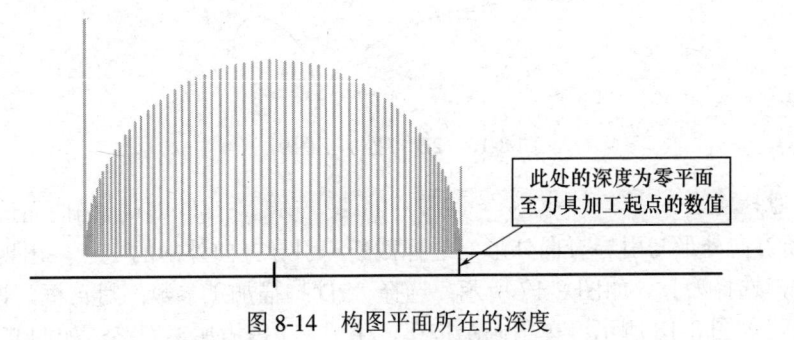

图 8-14 构图平面所在的深度

337

轴选项中的 X、Y 表示根据所选旋转点进行 X 方向或 Y 方向产生刀具路径。

(3) 形式：该参数由两个选项组成，分别是凹型和凸型。选择凹型或凸型时，分别产生刀具路径，如图 8-15 所示。

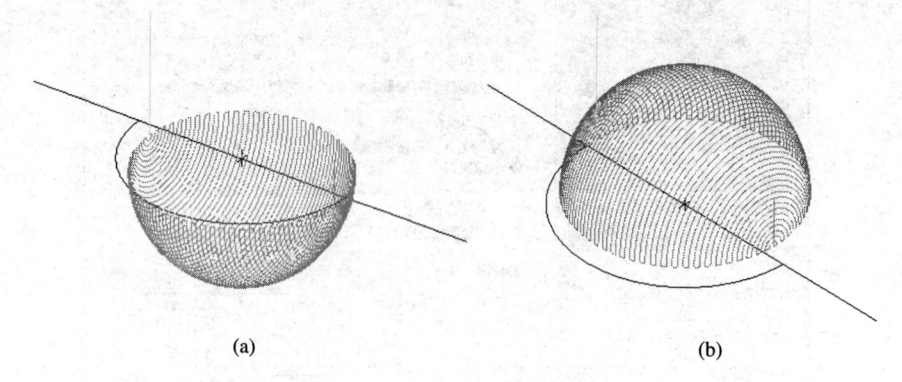

(a)　　　　　　　　　　　　(b)

图 8-15　凹型和凸型刀具路径
(a) 凹型刀具路径；(b) 凸型刀具路径。

(4) 两路径间快速移位：该参数可增加一组刀具路径与被加工的三维(二维)线架上，系统将会在被加工的三维(二维)线架的端点，产生一系列延伸且垂直于当前构图平面的刀具路径。刀具路径的延伸量，取决于进给下刀位置数值的设定。数值越大，延伸就越大；反之，就越小。

(5) 修整刀具路径至：该参数由三个选项组成，分别是不修整、指定高度和指定宽度，其含义如下：

① 不修整：选择该选项则该参数不被使用。

② 指定高度：选择该选项可将刀具路径延伸或修剪到指定的位置深度。当被加工的形状为凹形时，所产生的刀具路径效果相反。

③ 指定宽度：选择该选项可将刀具路径修剪到指定的固定宽度上，可以通过输入数值以及选择直线来对刀具路径进行修剪。

8.2.3　2D 扫描加工

2D 扫描加工是由一个截断方向外形与一个切削方向外形所产生的扫描加工刀具路径。

1. 2D 扫描加工操作

打开附盘文件，如图 8-16 所示。

图 8-16　2D 扫描加工图例

选择：刀具路径→下一页→线架构路径→2D 扫描加工→(与 2D 扫描曲面选择方法类似)选择截断方向外形与引导方向外形，选择截断和引导方向外形的交点，出现"刀具参数"对话框，选择刀具，如图 8-17 所示；选择"2D 扫描加工参数"对话框，设置 2D 扫描加工参数，如图 8-18 所示；单击确定按钮，生成 2D 扫描加工刀路，如图 8-19 所示。

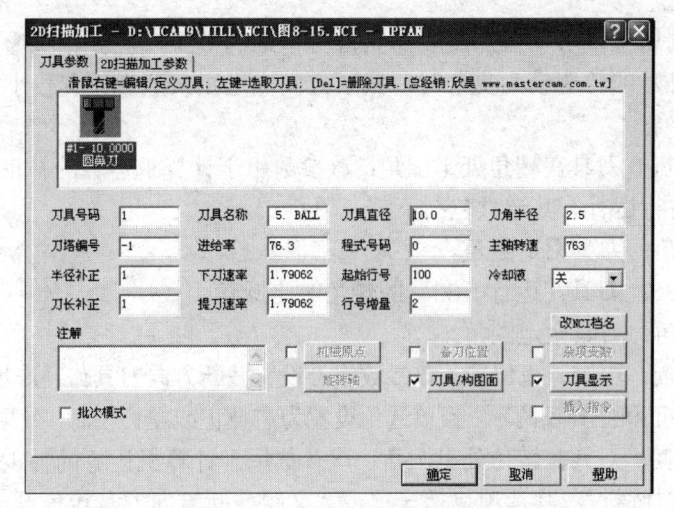

图 8-17 "刀具参数"对话框

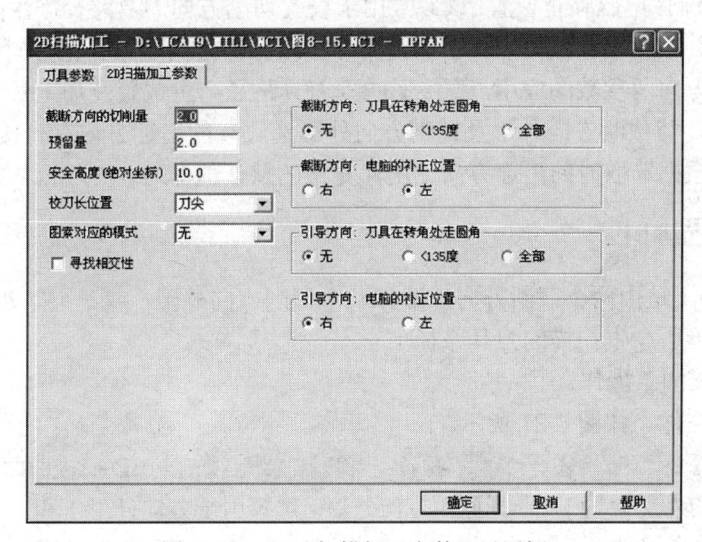

图 8-18 "2D 扫描加工参数"对话框

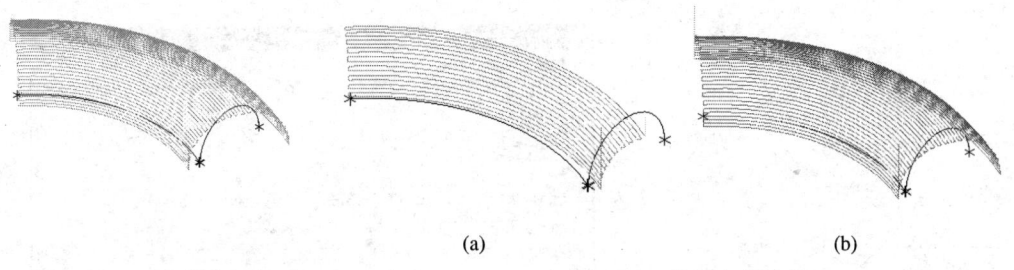

图 8-19 2D 扫描加工刀路

图 8-20 截断方向补偿
(a) 右补正时刀具路径处于截断方向外形的上方；
(b) 左补正时刀具路径处于截断方向外形的下方。

2. 2D 扫描加工参数解释

(1) 截断方向切削量：该参数设置沿截断方向外运动时的切削增量。

339

较小的切削增量，可使被加工表面获得更精细的效果，但会相应增加数据处理的时间。截断方向外形的轮廓较为复杂时，截断方向步进距只适合设置较小的值，否则加工效果严重失真。

(2) 截断方向、刀具在转角处走圆角：该参数用于计算机运算的补正，使刀具路径中插入一组圆弧进行运行。其选项包括下列三项：

① 不走圆角：刀具不走圆角。

② 锐角<135：刀具在运行<135°的转角时走圆角。

③ 全走圆角：刀具全走圆角。

(3) 截断方向：电脑补正位置：该参数用于设置截断方向刀具路径产生的位置及方向。其选项包括右补正和左补正两项。当该选项设置为右补正或左补正时，效果如图 8-20 所示。

(4) 引导方向：刀具在转角处走圆角：该参数用于计算机运算的补正，使刀具路径中插入一组圆弧进行运行。其选项包括三项，意义跟截断方向刀具转角设定选项一样。

(5) 引导方向：电脑补正位置：该参数用于设置切削方向刀具路径产生的位置及方向。其选项包括右补正及左补正两项，它的使用方法跟截断方向电脑补正方向一样。

电脑补正方向两参数的应用，直接影响到刀具路径产生位置及加工效果的正确与否。其正确的应用，与截断方向外形及切削方向外形选取时的串连方向有直接关系。无特殊要求时，只需根据选取时的串连方向使用计算机的默认值即可。

8.2.4　3D 扫描加工

3D 扫描加工是由两个截断方向外形与一个切削方向外形，或一个截断方向外形与两个切削方向外形所产生扫描的刀具路径。

1．3D 扫描加工操作

打开附盘文件，如图 8-21 所示。

选择：刀具路径→下一页→线架构路径→3D 扫描加工→(与 3D 扫描曲面选择方法类似)输入截断方向的外形数量 1，选择截断方向外形；选择引导方向外形 1 和 2；出现"刀具参数"对话框，选择刀具，如图 8-22 所示；选择"3D 扫描加工参数"对话框，设置 3D 扫描加工参数，如图 8-23 所示；单击确定按钮，生成 3D 扫描加工刀路，如图 8-24 所示。

图 8-21　3D 扫描加工图例　　　　图 8-22　"刀具参数"对话框

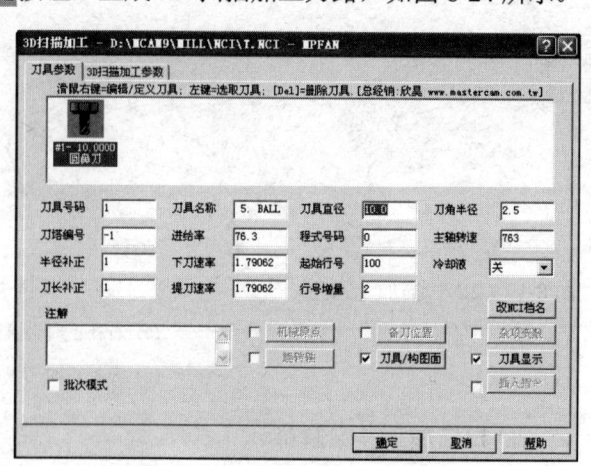

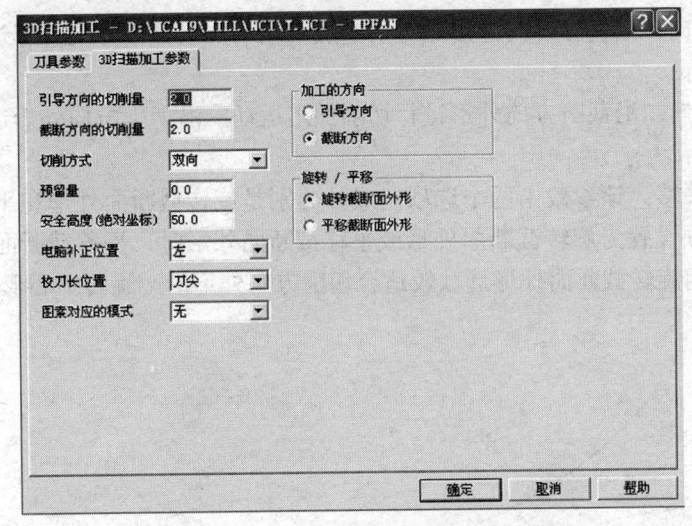

图 8-23 "3D 扫描加工参数"对话框

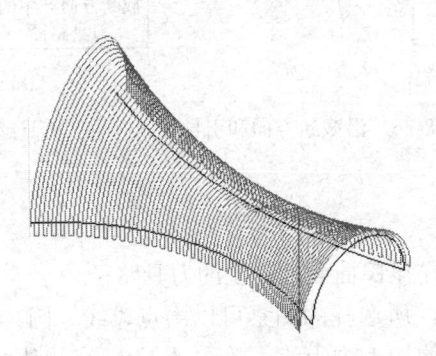

图 8-24 3D 扫描加工刀路

2. 3D 扫描加工参数解释

(1) 引导方向的切削量：该参数用于设置沿切削方向外形运动时的切削增量。

较小的切削增量，可使被加工表面获得更精细的效果，但会相应增加数据处理的时间。切削方向外形的轮廓较为平直时，切削方向步进距离可设置较大的值，以节省运算及加工时间。

(2) 截断方向的切削量：该参数是用于设置沿截断方向外形运动时的切削增量。

(3) 加工方向：该参数由两个选项组成，分别是引导方向和截断方向两项，引导方向和截断方向如图 8-25 所示。

图 8-25 截断方向和引导方向

341

① 引导方向：沿引导方向外形进行切削加工运动，沿截断方向外形进行进给运动，如图 8-26(a)所示。

② 截断方向：沿截断方向外形进行切削加工运动，沿切削方向外形进行进给运动，如图 8-26(b)所示。

(4) 旋转/平移：该参数由两个选项组成，分别是旋转截断面外形和平移截断面外形两项。当该选项设置为旋转截断面外形或平移截断面外形时，平移截断面外形选项较适合经常使用；而旋转截断面外形选项较适合切削方向外形沿一旋转中心形成时使用。

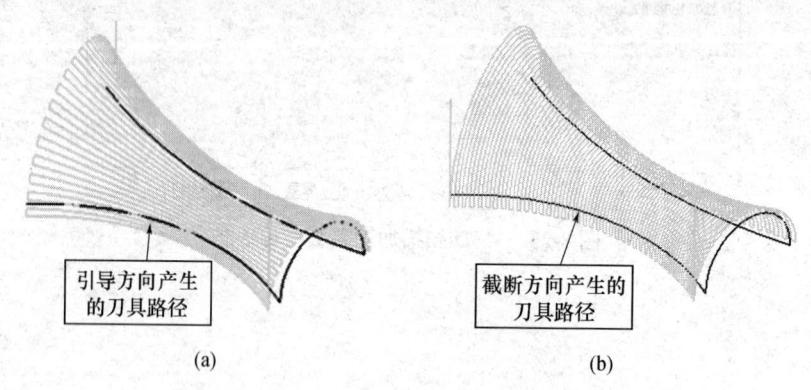

图 8-26 沿截断方向和引导方向产生的刀具路径

8.2.5 昆氏加工

昆氏加工刀具路径是在昆氏曲面上产生的刀具路径。

在该刀具路径功能中，所选择的图素可以由点、线、圆、曲线、聚合线等类型的图素组成。对异形自由曲面的加工(如玩具、车、人脸)，有较佳的加工效果。

1. 昆氏加工操作

打开附盘文件，如图 8-27 所示。

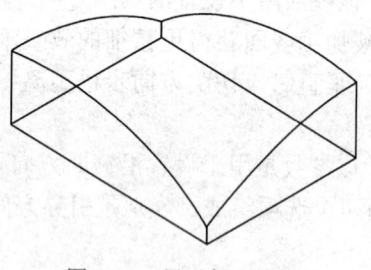

图 8-27 昆氏加工图例

选择：刀具路径→下一页→线架构路径→昆氏加工→(与昆氏曲面方式选择方法相同，只是单孔和多孔昆氏曲面都要输入缀面数)输入切削加工方向缀面数目 1，输入截断方向缀面数目 1，选择引导(切削)方向段落外形 1 和 2，选择截断方向段落外形 1 和 2，单击执行，出现"刀具参数"对话框，选择刀具，如图 8-28 所示；选择"昆氏加工参数"对话框，设置昆氏加工参数，如图 8-29 所示；单击确定按钮，生成昆氏加工刀路，如图 8-30 所示。

图 8-28 "刀具参数"对话框

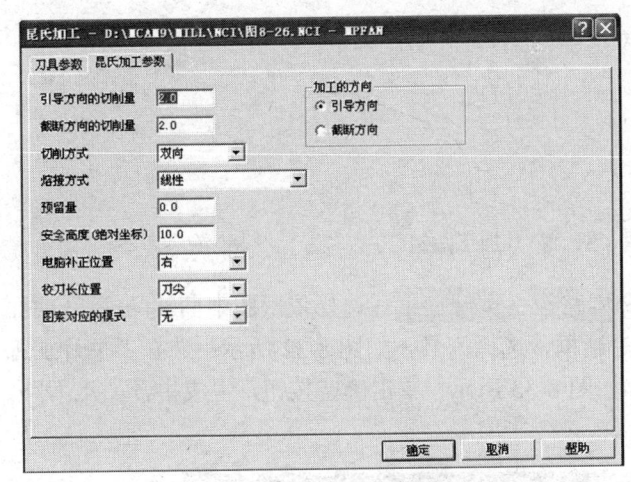

图 8-29 "昆氏加工参数"对话框　　　　图 8-30 昆氏加工刀路

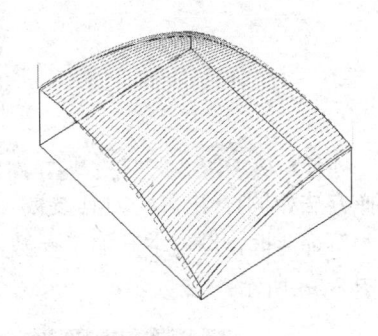

2. 昆氏加工参数解释

(1) 引导方向的切削量：该参数用于设置沿切削方向运动时的切削增量。

较小的切削增量，可使被加工表面获得更精细的效果，但会相应增加数据处理的时间。切削方向外形的轮廓较为平直时，切削方向步进距离呈较大的值，以节省运算及加工时间。

(2) 截断方向的切削量：该参数用于设置沿截断方向外形运动的切削增量。

(3) 熔接方式：该参数由四个选项组成，分别是线性、抛物线、三次式曲线和三次式曲线配合斜率。其意义如下：

①线性：以线性熔接各个缀面外形而成为一个曲面，产生的刀具路径接近直线，用于单一缀面的曲面。

②抛物线：以抛物线熔接各个缀面外形而成为一个曲面，用于有多缀面的曲面，且曲面的曲率较大的时候。

343

③三次式曲线：缀面外形被三次方的方式熔接形成曲面，用于有多缀面的曲面，且曲面的项面较平坦的时候。

④三次式曲线配合斜率：缀面外形被三次方且配合边界的斜率熔接形成曲面，用于有多缀面的曲面，且曲面需要很平滑形状的时候。

(4) 加工方向：该参数由两个选项组成，分别是沿切削方向和沿截断方向。

① 引导方向：刀具沿切削方向外形进行切削，沿截断方向外形进给。

② 截断方向：刀具沿截断方向外形进行切削，沿切削方向外形进给。

8.2.6 举升加工

举升加工刀路是直接选择两条以上的曲线产生举升曲面刀具路径。

举升加工操作：

打开附盘文件，如图8-31所示。

图 8-31 举升加工图例

选择：刀具路径→下一页→线架构路径→举升加工→选择依次图中曲线(与举升曲面选择方法相同)→出现"刀具参数"对话框，选择刀具，如图8-32所示；选择"举升加工参数"对话框，设置举升加工参数，如图8-33所示；单击确定按钮，生成举升加工刀路，如图8-34所示。

图 8-32 "刀具参数"对话框

344

图 8-33 "举升加工参数"对话框

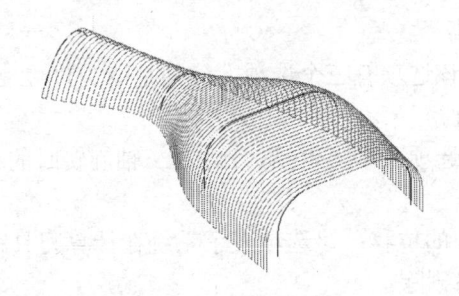

图 8-34 举升加工刀路

举升加工参数中的意义跟前面介绍的几种加工类型的意义和用法一样,在此处不再阐述。

8.3 多轴加工

多轴加工是完成三轴、四轴或五轴的数控加工。多轴联动加工技术主要应用于加工具有复杂曲面的零件,和三轴联动数控加工相比,多轴联动加工可以加工出更好质量、更复杂的曲面,主要适用于飞机、汽车、模具等行业的特殊加工。

多轴加工菜单如图 8-35 所示。多轴加工类型中的参数有些与 2D 加工相同,如刀具参数,在此不再重复介绍。轴的极限是控制 X、Y、X 三轴旋转的角度极限。在多轴加工的各种刀路中"轴的极限"对话框参数相同,如图 8-36 所示。

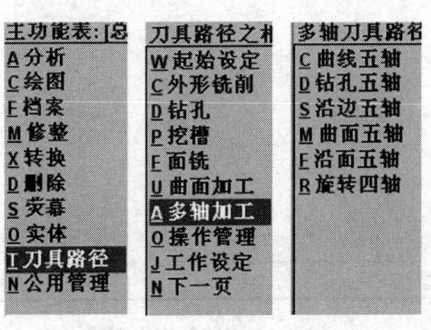

图 8-35 多轴加工菜单

345

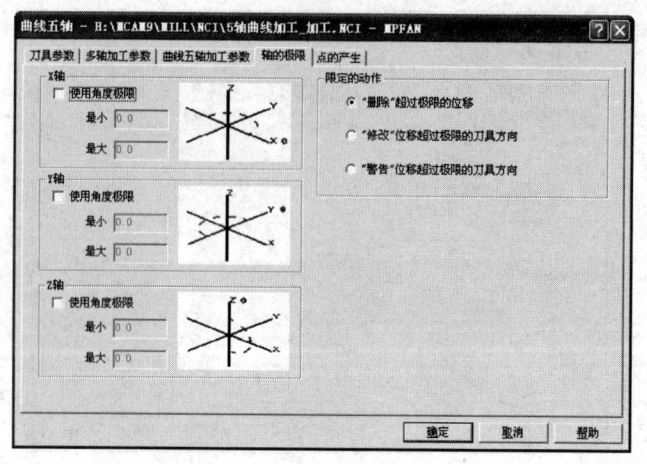

图 8-36 "轴的极限"对话框

1. 轴的极限参数解释

(1) 使用角度极限：该选项有三个选项，分别是 X、Y、Z 三轴，可独立设置这三轴旋转角度的最大、最小值。

(2) 限定的动作：该选项表示限定 X、Y、Z 三轴旋转时的动作，包括三个选项，其中只能设定一项。

① "删除"超过极限的位移：该选项表示系统在计算刀具路径过程中，将超过设定角度极限的刀具路径忽略删除。

② "修改"位移超过极限的刀具方向：该选项表示系统在计算刀具路径过程中，将修改超过设定角度极限的刀具方向。

③ "警告"位移超过极限的刀具方向：该选项表示系统在计算刀具路径结束后，显示提示菜单。

2. 点的产生

点的产生是控制多轴加工刀具路径中点的间隙，有两种选项，分别是角度和距离，如图 8-37 所示。

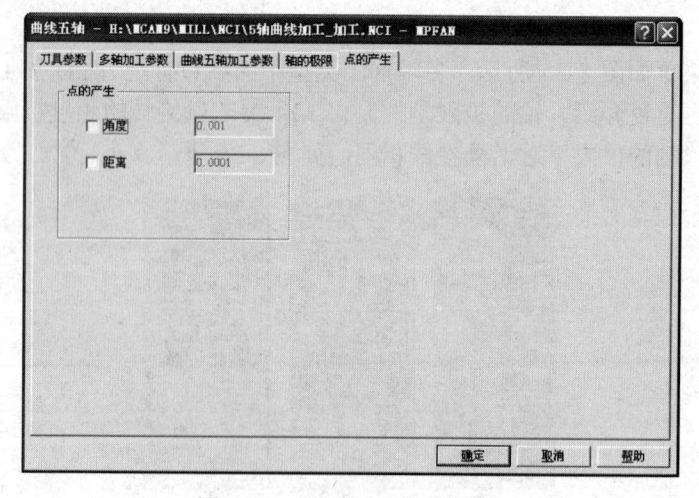

图 8-37 "点的产生"对话框

8.3.1 曲线五轴加工

曲线五轴加工是刀具沿着任意 3D 曲线或曲面的边界线或曲线在曲面上的投影线切削，生成三轴、四轴或五轴的加工路径。和外形铣削加工相比，它在刀具位置的设置上更加灵活和精确。

1．曲线五轴加工操作

打开附盘文件，如图 8-38 所示。

选择：刀具路径→多轴加工→曲线五轴→出现"曲线五轴加工参数"对话框，如图 8-39 所示。

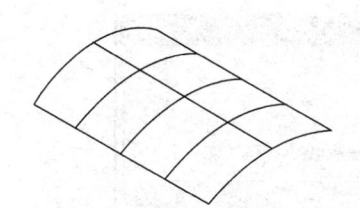

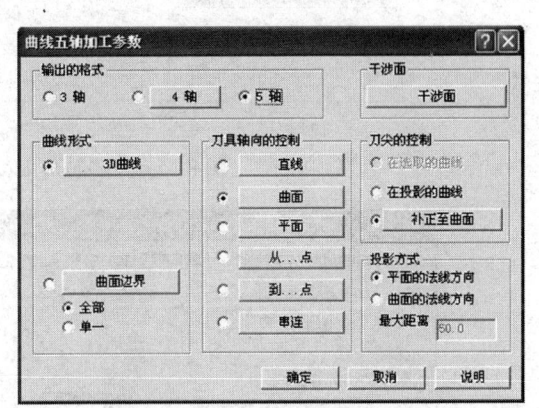

图 8-38　曲线五轴加工图例　　　　图 8-39　"曲线五轴加工参数"对话框

选择 3D曲线 按钮，依次选择图 8-38 中的四条曲线，选择执行；选择 曲面 按钮，选择图 8-38 中的四条曲线所产生的面；单击确定按钮→出现"刀具参数"对话框，选择刀具如图 8-40 所示；单击"多轴加工参数"对话框，输入多轴加工参数，如图 8-41 所示；→选择"曲线五轴加工参数"对话框→输入曲线五轴加工参数，如图 8-42 所示，单击确定生成曲线五轴加工刀路，如图 8-43 所示。

图 8-40　"刀具参数"对话框

347

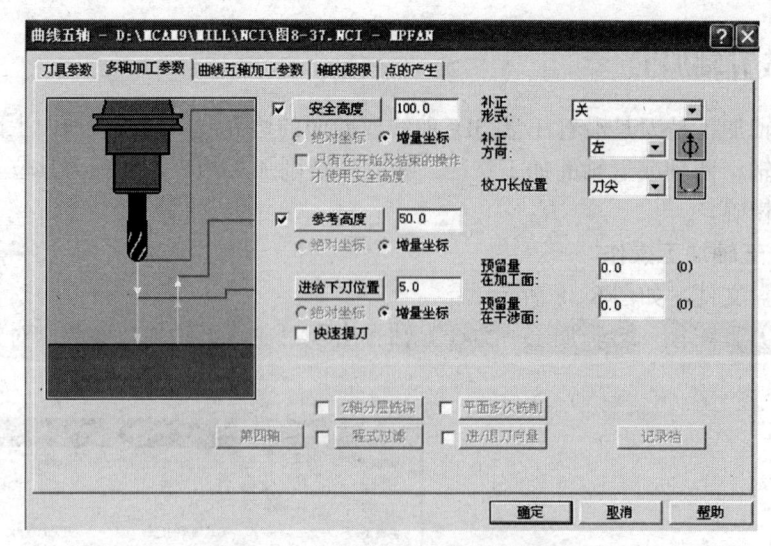

图 8-41 "多轴加工参数"对话框

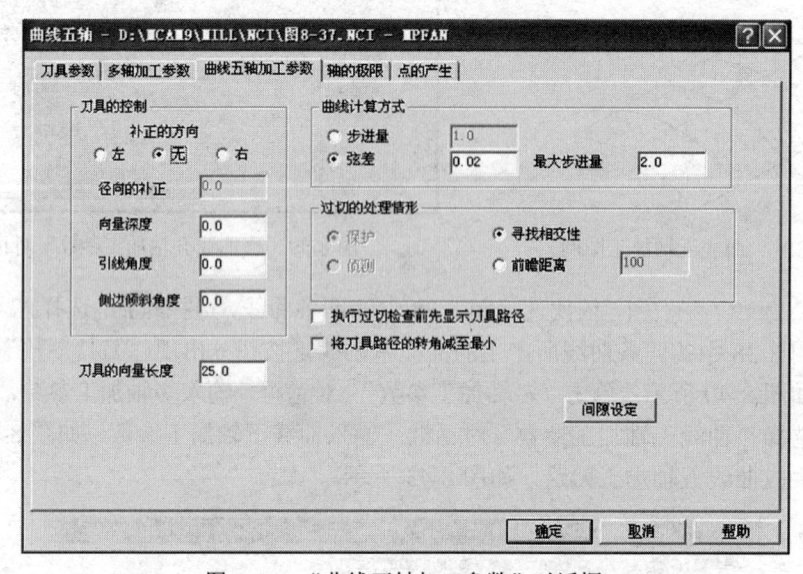

图 8-42 "曲线五轴加工参数"对话框

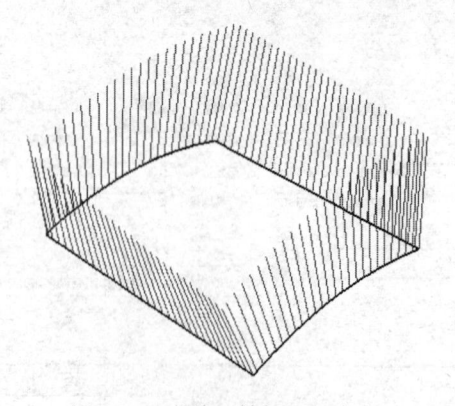

图 8-43 曲线五轴加工刀路

348

2. 曲线五轴加工参数(图 8-39)解释

(1) 输出的格式：该选项分为三轴、四轴和五轴。当设定为五轴时，系统会以一直线段来表示五轴刀具路径，其直线方向便是刀具的轴向；若设为三轴、四轴时，则系统将不会改变刀具的轴向角度。

(2) 3D 曲线：选择该按钮可回到绘图区域选择 3D 曲线来产生刀具路径。

(3) 曲面边界：选择该按钮可回到绘图区域选择曲面，在曲面边界上产生刀具路径。包括所有边界和单一边界：

① 全部：该选项表示产生的刀具路径将会在曲面的所有边界上。

② 单一：该选项表示产生的刀具路径在指定曲面的单一边界上。

(4) 刀具轴向的控制：该选项表示控制刀具轴向的设定方法。设定方法有直线、曲面、平面、从…点、到…点、串连等方式。

3. 曲线五轴加工参数(图 8-42)解释

(1) 补正的方向：该选项设置刀具路径的补正方向，以外部边界、投影曲线或曲面曲线的串连方向作为补正的判断依据。包括左补正、右补正和不补正。

(2) 径向的补正：该参数设置刀具路径补正量，一般设置刀具半径值。该参数要在补正方向设为左或右补正时才有效。

(3) 向量深度：该参数设置补正后刀具轴向的高度值，高度值是以加工面为基准作上下增量。

(4) 引线角度：该参数设置刀具引线的轴向与垂直方向的角度值。

(5) 侧边倾斜角度：该参数设置刀具侧边倾斜的角度值，正值会朝左倾，负值则朝右倾。

(6) 步进量：该参数是刀具移动的偏移量，将会以步进增量的方式来设定刀具路径的精准度。

(7) 弦差：该参数以弦差的方式来决定刀具路径的精准度，最大步进量用于设定刀具移动时的最大距离。

(8) 寻找相交性：该选项表示在整个刀具路径做过切检查。

(9) 前瞻距离：该参数可以在指定的程式单节中做过滤检查。

(10) 执行过切检查前先显示刀具路径：该选项表示在过切检查前先显示刀具路径。

(11) 将刀具路径的转角减至最小：该选项可以简化在角落处所产生的不必要刀具路径。

8.3.2 钻孔五轴加工

钻孔五轴加工是刀具按零件的多个方向进行钻孔加工，生成三轴、四轴或五轴的刀具路径（因涉及刀轴控制，一次只能做一个曲面上的孔，多个面上的孔要分多次编程）。

1. 钻孔五轴加工操作

打开附盘文件，如图 8-44 所示。

选择：刀具路径→多轴加工→钻孔五轴→出现钻孔五轴参数，如图 8-45 所示。

单击 点 按钮，选择其中一个面上的钻孔点，单击 曲面 按钮，选择钻孔面作为刀轴控制面。单击确定按钮→出现"刀具参数"对话框，选择刀具如图 8-46 所示；单

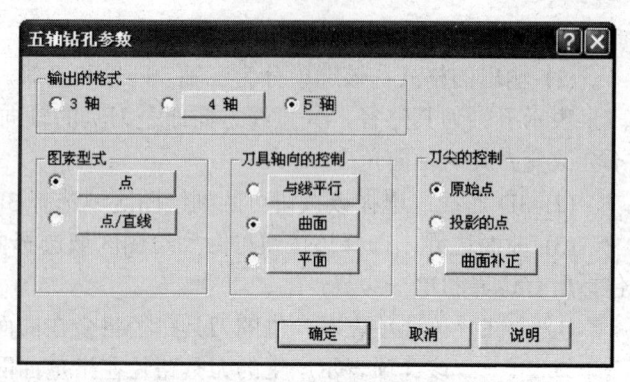

图 8-44　钻孔五轴加工图例　　　　　图 8-45　"五轴钻孔参数"对话框

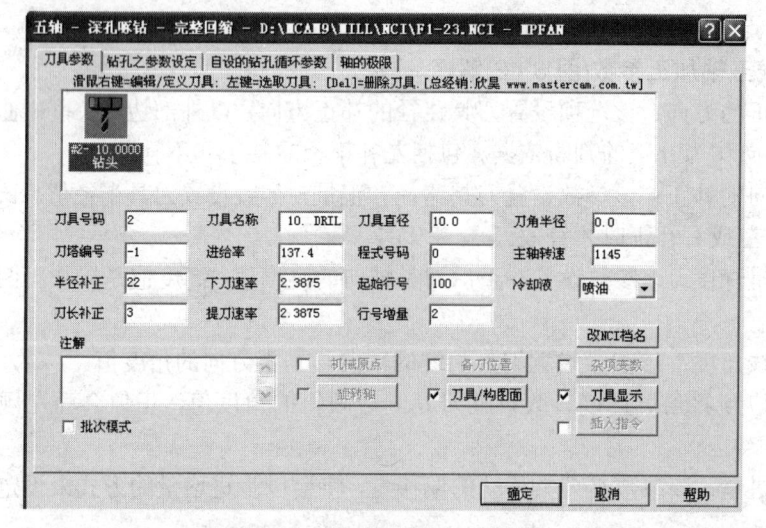

图 8-46　"刀具参数"对话框

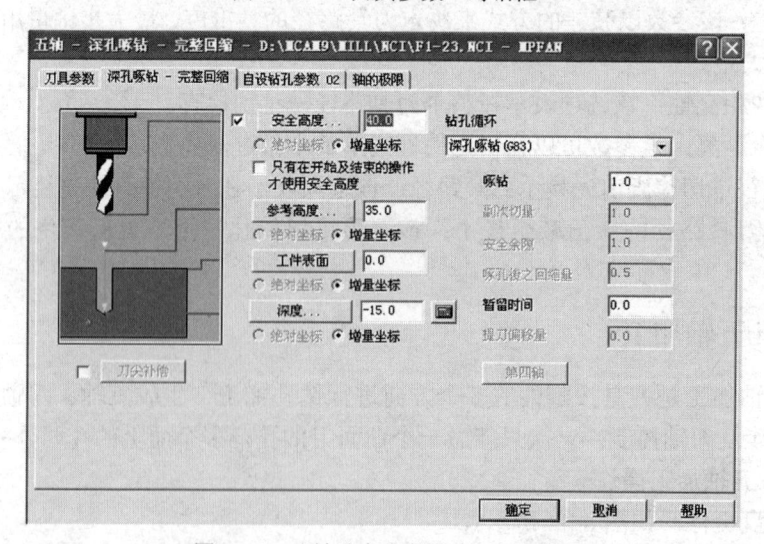

图 8-47　"钻孔之参数设定"对话框

击"钻孔之参数设定"对话框，输入钻孔加工参数，如图 8-47 所示；单击确定生成钻孔五轴加工刀路，如图 8-48 所示。

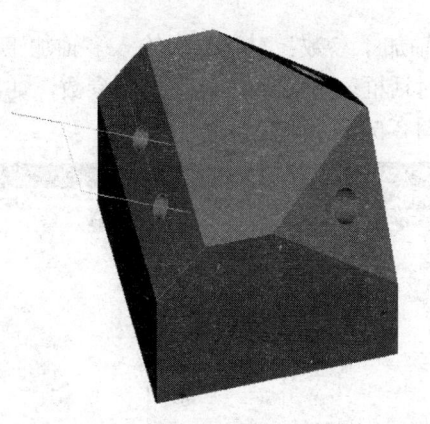

图 8-48 钻孔五轴加工刀路

2. 钻孔五轴参数(图 8-45)解释

(1) 点：该按钮可以使用已存在的点或投影点方式来产生钻孔刀具路径。
(2) 点/直线：该按钮可以利用在直线端点上的参考点来产生钻孔刀具路径。
(3) 与线平行：该按钮表示刀具轴向与选择的线平行。
(4) 曲面：该按钮表示刀具轴向与选择的曲面法线平行。
(5) 平面：该按钮表示刀具轴向与选择的平面垂直。

8.3.3 沿边五轴加工

沿边五轴加工是用刀具的侧刃来对零件的侧壁进行加工，生成四轴或五轴的刀具路径。这种加工方法在航空制造业有很广泛的应用。

1. 沿边五轴加工操作

打开附盘文件，如图 8-49 所示。

选择：刀具路径→多轴加工→沿边五轴→出现"沿边五轴加工"对话框，如图 8-50 所示；选择壁边中的 曲面 按钮，选择回转体上曲面为壁边曲面，单击执行按钮，选择第一个曲面，仍选择此曲面，拖到在下边缘点击一下，出现沿周向箭头(否则沿轴向)，选择走刀方向，单击确定按钮返回界面。选择刀尖控制中的 曲面 按钮，选择大回转面，单击执行按钮返回界面。单击确定按钮，出现"刀具参数"对话框，选择刀具如

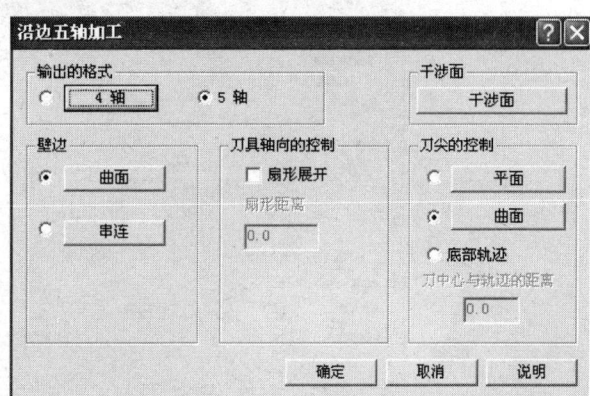

图 8-49 沿边五轴加工图例　　图 8-50 "沿边五轴加工"对话框

351

图 8-51 所示；单击"多轴加工参数"对话框，输入多轴加工参数，如图 8-52 所示；单击"沿边五轴加工参数"对话框，输入沿边五轴加工参数，如图 8-53 所示；单击确定生成沿边五轴加工刀路，如图 8-54 所示。

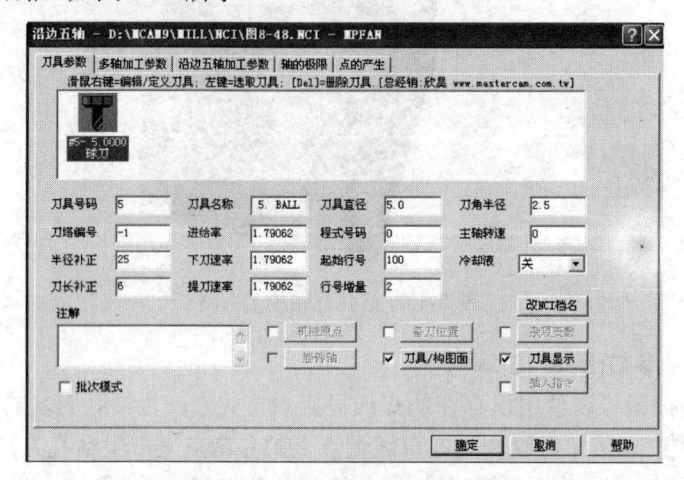

图 8-51 "刀具参数"对话框

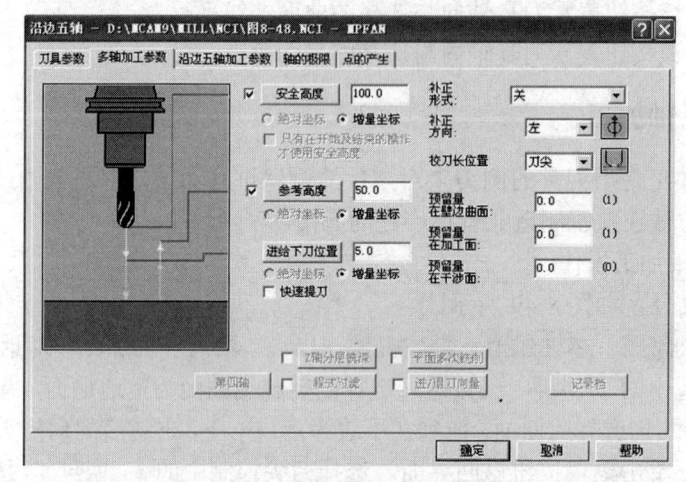

图 8-52 "多轴加工参数"对话框

图 8-53 "沿边五轴加工参数"对话框

图 8-54 沿边五轴加工刀路

2. 沿边五轴加工参数(图 8-50)解释
(1) 壁边：该选项以曲面或线架构方式来定义刀具路径。
① 曲面：该按钮可选择曲面来定义五轴侧壁铣削刀具路径加工边界。
② 串连：该按钮可以串连线架构的方式来产生刀具路径。
(2) 刀具轴向的控制：该选项表示控制刀具轴向是否以扇形展开。扇形距离则是设定刀具路径在转角处的加工侧壁扇形距离，值越大产生的刀具路径将越宽。
(3) 刀尖的控制：该选项控制刀具的最低背吃刀量。分为三种方法：
① 平面：该按钮表示选择的平面为最低加工深度。
② 曲面：该按钮表示选择的曲面最低外形边界作为加工深度。
③ 底部轨迹：该选项则是表示以刀具圆心到最低外形处，可以设定刀具圆心与最低外形间的距离。

3. 沿边五轴加工参数(图 8-53)解释
(1) 扇形区域的进给率：该参数设定刀具路径在扇形区域时的进给速度。
(2) 刀具向量长度：该参数设定刀具路径中刀具的向量长度。
(3) 切削方法：该选项设定刀具路径的切削方式。分为单向切削和双向切削两种。单向切削将会以一方向切削完成后快速提刀到切削起点并移至下一切削位置再下刀进行加工，而双向切削刀具会以来回切削方式加工。

8.3.4 曲面五轴加工

曲面五轴加工是对多曲面或实体进行加工，生成四轴或五轴的刀具路径。

1. 曲面五轴加工操作
打开附盘文件，如图 8-55 所示。
选择：刀具路径→多轴加工→曲面五轴→出现"曲(多)面五轴"对话框，如图 8-56 所示。
选择切削的样板面中的 曲面 按钮，选择图 8-55 中的连续相切的曲面；单击确定按钮。出现"刀具参数"对话框，选择刀具如图 8-57 所示；单击"多轴加工参数"对话框，输入多轴加工参数，如图 8-58 所示；单击"曲(多)面五轴参数"对话框，输入曲(多)面五轴加工参数，如图 8-59 所示；单击确定生成曲(多)面五轴加工刀路，如图 8-60 所示。

图 8-55　曲面五轴加工图例

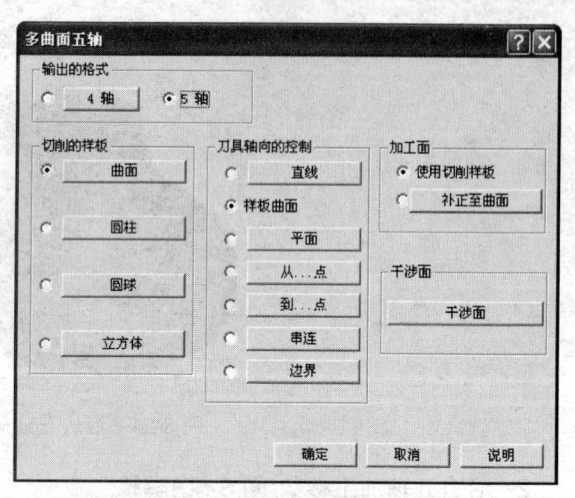

图 8-56　"曲(多)面五轴"对话框

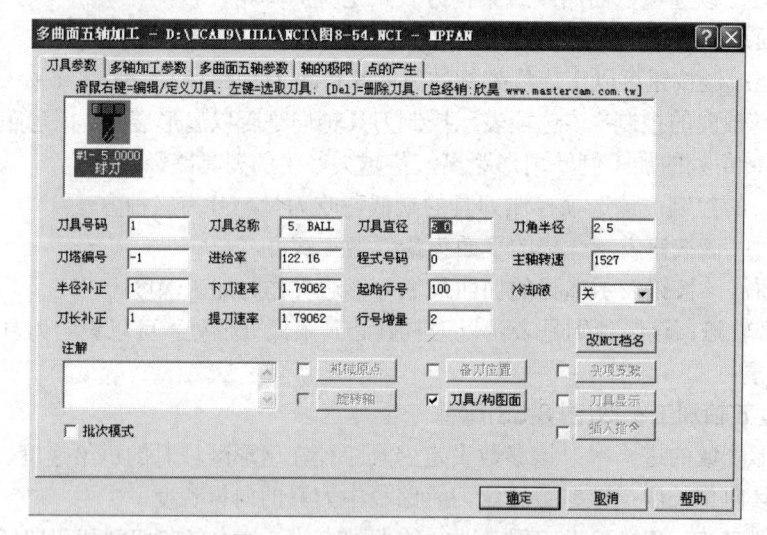

图 8-57　"刀具参数"对话框

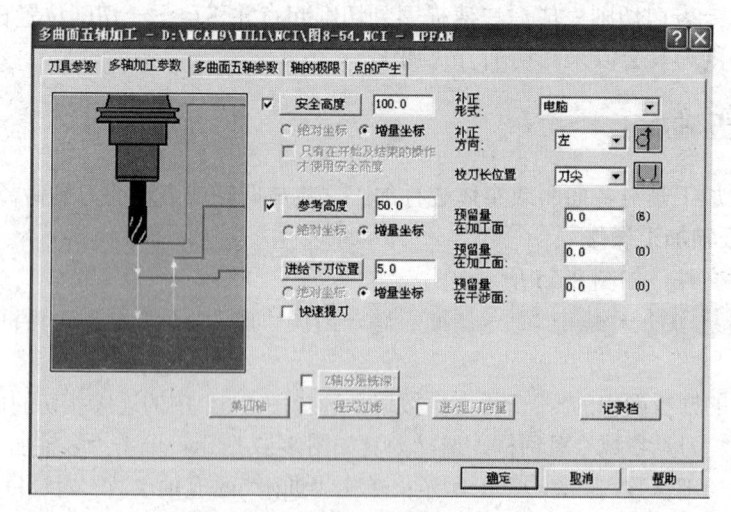

图 8-58　"多轴加工参数"对话框

354

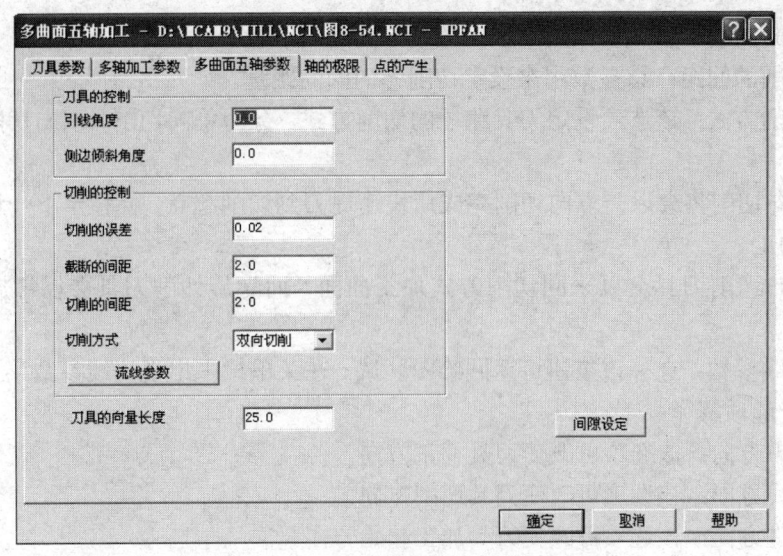

图 8-59 "曲(多)面五轴参数"对话框

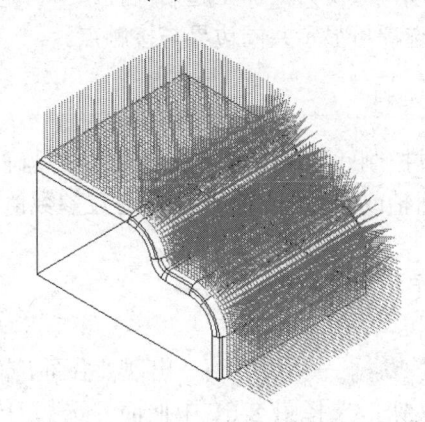

图 8-60 曲(多)面五轴加工刀路

2. 曲面五轴加工参数(图 8-56)解释

(1) 切削的样板：该选项用来定义加工样板。

① 曲面：该按钮表示定义的切削样板为曲面。

② 圆柱：该按钮表示定义的切削样板为圆柱。

③ 圆球：该按钮表示定义的切削样板为圆球。

④ 立方体：该按钮表示定义的切削样板为立方体。

(2) 加工面：该选项用来定义在切削样板中需要加工的曲面。

① 使用切削样板：该选项表示将切削样板定义为加工面。

② 补正至曲面：该按钮表示系统在计算时将刀具路径补正至所选取的曲面。

3. 曲面五轴参数图(8-59)解释

(1) 引线角度：该参数设置刀具引线的轴向与垂直方向的角度值。

(2) 侧边倾斜角度：该参数设置刀具侧边倾斜的角度值，正值会朝左倾，负值则朝右倾。

(3) 切削的误差：该参数用来设定刀具路径沿曲面切削时的精确度。

(4) 截断的间距：该参数用来设定截断方向的间距量。

(5) 切削的间距：该参数用来设定切削方向的间距量。

(6) 切削方式：该选项设定刀具路径的切削方式。分为单向切削、双向切削和螺旋切削三种。

① 单向切削将会以一方向切削完成后快速提刀到切削起点，并移至下一切削位置再下刀进行加工。

② 双向切削刀具会以来回切削方式加工曲面，而螺旋切削刀具会以螺旋方式加工曲面。

(7) 流线参数：选择该按钮可返回绘图区域，在菜单栏中出现流线参数菜单，流线参数菜单部分选项解释：

① 补正方向：该选项可改变刀具补正方向。

② 流线方向：该选项可改变刀具切削方向。

③ 步进方向：该选项可改变刀具加工起始方向。

④ 起始位置：该选项可改变刀具加工起始位置。

⑤ 显示边界线：该选项可显示共同边界与接触点。

8.3.5 沿面五轴加工

沿面五轴加工是通过控制残脊高度或步进量来生成精确、平滑的精加工刀具路径，输出格式可以是三轴、四轴或五轴的加工程序，通过参数值可以设置刀具轴的前倾或后倾角度，以及侧倾角度。

1. 沿面五轴加工操作

打开附盘文件，如图 8-61 所示。

选择：刀具路径→多轴加工→沿面五轴→出现"沿面五轴"对话框，如图 8-62 所示。单击切削样板中的曲面铵钮，选择图 8-61 中曲面，选择刀轴方向为样板面控制，单击执行→单击确定，出现"刀具参数"对话框，选择刀具如图 8-63 所示；单击"多轴加工参数"对话框，输入多轴加工参数，如图 8-64 所示；单击"沿面五轴加工参数"对话框，输入沿面五轴加工参数，如图 8-65 所示；单击确定生成沿面五轴加工刀路，如图 8-66 所示。

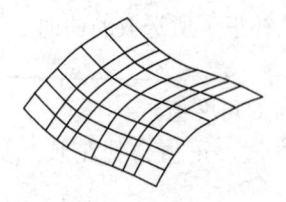

图 8-61 沿面五轴加工图例　　　　　图 8-62 "沿面五轴"对话框

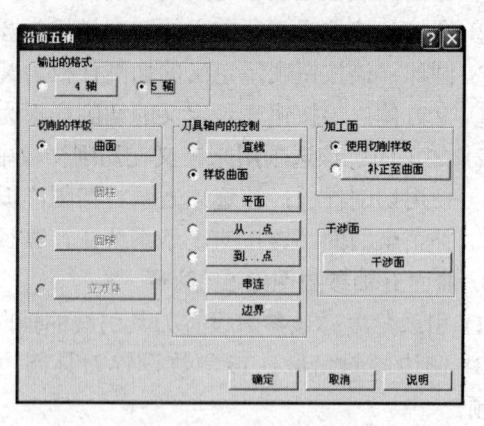

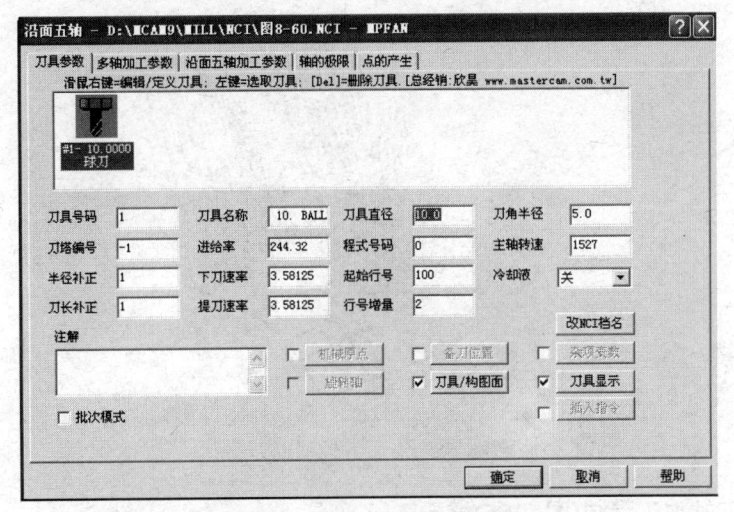

图 8-63 "刀具参数"对话框

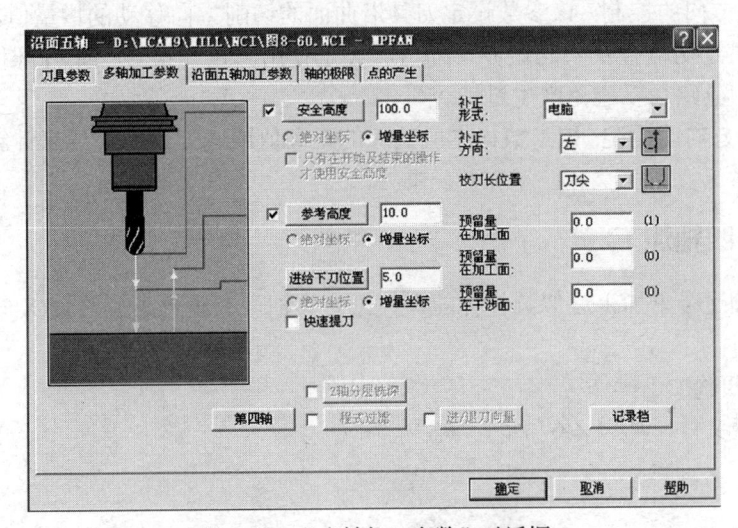

图 8-64 "多轴加工参数"对话框

图 8-65 "沿面五轴加工参数"对话框

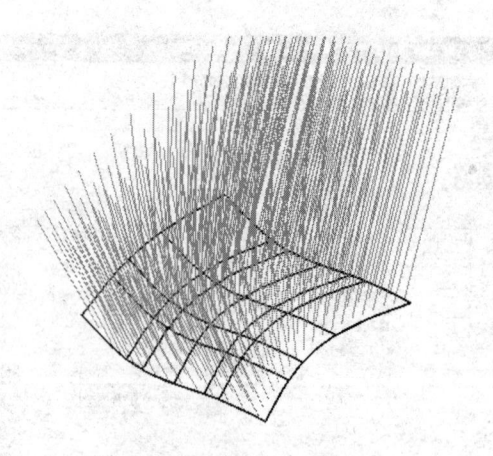

图 8-66 沿面五轴加工刀路

2. 沿面五轴加工参数(图 8-65)解释

(1) 切削方向的控制:该参数设定刀具沿曲面的切削方向移动的增量值,切削方向的误差可以提供过切检查及共同边界误差值的设定使用。过切检查如果打开使用,则系统会自动调整刀具路径以避免产生过切。

(2) 截断方向的控制:该参数根据所输入的距离值或球刀残脊高度来计算刀具路径间的距离移动量。

8.3.6 旋转四轴加工

旋转四轴适合于加工近似圆柱体的零件。刀具轴可在垂直于旋转轴(X 轴或 Y 轴)的平面上旋转。

1. 旋转四轴加工操作

打开附盘文件,如图 8-67 所示。

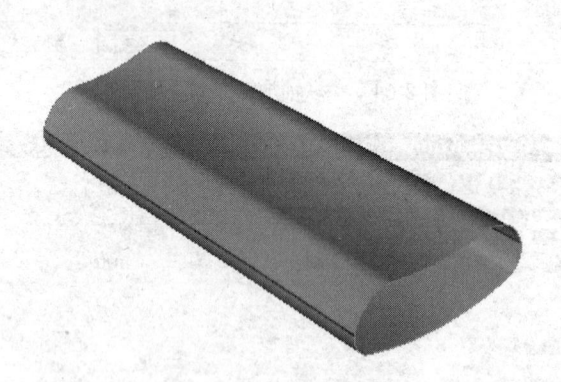

图 8-67 旋转四轴加工图例

选择:刀具路径→多轴加工→旋转四轴→选择加工曲面→确定→选择干涉曲面(可不选)→确定→出现"刀具参数"对话框,输入刀具参数,如图 8-68 所示→单击"多轴加工参数"对话框,输入多轴加工参数,如图 8-69 所示;选择"旋转四轴加工参数"按钮→出现"旋转四轴加工参数"对话框,输入旋转四轴加工参数,如图 8-70 所示。单击确定生成旋转四轴加工刀路,如图 8-71 所示。

图 8-68 "刀具参数"对话框

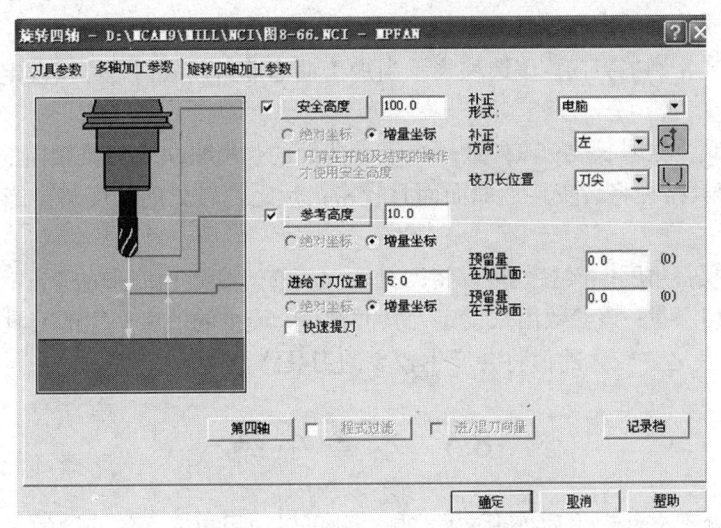

图 8-69 "多轴加工参数"对话框

图 8-70 "旋转四轴加工参数"对话框

359

图 8-71 旋转四轴加工刀路

2. 旋转四轴加工参数解释

(1) 切削方向的误差：该参数设定刀具路径沿曲面切削时的精确度。

(2) 封闭式轮廓的方向：该参数设定沿封闭式轮廓顺铣或逆铣。

(3) 开放式轮廓的方向：该选项表示当加工曲面非封闭式时，可以设定为单向切削或双向切削。

(4) 轴心减少振幅长度：该参数用来沿着曲面的长度来决定刀具轴向的位置，较短的值所产生的刀具路径将会较接近曲面而且较密；反之，较大的长度将会产生较少的刀具路径。

(5) 刀具倾斜角度：该参数可以将刀具轴向旋转一特定角度来加工。

(6) 最大切深量：该参数用来设定刀具间距值，较少的值所产生的刀具路径会较接近曲面且较密；反之，较大的值将会产生较少的刀具路径。

8.4 本章小结

(1) 后置处理文件简称后处理文件，是一种可以由用户以回答问题的形式自行修改的文件，其扩展名为.pst。NC 程序的生成受软件的后置处理程序的控制，不同数控系统的数控机床对应于不同的后置处理程序，为提高编程效率以及程序的安全，需对通用后处理进行修改。

(2) MasterCAM 9.1 安装时系统会自动安装默认的后处理为 mpfan.pst，在应用 MasterCAM 软件的自动编程功能之前，必须先对这个文件进行编辑，才能在执行后处理程序时产生符合某种控制器需要和使用者习惯的 NC 程序。

(3) 通过分析 MasterCAM 9.1 后置处理程序的结构、设计方法，结合基于 FANUC 0I 数控系统的数控机床编程特点，在通用后置处理程序的基础上，能够开发专用的后置处理程序，使 MasterCAM 9.1 生成的程序能够直接加工。实际应用表明，合理修改通用后置处理器可以提高 MasterCAM 9.1 编程效率，实现数控加工自动化。

(4) 线架加工只需先绘制三维线架就能直接编程加工出自由曲面型面，具有效率很高的 CAM 刀具路径功能。

(5) 多轴联动加工技术主要应用于加工具有复杂曲面的零件，和三轴联动数控加工相比，多轴联动加工可以加工出更好质量、更复杂的曲面，主要适用于飞机、汽车、模具等行业的特殊加工。

思考与练习题

1. 试述 CAD/CAM 后处理的含义和作用。
2. 简述 CAD/CAM 的后处理的流程。
3. MasterCAM 后处理需要哪些文件支持？
4. MasterCAM 后处理修改的是哪个文件？
5. 依照例题针对 FANUC 系统修改后处理并检查 NC 程序是否合理？
6. 依照例题针对 FANUC 系统修改后处理并在 NC 程序中取消 G43。
7. 线架加工。

(1) 打开附盘中图 8-72，编制直纹加工刀路，并实体验证。

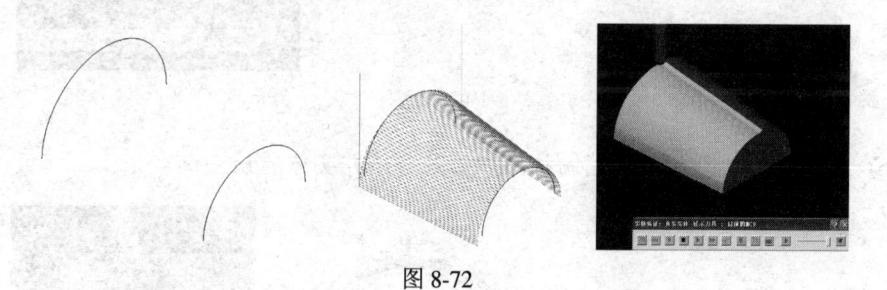

图 8-72

(2) 打开附盘中图 8-73，编制旋转加工刀路，并实体验证。

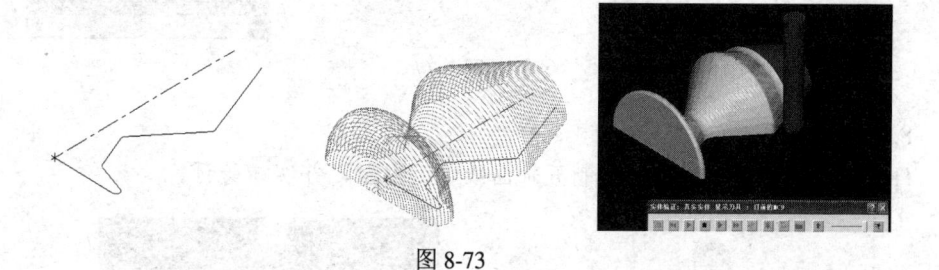

图 8-73

(3) 打开附盘中图 8-74，编制 2D 扫描加工刀路，并实体验证。

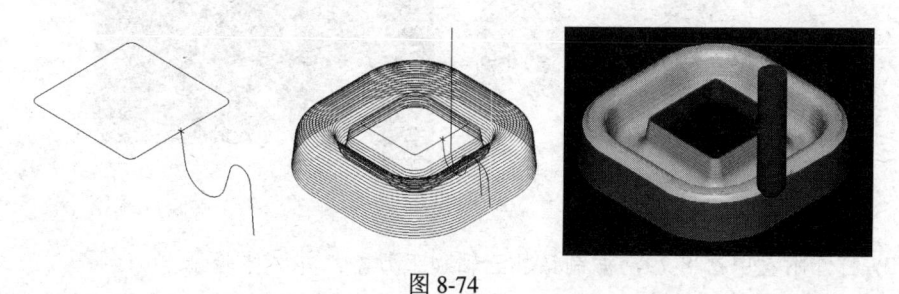

图 8-74

(4) 打开附盘中图 8-75，编制 3D 扫描加工刀路，并实体验证。

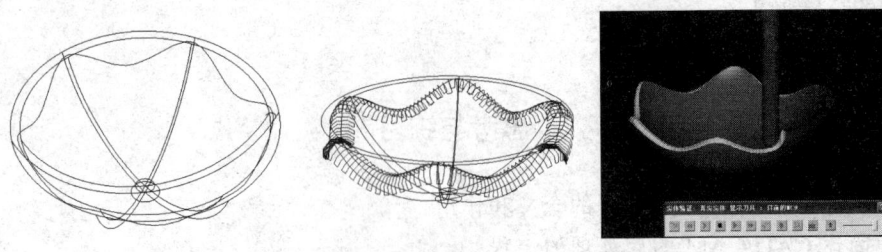

图 8-75

(5) 打开附盘中图 8-76，编制昆氏加工刀路，并实体验证。

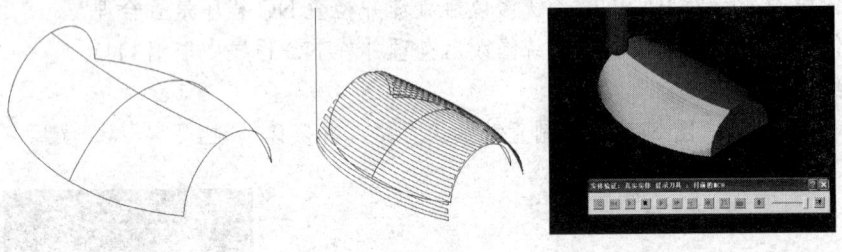

图 8-76

(6) 打开附盘中图 8-77，编制举升加工刀路，并实体验证。

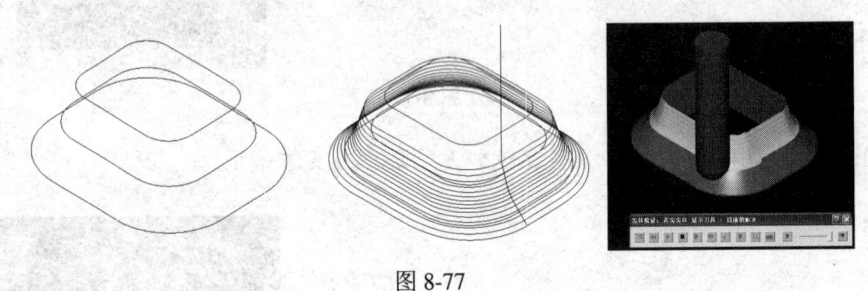

图 8-77

8. 多轴加工

(1) 打开附盘中图 8-78，编制五轴曲线加工刀路，并实体验证。

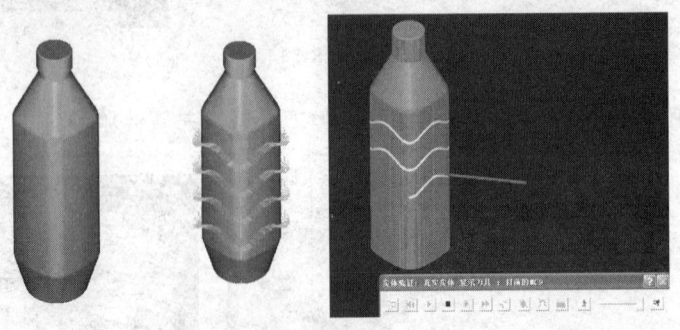

图 8-78

(2) 打开附盘中图 8-79，编制钻孔五轴加工刀路，并实体验证。

图 8-79

(3) 打开附盘中图 8-80,编制五轴侧壁加工刀路,并实体验证。

图 8-80

(4) 打开附盘中图 8-81,编制五轴曲面加工刀路,并实体验证。

图 8-81

(5) 打开附盘中图 8-82,编制沿面五轴加工(五轴流线)刀路,并实体验证。

图 8-82

(6) 打开附盘中图 8-83,编制旋转四轴加工刀路,并实体验证。

图 8-83

第9章 加工实例

9.1 二维加工实例

9.1.1 零件工艺分析

1. 零件结构特征

由图 9-1 可知，该零件是典型的板材类零件，由外形台阶、内腔凹形、孔系、倒角、螺纹等特征组成，适合在数控机床上加工。

板类零件在装夹上一般采用压板或通用平口钳安装，根据图 9-1 所示零件尺寸的大小，选用平口钳进行安装，加工前校正钳口与移动轴的平行度和垂直度，保证加工质量。

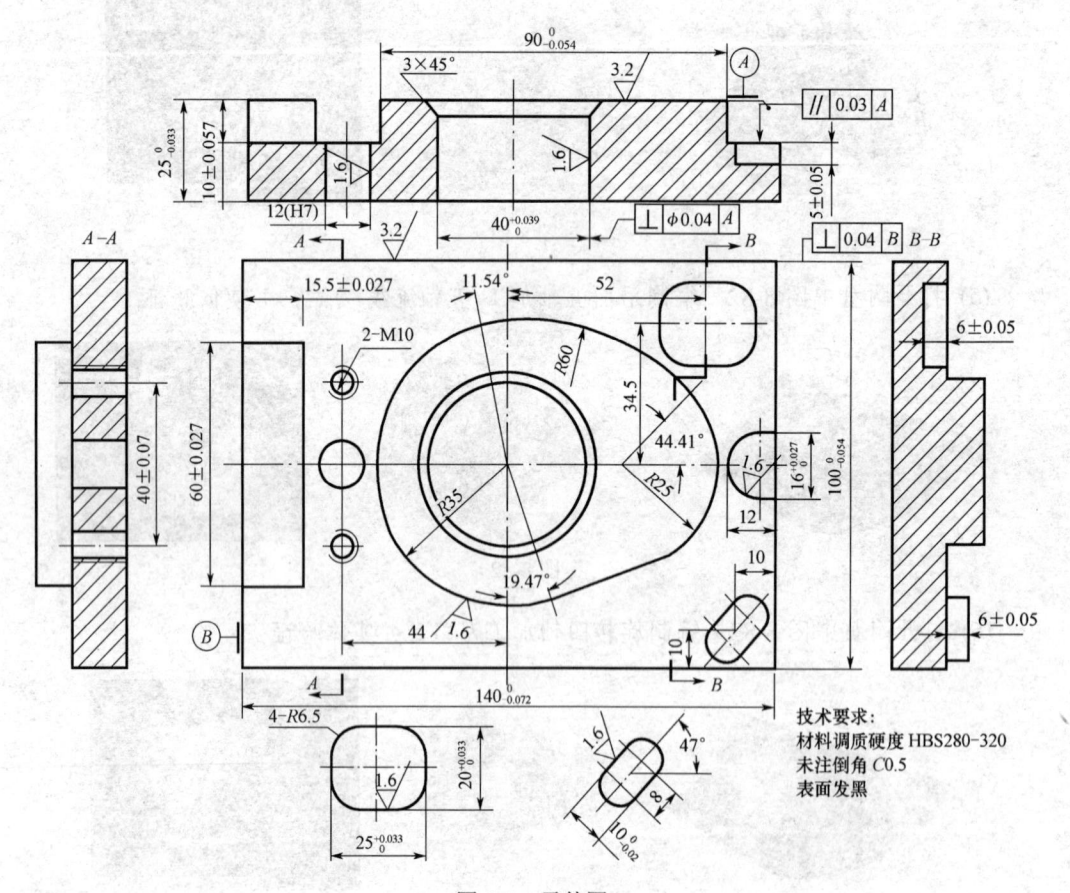

图 9-1 零件图

2. 精度要求

该零件的尺寸精度、位置精度、表面质量都有一定的要求，为保证加工质量，须合理安排加工工艺。

零件的最外形尺寸有精度要求，为保证尺寸精度，须进行四次安装才能较好地保证加工质量。

零件在深度的精度要求较低为 0.14，在局部轮廓上要求较高为 0.027。

ϕ40 孔的要求较高，尺寸精度 0.039，其轴线与 A 基准的垂直度误差为 0.04，该孔采用微调镗刀进行镗孔加工保证加工质量。

ϕ12H7 的孔采用钻孔后铰孔的方法保证效率和质量。

3. 材料、数量以及其他技术要求

该零件为单件生产，材料为 45 中碳钢，经过调质处理，硬度为 280HBS～320HBS，具有较好的机械加工性能，轮廓加工面表面粗糙度为 1.6μm，轮廓底面粗糙度为 3.2μm。

9.1.2 零件的加工工艺

1. 划分加工阶段

根据零件的特点，兼顾加工质量和加工效率，零件深度尺寸的精度要求较低，加工过程中采用粗加工、精加工结合保证加工质量和效率。

在其他轮廓精度要求高的位置。采用粗加工、半精加工、精加工结合的方法保证加工质量。

ϕ40 孔的加工采用中心钻点钻、ϕ11.8 钻孔、ϕ38 钻头扩孔、粗镗、半精镗、精镗。

2. 确定安装方式

本零件采用通用平口钳安装，使用前校正。

3. 划分工序

该零件加工工序划分为：下料(氧割)→毛坯加工外方(铣床)→调质→零件加工(数控铣床)→发黑。

本例主要考虑在数控铣床加工的工序内容，其中外方尺寸精度的控制，可在数控机床中用 MDI 方式手工输入加工指令(见表 9-1)，本例从面加工工序开始编程。所有加工操作总表如图 9-2 所示。

4. 划分工步内容以及刀具选择

零件加工顺序从以下几个方面考虑：

1) 基准面先加工原则

用作加工的定位基准面首先加工，能使装夹误差减小，提高加工质量。

2) 先粗加工后精加工的原则

各个表面的加工顺序按照粗加工、半精加工、精加工的顺序加工，逐步提高表面的加工精度和减少表面粗糙度。

3) 先平面轮廓后孔加工的原则

先面后孔是加工的一般原则，能提高孔的位置精度，保证孔的轴线不偏斜。

本零件的工步按照以上原则进行加工(具体内容详见表 9-2)。

表 9-1 外形尺寸加工工序卡

机械加工工序卡片		产品型号		零件图号	FHB-1		零件图号	01		工序内容描叙
		产品名称		零件名称	复合板		工序名称	铣方		在数控铣床上加工控制各尺寸如工序简图
		车 间	数控车间	工序号	1		每毛坯可制件数	1		
		毛坯种类	板料	毛坯外形尺寸	145×105×30		设备编号	001		
		设备名称	数控铣床	设备型号	KV650					
		夹具编号	001	夹具名称	平口钳					
				工位器具编号		工位器具名称		切削液		
								冷却油		
								工序工时	准终	单件
工步号	工步内容	工步设备	主轴转速/(r/min)	切削速度/(m/min)	进给速度/(mm/min)	背吃刀量/mm	进给次数	刀具	辅助
1	平口钳装夹 C、D 两面加工 B 面	数控铣床	500	100	120	1	1	面铣刀	
2	平口钳装夹 A、B 两面加工 D 面	数控铣床	500	100	120	1	1	面铣刀	
3	平口钳装夹 A、B 两面加工 E 面,控制垂直	数控铣床	500	100	120	1	1	面铣刀	
4	平口钳装夹 A、B 两面加工 F 面,控制尺寸	数控铣床	500	100	120	1	1	面铣刀	
5	平口钳装夹 C、D 两面加工 A 面,控制尺寸	数控铣床	500	100	120	1	1	面铣刀	
						设计日期	审核日期	标准化日期	会签日期
描图									
描校		底图号		更改文件号					
装订号									

表 9-2 加工工步以及刀具参数

加工步骤		刀具与切削参数					
工步号	加工内容	刀具规格		材料	主轴转速 r/min	进给率 mm/min	刀具补偿 长度
		刀号	刀具名称				
工步 1	铣平面	T1	φ60mm 面铣刀	硬质合金涂层	500	120	H1
工步 2	去除多余材料	T2	φ12mm 三刃立铣刀 (底齿过中心)		1500	400	H2
工步 3	粗加工凹方槽	T2					
工步 4	粗加工腰形台阶	T2					
工步 5	粗加工半圆键槽	T2					
工步 6	半精加工矩形台阶	T3	φ12mm 四刃立铣刀 (底齿过中心)		1500	300	H3
工步 7	半精加工中间台阶	T3					
工步 8	半精加工凹方槽	T3					
工步 9	半精加工半圆键槽	T3					
工步 10	半精加工腰形台阶	T3					
工步 11	精加工所有图形深度到尺寸(矩形台阶、键槽、凹方槽、中间台阶)	T3					
工步 12	精加工矩形台阶外形到尺寸	T3					
工步 13	精加工中间台阶外形到尺寸	T3					
工步 14	精加工方槽内腔到尺寸	T3					
工步 15	精加工半圆键槽到尺寸	T3					
工步 16	精加工腰形台阶外形到尺寸	T3					
工步 17	点钻	T4	φ3mm 中心钻	高速钢	1300	60	H4
工步 18	钻孔	T5	φ11.8mm 钻头		600	60	H5
工步 19	钻孔	T6	φ8.5mm 钻头		800	80	H6
工步 20	钻孔	T7	φ38mm 钻头		240	24	H7
工步 21	钻孔倒角	T8	φ16mm 钻头		450	30	H8
工步 22	铰孔	T9	φ12mm 铰刀		250	30	H9
工步 23	攻螺纹	T10	M10mm 丝攻		100	150	H10
工步 24	镗孔	T11	φ40mm 微调镗刀	合金	900	30	H11
工步 25	3×45 倒角	T12	φ16mm 倒角刀	高速钢	400	100	H12

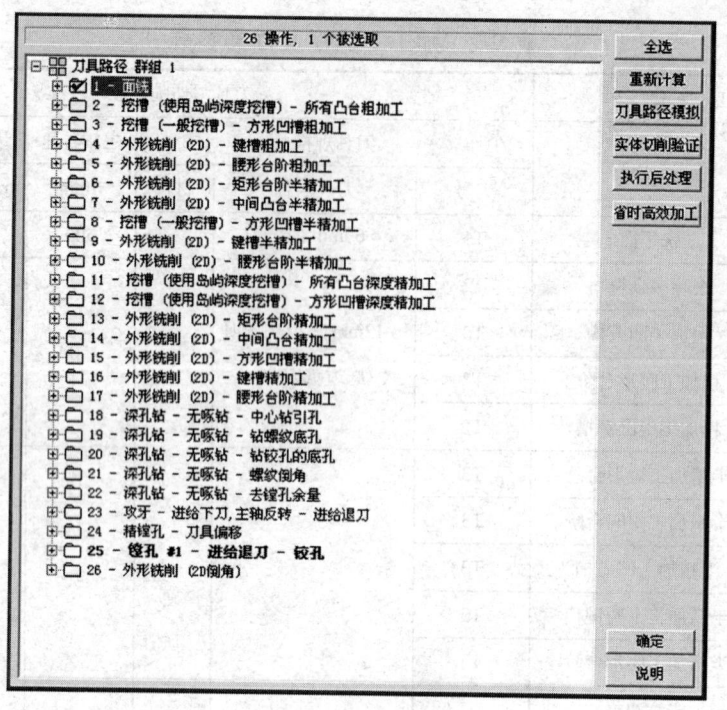

图 9-2　加工操作总表

5. 确定工件坐标系原点

本零件根据零件图，确定以直径 40 的孔中心线与上表面的交点作为加工和编程以及绘图的原点，便于找正和加工。

9.1.3　CAD/CAM 自动编程

1. CAD 绘图

画二维线框图时，为加工方便，需要把外边界扩大一定数值，三边各向外移动 3mm，一边移动 7mm(图 9-3)，目的是在挖槽时能更多地去除余量，同时避免留下残料。

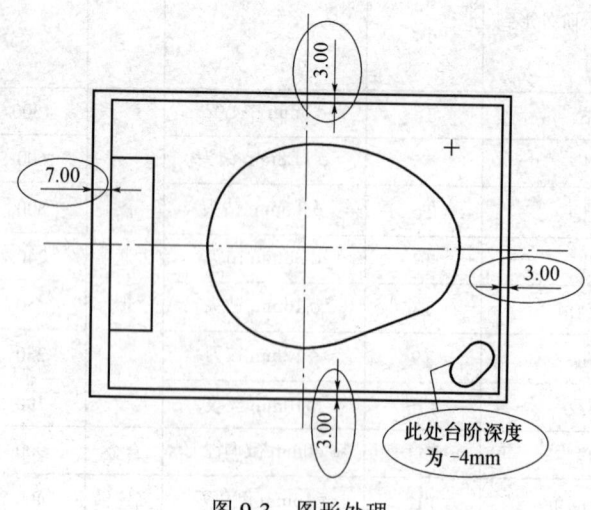

图 9-3　图形处理

2. CAM 编程加工

1) 面铣加工

目的是保证厚度尺寸，为控制轮廓深度尺寸做好基础。

用鼠标在主菜单中选择：刀具路径→面铣。

此时系统默认为自动串连方式，选择加工图素，如图 9-4 所示，注意图中鼠标所在的位置。选择执行，出现"面铣加工参数"对话框，如图 9-5 所示，新建刀具并输入图示刀具参数。选择"面铣加工参数"对话框，如图 9-6 所示，输入图示参数，注意深度参数为 0，零件厚度尺寸由对刀试切，调整深度对刀数值保证。面铣加工实体切削验证效果图，如图 9-7 所示。

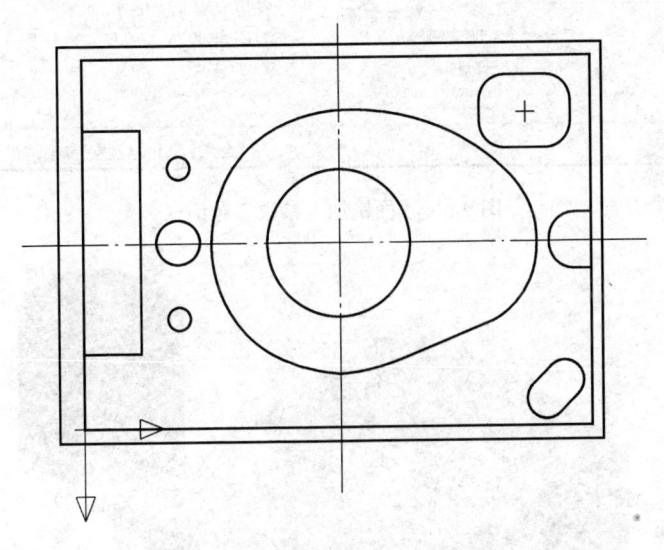

图 9-4 面铣加工刀路

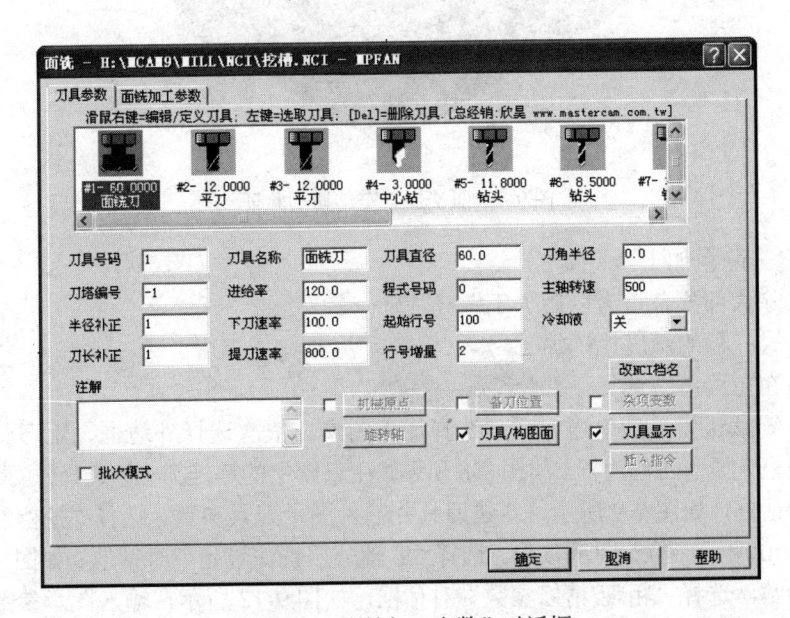

图 9-5 "面铣加工参数"对话框

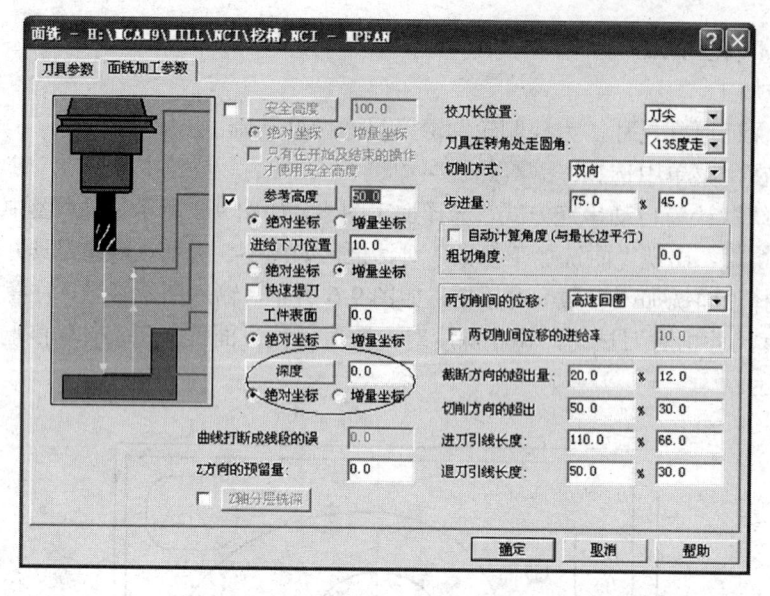

图 9-6 "面铣加工参数"对话框

图 9-7 面铣加工实体切削验证

2) 余量去除粗加工

目的去除大部分余量为以后加工做好基础。

加工方式：岛屿深度挖槽加工。

用鼠标在主菜单中选择：刀具路径→挖槽。

此时系统默认为自动串连方式，选择加工图素，依次选择外边框、矩形凸台边框、中间凸台线框、腰型凸台边框。如图 9-8 所示，注意图中的串连方向。选择执行，出现"刀具参数"对话框，如图 9-9 所示，新建刀具并输入图示刀具参数。选择"挖槽参数"对话框，如图 9-10 所示，输入图示参数。选择"Z 轴分层铣深设定"对话框，如图 9-11 所示，输入图示参数。选择"粗切/精修参数"对话框，如图 9-12 所示，输入图示参数。岛屿挖槽加工实体切削验证效果如图 9-13 所示。

370

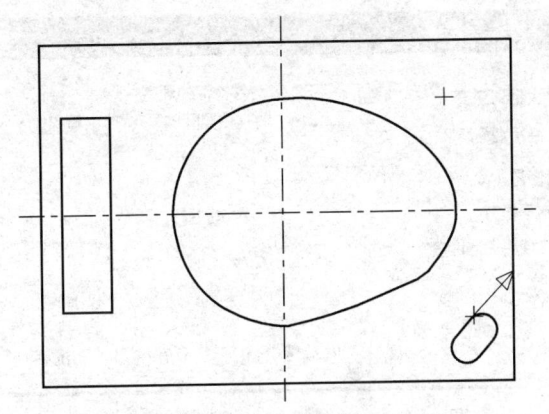

图 9-8 加工图素选择

图 9-9 "刀具参数"对话框

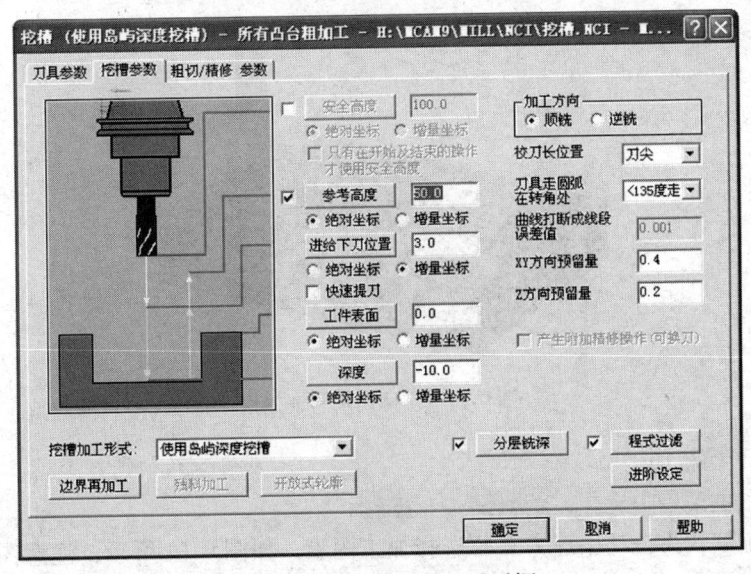

图 9-10 "挖槽参数"对话框

371

图 9-11 "Z 轴分层铣深设定"对话框

图 9-12 "粗切/精修参数"对话框

图 9-13 实体切削验证效果

3) 方型凹槽粗加工

用鼠标在主菜单中选择：刀具路径→挖槽。

此时系统默认为自动串连方式，选择加工图素，如图 9-14 所示，注意图中的串连方向。选择执行，出现"加工参数"对话框，选择"粗加工刀具"，选择"挖槽参数"对

372

话框，如图 9-15 所示，输入图示参数。选择"Z 轴分层铣深设定"对话框，如图 9-16 所示，输入图示参数。选择"粗切/精修参数"对话框，如图 9-17 所示，输入图示参数。方型凹槽粗加工实体切削验证效果如图 9-18 所示。

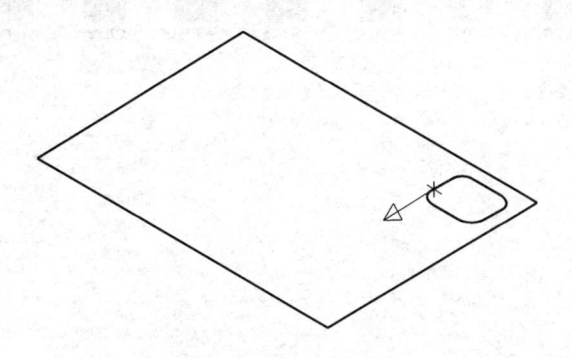

图 9-14　加工图素选择

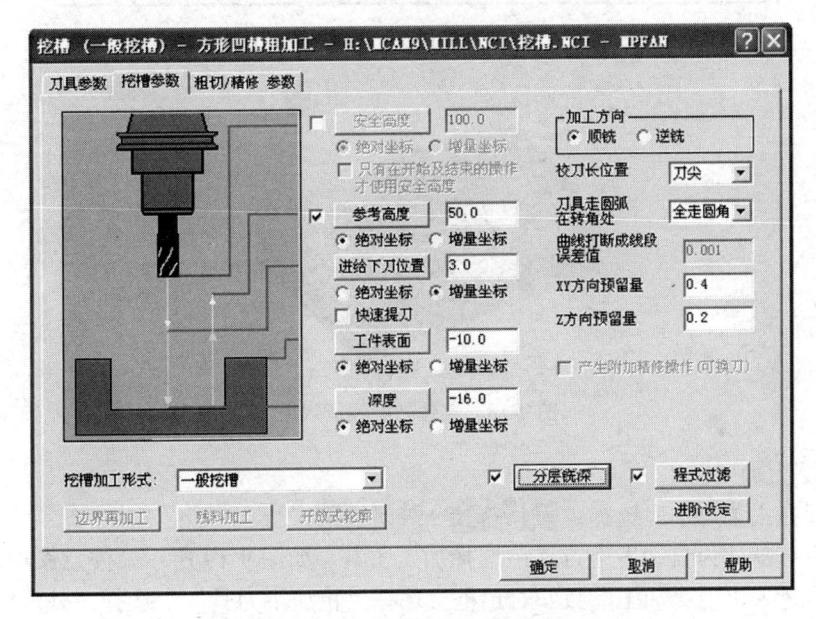

图 9-15　"挖槽参数"对话框

图 9-16　"Z 轴分层铣深设定"对话框

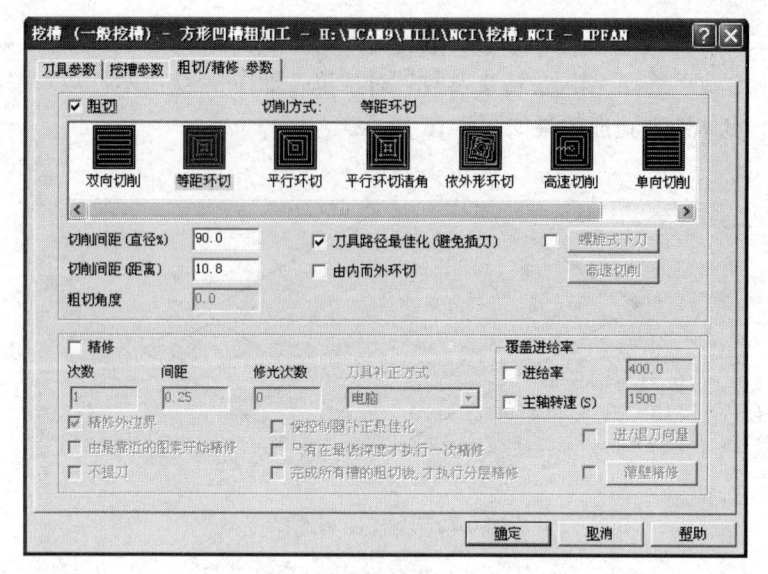

图 9-17 "粗切/精修参数"对话框

图 9-18 实体切削验证效果

4) 键槽粗加工

用鼠标在主菜单中,选择:刀具路径→外形铣削。

此时系统默认为自动串连方式,选择加工图素,如图 9-19 所示,注意图中的串连方向。选择执行,出现"加工参数"对话框,选择"粗加工刀具",选择"外形铣削参数"对话框,如图 9-20 所示,输入图示参数。选择"Z 轴分层铣深设定"对话框,如图 9-21 所示,输入图示参数。外形铣削加工实体切削验证效果如图 9-22 所示。

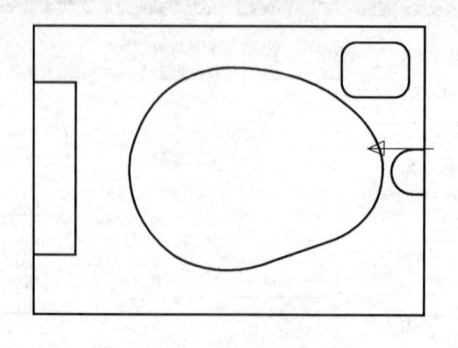

图 9-19 加工图素选择

374

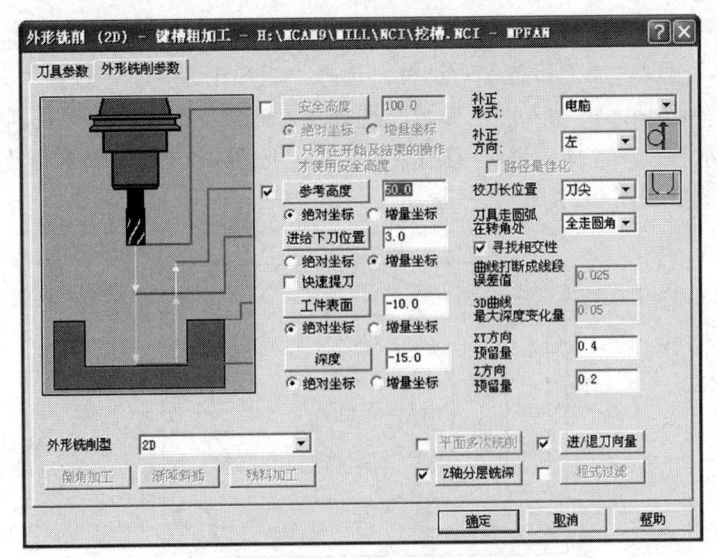

图 9-20 "外形铣削参数"对话框

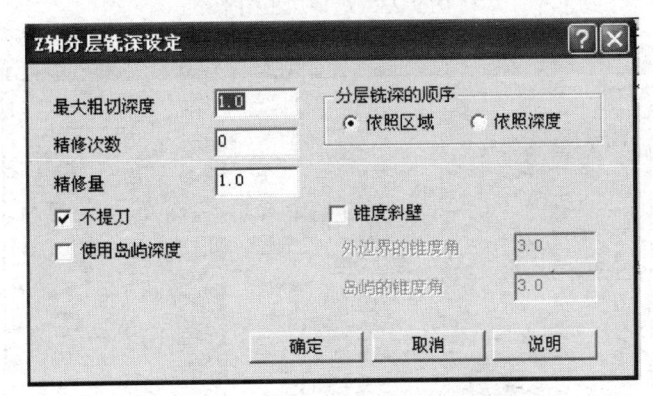

图 9-21 "Z轴分层铣深设定"对话框

图 9-22 实体切削验证效果

5) 腰形凸台粗加工

用鼠标在主菜单中选择：刀具路径→外形铣削。

375

此时系统默认为自动串连方式。选择加工图素，如图 9-23 所示，注意图中的串连方向。选择执行，出现"加工参数"对话框，选择"粗加工刀具"，选择"外形铣削参数"对话框，如图 9-24 所示，输入图示参数。选择"Z 轴分层铣深设定"对话框，如图 9-25 所示，输入图示参数。选择"进/退刀向量设定"，按图 9-26 所示输入参数。键槽粗加工实体切削验证效果如图 9-27 所示。

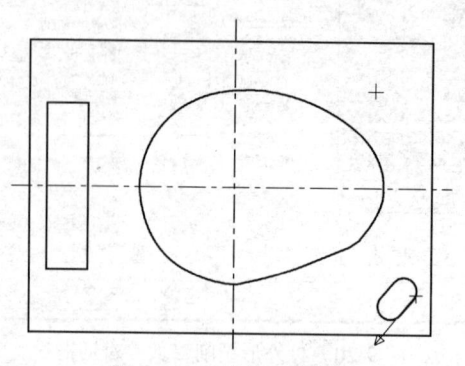

图 9-23　选择加工图素

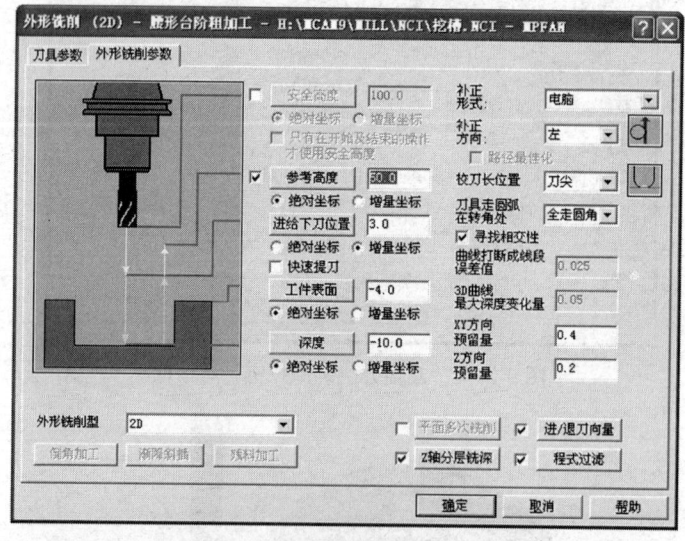

图 9-24　"外形铣削参数"对话框

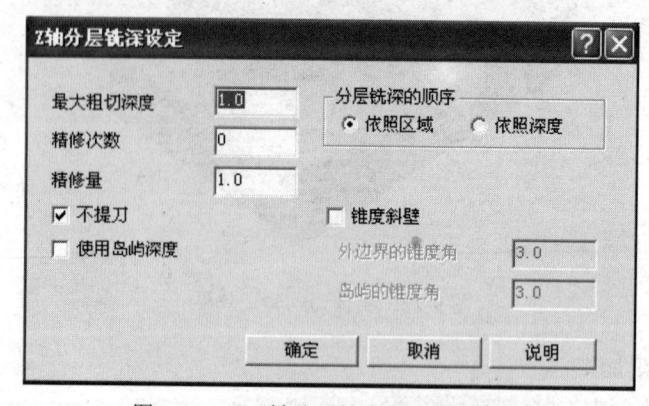

图 9-25　"Z 轴分层铣深设定"对话框

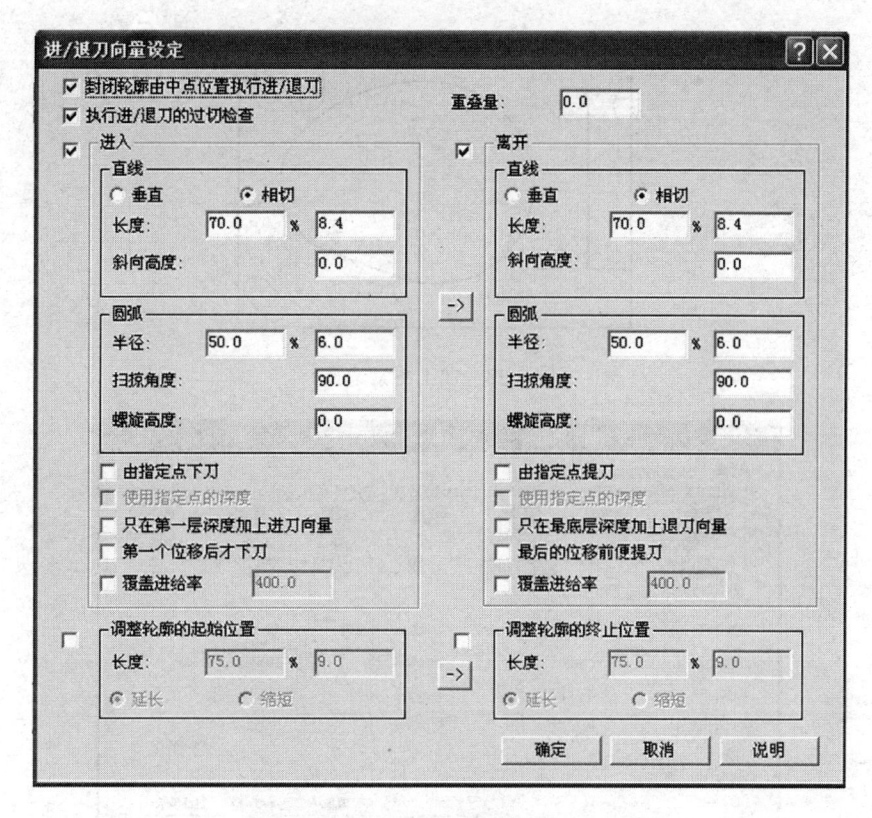

图 9-26 "进/退刀向量设定"对话框

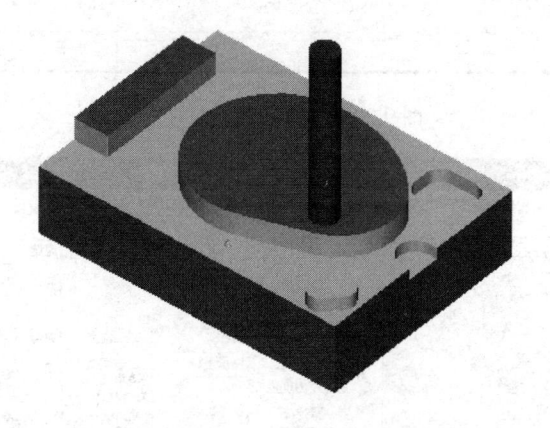

图 9-27 实体切削验证效果

6) 矩形台阶半精加工

用鼠标在主菜单中选择：刀具路径→外形铣削。

此时系统默认为自动串连方式，选择加工图素，如图 9-28 所示，注意图中的串连方向。选择执行，出现"刀具参数"对话框，如图 9-29 所示，新建刀具并输入图示刀具参数。选择"外形铣削参数"对话框，如图 9-30 所示，输入图示参数。选择"Z 轴分层铣深设定"对话框，如图 9-31 所示，输入图示参数。矩形台阶半精加工加工实体切削验证效果如图 9-32 所示。

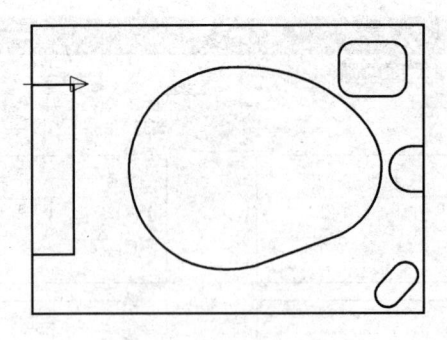

图 9-28 加工图素选择

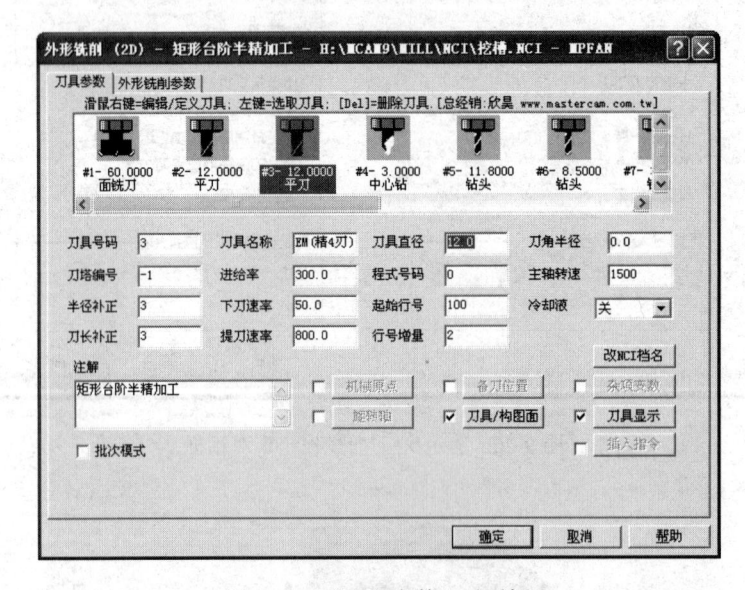

图 9-29 "刀具参数"对话框

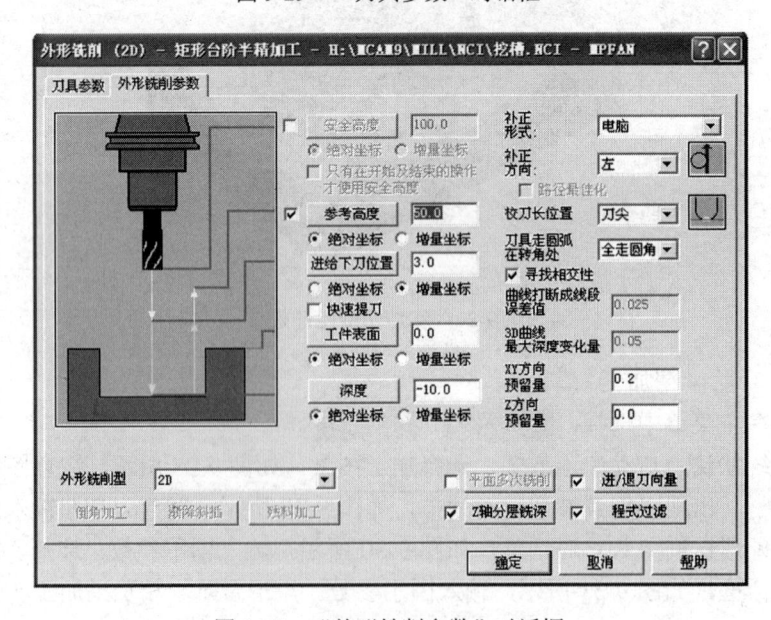

图 9-30 "外形铣削参数"对话框

378

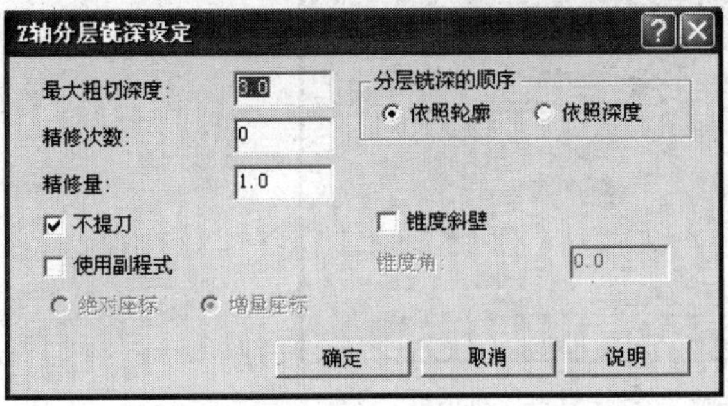

图 9-31 "Z 轴分层铣深设定"对话框 　　　　图 9-32 实体切削验证效果图

7) 中间凸台半精加工

用鼠标在主菜单中选择：刀具路径→外形铣削。

此时系统默认为自动串连方式，选择加工图素，如图 9-33 所示，注意图中的串连方向。选择执行，出现"加工参数"对话框，选择"精加工刀具"，选择"外形铣削参数"对话框，如图 9-34 所示，输入图示参数。选择"Z 轴分层铣深设定"对话框，如图 9-35 所示，输入图示参数。选择"进/退刀向量设定"，按图 9-36 所示输入参数。中间台阶半精加工加工实体切削验证效果如图 9-37 所示。

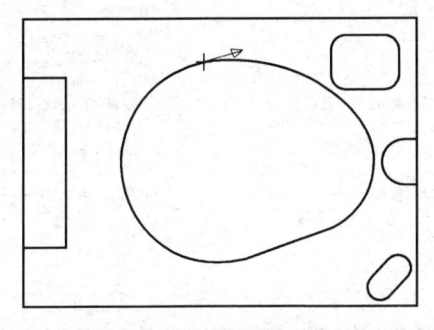

图 9-33　加工图素选择

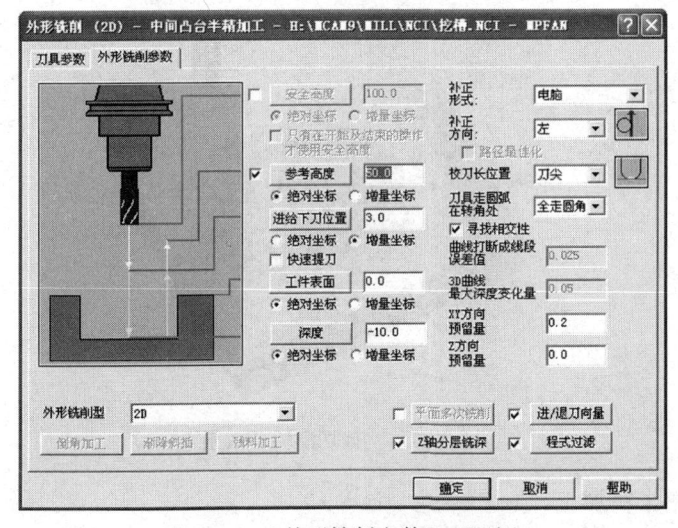

图 9-34　"外形铣削参数"对话框

379

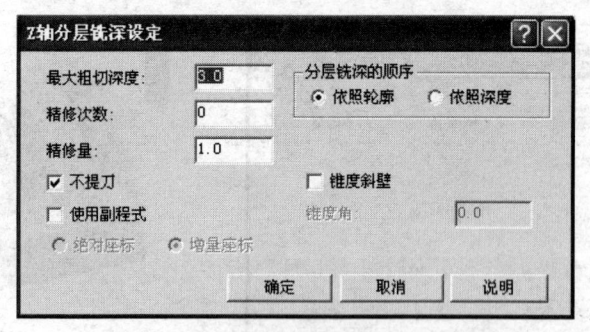

图 9-35 "Z 轴分层铣深设定"对话框

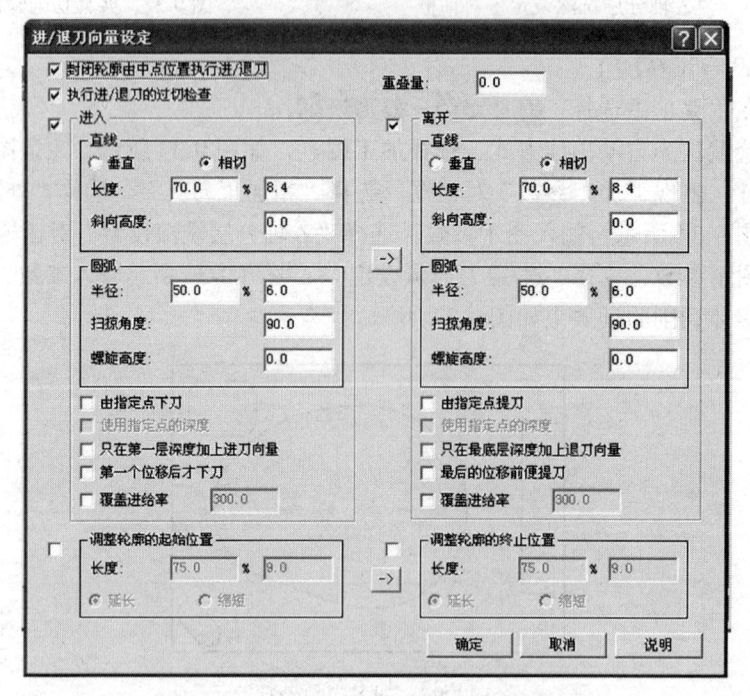

图 9-36 "进/退刀向量设定"对话框

图 9-37 实体切削验证效果

8) 方型凹槽半精加工

用鼠标在主菜单中选择：刀具路径→挖槽。

此时系统默认为自动串连方式，选择加工图素，如图 9-38 所示，注意图中的串连方向。选择执行，出现"加工参数"对话框，选择"精加工刀具"，选择"挖槽参数"对话框，如图 9-39 所示，输入图示参数。选择"Z 轴分层铣深设定"对话框，如图 9-40 所示，输入图示参数。选择"粗切/精修参数"对话框，如图 9-41 所示，输入图示参数。

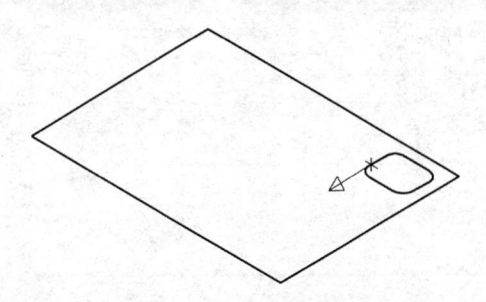

图 9-38 加工图素选择

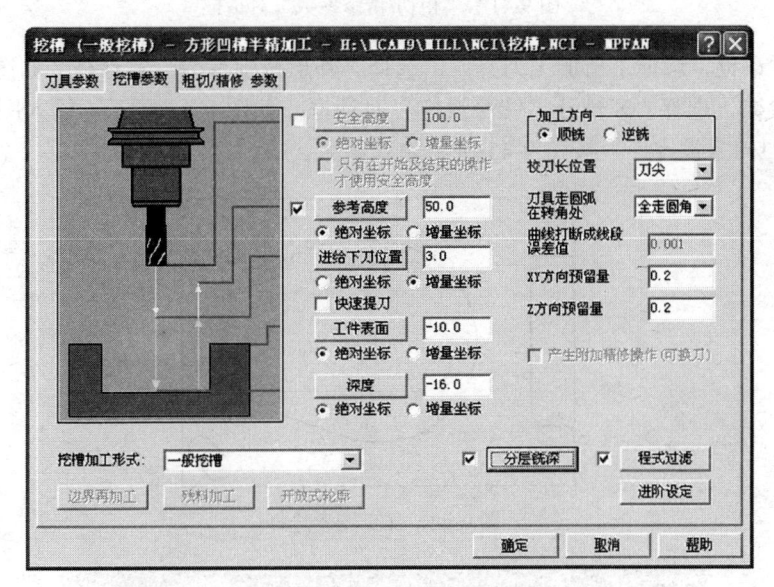

图 9-39 "挖槽参数"对话框

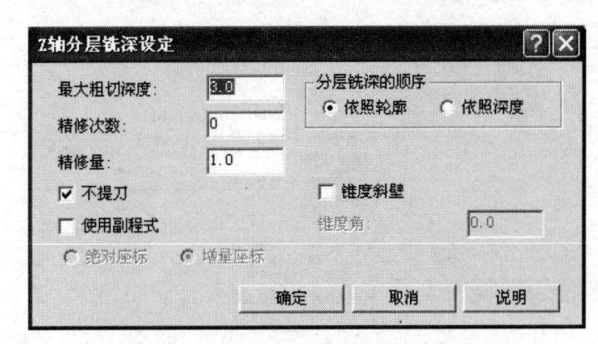

图 9-40 "Z 轴分层铣深设定"对话框

9) 键槽半精加工

用鼠标在主菜单中选择：刀具路径→外形铣削。

此时系统默认为自动串连方式，选择加工图素如图 9-42 所示。选择执行，出现"加

381

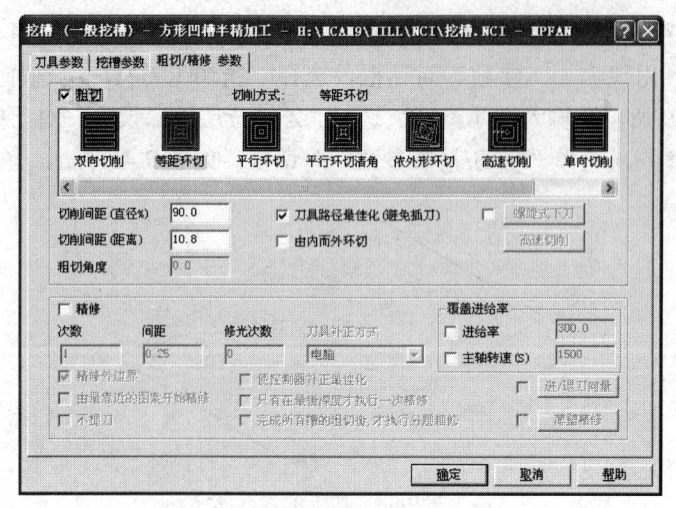

图 9-41 "粗切/精修参数"对话框

工参数"对话框,选择"精加工刀具",选择"外形铣削参数"对话框,如图 9-43 所示,输入图示参数。选择"Z 轴分层铣深设定"对话框,如图 9-44 所示,输入图示参数。选择"进/退刀向量设定",按图 9-45 所示输入参数。

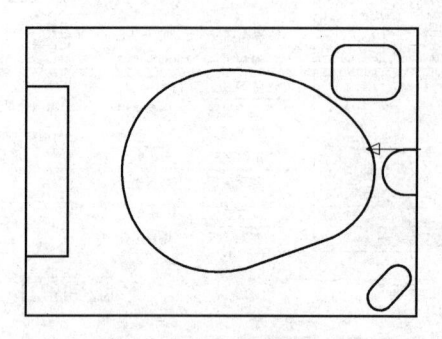

图 9-42 加工图素选择

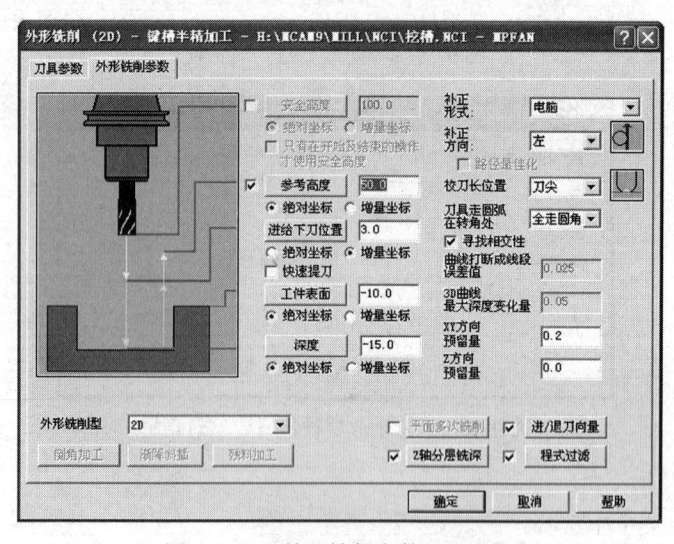

图 9-43 "外形铣削参数"对话框

382

图 9-44 "Z 轴分层铣深设定"对话框

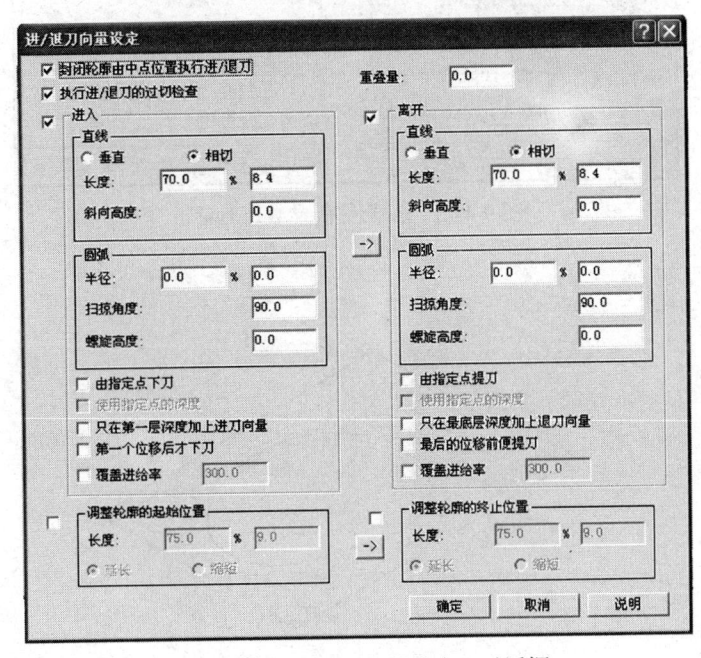

图 9-45 "进/退刀向量设定"对话框

10) 腰形台阶半精加工

用鼠标在主菜单中选择：加工路径→外形铣削。

此时系统默认为自动串连方式，选择加工图素，如图 9-46 所示。选择执行，出现"加工参数"对话框，选择"精加工刀具"，选择"外形铣削参数"对话框，如图 9-47 所示，输入图示参数。所有轮廓半精加工刀具路径加工效果如图 9-48 所示。

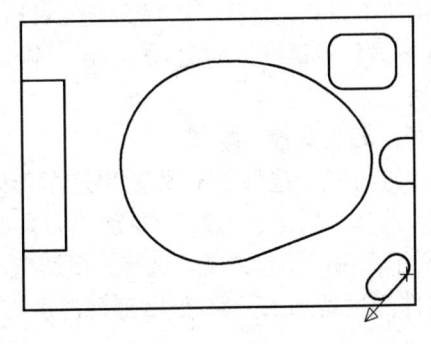

图 9-46 加工图素选择

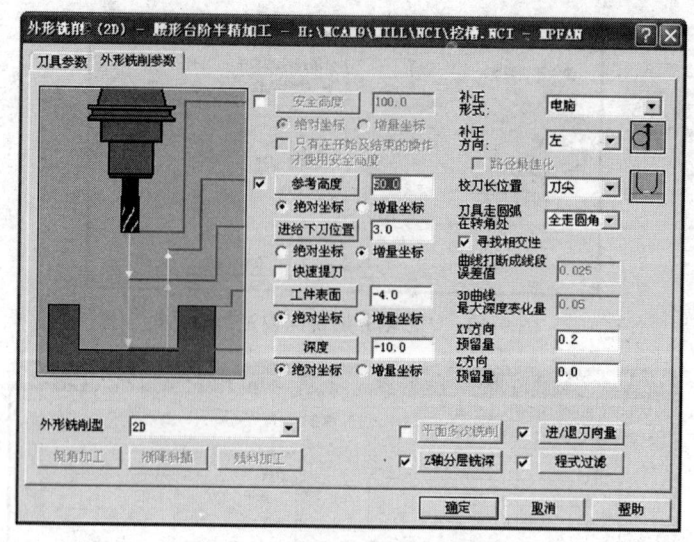

图9-47 "外形铣削参数"对话框

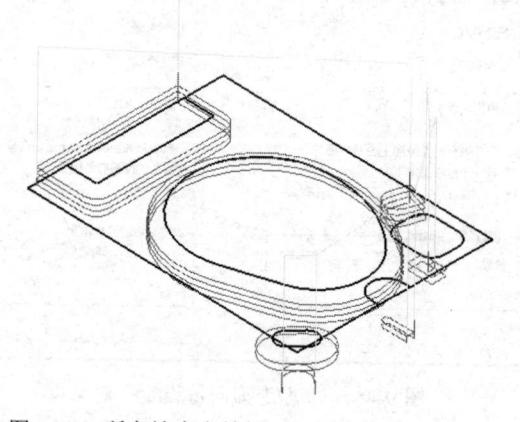

图9-48 所有轮廓半精加工刀具路径加工效果

11) 矩形台阶边框、中间台阶线框、腰型台阶边框深度精加工

用鼠标在主菜单中选择：刀具路径→挖槽。

此时系统默认为自动串连方式，选择加工图素，依次选择外边框、矩形凸台边框、中间凸台线框、腰型凸台边框(注意图中的串连方向)。选择执行，出现"刀具参数"对话框，如图9-49所示，选择精加工刀具。选择"挖槽参数"对话框，如图9-50所示，输入图示参数。选择"粗切/精修参数"对话框，如图9-51所示，输入图示参数。

12) 方型凹槽深度精加工

用鼠标在主菜单中选择：刀具路径→挖槽。

此时系统默认为自动串连方式，选择加工图素(串连图形如图9-38所示)。选择执行，出现"加工参数"对话框，选择"精加工刀具"(精加工刀具如图9-49所示)，选择"挖槽参数"对话框，如图9-52所示，输入图示参数。选择"粗切/精修参数"对话框，如图9-53所示，输入图示参数。零件深度精加工刀路效果(键槽深度在半精加工时已经加工)如图9-54所示。

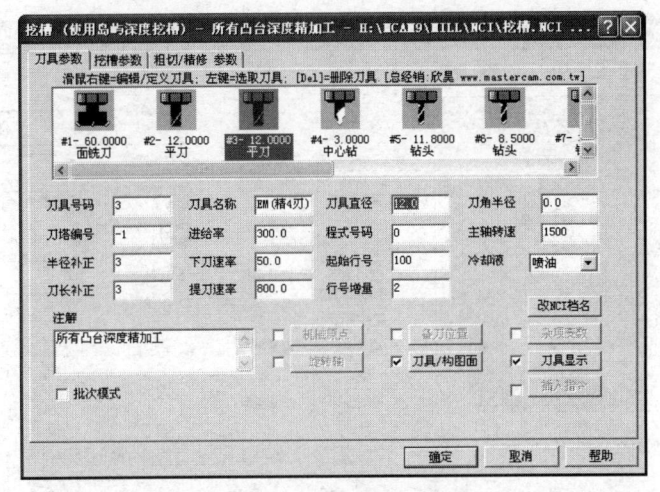

图 9-49 "刀具参数"对话框

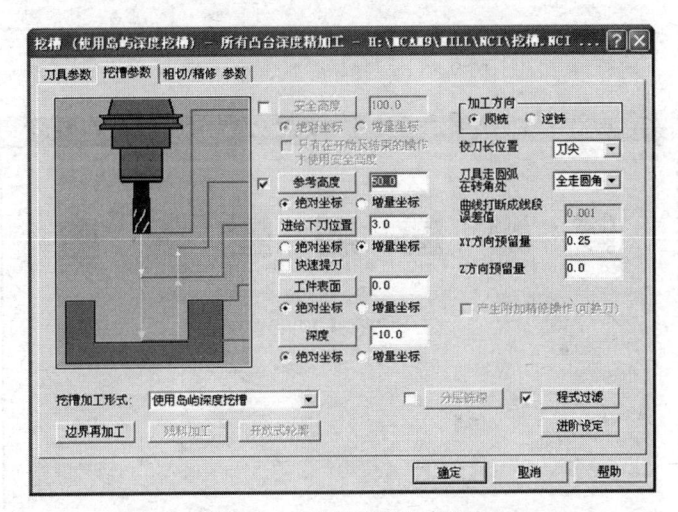

图 9-50 "挖槽参数"对话框

图 9-51 "粗切/精修参数"对话框

385

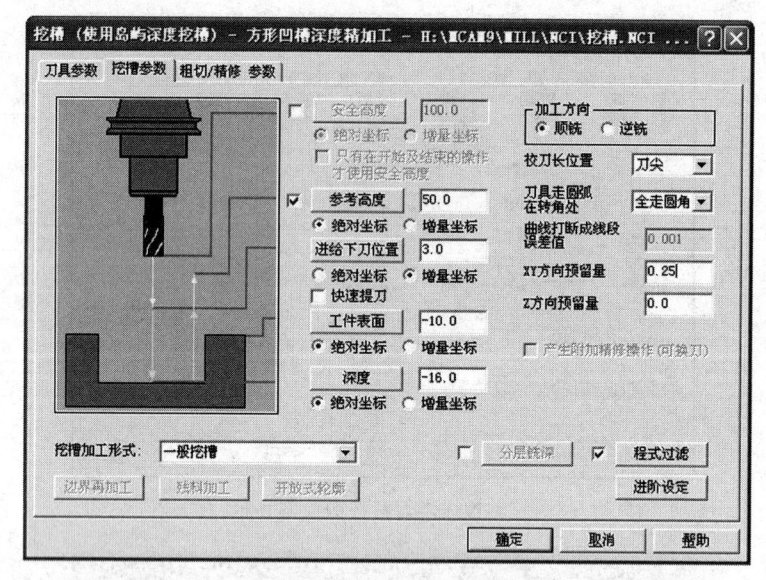

图 9-52 "挖槽参数"对话框

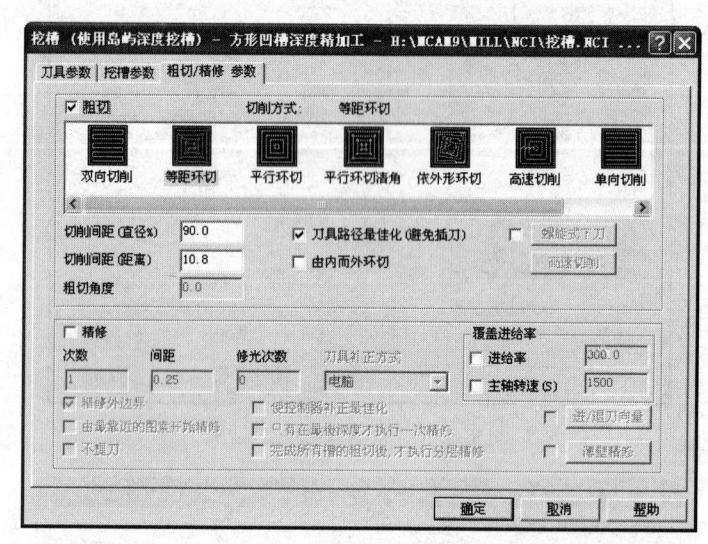

图 9-53 "粗切/精修参数"对话框

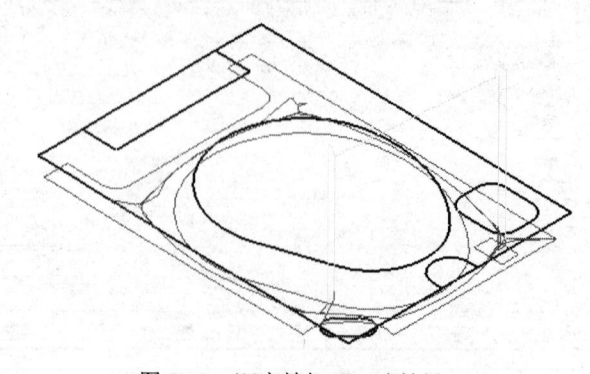

图 9-54 深度精加工刀路效果

386

13) 矩形台阶精加工步骤

用鼠标在主菜单中选择：刀具路径→外形铣削。

此时系统默认为自动串连方式，选择"加工图素"（串连图形如图9-28所示）。选择执行，出现"刀具参数"对话框，选择"精加工刀"，如图9-55所示。选择"外形铣削参数"对话框，如图9-56所示，输入图示参数。

此处外形轮廓为保证尺寸精度，在补正形式中选择两者，其目的是在控制尺寸精度时能够很方便地调整加工尺寸数值，通过加工后测量，把需要加工的尺寸输入机床数控系统中的刀具磨耗值，从而达到控制尺寸精度的目的。图9-57中的程序在标记位置可以看到程序中使用了刀具补偿指令，通过该指令进行尺寸精度控制。

图9-55 "刀具参数"对话框

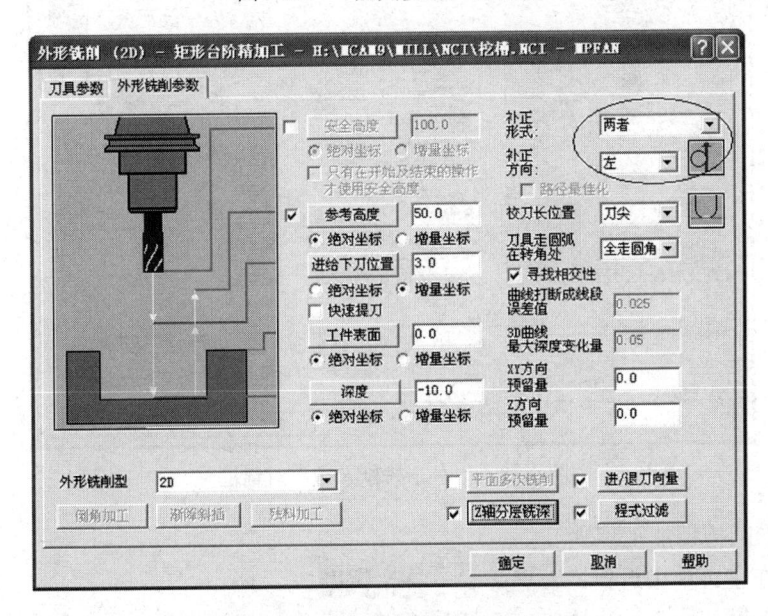

图9-56 "外形铣削参数"对话框

图 9-57　后处理后的加工程序

14) 中间凸台精加工步骤

用鼠标在主菜单中选择：刀具路径→外形铣削。

此时系统默认为自动串连方式，选择加工图素(串连图形如图9-33所示)。选择执行，出现"加工参数"对话框，选择"精加工刀具"(图9-55)。选择"外形铣削参数"对话框，如图9-58所示，输入图示参数。Z向深度分层参数，如图9-31所示。选择"进/退刀向量设定"，按图9-36所示输入参数。

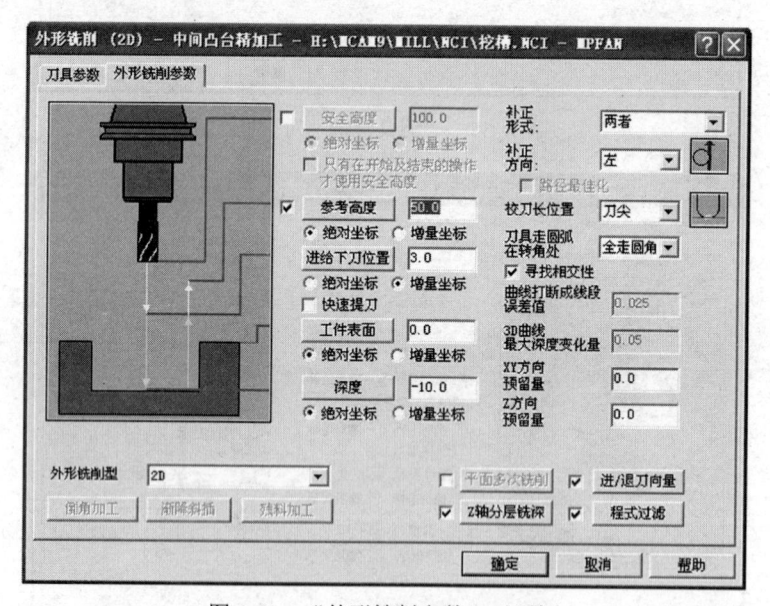

图 9-58　"外形铣削参数"对话框

15) 方形凹槽精加工步骤

用鼠标在主菜单中选择：刀具路径→外形铣削。

此时系统默认为自动串连方式，选择"加工图素"(串连图形如图9-38所示)。选择执行，出现"加工参数"对话框，选择"精加工刀具"（图9-55）。选择"外形铣削参数"对话框，如图9-59所示，输入图示参数。Z向深度分层参数，如图9-31所示。选择"进/退刀向量设定"，按图9-60所示输入参数。

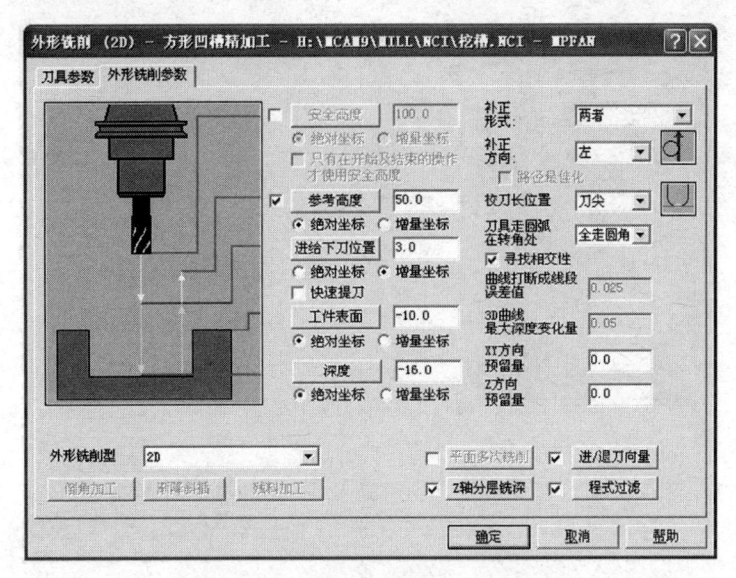

图 9-59 "外形铣削参数"对话框

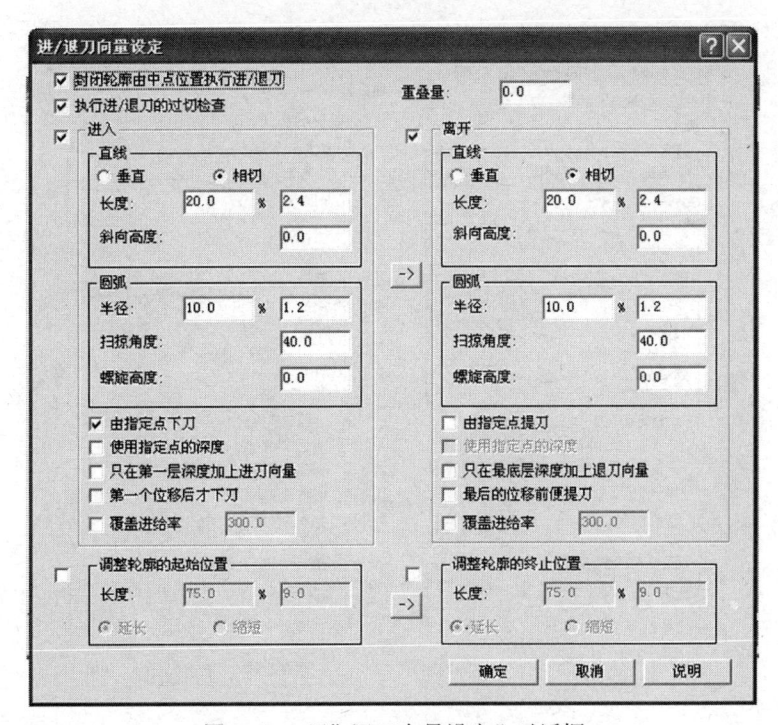

图 9-60 "进/退刀向量设定"对话框

16）键槽精加工步骤

用鼠标在主菜单中选择：加工路径→外形铣削。

此时系统默认为自动串连方式。选择"加工图素"（串连图形如图9-42所示）。选择执行，出现"加工参数"对话框，选择"精加工刀具"(图9-55)。选择"外形铣削参数"对话框，如图9-61所示，输入图示参数。Z向深度分层参数，如图9-42所示。选择"进/退刀向量设定"，按图9-62所示输入参数。

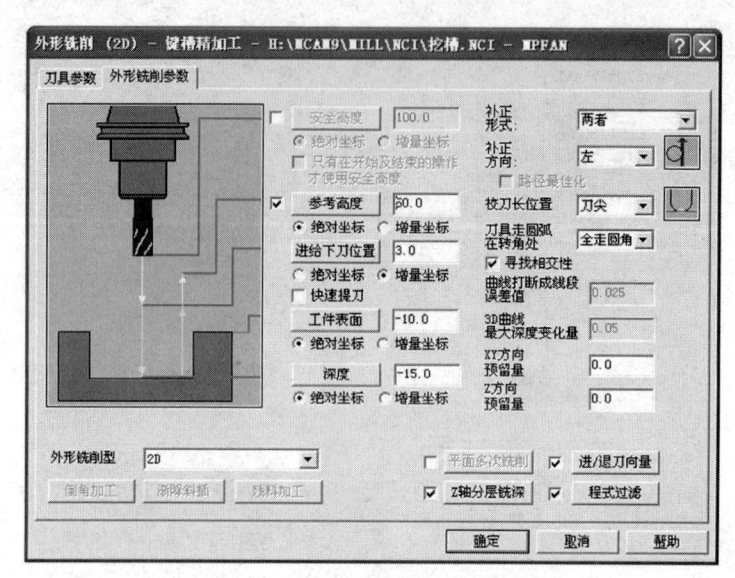

图 9-61 "外形铣削参数"对话框

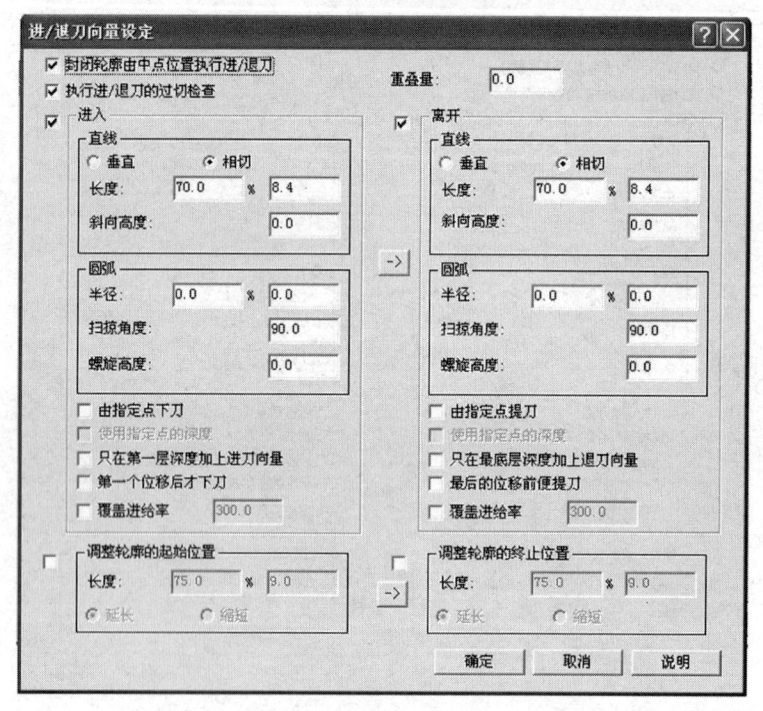

图 9-62 "进/退刀向量设定"对话框

17) 腰形台阶精加工步骤

用鼠标在主菜单中选择：加工路径→外形铣削。

此时系统默认为自动串连方式。选择"加工图素"(串连图形如图9-46所示)。选择执行，出现"加工参数"对话框，选择"精加工刀具"(图9-55)。选择"外形铣削参数"对话框，如图9-63所示，输入图示参数。Z向深度分层参数，如图9-44所示。选择"进/退刀向量设定"，按图9-62所示输入参数。所有外形轮廓精加工刀路轨迹效果如图9-64所示。所有外形轮廓精加工实体效果如图9-65所示。

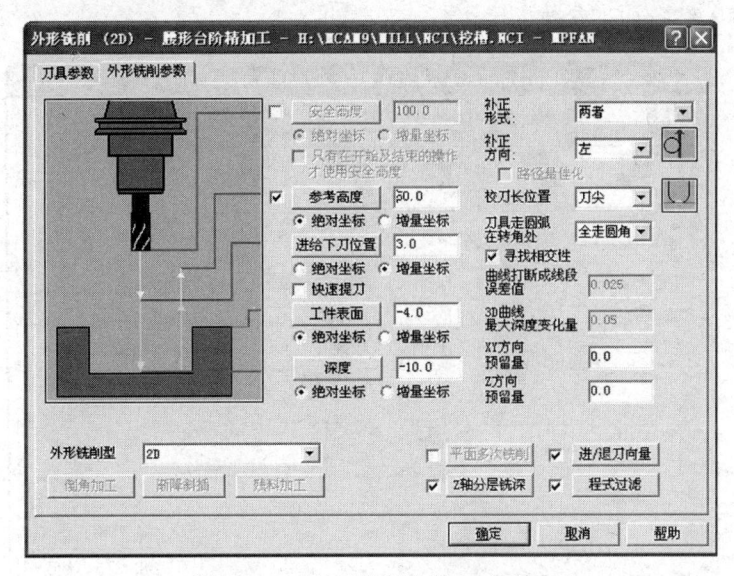

图 9-63 "外形铣削参数"对话框

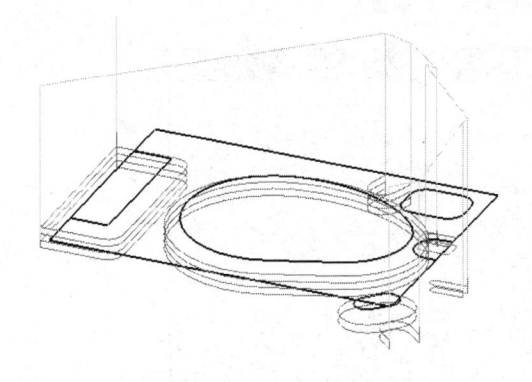

图 9-64 外形轮廓精加工刀路轨迹效果 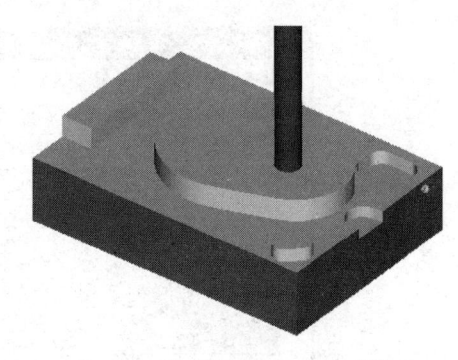 　　　图 9-65 外形轮廓精加工实体效果

18) 中心钻孔加工步骤

用鼠标在主菜单中选择：刀具路径→钻孔。

选择为手动选点方式，选择加工图素，依次选择4个点(图略)。选择执行，出现"加工参数"对话框，选择"钻孔加工刀具"，如图9-66所示。按图9-67所示输入钻孔加工参数。

19) 螺纹底孔钻孔加工步骤

用鼠标在主菜单中选择：刀具路径→钻孔。

选择为手动选点方式，选择"加工图素"，依次选择2个螺纹孔中心点(图略)。选择执行，出现"加工参数"对话框，选择"钻孔加工刀具"，如图9-68所示。按图9-69所示输入钻孔加工参数。

20) 铰孔底孔钻孔加工步骤

用鼠标在主菜单中选择：刀具路径→钻孔。

选择为手动选点方式，选择加工图素，选择直径为12的圆中心点以及图形中心点(图略)。选择执行，出现"加工参数"对话框，选择"钻孔加工刀具"，如图9-70所示。按图9-69所示输入钻孔加工参数。

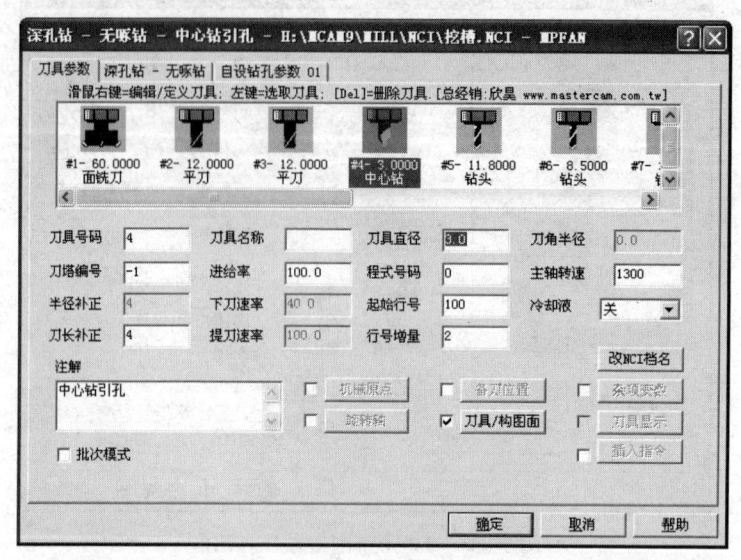

图9-66 "刀具参数"对话框

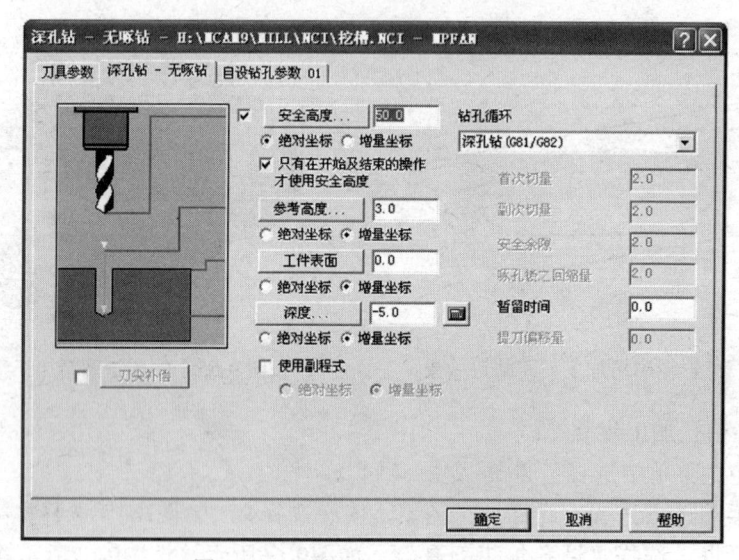

图9-67 "钻孔加工参数"对话框

21) 钻头倒角加工步骤

用鼠标在主菜单中选择：刀具路径→钻孔。

选择为手动选点方式，选择"加工图素"，依次选择3个点(图略)。选择执行，出现"加工参数"对话框，选择"钻孔加工刀具"，如图9-71所示。按图9-72所示输入铰孔加工参数。

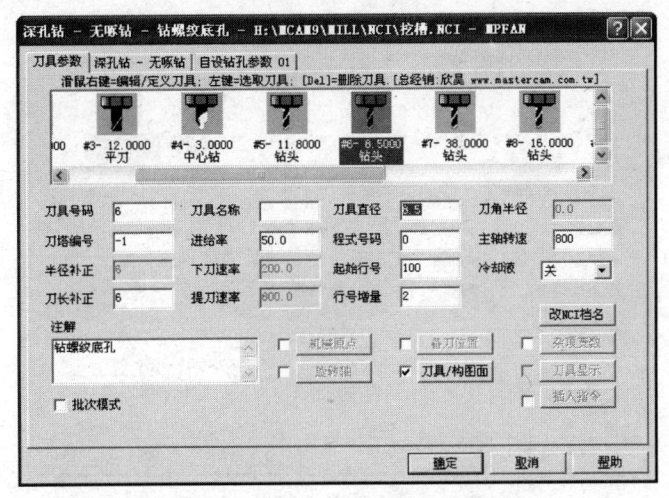

图 9-68 "刀具参数"对话框

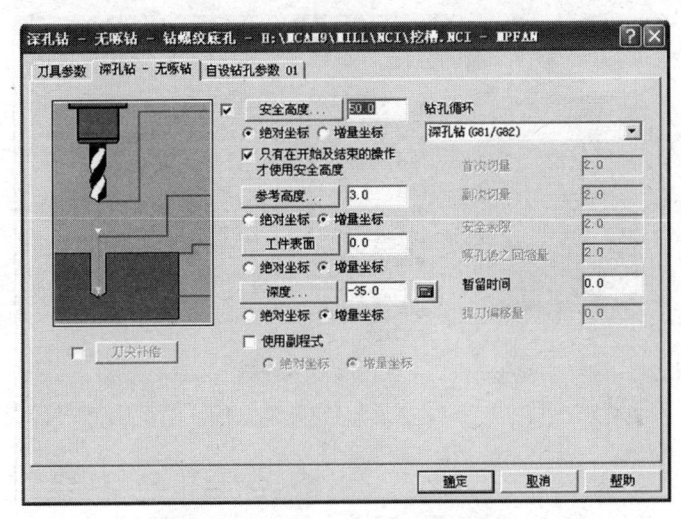

图 9-69 "钻孔加工参数"对话框

图 9-70 "刀具参数"对话框

393

图 9-71 "刀具参数"对话框

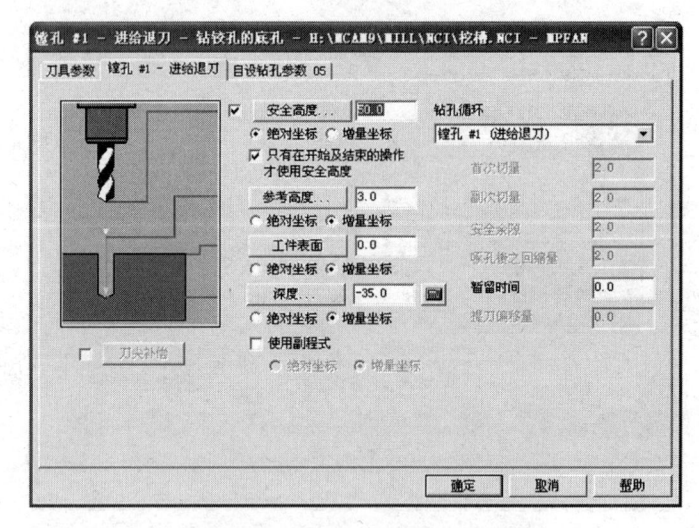

图 9-72 "铰孔加工参数"对话框

22) 去余量钻孔加工步骤

用鼠标在主菜单中选择：加工路径→钻孔。

选择为手动选点方式，选择"加工图素"，依次选择1个点(图略)。选择执行，出现"加工参数"对话框，选择"钻孔加工刀具"，如图9-73所示。按图9-74所示输入钻孔加工参数。

23) 攻螺纹加工步骤

用鼠标在主菜单中选择：刀具路径→钻孔。

选择为手动选点方式，选择"加工图素"，依次选择2个点(图略)。选择执行，出现"加工参数"对话框，选择"螺纹加工刀具"，如图9-75所示。按图9-76所示输入螺纹加工参数。

24) 镗孔加工步骤

用鼠标在主菜单中选择：刀具路径→钻孔。

选择为手动选点方式，选择"加工图素"，依次选择1个点(图略)。选择执行，出现"加工参数"对话框，选择"镗孔加工刀具"，如图9-77所示。按图9-78所示输入镗孔加工参数。

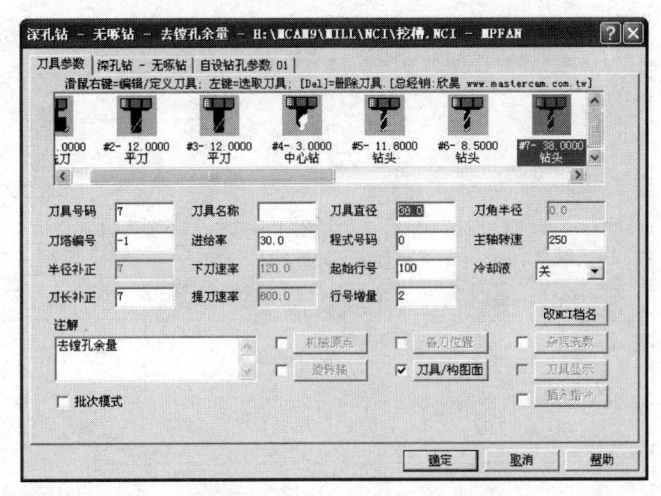

图 9-73 "刀具参数"对话框

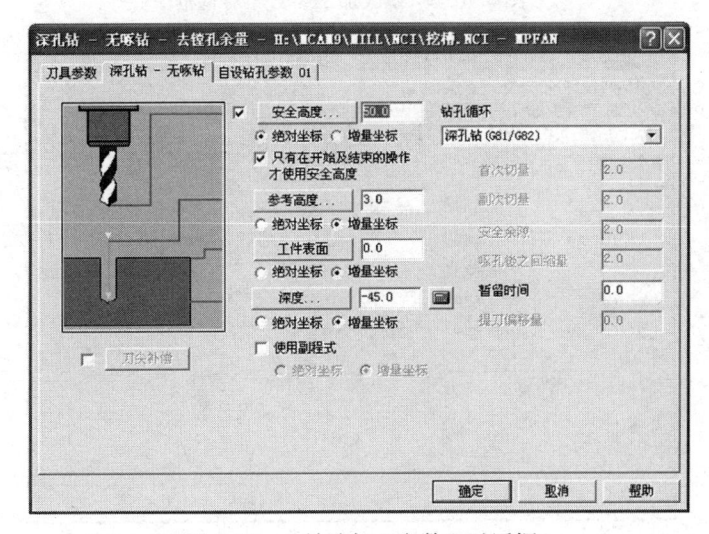

图 9-74 "钻孔加工参数"对话框

图 9-75 "刀具参数"对话框

395

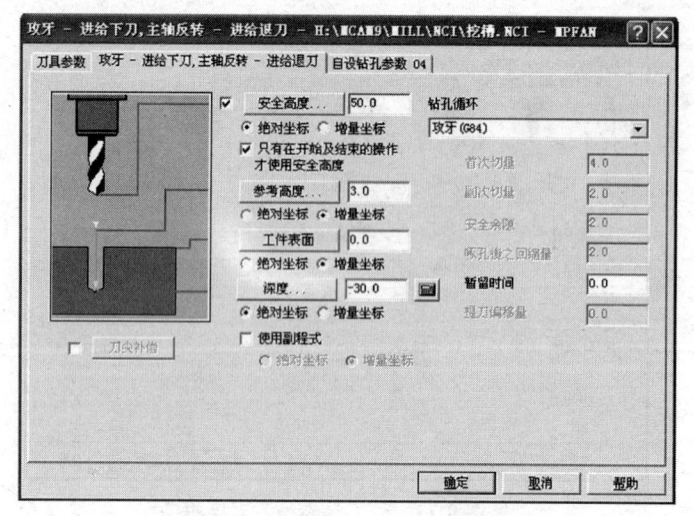

图 9-76 "螺纹加工参数"对话框

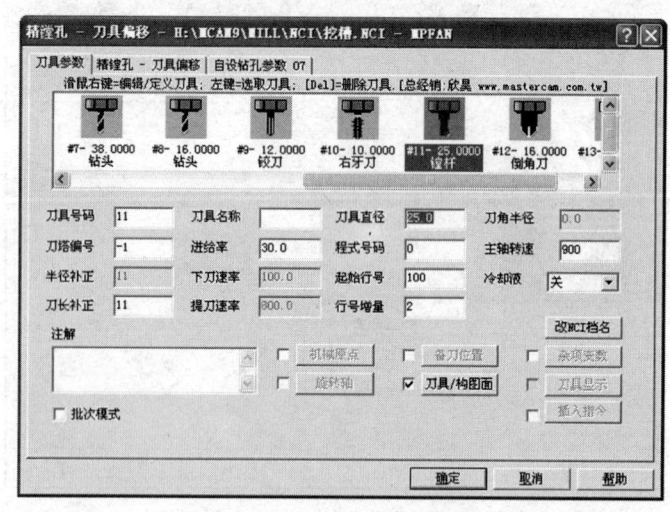

图 9-77 "刀具参数"对话框

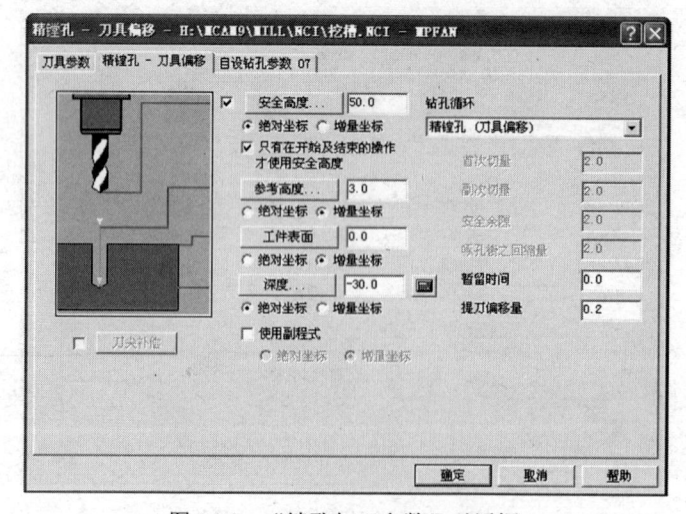

图 9-78 "镗孔加工参数"对话框

25) 铰孔加工步骤

用鼠标在主菜单中选择：加工路径→钻孔。

选择为手动选点方式，选择加工图素，依次选择1个点(图略)。选择执行，出现"加工参数"对话框，选择"铰孔加工刀具"，如图9-79所示。按图9-80所示输入铰孔加工参数。

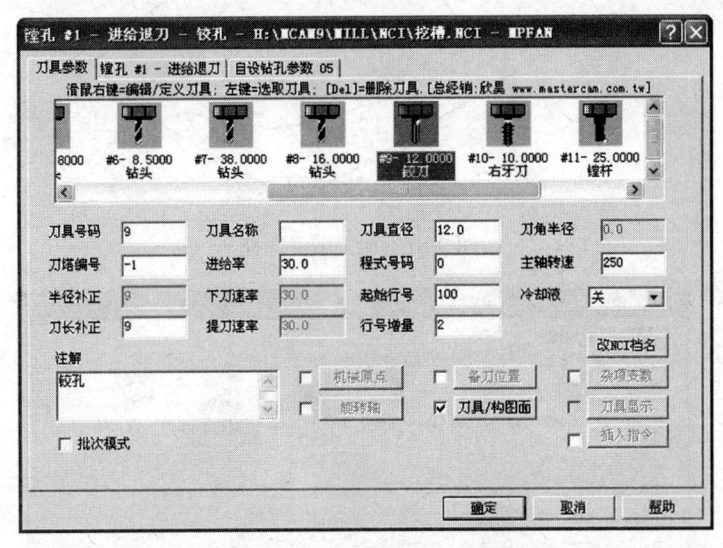

图9-79 "刀具参数"对话框

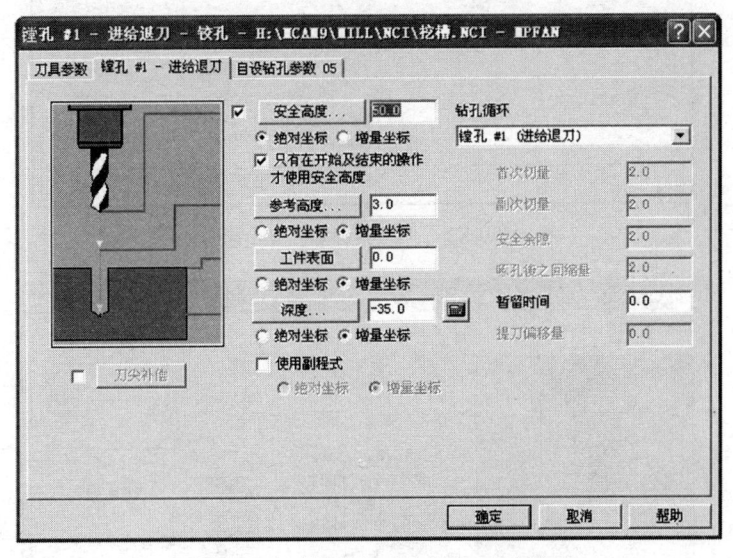

图9-80 "铰孔加工参数"对话框

26) 倒角加工步骤

用鼠标在主菜单中选择：刀具路径→外形铣削。

此时系统默认为自动串连方式。选择"加工图素"，串连图形如图9-81所示。选择执行，出现"加工参数"对话框，选择"精加工刀具"，如图9-82所示。选择"外形铣削参数"对话框，如图9-83所示，输入图示参数。按图9-84所示输入倒角加工参数。零件最终形状实体效果如图9-85所示。

397

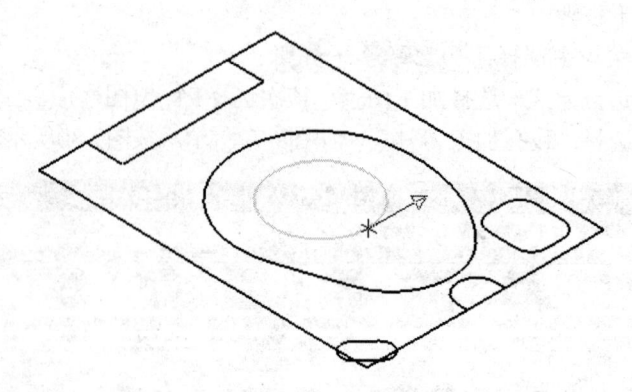

图 9-81　加工图素选择

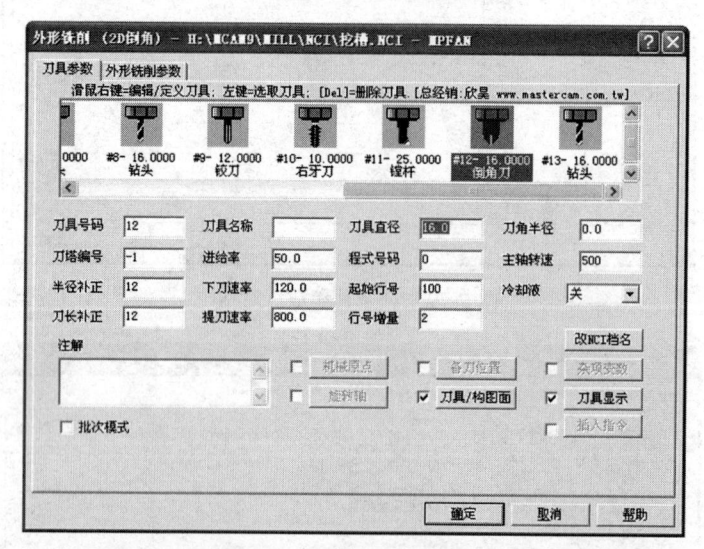

图 9-82　"刀具参数"对话框

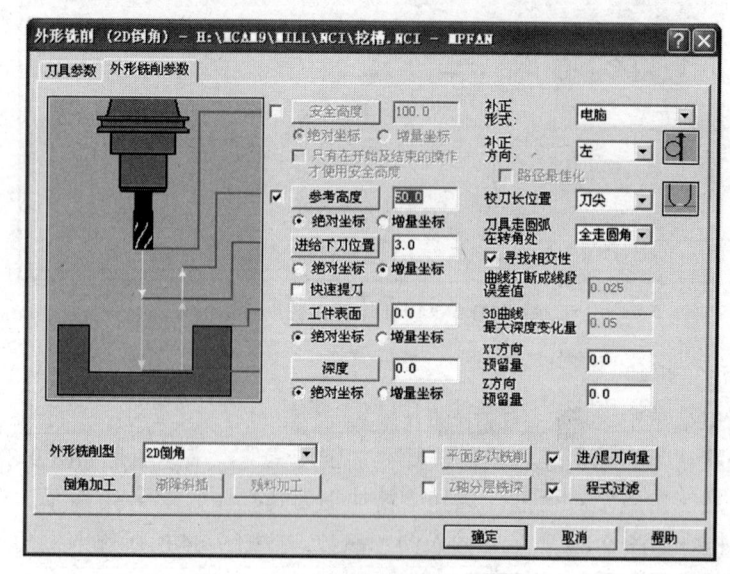

图 9-83　"外形铣削参数"对话框

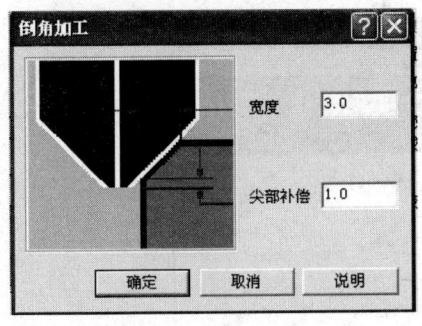

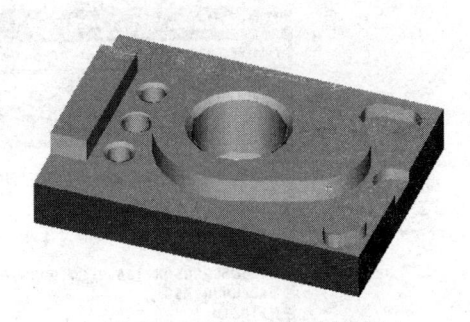

图 9-84 "倒角加工"对话框　　　　　　图 9-85 实体切削验证效果

3. 生成 NC 程序

用鼠标在主菜单中选择：刀具路径→操作管理→出现"操作管理"菜单如下：

选择面铣，如图 9-86 所示。选择执行后处理出现"后处理程式"对话框，按图输入参数点击确定，如图 9-87 所示。提示是否所有的 NCI 文件都一次执行后处理，这里选择否，只是出面铣加工的 NC 程序，如图 9-88 所示。

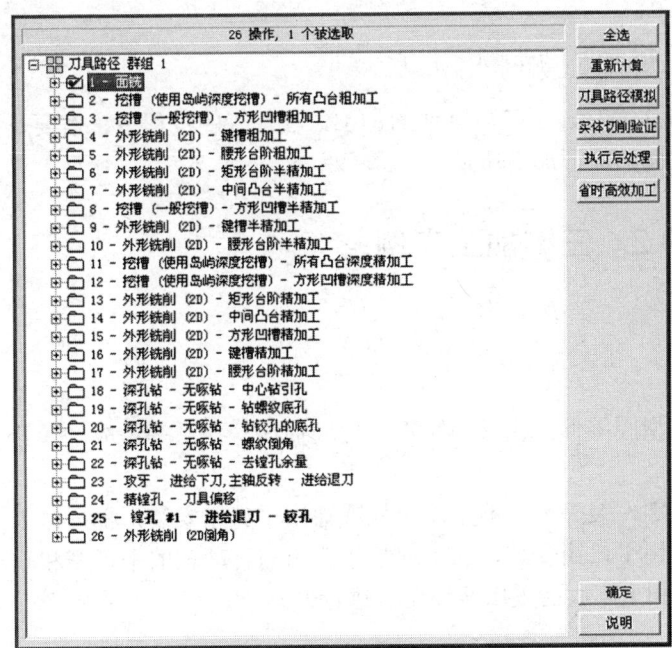

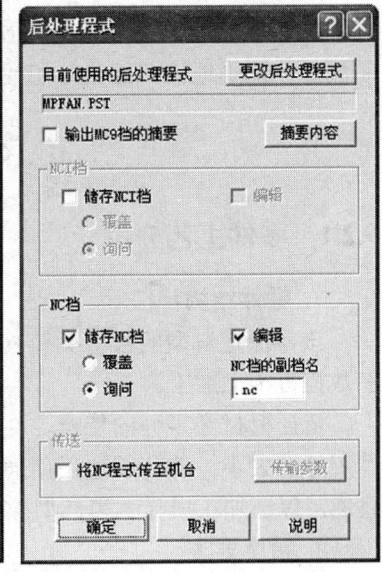

图 9-86 "操作管理"菜单　　　　　　图 9-87 "后处理程式"对话框

图 9-88 执行后处理询问菜单

提示保存 NC 文件的路径和文件名称，输入后确定，出现图 9-89 所示内容，检查有无错误，至此面铣加工的 NC 程序已经编好，可传输至机床进行加工。

399

图 9-89 后处理后的程序

后面的加工程序按照上述方式编写，可完成零件的加工，在加工的过程中，需要及时测量，正确地输入刀具补偿数值，保证加工质量。

9.2 三维加工实例

9.2.1 零件工艺分析

1. 零件结构特征

该零件是典型的板材类模具型腔零件，由外边矩形、内腔曲面、孔系等组成，适合在数控机床上加工。

依据板材类零件的特点，在零件装夹上一般采用压板或通用平口钳安装，根据该零件尺寸的大小，外部周边采用通用平口钳安装，加工前校正钳口与移动轴的平行度和垂直度，保证加工质量。内部型腔和上下大面采用两块压板进行安装。

2. 精度要求

该零件的尺寸精度、位置精度都没有太高的要求，但其表面质量要求较高，为保证加工质量，须合理安排加工工艺。

零件的最外形尺寸没有很高精度要求，安排四次安装能较好地保证加工质量。

零件在深度的精度要求较低。

$\phi 20$ 孔的要求加工后与其他零件配做，此处不进行加工。

3. 材料、数量以及其他技术要求

该零件为单件生产，材料为 40Cr 合金结构钢，经过调质处理，硬度为 280HBS～300HBS，具有较好的机械加工性能，模具内轮廓加工面表面质量为 $0.4\mu m$，数控加工后须手工抛光。

9.2.2 零件的加工工艺

1. 划分加工阶段

根据零件的特点，兼顾加工质量和加工效率，加工过程中采用粗加工、精加工结合保证加工质量和效率。

2. 确定安装方式

本零件采用压板安装，安装后校正工件。

3. 划分工序

该零件加工工序划分为：下料(氧割)→毛坯加工外方(铣床)→调质→平磨上下两面→曲面加工(数控铣床)→手工抛光。

本例主要考虑在数控铣床加工的工序内容，其中外方尺寸的控制，可在数控机床中用 MDI 方式手工输入加工指令(见表 9-3)，本例主要从曲面面加工开始编程。

4. 划分工步内容以及刀具选择

零件加工顺序从以下几个方面考虑：

1) 基准面先加工原则

用作加工的定位基准面首先加工，能使装夹误差减小，提高加工质量。

2) 先粗加工后精加工的原则

各个表面的加工顺序按照粗加工、半精加工、精加工的顺序加工，逐步提高表面的加工精度和减少表面粗糙度。

本零件的工步按照以上原则进行加工(具体内容详见表 9-4)。

5. 确定工件坐标系原点

本零件根据零件图 9-90，确定以工件中心与表面的交点作为加工和编程以及绘图的原点，便于找正和加工。

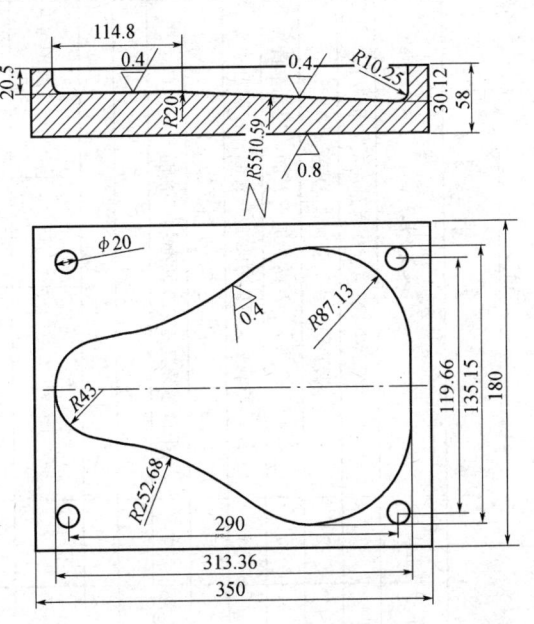

图 9-90 零件图

表 9-3 机械加工工序卡片

机械加工工序卡片		产品型号	MB-1	零件图号			01	工序内容描叙
		产品名称	座凳模具	零件名称	座凳模下模			在数控铣床上加工控制各尺寸如工序简图
		车 间	数控车间	工序号	1	工序名称	铣方	
		毛坯种类	板料	毛坯外形尺寸	355×285×42	每毛坯可制件数	1	
		设备名称	数控铣床	设备型号	KV650	设备编号	001	
		夹具编号		夹具名称	压板、平口钳	切削液		
				工位器具名称		冷却油		
						工序工时		
						准终	单件	

工序号	工步号	工步内容	工步设备	工位器具编号	主轴转速 (r/min)	切削速度 /(m/min)	进给速度 /(mm/min)	背吃刀量 /mm	进给次数	刀具	辅助
1	1	平口钳装夹 A、B 两面加工 C 面	数控铣床		500	100	120	2	1	面铣刀	
	2	平口钳装夹 A、B 两面加工 D 面，控制尺寸	数控铣床		500	100	120	2		面铣刀	
	3	平口钳装夹 A、B 两面加工 E 面	数控铣床		500	100	120	2		面铣刀	
	4	平口钳装夹 A、B 两面加工 F 面	数控铣床		500	100	120	2		面铣刀	
	5	平口钳装夹 C、D 两面加工 A 面，控制垂直	数控铣床		500	100	120	2		面铣刀	
	6	平口钳装夹 C、D 两面加工 B 面，控制尺寸	数控		500	100	120	2		面铣刀	

描图	描校	底图号				设计日期	审核日期	标准化日期	会签日期
更改号	日期	处数		更改文件号	签字				
	签字	标记			日期				

装订号
处数
标记

表 9-4 加工工步以及刀具参数

加工步骤			刀具与切削参数				
工步号	加工内容	刀具规格		材料	主轴转速 r/min	进给率 mm/min	刀具补偿 长度
^	^	刀号	刀具名称	^	^	^	^
工步 1	铣平面	T1	φ60mm 面铣刀	硬质合金涂层	500	120	H1
工步 2	曲面挖槽粗加工	T2	φ20mm 四刃立铣刀(底齿过中心)	^	1200	400	H2
工步 3	等高外形半精加工	T3	φ12mm 四刃球头刀	^	2500	400	H3
工步 4	平行铣削半精加工	T3	^	^	^	^	^
工步 5	等高外形半精加工	T4	φ12mm 四刃球头刀	^	2800	340	H4
工步 6	平行铣削半精加工	T4	^	^	^	^	^

所有加工操作总表如图 9-91 所示。

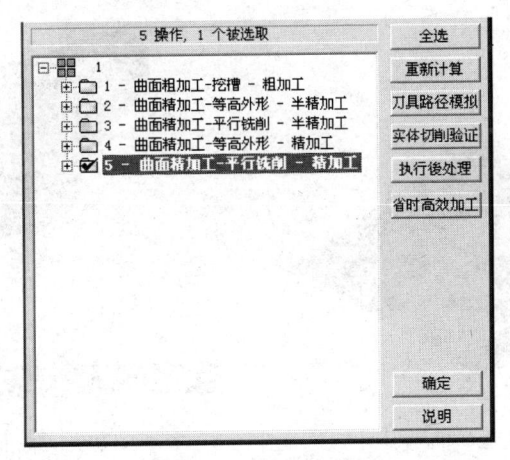

图 9-91 加工操作总表

9.2.3 CAD/CAM 自动编程

1. CAD 绘图

(1) 画二维线框图,依据图纸选择俯视图,绘出模具图形,如图 9-92 所示。

(2) 画模具底面的牵引曲面二维线,选择前视图,Z 向深度为 130mm,依据图纸绘出模具引曲面二维线图形,并在首尾两端各延长 20mm,以更好地切割模具内腔实体,如图 9-93 所示。绘制后用等角视图查看,如图 9-94 所示。

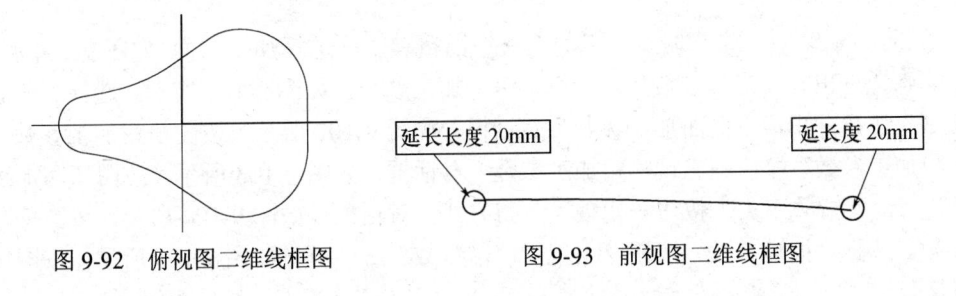

图 9-92 俯视图二维线框图　　图 9-93 前视图二维线框图

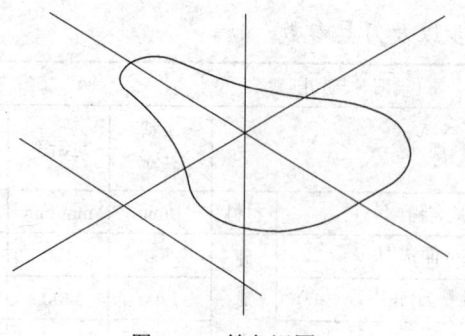

图 9-94　等角视图 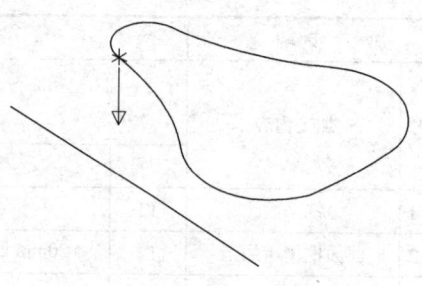　　　　　　　　　图 9-95　实体深度超过牵引曲面

　　产生内腔实体，实体深度超过牵引曲面线的深度，如图 9-95 所示。绘制模具型腔底面牵引曲面，牵引长度超过实体宽度，如图 9-96 所示。曲面切割实体，保留模具内腔实体，如图 9-97 所示。实体底边倒圆角，如图 9-98 所示。实体产生曲面，至此模具需加工的曲面绘制完成，如图 9-99 所示。

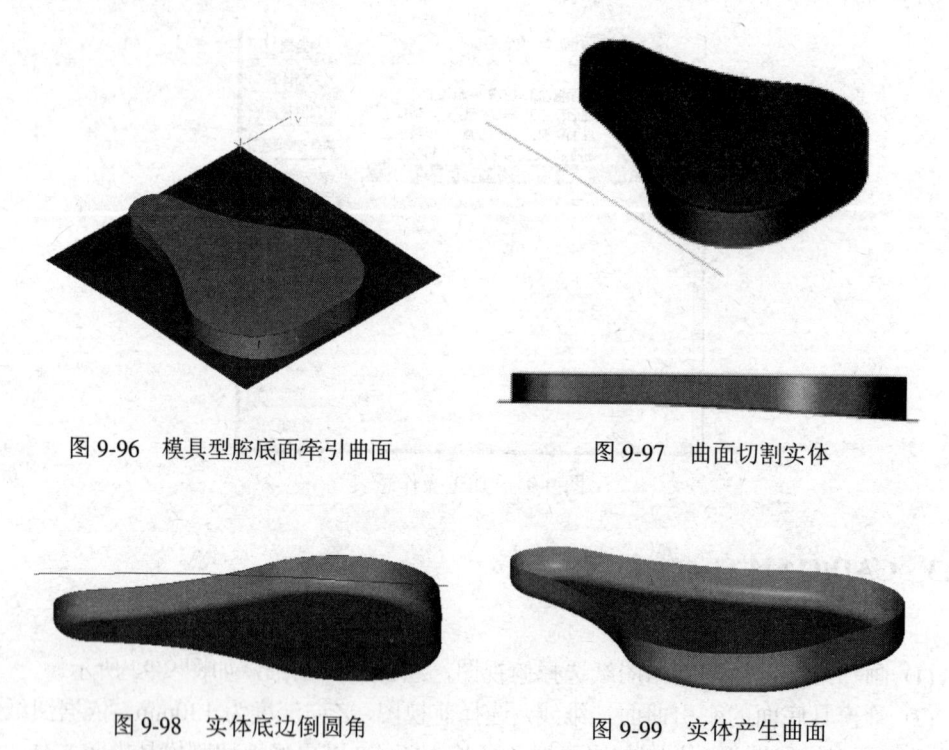

图 9-96　模具型腔底面牵引曲面　　　　图 9-97　曲面切割实体

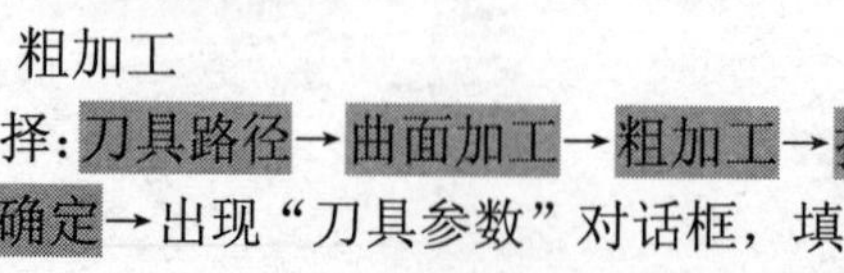

图 9-98　实体底边倒圆角 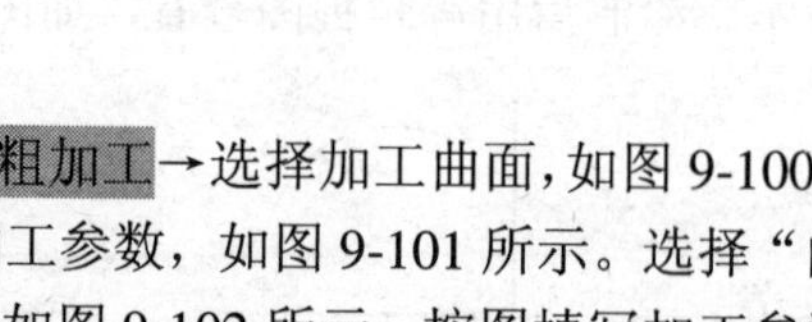　　　　　　图 9-99　实体产生曲面

2. CAM 编程加工

1）粗加工

　　选择：刀具路径→曲面加工→粗加工→挖槽粗加工→选择加工曲面，如图 9-100 所示。点击：确定→出现"刀具参数"对话框，填写加工参数，如图 9-101 所示。选择"曲面加工参数"按钮→出现"曲面加工参数"对话框，如图 9-102 所示，按图填写加工参数。选择"粗加工参数"按钮→出现"粗加工参数"对话框，如图 9-103 所示，按图填写加工参数。选择"螺旋式下刀"按钮→出现"下刀方式"对话框，如图 9-104 所示，按图填写加工参数。选择"挖槽参数"按钮→出现"挖槽参数"对话框，如图 9-105 所示，按图填写

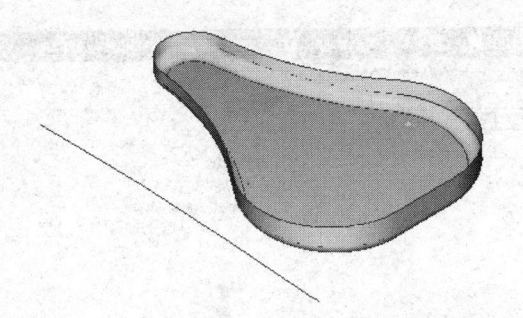

图 9-100 选择加工曲面

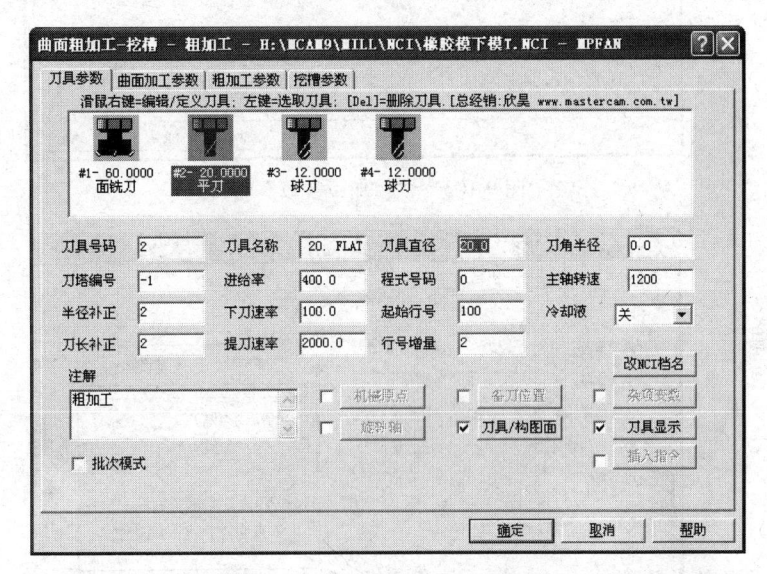

图 9-101 "刀具参数"对话框

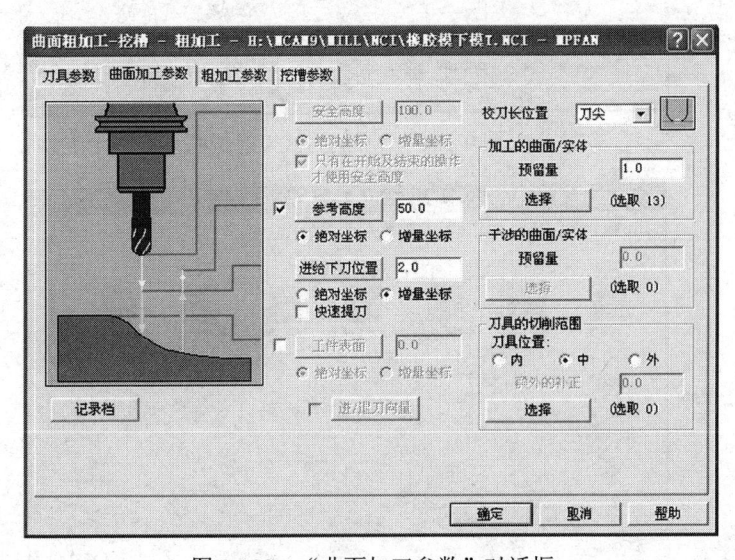

图 9-102 "曲面加工参数"对话框

加工参数。完成后提示选择加工范围，选择轮廓边界，如图 9-106 所示。曲面挖槽刀具轨迹，如图 9-107 所示。曲面挖槽实体切削效果，如图 9-108 所示。

405

图 9-103 "粗加工参数"对话框

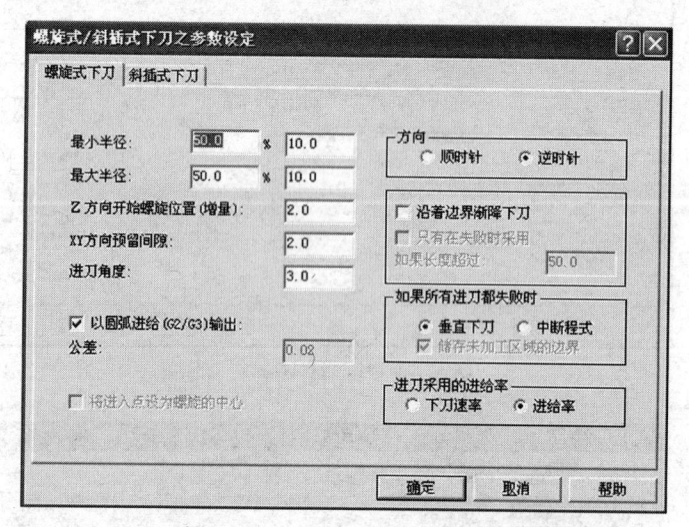

图 9-104 "下刀方式"对话框

图 9-105 "挖槽参数"对话框

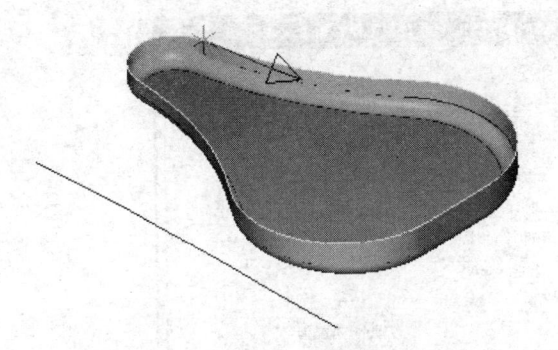

图 9-106　选择加工范围

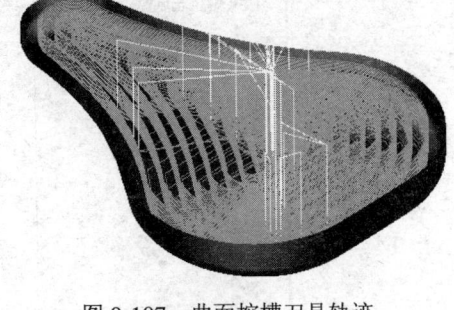

图 9-107　曲面挖槽刀具轨迹

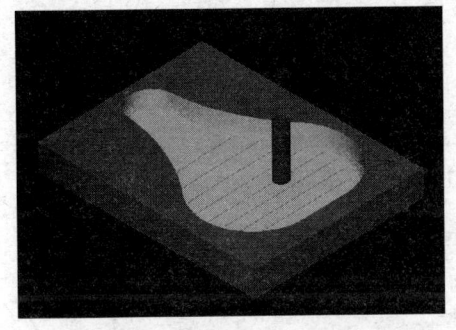

图 9-108　曲面挖槽实体切削效果图

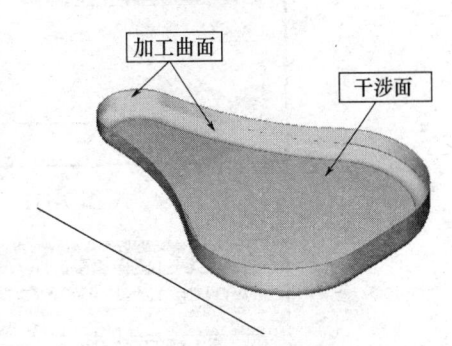

图 9-109　选择加工曲面和干涉面

2) 半精加工侧面

选择：刀具路径→曲面加工→精加工→等高外形→选择加工曲面，并选择加工干涉面，如图 9-109 所示。点击：确定→出现"刀具参数"对话框，填写加工参数，如图 9-110 所示。选择"曲面加工参数"按钮→出现"曲面加工参数"对话框，如图 9-111 所示，按图填写加工参数。选择"等高外形精加工参数"按钮→出现"等高外形精加工参数"对话框，如图 9-112 所示，按图填写加工参数。完成后提示选择加工范围，选择轮廓边界，如图 9-113 所示。等高外形加工刀具轨迹如图 9-114 所示。

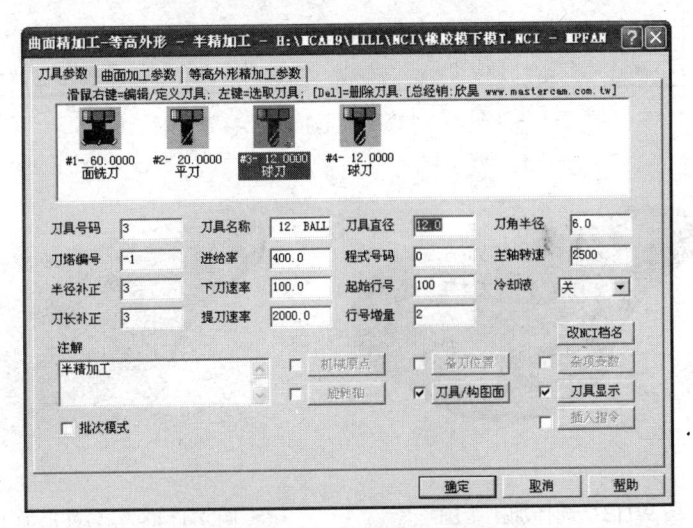

图 9-110　"刀具参数"对话框

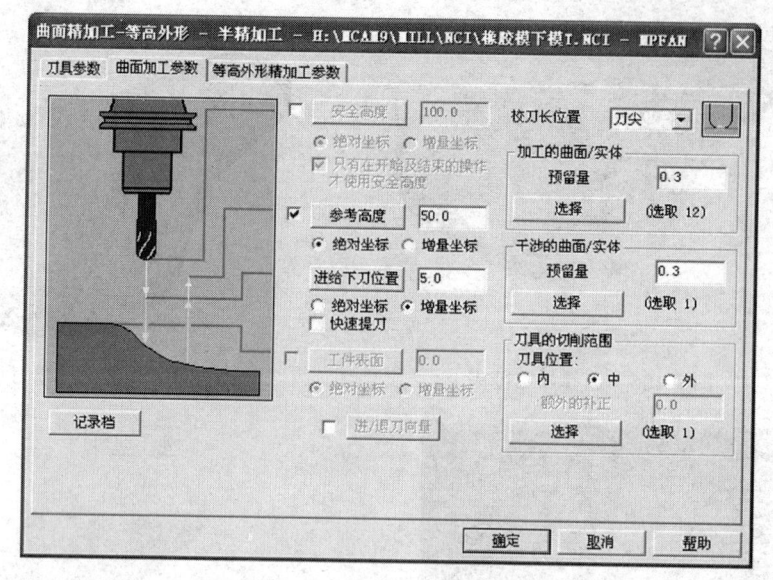

图9-111 "曲面加工参数"对话框

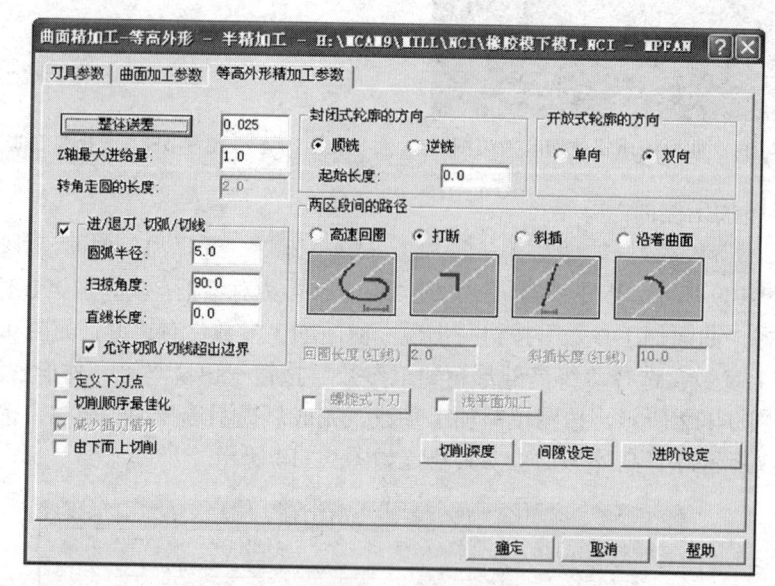

图9-112 "等高外形精加工参数"对话框

图9-113 选择加工范围　　　　图9-114 等高外形加工刀具轨迹

3) 半精加工底面

选择：刀具路径→曲面加工→精加工→平行铣削→选择加工曲面，如图 9-115 所示点击：确定→出现"刀具参数"对话框，填写加工参数，如图 9-116 所示。选择"曲面加工参数"按钮→出现"曲面加工参数"对话框，如图 9-117 所示，按图填写加工参数。选择"平行铣削精加工参数"按钮→出现"平行铣削精加工参数"对话框，如图 9-118 所示，按图填写加工参数。平行铣削加工刀具轨迹如图 9-119 所示。

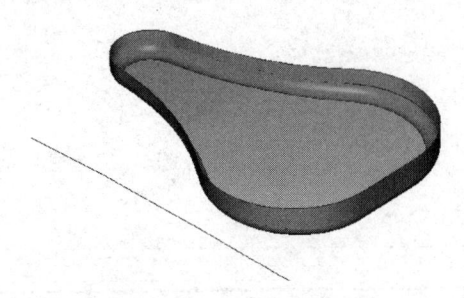

图 9-115 选择加工曲面

图 9-116 "刀具参数"对话框

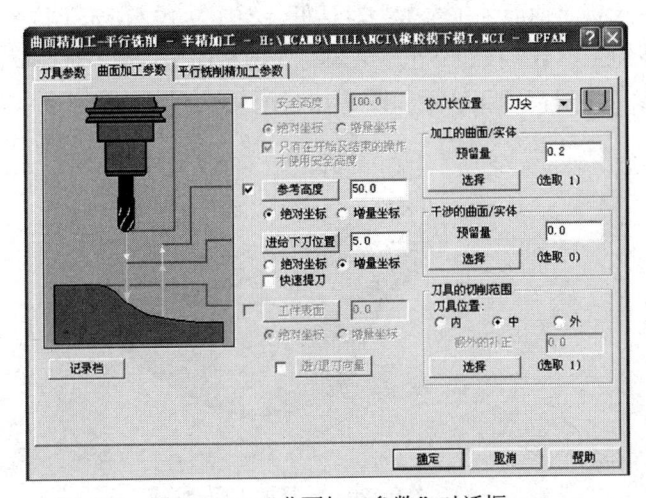

图 9-117 "曲面加工参数"对话框

409

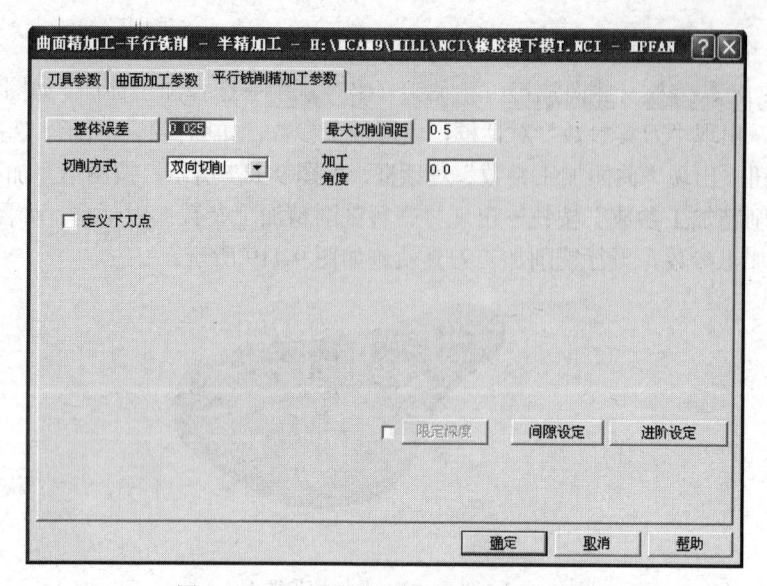

图 9-118 "平行铣削精加工参数"对话框

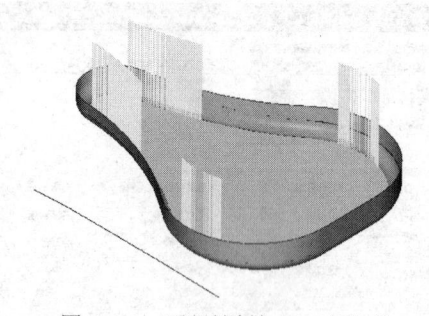

图 9-119 平行铣削加工刀具轨迹

4) 精加工侧面

选择：刀具路径→曲面加工→精加工→等高外形→选择加工曲面，如图 9-120 所示。点击：确定→出现"刀具参数"对话框，填写加工参数，如图 9-121 所示。选择"曲面加工参数"按钮→出现"曲面加工参数"对话框，如图 9-122 所示，按图填写加工参数。选择"等高外形精加工参数"按钮→出现"等高外形精加工参数"对话框，如图 9-123 所示，按图填写加工参数。等高加工轨迹如图 9-124 所示。

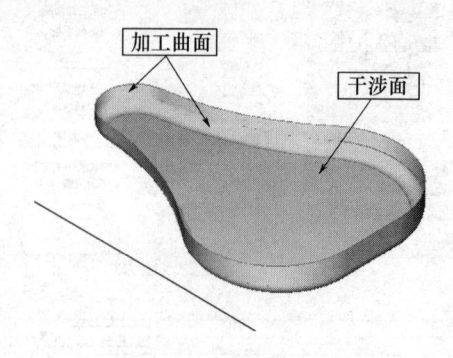

图 9-120 选择加工曲面

410

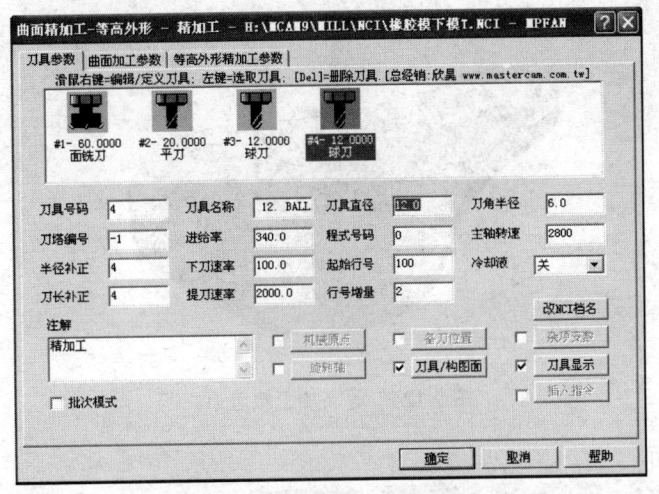

图 9-121 "刀具参数"对话框

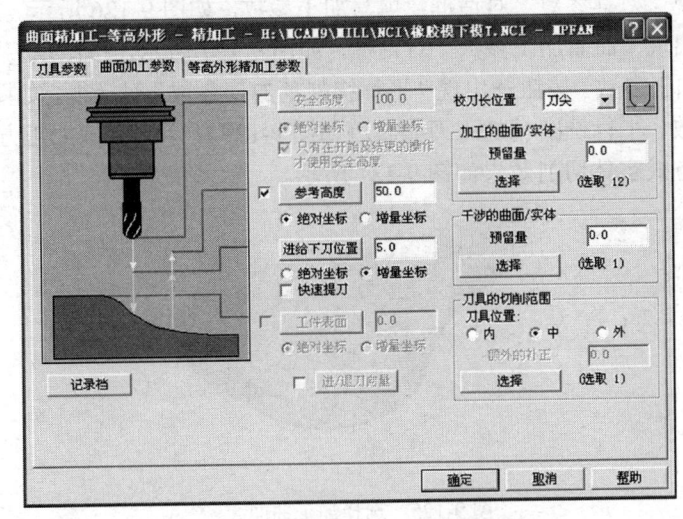

图 9-122 "曲面加工参数"对话框

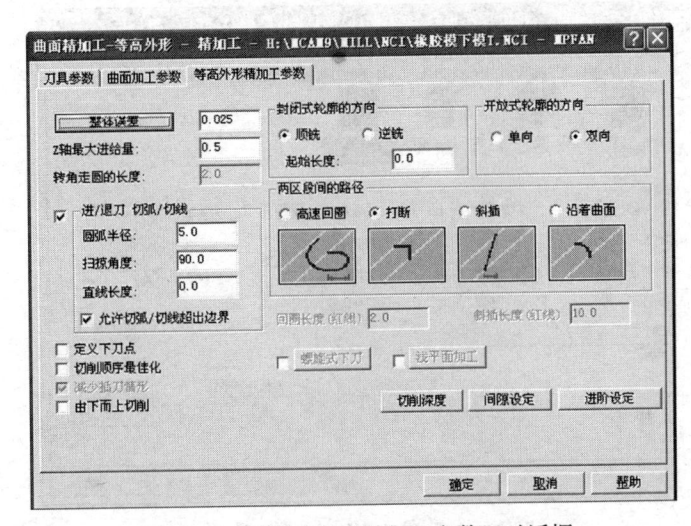

图 9-123 "等高外形精加工参数"对话框

411

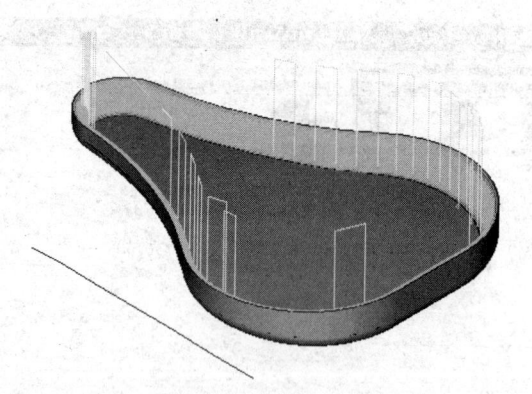

图 9-124 等高加工轨迹

5) 精加工底面

选择：刀具路径→曲面加工→精加工→平行铣削→选择加工曲面，如图 9-125 所示。点击：确定→出现"刀具参数"对话框，填写加工参数，如图 9-126 所示。选择"曲面加工参数"按钮→出现"曲面加工参数"对话框，如图 9-127 所示，按图填写加工参数。选择"平行铣削精加工参数"按钮→出现"平行铣削精加工参数"对话框，如图 9-128 所示，按图填写加工参数。平行铣削精加工刀具轨迹如图 9-129 所示。全部加工方式如图 9-130 所示。全部加工方式实体切削效果如图 9-131 所示。

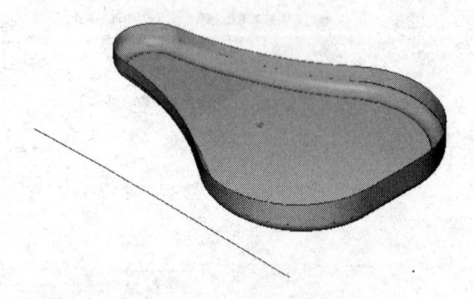

图 9-125 选择加工曲面

图 9-126 "刀具参数"对话框

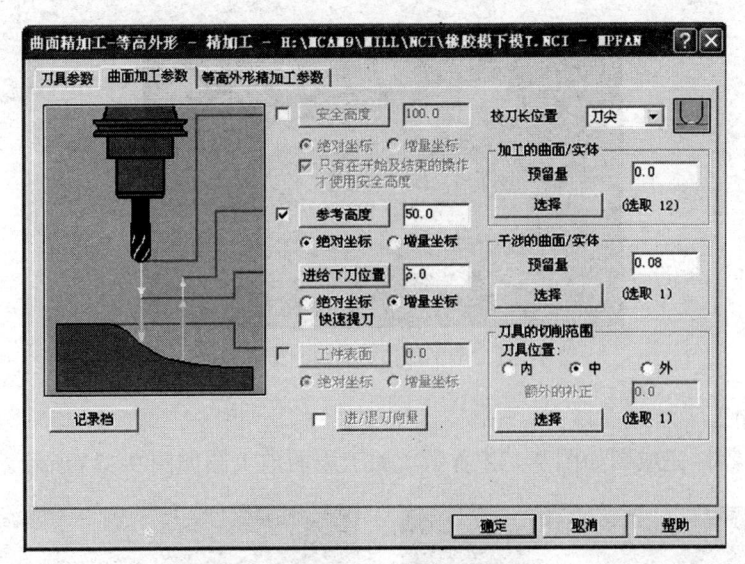

图 9-127 "曲面加工参数"对话框

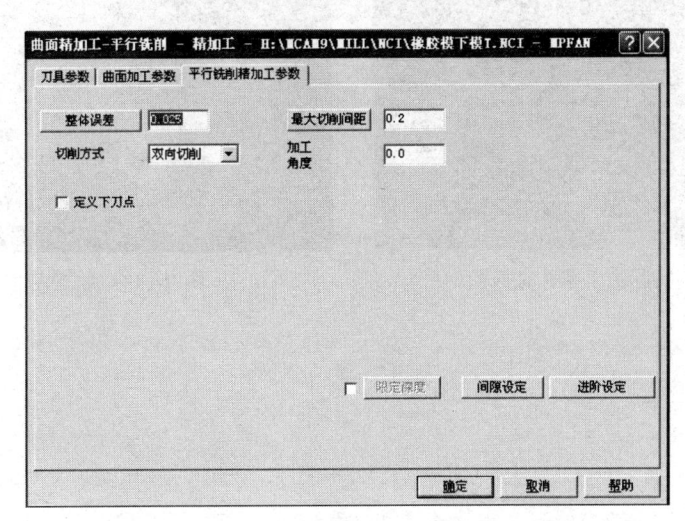

图 9-128 "平行铣削精加工参数"对话框

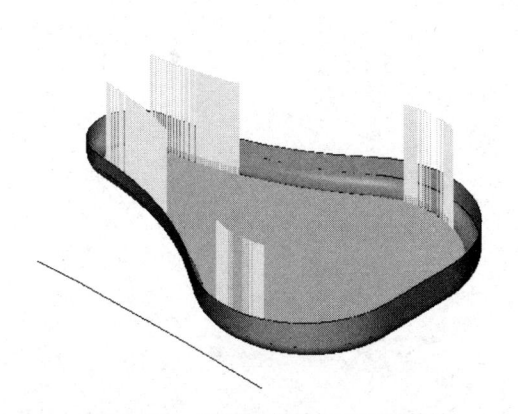

图 9-129 平行铣削精加工刀具轨迹

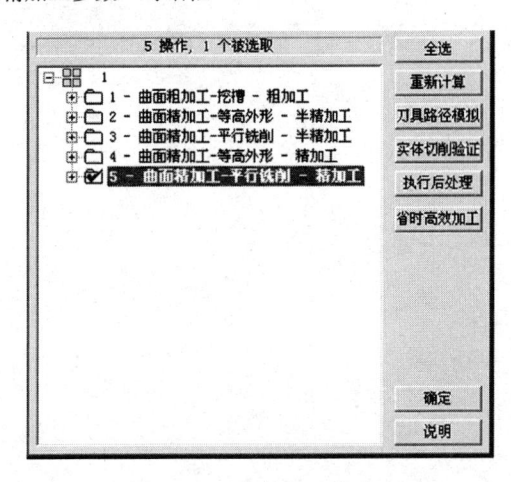

图 9-130 全部加工方式

413

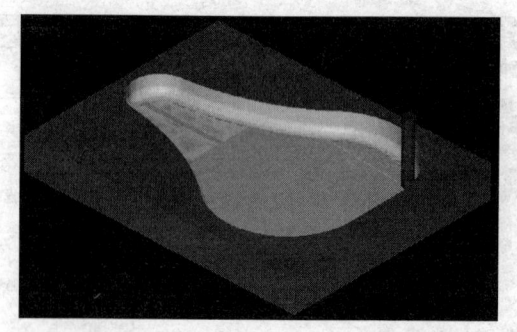

图 9-131　全部加工方式实体切削效果

3. 实际加工

实际加工零件完成图如图 9-132 所示。加工表面放大图如图 9-133 所示。

图 9-132　实际加工零件完成图　　　　图 9-133　加工表面放大图

参 考 文 献

[1] 刘雄伟. 数控机床与编程培训教程[M]. 北京：机械工业出版社, 2001.

[2] FANUC Series 21/21B OPERATORS MANUAL[M]. 1996.

[3] BEIJING-FANUC 0i-MA/TA 系统操作说明书[M]. 2001.

[4] 何满才. MasterCAM9.0 习题精解[M]. 北京：人民邮电出版社, 2003.

[5] 张导成. 三维 CAD/CAM——MasterCAM 软件应用[M]. 北京：机械工业出版社, 2002.

[6] 梁旭坤. CAD/CAM 应用——MasterCAM9.0[M]. 长沙：中南大学出版社, 2006.

[7] 何伟. MasterCAM 基础与应用教程[M]. 北京：机械工业出版社, 2005.

[8] 孙祖和. MasterCAM 设计与制造范例解析[M]. 北京：机械工业出版社, 2003.

[9] 李云龙. MasterCAM 9.1 数控加工实例精解[M]. 北京：机械工业出版社, 2004.

[10] 沈斌. 生产系统学[M]. 上海：同济大学出版社, 2002.

[11] 唐立山. 数控技术中手工编程的基点和刀位点坐标求解方法[J]. 工具技术, 2005(10)：17-18.

[12] 唐立山. CAM 后置处理研究[J]. 机械工程师, 2005(7)：57-58.